★★★
案例学

AutoCAD
室内装饰设计

前沿文化
编著

科学出版社
北京

内 容 简 介

　　《案例学——AutoCAD 室内装饰设计》拒绝脱离实际的单纯软件讲解，以行业案例贯穿全书，让读者在学会软件的同时迅速掌握实际应用能力。全书精心选取了 306 个常用制图案例，每个案例都有详细的制作步骤，并且阐述了制作关键点和应用知识点，在每章最后设计了共 12 个上机实战流程，帮助您巩固能力和进一步提高操作水平。

　　本书内容全面，讲解清晰，分为四大部分，共计 15 章，由浅入深地介绍了 AutoCAD 2012 在室内装饰设计中的各种知识与应用，第一部分为"软件技能篇"，包含第 1~8 章，主要介绍了 AutoCAD 2012 入门、绘图前期的准备工作、创建常用二维图形、编辑常用二维图形、图层操作、填充、图块、设计中心、尺寸标注、文字表格、查询、打印等 AutoCAD 软件的使用、操作、设置等内容；第二部分为"行业知识篇"，包含第 9~10 章，主要介绍了室内装饰设计简述、因素、原则、要点、制图规范、制图内容等行业相关知识；第三部分为"素材打造篇"，包含第 11~12 章，主要介绍了家具绘制、电器绘制、橱具和洁具绘制、花草绘制、装饰品绘制等室内素材的设计，以及样板文件、基本样式、基本常用图块等室内绘图模板的创建；第四部分为"实战应用篇"，包含第 13~15 章，包含办公室装修设计、室内家装设计、别墅室内设计三大类典型案例。

　　本书适合使用 AutoCAD 进行室内装饰设计的初、中级读者使用，同时也可以作为大中专院校相关专业的教材及各类社会培训学校的教学参考书。

图书在版编目（CIP）数据

AutoCAD 室内装饰设计 / 前沿文化编著.—北京：
科学出版社，2013
（案例学）

ISBN 978-7-03-037234-5

Ⅰ.①A… Ⅱ.①前… Ⅲ.①室内装饰设计－计算机
辅助设计－AutoCAD 软件 Ⅳ.①TU238-39

中国版本图书馆 CIP 数据核字（2013）第 058143 号

责任编辑：周晓娟　张志良 / 责任校对：杨慧芳
责任印刷：华　程　　　　 / 封面设计：彭　彭

科学出版社 出版
北京东黄城根北街 16 号
邮政编码：100717
http://www.sciencep.com

三河市李旗庄少明印装厂印刷
中国科技出版传媒股份有限公司新世纪书局发行　　各地新华书店经销

*

2013 年 5 月第　一　版　　　开本：16 开
2013 年 5 月第一次印刷　　　印张：37.25
字数：906 000

定价：59.80 元（含 1DVD 价格）
（如有印装质量问题，我社负责调换）

AutoCAD 2012是目前最流行的辅助设计软件之一，其功能非常强大，使用方便。AutoCAD 2012凭借其智能化、直观生动的交互界面以及高速强大的图形处理能力，在设计领域中应用极为广泛。

本书从实际工作应用角度出发，合理安排知识点，运用简练流畅的语言，结合丰富实用的案例，由浅入深地对AutoCAD 2012在室内装修中的应用进行讲解，让读者可以在最短的时间内学习到最有用的知识，轻松掌握AutoCAD 2012在室内装修中的应用方法和技巧。

>> 本书特点

● 内容全面 讲解细致

书中所选案例均经过精心挑选，全面覆盖了AutoCAD室内装修中的典型应用，又在其中渗透了设计理念、创意思想、实际工作技巧和AutoCAD 2012的软件操作技巧，实用性强，让读者学会软件的同时迅速掌握实际应用能力。

全书讲解图文对应，每个案例都有详细的制作步骤，且在图片上清晰地标注了关键操作，使读者事半功倍地掌握技能。并且设置了300余个"大师点拨"和"知识链接"栏目，重点提示新手容易犯的错误和提高性的知识，让您少走弯路、快速提高能力。

● 案例驱动 循序渐进

书中将软件功能与实际应用直接挂钩，先明确用途再列举案例，读者边学边做，效果事半功倍。全书包含306个案例，所选内容均来源于实际应用中，有的是专业设计人员的应用案例，有的是作者教学中的典型讲解，以求使读者全面掌握AutoCAD 2012的功能。

在每章最后设计了共12个上机实战，帮助读者巩固知识并进一步提高自己的能力。

● 素材丰富 视频教学

随书光盘中包含了所有实例的素材文件和最终效果文件，还收录了绝大多数较为复杂且稍具学习难度实例的操作视频，共计175个，时间长达14小时。光盘具体使用方法参见"多媒体光盘使用说明"。

>> 主要内容

全书共分为"软件技能篇"、"行业知识篇"、"素材打造篇"、"实战应用篇"四大部分，共15章，由浅入深地介绍了AutoCAD 2012在室内装饰设计中的各种知识与应用。

>> 适用读者

● 使用AutoCAD进行室内装修的从业者；

● 在培训班中学习AutoCAD室内装修的学员；

● 大中专院校相关专业的学生。

>> 作者致谢

本书由前沿文化编写。参与本书编创的人员都具有丰富的实际工作经验和一线教学经验，在此，向所有参与本书编创的人员表示感谢！

最后，真诚感谢读者购买本书。您的支持是我们最大的动力，我们将不断努力，为您奉献更多、更优秀的图书！由于相关技术发展非常迅速，加上编者水平有限，疏漏之处在所难免，敬请广大读者批评指正。

编著者

2013年2月

《案例学》系列图书一共7本，均从培养读者实际应用能力出发，以实际案例引导，通过清晰的讲解让您真正掌握实际应用能力。

如果读者在使用本书时遇到问题，可以通过电子邮件与我们取得联系，邮箱地址为：lijingpu@sina.com。此外，也可拨打010-64869353与我们取得联系。

《AutoCAD辅助设计》

《Photoshop商业广告设计》

《Photoshop人像照片专业处理》

《Photoshop数码照片处理》

《网页设计与网站建设》

《Photoshop图像处理与特效设计》

知识讲解

"知识讲解"介绍了最基础的理论知识和操作方法，能够让您更加全面地学会AutoCAD室内装饰设计

操作步骤

按照 **1**、**2**……的顺序逐步操作，关键操作在图上均有标注

大师心得

主要提示了学习者经常会犯的错误，或需要重点注意的问题

行业链接

"行业链接"介绍了行业内的规则和规范，让学习者设计时有规可依，有规可循

案例学 AutoCAD 室内装饰设计

1.1 知识讲解——初识AutoCAD 2012

要使用AutoCAD进行绘图，首先要在电脑中安装该软件。本节主要为初学者介绍AutoCAD 2012的安装、启动与退出等入门知识。

1 打开素材文件。打开素材文件"15-5-3.dwg"，选择"家具线"图层，创建运动器材，移动到适当位置，如左下图。

2 创建花台布置植物。在主卧一侧的露台创建花台，在花台中创建植物并布置到适当位置，如右下图。

> **大师心得** 在AutoCAD 2012启动后，程序会自动新建一个名为"Drawing1.dwg"的文件，表示软件启动成功。

9.1 行业链接——室内装饰设计简述

现代室内装饰设计是一门实用艺术，也是一门综合性科学。其所包含的内容同传统意义上的室内装饰相比，内容更加丰富、深入，涉及的相关因素更为广泛。室内设计泛指能够在室内建立的任何相关物件，包括：墙、窗户、窗帘、门、表面处理、材质、灯光、空调、水电、环境控制系统、视听设备、家具与装饰品的规划。

9.1.1 室内装饰设计的定义

室内装饰：装饰原义是指"器物或商品外表"的"修饰"，是着重从外表、视觉艺术的角度来探讨和研究的。例如对室内地面、墙面、顶棚等各界面的处理，装饰材料的选用，也可能包括对家具、灯具、陈设和小物品的选用、配置和设计。

> **知识链接——厨卫吊顶** 在三楼露台可以单独创建一个阳光房，将阳光房布置成运动室，既可以运动健身，又可以观赏风景。

276

知识链接

提高性的知识和技巧，帮助您解决更多的问题

11.1 同步训练——家具的绘制

　　本节将室内装饰设计中最常用的家具元素绘制出来。在AutoCAD中绘制室内装饰图纸时，几乎每套住房中都需要电视、沙发、床等基本元素。因为有许多元素都是大致相同的，所以先将这些元素绘制出来，后期需要时直接调用即可，可极大地节约绘图时间，提高绘图效率。

案例 01 绘制电视组合柜

TV

　　为了方便学习，本节相关实例的素材文件、结果文件，以及同步教学文件可以在配套的光盘中查找，具体内容路径如下。

➡ 原始素材文件：无
➡ 最终结果文件：光盘\结果文件\第11章\11-1-1.dwg
➡ 同步教学文件：光盘\多媒体教学文件\第11章\11-1-1.mp4

本例难易度	制作关键	技能与知识要点
★★★☆☆	本实例首先绘制电视柜的主体柜体，接着绘制电视，然后绘制组合矮柜和矮柜上的台灯，最后将矮柜和台灯镜像复制，完成电视组合柜的绘制。	• "多段线"、"直线"命令 • "文字"命令 • "偏移"命令 • "拉伸"命令 • "镜像"命令

13.1 实战应用——户型分析

　　办公空间设计旨在创造一个良好的办公环境。一个成功的室内办公空间设计，必须在室内空间划分、平面布置、界面处理、采光照明、色彩选择、氛围营造等方面进行全盘考虑。在设计之初，必须根据客户的需要对户型进行分析。

同步训练

　　"同步训练"为全书主要学习脉络，跟随"同步训练"中的案例学习，可以让您由浅入深地全面掌握AutoCAD室内装饰设计

案例效果

　　案例制作完成后的效果展示，让您的学习更加直观

光盘路径

　　实例配套视频、素材文件、最终结果文件在光盘中的位置

案例介绍

　　描绘了案例的基本情况与特点，让您更有针对性地进行学习

实战应用

　　"实战应用"是为了帮助您巩固能力与进一步提高水平所设置的案例，学习者可以不必按照顺序自由选择学习

多媒体光盘使用说明

多媒体教学光盘的内容

本书配套的多媒体教学光盘中包括175个视频教程。视频教程对应书中各章节的内容安排，为各章节内容的操作步骤配音视频演示录像，播放时间长达14小时。读者可以先阅读图书再浏览光盘，也可以直接通过光盘学习如何处理数码照片。

光盘使用方法

1. 将本书的配套光盘放入光驱后会自动运行多媒体程序，并进入光盘的主界面，如图1所示。如果光盘没有自动运行，只需在"我的电脑"中双击光驱的盘符进入配套光盘，然后双击start.exe文件即可。

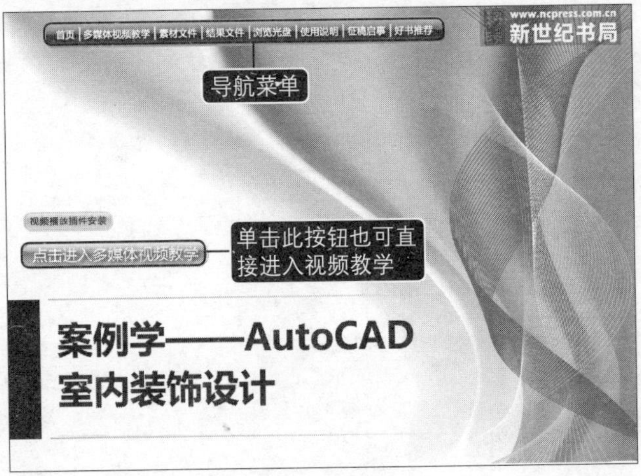

2. 光盘主界面上方的导航菜单中包括"多媒体视频教学"、"浏览光盘"和"使用说明"等项目，如图1所示。单击"多媒体视频教学"按钮，可显示"目录浏览区"和"视频播放区"，如图2所示。"目录浏览区"是书中所有视频教程的目录，"视频播放区"是播放视频文件的窗口。在"目录浏览区"有以章序号顺序排列的按钮，单击按钮，将在下方显示以节标题和实例名称命名的该章所有视频文件的链接。单击链接，对应的视频文件将在"视频播放区"中播放。

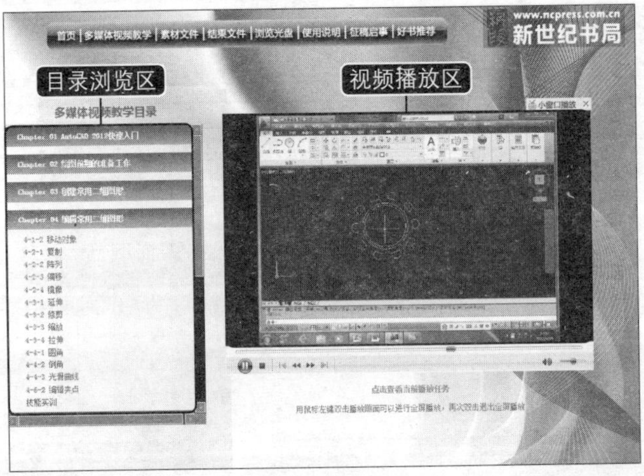

图1 光盘主界面

图2 显示视频信息

3. 单击"视频播放区"中控制条上的按钮可以控制视频的播放，如暂停、快进；双击播放画面可以全屏幕播放视频；再次双击全屏幕播放的视频可以回到如图2所示的播放模式。

4. 通过单击导航菜单（见图3）中不同的项目按钮，可浏览光盘中的其他内容。

图3 导航菜单

● 单击"浏览光盘"按钮，进入光盘根目录，双击"素材文件"和"结果文件"文件夹，可看到以章序号命名的文件夹，双击所需章号，即可查看该章实例的原始文件和最终效果文件，如图4所示。

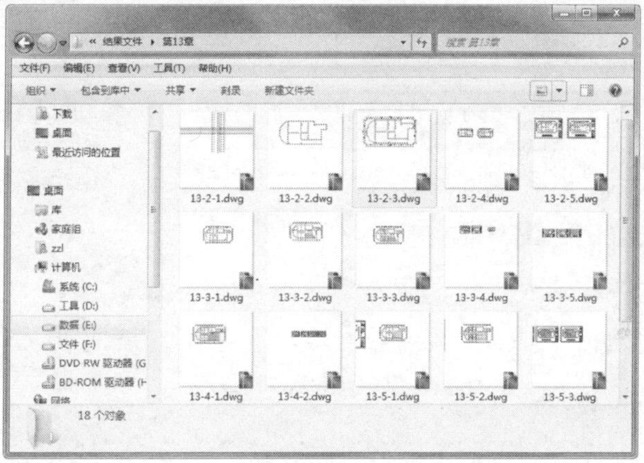

图4 实例文件

● 单击"使用说明"按钮，可以查看使用光盘的设备要求及使用方法。

● 单击"征稿启事"按钮，有合作意向的作者可与我社取得联系。

● 单击"好书推荐"按钮，可以看到本社近期出版的畅销书目录，如图5所示。

图5 好书推荐

目录 Contents

为配有视频教程的案例

Chapter 01
AutoCAD 2012快速入门　　001

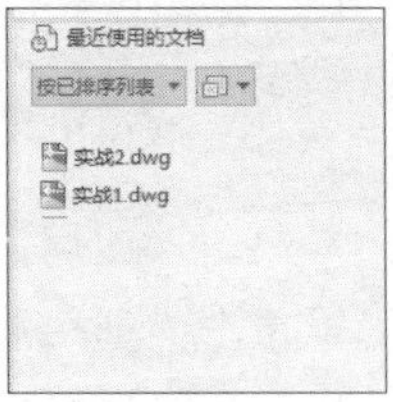

Chapter 02
绘图前期的准备工作 014

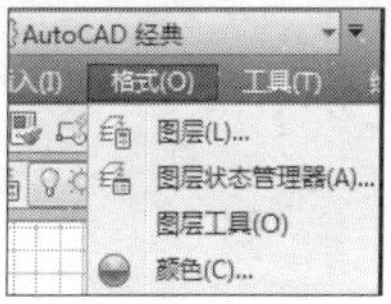

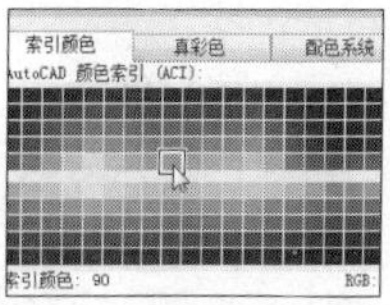

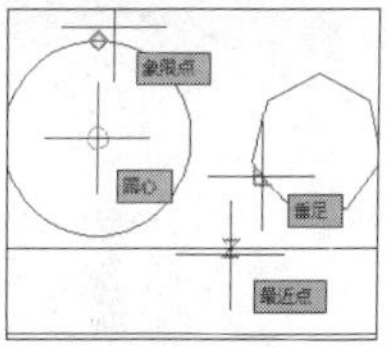

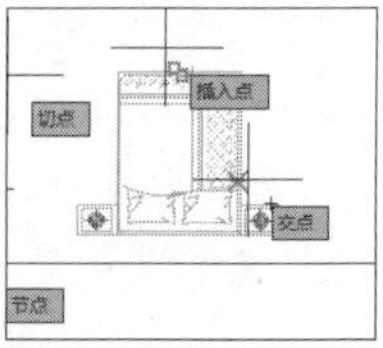

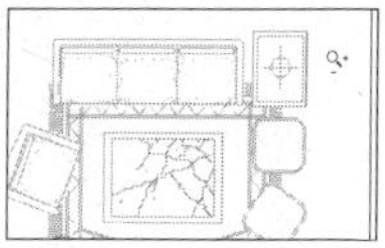

2.5　知识讲解——执行命令的方式

技能实训1　设置图形界限：A3(420,297)　032

技能实训2　打开捕捉和正交模式　033

Chapter 03
创建常用二维图形　036

3.1　知识讲解——绘制点

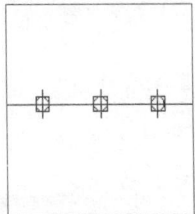

3.2　知识讲解——绘制线

3.3　知识讲解——绘制矩形和多边形

3.4　知识讲解——绘制圆

3.5　知识讲解——绘制圆弧和圆环

3.6　知识讲解——绘制椭圆和椭圆弧

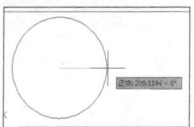

技能实训1　绘制窗帘立面图　　　　060

技能实训2　绘制酒柜立面图　　　　063

Chapter 04
编辑常用二维图形　　068

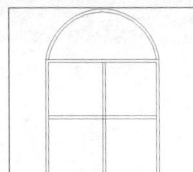

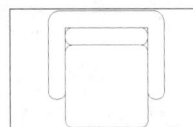

Chapter 05
AutoCAD 2012图层操作 105

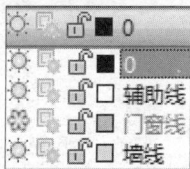

Chapter 06
填充、图块、设计中心 122

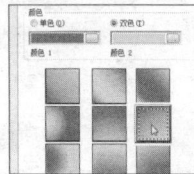

Chapter 07
尺寸标注、文字表格   149

Contents | 目录

Chapter 08
查询、打印 196

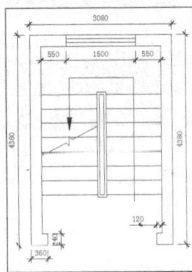

Chapter 09
室内装饰设计必知必会　　216

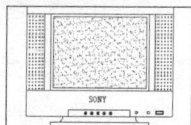

Chapter 10
室内装饰设计制图知识　260

10.1　行业链接——室内设计制图规范

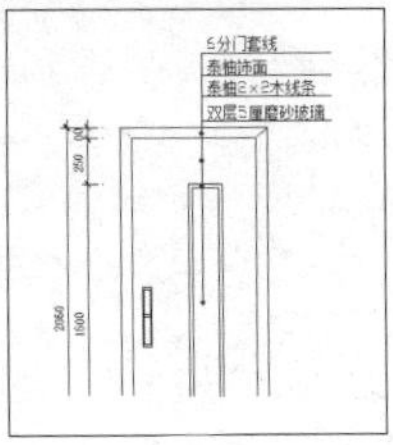

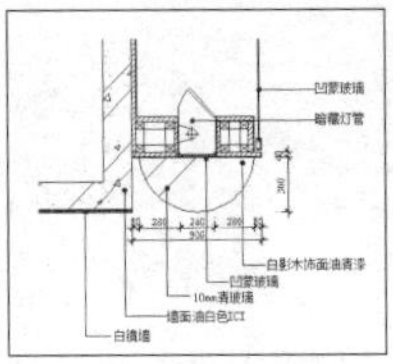

10.2　行业链接——室内装饰设计制图内容

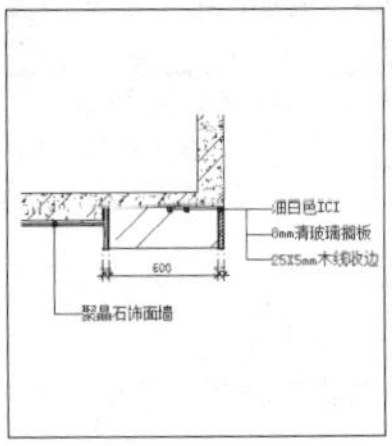

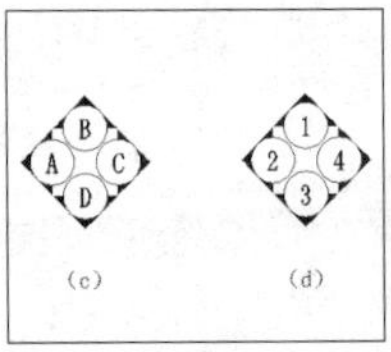

Chapter 11
绘制室内设计素材 275

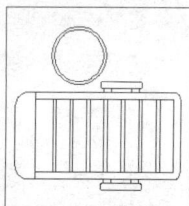

饮水机立面图

Chapter 12
创建室内绘图模板　　385

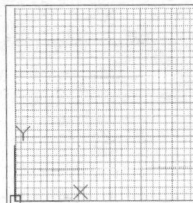

Chapter 13
办公室装修设计案例   408

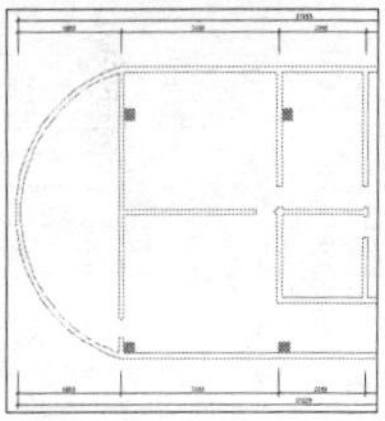

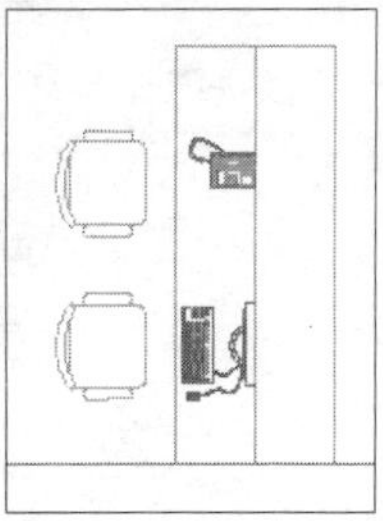

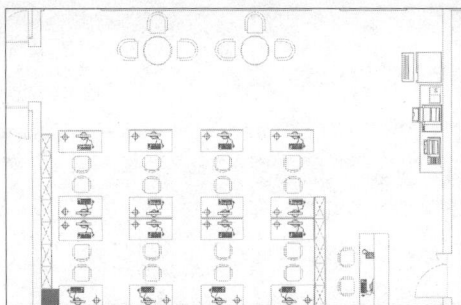

Chapter 14
室内家装设计案例 453

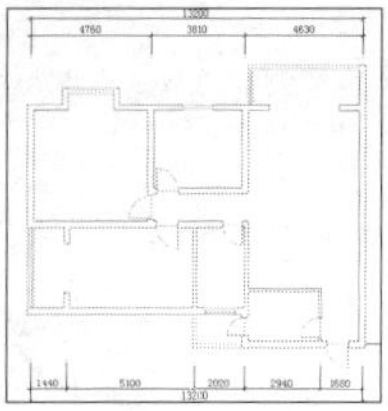

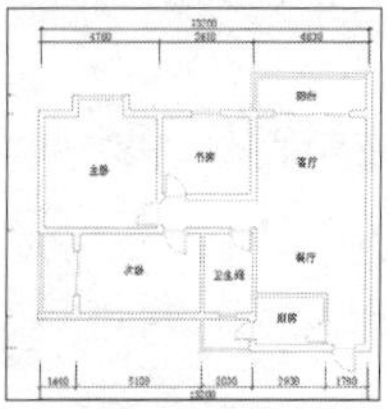

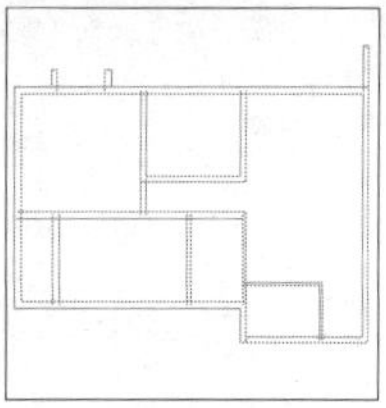

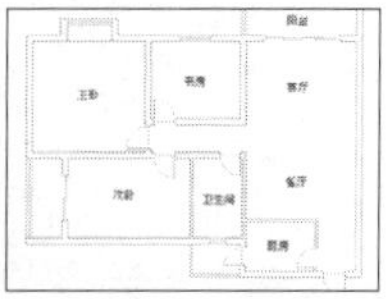

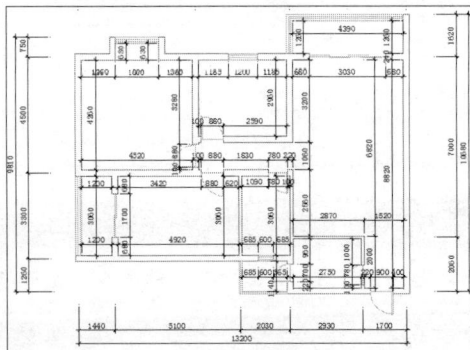

Chapter 15
别墅室内设计案例 519

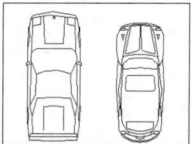

Chapter

01

AutoCAD 2012快速入门

本章导读
BEN ZHANG DAO DU

AutoCAD是目前使用最广泛的计算机辅助绘图软件，也是建筑装饰行业入门必会的软件。AutoCAD 2012则是该软件的最新版本。本章将带领大家了解和熟悉AutoCAD 2012的入门知识，为后面的学习做好准备。

知识要点
ZHI SHI YAO DIAN

- 初识AutoCAD 2012
- 了解并掌握AutoCAD 2012的全新界面
- 熟练掌握图形文件的管理操作

案例展示
AN LI ZHAN SHI

1.1 知识讲解——初识AutoCAD 2012

要使用AutoCAD进行绘图，首先要在电脑中安装该软件。本节主要为初学者介绍AutoCAD 2012的安装、启动与退出等入门知识。

1.1.1 安装AutoCAD 2012

为了更直观地了解AutoCAD 2012的安装方法，可以通过下列图例做具体讲解。

1 进入安装界面。打开AutoCAD 2012安装光盘，找到"setup.exe"文件，双击开始安装；进入安装界面，选择"在此计算机上安装"选项，如下图。

2 接受许可协议。安装许可协议，单击"我接受"单选按钮，再单击"下一步"按钮，如左下图。

3 安装产品信息。在"产品信息"选项组下选中"我有我的产品信息"单选按钮，输入序列号和产品密钥，单击"下一步"按钮，如右下图。

4 选择安装内容并设置路径。在弹出界面的"安装>配置安装"选项组下勾选 "AutoCAD 2012"复选框，并在"安装路径" 安装路径： D:\Program Files\Autodesk\ 文字框内 设置安装路径；设置完成后单击"安装"按钮，如左下图。

5 了解安装进度。此时程序正在安装，从"安装>安装进度"下的"整体进度"栏可 了解当前的安装信息，如右下图。

大师心得   在"安装>配置安装"选项组下除了"AutoCAD 2012"选项，还有另外两种 可同时安装的软件，一种是"Autodesk Design Review"，此软件针对二维和三维 设计进行数字化协作，无需创建原始设计；一种是"Autodesk Inventor Fusion 2012"，此款 软件可以方便地造型和编辑来自几乎任何源环境的三维数据。如果作图的时候需要，可勾选 软件前的复选框。
    在安装AutoCAD 2012时，"安装进度"这一步骤是整个安装过程中用时最长的，此时不 能单击"取消"按钮；若单击"取消"按钮，安装就会失败。

6 安装完成。单击"完成"按钮完成安装，如左下图。

7 进入激活界面。接着上一步的操作会弹出"激活界面"，此时单击"激活"按钮激 活AutoCAD 2012，表示软件安装结束，如右下图。

1.1.2 启动AutoCAD 2012

完成AutoCAD 2012的安装后，就可以启动该软件进行操作使用。下面介绍几种常用的启动方法。

方法一：右击桌面上Auto CAD 2012快捷程序图标，在弹出的快捷菜单里单击"打开"命令；或双击Auto CAD 2012快捷程序图标，快速打开软件。

方法二：单击桌面左下角的"开始"菜单，在显示出的菜单中单击"AutoCAD 2012-Simplified Chinese"命令即可启动该程序，如左下图。

使用上面两种方法启动AutoCAD 2012后，出现启动画面，如右下图。

> **大师心得** 在AutoCAD 2012启动后，程序会自动新建一个名为"Drawing1.dwg"的文件，表示软件启动成功。

1.1.3 退出AutoCAD 2012

当不使用AutoCAD 2012程序时，可以通过以下方法来退出。

方法一：标准退出方式。单击AutoCAD 2012界面左上角的"菜单浏览器"按钮，在显示的快捷菜单右下角单击"退出AutoCAD 2012"按钮 退出 AutoCAD 2012，即可退出AutoCAD 2012程序。

方法二：快捷退出方式。单击AutoCAD 2012界面右上角的"关闭"按钮 x，如下图，即可退出AutoCAD 2012程序。

1.2 知识讲解——AutoCAD 2012全新界面

当AutoCAD程序安装完成之后，启动程序进入AutoCAD 2012的界面，并设置适合自己的绘图界面，如下图。

快速访问工具栏　工作空间　菜单栏　标题栏　常用工具栏　修改工具栏

菜单浏览器

绘图工具栏

绘图区

命令窗口

状态栏

1.2.1 认识"菜单浏览器"

在界面左上角是"菜单浏览器"按钮，如左下图。单击此按钮即显示一个垂直的菜单项列表，如右下图；在此可以方便地访问不同的项目，包括命令和文档等内容。

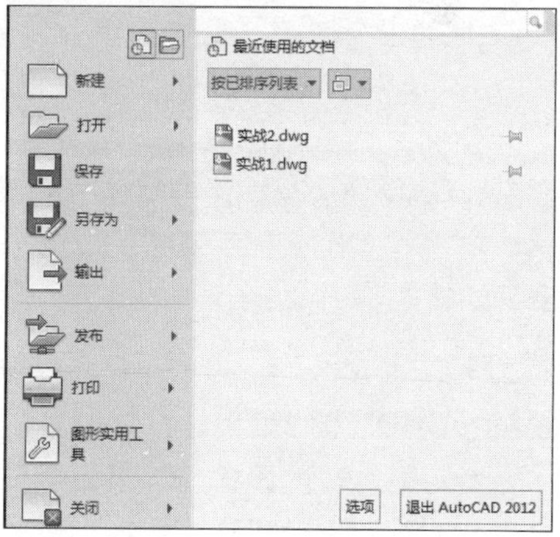

1. 文件管理命令

在菜单项列表左边灰色区域罗列着管理图形文件的命令，如新建、打开、保存、打印、输出、发布、打印、图形实用工具、关闭等，根据绘图需要可方便地调用相应的命令。

2. 快速查看使用文档的情况

在菜单浏览器中，显示了"最近使用的文档"按钮和"打开的文档"按钮，通过以图标或小、中、大预览图来显示文档名；鼠标在文档名上停留时，会显示一个预览图形和与其相关的文档信息，可以更快更清晰地查看最近使用过或者正在使用的文件的情况。

3. 查找工具

是菜单浏览器内的查找工具，在查找域里输入英文或者汉字，软件会把程序里包含有这个英文或者汉字的所有条目以列表方式罗列出来，以方便查找命令。

1.2.2 快速访问工具栏

快速访问工具栏紧靠"菜单浏览器"按钮右上方，主要用于存储经常访问的命令，包括新建、打开、保存、另存为、打印、放弃、重做、工作空间 AutoCAD 经典 等按钮。

> **大师心得** 单击快速访问工具栏右侧的展开按钮，即显示"自定义快速访问工具栏"菜单，在需要显示的命令前单击，出现，此命令即会显示。再次单击，则取消显示。

1.2.3 工作空间

在AutoCAD 2012中，"工作空间"按钮被默认放置在快速访问工具栏内。工作空间是由分组的菜单、工具栏、选项板和功能区控制面板组成的集合。在AutoCAD 2012里有4种工作空间模式，可根据自己的需要选择不同的工作空间。单击"工作空间"右边的展开按钮 AutoCAD 经典 ，可以轻松地实现工作空间的转换。

1. 草图与注释空间

在AutoCAD 2012里程序打开时默认的工作空间是"草图与注释"。此空间自动显示功能区，即由常用工具组成的选项板，需要执行命令时，单击相应的命令按钮即可，主要包括常用、插入、注释、参数化、视图、管理、输出、插件、联机9个部分，如左下图。

2. 三维基础空间

此空间可方便地绘制修改基础三维图形，操作时单击相应的命令按钮即可，包括常用、渲染、插入、管理、输出、插件、联机7个部分，如右下图。

3. 三维建模空间

此工作空间用于绘制更多、更复杂的三维图形，自动显示功能区；需要执行命令时，单击相应的命令按钮即可，主要包括常用、实体、曲面、网格、渲染、参数化、插入、注释、视图、管理、输出、插件、联机共13个部分，如左下图。

4. AutoCAD经典空间

此工作空间是AutoCAD 2002~AutoCAD 2012每个版本都会使用的，集合了前面三种工作空间的所有内容，也是这本书使用的工作界面。这个界面没有功能区，界面左侧为绘图工具栏，右侧为修改工具栏，需要执行命令时单击相应菜单下的命令选项即可，其他内容与另三种工作空间相同，如右下图。

> **ℹ 知识链接——工作空间含义**
>
> AutoCAD版本越高，工作空间设置越灵活，工作空间就是工作平台，每个行业对AutoCAD软件的应用面不同，常用的命令也不一样。工作空间就是根据用户的需要把工具分类汇总，如果感觉现有的界面不是为自己量体制作的，也可根据自己的需要进行设置。各个工作空间只是排列方式不一样，工具数量不一样，里面的内容是相同的。

1.2.4　标题栏

在AutoCAD 2012程序窗口中，标题栏位于窗口最顶部。显示当前应用程序名、文件名等 `AutoCAD 2012 Drawing1.dwg`，还包含程序图标、"最小化"、"最大化"、"还原"和"关闭"按钮以及"帮助"按钮 `? _ □ ×`。

1.2.5　工具栏

每一个应用程序或者操作系统中都有一个工具栏。AutoCAD的工具栏是由工具条组成的，当把AutoCAD的工具条固定放在AutoCAD工作界面上时，就组成了工具栏。AutoCAD工具栏几乎包含软件拥有的所有功能，按照各自功能的不同分成标准工具栏和绘图工具栏。

1．"标准"工具栏

主要用于管理图形文件和进行一般的图形编辑操作，如下图。

2．浮动工具条

操作时可以根据需要对工具栏上的工具条进行调整，按住左键将工具条拖离固定的工具栏，浮动在绘图区内，就变成了浮动工具条。工具条有完整的标题栏和名称、关闭按钮。

> **大师心得**　当所需要的工具没有显示在当前的工具条中时，可以在"标准"工具栏后空白的灰色区域右击，在显示的快捷菜单里将鼠标移动到"AutoCAD"选项上，在显示的快捷菜单里单击所需工具所在的工具组名称，在当前窗口即会弹出需要工具所在的工具栏。

1.2.6　绘图区

绘图区也称为工作区，是绘制编辑图形和文字的区域。在绘图区中移动鼠标，可以看到十字光标随着移动，这是用来进行绘图定位的。在绘图区的左下角显示的是当前的坐标系统，指示出当前作图的X轴方向和Y轴方向。绘图区的右边和相邻的右下边有垂直和水平滚动条，移动滚动条可以全方位地观察工作区域的图形。

> **大师心得**　有时候在绘图时因为需要同时打开几个文件，而当前窗口不能一次显示全部文件，只能逐一显示各文件；要在AutoCAD里进行多个文件之间的快速切换，可以使用快捷键【Ctrl + Tab】。

1.2.7　命令窗口

在AutoCAD绘图区下方是AutoCAD进行交流命令参数的窗口，也叫命令提示窗口，命令提示窗口分两个区域：命令历史区和命令输入与提示行。命令历史区显示已经用过的命令；命令提示区与命令输入行是用户对AutoCAD发出命令与参数要求的地方，如下图。

指定下一点或 [闭合(C)/放弃(U)]:
指定下一点或 [闭合(C)/放弃(U)]: ——— 命令历史区

命令: ——— 命令提示与输入行

命令窗口执行一个命令的过程如下。

1 命令栏初始效果。启动程序后，命令行显示为"命令："，表示可输入命令，如左下图。

2 输入命令并执行。输入命令或参数后，必须按【Enter】键或空格键确认执行该命令，确认后命令栏效果如右下图。

命令:
命令:

命令:
命令:
命令: C
CIRCLE 指定圆的圆心或 [三点(3P)/两点(2P)/切点、切点、半径(T)]:

3 输入提示信息。当系统处于命令执行过程中，该行显示各种操作提示（如指定下一点、命令分析等信息），应当密切留意命令窗口中的内容，如左下图。

4 完成命令。命令结束后，命令行回到"命令："状态，可输入新的命令，如右下图。

命令: C
CIRCLE 指定圆的圆心或 [三点(3P)/两点(2P)/切点、切点、半径(T)]:
指定圆的半径或 [直径(D)] <500.0000>: 100

CIRCLE 指定圆的圆心或 [三点(3P)/两点(2P)/切点、切点、半径(T)]:
指定圆的半径或 [直径(D)] <500.0000>: 100
命令:

> **大师心得**　在AutoCAD里，【Enter】键、空格键、鼠标左键功能是一样的，都是确认执行命令。命令行中"[ ]"的内容表示各种可选项[三点(3P)/两点(2P)/切点、切点、半径(T)]，各选项之间用"/"隔开；<>号中的值为程序默认值<500.0000>或此命令上一次执行的数值。

1.2.8　状态栏

状态栏位于AutoCAD工作界面的最下方，状态栏显示AutoCAD绘图状态属性。

131.2135,　-1123.3856, 0.0000　　　　　　　　　　　　　　　　模型 　 ∧ 1:1▼ ∧

1. 坐标值

状态栏左下角显示的是光标所在的坐标系坐标点位置，第一个数据代表X轴，第二个数据代表Y轴，第三个数据代表Z轴；由于当前绘图区是二维平面模式，所以Z轴为0。该坐标数据随着光标的移动而改变。

2. 绘图模式

辅助绘图工具，包括捕捉模式、栅格显示、正交模式、极轴追踪、对象捕捉、对象捕捉追踪、允许/禁止动态UCS、动态输入、显示/隐藏线宽、快捷特性等工具。这些绘图模式状态由相应的按钮来切换。如单击第一次打开，那么单击第二次关闭；反之，如果单击第一次关闭，那么单击第二次打开。

3. 快速查看工具

用于快速查看和注释缩放的工具，包括模型或图纸空间、注释比例、切换工作空间、锁定工具栏、全屏显示等内容。

1.2.9 坐标

在实际操作中，要精确定位某个对象的位置，必须以坐标系作为参照。笛卡儿坐标系是WCS，AutoCAD默认的坐标系，又称为直角坐标系，由一个原点和两个通过原点相互垂直的坐标轴构成。其中，水平方向的坐标轴为X轴，以向右为其正方向；垂直方向的坐标轴为Y轴，以向上为其正方向。平面上任何一点都可以由X轴和Y轴构成，如：某点直角坐标为（210，297）。常用的坐标输入有三种：绝对坐标、相对坐标和极坐标。

1. 绝对坐标

相对于坐标原点发生的变化，如：（420，297）。

2. 相对坐标

某点与相对点的相对位移值，在AutoCAD中相对坐标用"@"标识，如：（@0，32）。

3. 极坐标

由一个极点和一个极轴构成，方向为水平向右；以上一点为参考极点，输入极距增量和角度来定义下一个点的位置。其输入格式为"@距离<角度"。

> **大师心得** 在二维平面模式中绘制和编辑工程图形时，只需输入X轴和Y轴坐标，Z轴的坐标数可以省略不输，由AutoCAD自动赋值为0。

1.3 知识讲解——图形文件的管理

用原始的方法绘图必须有纸、笔、尺子、圆规、橡皮擦等绘图工具。使用计算机绘图时，鼠标相当于笔，键盘相当于画图工具，绘图区相当于纸，可这个绘图区却是计算机内存有多大绘图范围就有多大，而且关闭计算机所绘制的图形就会没有了；为了方便使用、查看和管理，就必须根据需要新建、保存、另存文件等，这一节就来讲解文件的管理方法。

1.3.1 新建图形文件

新建文件是绘图的基础，相当于建立一张空白的纸，下面主要介绍新建文件的方法。

方法一：单击"自定义快速访问"工具栏中的"新建"按钮□。

方法二：单击菜单浏览器▲，指向"新建"命令，在显示的菜单里单击"图形"按钮。

方法三：单击"文件"菜单，在出现的快捷菜单里单击"新建"命令。

方法四：按快捷键【Ctrl + N】即弹出"选择样板"对话框，设置内容后即可保存。

下面以方法一为例进行讲解，具体操作如下。

1 新建文件的方法：单击"自定义快速访问"工具栏中的"新建"按钮□，如左下图。

2 新建文件后的内容：在打开的"选择样板"对话框中选择"acadiso"样板文件，单击"打开"按钮，如右下图就成功建立了一个空白文件。

1.3.2 打开图形文件

在实际操作中要经常打开已经存在的图形文件，打开文件的方法如下。

方法一：单击"自定义快速访问"工具栏中的"打开"按钮➢，在弹出的对话框中单击所需的文件，单击"打开"按钮即可。

方法二：单击"菜单浏览器"按钮▲，指向"打开"命令，单击"图形"按钮，在弹出的"选择文件"对话框中单击所需的文件，单击"打开"按钮即可打开选中的图形。

方法三：按快捷键【Ctrl + O】弹出"选择文件"对话框，单击所需的文件，单击"打开"按钮即可。

1.3.3 保存图形文件

当文件建立或图形绘制完成以后，就需要对文件进行保存，并确定文件名称及存储位置，方法如下。

方法一：单击"自定义快速访问"工具栏中的"保存"按钮，在弹出的"图形另存为"对话框中选择存储位置，输入文件名，单击"保存"按钮。

方法二：单击"菜单浏览器"按钮，然后单击"保存"按钮，在弹出的"图形另存为"对话框中选择存储位置，输入文件名，单击"保存"按钮即保存成功。

方法三：按快捷键【Ctrl + S】弹出"图形另存为"对话框，选择存储位置，输入文件名，单击"保存"按钮即保存成功。

1.3.4 另存为图形文件

有些图形文件在保存后又打开做了改动，但修改前的文件和修改后的文件都必须保留，此时就用"另存为"命令将修改后的文件重新存储。

单击"自定义快速访问"工具栏中的"另存为"按钮，在弹出的"图形另存为"对话框中选择存储位置，更改已有文件名，单击"保存"按钮即保存成功。

> **大师心得** "保存文件"对话框只在第一次保存的时候出现，后续保存只需要单击"保存"按钮即可完成保存，不会再出现"图形另存为"对话框；"另存为"文件是指已经存在的文件，经过了某些修改，此时修改前和修改后的文件都需要保存，就用"另存为"命令，但保存时一定要更改文件名，"另存为"文件时每次都会出现对话框，方便更改文件名和存储。

1.3.5 为图形文件加密

完成图形文件的编辑后，就涉及文件使用的问题，为了更安全地使用这些文件，可以对文件设置密码保护。

▶ **原始素材文件**：无
▶ **最终结果文件**：无
▶ **同步教学文件**：光盘\多媒体教学文件\第1章\1-3-5.mp4

1 打开"安全选项"对话框。单击"另存为"按钮，在弹出的对话框里单击右上角的"工具"按钮，单击"安全选项"命令，如下图。

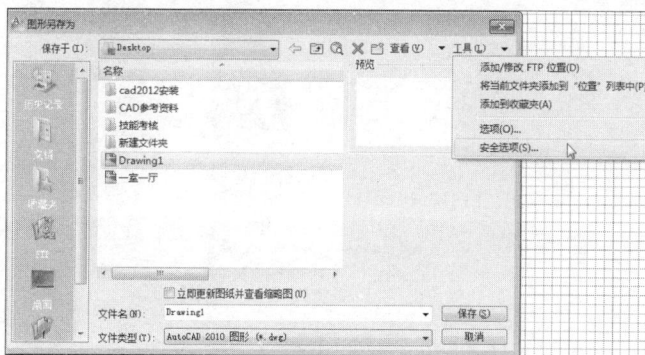

2 设置密码。在"安全选项"对话框里选择"密码"选项卡，输入密码或短语，单击"确定"按钮，在弹出的"确认密码"对话框内输入与前面一致的密码或短语，单击"确定"按钮，如下图。

大师心得 当密码设置完成后，在关闭文件时会出现是否保存的对话框，必须单击"是"按钮才能成功设置密码。文件设置了密码后，在下一次打开文件时，就会弹出一个对话框，要求用户输入正确的密码。

本章小结

在学习AutoCAD 2012的过程中，这一章是为绘图准备和实际绘图做铺垫的，大家要熟悉AutoCAD 2012的界面，重点学习文件管理，这些知识是学习任何软件都必须牢记的基础，简单且实用。

Chapter
02

绘图前期的准备工作

上 一章的主要内容是认识 AutoCAD 2012软件，掌握软件的界面及文件管理，本章讲解的是绘图前期的准备工作，包括设置绘图环境、设置辅助工具、控制视图、对象选择、执行命令的方式等内容，是精确绘图不可缺少的部分。

本章导读
BEN ZHANG DAO DU

>>>>>

知识要点
ZHI SHI YAO DIAN

>>>>>

- 进行绘图环境的初步设置
- 掌握绘图辅助工具的设置
- 熟练掌握视图控制
- 熟练掌握选择对象的方法
- 了解执行命令的方式

案例展示
AN LI ZHAN SHI

>>>>>

2.1 知识讲解——绘图环境的初步设置

在使用AutoCAD 2012绘图前，必须对绘图环境进行符合国内标准和行业标准的相关设置，也可以在此前提下根据个人习惯进行设置。

2.1.1 设置绘图单位

AutoCAD 2012的长度、精度、单位都有很多种类供各个行业的用户选择，所以在绘图前一定要设置自己需要的内容。

▶▶ **原始素材文件**：无
▶▶ **最终结果文件**：无
▶▶ **同步教学文件**：光盘\多媒体教学文件\第2章\2-1-1.mp4

1 设置方法。单击"格式"按钮，在快捷菜单内单击"单位"命令，如左下图。
2 设置内容。在弹出的"图形单位"对话框里对长度、精度、单位进行设置，如右下图。

大师心得　绘图单位一般在绘图前设置，可直接在命令行输入"UN"，按【Enter】键，在弹出的"图形单位"对话框里设置绘图单位。

在建筑装饰绘图里，一般情况下，长度类型设置为小数，精度设置为0；角度类型设置为十进制度数，精度也为0，公认的单位是毫米（mm）；绘图时，都是按实际尺寸1:1的比例来输入数据。

2.1.2 设置线型

在AutoCAD中，主要是用线条绘制图形，当文件中的图形对象过多时，可以对线型进行设置将对象区别开来，便于图形的观看。

▶▶ **原始素材文件**：无
▶▶ **最终结果文件**：无
▶▶ **同步教学文件**：光盘\多媒体教学文件\第2章\2-1-2.mp4

1 设置方法。单击"格式"按钮，在快捷菜单里单击"线型"命令，弹出"线型管理器"对话框。

2 加载线型。单击"线型管理器"右上方的"加载"按钮，弹出"加载或重载线型"对话框，从中选择需要的线型，单击"确定"按钮，如左下图。

3 显示细节。单击"线型管理器"右上方的"显示细节"按钮，在"线型管理器"对话框下方显示"详细信息"栏，可在此栏选项后的数字框更改数字，设置完成后单击"确定"按钮，如右下图。

2.1.3 设置线宽

在一个文件中，当图形对象的线型相同，但表示的对象不一样时，可以为不同种类的对象设置不同的线宽，方便对象的识别和观看。

1 设置方法。单击"格式"按钮，单击"线宽"命令，如左下图。

2 设置线宽。在弹出的"线宽设置"对话框内单击左方"线宽"栏内的线宽值，还可设置单位、线宽和显示比例，完成设置后单击"确定"按钮，如右下图。

> **大师心得** 　　在"线宽设置"对话框的左侧是"线宽"栏，栏内有"ByLayer（随层）/ ByBlock（随颜色）/默认"三个选项，也可以设置"0.00mm到2.11mm"的线宽值；右上方为"列出单位"栏，公认为"毫米"；右中部为"显示线宽"栏，在"默认"后的下拉列表里同样可以选择线宽值；在右下方为"调整显示比例"栏，在栏内调整线宽的显示比例。

2.1.4 设置线条颜色

设置线条颜色也是为了快速区分对象，并且可以直观地将对象编组。

1 设置方法。单击"格式"按钮，在快捷菜单里单击"颜色"命令，如左下图。

2 设置线条颜色。在弹出的"选择颜色"对话框中单击默认的"索引颜色"项内的颜色即可完成线条颜色的设置，如右下图。

大师
心得　　在"选择颜色"对话框内，程序默认进入的是"索引颜色"选项卡；可以单击进入"真彩色"选项卡，通过调整颜色模式"RGB：红、绿、蓝"确定所需颜色；也可以单击"配色系统"选项卡，进入其中选择颜色。

2.1.5 设置绘图背景

在第一次启动AutoCAD的时候，绘图区域默认的背景颜色是黑色，可以根据自己的需要更改绘图区的背景颜色。

1 设置方法。单击"菜单浏览器"按钮，单击"选项"按钮，弹出"选项"对话框（默认显示的是"显示"选项卡），如左下图。

2 设置绘图背景颜色。在"窗口元素"里单击"颜色"按钮，弹出"图形窗口颜色"对话框，单击此对话框的"颜色"下拉按钮，并在其下拉列表中选择需要的颜色，再单击"应用并关闭"按钮 应用并关闭(A) 即可，如右下图。

2.1.6 设置十字光标

在AutoCAD中绘图时，可以根据需要和习惯对十字光标的大小进行设置。

▶▶ **原始素材文件：** 无
▶▶ **最终结果文件：** 无
▶▶ **同步教学文件：** 光盘\多媒体教学文件\第2章\2-1-6.mp4

1 设置方法。单击"菜单浏览器"按钮▦，单击"选项"按钮，在弹出的"选项"对话框内调整"十字光标大小"的参数，如左下图。

2 设置十字光标大小。左右拖动右下方"十字光标大小"区域的滑块▯，观看效果；将滑动按钮拖动到"30"的位置，十字光标效果如右下图。

> **大师心得** 在AutoCAD中，十字光标默认大小为"5"，取值范围为1到100，数值越大，十字光标越长，值为100时，看不到十字光标的末端。在绘图过程中，十字光标太小发挥不了作用，太大影响计算机速度，可根据需要调整其大小；在"十字光标大小"选项组内的数字框内输入数字和拖动滑块效果相同。

3 设置拾取框方法。单击"菜单浏览器"按钮▦，单击"选项"按钮，在弹出的"选项"对话框内打开"选择集"选项卡，在对话框左上方的"拾取框大小"栏中拖动滑块▯进行设置，如左下图。

4 设置拾取框大小。将"拾取框大小"栏的滑块拖动至最右方，单击"确定"按钮，十字光标中部的拾取框大小显示效果如右下图。

2.1.7　设置文件自动保存时间

在制图的过程中，很多人没有一边绘图一边"保存"的习惯，有时会因不可预期的意外，导致绘制图形的过程中止，所绘制的图形没有保存只好重新绘制。为了防止这种情况，可以设置文件自动保存时间。

1 设置文件自动保存方法。单击"菜单浏览器"按钮▲，单击"选项"按钮，在弹出的"选项"对话框内打开"打开和保存"选项卡，如左下图。

2 设置自动保存时间。在"文件安全措施"栏中勾选"自动保存"复选项；输入时间为"5"，并勾选"每次保存时均创建备份副本"复选项，单击"确定"按钮完成设置，如右下图。

> **大师心得**　在AutoCAD 2012中，除了从"菜单浏览器"中单击"选项"按钮打开"选项"对话框外，还可以直接使用快捷键【O+P】快速打开"选项"对话框。

2.2　知识讲解——绘图辅助工具设置

设置好绘图环境后，本节将介绍AutoCAD常用辅助工具的设置。这些设置主要是提高用户的工作效率和绘图准确性。

2.2.1　捕捉模式

"捕捉模式"▦用于设定捕捉的类型，这里讲的"捕捉模式"主要指"栅格捕捉"和"矩形捕捉"，是对设置的图纸上的网点进行捕捉。这里主要是设置"捕捉打开"和"捕捉关闭"。

"捕捉模式"打开/关闭的方法如下。

方法一：单击状态栏上的"捕捉"按钮▦即打开捕捉，再次单击此按钮关闭捕捉。

方法二： 按功能键【F9】打开捕捉命令，再次按此键关闭捕捉命令。

2.2.2 栅格显示

栅格显示是指在计算机屏幕上显示由指定行间距和列间距排列的栅格点，主要起方便观看绘图的效果，栅格关闭后栅格点不显示。

"栅格显示"打开/关闭的方法如下。

方法一： 单击状态栏上的"栅格显示"按钮▦即显示栅格，再次单击此按钮不显示栅格。

方法二： 按功能键【F7】打开栅格命令，再次按此键关闭栅格命令。

2.2.3 正交模式

"正交模式"└里的正交就是"直角坐标系"的最好体现，使用"正交"可以将光标限制在水平或者垂直方向上移动，也就是绘制的都是水平或垂直的对象，便于精确地创建和修改对象。

"正式模式"打开/关闭的方法如下。

方法一： 单击状态栏上的"正交模式"按钮└，正交开，再次单击此按钮正交关。

方法二： 按功能键【F8】打开正交命令，再次按此键关闭正交命令。

2.2.4 极轴追踪

使用极轴追踪，光标将按指定角度进行移动，创建或修改对象时，当光标接近极轴角时，将显示临时对齐路径和工具提示；当光标从该角度移开时，对齐路径和工具提示消失。

"极轴追踪"打开/关闭的方法如下。

方法一： 单击状态栏上的"极轴追踪"按钮◢，"极轴追踪"开，再次单击此按钮"极轴追踪"关。

方法二： 按功能键【F10】，打开"极轴追踪"，再次按此键"极轴追踪"关。

> **大师心得** 在"极轴追踪"按钮为打开状态时，也可以绘制水平或者垂直的线，所以"极轴追踪"和"正交模式"不能同时打开；打开"极轴追踪"将自动关闭"正交模式"。

2.2.5 对象捕捉

　　"对象捕捉"主要起着精确定位的作用，绘制图形时根据设置的物体特征点进行捕捉，比如端点□ ☑端点(E)、圆心○ ☑圆心(C)、中点△ ☑中点(M)、垂足┗ ☑垂足(P)等。

　　打开/关闭"对象捕捉"的方法如下。

　　方法一：单击状态栏上的"对象捕捉"按钮□，打开"对象捕捉"命令，再次单击此按钮关闭"对象捕捉"命令。

　　方法二：按功能键【F3】，打开"对象捕捉"命令，再次按此键关闭"对象捕捉"命令。在实际绘图时打开了"对象捕捉"，依然捕捉不到需要的点，可以进入"对象捕捉"进行相关设置。具体设置方法如下。

　▶▶ **原始素材文件：**无
　▶▶ **最终结果文件：**无
　▶▶ **同步教学文件：**光盘\多媒体教学文件\第2章\2-2-5.mp4

1 对象捕捉设置方法。单击"对象捕捉"按钮□，弹出"草图设置"对话框，如左下图。

2 设置捕捉对象。单击"对象捕捉"选项，在对象捕捉模式下勾选需要捕捉对象前的复选框，如果所有对象都会用到，就单击 全部选择 按钮，单击"确定"按钮完成设置，如右下图。

> **大师心得**　在打开对象捕捉的情况下，将鼠标指针移动到已绘制对象上所显示的符号就是"对象捕捉模式"栏中的内容；各常用符号具体代表的内容如下。

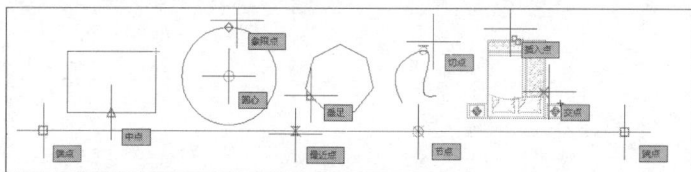

捕捉点图标	名　称	含　义
□	端点	捕捉直线或曲线的端点
△	中点	捕捉直线或弧段的中间点
○	圆心	捕捉圆、椭圆或弧的中心点
⊠	节点	捕捉用POINT命令绘制的点对象
◇	象限点	捕捉位于圆、椭圆或弧段上0°、90°、180°、270°处的点
✕	交点	捕捉两条直线或弧段上的交点
⊠	最近点	捕捉处在直线、弧段、椭圆或样条线上，距离光标最近的特征点
⊽	切点	捕捉圆、弧段及其他曲线的切点
┗	垂足	捕捉从已知点到已知直线的垂线的垂足
⅁	插入点	捕捉图块、标注对象或外部参照的插入点

2.2.6　对象捕捉追踪

对象捕捉追踪通俗地讲就是追踪对象上的点，沿指定方向按指定角度或其他的指定关系绘制对象；对象捕捉和对象捕捉追踪一起使用时，必须设定具体的捕捉对象，才能从对象的捕捉点进行追踪。

使用"对象捕捉追踪"的方法如下。

方法一：单击状态栏上的"对象捕捉追踪"按钮∠，打开"对象捕捉追踪"命令，再次单击此按钮关闭"对象捕捉追踪"命令。

方法二：按功能键【F11】，打开"对象捕捉追踪"命令，再次按此键关闭"对象捕捉追踪"。

2.2.7　快捷特性

对象被选择时，对象的名称、颜色、图层、线型、全局宽度、闭合等特性显示在"快捷特性"面板中。

使用"快捷特性"的方法：单击状态栏上的"快捷特性"按钮▣，"快捷特性"面板在对象被选择时显示；再次单击此按钮则不显示。

2.2.8　动态输入

"动态输入"在鼠标指针右下角提供了一个工具提示，打开动态输入时，工具提示将在鼠标指针旁边显示信息，该信息会随鼠标指针移动动态更新。当命令处于活动状态时，工具提示将为用户提供输入的位置。动态输入不会取代命令行，可以隐藏命令行增加绘图屏幕区域，但是在很多操作中还是需要显示命令行。

使用"动态输入"的方法：单击状态栏上的"动态输入"按钮⊞，绘图时在鼠标指针右下方就会有一个显示信息的工具提示，如左下图；再次单击⊞按钮则不会显示工具提示，如右下图。

2.3 知识讲解——视图控制

在建筑和室内装饰制图中，都是按实际尺寸进行图形绘制的，这些内容有时候要在屏幕上全部显示出来，有时候需要只显示局部方便对细节进行调整，无论放大、缩小、移动，图形的真实尺寸都保持不变，这些最基本的视图转换就是视图控制，都是辅助绘图不可缺少的部分，熟练掌握这些内容能极大提高绘图速度。

2.3.1 实时平移视图

实时平移视图是指在视图的显示比例不变的情况下，查看图形中任意部分的细节情况，而不会更改图形中的对象位置或比例，具体使用方法如下。

方法一：单击工具栏上的"实时平移"按钮🖑，鼠标指针变成一只小手，按住左键不放拖动，窗口内的图形就会按"小手"移动的方向移动；释放鼠标左键，按【Esc】键退出实时平移模式。

方法二：执行"视图→平移→定点"命令，鼠标指针变成一只小手，进入实时平移模式，按住左键不放拖动实现视图平移，释放鼠标左键，按【Esc】键退出实时平移模式。

方法三：按住鼠标滚轮不放鼠标指针变成一只小手，将鼠标前后左右移动实现视图平移，释放鼠标滚轮即退出实时平移模式。

2.3.2 缩放视图

在CAD中进行放大和缩小操作便于对图形的查看和修改，类似于使用相机进行缩放，在对图形进行缩放后，图形的实际尺寸并没有改变，只是图形在屏幕上的显示发生了变化。

下面主要讲解使用视图缩放的种类。

1. 实时缩放

通过向上或向下移动鼠标可随意放大或缩小。

方法一：执行"视图→缩放→实时"命令，鼠标指针变成Q^+，按住左键不放向上移动是放大视图，如左下图；按住左键不放往下移动是缩小视图，如右下图；按【Esc】键或空格键退出实时缩放模式。

方法二：按【Z】键一次，接着按空格键两次，鼠标指针变成Q^+，按住鼠标左键不放上下移动放大缩小视图，按【Esc】键退出实时缩放模式。

方法三：鼠标滚轮往前滚动放大视图，鼠标滚轮向后滚动缩小视图。

> **大师心得** 在CAD绘图过程中，视图缩放和鼠标的操作贯穿始终，只用鼠标基本能实现所有缩放功能，左键的功能是"选择"、"确认"、"拖放"；右键的功能是"结束"、"取消"、弹出快捷菜单；滚轮的功能是缩放和平移。

2. 全部缩放

一般是将当前使用文件中的所有对象全部显示在当前屏幕上进行观看。

方法一：执行"视图→缩放→全部"命令，当前文件内的所有对象都会显示在屏幕上。

方法二：执行"视图→缩放→范围"命令，当前文件内的所有对象都会显示在屏幕上。

方法三：按【Z】键，按【Enter】键，按【A】键，按【Enter】键，全图显示。

方法四：快速双击鼠标滚轮，全图显示。

> **大师心得** 用AutoCAD绘图时，程序在执行命令的过程中每一步都需要确认指令，所以每输入一个命令就要按一次【Enter】键确认命令执行；【Enter】键、空格键、鼠标左键功能一样，都是确认命令执行，可以根据自己的习惯选择使用。

3. 单个对象的缩放

在实际绘图中，有时候需要对某个特定对象进行观看或修改，可以只针对这一个对象进行缩放。

方法一：执行"视图→缩放→窗口"命令，鼠标指针成黑色十字╀，在需要放大对象的左上角单击左键，拉出一个框在对象右下角单击，当前屏幕上就只会显示框内的对象。

方法二：执行"视图→缩放→对象"命令，鼠标指针成白色方框 □，在需要放大对象的左上角单击，拉出一个框在对象右下角单击，按【Enter】键，当前屏幕上就会显示被选择的对象。

方法三：按【Z】键，按【Enter】键，鼠标指针成黑色十字╀，在需要放大对象的左上角单击，拉出一个框在对象右下角单击，当前屏幕上就会显示框内的对象。

> **大师心得** 　用鼠标控制视图缩放，能极大地提高绘图速度，也有一些细节需要注意，比如：用滚轮快速缩放时，鼠标的指针在哪里，视图就以指针为中心向四周缩放；用双击滚轮的方式使全图显示时，一定要快速连续按两次滚轮，要熟练掌握这些常用方法。

2.3.3 　视口

在使用AutoCAD绘图时，为了方便观看和编辑，往往需要放大局部显示细节，但同时又要看整体效果，如果要同时达到这两个要求，可以对视口进行设置。

1. 二个视口的设置方法

执行"视图→缩放→二个视口"命令，在命令栏里输入【H】或是【V】，如左下图；按空格键，屏幕出现水平或垂直的两个视口。

2. 三个视口的设置方法

执行"视图→缩放→三个视口"命令，在命令栏里根据需要输入字母，如右下图；按空格键确定，屏幕出现三个视口。

```
命令：_-vports
输入选项 [保存(S)/恢复(R)/删除(D)/合并(J)/单一(SI)/?/2/3/4/切换(T)/模式(MO)] <3>: _2
输入配置选项 [水平(H)/垂直(V)] <垂直>: v
```

```
命令：_-vports
输入选项 [保存(S)/恢复(R)/删除(D)/合并(J)/单一(SI)/?/2/3/4/切换(T)/模式(MO)] <3>: _3
输入配置选项 [水平(H)/垂直(V)/上(A)/下(B)/左(L)/右(R)] <右>: v
```

3. 四个视口的设置方法

执行"视图→缩放→四个视口"命令，在命令栏里根据需要输入字母，按空格键，屏幕出现四个视口。

4. 取消多个视口

执行"视图→缩放→一个视口"命令即可。

2.4 知识讲解——选择对象

在绘图中，无论对图形对象进行什么操作，都必须先选择对象。在使用AutoCAD时，如果在操作中没有选择对象，先输入了编辑命令，程序也会提示用户选择对象，只有选择了对象，绘图操作才有意义。

2.4.1 选择单个对象

单个对象的选择是指每次只选择 个对象，这是最基本最简单的选择。

单个对象的选择方法：将鼠标指针在需要选择对象的某一部分上单击，所选对象变为虚线显示，并且出现端点，这表示对象被选中；在所选对象的线框范围内单击不会选中对象。

2.4.2 选择多个对象

在绘图时，常常需要选择几个对象一起进行操作，接下来把最常用的几种选择方式列举出来进行讲解。

方法一：在需要选择对象的某一部分上逐一单击，对象以虚线显示时表示被选中。

方法二：在被选对象左边空白处单击，从左至右拉出矩形框，确认被选对象全部在矩形框内时在右边空白处单击，对象以虚线显示时表示被选中，这是窗口选择方式。

方法三：在被选对象右边空白处单击，从右至左拉出矩形框，在左边任意处单击，只要与矩形框有接触的对象都会被选中，这是窗交选择方式。

> **知识链接——窗口选择和窗交选择的区别**
>
> 在实际绘图中，对窗口和窗交选择的运用很频繁，所以一定要记住两者的区别：窗口选择是从左至右拉矩形框，而且只有每个部分都包含在矩形框内的对象才会被选择；窗交选择是从右至左拉矩形框，只要对象有任何一个部分与这个矩形框接触，此对象都会被选择。

方法四：在"选择对象"提示下输入【WP】，绘制能包含被选对象的多边形，按【Enter】键，对象以虚线显示时表示被选中，这是圈围选择方式。

方法五：在"选择对象"提示下输入【CP】，绘制多边形，多边形内部和与多边形有接触的对象会被选择，按【Enter】键，对象以虚线显示时表示被选中，这是圈交选择方式。

方法六：在"选择对象"提示下输入【F】，绘制多段线，只要与此多段线相交的对象都会被选择，按【Enter】键，对象以虚线显示时表示被选中，这是栏选方式。

> **大师心得** 　方法四至方法六都必须在使用一些修改命令或者是"选择对象"提示下才能进行操作，栏选择方法与圈交选择方法相似，只是栏选不闭合。

2.4.3 自定义对象选择

在绘图时，可以控制选择对象的几个方面，例如，是先输入命令还是先选择对象以及选定对象的显示方式。

1. 当命令栏提示"选择对象"时，有两种方法进行操作

方法一：先输入命令，然后选择对象。

方法二：先选择对象，然后输入命令。

2. "选择对象"提示有多种方法

激活编辑命令后，将显示"选择对象"提示，并且十字光标将替换为拾取框。

方法一：一次选择一个对象。

方法二：单击空白区域，拖动鼠标指针以定义矩形选择区域。

方法三：结合多种选择方法。例如，对象比较集中的区域使用框选，比较分散的区域单击选择。

3. 使用选择集预览和选择区域效果可预览选择

具体设置方法如下。

1 进入"选择集"。单击"菜单浏览器" ▲，单击"选项"按钮，在弹出的"选项"对话框内打开"选择集"选项卡，如左下图。

2 视觉效果设置。单击"视觉效果设置"按钮，在弹出的对话框内设置"选择预览效果"和"区域选择效果"两项内容，设置完成后单击"确定"按钮，如右下图。

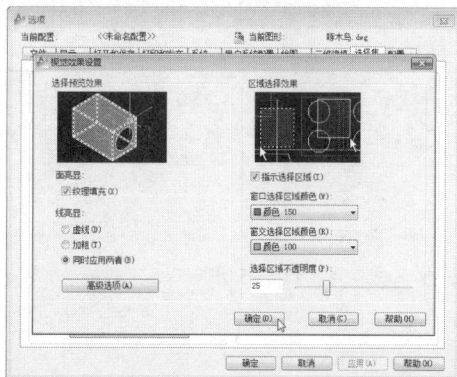

2.4.4 全部选择

在AutoCAD里，常用的"全部选择"的方法有如下两种。

方法一：按【Z】键，按【Enter】键，按【A】键，按【Enter】键，文件里的所有对象都显示在当前屏幕上，单击空白区域，拉出矩形框将对象全部选中即可。

方法二：按快捷键【Ctrl+A】，当前文件里的所有对象被全部选择。

2.5 知识讲解——执行命令的方式

在AutoCAD中，命令的执行方式很灵活：在命令行中输入命令、输入快捷命令后按【Enter】键、单击工具栏上的按钮、单击菜单栏下拉菜单中的命令等，这些方法都可以执行相应命令。

2.5.1 输入命令

在AutoCAD中，要实现绘图这一基本要求，必须给程序必要的命令和参数，输入命令的方法主要有以下三种。

方法一：在命令行中执行命令。

在命令行输入相应的快捷命令并按【Enter】键，即可执行该命令；此时，命令行自动提示与该命令有关的提示，可以根据这些提示完成整个命令的相关操作。一个命令操作完成后，命令行自动回到"命令："状态，此时可执行下一个命令，如下图。

```
命令: REC RECTANG
指定第一个角点或 [倒角(C)/标高(E)/圆角(F)/厚度(T)/宽度(W)]:
指定另一个角点或 [面积(A)/尺寸(D)/旋转(R)]: D
指定矩形的长度 <10.0000>: 500
指定矩形的宽度 <10.0000>: 300
指定另一个角点或 [面积(A)/尺寸(D)/旋转(R)]: *取消*

命令:
```

> **大师心得** 在AutoCAD中，大部分的操作命令都有相应的快捷命令，使用时可以通过输入快捷命令来提高工作效率。例如，"REC"就是矩形（RECTANG）命令的快捷命令。

方法二：单击工具按钮执行命令。

在AutoCAD中，程序提供了很多工具栏，比如第1章讲过的绘图工具栏、修改工具栏。绘图时只需单击其中相应的按钮就可以执行相应命令，同时，命令行也会自动提示与该命令有关的提示，绘图时可以根据这些提示完成整个命令的相关操作，如左下图。

方法三：单击菜单命令执行。

AutoCAD为了方便初学者尽快熟悉软件，提供了很多菜单命令，如绘图、修改、标注和格式等。单击菜单栏下拉菜单中的相应命令，命令行会自动提示与该命令有关的提示，用户可以根据这些提示完成整个命令的相关操作，如右下图。

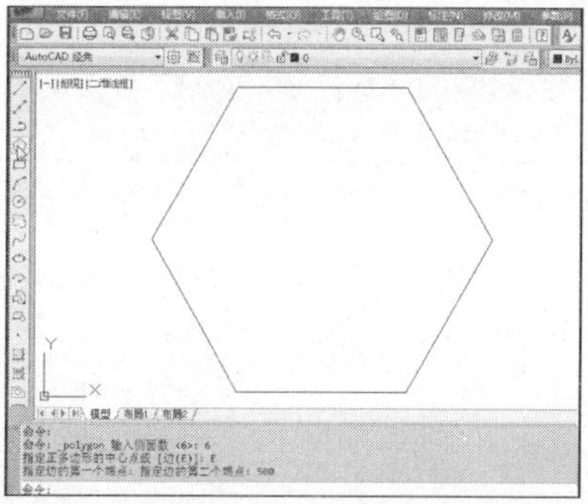

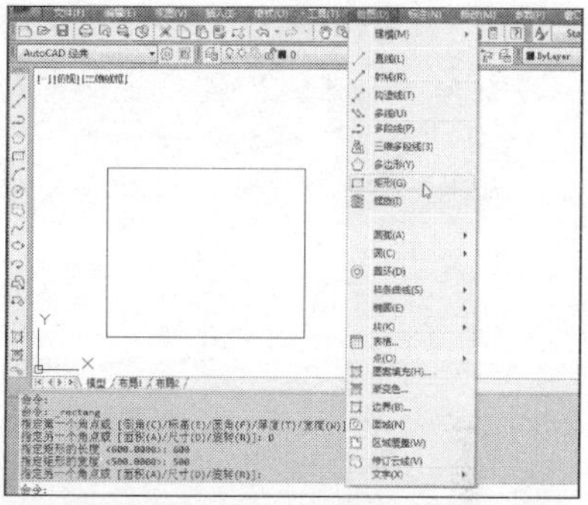

知识链接——输入命令的注意事项

AutoCAD的命令输入方式总结起来分为鼠标输入和键盘输入两大类：鼠标操作时，无论鼠标指针是╫或箭头，单击或按住鼠标左键，程序都会执行相应的命令；键盘除了可以输入命令，还可以输入文本对象、数值参数、点的坐标或者是对参数进行设置等操作。

2.5.2 透明命令

在绘图过程中，会经常使用透明命令，它是在执行某一个命令的过程中，插入并执行的第二个命令；完成该命令后，继续原命令的相关操作，整个过程中原命令都是执行状态；插入透明命令一般是为了修改图形设置或打开辅助绘图工具的命令。

执行透明命令的方法如下。

方法一：鼠标操作。

这种方法运用很频繁，主要是移动、缩放等命令；比如，当前执行修剪（TR）命令，窗口只显示了客厅部分的图形，修剪多余线条，如左下图；要查看餐厅部分的图形，此时按住鼠标中键拖动屏幕，看到餐厅部分时松开鼠标中键，修改命令没有受到影响，如右下图。

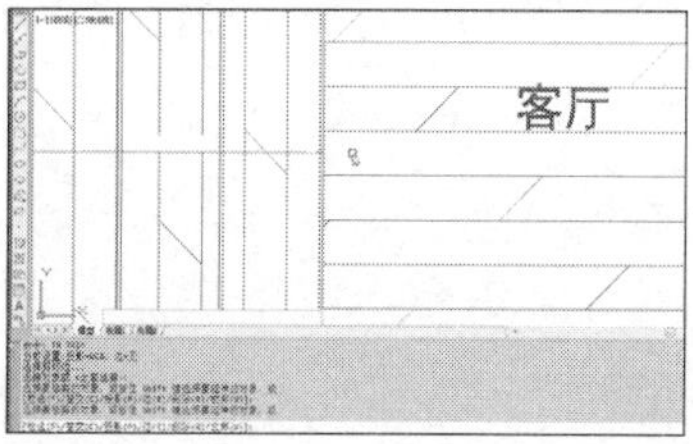

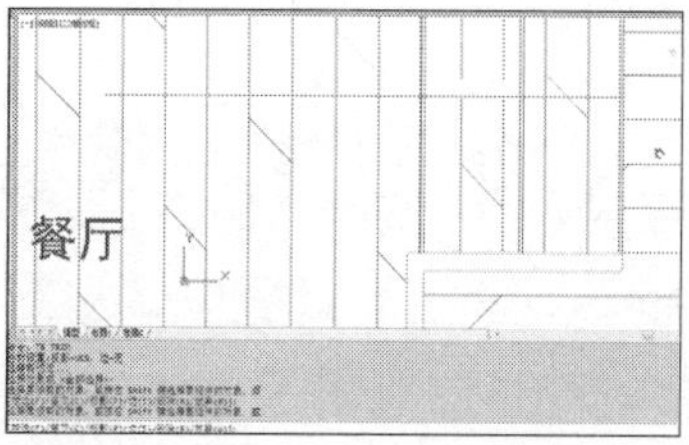

方法二：快捷键操作。

1️⃣ 执行多边形命令。以快捷键执行的透明命令主要是为了更精确地绘制图形；比如，要绘制一个正三角形：在命令行输入多边形命令"POL"，按【Enter】键；输入"3"，按【Enter】键；单击以确定中心点，输入"C"，可以发现三角形的边呈锯齿状，如左下图。

2️⃣ 执行透明命令。此时，输入透明命令正交的快捷键【F8】，命令栏显示为"正交开"，图形自动变成正三角形，如右下图，单击确定后即完成多边形的绘制。

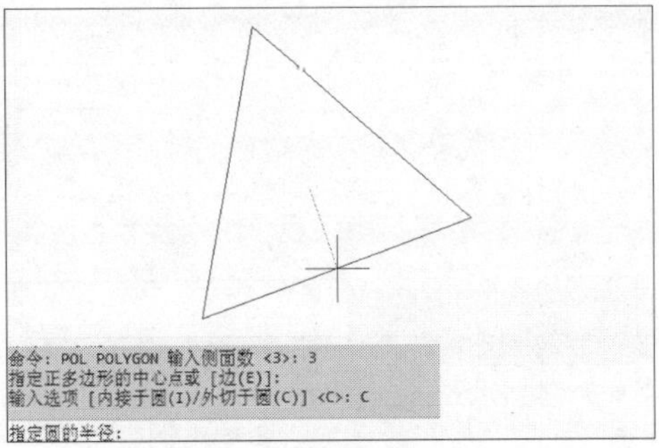

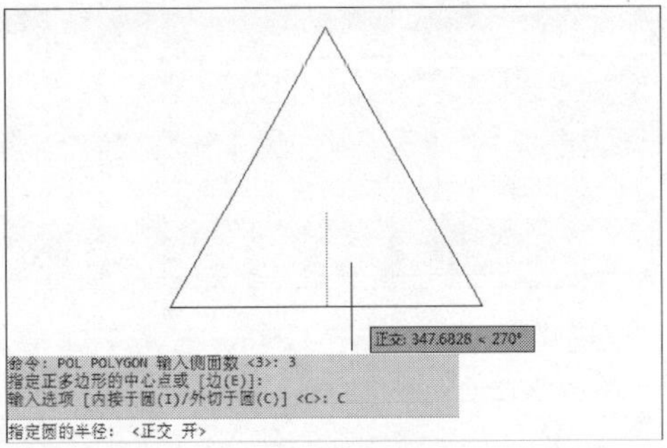

方法三：执行透明命令前加单引号"'"，然后输入透明命令。

这种命令的特点是在透明命令的提示前有一个双折号>>，完成透明命令后，继续执行原命令。

1️⃣ 输入直线命令。在命令行输入直线命令"L"，按【Enter】键，在绘图区空白处单击，如左下图。

2️⃣ 执行透明命令。输入缩放命令"'Z"，按【Enter】键两次，按住鼠标左键往上移动图形放大，往下移动图形缩小，如右下图；完成缩放后再按一次空格退出缩放命令，继续绘制线段。

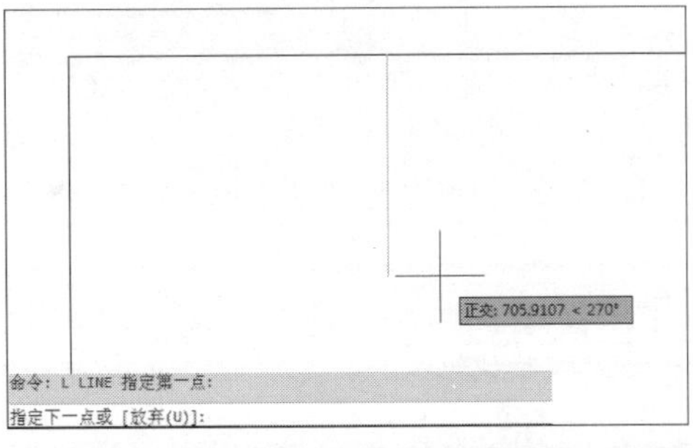

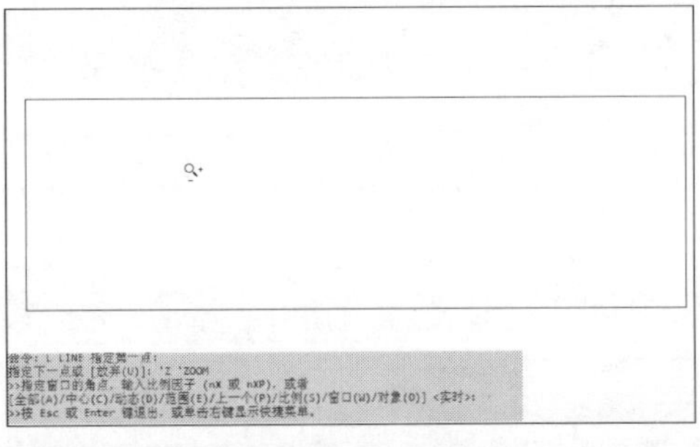

2.5.3 重做命令

在AutoCAD绘图过程中，常常需要重复执行一个命令很多次，或者是恢复上一个已经放弃的效果，这时就要用到重做命令。

重做命令适用的情况有如下几种。

1. 重做按钮 [图标]

这个命令是指恢复已经被撤销的操作。

2. 重画命令 ✐ 重画(R)

有时候，屏幕上会显示一些非文件图形内容的标记，重画命令主要的作用是消除当前屏幕显示的临时标记。

3. 重复操作

重复操作是指执行了一个命令后，在没有进行任何其他操作的前提下再次执行该命令时，不需要重新输入该命令，直接按【Enter】键即可重复执行该命令。

4. 重生成命令 重生成(G)

当前图形出现失真现象的时候，比如本来是一个圆，看到的却是一个多边形，使用重生成命令"RG"，图形就会正常显示。

2.5.4 撤销命令

在绘图过程中，会经常使用撤销和重做命令，撤销即是放弃命令，即在绘制图形时出错，需要返回时使用。

使用方法有以下几种。

方法一：放弃按钮 [图标] 。这个命令是指撤销上一个动作，返回到上一步效果。

方法二：菜单命令 [图标] 放弃(U) Erase 。单击"编辑"菜单，单击"放弃"命令，返回到上一步效果。

方法三：命令输入（UNDO）。在执行命令的过程中，如果绘制错了一步或几步，就可以在命令行输入"U"，按【Enter】键即可撤销，撤销后可以继续接着绘制。

方法四：组合键撤销。按快捷键【Ctrl+Z】即可，返回到上一步效果。

💡 知识链接——快捷命令

所谓的快捷命令，是AutoCAD为了提高绘图速度定义的快捷方式，它用一个或几个简单的字母来代替常用的命令。

AutoCAD是目前世界各国工程设计人员的首选设计软件，简便易学，精确无误是AutoCAD成功的两个重要原因。AutoCAD提供的命令有很多，绘图时最常用的命令只有其中的20%。在操作时为了使用者更加方便，利用AutoCAD快捷键代替鼠标，利用键盘快捷键发出命令，完成绘图、修改、保存等操作。这些命令就是AutoCAD快捷键。

2.5.5 终止命令

终止命令主要是指在命令执行过程中，或者是执行完一部分命令，不再继续下面操作的时候，退出当前命令的方法，具体操作方法如下。

方法一： 在实际绘图中，执行完一个命令，不需要继续执行该命令时，直接按【Esc】键，即可退出正在执行的命令，也可以按【Esc】键终止正在执行的命令。

方法二： 在命令执行过程中要终止命令，可以直接单击右键，在出现的快捷菜单里单击"取消"命令，即可退出当前命令。

> 🔑 知识链接——执行命令的补充知识
>
> 　　在AutoCAD中执行命令时，程序默认在没有选中对象的前提下，单击右键或按【Enter】键或按空格键重复执行上一次命令；激活刚执行过的命令，按键盘方向键向上的箭头，在命令窗口看到刚执行过的命令后按【Enter】键或空格键；按【Esc】键取消正在执行或正准备执行或选中对象的状态。

技能实训1　设置图形界限：A3(420,297)

　　AutoCAD 2012的功能相比起以前的版本更人性化，操作更方便。下面就通过"技能实训1"讲解软件在绘图前期准备工作中的一些内容，希望大家能跟着本书的讲解，一步一步地做出与书同步的效果。

　💿　▶▶ **原始素材文件：** 无

　　　▶▶ **最终结果文件：** 光盘\结果文件\第2章\技能实训1.dwg

　　　▶▶ **同步教学文件：** 光盘\多媒体教学文件\第2章\技能实训1.mp4

本例难易度	制作关键	技能与知识要点
★★☆☆☆	本实例主要是设置图幅的大小，并控制图幅内栅格的显示或隐藏。	• "图形界限" 命令 • "草图设置" 的使用

1 新建文件并设置图幅。打开程序AutoCAD 2012，执行 "格式→图形界限" 命令，命令行显示 "重新设置模型空间界限" 的提示，如下图。

```
命令:
命令:
命令: ' limits
重新设置模型空间界限:

指定左下角点或 [开(ON)/关(OFF)] <0.0000,0.0000>:
```

2 设置图幅大小。在命令栏里 "指定左下角点或" 的提示行里用字母输入状态输入 "0,0"，按【Enter】键，在 "指定右上角点" 提示栏里输入 "420,297"，按【Enter】键，如下图。

```
命令: ' limits
重新设置模型空间界限:
指定左下角点或 [开(ON)/关(OFF)] <0.0000,0.0000>: 0,0
指定右上角点 <210.0000,297.0000>: 420,297

命令:
```

3 设置栅格显示状态。执行 "工具→绘图设置" 命令，弹出 "草图设置" 对话框，勾选对话框右边 "启用栅格" 前的复选框☑，勾选 "栅格样式" 下 "图纸/布局" 前的复选框☑，如左下图。

4 观看设置效果。单击 "确定" 按钮，图幅设置成功，效果如右下图。

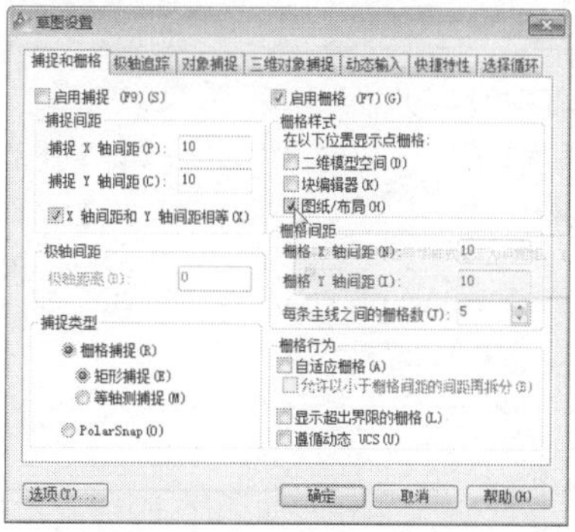

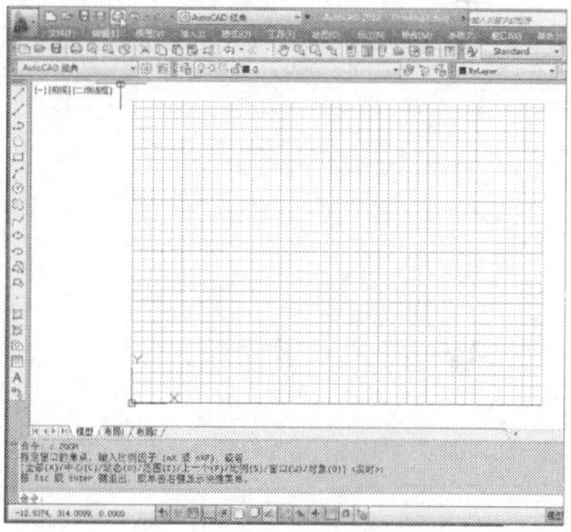

技能实训2 打开捕捉和正交模式

本实例主要是通过设置 "捕捉和正交模式" 来帮助绘制图形。"捕捉模式" 能在绘图时精确捕捉需要的点，打开 "正交模式" 能帮助大家在绘图时绘制水平或垂直的线段；这两种辅助绘图工具是绘图时不可缺少的部分。

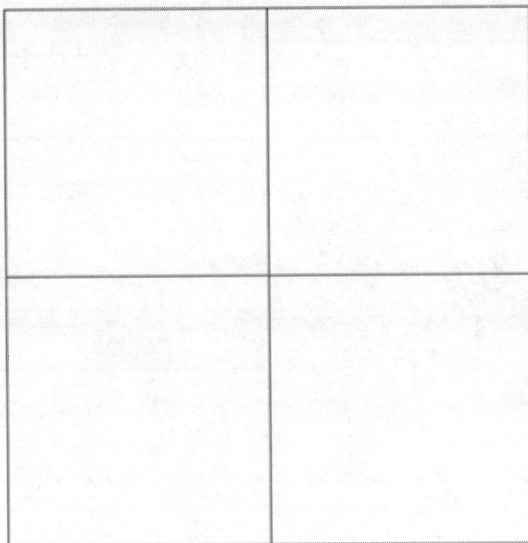

▶▶ **原始素材文件:** 无

▶▶ **最终结果文件:** 光盘\结果文件\第2章\技能实训2.dwg

▶▶ **同步教学文件:** 光盘\多媒体教学文件\第2章\技能实训2.mp4

本例难易度	制作关键	技能与知识要点
★★☆☆	本实例主要是对状态栏内辅助工具的运用，再用矩形和直线命令绘制窗框。	• "捕捉"命令 • "正交"命令 • "直线"命令

1 新建文件并设置对象捕捉。新建文件"窗框.dwg"，执行"工具→绘图设置"命令，弹出"草图设置"对话框，打开"对象捕捉"选项卡，单击"全部选择"按钮，单击"确定"按钮，如左下图。

2 执行矩形命令。单击绘图工具栏的"矩形"按钮□，在命令栏里出现"指定第一个角点或"的提示行；在绘图区任意位置单击，如右下图。

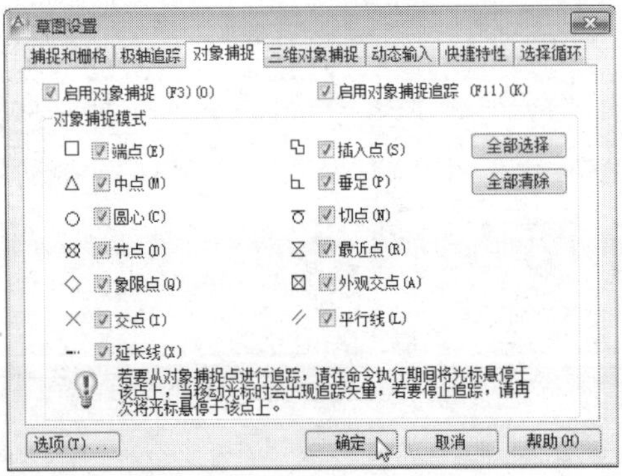

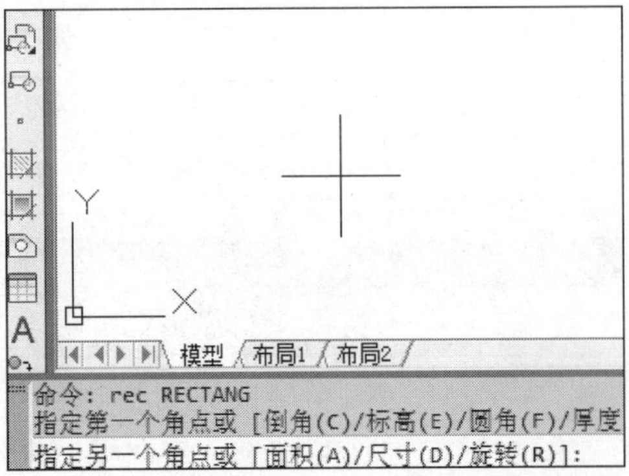

3 绘制矩形。命令栏出现“指定另一个角点或”的提示行，输入“@600,600”，按【Enter】键即成功绘制了一个矩形，如左下图。

4 激活直线命令。在绘图工具栏上单击“线”按钮，如右下图。

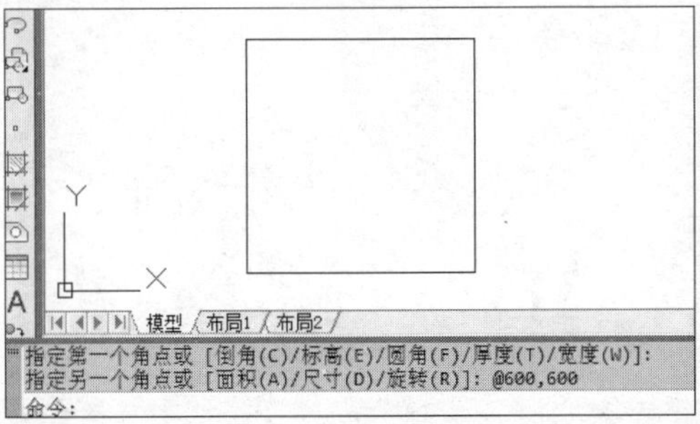
模型
布局1
布局2
指定第一个角点或 [倒角(C)/标高(E)/圆角(F)/厚度(T)/宽度(W)]:
指定另一个角点或 [面积(A)/尺寸(D)/旋转(R)]: @600,600
命令:

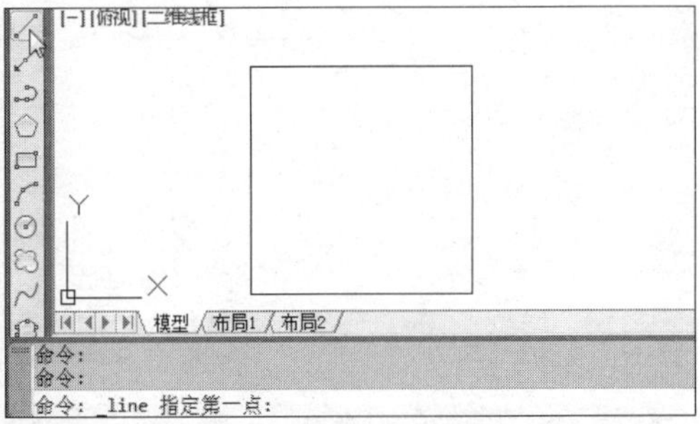
模型
布局1
布局2
命令:
命令:
命令: _line 指定第一点:

5 在矩形上找到中点绘制竖直线。移动鼠标找到矩形中点并单击，此时按【F8】键命令栏中显示 <正交 开>，找到矩形下横线上的中点并单击，竖直线绘制完成，如左下图。

6 在矩形上找到中点绘制横线。按空格键，移动鼠标找到矩形中点并单击，拖动鼠标至矩形右竖线上的中点并单击，按【Enter】键完成窗框绘制，如右下图。

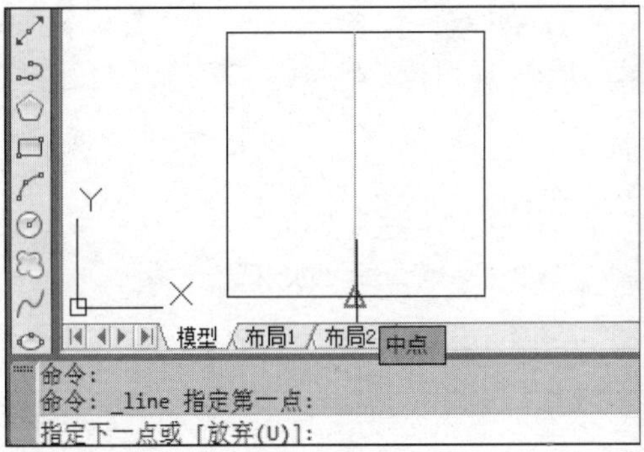
模型
布局1
布局2
中点
命令:
命令: _line 指定第一点:
指定下一点或 [放弃(U)]:

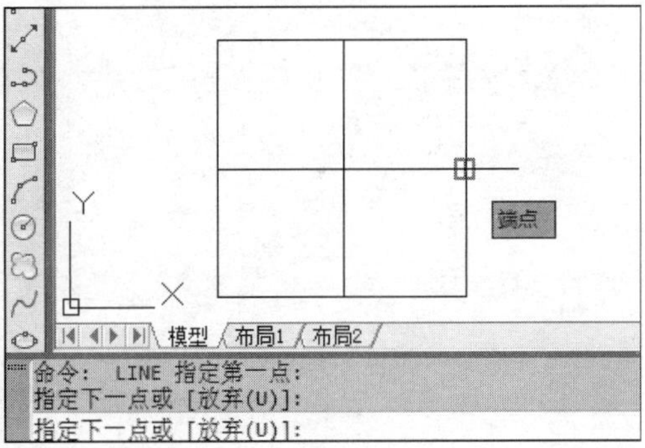
端点
模型
布局1
布局2
命令: LINE 指定第一点:
指定下一点或 [放弃(U)]:
指定下一点或 [放弃(U)]:

本章小结

在AutoCAD 2012中，绘图环境是统一默认的。在做室内装饰设计时，需要对绘图环境做具体设置依照（行业和设计师的绘图习惯设置），比如，绘图环境的初步设置、辅助工具的设置、视图控制、选择对象的方法、执行命令的方式等。经过设置后的工作环境会更加适合个人的绘图需要。

Chapter 03

创建常用二维图形

本章导读
BEN ZHANG DAO DU

>>>>>

上一章讲解了AutoCAD 2012的绘图环境设置，本章主要讲解创建二维图形的工具和方法。包括点、线、矩形和多边形、圆、圆弧和圆环、椭圆和椭圆弧等二维图形绘制命令。

知识要点
ZHI SHI YAO DIAN

>>>>>

- 了解绘制点的方法和操作
- 熟练掌握绘制各种线的方法
- 熟练掌握绘制几何图形的方法
- 掌握绘制圆的方法
- 掌握绘制圆弧和圆环的方法
- 掌握绘制椭圆和椭圆弧的方法

案例展示
AN LI ZHAN SHI

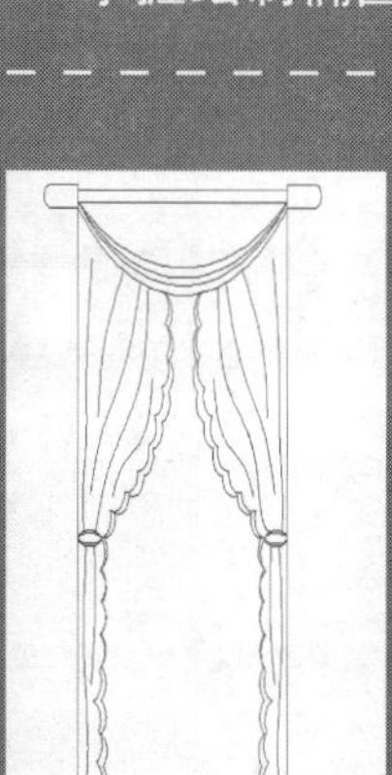

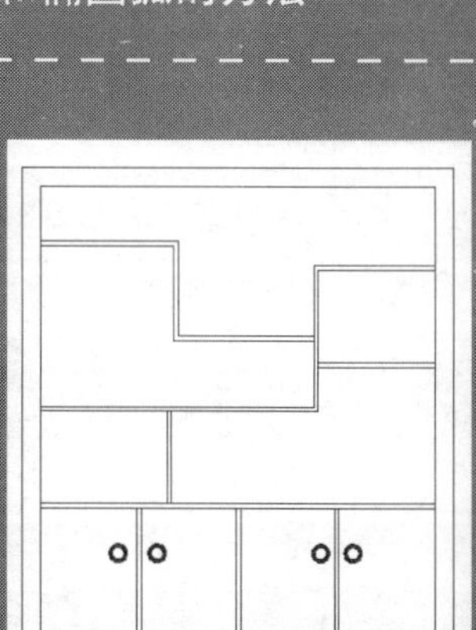

>>>>>

3.1 知识讲解——绘制点

"点"是组成图形最基本的元素，除了可以作为图形的一部分，还可以作为绘制其他图形时的控制点和参考点。在AutoCAD 2012中绘制点的命令主要包括点、等分点、定距等分点等。

3.1.1 设置点样式

在AutoCAD中，程序默认的点是没有长度和大小的，绘制时仅在绘图区显示为一个小圆点，很难看见，为了确定其位置，可以根据需要设置多种不同形状的点样式。

设置点样式的具体步骤如下。

1 打开点样式对话框。执行"格式→点样式"命令，弹出"点样式"对话框，如左下图。

2 选择点样式。在"点样式"对话框中，第一个是程序默认的点样式，在所需要的点样式上单击，单击"确定"按钮，如右下图。

"点样式"对话框中各选项的含义如下。

* 点大小：用于设置点的显示大小。可以相对于屏幕设置点的大小，也可以设置点的绝对大小。
* 相对于屏幕设置大小：用于按屏幕尺寸的百分比设置点的显示大小。当进行显示比例的缩放时，点的显示大小不改变。
* 按绝对单位设置大小：使用实际单位设置点的大小。当进行显示比例的缩放时，所显示点的大小随之改变。

3.1.2 绘制单个点

单点（POINT）的绘制首先需要执行单点命令，方法如下。

方法一： 执行"绘图→点→单点"命令，在绘图区单击即可绘制一个点。

方法二： 在命令行输入点命令"PO"，按【Enter】键；在绘图区单击即绘制了一个点。

3.1.3 绘制多个点

多点（POINT）的绘制是指在输入绘图命令后依次绘制多个点，直至按【Esc】键终止当前命令为止。

执行绘制多点命令的方法有以下两种。

方法一： 执行"绘图→点→多点"命令，在绘图区随意单击；单击一次，即绘制一个点，绘制完成后，按【Esc】键终止当前命令。

方法二： 在绘图工具栏单击"点"按钮 ·，在绘图区随意单击，每单击一次，即绘制一个点，绘制完成后，按【Esc】键终止当前命令。

3.1.4 绘制定数等分点

定数等分（DIVIDE）就是在对象上按指定数目的等间距创建点或插入块，这个操作并不将对象实际等分为单独的对象；它仅仅是标明定数等分的位置，以便将它们作为几何参考点。

执行定数等分命令的方法如下。

方法一： 使用菜单命令。

1 绘制直线。在命令行输入直线命令"L"，在绘图区单击指定起点，移动鼠标再次单击。

2 执行定数等分命令。执行"绘图→点→定数等分"命令，选择绘制的直线，在命令行的"输入线段数目或"的提示行后输入线段数目，如"5"，按【Enter】键完成定数等分命令，如左下图。

3 完成定数等分。最终效果如右下图。

```
命令: _line 指定第一点:
指定下一点或 [放弃(U)]:
指定下一点或 [放弃(U)]:
命令:
命令:
命令: _divide
选择要定数等分的对象:
输入线段数目或 [块(B)]: 5

命令:
```

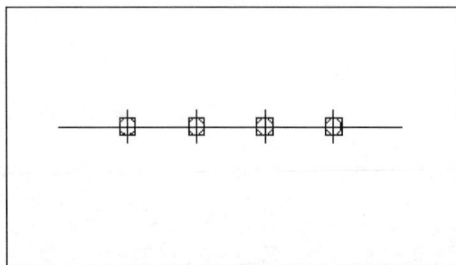

方法二： 在命令行里输入定数等分命令"DIV"，按【Enter】键；选择需

要等分的线条，输入线段数目，如"5"，按【Enter】键；如左下图；最终效果如右下图。

```
命令: DIV DIVIDE
选择要定数等分的对象:
输入线段数目或 [块(B)]: 8

命令:
```

> **大师心得** 在室内装饰设计绘图中，尽量使每一个值都为整数。使用"定数等分"命令时，很多时候事先并不知道所选对象的长度值，程序会根据这个对象的长度均匀划分成指定的段数，所以在测量时，对象上点与点的距离会出现小数现象，这时就要做相应的修改，尽量避免小数的出现。

3.1.5 绘制定距等分点

定距等分（MEASURE）就是在对象上按指定的距离创建点或插入块。

执行定距等分命令的方法如下。

方法一： 在绘图区绘制一条直线，执行"绘图→点→定距等分"命令，选择需要等分的线条，在命令行的"指定线段长度或"的提示行后输入线段长度值，如"100"，按【Enter】键完成定距等分命令，如左下图；效果如右下图。

```
命令: _measure
选择要定距等分的对象:
指定线段长度或 [块(B)]: 100

命令:
```

方法二： 在命令行里输入定距等分命令"ME"，按【Enter】键；选择需要等分的线条，输入线段长度值，如"150"，按【Enter】键完成命令，如左下图；效果如右下图。

```
命令: ME MEASURE
选择要定距等分的对象:
指定线段长度或 [块(B)]: 150

命令:
```

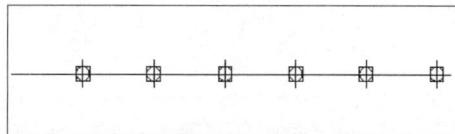

> **大师心得** 在实际运用中，如果点标记显示为单点（默认设置），可能会看不到线段中的点。可以使用"点样式"对话框（DDPTYPE）更改点标记的样式。PDMODE命令可以控制点标记的外观。例如，在命令行输入"PDMODE"命令，更改值以使点显示为十字。PDSIZE用于控制点对象的大小。

3.2 知识讲解——绘制线

在室内装饰设计中，线是最基本的绘图元素之一。线是由点构成的，根据点的运动方向，线又有直线和曲线的分别，这一节主要讲解在AutoCAD中，各种线的绘制方法。

3.2.1 绘制直线

直线（LINE）是指有起点有终点，呈水平或垂直方向绘制的线条。一条直线绘制完成以后，可以继续以该线段的终点作为起点，然后指定下一个终点，依此类推即可绘制首尾相连的图形。

绘制直线的方法如下。

方法一： 执行"绘图→直线"命令，在绘图区单击指定起点，指定第二点，按【Enter】键结束绘制。

方法二： 单击绘图工具栏的"直线"按钮 ✎，在绘图区单击指定起点，指定第二点，按【Enter】键结束绘制。

方法三： 在命令行输入直线命令"L"，按【Enter】键；在绘图区单击指定起点，如左下图；鼠标向右移单击指定第二点，如右下图，按【Enter】键结束绘制。

> **大师心得** 在绘图过程中，直线的使用频率非常高。结束"直线"命令后，在没有进行任何其他操作的前提下，按【Enter】键直接进入"直线"命令，可以继续绘制直线。如果因为画面上的线条太多不好区分，可以指定直线的特性，包括颜色、线型和线宽等内容。

3.2.2 绘制射线

射线（RAY）是指一端固定而另一端无限延长的直线，绘图中射线一般作为辅助线使用。

绘制射线的方法如下。

方法一： 执行"绘图→射线"命令，在绘图区单击指定起点，指定通过点，按【Enter】键结束绘制。

方法二：在命令行输入射线命令"RAY"，按【Enter】键；在绘图区单击指定起点，指定通过点，按【Enter】键结束绘制。

3.2.3 绘制构造线

在AutoCAD中，构造线（XLINE）就是两端都可以无限延伸的直线。在实际绘图时，构造线常用来做辅助线或其他对象的参照。

绘制构造线的方法如下。

方法一：执行"绘图→构造线"命令，在绘图区单击指定起点，再指定通过点，按【Enter】键结束绘制。

方法二：单击绘图工具栏的"构造线"按钮 ⁄，在绘图区单击指定起点，再指定通过点，按【Enter】键结束绘制。

方法三：在命令行输入构造线命令"XL"，按【Enter】键；在绘图区单击指定起点，再指定通过点，按【Enter】键结束绘制，如下图。

```
命令: XL XLINE 指定点或 [水平(H)/垂直(V)/角度(A)/二等分(B)/偏移(O)]:
指定通过点:
指定通过点:

命令:
```

> **大师心得** 构造线无限延长的特性不会改变图形的总面积。它们的无限长对缩放或视图没有影响，并被显示图形范围的命令所忽略。和其他对象一样，构造线也可以移动、旋转和复制。

3.2.4 绘制多段线

多段线（PLINE）是AutoCAD中可绘制类型最多，可以相互连接的序列线段。创建的对象可以是直线段、弧线段或两者的组合线段。

绘制多段线的方法如下。

方法一：执行"绘图→多段线"命令，在绘图区单击指定起点，再指定下一点，继续指定下一点，直至完成绘制，按【Enter】键结束绘制。

方法二：单击绘图工具栏的"多段线"按钮 ᵓ，在绘图区单击指定起点，再指定第二点，完成绘制按【Enter】键结束命令。

方法三：在命令行输入多段线命令"PL"，按【Enter】键；在绘图区单击指定起点，再依次指定下一点，绘制完成后按【Enter】键结束命令。

绘制多段线的过程中，多段线会出现子命令："指定下一个点或[圆弧(A)/半宽(H)/长度(L)/放弃(U)/宽度(W)]:"，其含义如下。

- 圆弧(A)：在激活多段线后，输入"A"，以绘制圆弧的形式绘制多段线。

- 半宽(H)：用于指定多段线的半宽值，AutoCAD将提示输入多段线的起点半宽值与终点半宽值。
- 长度(L)：指定下一段多段线的长度。
- 放弃(U)：输入该命令将取消绘制的上一段多段线。
- 宽度(W)：输入该命令将设置多段线的宽度值。

下面用多段线绘制一个广场平面图，并绘制出指示箭头，具体步骤如下。

▶▶ **原始素材文件：** 光盘\素材文件\第3章\3-2-4.dwg
▶▶ **最终结果文件：** 光盘\结果文件\第3章\3-2-4.dwg
▶▶ **同步教学文件：** 光盘\多媒体教学文件\第3章\3-2-4.mp4

1 输入多段线命令。在命令行输入多段线命令"PL"，按【Enter】键；在绘图区空白处单击确定起点，鼠标向右移并输入至第二点的长度"8000"，按【Enter】键；把鼠标滚轮向后滚动，效果如左下图。

2 绘制圆弧。输入圆弧"A"，按【Enter】键；鼠标向下移并输入圆弧长度值"6000"，按【Enter】键；按住滚轮不放往上移动，效果如右下图。

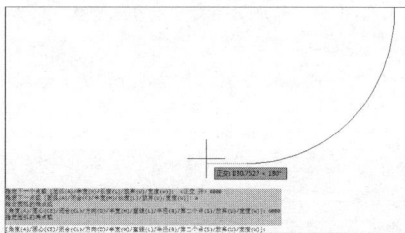

3 输入多段线命令。输入直线"L"，按【Enter】键；鼠标向左移并输入下一点的长度值"8000"，按【Enter】键；输入圆弧"A"，按【Enter】键；鼠标向上移并输入圆弧长度值"6000"，按【Enter】键；输入闭合"CL"，按【Enter】键，完成绘制。

4 全图显示。输入"Z"，按【Enter】键；输入"A"，按【Enter】键；当前文件内所有图形显示在屏幕上，效果如下图。

5 绘制箭头线的起点。在命令行输入多段线"PL"，按【Enter】键；单击绘图区确定起点，鼠标向右移并输入至第二点的长度"5000"，按【Enter】键；输入圆弧"A"，按【Enter】键；鼠标向下移并输入圆弧长度值"3000"，按【Enter】键，效果如左下图。

6 绘制箭头线的主体。在命令行输入直线"L"，按【Enter】键；输入下一点的长度值"2000"，按【Enter】键，如右下图。

7 输入箭头半宽。输入半宽"H"，按【Enter】键；输入半宽起点值"300"，按【Enter】键；输入半宽端点值"0"，按【Enter】键，效果如左下图。

8 完成箭头绘制。按【Enter】键终止多段线命令，最终效果如右下图。

3.2.5 绘制多线

多线（MLINE）由1至16条平行线组成，这些平行线称为元素。绘制多线时，可以使用程序默认包含两个元素的"STANDARD"样式，可以加载已有的样式，也可以新建多线样式，以控制元素的数量和特性。

> ➤➤ **原始素材文件：** 光盘\素材文件\第3章\3-2-5.dwg
> ➤➤ **最终结果文件：** 光盘\结果文件\第3章\3-2-5.dwg
> ➤➤ **同步教学文件：** 光盘\多媒体教学文件\第3章\3-2-5.mp4

1. 新建多线样式

1 打开"多线样式"对话框。单击"格式"按钮，在快捷菜单里单击"多线样式" 多线样式(M)... 命令，弹出"多线样式"对话框；呈蓝亮显示的是"STANDARD"样式，可以对"多线样式"做"新建"、"修改"、"加载"、"保存"等操作，在

"多线样式"对话框的下方是"当前多线样式"的预览图,如左下图。

2 新建样式。在"多线样式"对话框里单击"新建"按钮,弹出"创建新的多线样式"对话框,在"新样式名"里输入名称,单击"继续"按钮,如右下图。

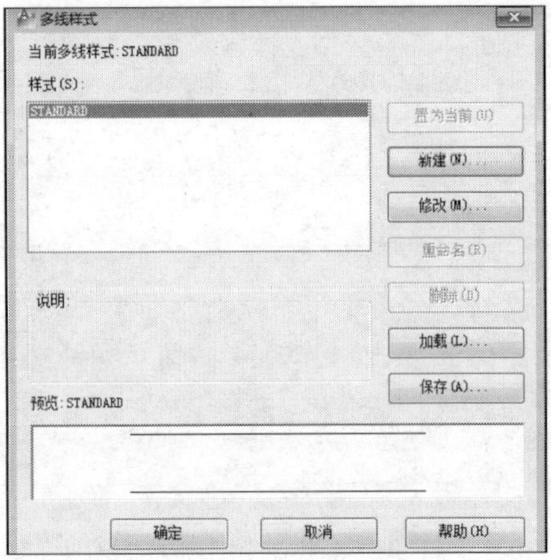

3 "新建多线样式"对话框的内容。在弹出的"新建多线样式:门窗线"对话框里,可以在"说明"文字框输入字符,还可以设置新样式的"封口"样式,"填充"颜色,"图元"的内容等,如左下图。

> **大师心得**　"说明"后的文字框内可填充内容也可不填,最多可以输入 255 个字符,可以使用空格。

4 设置"新建多线样式"的内容。根据需要设置相应的选项,完成设置后单击"确定"按钮,如右下图。

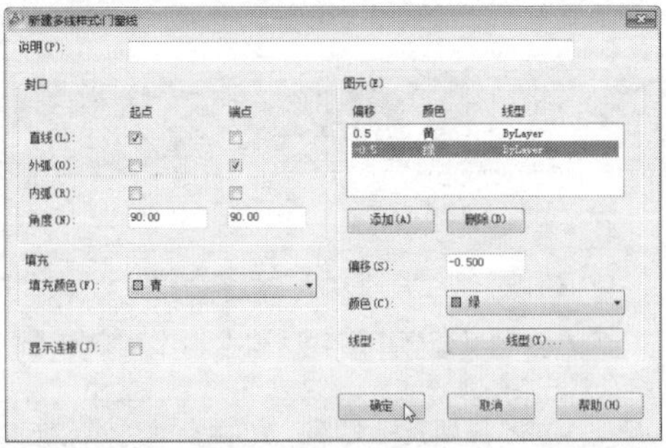

> **ⓘ 知识链接——"新建多线样式"中"图元"栏的讲解**
>
> 　　在新建多线样式时,"图元"栏的"列表框"显示的是当前样式的元素数量,如上图表示此样式为双线;若需要三线的样式,可以在列表框下单击"添加"按钮,当前样式即为三线样式;若需要删除当前列表框的线条,可单击需要删除的线条,单击"删除"按钮即可,列表框只有一个线条元素时不能再删除。

5 预览"新建多线样式"。完成新建多线样式的设置后，可以在预览图里看到设置的效果，此时可以对新建多线样式进行"置为当前"、"修改"、"重命名"、"删除"、"保存"等操作，单击"修改"按钮对当前选择的多线样式进行修改，如左下图。

6 完成"当前多线样式"的设置。对"当前多线样式"的修改设置完成后，在预览图里看到修改设置后的效果，单击"确定"按钮即可设置完成，如右下图。

2. 绘制多线的方法

方法一：执行"绘图→多线"命令，在绘图区单击指定起点，再指定下一点，按【Enter】键结束绘制。

方法二：在命令行输入多线命令"ML"，按【Enter】键；在绘图区单击指定起点，指定下一点，按【Enter】键结束绘制。

绘制多线的过程中，多线会出现子命令："指定起点或 [对正(J)/比例(S)/样式(ST)]:"其含义如下。

- 对正(J)：用于指定绘制多线的基准，分为"上"、"无"、"下"三种类型："上"表示多线顶端的线随着光标移动；"无"表示多线的中心线随着光标移动；"下"表示多线底端的线随着光标移动。
- 比例(S)：设置多线样式中平行多线的宽度比例，如：120。
- 样式(ST)]：设置绘制多线时使用的样式，程序默认的是"STANDARD"样式。输入"ST"后，会出现"输入多线样式名或 [?]:"的提示，可以在提示后输入已定义的样式名，输入"？"则会列出当前图形中所有的多线样式。

3.2.6 绘制修订云线

修订云线（REVCLOUD）是由连续圆弧组成的多段线。常用来绘制景观植物或是立面图的墙画，可以从头开始创建修订云线，也可以将对象转换为修订云线，对象可以是圆、椭圆、多段线或样条曲线。

创建修订云线的方法如下。

方法一：执行"绘图→修订云线"命令，在绘图区单击指定起点，移动鼠标开始绘制，按【Enter】键结束绘制；若鼠标移至其他位置绘制后再次移动鼠标至云线起点位置，修订云线自动完成封闭并退出绘制状态。

方法二：在命令行输入修订云线命令"REVCLOUD"，按【Enter】键，在绘图区单击指定起点，移动鼠标开始绘制，按【Enter】键或将鼠标移至修订云线起点处结束绘制。

方法三：在命令行输入修订云线命令"REVCLOUD"，按【Enter】键；输入"L"，按【Enter】键；单击需要转换的对象，按【Enter】键两次；转换修订云线成功。

> **大师心得** 在使用修订云线绘制图形时，可以为修订云线选择样式，包括"普通"或"手绘"；还可以为修订云线的弧长设定默认的最小值和最大值；绘制过程中，可以用拾取点选择较短的圆弧段来更改圆弧的大小。

3.2.7 绘制样条曲线

样条曲线（SPLINE）是由一系列点构成的平滑曲线，选择样条曲线后，曲线周围会显示控制点，可以根据自己的实际需要，通过调整曲线上的起点、控制点来控制曲线的形状。

绘制样条曲线的方法如下。

方法一：单击绘图工具栏的"样条曲线"按钮，在绘图区单击指定起点，单击指定下一点，移动鼠标调整曲率，再单击下一点并移动鼠标，按【Enter】键结束绘制。

方法二：在命令行输入样条曲线命令"SPL"，按【Enter】键；在绘图区单击指定起点，单击指定下一点，移动鼠标调整曲率，再单击下一点并移动鼠标，按【Enter】键结束样条曲线的绘制。

3.3 知识讲解——绘制矩形和多边形

矩形包括正方形、长方形，多边形包括等边三角形、正方形、五边形、六边形等。下面介绍绘制矩形和多边形的方法。

3.3.1 绘制矩形

矩形在室内装饰设计中使用非常频繁，它能组成各种不同的图形，还可以设置倒角、圆角、宽度、厚度值等参数；用此命令不仅可以绘制矩形，还可以绘制正方形。

➠ **原始素材文件：** 无

➠ **最终结果文件：** 光盘\结果文件\第3章\3-3-1.dwg

➠ **同步教学文件：** 光盘\多媒体教学文件\第3章\3-3-1.mp4

绘制矩形的方法如下。

方法一： 执行"绘图→矩形"命令，在绘图区单击指定起点，移动鼠标至适当位置单击，绘制完成。

方法二： 单击绘图工具栏的"矩形"按钮 ▭，在绘图区单击指定起点，移动鼠标至适当位置单击，绘制完成。

方法三： 在命令行输入矩形命令"REC"，按【Enter】键；在绘图区单击指定起点，移动鼠标至适当位置单击，绘制完成。

方法四： 在命令行输入矩形命令"REC"，按【Enter】键；在绘图区单击指定起点，在提示栏出现"指定另一个角点或 [面积(A)/尺寸(D)/旋转(R)]："内容时输入"@长度,宽度"，如"@200,500"，即可绘制出矩形。

1 绘制一个长200，宽500的矩形。输入矩形命令"REC"，按【Enter】键；在绘图区空白处单击，输入"@200,500"，按【Enter】键，即完成矩形的绘制，如左下图。

2 绘制一个正方形。按【Enter】键；输入"@600,600"，即绘制了一个长宽都为600的正方形，如右下图。

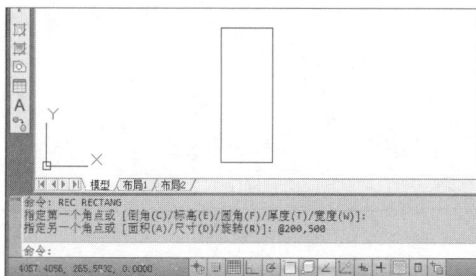

大师心得 当结束某个命令后，在没有操作任何其他命令的前提下，按【Enter】键可以重复激活该命令。

方法五： 使用矩形的子命令绘制矩形。

1 输入矩形命令。输入矩形命令"REC"，按【Enter】键；在绘图区单击指定起点，输入子命令尺寸"D"，按【Enter】键，如左下图。

2 绘制一个长200，宽500的矩形。输入矩形的长度值"200"，按【Enter】键；输入矩形宽度值"500"，按【Enter】键；在空白处单击，即绘制了一个长200、宽500的矩形，如右下图。

```
指定第一个角点或 [倒角(C)/标高(E)/圆角(F)/厚度(T)/宽度(W)]:
指定另一个角点或 [面积(A)/尺寸(D)/旋转(R)]: d
指定矩形的长度 <10.0000>:
```

```
指定矩形的长度 <0.0000>: 200
指定矩形的宽度 <0.0000>: 500
指定另一个角点或 [面积(A)/尺寸(D)/旋转(R)]:
```

3 绘制一个正方形。若在提示行出现"指定矩形的长度 <10.0000>:"时输入矩形长度值"600"，按【Enter】键；在"指定矩形的宽度 <10.0000>: "时输入矩形宽度值"600"，按【Enter】键并单击绘图区空白处，即绘制了一个长宽都为600的正方形。

> **大师心得** 在AutoCAD中，绘制矩形的方法很多，大家可以在绘制时选择适合自己的最快捷的方法；在输入数字来确定矩形长宽的时候，一定要注意中间的"逗号"是小写的英文状态，其他输入状态输入的"逗号"程序不执行命令；用方法五绘制矩形时，一定要注意在输入完所有数字并按【Enter】键后，矩形的位置并没有固定，必须再次单击才能确定其位置。

3.3.2　绘制多边形

多边形（POLYGON）即是指含有3条或3条以上线条组成的封闭形状。在AutoCAD中，多边形可以创建具有3至1024条等长边的闭合多段线。

1. 激活命令

激活多边形命令的方法如下。

方法一： 执行"绘图→多边形"命令，命令即被激活。

方法二： 单击绘图工具栏的"多边形" ⬡ 按钮，命令即被激活。

方法三： 在命令行输入多边形命令"POL"，按【Enter】键，命令即被激活。

▶ **原始素材文件：** 无

▶ **最终结果文件：** 光盘\结果文件\第3章\3-3-2.dwg

▶ **同步教学文件：** 光盘\多媒体教学文件\第3章\3-3-2.mp4

2. 绘制多边形

绘制多边形的方法有如下几种。

方法一： 通过边绘制多边形。

1 输入多边形命令。在命令行输入多边形命令"POL"，按【Enter】键。

2 绘制一个六边形。输入边数"6"，按【Enter】键；输入边命令"E"，按【Enter】键，单击指定边的第一个端点，如左下图。

3 确定六边形的边长。按【F8】键打开正交，移动鼠标指定边的第二个端点，绘制完成，如右下图。

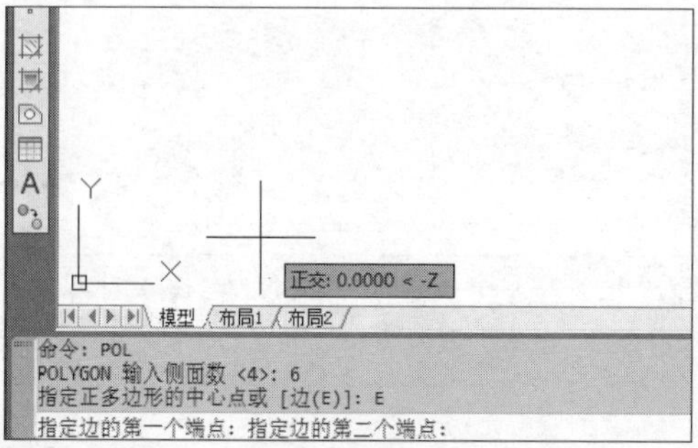

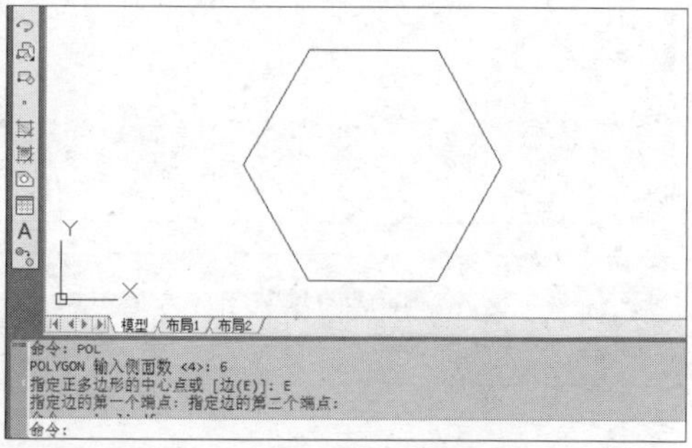

4 绘制一个八边形。激活多边形命令后，输入边数"8"，按【Enter】键；输入边命令"E"，按【Enter】键；单击指定边的第一个端点后，鼠标向右移，如左下图。

5 确定八边形的边长。在出现"指定边的第二个端点:"的提示后输入边长，比如"300"，按【Enter】键；即绘制了一个边长为"300"的八边形，如右下图。

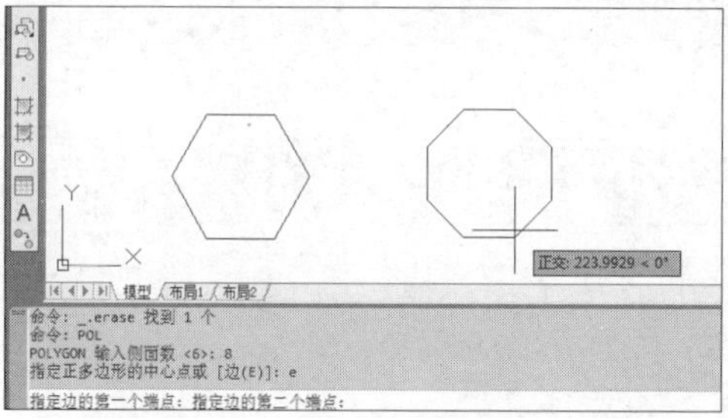

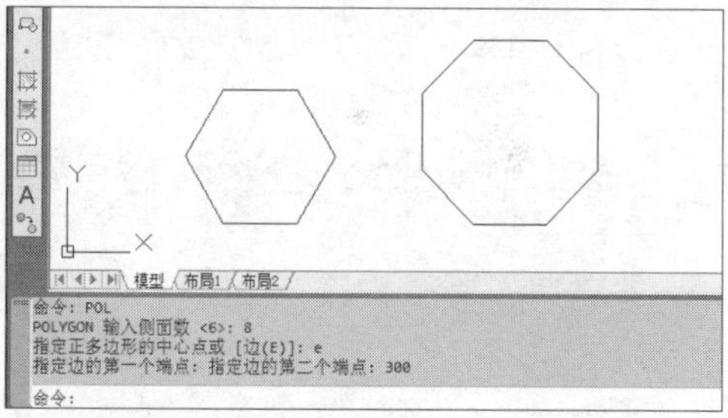

　　方法二：通过内接于圆绘制多边形。在激活多边形命令并输入边数后，在绘图区单击确定多边形中心点，输入内接于圆命令"I"，按【Enter】键；输入半径，如"300"，按【Enter】键，即绘制了一个从中心点至每条边相交处为"300"的多边形，如左下图。

> **大师心得**　　"内接于圆"为系统默认方式，即在指定了正多边形的边数和中心点后，直接输入正多边形内接圆的半径即可精确绘制正多边形。

　　方法三：通过外切于圆绘制多边形。在激活多边形命令并输入边数后，在绘图区单击确定多边形中心点，输入外切于圆"C"，按【Enter】键；输入半径，如"300"，按【Enter】键，即绘制了一个从中心点至每条边的中点为"300"的多边形。相同半径内接于圆和外切于圆的效果，如右下图。

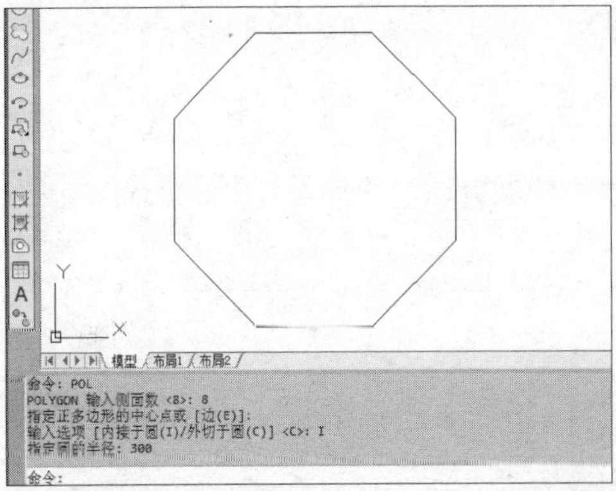

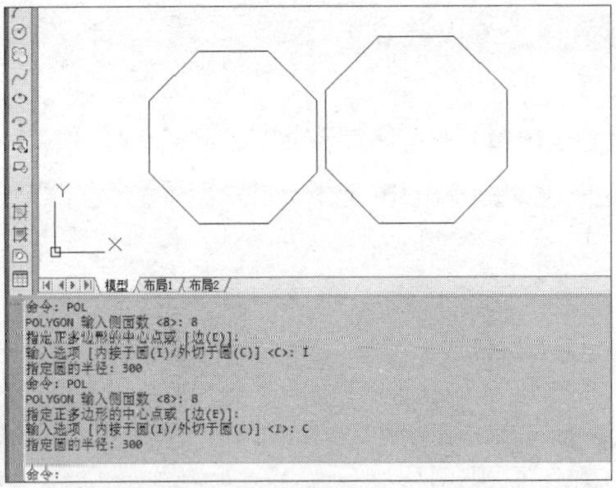

> **大师心得** 在AutoCAD中，正多边形也被看作一条闭合多段线，可以使用"编辑多段线"命令对其进行编辑，也可以用"分解"命令将其分解。

3.4 知识讲解——绘制圆

当一条线段绕着它的一个端点在平面内旋转一周时，它的另一个端点的轨迹就叫做圆。在AutoCAD中，要创建圆可以指定圆心、半径、直径、圆周上的点，和其他对象上的点的不同组合。

3.4.1 用圆心和半径或圆心和直径方式绘制圆

可以使用多种方法创建圆，程序默认的方法是指定圆心和半径，具体创建方法如下。

方法一：使用菜单命令绘制圆。

1 用半径绘制圆。执行"绘图→圆→圆心、半径"命令，在绘图区单击指定起点，输入半径，如"100"，按【Enter】键，如左下图。

2 用直径绘制圆。执行"绘图→圆→圆心、直径"命令，在绘图区单击指定起点，输入直径，如"100"，按【Enter】键，如右下图。

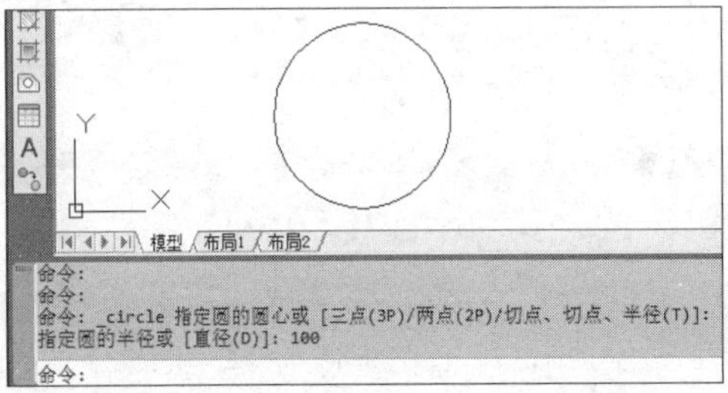

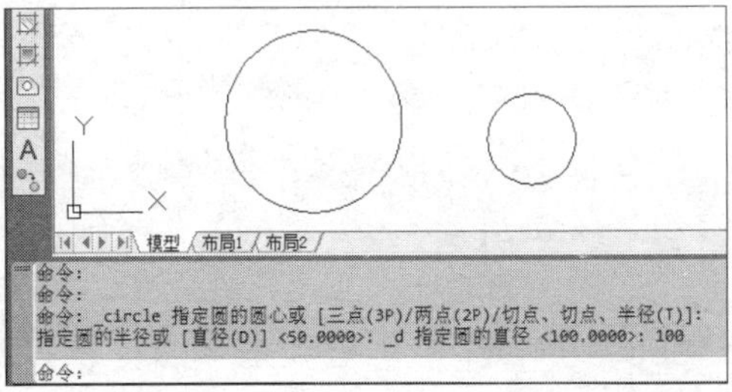

方法二：使用绘图工具栏绘制圆。

1 用半径绘制圆。单击绘图工具栏的"圆"按钮⊙，在绘图区单击指定起点，输入半径值，如"50"，按【Enter】键即可，如左下图。

2 用直径绘制圆。单击"圆"按钮⊙，在绘图区单击指定起点后，输入"D"，按【Enter】键；输入直径值，如"100"，按【Enter】键即可，如右下图。

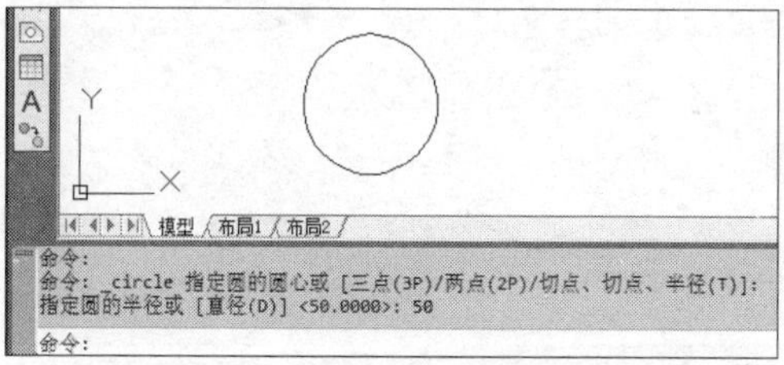

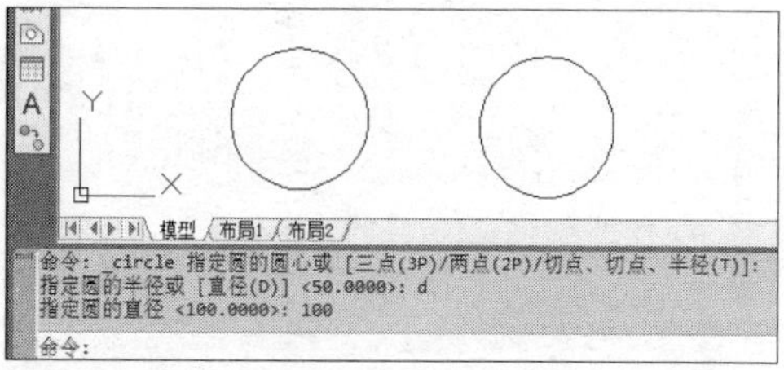

方法三：在命令栏输入圆命令"C"，按【Enter】键；在绘图区单击指定起点，输入半径值，按【Enter】键即绘制成功；或在绘图区单击指定起点后，按"D"键，按【Enter】键；输入直径值，按【Enter】键即绘制成功。

3.4.2 用两点方式绘制圆

用两点方式画圆，即指定两点来确定圆的大小。

具体绘制方法是：执行"绘图→圆→两点"命令，在绘图区单击指定起点，指定第二个点即完成圆的绘制。

3.4.3 用三点方式绘制圆

以三个点来确定圆的大小。

具体绘制方法是：执行"绘图→圆→三点 ⊙ 三点(3)"命令，在绘图区单击指定起点，移动鼠标至适当位置单击指定第二点，再移动鼠标至适当位置单击指定第三点，绘制完成。

3.4.4 用相切、相切、半径方式绘制圆

切点是一个对象与另一个对象接触而不相交的点。要创建与其他对象相切的圆，必须选定该对象，然后指定圆的半径。

▶▶ **原始素材文件**：光盘\素材文件\第3章\3-4-4.dwg

▶▶ **最终结果文件**：光盘\结果文件\第3章\3-4-4.dwg

▶▶ **同步教学文件**：光盘\多媒体教学文件\第3章\3-4-4.mp4

具体绘制方法如下。

1 打开素材文件。打开素材文件"3-4-4.dwg"，如左下图。

2 执行"相切、相切、半径"命令。执行"绘图→圆→相切、相切、半径"命令，如右下图。

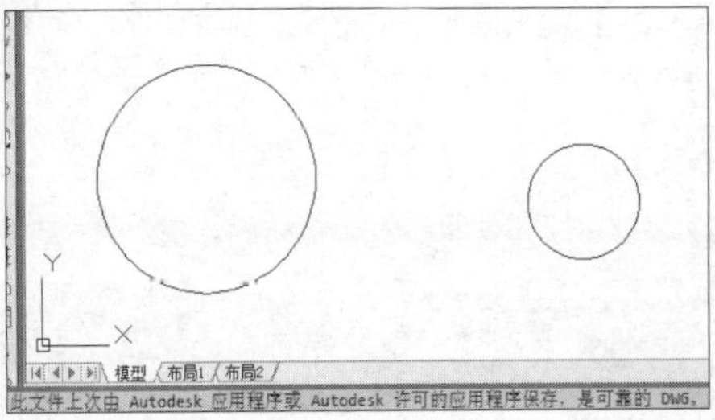

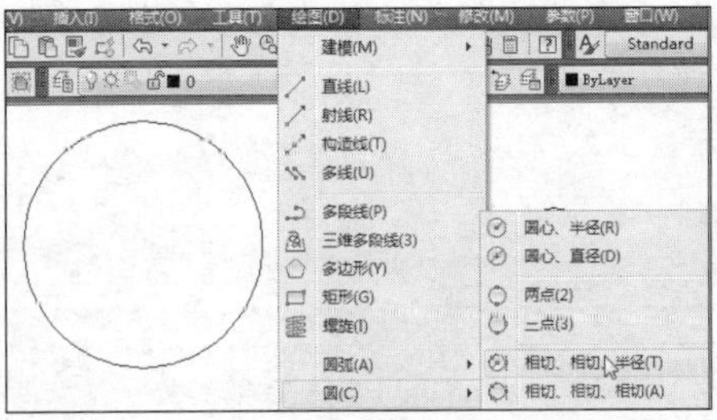

3 指定第一个切点。在第一个对象上单击指定第一个切点，如左下图。

4 指定第二个切点。在第二个对象上单击指定第二个切点，如右下图。

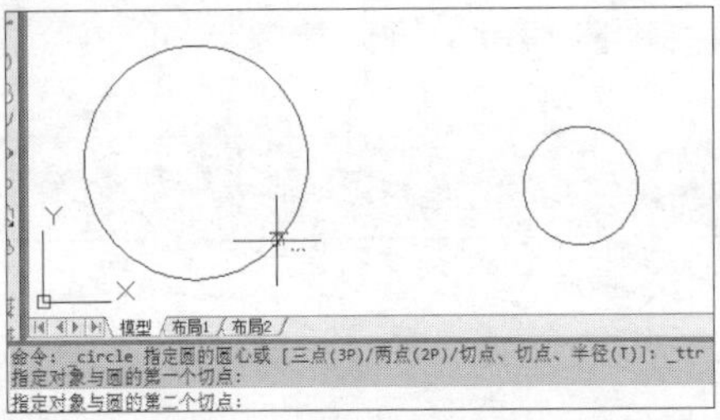

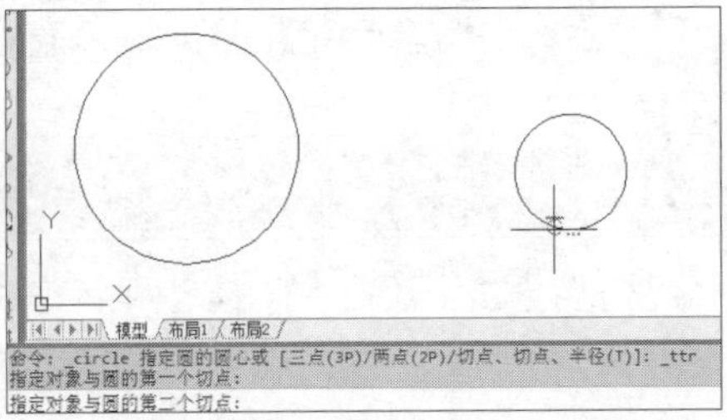

5 输入圆半径。指定圆的半径，如"300"，如左下图。

6 完成绘制。按空格键确定，完成效果如右下图。

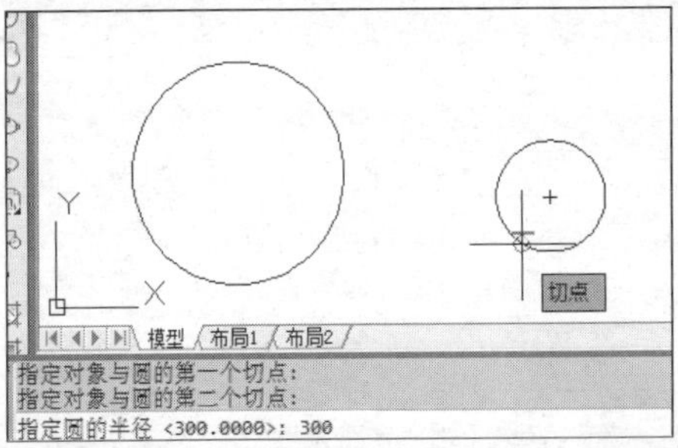

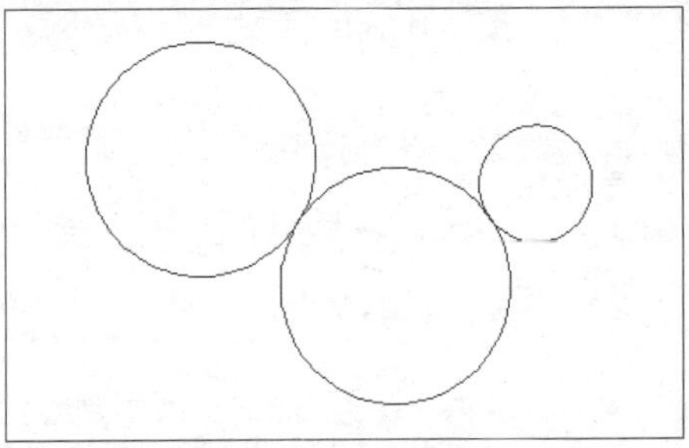

> **大师心得** 在AutoCAD中，使用"相切、相切、半径"的方法绘制圆，在指定圆的半径时，半径数值必须保证所画的圆在两个对象之间有相切点。

3.4.5 用相切、相切、相切方式绘制圆

要绘制三点相切的圆，必须将运行对象捕捉设定为"切点"，并使用三点方法绘制圆。

▶▶ **原始素材文件：** 光盘\素材文件\第3章\3-4-5.dwg

▶▶ **最终结果文件：** 光盘\结果文件\第3章\3-4-5.dwg

▶▶ **同步教学文件：** 光盘\多媒体教学文件\第3章\3-4-5.mp4

具体绘制方法如下。

1 打开素材文件。打开素材文件"3-4-5.dwg"，如左下图。

2 执行"相切、相切、相切"命令。执行"绘图→圆→相切、相切、相切"命令，如右下图。

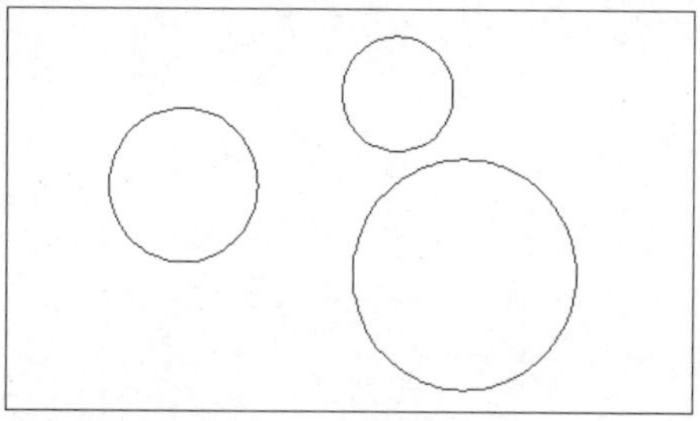

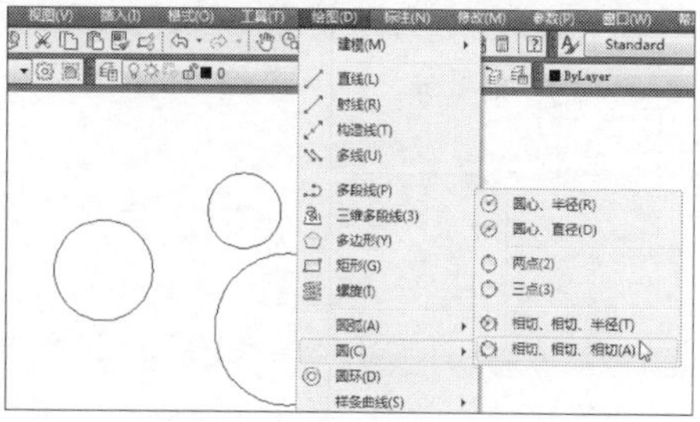

3 指定第一个切点。在第一个对象上单击指定第一个切点，如左下图。

4 指定第二个切点。在第二个对象上单击指定第二个切点，如右下图。

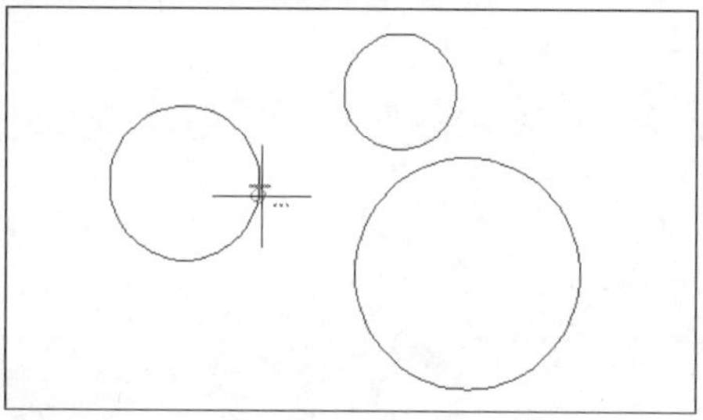

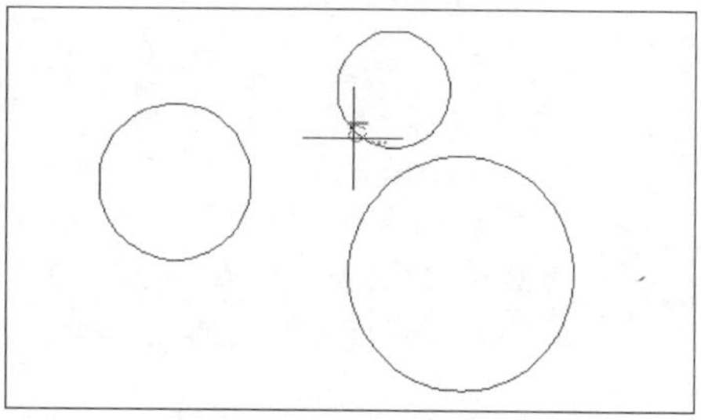

5 指定第三个切点。在第三个对象上单击指定第三个切点，如左下图。

6 完成绘制。完成效果如右下图。

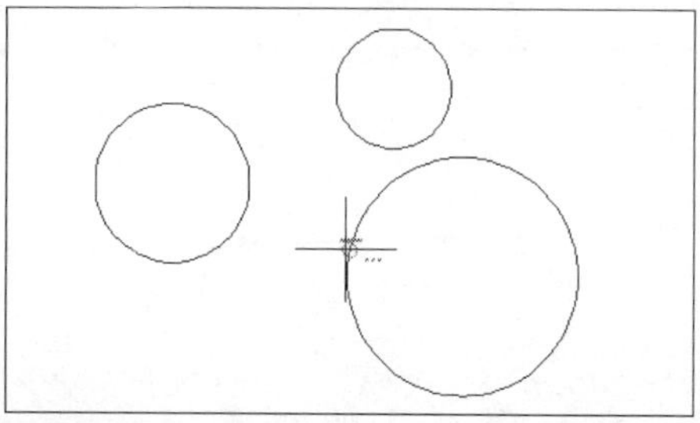

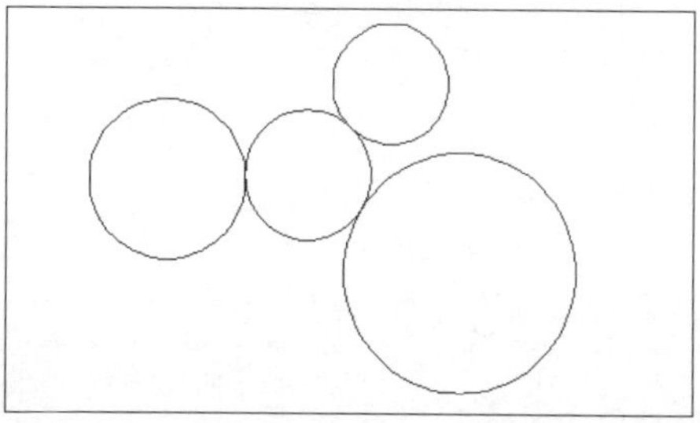

> **大师心得** 　　对于本实例中大量相切的知识，使用了最容易理解的圆相切的方法来讲解；在实际绘图中，以相切的方式画圆并不一定要几个对象，只有一个对象也能以相切的方式画圆，重要的是要有切点；同样，作为必须选择的相切的对象，也并不只限于圆，这些对象也可以是线、矩形、多边形等几何图形。

3.5 知识讲解——绘制圆弧和圆环

在AutoCAD 2012中，程序提供了多种创建圆弧的方法，不仅可以指定圆心、端点、起点、半径、角度、弦长和方向值的各种组合方式绘制圆弧，还可以用三点以连续方式绘制圆弧。

3.5.1 用三点方式绘制圆弧

所谓的"三点"方式绘制圆弧即是指定圆弧的起点、中点、端点，这是最方便的绘制圆弧的方法。

圆弧的绘制方法有如下几种。

方法一： 执行"绘图→圆弧→三点"命令，在绘图区单击指定起点，单击指定中点，再单击指定端点，绘制完成。

方法二： 单击绘图工具栏的"圆弧"按钮，在绘图区单击指定起点，单击指定中点，再单击指定端点，绘制完成。

方法三： 在命令栏输入圆弧命令"ARC"，按【Enter】键；在绘图区单击指定起点，单击指定中点，再单击指定端点，绘制完成。

圆弧的具体绘制方法如下。

> ▶▶ 原始素材文件：无
> ▶▶ 最终结果文件：光盘\结果文件\第3章\3-5-1.dwg
> ▶▶ 同步教学文件：光盘\多媒体教学文件\第3章\3-5-1.mp4

1 激活命令。在命令栏输入圆弧命令"ARC"，按【Enter】键；在绘图区空白处单击指定起点，如左下图。

2 移动鼠标：移动鼠标至适当位置，如右下图。

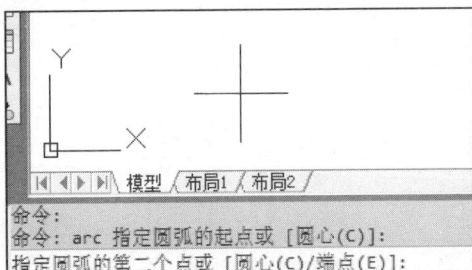

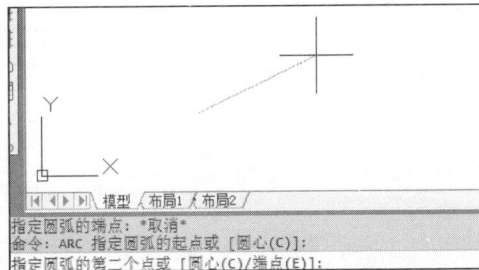

3 指定第二个点。单击指定第二个点，如左下图。

4 指定圆弧的端点。移动鼠标至适当位置，单击指定圆弧的端点，如右下图。

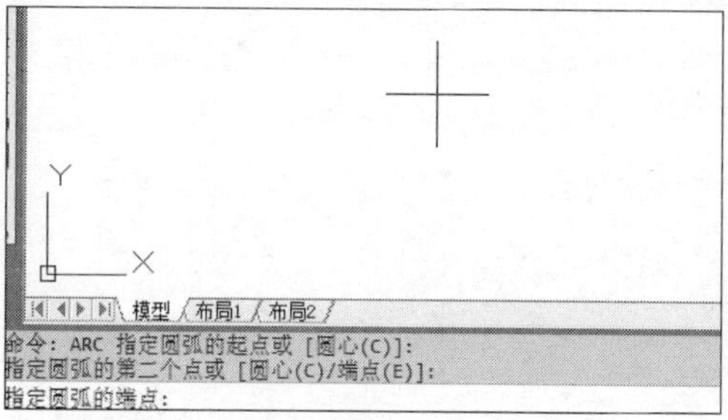

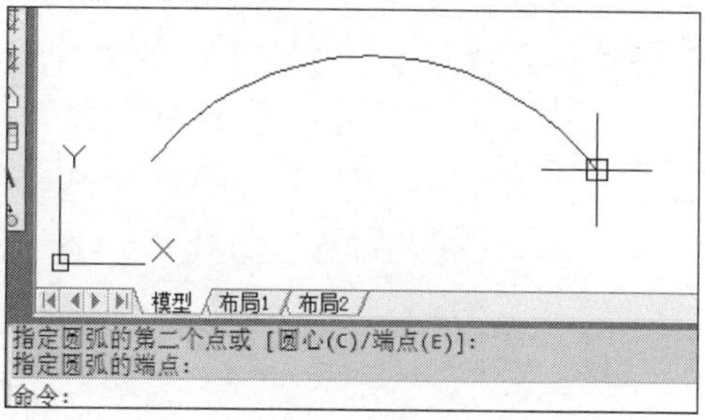

3.5.2 用连续方式绘制圆弧

用连续方式绘制圆弧只需要激活命令后，指定圆弧的端点即可完成圆弧的绘制，若已存在圆弧，用"继续"命令会自动把上一个圆弧的端点当做起点开始绘制。

具体的绘制方法如下：执行"绘图→圆弧→继续"命令，在绘图区自动生成一个没有端点的圆弧，此时单击确定端点即可完成圆弧的绘制；再次执行"绘图→圆弧→继续"命令，鼠标从上一个圆弧的端点生成一个圆弧，再单击指定端点，绘制完成。

3.5.3 绘制圆环

圆环（DONUT）是填充环或实体填充圆，即带有宽度的闭合多段线。要创建圆环，必须指定它的内外直径和圆心；通过指定不同的中心点，可以创建具有相同直径的多个圆环。

具体的绘制方法如下。

方法一：执行"绘图→圆环 ◎ 圆环(D)"命令，在绘图区单击指定圆环内径起点，单击指定内径第二点；单击指定圆环外径起点，单击指定外径第二点；单击指定中心点，按【Enter】键结束绘制，如下图。

```
命令：_donut
指定圆环的内径 <100.0000>：指定第二点：
指定圆环的外径 <300.0000>：指定第二点：
指定圆环的中心点或 <退出>：
指定圆环的中心点或 <退出>：
指定圆环的中心点或 <退出>：

命令：
```

大师心得　在绘制圆环时，完成指定圆的内径和半径后，到单击指定中心点这一步骤时，可指定不同的中心点，每指定一个中心点即绘制一个相同直径的圆环。

　　方法二：在命令栏输入圆环命令"DONUT"，按【Enter】键；输入圆环内径数值，按【Enter】键；再输入圆环外径数值，按【Enter】键；指定圆环中心点，绘制完成；按【Enter】键退出绘制圆环命令，如下图。

```
命令: DONUT
指定圆环的内径 <100.0000>: 100
指定圆环的外径 <300.0000>: 300
指定圆环的中心点或 <退出>:
指定圆环的中心点或 <退出>:

命令:
```

3.6　知识讲解——绘制椭圆和椭圆弧

　　椭圆的大小是由定义其长度和宽度的两条轴决定的，较长的轴称为长轴，较短的轴称为短轴；长轴和短轴相等时即为圆，绘制方法主要是"用圆心绘制"和"用轴和端点绘制"两种。椭圆主要包括椭圆和椭圆弧两个部分。

3.6.1　用圆心绘制椭圆

　　用圆心绘制椭圆是指先用中心点确定椭圆的位置，再指定其两个轴的半径值所绘制出的椭圆。

　　具体绘制方法如下。

　　方法一：执行"绘图→椭圆→圆心"命令，在绘图区单击指定中心点，再指定端点，再单击指定另一条半轴长度，绘制完成。

　　方法二：在绘图工具栏单击"椭圆"按钮 ⬮，在绘图区单击指定轴端点，单击指定轴另一个端点，再单击指定另一条半轴长度，绘制完成。

　　方法三：在命令栏输入椭圆命令"EL"，按【Enter】键；输入中心点"C"，按【Enter】键；在绘图区单击指定中心点，再指定端点，再单击指定另一条半轴长度，绘制完成。

　　椭圆的具体绘制方法如下。

　　▶▶ 原始素材文件：无

　　▶▶ 最终结果文件：光盘\结果文件\第3章\3-6-1.dwg

　　▶▶ 同步教学文件：光盘\多媒体教学文件\第3章\3-6-1.mp4

1 激活命令。在命令栏输入椭圆命令"EL"，按【Enter】键；输入子命令中心点"C"，按【Enter】键，如左下图。

2 指定中心点：单击指定椭圆中心点，鼠标向右移，如右下图。

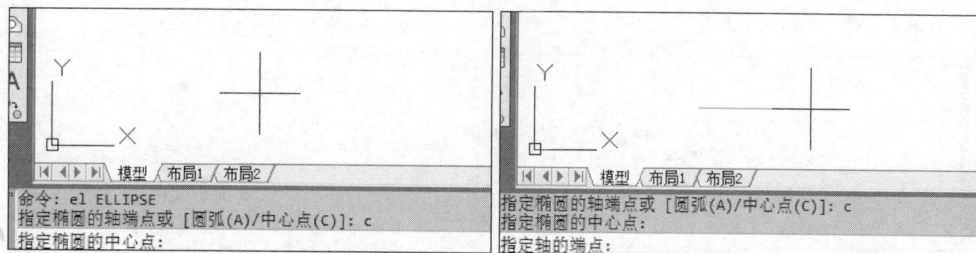

3 指定轴端点。按【F8】键打开正交模式，输入轴端点的距离"200"，按【Enter】键，如左下图。

4 指定另一条半轴长度。鼠标向上移，输入另一条半轴长度"100"，按【Enter】键；完成椭圆的绘制，如右下图。

3.6.2　用轴和端点绘制椭圆

用轴和端点绘制椭圆是指定义一个轴的直径和另一个轴的半径来确定椭圆大小。

绘制椭圆的方法有如下几种。

方法一：执行"绘图→椭圆→轴、端点"命令，在绘图区单击指定轴端点，单击指定轴另一个端点，再单击指定另一条半轴长度，绘制完成。

方法二：在命令栏输入椭圆命令"EL"，按【Enter】键；在绘图区单击指定轴端点，指定轴另一个端点或输入数值，再次单击指定或输入数值来定义另一条半轴长度。

椭圆的具体绘制方法如下。

▶▶ **原始素材文件**：无

▶▶ **最终结果文件**：光盘\结果文件\第3章\3-6-2.dwg

▶▶ **同步教学文件**：光盘\多媒体教学文件\第3章\3-6-2.mp4

1 激活命令。在命令栏输入椭圆命令"EL"，按【Enter】键；单击指定椭圆的轴端点，如左下图。

2 指定中心点。鼠标向右移，指定轴的另一个端点与起点距离，如"500"，按【Enter】键，如右下图。

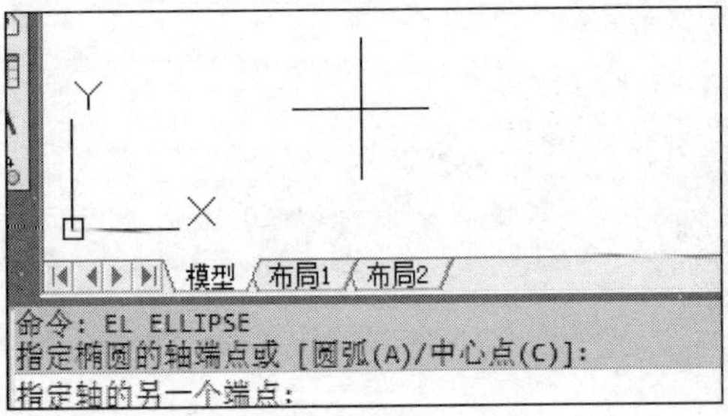

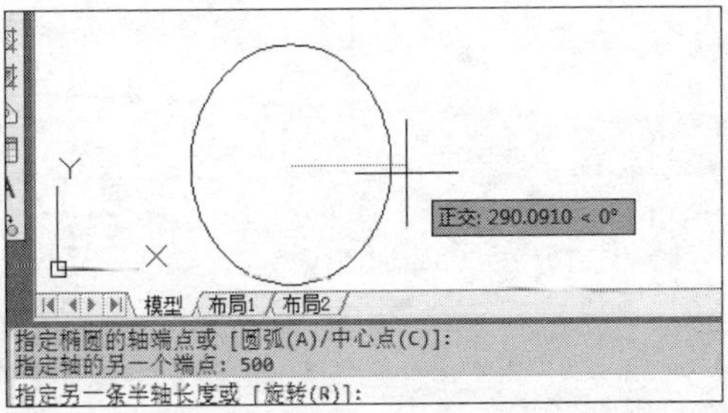

命令：EL ELLIPSE
指定椭圆的轴端点或 [圆弧(A)/中心点(C)]：
指定轴的另一个端点：

正交：290.0910 < 0°

指定椭圆的轴端点或 [圆弧(A)/中心点(C)]：
指定轴的另一个端点：500
指定另一条半轴长度或 [旋转(R)]：

3 移动鼠标确定椭圆方向。在打开正交模式的前提下鼠标向上移动，如左下图。

4 指定另一条半轴长度。输入另一条半轴长度"100"，按【Enter】键，完成椭圆的绘制，如右下图。

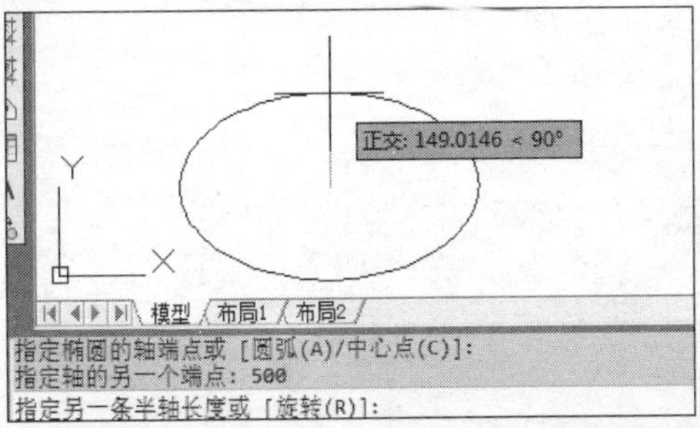

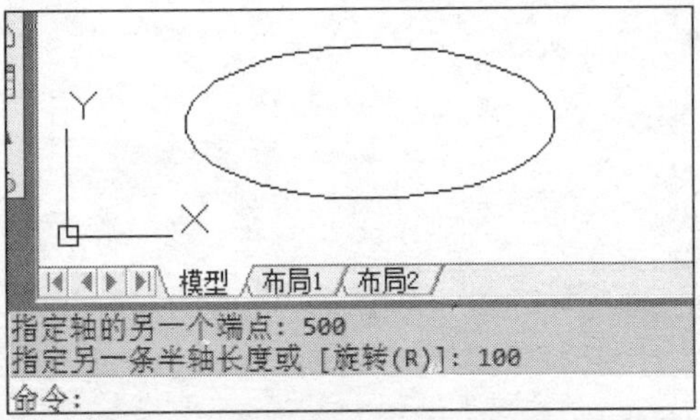

正交：149.0146 < 90°

指定椭圆的轴端点或 [圆弧(A)/中心点(C)]：
指定轴的另一个端点：
指定另一条半轴长度或 [旋转(R)]：

指定轴的另一个端点：500
指定另一条半轴长度或 [旋转(R)]：100
命令：

> **大师心得** 在使用快捷键绘制椭圆时，用"轴、端点"命令绘制椭圆时，提示栏里显示"指定轴的另一个端点："时定义的是此轴的直径，当提示栏里显示"指定另一条半轴长度或 [旋转(R)]："时定义的是此轴的半径；其他方法绘制时都是定义两轴的半径。

3.6.3 绘制椭圆弧

绘制椭圆弧时，顺时针方向是图形去除的部分，逆时针方向是图形保留的部分。

绘制椭圆弧的方法有以下几种。

方法一： 执行"绘图→椭圆→圆弧"命令，在绘图区单击指定中心点；指定端点，再单击指定另一条半轴长度；指定起点角度，再指定端点角度；绘制完成。

方法二： 在绘图工具栏单击"椭圆弧"按钮 ⌒，在绘图区单击指定轴端点，指定另一个端点；单击指定另一条半轴长度，指定起点角度，再指定端点角度；绘制完成。

方法三：在命令栏输入椭圆命令"EL"，按【Enter】键；输入圆弧"A"，按【Enter】键；在绘图区单击指定轴端点，指定另一个端点；再单击指定另一条半轴长度，输入起点角度，按【Enter】键；再指定端点角度，按【Enter】键；绘制完成。

椭圆弧的具体绘制方法如下。

➡ 原始素材文件：无
➡ 最终结果文件：光盘\结果文件\第3章\3-6-3.dwg
➡ 同步教学文件：光盘\多媒体教学文件\第3章\3-6-3.mp4

1 激活命令。在绘图工具栏单击"椭圆弧"命令按钮，如左下图。

2 指定轴端点。单击指定椭圆弧的轴端点，鼠标向右移，如右下图。

3 指定轴的另一个端点。单击指定椭圆弧的另一个端点，如左下图。

4 指定另一条半轴长度。单击指定另一条半轴长度，如右下图。

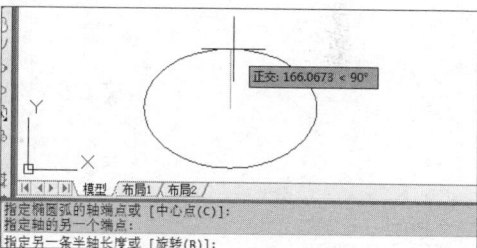

5 指定起点角度。输入起点角度，如"30"，按【Enter】键，如左下图。

6 指定端点角度。输入端点角度，如"270"，按【Enter】键；完成椭圆弧的绘制，如右下图。

在AutoCAD中，当使用键盘操作命令时，希望命令按照自己的想法去执行，就必须每操作一步都按"空格键"或【Enter】键确认执行当前输入的命令。例如，用多段线绘制一个长500，宽300的矩形：在命令栏输入多段线命令"PL"，按【Enter】键；在绘图区单击指定起点，鼠标向右移输入"500"，按【Enter】键；鼠标往下移输入"300"，按【Enter】键；鼠标往左移输入"500"，按【Enter】键；输入闭合"C"，按【Enter】键。

技能实训1 绘制窗帘立面图

此案例的操作目的是复习并熟练掌握前面所学的各种创建二维平面图形的命令和使用方法。本案例所绘制的图形会大量运用矩形和各种线，在实际操作中尤其要注意多段线的复杂运用。

▶▶ **原始素材文件**：无

▶▶ **最终结果文件**：光盘\结果文件\第3章\技能实训1.dwg

▶▶ **同步教学文件**：光盘\多媒体教学文件\第3章\技能实训1.mp4

本例难易度	制作关键	技能与知识要点
★★★★☆	首先用矩形绘制窗帘杆，再使用多段线绘制窗帘杆头，接着用圆弧绘制窗帘上部装饰，再用修订云线绘制窗帘布，然后使用样条曲线将窗帘布的褶皱绘制出来，最后用椭圆将挂窗帘的挂钩和帘圈绘制出来。	• "矩形"命令 • "直线"、"多段线"命令 • "样条曲线"、"修订云线"命令 • "圆弧"命令 • "椭圆"命令

1 绘制窗帘杆。在命令栏输入矩形命令"REC"，按【Enter】键；在绘图区单击确定起点，输入"@1500,50"，按【Enter】键，如左下图。

2 开始绘制窗帘杆头。开启对象捕捉，在命令栏输入多段线"PL"，按【Enter】键；单击矩形左上角端点，鼠标往上移输入"20"，如右下图，按【Enter】键确定。

3 绘制左端窗帘杆头。鼠标向左移输入"200"，按【Enter】键，如左下图。

4 绘制左端窗帘杆头。输入圆弧"A"，按【Enter】键；鼠标向下移输入"90"，按【Enter】键，如右下图。

5 绘制左端窗帘杆头。输入直线"L"，按【Enter】键；鼠标向右移输入"200"，按【Enter】键；鼠标向上移输入"90"，按【Enter】键；输入闭合"C"，按【Enter】键，如左下图。

6 绘制右端窗帘杆头。按【Enter】键激活多段线命令，用同样的方法绘制右端的窗帘杆头，最终效果如右下图。

7 绘制窗帘布起点。在命令栏输入多段线"PL"，按【Enter】键；在左端窗帘杆头处单击，如左下图。

8 绘制窗帘布大小。鼠标往下移输入"2400"，按【Enter】键；鼠标往右移输入"1500"，按【Enter】键；鼠标往上移输入"2400"，按【Enter】键两次，效果如右下图。

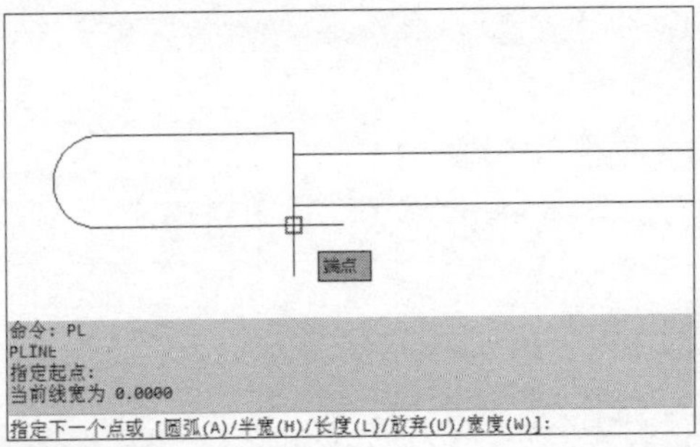

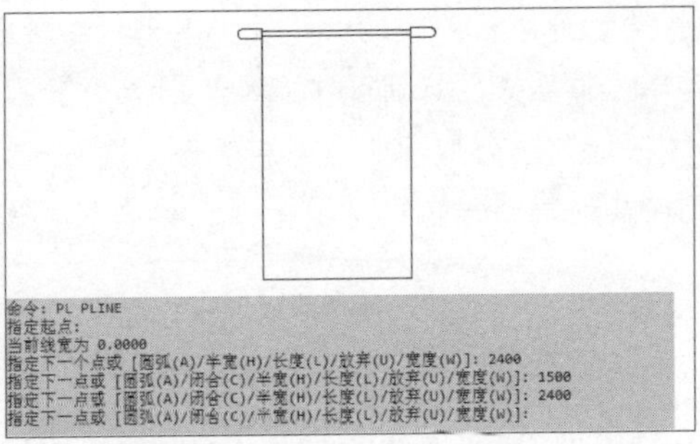

9 绘制窗帘布上端细节。在命令栏输入圆弧"ARC"，按【Enter】键；在左端窗帘杆头处单击，在中部单击，如左下图。

10 绘制窗帘布上端细节。在右端窗帘杆头处单击，重复绘制，效果如右下图。

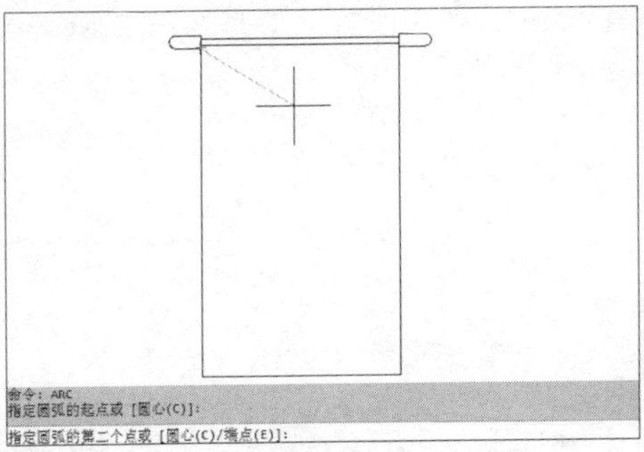

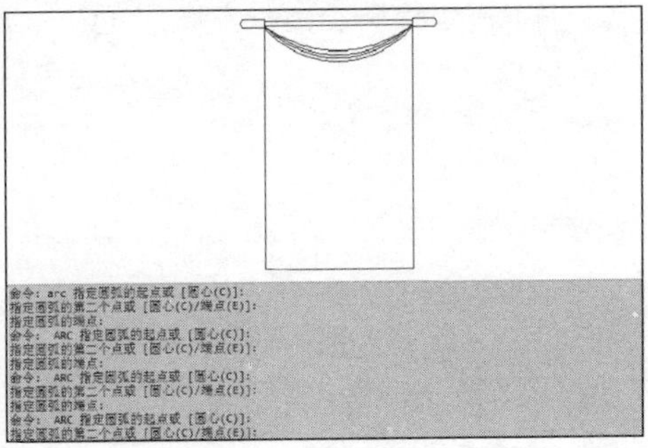

11 绘制左边窗帘布形状。在命令栏输入修订云线命令"REVCLOUD"，按【Enter】键；在最下端一条窗帘布中部适当位置单击，鼠标往下移，按【Enter】键两次，效果如左下图。

12 补充绘制左边窗帘布形状。按【Enter】键激活修订云线命令，紧靠修订云线再绘制一条修订云线，同样的方法绘制右边的窗帘布形状，效果如右下图。

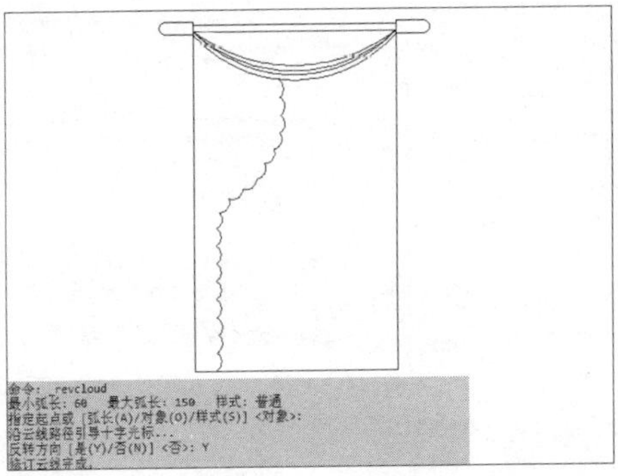

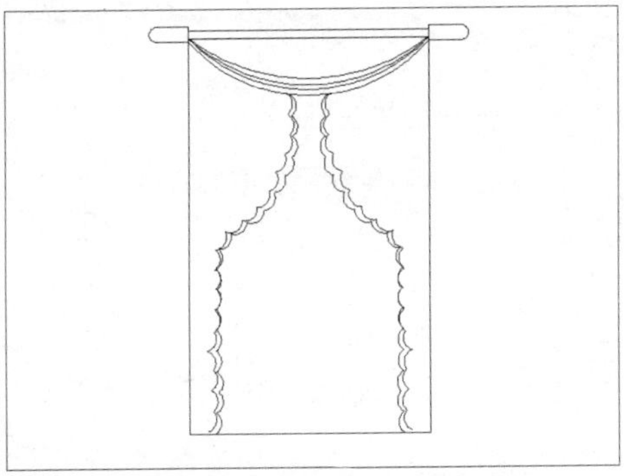

13 绘制窗帘左边帘圈。在命令栏输入椭圆"EL"，按【Enter】键；在左端窗帘布适当位置单击，在窗帘外框线单击，输入短轴半径"20"，按【Enter】键；在相同位置绘制一个短轴半径为"30"的椭圆，按【Enter】键，效果如左下图。

⑭ 绘制窗帘右边帘圈。用同样的方法绘制右端窗帘的帘圈，效果如右下图。

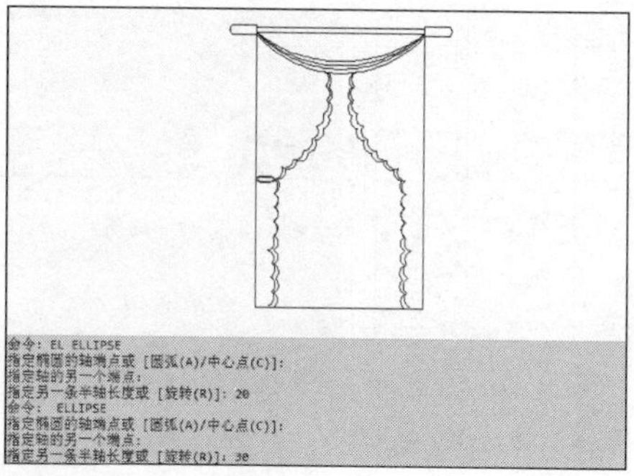

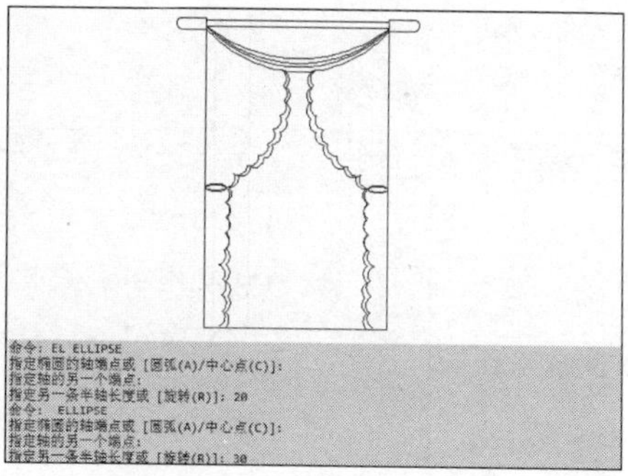

⑮ 绘制左边窗帘布细节。用样条曲线绘制窗帘细节，效果如左下图。

⑯ 绘制右边窗帘布细节。按【Enter】键继续执行样条曲线命令，用同样的方法绘制窗帘布细节。左右两端的绘制方法相同，最终效果如右下图。

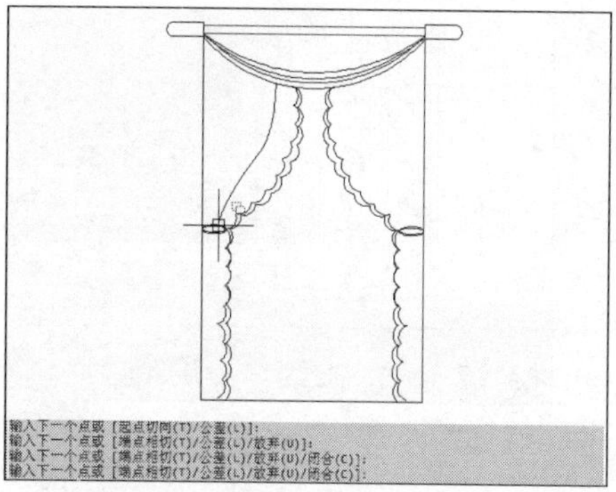

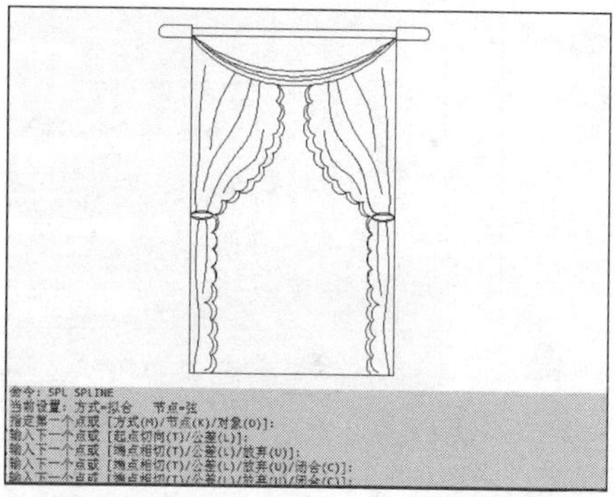

技能实训2 绘制酒柜立面图

此案例主要是绘制酒柜的框架，并将本章学习的内容进行巩固和补充，会大量运用到各绘图命令的子命令，以及简单的二维编辑命令并借助辅助线条绘制图形。在绘图时要注意必须根据对象的实际尺寸来绘制。

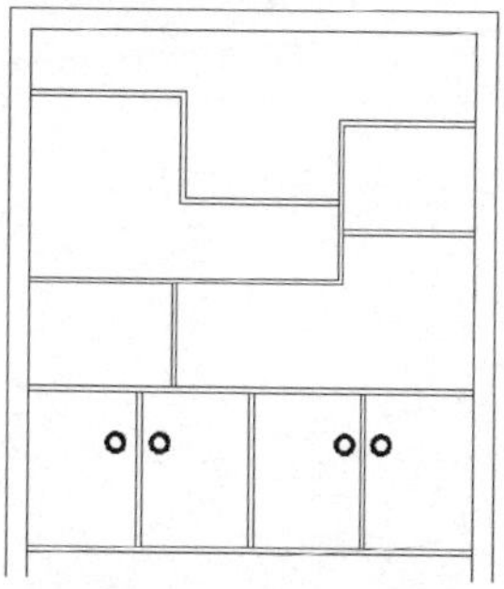

▶ 原始素材文件：无

▶ 最终结果文件：光盘\结果文件\第3章\技能实训2.dwg

▶ 同步教学文件：光盘\多媒体教学文件\第3章\技能实训2.mp4

本例难易度	制作关键	技能与知识要点
★★★★☆	使用多线绘制酒柜的外框，使用辅助线绘制酒柜底柜的高度和柜体柜门等，再使用圆环绘制柜门拉手，接着用多线绘制酒柜的展示柜。	• "多线"、"多段线"、"直线"命令 • "定数等分"命令 • "圆环"命令 • "移动"命令 • "复制"命令 • "偏移"命令

❶ 设置多样线对正和比例。在命令栏输入多线"ML"，按【Enter】键；输入对正"J"，按【Enter】键；输入无对正"Z"，按【Enter】键；输入比例"S"，按【Enter】键，如下图。

```
命令：ML  MLINE
当前设置：对正 = 无，比例 = 20.00，样式 = STANDARD
指定起点或 [对正(J)/比例(S)/样式(ST)]：  J
输入对正类型 [上(T)/无(Z)/下(B)] <无>： Z
当前设置：对正 = 无，比例 = 20.00，样式 = STANDARD
指定起点或 [对正(J)/比例(S)/样式(ST)]：  S
输入多线比例 <20.00>：
```

❷ 绘制酒柜外框。输入比例值"80"，按【Enter】键；在绘图区单击确定起点，鼠标往上移输入酒柜高度"2100"，按【Enter】键；鼠标往右移输入酒柜宽度"1800"，按【Enter】键；鼠标往下移输入酒柜高度"2100"，按【Enter】键两次；酒柜外框绘制完成，如左下图。

❸ 绘制酒柜柜体辅助线。在命令栏输入直线"L"，在内框左端点位置单击，在内框右端点位置单击，如右下图。

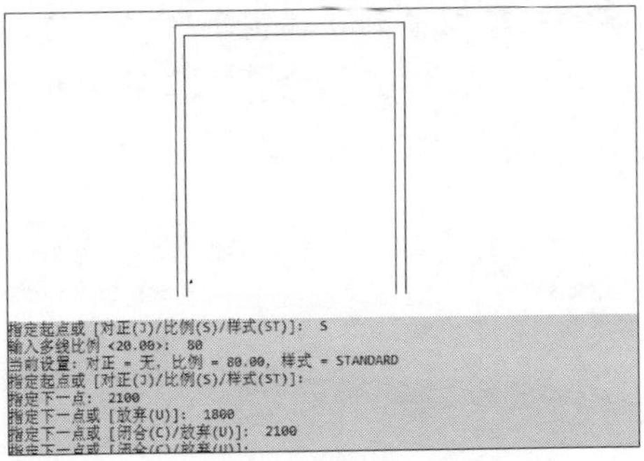

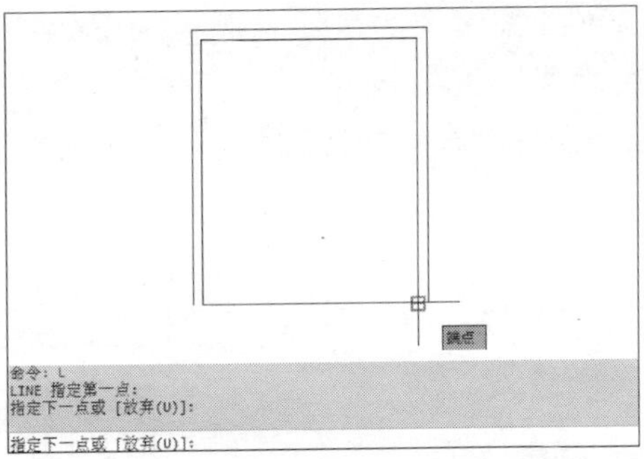

```
指定起点或 [对正(J)/比例(S)/样式(ST)]：  S
输入多线比例 <20.00>：  80
当前设置：对正 = 无，比例 = 80.00，样式 = STANDARD
指定起点或 [对正(J)/比例(S)/样式(ST)]：
指定下一点：  2100
指定下一点或 [放弃(U)]：  1800
指定下一点或 [闭合(C)/放弃(U)]：  2100
指定下一点或 [闭合(C)/放弃(U)]：
```

```
命令：L
LINE 指定第一点：
指定下一点或 [放弃(U)]：
指定下一点或 [放弃(U)]：
```

❹ 绘制酒柜柜体辅助线。输入移动命令"M"，按【Enter】键；单击所绘直线，按【Enter】键；单击指定基点，鼠标往上移输入"100"，按【Enter】键，如左下图。

5 绘制酒柜柜体辅助线。输入复制命令"CO"，按【Enter】键；单击已移动的直线，按【Enter】键；单击指定基点，鼠标往上移输入"600"，按【Enter】键两次，如右下图。

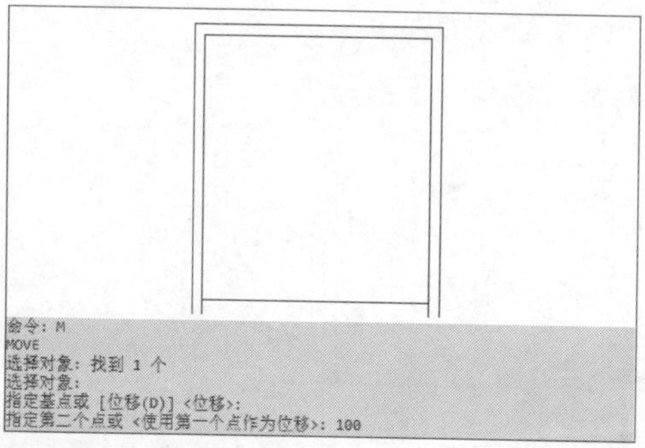

```
命令: M
MOVE
选择对象: 找到 1 个
选择对象:
指定基点或 [位移(D)] <位移>:
指定第二个点或 <使用第一个点作为位移>: 100
```

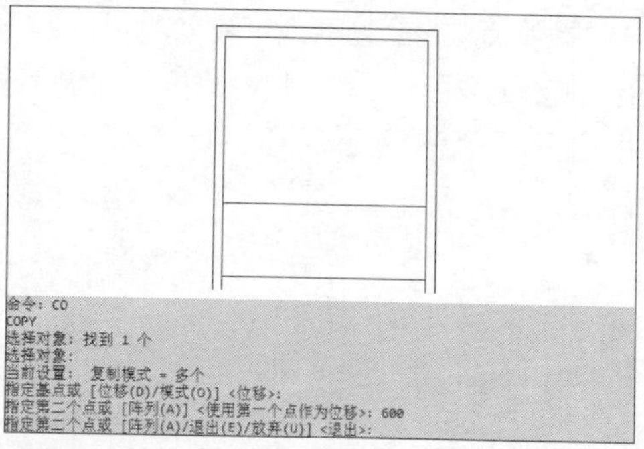

```
命令: CO
COPY
选择对象: 找到 1 个
选择对象:
当前设置: 复制模式 = 多个
指定基点或 [位移(D)/模式(O)] <位移>:
指定第二个点或 [阵列(A)] <使用第一个点作为位移>: 600
指定第二个点或 [阵列(A)/退出(E)/放弃(U)] <退出>:
```

6 偏移柜体厚度。输入偏移命令"O"，按【Enter】键；输入偏移距离"20"，按【Enter】键；依次单击柜体底线和面线，鼠标往上移单击，如左下图，按【Enter】键终止偏移命令。

7 使用定数等分命令确定柜体段数。输入定数等分命令"DIV"，按【Enter】键；单击使需要定数等分的线呈虚线显示，输入段数"4"，如右下图。

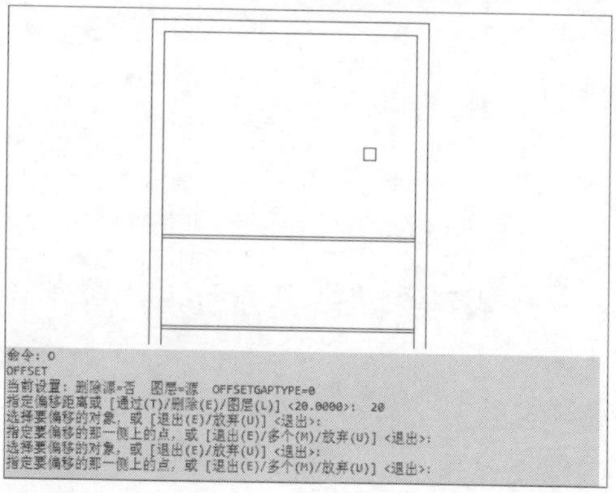

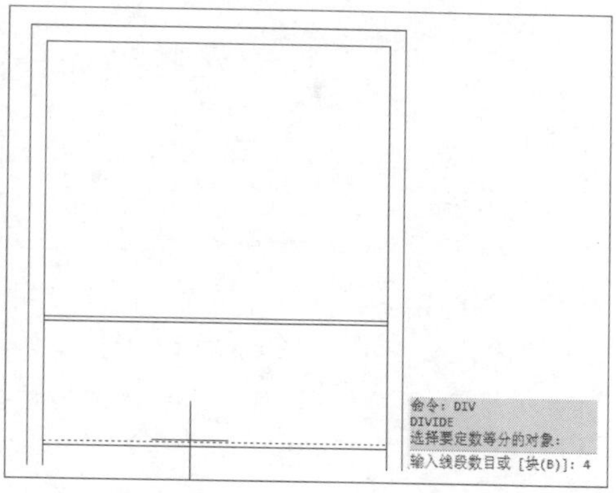

```
命令: O
OFFSET
当前设置: 删除源=否  图层=源  OFFSETGAPTYPE=0
指定偏移距离或 [通过(T)/删除(E)/图层(L)] <20.0000>: 20
选择要偏移的对象, 或 [退出(E)/放弃(U)] <退出>:
指定要偏移的那一侧上的点, 或 [退出(E)/多个(M)/放弃(U)] <退出>:
选择要偏移的对象, 或 [退出(E)/放弃(U)] <退出>:
指定要偏移的那一侧上的点, 或 [退出(E)/多个(M)/放弃(U)] <退出>:
```

```
命令: DIV
DIVIDE
选择要定数等分的对象:
输入线段数目或 [块(B)]: 4
```

8 绘制柜门辅助点。按【Enter】键，执行"格式→点样式"命令，选择点样式，如左下图。

9 完成绘制柜门辅助点。单击"确定"按钮，效果如右下图。

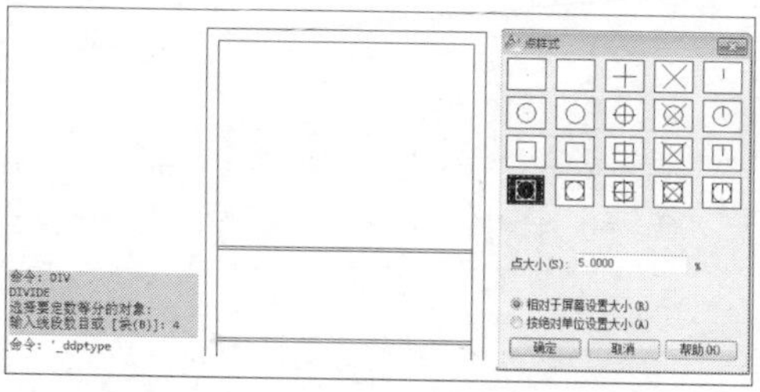

```
命令: DIV
DIVIDE
选择要定数等分的对象:
输入线段数目或 [块(B)]: 4
命令: '_ddptype
```

点样式

点大小(S): 5.0000   %

⊙ 相对于屏幕设置大小(R)
○ 按绝对单位设置大小(A)

确定   取消   帮助(H)

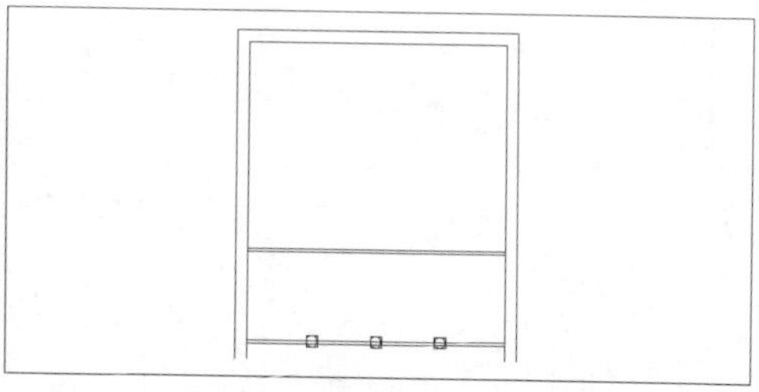

⑩ 使用多线绘制酒柜柜体。在命令栏输入多线"ML"，按【Enter】键；输入比例"S"，按【Enter】键。

⑪ 绘制酒柜柜体。输入比例值"20"，按【Enter】键；单击柜底线左边定数等分的节点，鼠标往上移在柜面线垂点处单击，按【Enter】键，如左下图。

⑫ 完成酒柜柜体绘制。用同样方法绘制另外两条柜门线，如右下图。

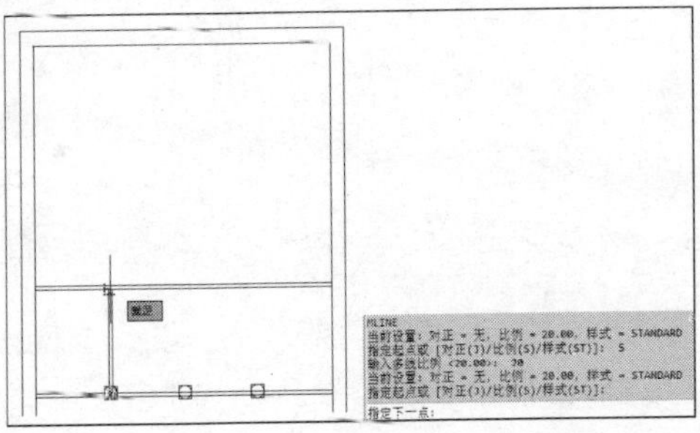

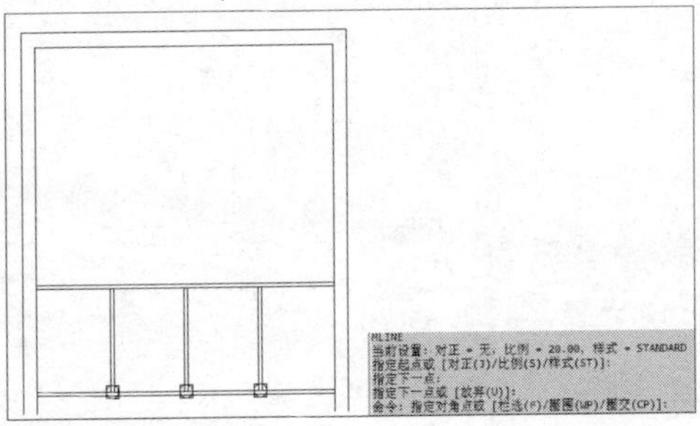

⑬ 选择需要删除的辅助点。在绘图区左边空白处单击，在柜底线右下角处单击，如左下图。

⑭ 删除辅助点。将辅助点全部选择，按【Delete】键删除，效果如右下图。

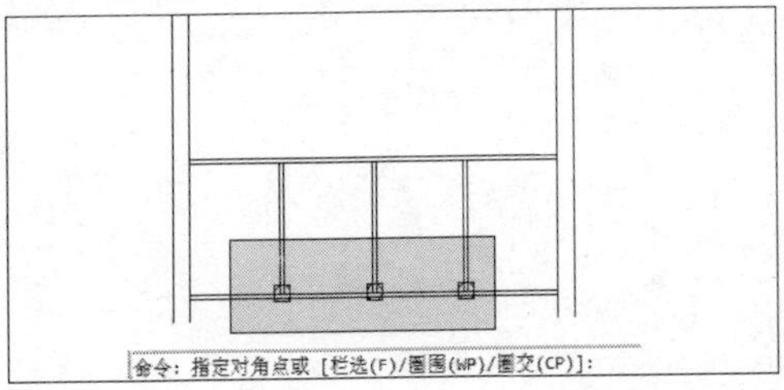

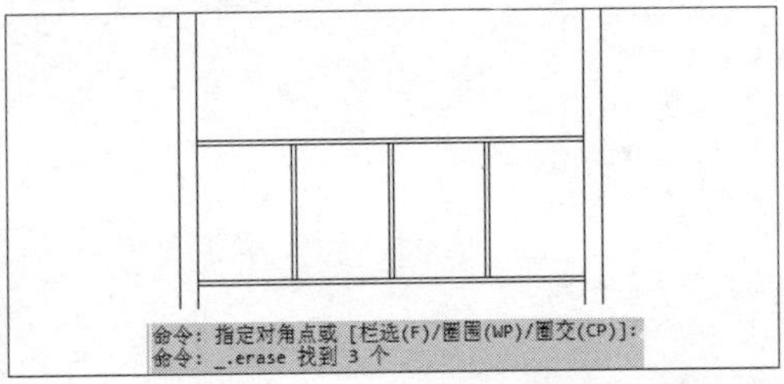

⑮ 绘制柜门拉手。执行"绘图→圆环"命令，输入内径值为"50"，按【Enter】键；输入外径值为"80"，按【Enter】键，如左下图。

⑯ 完成柜门拉手绘制。在柜门拉手的位置依次单击，柜门拉手绘制成功，如右下图。

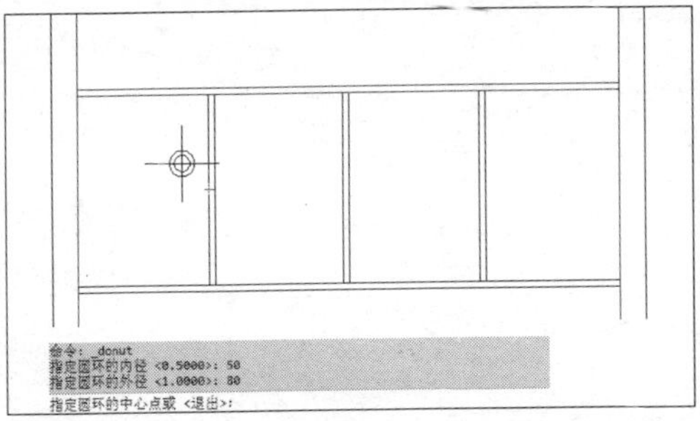

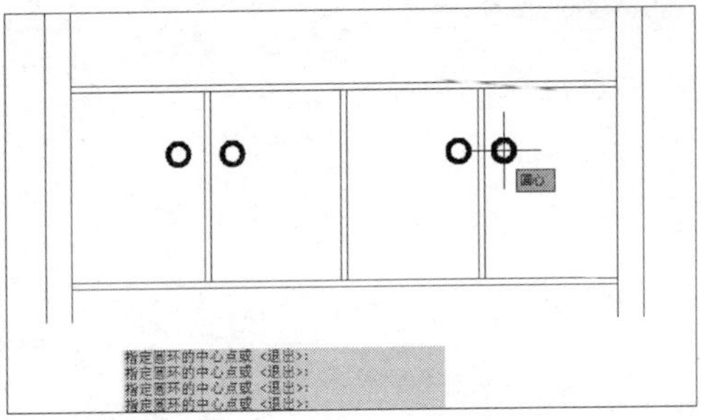

⑰ 绘制展示柜辅助线。在命令栏输入"PL"，在酒柜左内侧和柜面的交点处单击，如左下图。

18 绘制上部展示柜中线。鼠标向上移输入距离"400",鼠标向右移输入距离"1200",鼠标向上移输入距离"600",鼠标向右移在垂点处单击,如右下图。

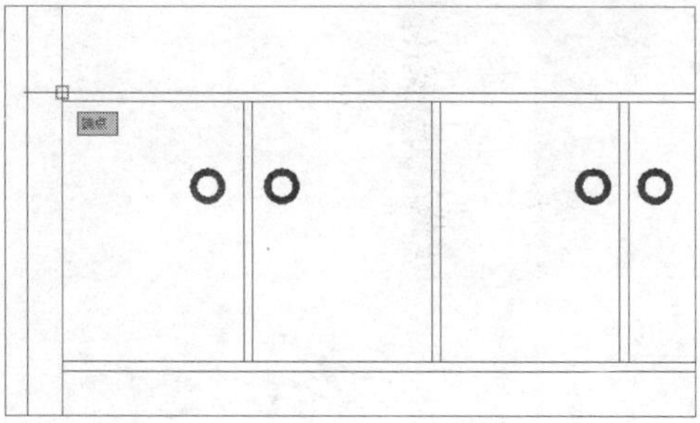

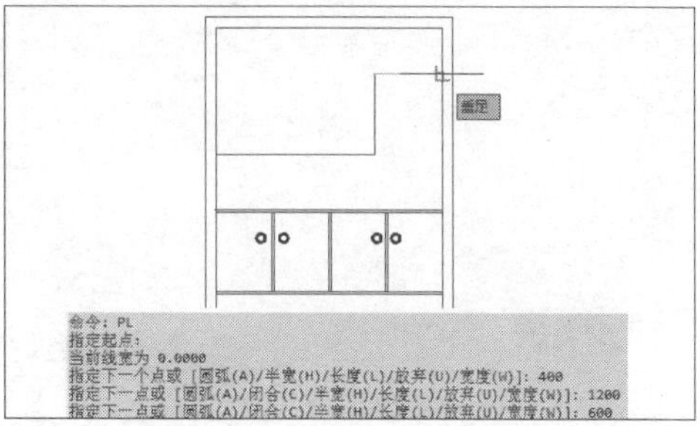

19 绘制展示柜。输入多线"ML",沿多段线开始绘制,接着再根据需要绘制一些隔板,效果如左下图。

20 删除辅助线。删除辅助线,最终结果如右下图。

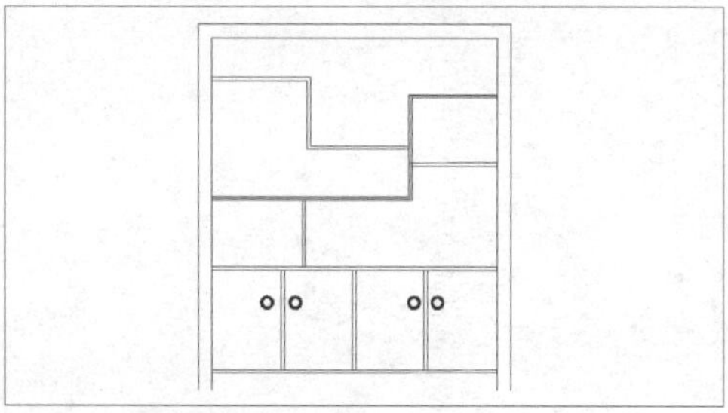

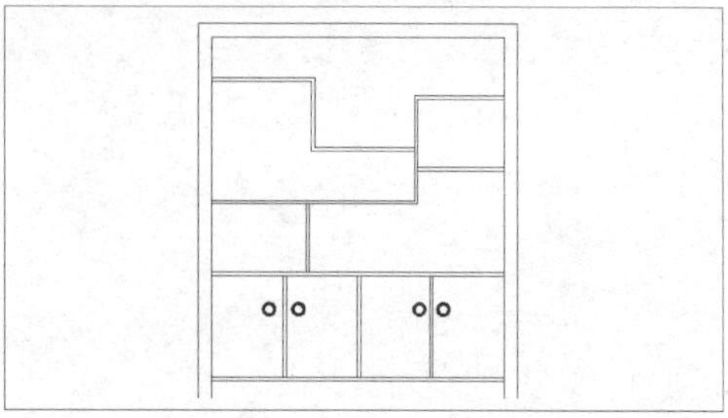

本章小结

　　本章内容主要对AutoCAD 2012的绘图工具进行了讲解,从点到几何图形的绘制方法都包含其中,主要绘制方法包括菜单命令、绘图工具栏命令,以及键盘快捷键的使用;在使用键盘命令绘图时,一定要注意每一个操作步骤都必须按【Enter】键确认命令执行。

Chapter 04

编辑常用二维图形

上一章讲解了AutoCAD 2012创建二维图形的工具和方法，本章主要讲解编辑二维图形的工具和方法，包括改变对象位置、创建对象副本、修剪对象、对象变形、打断、分解与合并对象和使用夹点编辑图形等部分。学习了这两章内容，就具备了绘制常用二维图形的能力。

知识要点
ZHI SHI YAO DIAN

- 掌握改变对象位置的各命令和操作方法
- 掌握创建对象副本的各命令和操作方法
- 掌握修剪对象的各命令和操作方法
- 掌握使对象变形的各命令和操作方法
- 掌握打断、分解、合并对象的方法
- 掌握使用夹点编辑图形的方法

案例展示
AN LI ZHAN SHI

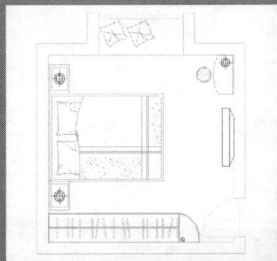

4.1 　知识讲解——改变对象位置

　　本节主要讲解对已绘制完成的对象进行位置、角度调整的命令，这些命令是对已有图形进行相关编辑的基础。

4.1.1 　删除对象

　　删除（ERASE）对象是将对象从当前图形中删除并清除显示。在绘制室内装饰设计图纸时，为了方便绘图，会大量使用辅助线，绘制完成后必须将这些辅助线删除，以免文件过大占用计算机资源。

　　在AutoCAD中，使用删除对象命令的方法如下。

　　方法一： 执行"修改→删除"命令，选择对象，按【Enter】键删除对象。

　　方法二： 单击修改工具栏的"删除"按钮 ✐，选择对象，按【Enter】键删除对象。

　　方法三： 在命令栏输入删除命令"E"，选择对象，按【Enter】键，对象即被删除。

　　方法四： 选择对象，按【Delete】键，对象即被删除。

　　大师心得 　　删除对象的方法很多，也比较容易操作，但一定要注意删除前必须先选择对象，删除一个对象可单击选择对象；删除多个对象可依次单击需要删除的对象或框选需要删除的对象；还有一种快速删除方法会在图层的内容里面讲到。

4.1.2 　移动对象

　　移动（MOVE）对象是指将对象以指定的角度和方向重新定位，对象的位置发生了变化，但大小和方向不变；使用坐标、栅格捕捉、对象捕捉等还可以精确移动对象。

　　在AutoCAD中，激活移动命令的方法如下。

　　方法一： 执行"修改→移动"命令，命令即被激活。

　　方法二： 单击修改工具栏的"移动"按钮 ✛，命令即被激活。

　　方法三： 在命令栏输入"M"，按【Enter】键，命令即被激活。

　　接下来以绘制洗手盆平面图为例，具体讲解移动命令的使用方法。

　　▶▶ **原始素材文件：** 无

　　▶▶ **最终结果文件：** 光盘\结果文件\第4章\4-1-2.dwg

　　▶▶ **同步教学文件：** 光盘\多媒体教学文件\第4章\4-1-2.mp4

1 绘制洗手盆外框。使用矩形命令绘制一个长为"800"，宽为"500"的矩形，为洗手盆外框，如左下图。

2 绘制水龙头底座。绘制一个长为"180"、宽为"80"的矩形，为水龙头底座，如右下图。

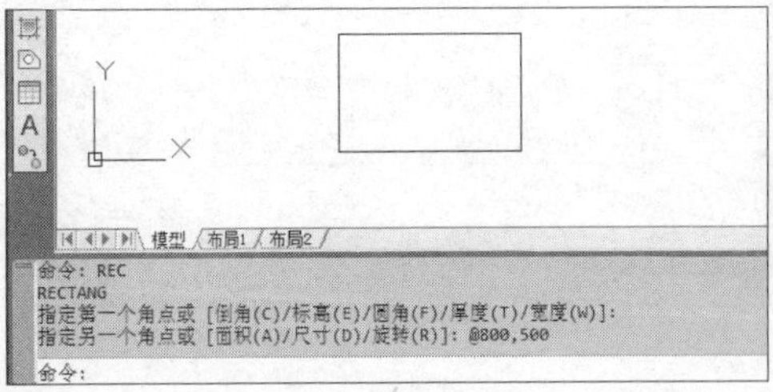

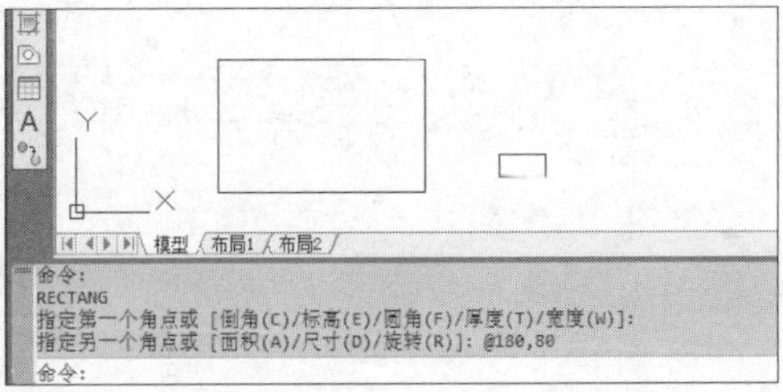

3 绘制水槽。绘制一个直径为"600"、半径为"200"的椭圆，为洗手盆水槽，如左下图。

4 绘制开关和水漏。绘制三个半径为"20"的圆，并在其中一个圆内绘制出十字形，如右下图。

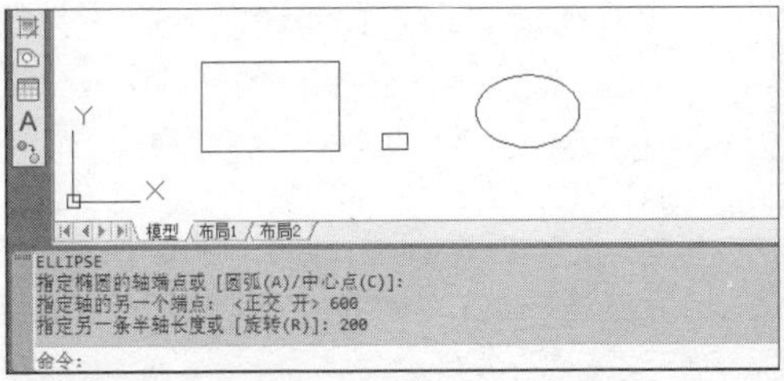

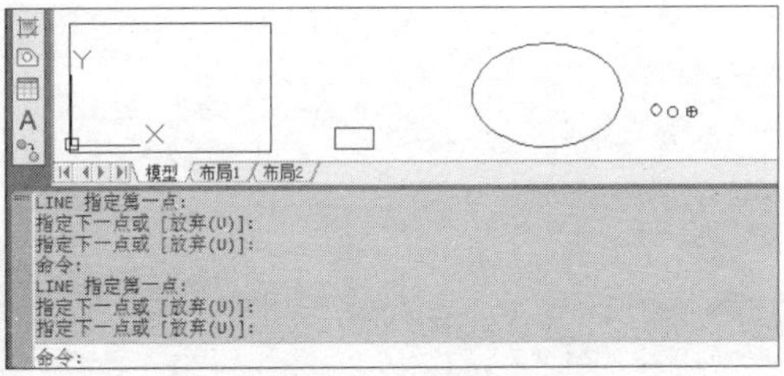

5 绘制水龙头。绘制长度为"150"、圆弧为"50"的水龙头，如左下图。

6 将洗手盆移至洗手台。输入移动命令"M"，按【Enter】键确认；选择椭圆，按【Enter】键确认；单击椭圆上弧中点，鼠标指针移动至矩形上方线中点处，如右下图，单击确定。

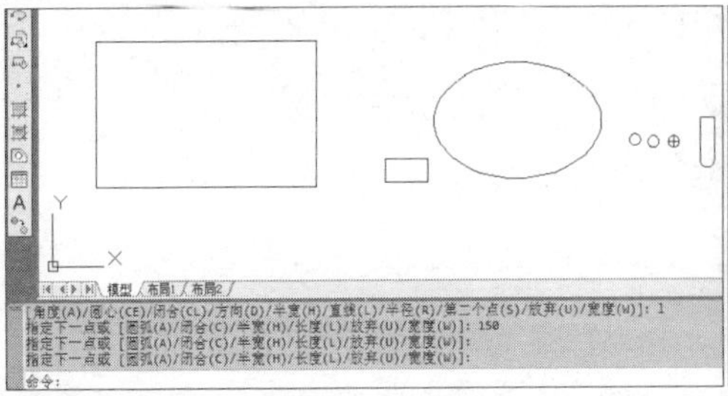

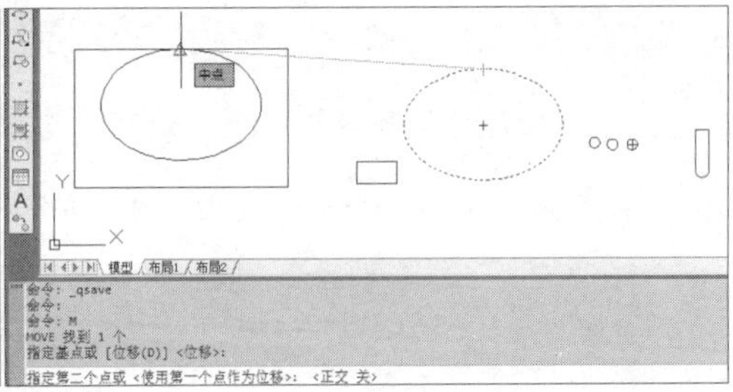

7 调整洗手盆位置。按【Enter】键激活移动命令，在绘图区空白处单击指定基点，将椭圆移动至适当位置单击，如左下图。

⑧ 将其他部分移至洗手台。使用同样的方法将其他部分移动至洗手台上，如右下图。

⑨ 输入水龙头开关移动距离。输入移动命令"M"，按【Enter】键；单击左边水龙头开关，按【Enter】键确认；在空白处单击指定基点，输入移动距离"20"，如左下图；在确认是"正交模式"的情况下，按【Enter】键确认。

⑩ 洗手盆绘制完成。将另一个水龙头开关用相同方法移动至适当位置，最终效果如右下图。

> **大师心得** 在AutoCAD中，移动对象必须先指定基点，基点是被移动对象的点；然后指定第二点，第二点是被移动对象即将到达的点；用指定距离移动对象时一般和正交模式一起使用；基点和第二点就是整个移动命令的重点，决定移动后对象的位置。

4.1.3 旋转对象

旋转（ROTATE）对象就是将对象绕指定的基点旋转，旋转时可以使用鼠标拖动，也可以按指定的角度进行旋转。

在AutoCAD中，激活旋转对象的方法如下。

方法一： 执行"修改→旋转"命令，命令即被激活。

方法二： 单击修改工具栏的"旋转"按钮，命令即被激活。

方法三： 在命令行输入旋转命令"RO"，按【Enter】键，命令即被激活。

接下来用旋转五边形具体讲解旋转命令的使用方法。

1 打开素材文件。打开素材文件 "4-1-3.dwg"，如左下图。

2 拖动旋转第一步。在命令行输入旋转命令 "RO"，按【Enter】键确认；单击需要旋转的对象，按【Enter】键确认，如右下图。

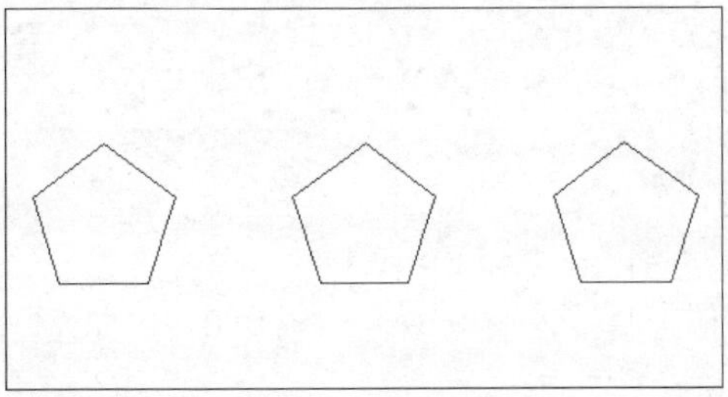

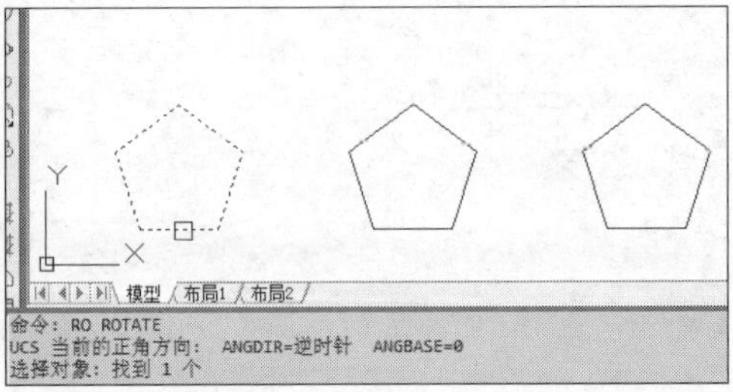

3 拖动旋转第二步。单击对象的端点作为旋转基点，如左下图。

4 拖动旋转第三步。鼠标往上移，如右下图，单击确定旋转。

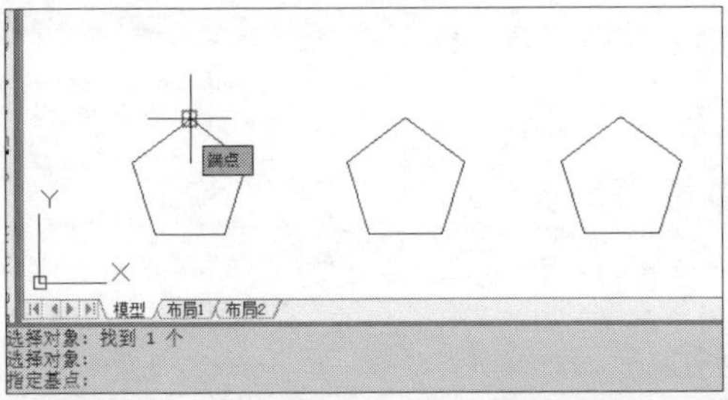

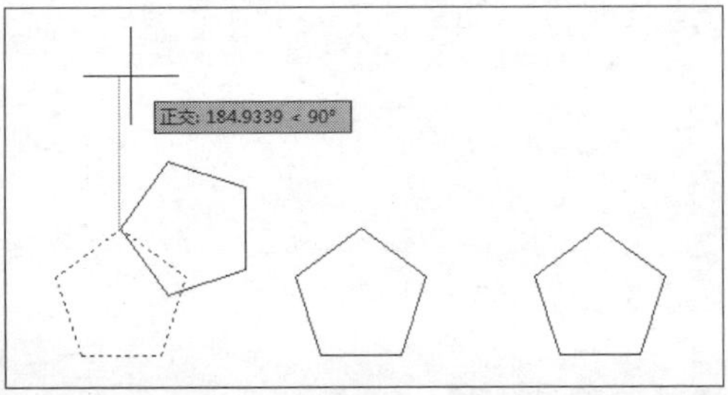

> **大师心得** 在AutoCAD中，旋转对象必须先指定基点，从基点开始鼠标向上或向下移，被旋转对象就以 "90" 度或 "270" 度旋转；从基点开始鼠标向左或向右移，被旋转就以 "0" 度或 "180" 度旋转，但这个旋转度数会随着基点位置在被旋转对象的上下左右方向不同而变化。

5 按指定角度旋转第一步。按空格键激活旋转命令；选择第二个五边形，按【Enter】确认，如左下图。

6 按指定角度旋转第二步。在对象端点处指定基点，如右下图。

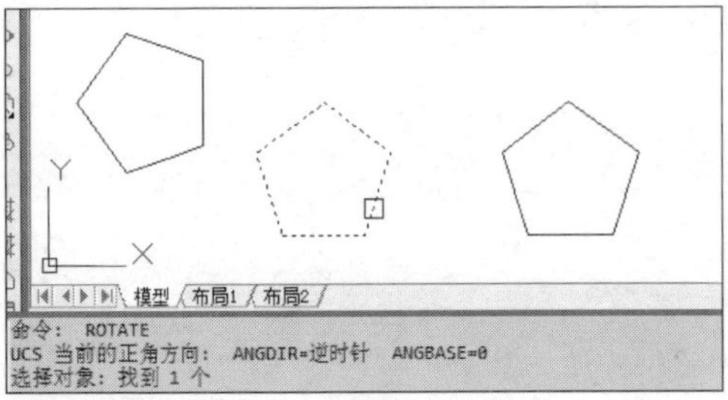

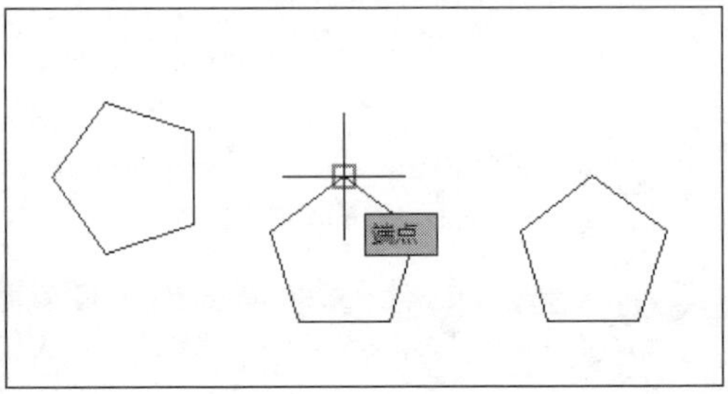

7 指定旋转角度。输入旋转角度 "270"，按【Enter】键确认，如左下图。

8 指定基点。按空格键激活旋转命令，单击选择第三个五边形作为旋转对象，按
【Enter】键确认；在对象内空白处单击指定基点，如右下图。

```
找到 1 个
指定基点:
指定旋转角度，或 [复制(C)/参照(R)] <90>: 270
命令:
```

```
选择对象: 找到 1 个
选择对象:
指定基点:
```

9 指定旋转角度。鼠标向左移，在空白处单击确定旋转，如左下图。

10 完成旋转。完成对象的旋转，最终效果如右下图。

> **大师心得** "参照"选项用于将对象参照旋转，即指定一个参照角度和新角度，两个角度的差值就是对象的实际旋转角度。

4.2 知识讲解——创建对象的副本

在AutoCAD中，当需要在图形中绘制两个或多个相同对象的时候，可以先绘制一个源对象，再根据源对象以指定的角度和方向创建此对象的副本，以达到提高绘图速度和绘图精度的作用。

4.2.1 复制

复制（COPY）是常用的二维编辑命令，在实际应用中，还可以使用坐标、栅格捕捉、对象捕捉和其他工具精确复制对象。

在Auto CAD中，激活复制命令的方法有以下几种。

方法一： 执行"修改→复制"命令，命令即被激活。

方法二： 单击修改工具栏的"复制"按钮 ，命令即被激活。

方法三：在命令行输入复制命令"CO"或者"CP"，按【Enter】键，命令即被激活。

接下来以复制简易衣架为例，具体讲解使用复制命令的方法。

> ▶▶ **原始素材文件**：无
> ▶▶ **最终结果文件**：光盘\结果文件\第4章\4-2-1.dwg
> ▶▶ **同步教学文件**：光盘\多媒体教学文件\第4章\4-2-1.mp4

1 绘制直线并输入复制命令。绘制一条长为"2000"的直线，输入复制命令"CO"，按【Enter】键确认，单击直线，如左下图。

2 指定基点。按【Enter】键，单击空白处指定基点，如右下图。

3 输入复制距离。鼠标向上移输入复制距离"20"，如左下图。

4 完成复制。按【Enter】键确认复制距离，再按【Enter】键结束复制命令，挂衣杆绘制完成，如右下图。

5 绘制矩形。绘制一个长为"20"、宽为"400"的矩形。

6 复制衣架。输入复制命令"CO"，按【Enter】键；单击矩形选择复制对象，按【Enter】键；单击指定基点，鼠标往右移，如左下图。

7 连续复制。单击即可复制，单击几次就复制几个，如右下图，按【Enter】键终止复制命令。

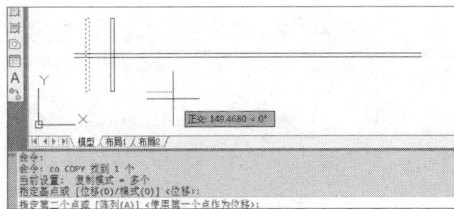

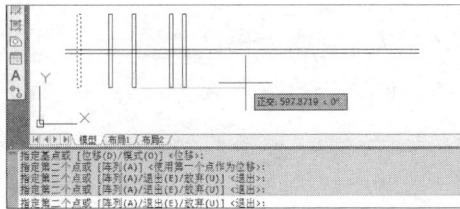

8 指定基点复制。输入复制命令"CO"，按【Enter】键；单击最右边的衣架，按【Enter】键，单击最左边衣架左下角的端点，如左下图。

9 指定基点复制。在左二的衣架右下角端点处单击，如右下图，按【Enter】键结束复制命令。

10 用复制命令一次复制多个对象。框选需要复制的对象，输入复制命令"CO"，按【Enter】键；单击指定基点，鼠标向右移，在适当位置单击完成复制，如左下图。

11 正交模式关闭的情况下复制衣架。在执行复制命令时，关闭正交模式，复制的衣架不在同一水平上，如右下图。

> **大师心得** 本实例主要讲解复制命令的用法，只用一个复制命令却可以做出不同的效果；只要在复制时注意所选择对象的数量，注意指定对象的基点位置，注意各个对象的对象捕捉点，以及辅助工具的用法，就能很灵活地运用复制命令做出想要的效果。

4.2.2 阵列

阵列（ARRAY）也是一种特殊的复制方法，此命令是在源对象的基础上，按照矩形、环形（极轴）、路径三种方式，以指定的距离、角度和路径复制出源对象多个复本；其中路径阵列方式是AutoCAD 2012的新增功能。

1.激活阵列命令

激活阵列命令的方法有以下几种。

方法一：执行"修改→阵列→矩形阵列"命令，或"路径阵列"命令，或"环形阵列"命令，命令即被激活。

方法二：单击修改工具栏的"阵列"按钮，命令即被激活。

方法三：在命令行输入阵列命令"AR"，按【Enter】键；命令即被激活。

2.使用阵列命令的方法

接下来用实例具体讲解使用阵列命令的方法。

▶▶ **原始素材文件：** 无

▶▶ **最终结果文件：** 光盘\结果文件\第4章\4-2-2.dwg

▶▶ **同步教学文件：** 光盘\多媒体教学文件\第4章\4-2-2.mp4

（1）使用矩形阵列命令

下面使用矩形阵列命令绘制一个四行三列的筒灯组，具体操作步骤如下。

1 绘制筒灯组最基本的元素。绘制一个长为"200"，宽为"800"的矩形；输入直线命令"L"，按【Enter】键；在矩形左下角单击，如左下图。

2 输入阵列命令。在矩形右下角单击，按【Enter】键结束直线命令，如右下图。

3 激活阵列命令。输入阵列命令"AR"，按【Enter】键确认；单击直线，按【Enter】键确认，如左下图。

4 输入矩形阵列命令。输入矩形阵列"R"，按【Enter】键确认；鼠标往上移输入计数"C"，按【Enter】键确认，如右下图。

5 绘制筒灯框架。输入行数"5"，按【Enter】键；输入列数"1"按【Enter】键；输入间距范围"800"，按【Enter】键确认，如左下图。按【Enter】键结束矩形阵列命令。

6 选择阵列对象。按空格键激活阵列命令，选择阵列对象，如右下图，按
【Enter】键。

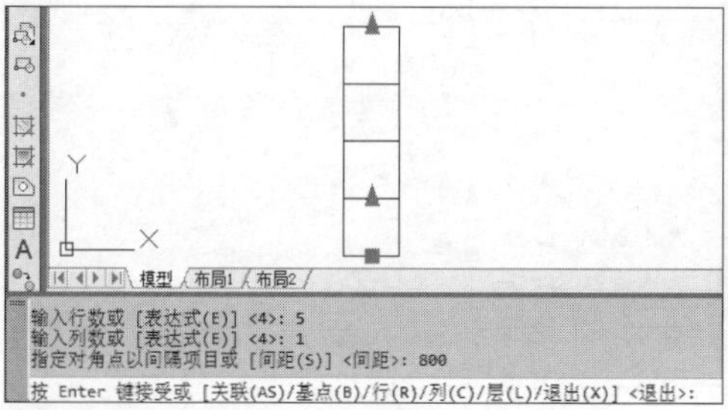

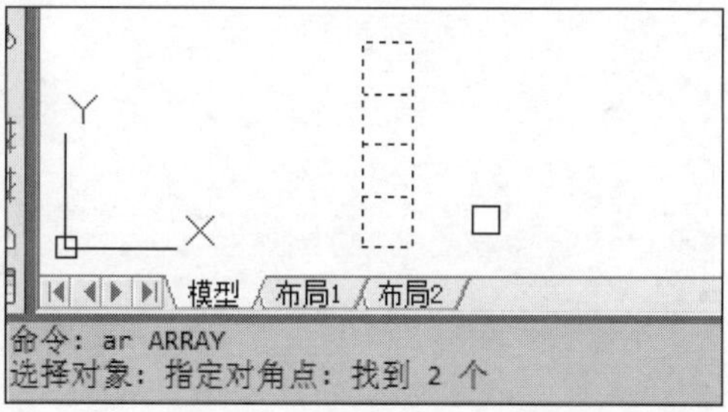

7 确定阵列方式。输入"R"，按【Enter】键；鼠标右移出现三个灯组时单击，如左
下图。

8 绘制筒灯组外框架。左右移动鼠标，至适当位置时单击，如右下图。按【Enter】键
结束矩形阵列命令。

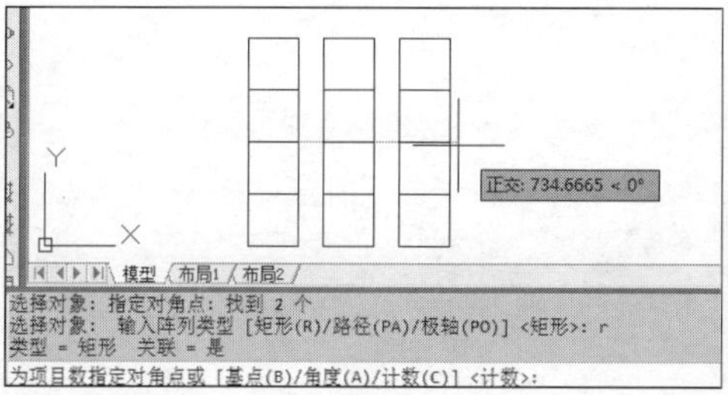

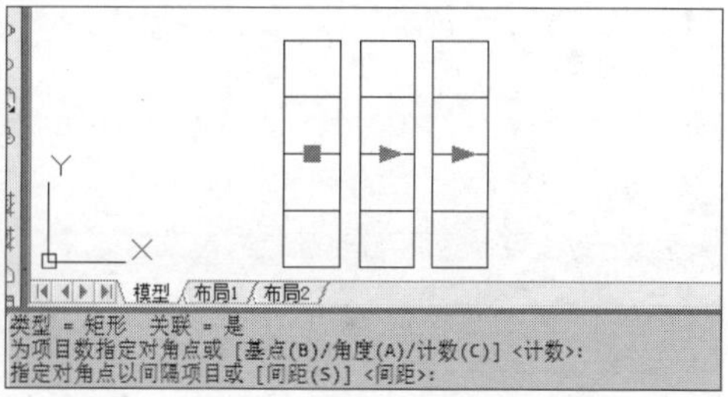

9 绘制筒灯。在左下矩形框中以相同的中心点绘制半径分别为"30"和"20"的圆，
如左下图。

10 阵列筒灯。用同样的方法，执行矩形阵列命令，绘制筒灯阵列为4行3列，如右
下图。

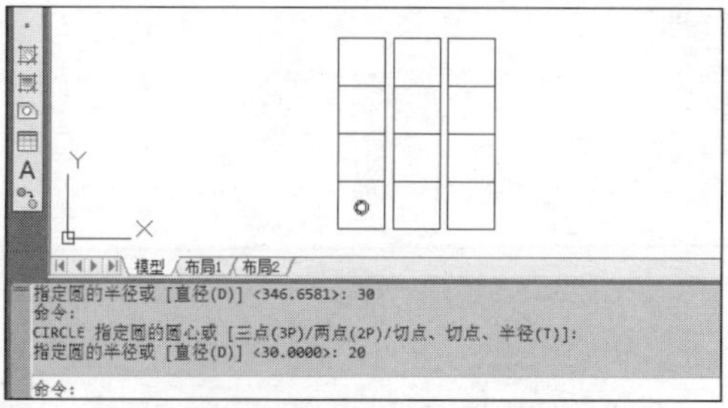

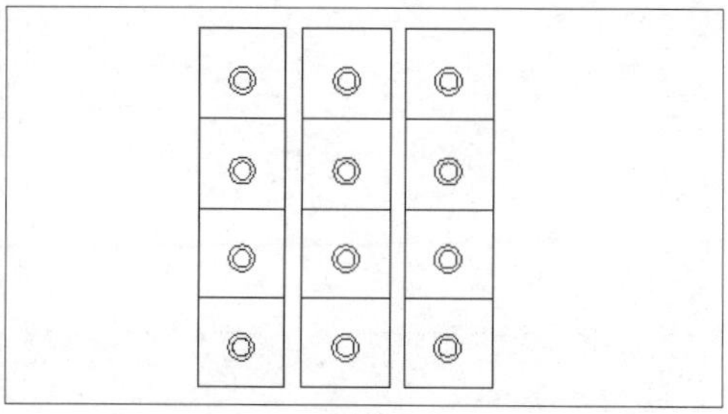

（2）使用极轴阵列命令

下面使用极轴阵列命令绘制一组桌椅，具体操作步骤如下。

1 绘制圆桌。以相同的中心点绘制两个半径分别为"1000"和"900"的圆，如左下
图，圆桌绘制完成。

2 绘制椅子。绘制一条边长为"400"的椅子,移动到圆桌左侧适当位置,如右下图。

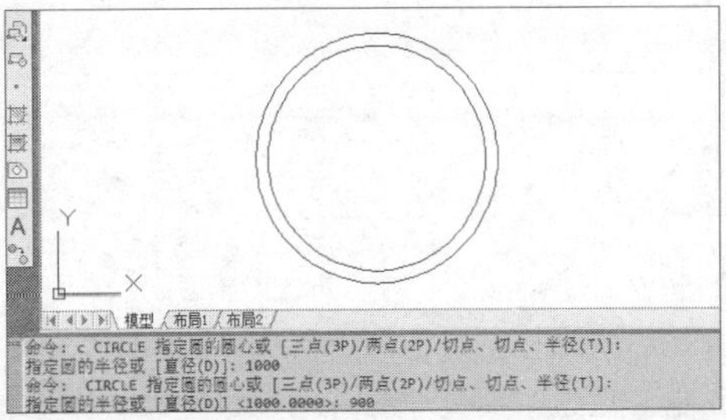

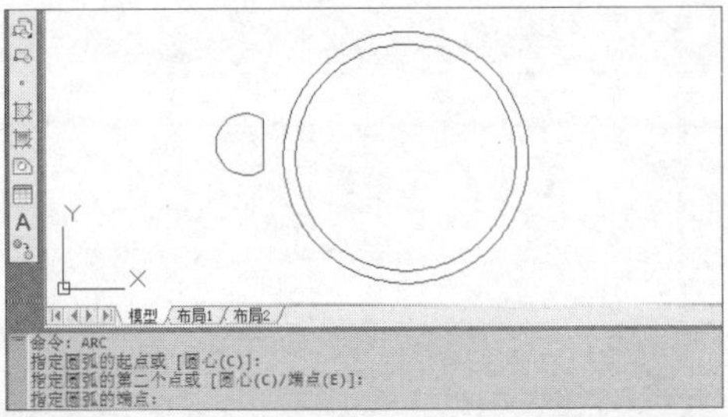

3 输入阵列命令。输入阵列命令"AR",按【Enter】键;框选椅子,按【Enter】键,如左下图。

4 输入极轴阵列命令。输入极轴阵列命令"PO",按【Enter】键确认;光标指向圆,如右下图。

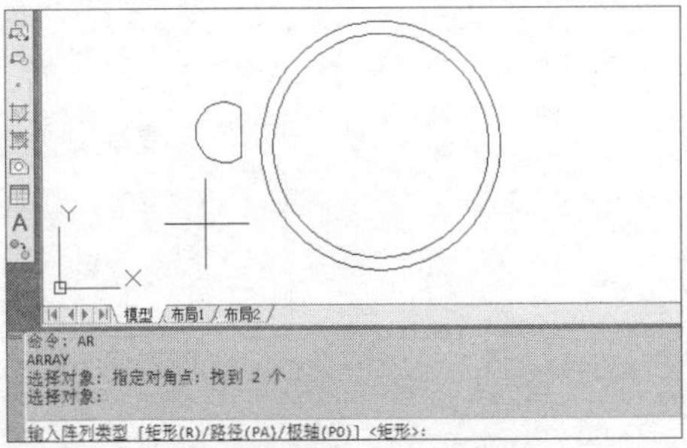

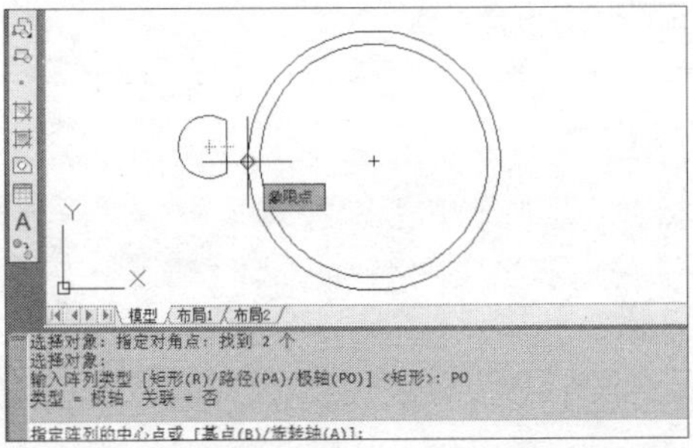

5 指定极轴阵列基点。单击圆桌中心点确定为极轴阵列的基点,向下轻移鼠标,效果如左下图。

6 绘制环绕桌子的凳子。输入椅子数量"10",按【Enter】键;输入阵列角度"360",按【Enter】键两次终止极轴阵列命令,如右下图。

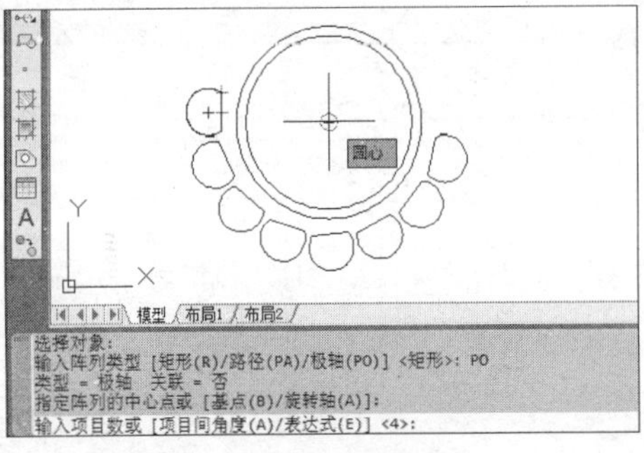

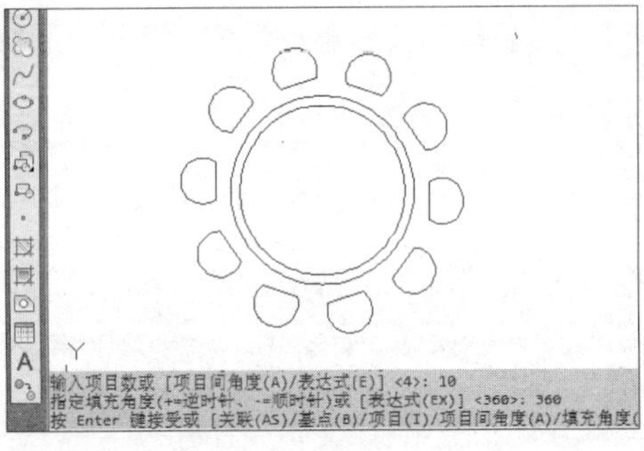

（3）使用路径阵列命令

使用路径阵列命令,能快速建立以前需要很复杂的步骤才能做出来的图形,具体操作步骤如下。

1 绘制对象和曲线。绘制一个边长为"100"的五边形;绘制一条样条曲线,如左下图。

2 复制对象并输入阵列命令。复制五边形和曲线；输入阵列命令"AR"，按【Enter】键；单击原五边形，按【Enter】键；输入路径阵列命令"PA"，按【Enter】键；单击曲线，如右下图。

3 指定阵列基点。按【Enter】键确认，单击五边形左下角端点，如左下图。

4 指定路径方向。在曲线左端点单击，如右下图。

5 给定阵列项目数。再将鼠标沿曲线往右移动或在命令行输入数值以确定阵列数目，移动至曲线右端点，如左下图。

6 完成阵列。在此端点单击，按【Enter】键两次结束阵列命令，如右下图。

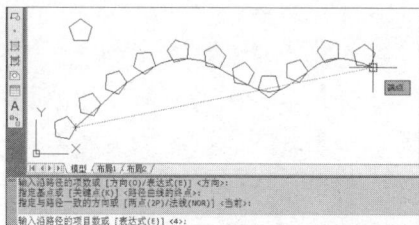

7 方向路径阵列第一步。接下来将复制的五边形和曲线段进行方向路径阵列。输入阵列命令"AR"，按【Enter】键，单击对象。

8 第二步。输入路径阵列"PA"，按【Enter】键，单击曲线。

9 第三步。输入方向"O"，按【Enter】键；单击指定对象基点，如左下图。

10 第四步。单击指定对象第二点，如右下图。

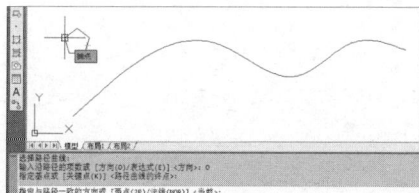

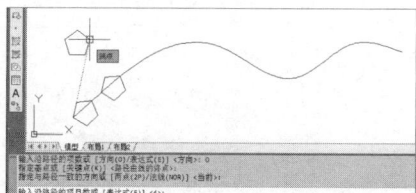

11 第五步。鼠标沿曲线向右移动或者在命令行输入数值以确定阵列数目，如左下图。

12 第六步。在曲线右端点单击，按【Enter】键两次退出阵列命令，最终效果如右下图。

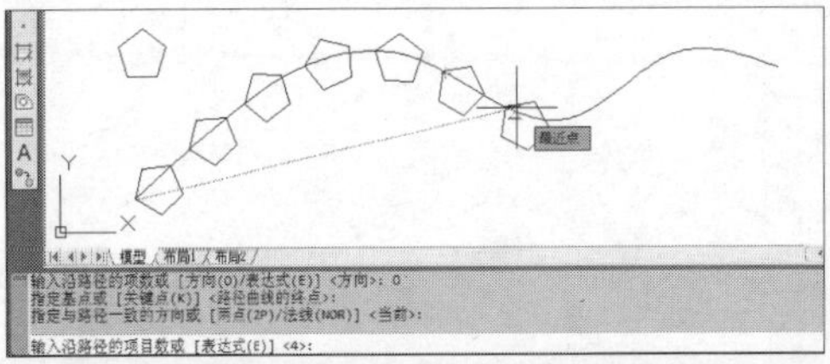

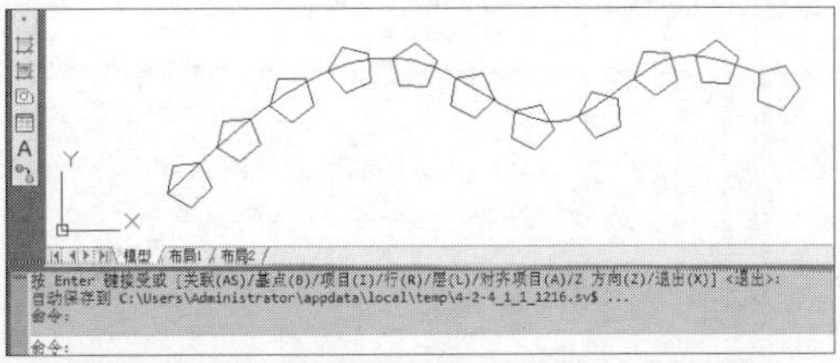

> **大师心得** 在使用AutoCAD绘图时，会大量应用阵列命令，在实际操作时一定要根据命令栏的提示输入相应的命令；使用矩形阵列时要注意行列的坐标方向；使用极轴阵列时要注意被阵列对象和中心点的关系；在使用路径阵列时一定分清楚基点、方向、对齐命令的不同效果。
>
> 在"按【Enter】键两次退出阵列命令"中：第一次按【Enter】键，表示要对阵列项目进行修改，可以输入表示相应子命令的字母，再根据命令栏提示进行相关操作，第二次按【Enter】键才是退出阵列命令。

4.2.3 偏移

在AutoCAD中，偏移（OFFSET）是指创建与原对象平行的新对象。也是一种必须给定偏移距离的特殊复制命令。

激活偏移命令的方法如下。

方法一：执行"修改→偏移"命令，命令即被激活。

方法二：单击修改工具栏的"偏移"按钮，命令即被激活。

方法三：在命令栏输入偏移命令"O"，按【Enter】键，命令即被激活。

接下来以绘制床单为例，具体讲解使用偏移命令的方法。

> ▶ **原始素材文件：** 无
> ▶ **最终结果文件：** 光盘\结果文件\第4章\4-2-3.dwg
> ▶ **同步教学文件：** 光盘\多媒体教学文件\第4章\4-2-3.mp4

1 绘制矩形。使用矩形命令绘制一个长"1800"，宽"2000"的矩形。

2 输入偏移命令。输入偏移命令"O"，按【Enter】键确认执行命令，如下图。

```
命令：
OFFSET
当前设置：删除源=否  图层=源  OFFSETGAPTYPE=0
指定偏移距离或 [通过(T)/删除(E)/图层(L)] <通过>：
```

3 输入偏移距离。输入偏移距离"100"，按【Enter】键，如下图。

```
指定偏移距离或 [通过(T)/删除(E)/图层(L)] <通过>： 100
选择要偏移的对象，或 [退出(E)/放弃(U)] <退出>：
```

4 确认偏移对象。单击矩形确认偏移对象，如左下图。

5 输入偏移距离。在矩形内单击偏移复制出一个矩形，如右下图。

6 激活偏移命令。按【Enter】键两次，第一次结束偏移命令，第二次激活偏移命令，如下图。

```
选择要偏移的对象，或 [退出(E)/放弃(U)] <退出>:
命令: OFFSET
当前设置: 删除源=否  图层=源  OFFSETGAPTYPE=0

指定偏移距离或 [通过(T)/删除(E)/图层(L)] <100.0000>:
```

7 连续偏移。输入偏移距离"50"，按【Enter】键确认；单击偏移复制出的内侧矩形，如左下图。

8 完成矩形偏移。在其内侧单击，内侧又偏移复制出一个矩形，如右下图；按【Enter】键确认。

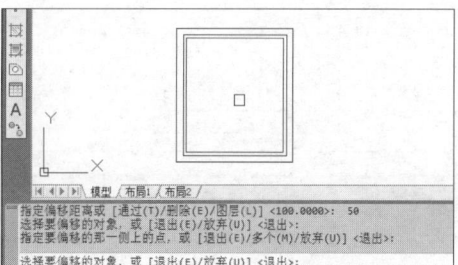

9 绘制直线。在最内侧矩形的上部绘制一条直线；输入偏移命令"O"，按【Enter】键；输入偏移距离"50"，按【Enter】键；单击直线，鼠标指针移至直线上方，如左下图；单击即偏移复制出一条直线。

10 偏移直线。接着上一步操作依次单击新建直线，在其上方空白处单击，按【Enter】键，如右下图。

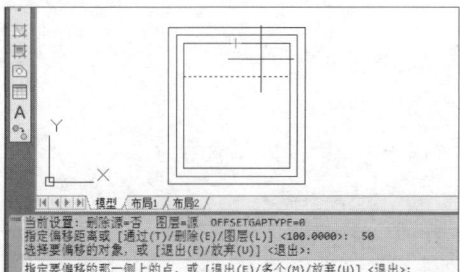

11 偏移圆。绘制一个半径为"400"的圆，用偏移矩形的方法偏移圆，效果如左下图。

12 偏移样条曲线。在最内侧的圆内绘制一条样条曲线，用偏移线的方法进行偏移，效果如右下图。

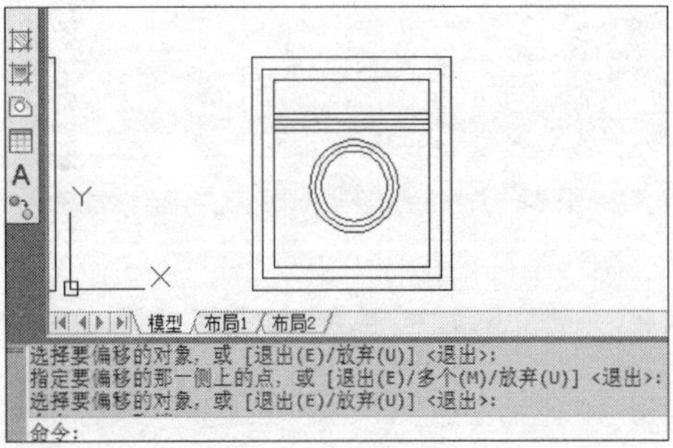

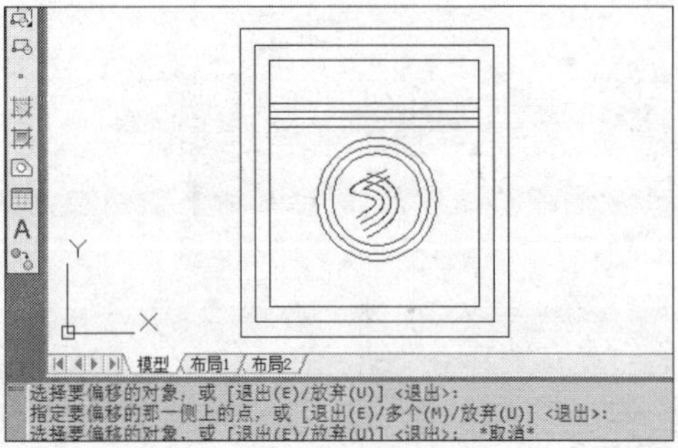

13 绘制修饰图形。在床单上方绘制一个小十字，复制一行，如左下图；选择一排复制的小十字，将其向下复制再排列；最终效果如右下图。

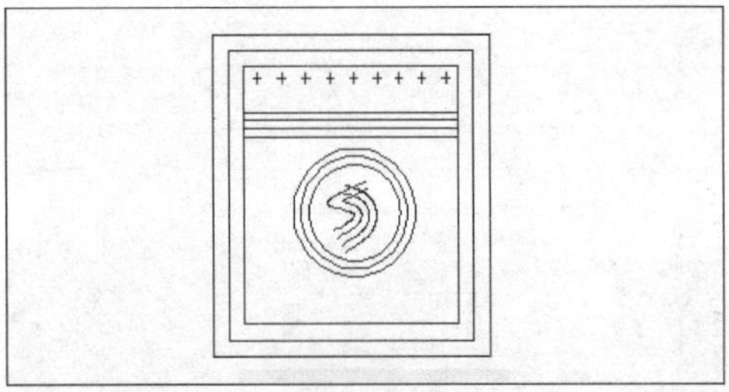

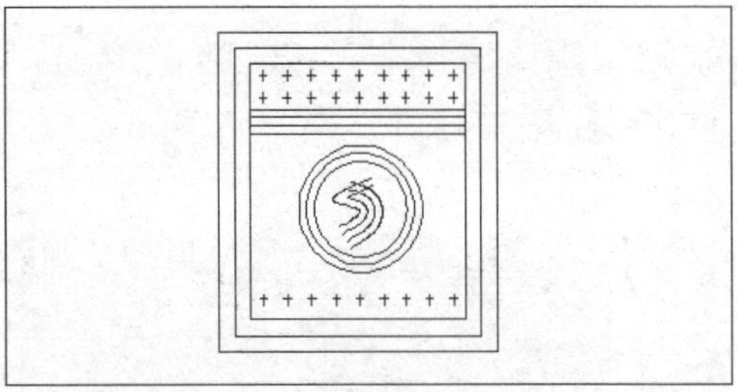

> **大师心得** 　本小节主要通过绘制小实例来讲解偏移命令的用法，要注意矩形和圆用此命令时只能向内或向外偏移；直线用此命令时只要与原线条平行都可偏移；样条曲线使用此命令时，偏移距离大于线条曲率时将自动进行修剪。

4.2.4 镜像

　　镜像（MIRROR）就是可以绕指定轴翻转对象，并创建对称的镜像图像。也是特殊复制方法的一种；镜像对创建对称的对象和图形非常有用，使用时要注意镜像线的利用。

　　在AutoCAD中，激活镜像命令的方法有以下几种。

　　方法一：执行"修改→镜像"命令，命令即被激活。

　　方法二：单击修改工具栏的"镜像"按钮　，命令即被激活。

　　方法三：在命令行输入镜像命令"MI"，按【Enter】键，命令即被激活。

　　接下来以绘制老式衣柜为例，具体讲解使用镜像命令的方法。

▶▶ **原始素材文件：** 无

▶▶ **最终结果文件：** 光盘\结果文件\第4章\4-2-4.dwg

▶▶ **同步教学文件：** 光盘\多媒体教学文件\第4章\4-2-4.mp4

1 绘制矩形。绘制两个矩形，一个矩形长"1500"，宽"2400"；另一个矩形长"1600"，宽"50"，如左下图。

2 移动对象。激活移动命令，单击第二个矩形的下水平线中点，按【Enter】键；单击第一个矩形的上水平线中点，如右下图。

3 绘制衣柜外框。从两个矩形的中点绘制一条垂直线，如左下图；按【Enter】键确定，将此线向左移动"20"。

4 绘制辅助线并移动。从矩形左下角端点至垂直线下端点绘制一条直线，选择此直线往上移动"600"，如右下图；按【Enter】键确定。

5 绘制抽屉。使用偏移命令将新建直线向下偏移"300"，再将两条直线各偏移"20"的厚度，如左下图。

6 输入镜像命令并选择对象。输入镜像命令"MI"，按【Enter】键确定；框选要镜像的直线，如右下图，按【Enter】确定。

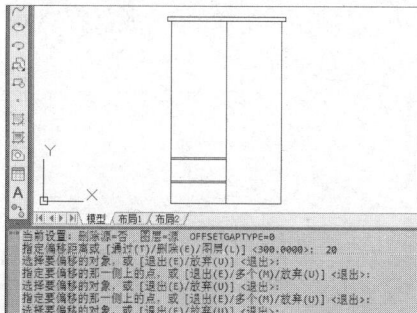

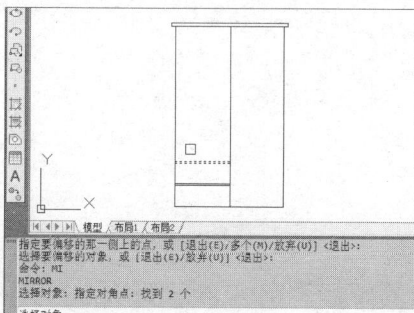

7 镜像衣柜上格。单击镜像线的第一点，如左下图；指向镜像线的第二点确定镜像方向，如右下图。

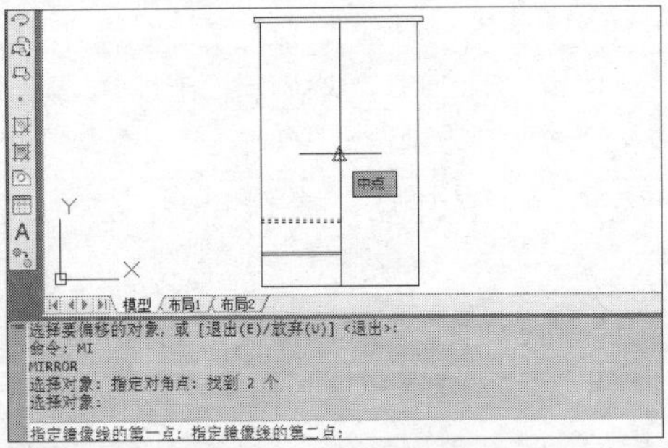

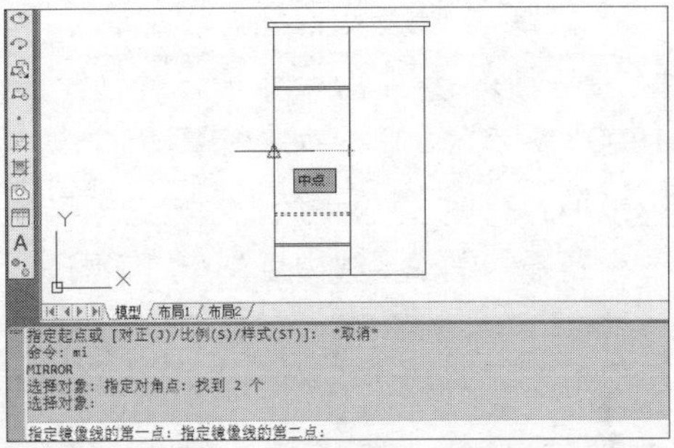

8 镜像衣柜上格。单击镜像线的第二点，此时命令行显示"要删除源对象吗？[是(Y)/否(N)] <N>:"，如左下图。

9 完成镜像。按【Enter】键选择默认"否"，完成镜像，如右下图。

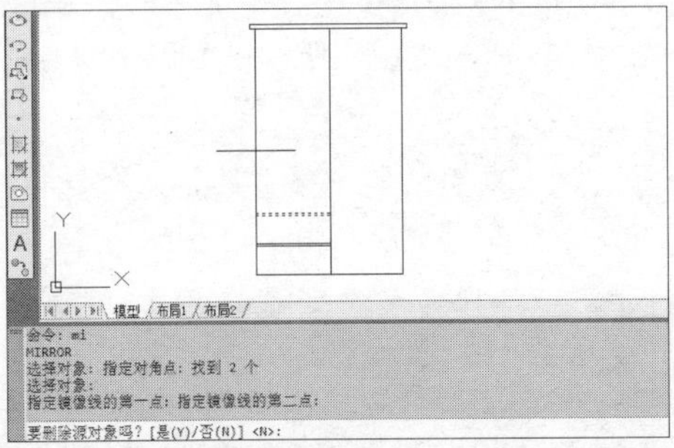

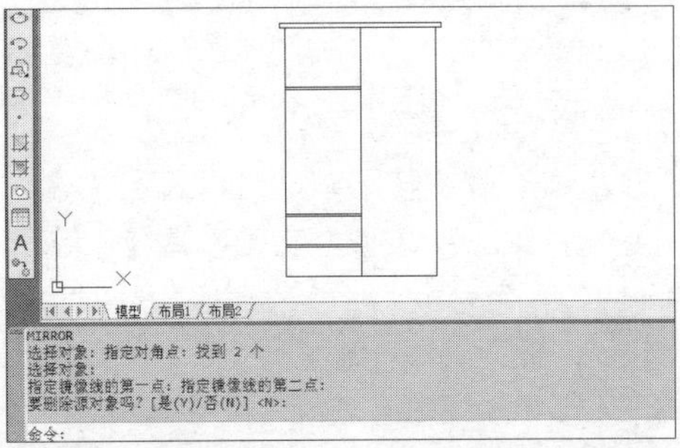

> ### 知识链接——是否删除源对象的设置
>
> 当命令行显示"要删除源对象吗？[是(Y)/否(N)] <N>:"的内容时，此时按【Enter】键程序默认保留源对象的同时镜像复制了一个新对象；如果在此时输入"Y"并按【Enter】键确认，源对象即被删除，只保留镜像复制的对象。

10 绘制衣柜拉手。以相同中心点绘制半径分别为"30"和"20"的圆，进行复制，衣柜的拉手绘制完成，如左下图。

11 绘制衣柜装饰。使用椭圆命令绘制一个直径为"450"、半径为"500"的椭圆；并向内偏移"20"，如右下图。

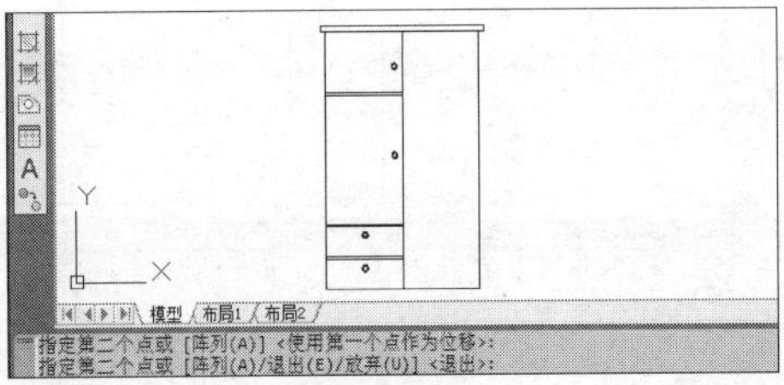

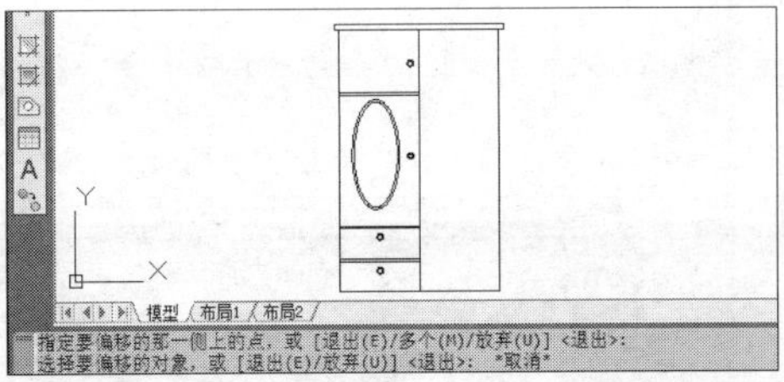

⑫ 输入镜像命令并选择对象。输入镜像命令"MI"，按【Enter】键确认；从右向左框选需要镜像的对象，如左下图。

⑬ 指定镜像点。按【Enter】键确认选择；单击衣柜外框下水平线中点以确定镜像第一点，如右下图。

⑭ 确定镜像线的第二点。指向镜像线的第二点确定镜像方向，如左下图。

⑮ 将衣柜左方对象镜像到右方。单击镜像线的第二点确定镜像，按【Enter】键；完成镜像，如右下图。

> **大师心得** 　　在AutoCAD中，镜像命令主要用来创建相同的对象和图形，但镜像的关键是镜像线的运用；镜像线必须输入两点，绘制垂直线就是上下两点使对象左右翻转，绘制水平线就是左右两点使对象上下翻转。

4.3 知识讲解——修剪对象

　　修剪对象是指可以通过一系列的命令，对已有对象进行拉长或缩短或按比例放大缩小等操作，实现对象形状和大小的改变。

4.3.1 延伸

延伸命令（EXTEND）用于将指定的图形对象延伸到指定的边界，通常能用延伸命令延伸的对象有直线、多段线、圆弧、椭圆弧等。

在AutoCAD中，激活延伸命令的方法有以下几种。

方法一： 执行"修改→延伸"命令，命令即被激活。

方法二： 单击修改工具栏的"延伸"按钮--/，命令即被激活。

方法三： 在命令行输入延伸命令"EX"，按【Enter】键，命令即被激活。

接下来具体讲解使用延伸命令的方法。

▶▶ **原始素材文件：** 光盘\素材文件\第4章\4-3-1.dwg
▶▶ **最终结果文件：** 光盘\结果文件\第4章\4-3-1.dwg
▶▶ **同步教学文件：** 光盘\多媒体教学文件\第4章\4-3-1.mp4

1 绘制对象。使用矩形命令绘制长宽都为"800"的正方形，再绘制如左下图的直线和弧线。

2 输入延伸命令。在命令行输入延伸命令"EX"，按【Enter】键确认；单击对象最终将延伸到的位置上的垂直对象，按【Enter】键确认，如右下图。

3 延伸直线。单击矩形内的垂直线，此线延伸到相应指定位置，如左下图。

4 延伸另一条直线。单击矩形内的水平线，此线延伸到相应指定位置，如右下图。

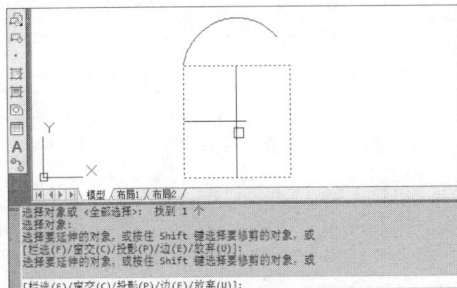

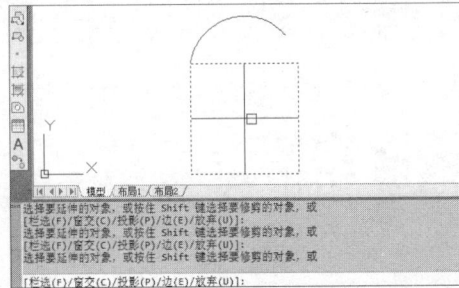

5 延伸弧线。单击弧线段，此线延伸到相应指定位置，如左下图；按【Enter】键结束延伸命令。

6 将窗户绘制完整。使用偏移命令将各个线段均偏移"20",最终效果如右下图。

> **大师心得** 使用延伸时必须先选择一个将要延伸到的位置以限定范围,然后才能单击需要延伸的线;在选择了限定范围的对象后,只要单击即可将与这个对象位置相交的线延伸,不用再重新输入延伸命令和选择限定范围的对象。

4.3.2 修剪

修剪命令(TRIM)用于从边界修剪对象,它和延伸命令是一组相对的命令。可以用该命令修剪的对象有直线、多段线、圆、圆弧、曲线、样条曲线等对象,图块、文字、尺寸标注等不能被修剪。

在AutoCAD中,激活修剪命令的方法有以下几种。

方法一: 单击"修改→修剪"命令,命令即被激活。

方法二: 单击修改工具栏的"修剪"按钮-/--,命令即被激活。

方法三: 在命令行输入修剪命令"TR",按【Enter】键,命令即被激活。

接下来具体讲解使用修剪命令的方法。

▶▶ **原始素材文件:** 光盘\素材文件\第4章\4-3-2.dwg
▶▶ **最终结果文件:** 光盘\结果文件\第4章\4-3-2.dwg
▶▶ **同步教学文件:** 光盘\多媒体教学文件\第4章\4-3-2.mp4

1 修剪矩形内的线条。在命令行输入修剪命令"TR",按【Enter】确定;单击矩形内框以确定剪切边,按【Enter】键确定,如左下图。

2 修剪线条。单击需要修剪的线条,如右下图。

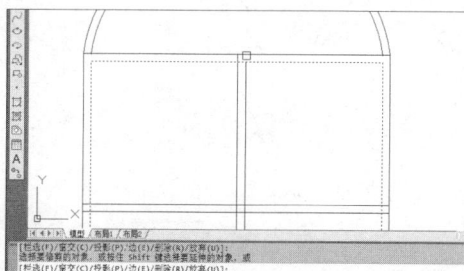

❸ 修剪多余的线条。继续单击需要修剪的线条，此时可上下滚动鼠标滚轮进行视图缩放，按住滚轮不放移动鼠标至适当位置释放鼠标滚轮，可继续修剪线条，完成修剪后按【Enter】键确认，效果如左下图。

❹ 修剪多个交叉的线段。输入修剪命令"TR"，按【Enter】键两次，效果如右下图。

> **大师心得** 在使用修剪命令时，输入修剪命令"TR"，按【Enter】键两次以后，就可快速修剪需要修剪的对象，不需要再指定界限边。而输入修剪命令"TR"，按【Enter】键一次，必须指定修剪界限才能修剪对象，这两种方法可根据实际情况灵活运用。

❺ 快速修剪有交叉的线段。单击至少由两条线组成的有交点并且需要修剪的线段，如左下图。

❻ 完成修剪：用同样的方法依次单击需要修剪的线段，完成修剪后按【Enter】键确认，效果如右下图。

> **大师心得** 修剪和延伸是一组相对的命令，延伸是指将有交点的线条延长到指定的对象上，只能通过端点延伸线；修剪是以指定的对象为界将多出的部分修剪掉，只要有交点的线段都能被修剪删除掉。

4.3.3 缩放

缩放（SCALE）命令用于将选择的对象按指定的比例因子放大或缩小。

在AutoCAD中，激活缩放命令的方法有以下几种。

方法一：执行"修改→缩放"命令，命令即被激活。

方法二：单击修改工具栏的"缩放"按钮，命令即被激活。

方法三：在命令行输入缩放命令"SC"，按【Enter】键确定，命令即被激活。

使用缩放命令的方法如下。

▶▶ **原始素材文件**：光盘\素材文件\第4章\4-3-3.dwg

▶▶ **最终结果文件**：光盘\结果文件\第4章\4-3-3.dwg

▶▶ **同步教学文件**：光盘\多媒体教学文件\第4章\4-3-3.mp4

1 绘制基本元素。绘制一个半径为"500"的圆，再复制两个，如左下图。

2 激活缩放命令。输入缩放命令"SC"，按【Enter】键确定；单击第一个圆，如右下图。

3 指定基点。按【Enter】键确定选择对象，在空白处单击指定基点，如左下图。

4 缩小对象。输入比例因子"0.5"，按【Enter】键；圆即缩小一半，如右下图。

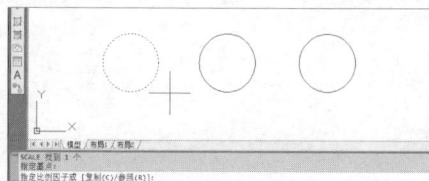

5 放大对象。输入缩放命令"SC"，按【Enter】确认；单击第三个圆，按【Enter】确认；指定基点，如左下图。

6 完成放大。输入比例因子"2"，按【Enter】键确认；所选的圆即放大一倍，效果如右下图。

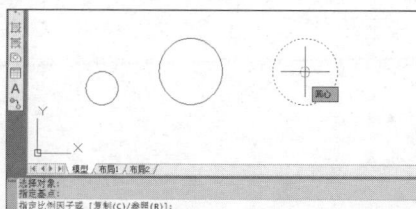

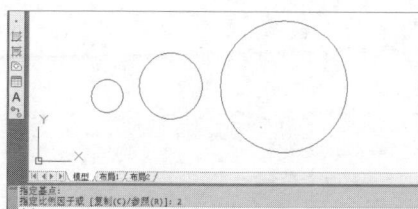

> **大师心得**　　在使用缩放命令时必须先指定基点，再输入比例因子进行缩放，比例因子为"1"时，图形大小不变；比例因子小于"1"时，所选图形缩小；比例因子大于"1"时，所选图形放大。

4.3.4 拉伸

拉伸命令（STRETCH）可以将所选对象按规定的方向和角度拉长或缩短，圆、文本、图块等对象不能使用该命令进行拉伸。

在AutoCAD中，激活拉伸命令的方法有以下几种。

方法一： 执行"修改→拉伸"命令，命令即被激活。

方法二： 单击修改工具栏的"拉伸"按钮，命令即被激活。

方法三： 在命令行输入拉伸命令"S"，按【Enter】键，命令即被激活。

接下来具体讲解使用拉伸命令的方法。

▶▶ **原始素材文件：** 光盘\素材文件\第4章\4-3-4.dwg

▶▶ **最终结果文件：** 光盘\结果文件\第4章\4-3-4.dwg

▶▶ **同步教学文件：** 光盘\多媒体教学文件\第4章\4-3-4.mp4

1 绘制基本元素。绘制一个长"500"，宽"500"的正方形，并复制两个，如左下图。

2 输入拉伸命令。在命令行输入拉伸命令"S"，单击第一个正方形作为拉伸对象，如右下图。

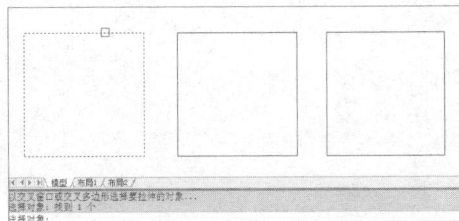

> **大师心得** 在使用拉伸命令时，若单击选择对象，对象只会移动位置，而不会改变形状。

3 执行拉伸命令。按【Enter】键确定选择对象，在空白处单击指定基点，如左下图。

4 单击拉伸对象的效果。指定第二点，效果如右下图。

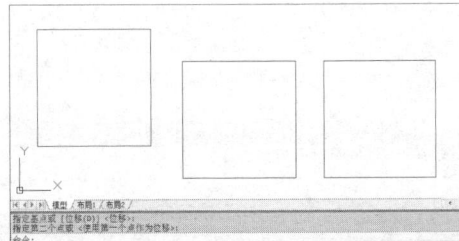

5 拉伸对象一端。输入拉伸命令"S",按【Enter】键确定;从右向左拉选框选择需要拉伸的部分,如左下图。

6 确认对象。单击并按【Enter】键确定,如右下图。

7 拉伸对象。在空白处单击指定基点,将鼠标向下移动,如左下图。

8 完成拉伸。指定第二点,如右下图。

9 拉伸对象一角。输入拉伸命令"S",按【Enter】键确定;从右向左拉选框,选择构成这个角的两条线和两条线的交点,如左下图。

10 完成拉伸。单击并按【Enter】键确定;在空白处单击指定基点,鼠标移至右下角单击,如右下图。

> **大师心得** 　在室内装饰设计绘图中,拉伸命令经常用来对齐对象边界,需要注意的是拉伸对象的某一部分时,除了必须选择拉伸部分外,还必须选择组成这部分的所有端点。

4.4 知识讲解——对象变形

这一节主要讲解使对象变形的内容，包括圆角、倒角、光滑曲线命令，修改对象以达到使用要求。

4.4.1 圆角

圆角（FILLET）命令可以在两个对象或多段线之间形成光滑的弧线，以消除尖锐的角，也能对多段线的端点进行圆角操作。圆角的大小是通过设置圆弧的半径来决定的。

在AutoCAD中，激活圆角命令的方法有以下几种。

方法一： 单击"修改→圆角"命令，命令即被激活。

方法二： 单击修改工具栏的"圆角"按钮，命令即被激活。

方法三： 在命令行输入圆角命令"F"，按【Enter】键，命令即被激活。

接下来具体讲解使用圆角命令的方法。

▶▶ **原始素材文件：** 光盘\素材文件\第4章\4-4-1.dwg
▶▶ **最终结果文件：** 光盘\结果文件\第4章\4-4-1.dwg
▶▶ **同步教学文件：** 光盘\多媒体教学文件\第4章\4-4-1.mp4

1 绘制沙发外框。用多段线命令绘制一个靠背为"600"，扶手长度为"500"，靠背和扶手厚度为"120"的沙发外框，如左下图。

2 绘制基本元素。使用矩形命令绘制两个矩形，一个长"600"、宽"580"；另一个长"600"、宽"120"，如右下图。

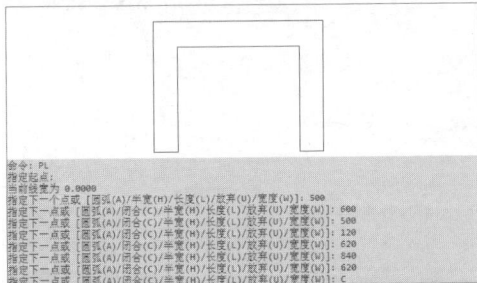

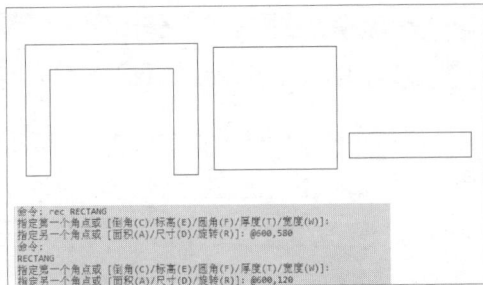

```
命令: PL
指定起点:
当前线宽为 0.0000
指定下一个点或 [圆弧(A)/半宽(H)/长度(L)/放弃(U)/宽度(W)]: 500
指定下一点或 [圆弧(A)/闭合(C)/半宽(H)/长度(L)/放弃(U)/宽度(W)]: 600
指定下一点或 [圆弧(A)/闭合(C)/半宽(H)/长度(L)/放弃(U)/宽度(W)]: 500
指定下一点或 [圆弧(A)/闭合(C)/半宽(H)/长度(L)/放弃(U)/宽度(W)]: 120
指定下一点或 [圆弧(A)/闭合(C)/半宽(H)/长度(L)/放弃(U)/宽度(W)]: 620
指定下一点或 [圆弧(A)/闭合(C)/半宽(H)/长度(L)/放弃(U)/宽度(W)]: 540
指定下一点或 [圆弧(A)/闭合(C)/半宽(H)/长度(L)/放弃(U)/宽度(W)]: 620
指定下一点或 [圆弧(A)/闭合(C)/半宽(H)/长度(L)/放弃(U)/宽度(W)]: C
```

```
命令: rec RECTANG
指定第一个角点或 [倒角(C)/标高(E)/圆角(F)/厚度(T)/宽度(W)]:
指定另一个角点或 [面积(A)/尺寸(D)/旋转(R)]: @600,580
命令:
RECTANG
指定第一个角点或 [倒角(C)/标高(E)/圆角(F)/厚度(T)/宽度(W)]:
指定另一个角点或 [面积(A)/尺寸(D)/旋转(R)]: @600,120
```

3 激活圆角命令。输入圆角命令"F"，按【Enter】键确定；输入半径"R"，按【Enter】键确定；输入圆角半径值"50"，按【Enter】键确认，如左下图。

4 圆角对象。单击相交线的其中一条，拾取框移动到另一条相交线上，如右下图；单击完成圆角效果。

```
命令:
命令: F
FILLET
当前设置: 模式 = 修剪, 半径 = 0.0000
选择第一个对象或 [放弃(U)/多段线(P)/半径(R)/修剪(T)/多个(M)]: R
指定圆角半径 <0.0000>: 50

选择第一个对象或 [放弃(U)/多段线(P)/半径(R)/修剪(T)/多个(M)]:
```

5 圆角多个。按【Enter】键激活圆角命令,输入子命令多个"M",如左下图。

6 圆角多个对象。将两个矩形的各相交点依次圆角,如右下图。

```
命令: FILLET
当前设置: 模式 = 修剪, 半径 = 50.0000
选择第一个对象或 [放弃(U)/多段线(P)/半径(R)/修剪(T)/多个(M)]: m

选择第一个对象或 [放弃(U)/多段线(P)/半径(R)/修剪(T)/多个(M)]:
```

```
模型 布局1 布局2
选择第一个对象或 [放弃(U)/多段线(P)/半径(R)/修剪(T)/多个(M)]:
选择第二个对象,或按住 Shift 键选择对象以应用角点或 [半径(R)]:
选择第一个对象或 [放弃(U)/多段线(P)/半径(R)/修剪(T)/多个(M)]:
选择第二个对象,或按住 Shift 键选择对象以应用角点或 [半径(R)]:
选择第一个对象或 [放弃(U)/多段线(P)/半径(R)/修剪(T)/多个(M)]:
```

7 转换圆角半径。将沙发两个扶手圆角后,输入子命令半径"R",按【Enter】键确定;输入圆角半径值"80",按【Enter】键确定,如左下图。

8 给沙发靠背圆角。用同样的方法给沙发靠背圆角,完成后按【Enter】键结束圆角命令,如右下图。

```
选择第一个对象或 [放弃(U)/多段线(P)/半径(R)/修剪(T)/多个(M)]:
选择第二个对象,或按住 Shift 键选择对象以应用角点或 [半径(R)]:
选择第一个对象或 [放弃(U)/多段线(P)/半径(R)/修剪(T)/多个(M)]: r
指定圆角半径 <50.0000>: 80

选择第一个对象或 [放弃(U)/多段线(P)/半径(R)/修剪(T)/多个(M)]:
```

```
模型 布局1 布局2
选择第二个对象,或按住 Shift 键选择对象以应用角点或 [半径(R)]:
选择第二个对象,或按住 Shift 键选择对象以应用角点或 [半径(R)]:
选择第一个对象或 [放弃(U)/多段线(P)/半径(R)/修剪(T)/多个(M)]:
命令:
```

9 组合沙发。使用移动命令将沙发组合起来,如左下图。

10 复制沙发。使用复制命令复制一个沙发,如右下图。

```
模型 布局1 布局2
命令: 指定对角点或 [栏选(F)/圈围(WP)/圈交(CP)]:
命令: _MOVE 找到 2 个
指定基点或 [位移(D)] <位移>:
指定第二个点或 <使用第一个点作为位移>:
```

```
模型 布局1 布局2
当前设置: 复制模式 = 多个
指定基点或 [位移(D)/模式(O)] <位移>:
指定第二个点或 [阵列(A)] <使用第一个点作为位移>:
指定第二个点或 [阵列(A)/退出(E)/放弃(U)] <退出>:
```

4.4.2 倒角

倒角命令（CHAMFER）用于将两个非平行的对象做出有斜度的倒角，倒角两边的距离可以设为一致，也可以设置为不一致。

在AutoCAD中，激活倒角命令的方法有以下几种。

方法一： 执行"修改→倒角"命令，命令即被激活。

方法二： 单击修改工具栏的"倒角"按钮，命令即被激活。

方法三： 在命令行输入倒角命令"CHA"，按【Enter】键，命令即被激活。

接下来具体讲解使用倒角命令的方法。

▶▶ **原始素材文件：** 光盘\素材文件\第4章\4-4-2.dwg
▶▶ **最终结果文件：** 光盘\结果文件\第4章\4-4-2.dwg
▶▶ **同步教学文件：** 光盘\多媒体教学文件\第4章\4-4-2.mp4

1 绘制矩形。使用矩形命令绘制两个长"600"、宽"300"的矩形。

2 输入倒角命令。输入倒角命令"CHA"，按【Enter】键确定；输入距离命令"D"，按【Enter】键确定；输入第一个倒角距离"100"，按【Enter】键确定；输入第二个倒角距离"300"，按【Enter】键确定，如下图。

```
命令：CHA
CHAMFER
("修剪"模式) 当前倒角距离 1 = 0.0000，距离 2 = 0.0000
选择第一条直线或 [放弃(U)/多段线(P)/距离(D)/角度(A)/修剪(T)/方式(E)/多个(M)]：  D
指定 第一个 倒角距离 <0.0000>: 100
指定 第二个 倒角距离 <100.0000>: 300

选择第一条直线或 [放弃(U)/多段线(P)/距离(D)/角度(A)/修剪(T)/方式(E)/多个(M)]：
```

3 用倒角命令倒角。单击组成这个角的第一条直线，拾取框移至组成这个角的第二条直线上，如左下图，单击确定。

4 倒角效果。使用同样的方法将两个倒角距离都设为"200"进行倒角，最终效果如右下图。

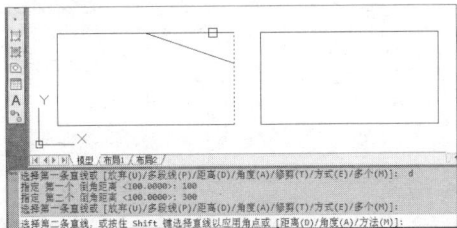

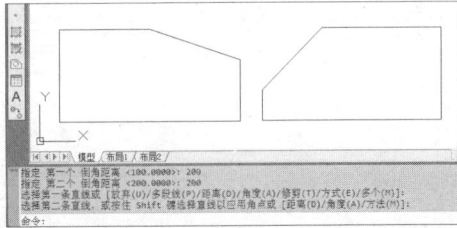

大师心得 　　在使用倒角命令时，必须要有两个非平行的边，程序默认的倒角距离是"1"和"2"；若要对程序默认的距离进行修改，必须在选择第一条边后选择距离"D"，输入的第一个倒角距离是所选择的第一条直线将要倒角的距离，输入的第二个倒角距离是所选择的第二条直线将要倒角的距离。

4.4.3 光滑曲线

　　光滑曲线（BLEND）就是在两条开放曲线的端点之间创建相切或平滑的样条曲线，生成的样条曲线的形状取决于指定的连续性；所选原对象的长度保持不变。

　　在AutoCAD中，激活光滑曲线命令的方法有以下几种。

　　方法一：执行"修改→光滑曲线"命令，命令即被激活。

　　方法二：单击修改工具栏的"光滑曲线"按钮 ∿，命令即被激活。

　　方法三：在命令行输入光滑曲线命令"BLEND"，按【Enter】键，命令即被激活。

　　接下来具体讲解使用光滑曲线命令的方法。

> ▶▶ **原始素材文件**：光盘\素材文件\第4章\4-4-3.dwg
> ▶▶ **最终结果文件**：光盘\结果文件\第4章\4-4-3.dwg
> ▶▶ **同步教学文件**：光盘\多媒体教学文件\第4章\4-4-3.mp4

1 绘制基本元素。使用直线命令绘制两条平行直线，使用多边形命令绘制一个五边形。

2 输入光滑曲线命令。在命令行输入光滑曲线命令"BLEND"，按【Enter】键确认；单击五边形，拾取框移至下方直线上，如左下图；单击此条直线右端点。

3 光滑曲线的效果。按【Enter】键激活光滑曲线命令，单击五边形，单击下方直线左端点，按【Enter】键确定，如右下图。

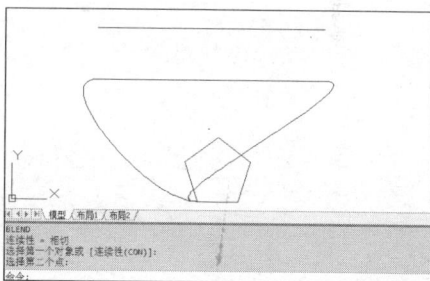

4 光滑曲线效果。单击五边形，单击上方直线左端点，按【Enter】确定，如左下图。

5 光滑曲线效果。单击五边形，单击上方直线右端点，最终效果如右下图。

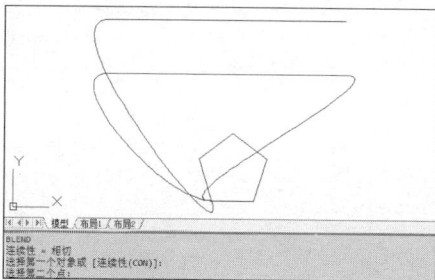
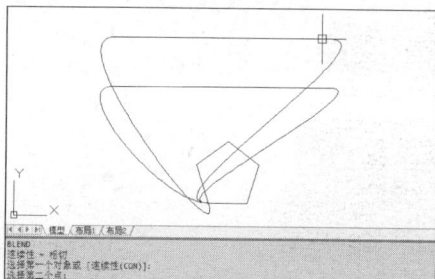

4.5 知识讲解——打断、分解与合并对象

这一节主要讲解将对象打断、打散及合并对象的命令，这些命令可以使图形在总体形状不变的情况下对局部进行编辑。

4.5.1 打断对象

打断命令（BREAK）用于把线段分离成两段，被分离的线段成为单独的线条。

在AutoCAD中，激活打断命令的方法有以下几种。

方法一： 执行"修改→打断"命令，命令即被激活。

方法二： 单击修改工具栏的"打断"按钮 📋 ，命令即被激活。

方法三： 在命令行输入打断命令"BR"，按【Enter】键，命令即被激活。

接下来具体讲解使用打断命令的方法。

1 打断五边形的一条边。绘制一个五边形，输入打断命令"BR"，按【Enter】键确定；单击第一个点，在同一条线上单击第二个点，如左下图。

2 打断一条直线。绘制一条直线，输入打断命令"BR"，按【Enter】键确定；单击第一个点，再次在第一个点上单击，完成打断命令；单击直线右端点，如右下图。

4.5.2 分解对象

分解（EXPLODE）命令在实际绘图工作中主要用于将复合对象，比如多段线、图案填充、块等对象，分解还原为一般的对象。

在AutoCAD中，使用分解命令的方法有以下几种。

方法一： 选择对象，执行"修改→分解"命令，对象被分解。

方法二： 选择对象，单击修改工具栏的"分解"按钮 🔲 ，对象被分解。

方法三：选择对象，在命令行输入分解命令"X"，按【Enter】键，对象被分解。

接下来具体讲解使用分解命令的方法。

1 绘制基本元素。绘制一个矩形，单击选择，如左下图。

2 分解对象。输入分解命令"X"，按【Enter】键确认；再次单击选择对象的效果，如右下图。

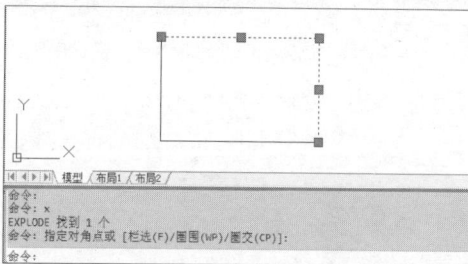

4.5.3 合并对象

合并（JOIN）对象即是将相似的图形合并为一个完整对象，在AutoCAD中可以合并的对象有圆弧、椭圆弧、直线、多段线以及样条曲线。

在AutoCAD中，激活合并命令的方法有以下几种。

方法一：执行"修改→合并"命令，命令即被激活。

方法二：单击修改工具栏的"合并"按钮 ，命令即被激活。

方法三：在命令行输入合并命令"J"，按【Enter】键，命令即被激活。

接下来具体讲解使用合并命令的方法。

1 绘制基本元素。绘制一条长为"800"的垂直线，以其中一个端点为起点绘制一条弧线，如左下图。

2 合并直线和圆弧。在圆弧上单击，按【Enter】键确认；所选直线和圆弧合并成一个对象。单击合并对象，显示效果如右下图。

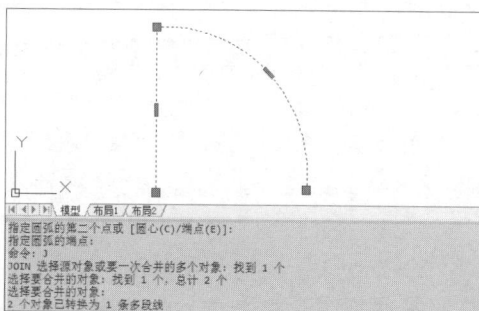

4.6 知识讲解——使用夹点编辑图形

在AutoCAD中，图形的位置和形状通常是由夹点的位置决定的；利用夹点可以编辑图形的大小、方向、位置以及对图形进行镜像复制等操作。

4.6.1 认识夹点

夹点就是指图形对象上的一些特征点，比如端点、中点、中心点、垂点、顶点、拟合点等，如下图。

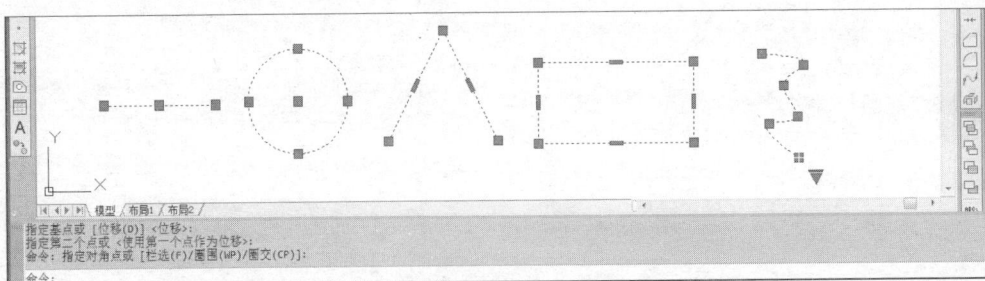

4.6.2 编辑夹点

通过夹点的编辑，可以使图形达到类似拉伸的效果，也可以利用夹点对图形进行移动、旋转、缩放和镜像的操作。

在AutoCAD中，使用夹点的方法有以下两种。

▶ 原始素材文件：光盘\素材文件\第4章\4-6-2.dwg
▶ 最终结果文件：光盘\结果文件\第4章\4-6-2.dwg
▶ 同步教学文件：光盘\多媒体教学文件\第4章\4-6-2.mp4

方法一：使用夹点模式。单击夹点即进入默认为拉伸的夹点模式，按【Enter】键或空格键可循环浏览其他夹点模式，包括移动、旋转、缩放和镜像；也可以在选定的夹点上单击鼠标右键，以查看快捷菜单上的所有可用选项。

使用夹点模式的具体步骤和效果如下。

1 绘制基本元素。绘制一条直线一个圆，单击直线靠近圆的端点，程序自动进入拉伸模式，如左下图。

2 进入夹点移动模式。按【Enter】键，程序进入移动模式，如右下图。

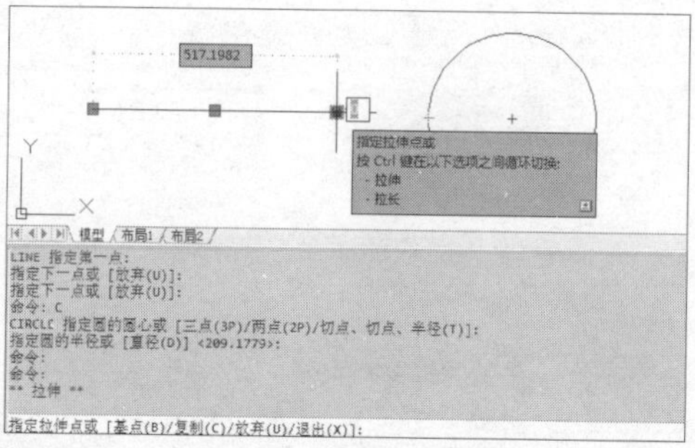

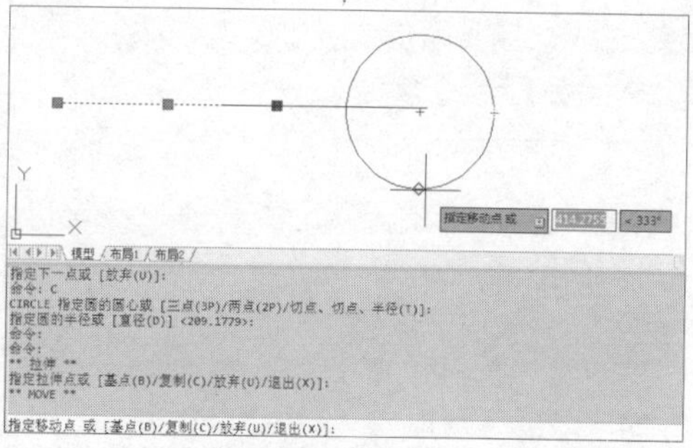

3 进入夹点中的旋转模式。再按【Enter】键；程序进入旋转模式，如左下图。

4 进入夹点中的缩放模式。再按【Enter】键；程序进入缩放模式，如右下图。

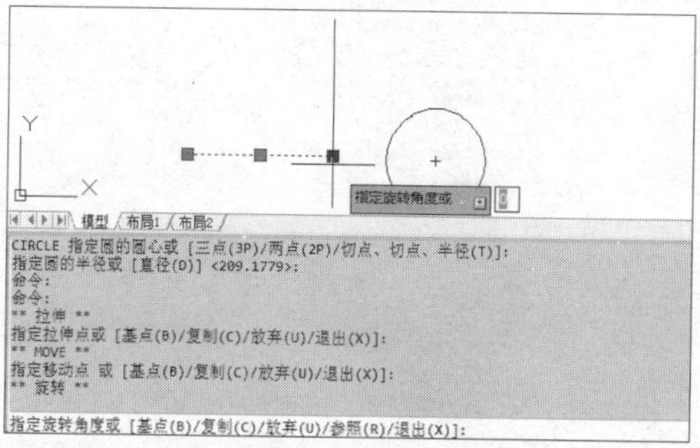

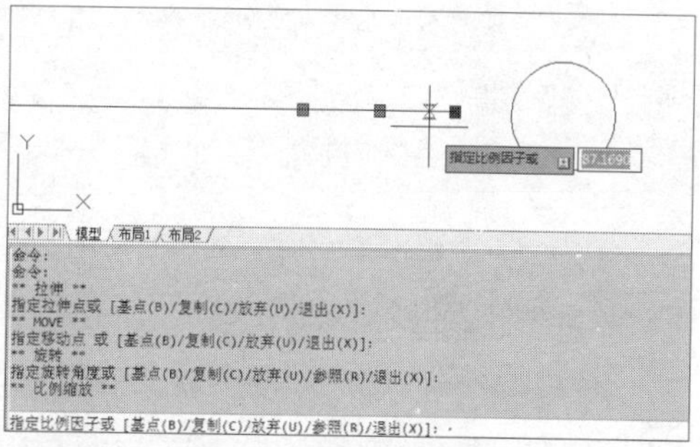

5 夹点中的镜像模式。再按【Enter】键，程序进入镜像模式，如左下图。

6 退出夹点模式。再按【Enter】键，程序再次进入拉伸模式，不再编辑时按【Esc】键即可退出夹点模式。

7 夹点的右键快捷菜单。绘制一个矩形，单击选择矩形，单击右上角端点，单击右键，显示效果如右下图。

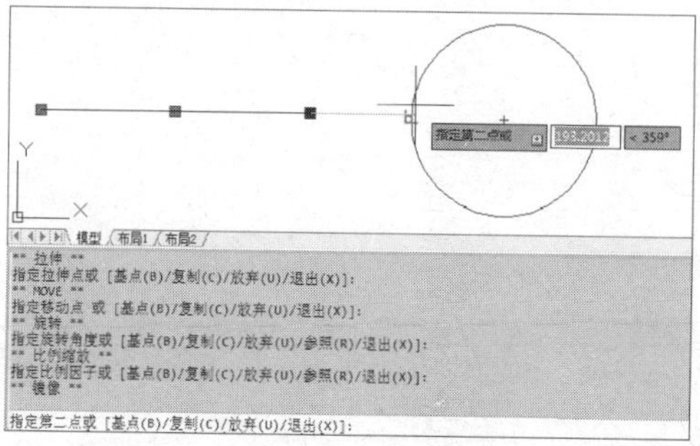

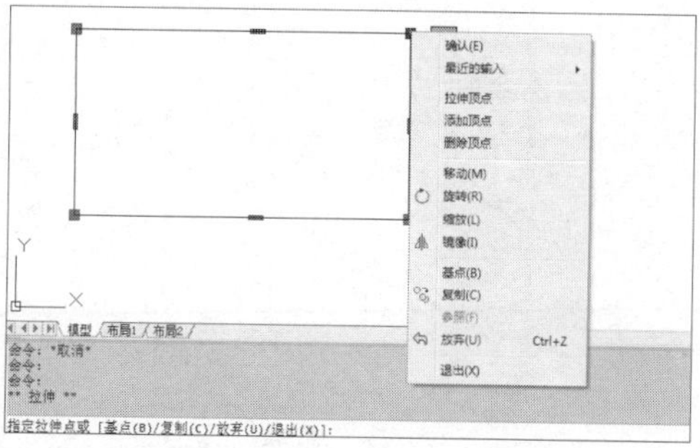

方法二：使用多功能夹点。将鼠标指针悬停在夹点上访问有时特定于对象，有时为特定于夹点的编辑选项菜单；按【Ctrl】键可循环浏览夹点菜单选项。

1 指向夹点。选择直线，鼠标指针指向直线靠近圆的端点，在右下角弹出编辑选项菜单，如左下图。

2 使用多功能夹点。单击此夹点，程序进入拉伸模式；按【Ctrl】键，程序进入拉长模式；按【Esc】键退出夹点模式，如右下图。

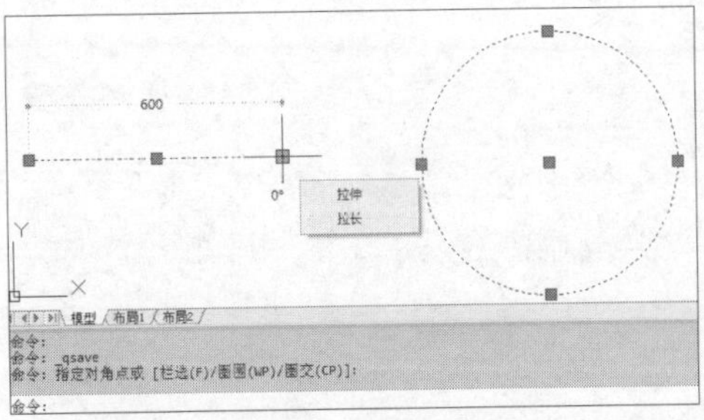

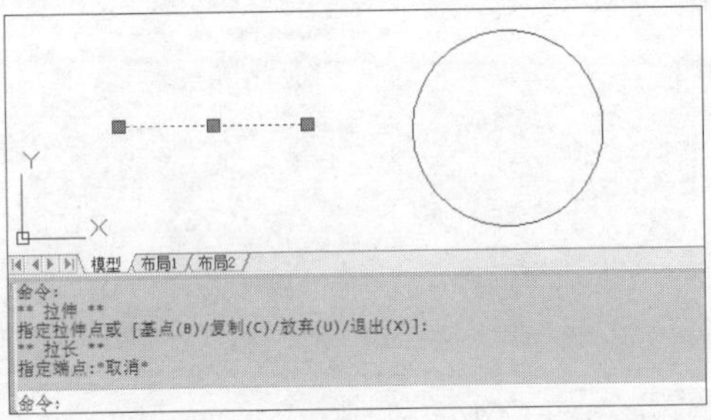

> **大师心得** 　　夹点编辑是在实际绘图中提高绘制速度的重要手段，而AutoCAD中的图形因为种类不一样，当一些对象夹点重合时，有些特定于对象或夹点的选项是不能使用的；被锁定图层上的对象不显示夹点。

4.6.3　添加夹点

在实际绘图中，可以给对象添加夹点来改变对象形状。

"添加夹点"操作的具体步骤是：绘制一个矩形，单击矩形，鼠标指针指向矩形上方边的中点，在弹出的快捷菜单里单击"添加顶点"，鼠标向上移，如下图；单击即可确定，完成添加夹点命令。

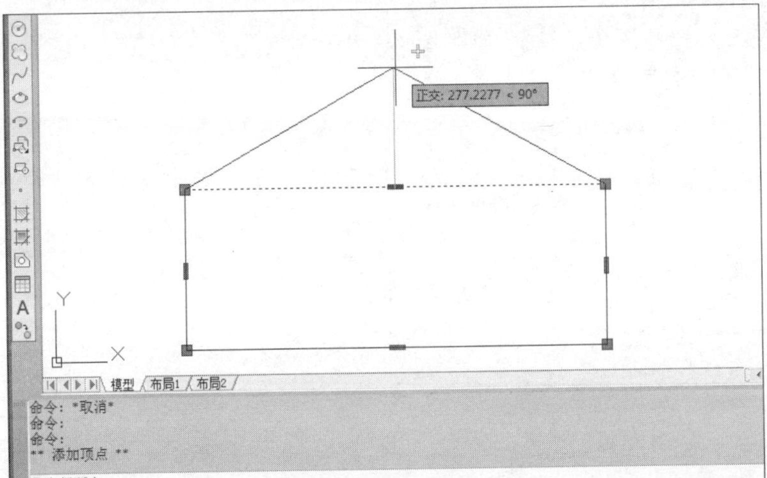

4.6.4　删除夹点

在实际绘图中，也可以通过删除夹点更改对象的形状。

　　"删除夹点"操作的具体步骤：单击矩形，指向矩形右上角端点，在弹出的快捷菜单里单击"删除顶点"，即完成删除夹点命令，如下图。

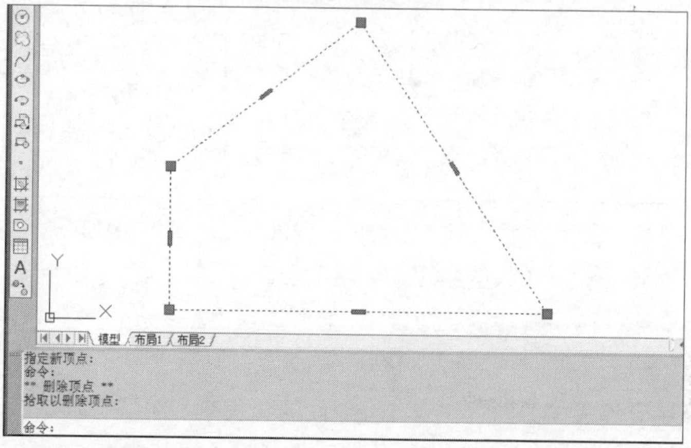

技能实训　绘制卧室平面图

　　此实例主要是对本章学习内容的总结，通过下面的实例操作，具体讲解了二维图形常用编辑命令的灵活运用，注意前提是必须先选择对象。希望大家能跟着讲解，一步一步地做出与书本同步的效果。

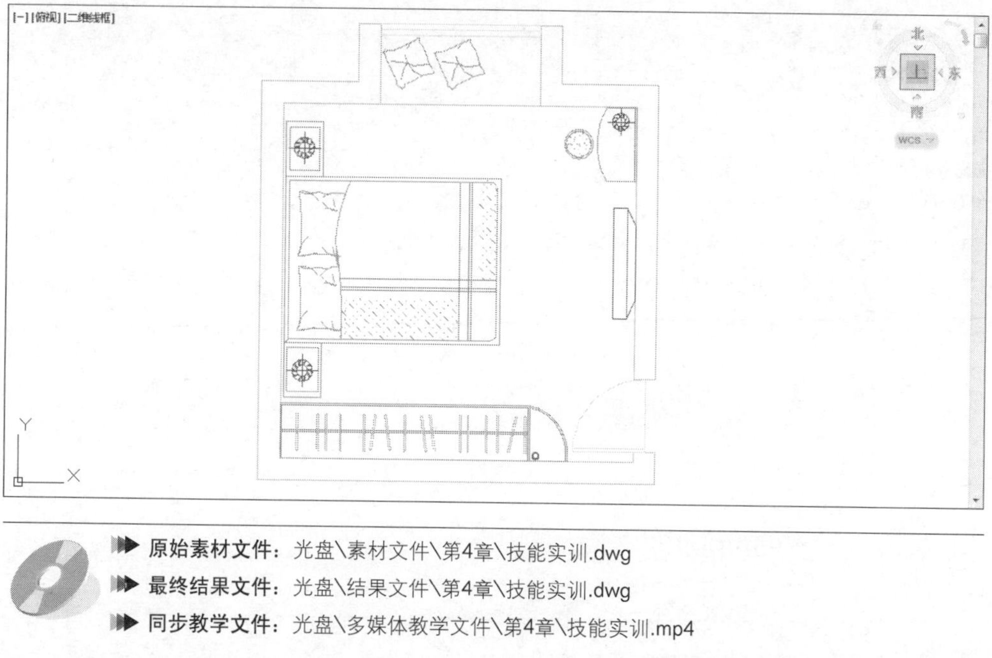

▶▶ **原始素材文件**：光盘\素材文件\第4章\技能实训.dwg

▶▶ **最终结果文件**：光盘\结果文件\第4章\技能实训.dwg

▶▶ **同步教学文件**：光盘\多媒体教学文件\第4章\技能实训.mp4

本例难易度	制作关键	技能与知识要点
★★★★☆	本实例首先用多线或者多段线绘制墙体，然后在墙体上绘制门洞和窗户，再使用编辑命令做细节修改，将素材按相应的位置进行摆放，最后添加软装饰元素；完成卧室平面图的绘制。	• "多段线"、"直线"命令 • "偏移"命令 • "修剪"命令 • "移动"命令 • "旋转"命令 • "缩放"命令

1 绘制墙线。使用多段线命令"PL"绘制长"4200"、宽"4100"的闭合墙体线，使用偏移命令向外侧偏移"240"的墙厚，如左下图。

2 绘制窗户辅助线。使用直线命令"L"在上方墙线中点处绘制一条"240"的垂直辅助线，使用移动命令"M"向左移动"900"的距离。

3 确定窗户位置。使用偏移命令"O"将垂直辅助线向右偏移"1800"的距离，使用打断命令"BR"将两条垂直辅助线之间的线段修剪掉，如右下图。

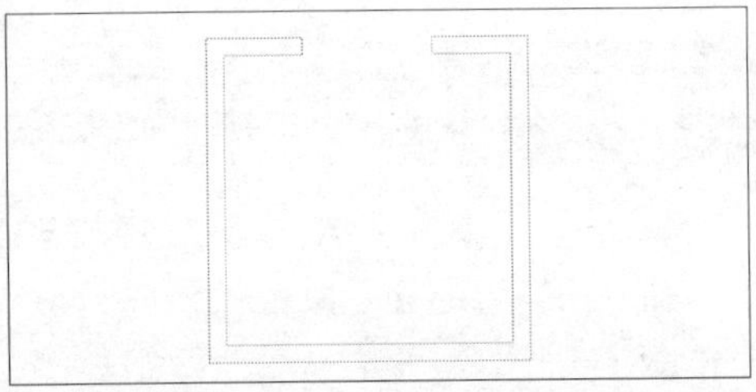

> **大师心得** 　　运用"打断"命令打洞，是绘图时使用频率很高的一种方法，特别是在绘制内容结构比较复杂的房屋构造图中，使用此种打洞方式，简化了辅助线的使用，使操作变得极为简捷。

4 绘制左方窗台。使用多段线命令"PL"从窗台左方断点处开始，绘制宽度为"630"、厚度为"240"的左方窗台，如左下图。

5 绘制右方窗台。使用多段线命令"PL"绘制右方窗台。

6 完成窗台绘制。使用修剪命令"TR"将多余的线段修剪掉，并在室内绘制一条直线将窗台位置表示出来，如右下图。

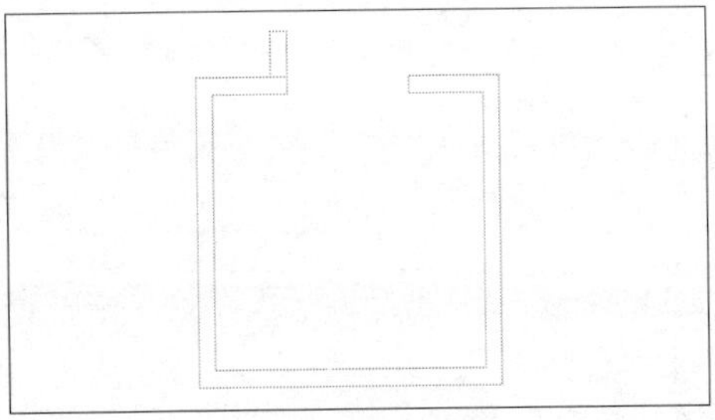

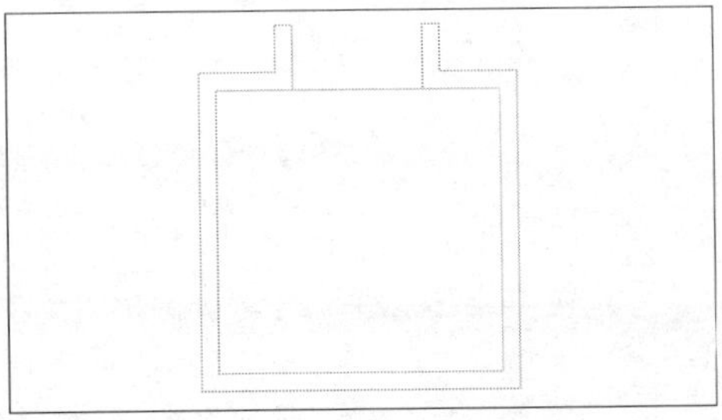

7 绘制门洞。使用直线命令"L"绘制两条宽度为"800"的直线，使用修剪命令"TR"修剪掉门洞之间的线段，效果如左下图。

> **大师心得** 在建筑室内图中绘制门洞时，一般不会直接从两堵墙的交点上开洞，而是在一面墙上预留"100"的厚度，作为安装门套的位置，从"100"的位置继续向这面墙延伸出的宽度才是门洞大小。

8 绘制窗户线和门。绘制门和窗户线，并放置到适当位置，户型图即绘制完成，效果如右下图。

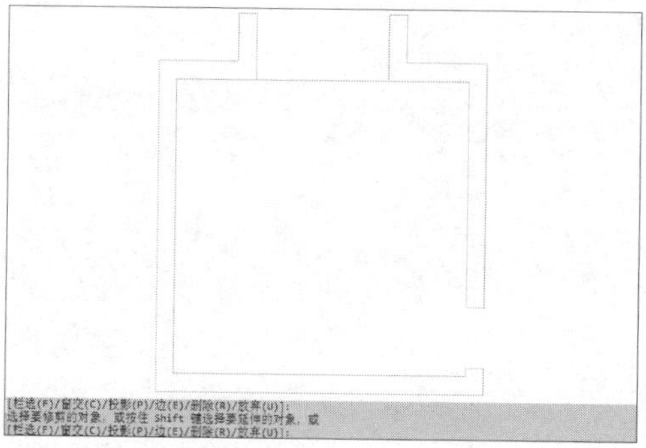

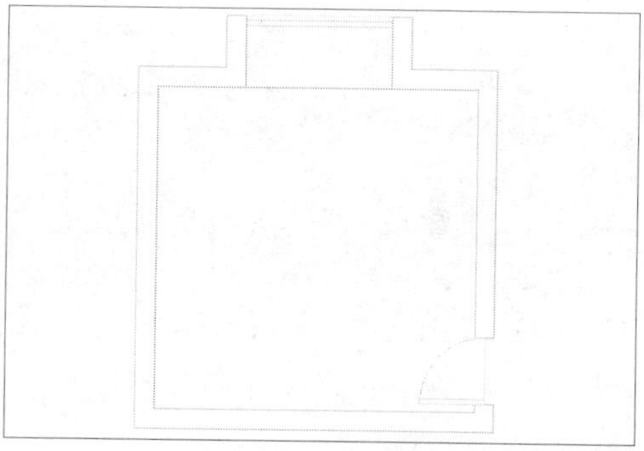

接下来可直接打开"卧室户型图素材.dwg"，也可自己绘制各种家具，进行卧室布置。

9 布置床。选择床，使用旋转命令"RO"旋转对象，旋转完成后使用移动命令"M"将对象移动到适当位置，效果如左下图。

10 布置衣柜。使用移动命令"M"将衣柜移动到适当位置，效果如右下图。

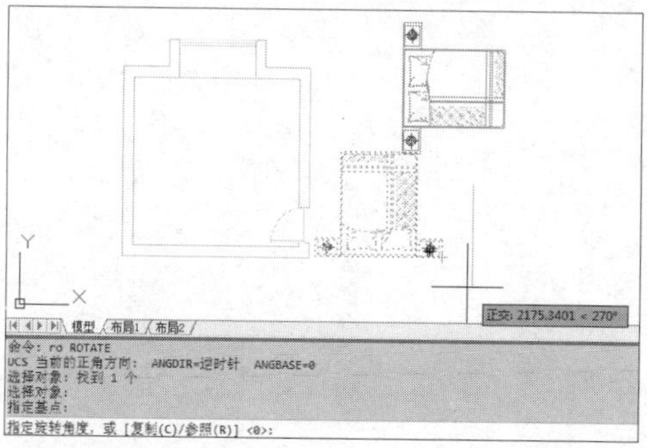

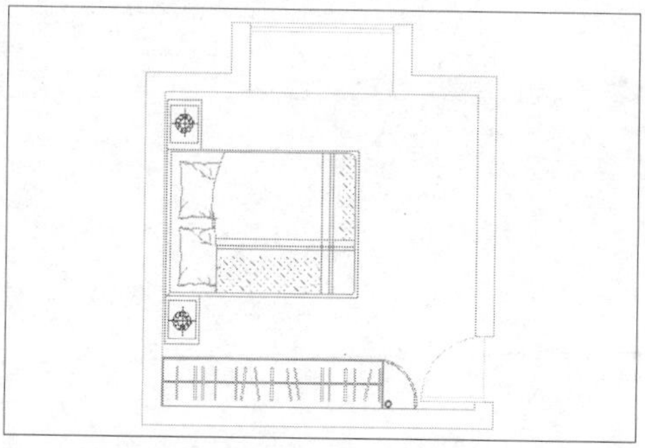

> **大师心得** 衣柜的长度一般是根据墙的长度来绘制的，但必须保证方便开门和关门；而且必须要注意人的通行无碍。绘图时也可以使用已有的衣柜图块，但必须使衣柜紧靠墙壁。在布置除衣柜、酒柜、书柜等与基础工程一起做的木材家具之外，其他家具一般都不能紧靠墙壁。

11 布置梳妆柜。用移动命令"M"将梳妆柜移动至适当位置，效果如左下图。

⓬ 布置电视。用旋转命令"RO"将电视旋转并按如右下图的位置使用移动命令"M"进行摆放。

⓭ 布置窗台。使用缩放命令"SC"将抱枕按适当比例进行缩放，如左下图。

⓮ 平面图布置完成。使用移动命令"M"将抱枕移动到窗台上，卧室平面图布置完成，如右下图。

本章小结

　　本章内容主要对AutoCAD 2012的常用编辑工具进行了讲解，通过实例的绘制和编辑，达到对绘图工具和编辑工具的熟练运用。这一章内容和绘图工具是绘制AutoCAD二维图形的根本，掌握好这一章内容是绘制高质量图纸的关键。

AutoCAD 2012图层操作

本章导读
BEN ZHANG DAO DU

上一章讲解了AutoCAD 2012编辑二维图形的命令和使用方法，本章主要讲解图层操作，主要是"图层特性管理器"的内容，包括图层的创建和编辑，图层的辅助设置，图层的管理以及"图层控制"下拉列表框中关于图层的快速操作等。

知识要点
ZHI SHI YAO DIAN

- 了解图层的概念
- 掌握打开图层管理器的方法
- 熟练掌握创建与编辑图层及特性的方法
- 熟练掌握图层辅助设置的方法
- 掌握管理图层的方法

案例展示
AN LI ZHAN SHI

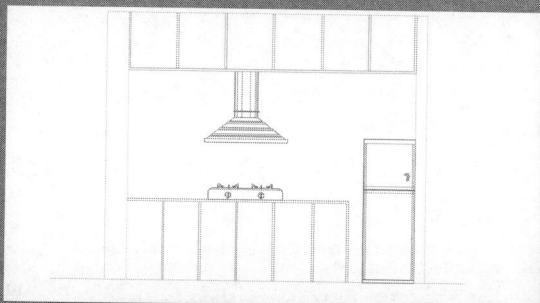

5.1 知识讲解——打开图层管理器

图层相当于一张张透明纸张，把所绘制的图形分成若干部分放在相应的图层上，这些图层按顺序叠加起来，即是一个完整的工程图。图层管理器是对图层进行分类管理的工具，图层管理器内默认只有一个名称为"0"的图层。

图层的特性如下。

- 一个图形文件中可以指定任意数量的图层。
- 每一个图层都应该有一个名称，可以是汉字、字母、个别的符号($、_、-)。在命名时最好根据绘图的实际情况命名。
- 一般情况下，同一个图层上的对象只能为同一种颜色、一种线型，但各图层的颜色、线型一般不一致。
- 只能在当前图层上绘图，但每一个图层都可以设为当前层。
- 可以对一个图层进行打开、关闭、冻结、解冻、锁定、解锁以及图层可见性等操作。

5.1.1 打开图层特性管理器

"图层特性管理器"是创建与编辑图层及图层特性的地方。打开图层特性管理器的方法如下。

方法一： 执行"格式→图层"命令，弹出"图层特性管理器"对话框。

方法二： 单击图层工具栏的"图层"按钮氠，弹出"图层特性管理器"对话框。

方法三： 在命令行输入"LA"，按【Enter】键；弹出"图层特性管理器"对话框，如下图。

"图层特性管理器"的图层特性设置区各选项的含义如下。

- 状态：用于显示当前图层。
- 名称：用于创建或者重命令图层名称。
- 开/关：用于显示与隐藏图层上的AutoCAD 图形。

- 冻结/解冻：用于冻结图层上的图形，使其不可见，不能重新生成，并且不能进行打印。
- 锁定/解锁：用于锁定图层的图形，防止编辑这些图层上的图形对象，但图形对象是可见的并可捕捉。
- 颜色：为了区分不同图层上的图形对象，可以为图层设置不同颜色，所绘制的图形将继承该图层的颜色属性。
- 线型：AutoCAD可以根据需要为每个图层分配不同的线型。
- 线宽：线宽可以为线条设置不同的宽度。可设置的宽度从0mm到2.11mm。
- 打印样式：在AutoCAD中能为不同的图层设置不同的打印样式，以及是否打印该图层样式属性。
- 打印：控制AutoCAD图层是否能打印输出。

5.1.2 打开图层状态管理器

"图层状态管理器"是显示图形中已保存的图层状态列表；也可以创建、重命名、编辑和删除图层状态。

打开图层特性管理器的方法如下。

方法一：执行"格式→图层"命令，在弹出的"图层特性管理器"对话框中单击"图层状态管理器"按钮，如左下图；弹出"图层状态管理器"对话框，如右下图。

方法二：执行"格式→图层状态管理"命令，弹出"图层状态管理器"对话框。

方法三：单击图层工具栏的"图层状态管理器"按钮，弹出"图层状态管理器"对话框。

5.2 知识讲解——创建与编辑图层

简单地讲，图层就是将具有不同颜色、线型、线宽等属性的对象进行分类管理的工具，一般将具有同一种属性的对象放在同一个图层上。在绘制图形时可以自行设置图层的数量、名称、颜色、线型、线宽等。

5.2.1 创建新图层

实际操作中可以为具有同一种属性的多个对象创建和命名新图层，在一个文件中创建的图层数以及可以在每个图层中创建的对象数都没有限制。

创建新图层的方法如下。

方法一： 执行"格式→图层"命令，在弹出的"图层特性管理器"对话框里单击"新建"按钮 ，即可新建一个图层。

方法二： 在"图层特性管理器"对话框图层特性设置栏的空白处右击，在弹出的快捷菜单里单击"新建图层"选项，即可新建一个图层。

方法三： 在弹出"图层特性管理器"对话框后，按快捷键【Alt＋N】即可新建一个图层，如下图。

状	名称	开.	冻结	锁...	颜色	线型	线宽	透明度	打印...	打.	新.	说明
✔	0	♀	☼	🔓	■白	Continu...	—— 默认	0	Color_7	🖨	🖫	
☰	图层1	♀	☼	🔓	■白	Continu...	—— 默认	0	Color_7	🖨	🖫	

> **大师心得** 在创建新图层时，如果在图层设置区选择了一个图层，接着新建的图层将自动获得当前所选择图层的所有属性。

5.2.2 设置图层名称

在一个图形文件中，一般包含多个图层，为了方便区分对象和图层管理，一般是新建一个图层即给该图层设置名称。

给所创建的新图层输入名字的方法和步骤如下。

1 新建图层。执行"新建图层"命令后，"图层名称栏"呈激活状态，如下图。

状	名称	开.	冻结	锁...	颜色	线型	线宽	透明度	打印...	打.	新.	说明
✔	0	♀	☼	🔓	■白	Continu...	—— 默认	0	Color_7	🖨	🖫	
☰	图层1	♀	☼	🔓	■白	Continu...	—— 默认	0	Color_7	🖨	🖫	

2 给图层命名。此时直接输入图层新名称，如"辅助线"，如下图；在空白处单击即可完成名称设置。

	0				白	Continu...	——	默认	0	Color_7		
	辅助线				白	Continu...	——	默认	0	Color_7		

在实际绘图中，如果要对某一图层名称做修改，方法如下。

3 进入图层名称框。单击需要重命名的图层使其呈蓝亮显示，再次单击图层名，激活"图层名称栏"，如下图。

	0				白	Continu...	——	默认	0	Color_7		
	辅助线				白	Continu...	——	默认	0	Color_7		
	墙线				白	Continu...	——	默认	0	Color_7		

4 重命名。此时直接输入图层新名称，如"门窗线"，在空白处单击即可完成名称设置，如下图。

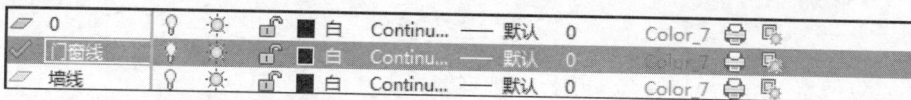

	0				白	Continu...	——	默认	0	Color_7		
	门窗线				白	Continu...	——	默认	0	Color_7		
	墙线				白	Continu...	——	默认	0	Color_7		

5.2.3　设置图层线条颜色

当一个图形文件中有多个图层时，为了快速识别某图层和方便后期的打印操作，可以为图层设置颜色。

给图层设置线条颜色的方法和步骤如下。

1 指向需要设置的颜色框。鼠标指针指向需要设置的颜色框，如下图。

	墙线				白	Continu...	——	默认	0	Color_7		
	0				白	Continu...	——	默认	0	Color_7		

2 单击颜色框。此时单击，即弹出"选择颜色"对话框，如左下图。

3 单击选择颜色。在弹出的"选择颜色"对话框里单击当前图层需要设置的颜色，如右下图。

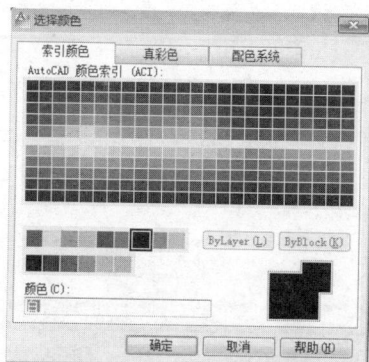

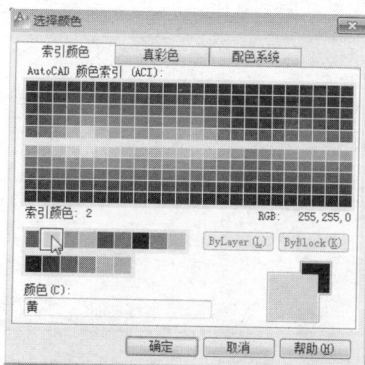

4 完成线条颜色设置。在"选择颜色"对话框里单击"确定"按钮，图层颜色即设置完成，如下图。

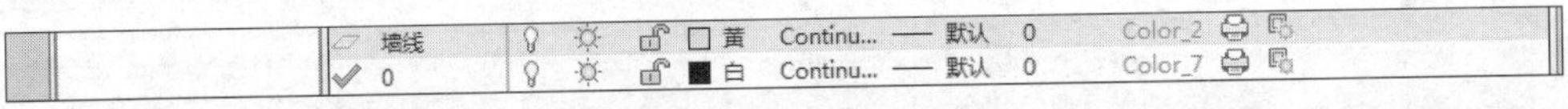

5.2.4 设置图层线型

给图层设置线型最主要的作用是可以更直观地识别和分辨对象，并给对象编组以方便前期绘图。

给图层设置线型的方法和步骤如下。

1 单击图层线型。鼠标指针指向需要设置的图层线型上，如下图。

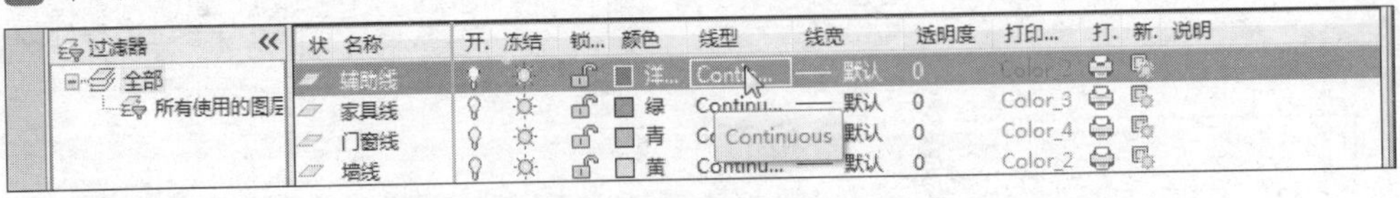

2 "选择线型"对话框。单击即弹出"选择线型"对话框，如左下图。

3 加载线型。单击"加载"按钮，弹出"加载或重载线型"对话框，如右下图。

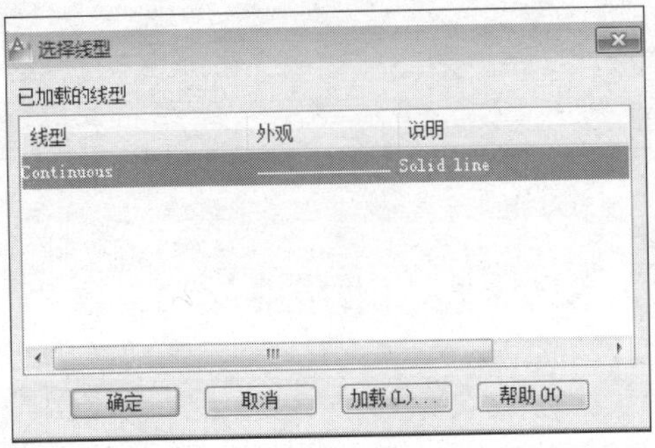

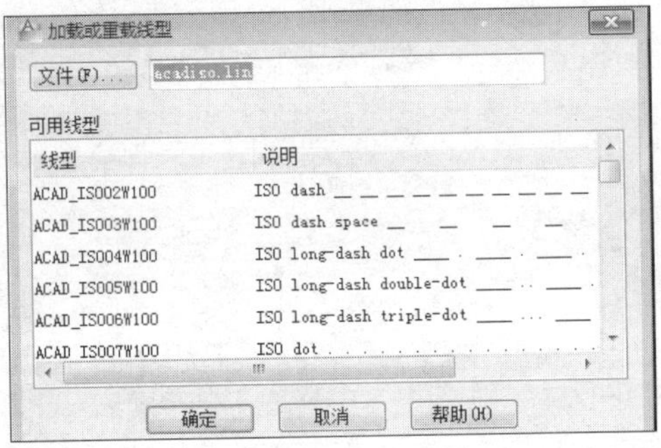

4 单击所需线型。单击所需要的线型名称，如左下图。

5 选择设置的线型。单击"确定"按钮，返回到"选择线型"对话框，单击新加载的线型，如右下图。

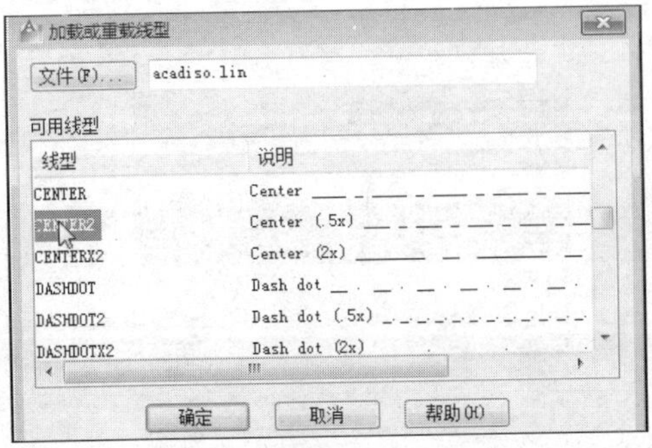

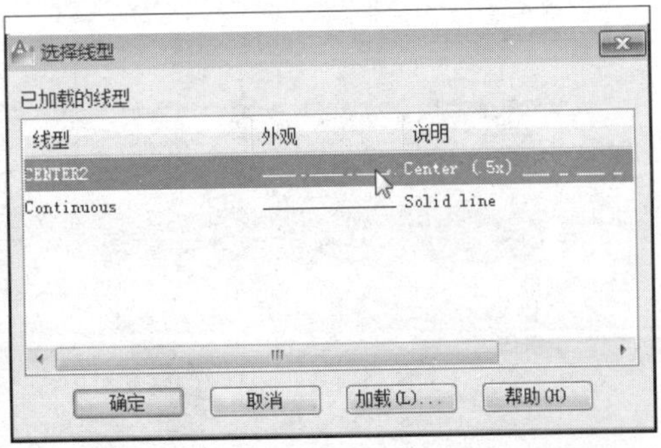

6 图层线型设置完成。单击"确定"按钮，返回"图层特性管理器"，图层线型即设置完成，如下图。

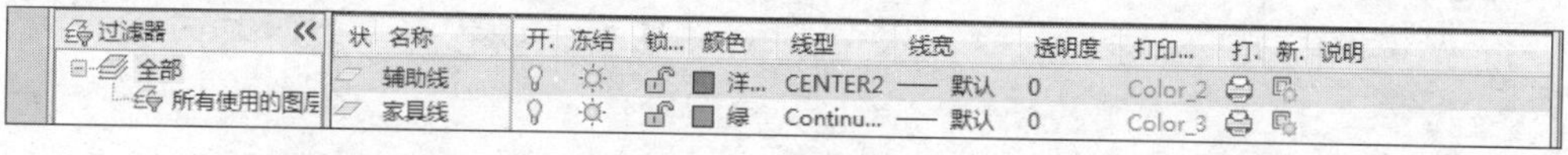

过滤器	«	状	名称	开.	冻结	锁...	颜色	线型	线宽	透明度	打印...	打.	新.	说明
全部			辅助线	☀	☼	⬚	■ 洋...	CENTER2	—— 默认	0	Color_2	⊜	⬚	
所有使用的图层			家具线	☀	☼	⬚	■ 绿	Continu...	—— 默认	0	Color_3	⊜	⬚	

5.2.5　设置图层线宽

　　给图层设置线宽后绘制图形，并将所绘制的图形按黑白模式打印时，线宽就成为辨识图形对象最重要的属性。

　　给图层设置线宽的方法和步骤如下。

1 单击图层线宽。鼠标指针指向需要设置的图层线宽并单击，弹出"线宽"对话框，"线宽"栏显示为"默认"线宽，如左下图。

2 设置图层线宽。单击所需要的线宽，单击"确定"按钮，如右下图。

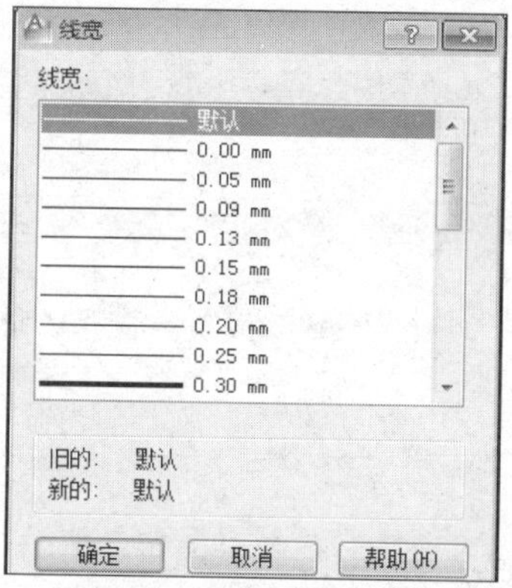

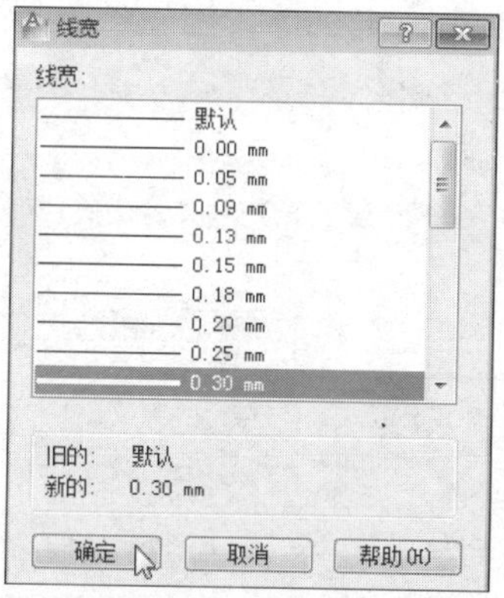

线宽 线宽： **默认** —— 0.00 mm —— 0.05 mm —— 0.09 mm —— 0.13 mm —— 0.15 mm —— 0.18 mm —— 0.20 mm —— 0.25 mm ■■ 0.30 mm 旧的：　默认 新的：　默认 [确定]　[取消]　[帮助(H)]	**线宽** 线宽： **默认** —— 0.00 mm —— 0.05 mm —— 0.09 mm —— 0.13 mm —— 0.15 mm —— 0.18 mm —— 0.20 mm —— 0.25 mm ■■ 0.30 mm 旧的：　默认 新的：　0.30 mm [确定]　[取消]　[帮助(H)]

> **知识链接——"线宽"对话框各内容的含义**
>
> 　　在"线宽"对话框内，"线宽"栏显示了当前的可用线宽，可用线宽由图形中最常用的固定值组成。下方"旧的"含义是显示上一个线宽；创建图层时，指定的默认线宽为"默认"（默认值为0.01英寸或0.25毫米）。"新的"含义是显示给图层设定的新线宽值。

3 线宽设置完成。返回到"图层特性管理器"，图层线宽即设置完成，如下图。

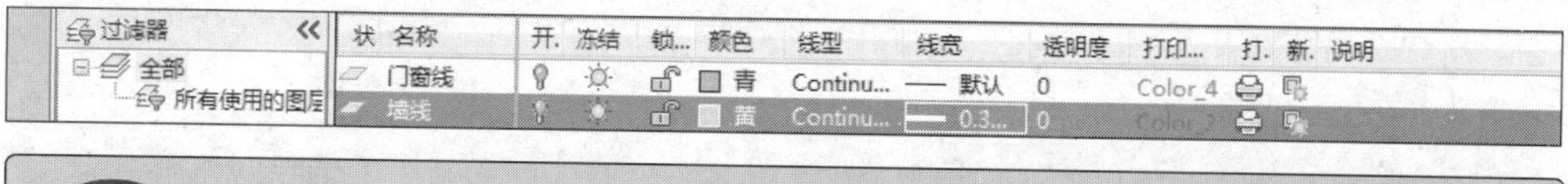

过滤器	«	状	名称	开.	冻结	锁...	颜色	线型	线宽	透明度	打印...	打.	新.	说明
全部			门窗线	☀	☼	⬚	■ 青	Continu...	—— 默认	0	Color_4	⊜	⬚	
所有使用的图层			墙线	☀	☀	⬚	■ 黄	Continu...	■■ 0.3...	0	Color_2	⊜	⬚	

> **大师心得**　在AutoCAD中，可以在设置绘图环境后，正式绘图前建立图层并设置图层的特性，也可以在打印样式表编辑器中设置图层的一些特性。

5.3 知识讲解——图层的辅助设置

在绘图过程中，如果绘图区的图形过于复杂，就需要将暂时不用的图层进行关闭、锁定或冻结等处理，以便于绘图操作。

5.3.1 冻结图层

在实际绘图中，可以暂时对图层中的某些对象进行冻结处理，减少当前屏幕上的显示内容。另外，冻结图层可以在绘图过程中减少系统生成图形的时间，从而提高计算机的速度，因此在绘制复杂的图形时冻结图层非常重要。被冻结后的图层对象不能显示，不能被选择、编辑、修改、打印。

默认情况下，所有的图层都处于解冻状态，将图层冻结的方法和步骤如下。

方法一：执行"格式→图层"命令，在弹出的"图层特性管理器"对话框里单击"冻结"按钮 ☼，如下图，即可冻结一个图层，再单击即可解冻已经冻结的图层。

过滤器 «	状	名称	开.	冻结	锁...	颜色	线型	线宽	透明度	打印...	打.	新.	说明
全部	✓	0	♀	☼	☐	■ 白	Continu...	— 默认	0	Color_7			
所有使用的图层		辅助线	♀	☼	☐	☐ 2...	Continu...	— 默认	0	Color_7			
		门窗线	♀	☼	☐	☐ 青	Continu...	— 0.3...	0				
		墙线	♀	☼	☐	☐ 黄	Continu...	— 0.3...	0	Color_2			

方法二：在图层工具栏内进行冻结的操作。

❶ 打开图层。单击"图层控制"下拉列表框，如左下图。

❷ 冻结图层。单击需要冻结图层前的"冻结"按钮即可冻结一个图层，如右下图。

5.3.2 锁定图层

在AutoCAD中，锁定图层即锁定该图层中的对象。锁定图层后，图层上的对象仍然处于显示状态，但是不能对其进行选择、编辑修改等操作。

默认情况下，所有的图层都处于解锁状态，将图层锁定的方法和步骤如下。

方法一：执行"格式→图层"命令，在弹出的"图层特性管理器"对话框里单击"锁定"按钮 ☐，如左下图，即可锁定一个图层。

方法二：单击"图层控制"下拉列表框，单击图层前的"锁定"按钮即可锁定一个图层，如右下图。

状	名称	开.	冻结	锁...	颜色	线型	线宽
⊘	0	♀	☼	⬚	■白	Continu...	—— 默认
⊘	辅助线	♀	☼	⬚	□洋	Continu...	—— 默认
⊘	门窗线	♀	☼	⬚	□青	Continu...	— 0.3...
✓	墙线	♀	☼	⬚	□黄	Continu...	— 0.3...

5.3.3 解锁图层

在实际绘图中，当需要对锁定图层上的对象进行编辑修改等操作时，必须先解锁图层。

将图层解锁的方法如下。

方法一：在"图层特性管理器"对话框里单击"解锁"按钮 🔒，即可将图层解锁，如左下图。

方法二：单击"图层控制"下拉列表框，单击图层前的"解锁"按钮即可解锁一个图层，如右下图。

状	名称	开.	冻结	锁...	颜色	线型	线宽
⊘	0	♀	☼	⬚	■白	Continu...	—— 默认
⊘	辅助线	♀	☼	🔒	□洋	Continu...	—— 默认
⊘	门窗线	♀	☼	⬚	□青	Continu...	— 0.3...
✓	墙线	♀	☼	⬚	□黄	Continu...	— 0.3...

5.3.4 设置图层可见性

图层的可见性即是将图层中的对象暂时隐藏起来，或将隐藏的对象显示出来。被隐藏图层中的图形不能被选择、编辑、修改、打印。

默认情况下，所有的图层都处于显示状态；将图层隐藏或者显示的方法和步骤如下。

方法一：执行"格式→图层"命令，在弹出的"图层特性管理器"对话框里单击"开/关图层"按钮♀ ，如左下图；即可隐藏一个图层，再次单击"开/关图层"按钮即可显示隐藏的图层。

方法二：单击"图层控制"下拉列表框，单击图层前的"开/关图层"按钮即可隐藏一个图层，再次单击此按钮即可显示图层，如右下图。

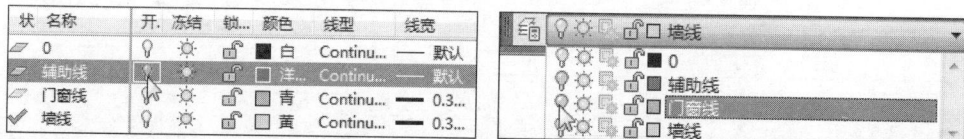

状	名称	开.	冻结	锁...	颜色	线型	线宽
⊘	0	♀	☼	⬚	■白	Continu...	—— 默认
⊘	辅助线	♀	☼	⬚	□洋	Continu...	—— 默认
⊘	门窗线	♀	☼	⬚	□青	Continu...	— 0.3...
✓	墙线	♀	☼	⬚	□黄	Continu...	— 0.3...

大师心得　当图层被冻结和关闭时不能被打印，被锁定的图层可见，但不能修改和编辑；当前图层也不能被删除。

5.4 知识讲解——管理图层

在绘制图形的过程中，将图形各部分建立在不同的图层上，可以方便管理图形对象，也可以通过修改所在图层的属性，快速、准确地完成图形对象的修改。

5.4.1 设置当前图层

在AutoCAD中，当前图层是指正在使用的图层，此时绘制的图形对象都在当前层上。默认情况下，在“对象特性”工具栏中显示了当前图层的状态信息。

设置当前层的方法和步骤如下。

方法一：在“图层特性管理器”对话框中进行设置。

1 选择对象。选择某一图层，鼠标指针指向“置为当前”按钮，如下图。

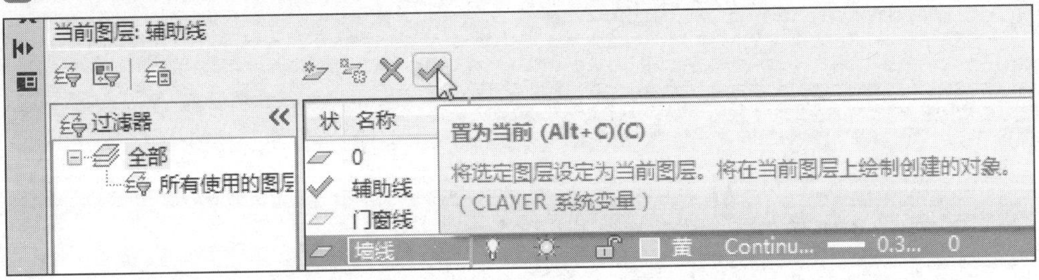

2 设置为当前图层。单击此按钮，所选对象前即显示标记，如左下图。

方法二：在“图层控制”下拉列表框中，单击需要设置为当前层的图层即可，如右下图。

大师心得　单击“图层”工具栏中的“将对象的图层设置为当前图层”按钮，然后在绘图区选择某个图形对象，也可以将该图形对象所在的图层设置为当前图层。

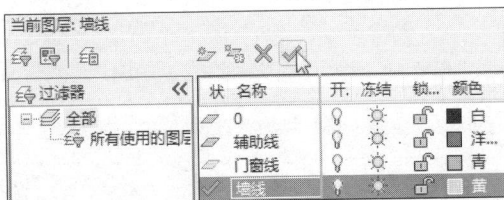

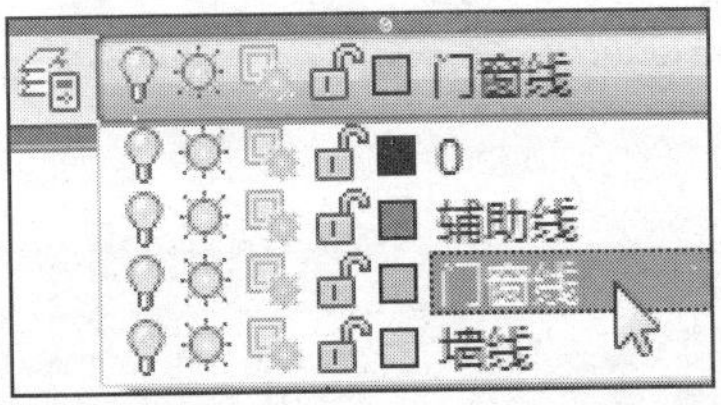

5.4.2　转换图层

转换图层是指将一个图层中的图形转换到另一个图层中。例如，将墙线层中的图形转换到门窗线图层中去，墙线层中图形颜色、线型、线宽将转换成门窗线图层的属性。

转换图层的方法和步骤如下。

1 选择对象。选择需要转换图层的图形，单击"图层控制"下拉列表框，如左下图。

2 将对象转换图层。单击要转换到的图层，在图层列表中即显示该对象所在的图层，如右下图。

5.4.3　删除图层

在AutoCAD中绘制图形时，为了方便图层管理，可以将不需要的图层删除。

删除图层的方法和步骤如下。

方法一：在命令行输入"LA"，按【Enter】键确定；弹出"图层特性管理器"对话框，单击需要删除的图层，按【Delete】键即可。

方法二：在"图层特性管理器"对话框中单击需要删除的图层，单击右键，在弹出的快捷菜单内单击"删除图层"选项即可。

方法三：在"图层特性管理器"对话框中单击需要删除的图层，单击"删除"按钮，如下图。

大师心得 在执行删除图层的操作中，"0层、默认层、当前层、含有图形对象的层和外部引用依赖层"都不能被删除。

技能实训1　设置图层线型比例

本章的技能实训，主要是通过实例的操作，具体讲解图层的各项内容和使用方法，并且在掌握本章学习内容的基础上，在细节方面做一些补充，希望大家能跟着实例讲解，一步一步地做出与书同步的效果。

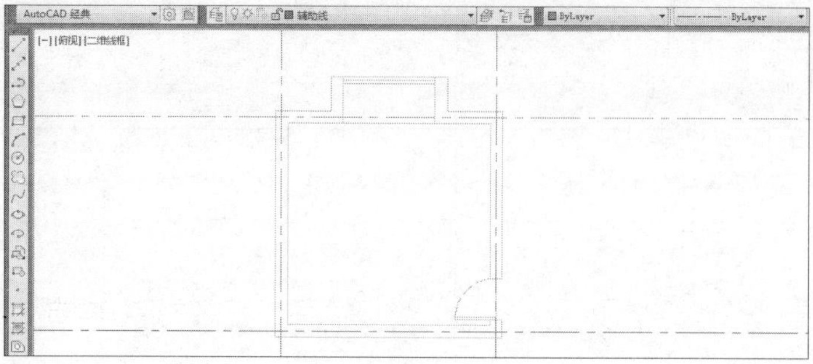

▶▶ **原始素材文件**：光盘\素材文件\第5章\技能实训1.dwg
▶▶ **最终结果文件**：光盘\结果文件\第5章\技能实训1.dwg
▶▶ **同步教学文件**：光盘\多媒体教学文件\第5章\技能实训1.mp4

本例难易度	制作关键	技能与知识要点
★★★★☆	本实例的操作步骤是首先打开素材并建立"辅助线"图层，然后根据墙的中线绘制辅助线，设置图层线型，在"线型管理器"对话框内加载所需要的线型，再更改线型比例即可。	• "线型"的内容和使用方法 • "线型比例"的设置

1 打开素材。绘制户型图，如左下图。

2 绘制辅助线并设置图层。建立辅助线图层并使用构造线命令"XL"绘制辅助线，如右下图。

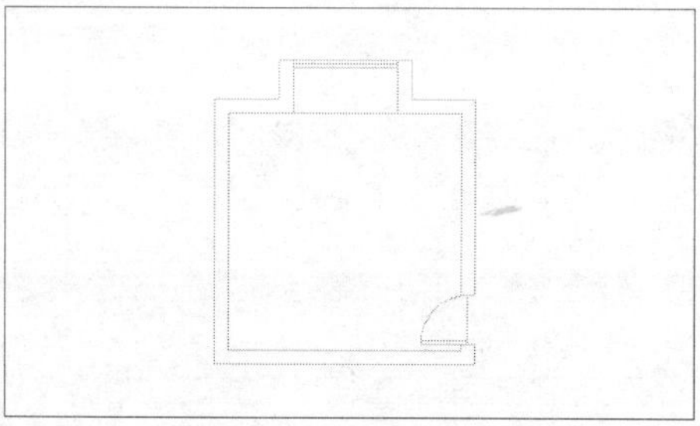

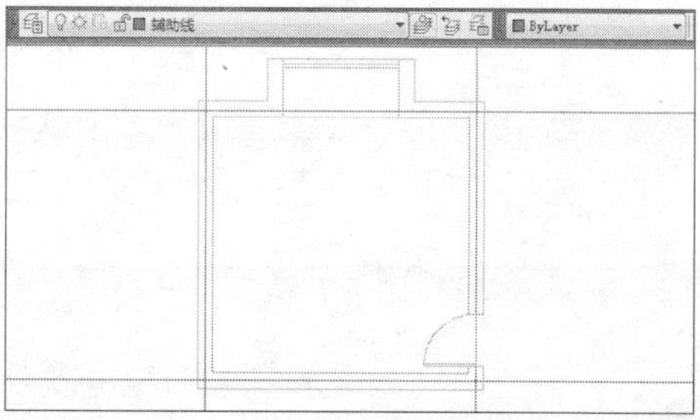

3 设置图层线型。选择"辅助线"图层，单击"图层控制"线型下拉框，单击"其他"选项，如下图。（在绘图中一般将辅助线或中心线设置为虚线，所以需要对辅助线的线型进行设置）

4 "线型"管理器。弹出"线型管理器"对话框，单击"加载"按钮，如左下图。

5 加载线型。弹出"加载或重载线型"对话框，如右下图。

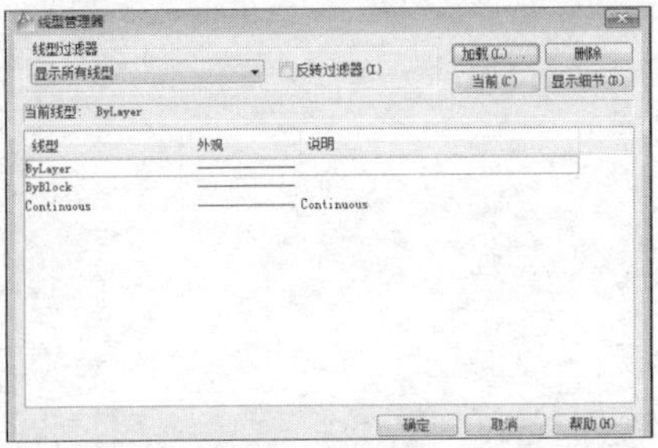

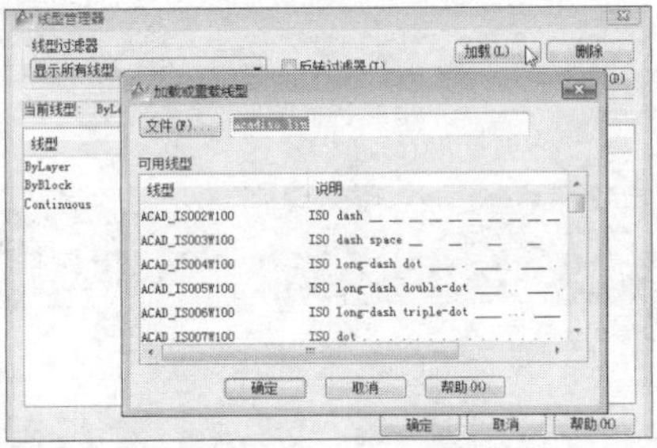

6 选择线型。单击选择所需要的线型，被选择线型呈蓝亮显示，单击"确定"按钮，如左下图。

7 完成线型的加载。线型加载完成回到"线形管理器"对话框，如右下图。

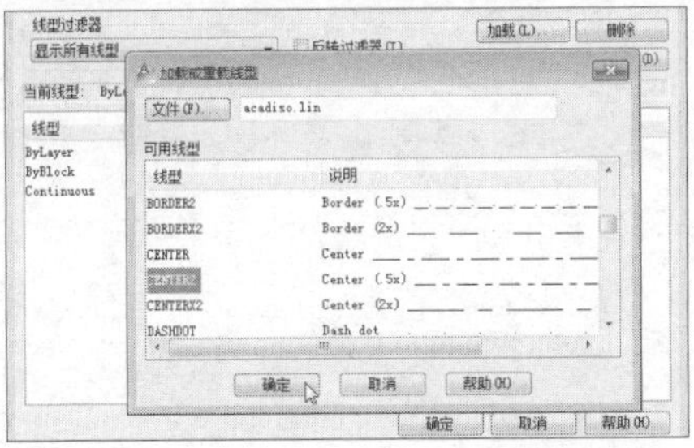

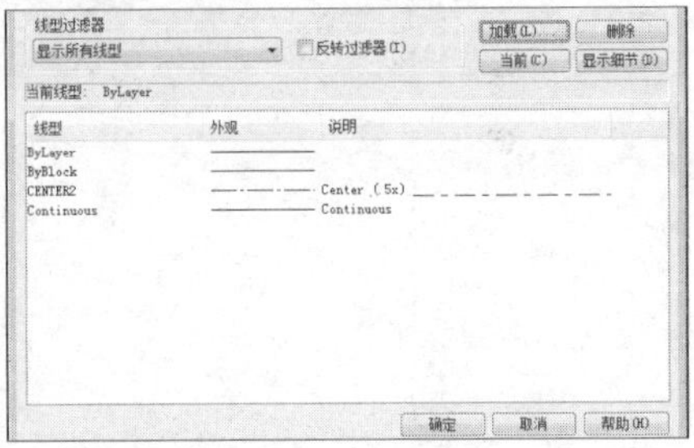

8 显示线型细节。选择新加载的线型，单击"显示细节"按钮，"线形管理器"下方即显示"详细信息"栏，如左下图。

9 更改线型比例。更改"全局比例因子"，如"50"，单击"确定"按钮，如右下图。

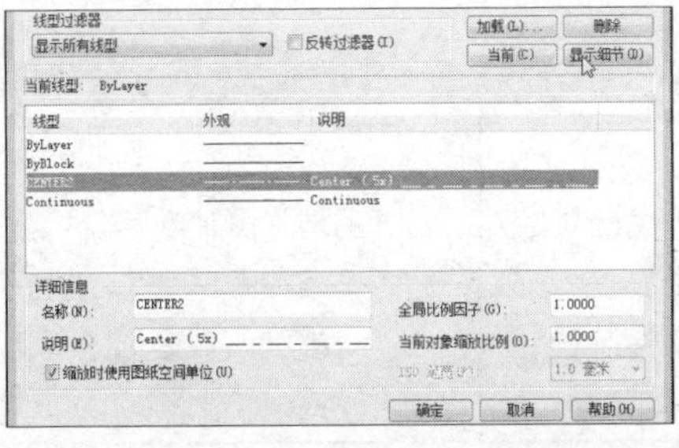

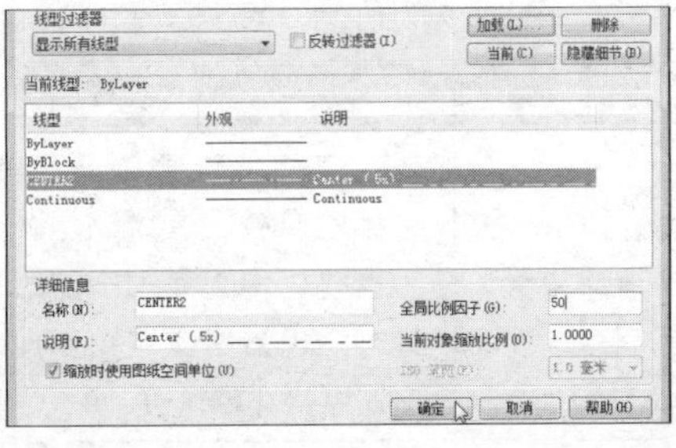

117

10 选择需要更改线型的对象。选择对象，单击"图层控制"的线型下拉框，单击选择新设置的线型，如左下图。

11 最终效果。按【Esc】键退出选择，最终效果如右下图。

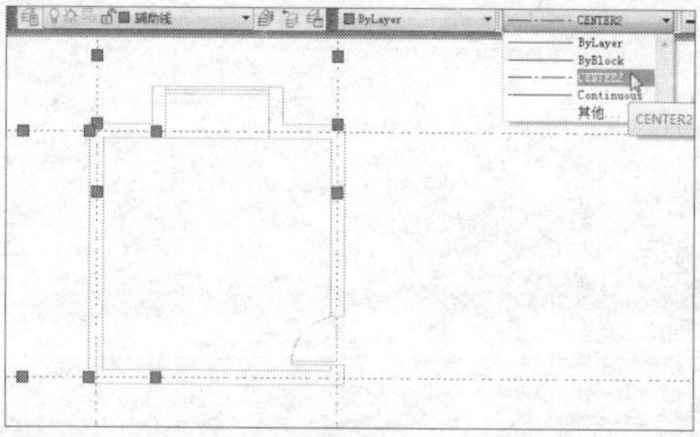

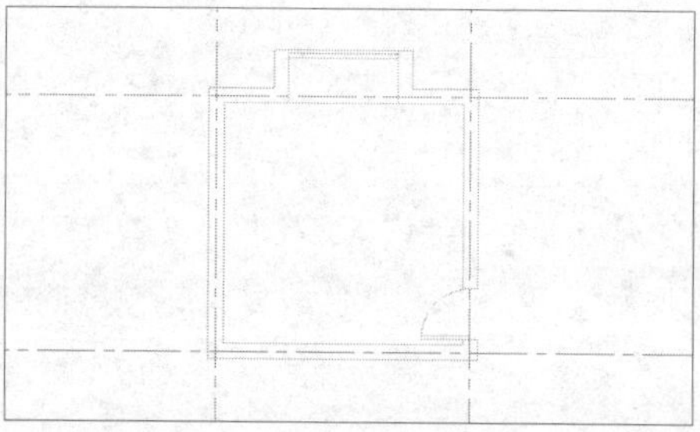

技能实训2　绘制厨房立面图

本实例主要是将本章内容和前面几章内容做一个小总结，在掌握了AutoCAD 2012软件基本操作和文件管理的基础上，熟悉绘图环境和辅助工具的设置和用法，掌握二维图形创建命令和编辑命令的使用方法以及图层的使用方法。

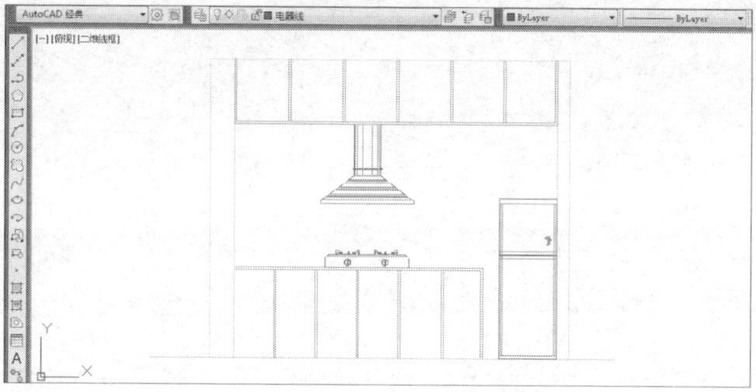

▶▶ **原始素材文件：** 光盘\素材文件\第5章\技能实训2.dwg
▶▶ **最终结果文件：** 光盘\结果文件\第5章\技能实训2.dwg
▶▶ **同步教学文件：** 光盘\多媒体教学文件\第5章\技能实训2.mp4

本例难易度	制作关键	技能与知识要点
★★★★★	本实例的步骤是首先创建图层，接着用地面线图层绘制地线，用墙线图层绘制墙线，用家具线图层绘制厨柜的各个部分，用电器线图层绘制电器，在绘制过程中注意柜体的厚度。	• "图层"的使用 • "二维绘图命令"的运用 • "二维编辑命令"的运用

1 新建图层。新建墙线、地面线、家具线、电器线、灰线五个图层，如下图。

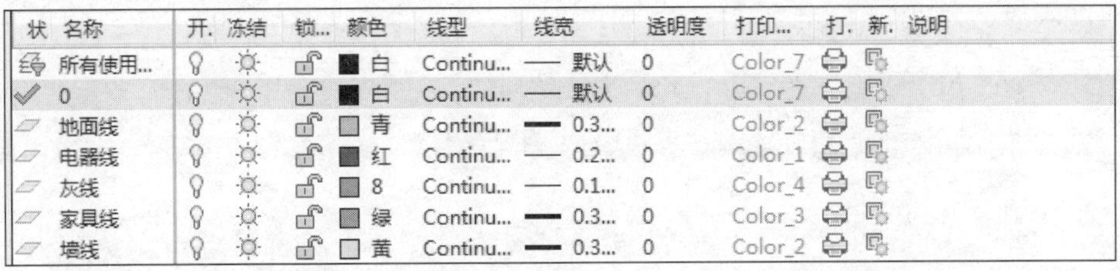
状 名称 开. 冻结 锁... 颜色 线型 线宽 透明度 打印... 打. 新. 说明
所有使用... 白 Continu... 默认 0 Color_7
0 白 Continu... 默认 0 Color_7
地面线 青 Continu... 0.3... 0 Color_2
电器线 红 Continu... 0.2... 0 Color_1
灰线 8 Continu... 0.1... 0 Color_4
家具线 绿 Continu... 0.3... 0 Color_3
墙线 黄 Continu... 0.3... 0 Color_2

2 绘制地线。选择“地面线”图层，使用直线命令“L”绘制一条长为“4500”的地面线，如下图。

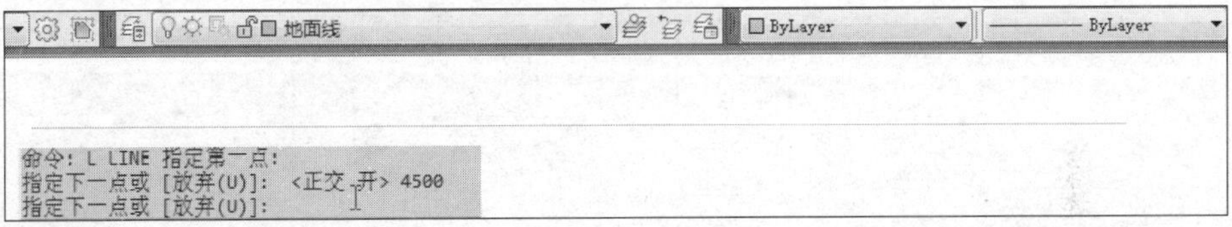
地面线
ByLayer
ByLayer
命令: L LINE 指定第一点:
指定下一点或 [放弃(U)]: <正交 开> 4500
指定下一点或 [放弃(U)]:

3 绘制墙线。选择“墙线”图层，使用直线命令“L”绘制高为“2800”，长为“3480”的墙线；使用偏移命令“O”将左侧墙线向内偏移“240”的厚度，右侧墙线向内偏移“120”的厚度，如下图。

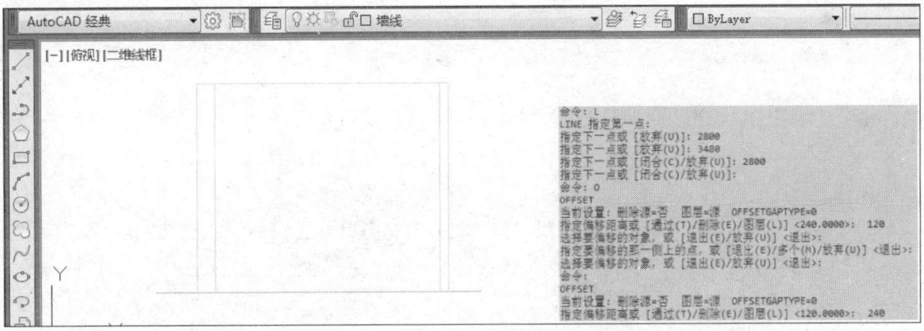
AutoCAD 经典
墙线
ByLayer
[-][俯视][二维线框]
Y
命令: L
LINE 指定第一点:
指定下一点或 [放弃(U)]: 2800
指定下一点或 [放弃(U)]: 3480
指定下一点或 [闭合(C)/放弃(U)]: 2800
指定下一点或 [闭合(C)/放弃(U)]:
命令: O
OFFSET
当前设置: 删除源=否 图层=源 OFFSETGAPTYPE=0
指定偏移距离或 [通过(T)/删除(E)/图层(L)] <240.0000>: 120
选择要偏移的对象，或 [退出(E)/放弃(U)] <退出>:
指定要偏移的那一侧上的点，或 [退出(E)/多个(M)/放弃(U)] <退出>:
选择要偏移的对象，或 [退出(E)/放弃(U)] <退出>:
命令:
OFFSET
当前设置: 删除源=否 图层=源 OFFSETGAPTYPE=0
指定偏移距离或 [通过(T)/删除(E)/图层(L)] <120.0000>: 240

4 绘制厨柜。选择“家具线”图层，使用多段线命令“PL”绘制长为“2400”，高为“850”的厨柜外线，使用偏移命令“O”向内偏移“20”，如下图。

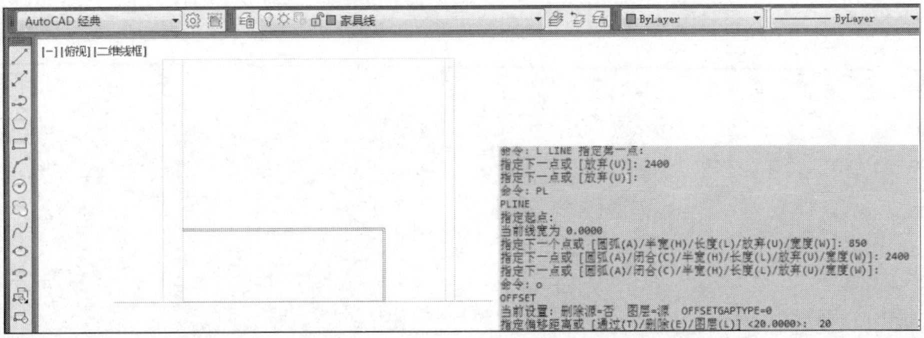
AutoCAD 经典
家具线
ByLayer
ByLayer
[-][俯视][二维线框]
命令: L LINE 指定第一点:
指定下一点或 [放弃(U)]: 2400
指定下一点或 [放弃(U)]:
命令: PL
PLINE
指定起点:
当前线宽为 0.0000
指定下一个点或 [圆弧(A)/半宽(H)/长度(L)/放弃(U)/宽度(W)]: 850
指定下一点或 [圆弧(A)/闭合(C)/半宽(H)/长度(L)/放弃(U)/宽度(W)]: 2400
指定下一点或 [圆弧(A)/闭合(C)/半宽(H)/长度(L)/放弃(U)/宽度(W)]:
命令: o
OFFSET
当前设置: 删除源=否 图层=源 OFFSETGAPTYPE=0
指定偏移距离或 [通过(T)/删除(E)/图层(L)] <20.0000>: 20

5 绘制厨柜门。使用直线命令"L"绘制一条辅助线，并使用定数等分命令"DIV"等分此线段，根据节点使用直线命令"L"绘制一个厨柜门的垂直线段，使用复制命令"CO"复制5个厨柜门，并删除辅助线和节点，如下图。

6 绘制吊柜外框。接下来使用多段线命令"PL"绘制吊柜外框，如左下图。

7 绘制吊柜柜门。接着再使用绘制厨柜柜门的方法绘制吊柜柜门，如右下图。

8 将柜门绘制完整。接下来用偏移命令"O"将各条线段均偏移出"20"的厚度，如下图。

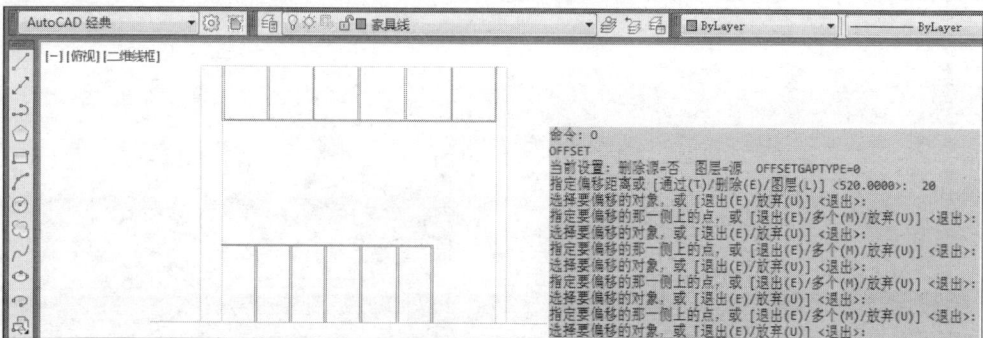

⑨ 将电器放置到适当位置。选择电器线图层，使用移动命令"M"将电器放置到适当位置，如下图。

⑩ 补充细节。使用矩形命令"REC"绘制橱柜和吊柜的把手，并使用复制命令"CO"和移动命令"M"将各把手复制移动到适当位置，最终效果如下图。

本章小结

　　本章内容主要对AutoCAD 2012的图层操作进行了讲解，通过图层内容的具体讲解和实例的绘制，达到对"图层特性管理器"和"图层控制"的熟练运用。这一章内容能更好地帮助大家对二维图形的创建和编辑熟练应用；同时，好的图层管理是一个图形文件的重点。

Chapter 06

填充、图块、设计中心

本章导读
BEN ZHANG DAO DU

上一章讲解了AutoCAD 2012中图层的相关操作，本章主要讲解填充、图块和设计中心的内容。填充是完善图形必不可少的部分，图块是快速制图的重要组成部分，设计中心是存储或调用图块的地方。

知识要点
ZHI SHI YAO DIAN

- 理解填充的概念
- 熟练掌握填充图案的方法
- 掌握使用渐变色填充对象的方法
- 理解块的功能及特点
- 熟练掌握创建块的方法
- 掌握编辑块的方法
- 掌握创建与编辑块属性的方法
- 认识设计中心
- 掌握使用设计中心的方法

案例展示
AN LI ZHAN SHI

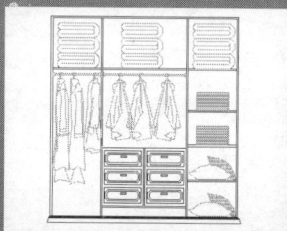
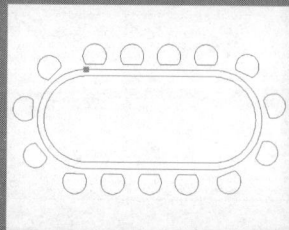

6.1 知识讲解——填充图案

填充图案通常用来表现组成对象的材质或区分工程的部件，使图形看起来更加清晰，更加具有表现力。对图形进行图案填充，可以使用预定义的填充图案，使用当前的线型定义简单的直线图案或者创建更加复杂的填充图案。

6.1.1 预定义填充图案

预定义填充图案是指AutoCAD软件自带的70 多种符合 ANSI、ISO 及其他行业标准的填充图案。在使用过程中直接选择填充即可。

打开预定义图案填充的方法如下。

方法一：执行"绘图→图案填充"命令，弹出"图案填充和渐变色"对话框。

方法二：在绘图栏单击"图案填充"按钮，弹出"图案填充和渐变色"对话框。

方法三：在命令行输入填充命令"H"，按【Enter】键，弹出"图案填充和渐变色"对话框，如左下图；单击下方"展开"按钮，如右下图。

在 "图案填充和渐变色"对话框中的"图案填充"选项卡内经常使用两个部分的内容。

1. 类型和图案

- 类型：默认类型为"预定义"，如左下图。在该下拉列表中可以选择图案的类型，如右下图。其中，"用户定义"图案是基于图形中的当前线型定义的图案；"自定义"图案是在任何自定义 PAT 文件中定义的图案，可以控制任何图案的角度和比例。

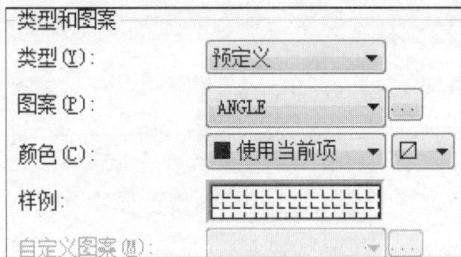

- 图案：在该下拉列表中可以选择需要的图案，如左下图；或单击后面的浏览按钮 ... 查看所有预定义图案的预览图，如右下图。

- 颜色：在此下拉列表中选择颜色，如左下图；单击后面的下拉按钮 ☑ ▾ 也可以选择颜色。

- 样例：此显示框中显示当前使用的图案效果，单击显示框可查看其他图案预览图，如右下图。

2. 角度和比例

在此区域中主要是设置已选定填充图案的角度和比例，其中各选项的含义如下。

- 角度：在该下拉列表中可以设置图案填充的角度。左下图是DOLMIT图案为0°的效果；右下图是DOLMIT图案为90°的效果。

- 比例：在该下拉列表中可以设置图案填充的比例。左下图是DOLMIT图案为0°时比例为0.5的效果；右下图是比例为30的效果。

- 双向：当使用"用户定义"方式填充图案时，此选项才可用；选择该项可自动创建两个方向相反并互成90°的图样。
- 相对图纸空间：相对于图纸空间单位缩放填充图案。使用此选项，可以很方便地做到以适合于布局的比例显示填充图案。该选项仅适用于布局。
- 间距：指定用户定义图案中的直线间距。AutoCAD将间距存储在HPSPACE系统变量中。只有将填充类型设置为"用户定义"方式，此选项才可用。
- ISO笔宽：决定使用ISO剖面线图案的线与线之间的间隔，此选项只有在选择ISO线型图案时才呈高亮显示。
- 自定义图案：该选项只有在选择"自定义"图案类型后才可用，单击右侧的"浏览"按钮，可以打开用于选择自定义图案的"填充图案选项板"对话框。

6.1.2 指定填充区域

　　设定各种填充内容的目的都是为了在一个或几个封闭区域内显示所设置的图案或颜色等，即设定了填充内容，就必须指定填充区域，在"图案填充和渐变色"对话框中右上方的"边界"功能就是为了指定填充区域。

　　在"图案填充和渐变色"对话框右侧"边界"栏内各选项的含义如下。

　　（1）"添加：拾取点"：在需要进行填充的封闭区域内部任意位置单击，程序自动分析图案填充的边界。

具体操作步骤和效果如下。

1 输入命令。在命令栏输入填充命令"H"，按【Enter】键，在弹出的"图案填充和渐变色"对话框中单击"添加：拾取点"按钮⊞。

2 拾取点。在需要填充区域内部的任意位置单击，如左下图；按【Enter】键弹出"图案填充和渐变色"对话框。

3 确定效果。单击"预览"按钮，效果如右下图。

> **大师心得** 在使用"填充图案"填充对象的过程中，预览填充效果后，按空格键即可返回"图案填充和渐变色"对话框；对当前填充效果满意时单击"确定"按钮即完成填充。

（2）"添加：选择对象"⧉：单击构成填充区域的闭合边框线，即可将此边框线内填充指定的图案或颜色。

具体操作步骤和效果如下。

1 输入命令。输入填充命令"H"，按【Enter】键，在弹出的"图案填充和渐变色"对话框中单击"添加：选择对象"按钮⧉。

2 拾取点。单击需要填充区域的闭合外边框线，如左下图；按【Enter】键弹出"图案填充和渐变色"对话框。

3 确定效果。单击"预览"按钮，效果如右下图。

> **大师心得** 在指定填充区域时，"指定点"和"选择对象"是最常用的指定填充边界的方法。指定点一般在交叉图形比较多、选择边框较难的情况下使用；因为"指定点"是软件自动计算边界，所以当图形文件较大时，会占用大量计算机资源；在能快速地找到填充对象边框的情况下一般选用"选择对象"。

（3）删除边界⧉：此选项主要用于已填充图案的区域内还有其他封闭边框中的区域未填充的情况。删除封闭边框就是删除边界，删除边界后原边框内的区域也将填充图案或颜色。

具体操作步骤和效果如下。

▶▶ **原始素材文件**: 光盘\素材文件\第6章\6-1-2.dwg

▶▶ **最终结果文件**: 光盘\结果文件\第6章\6-1-2.dwg

▶▶ **同步教学文件**: 光盘\多媒体教学文件\第6章\6-1-2.mp4

---

1 输入命令。在命令栏输入"H"，按【Enter】键，在弹出的"图案填充和渐变色"对话框中单击"添加：拾取点"按钮⊞。

2 拾取点。单击需要填充区域的闭合外边框线，如左下图；按【Enter】键弹出"图案填充和渐变色"对话框。

3 确定效果。单击"预览"按钮，效果如右下图。

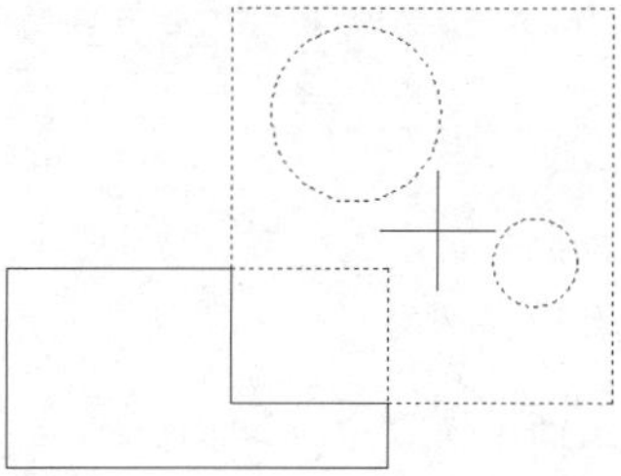

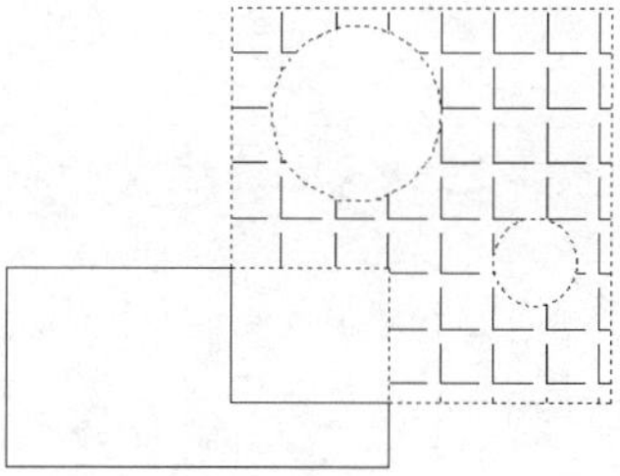

4 拾取点。单击填充区域，单击"删除边界"按钮，再单击未填充区域的边框线，如左下图。

5 确定效果。按【Enter】键弹出"图案填充和渐变色"对话框；单击"预览"按钮，效果如右下图。

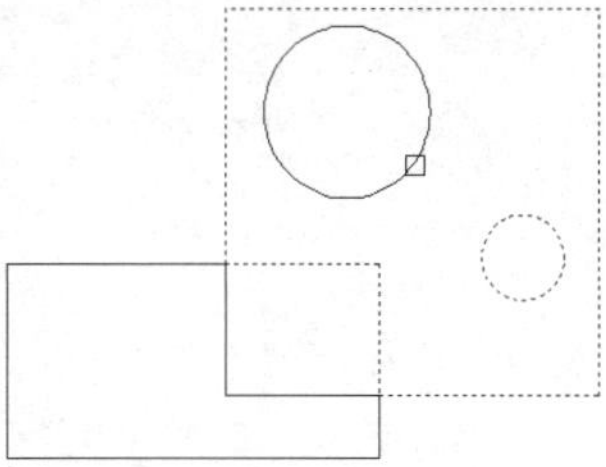

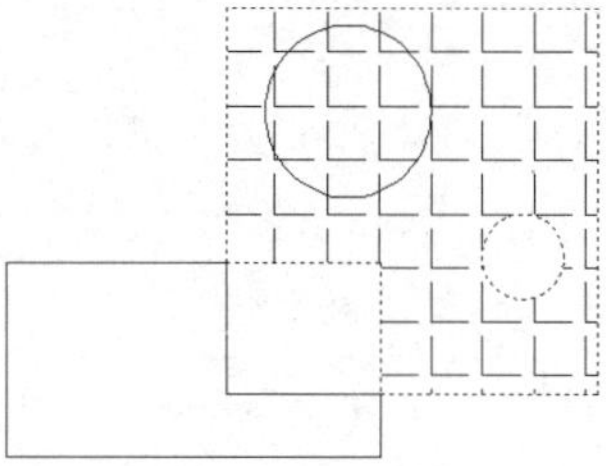

6 拾取点。按【Enter】键接受填充，单击未填充区域边框，如左下图。

7 确定效果。按【Delete】键删除此边框，效果如右下图。

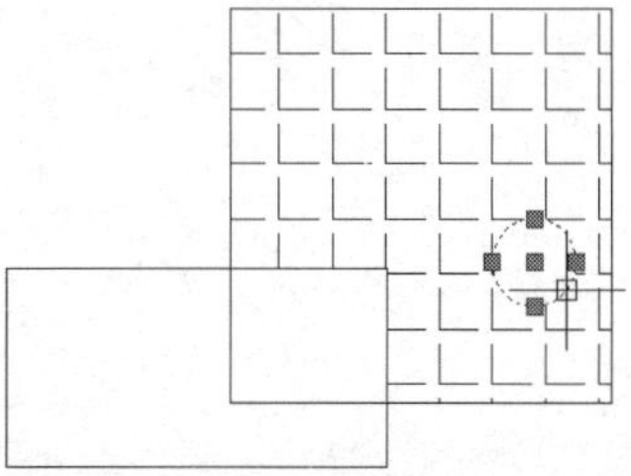

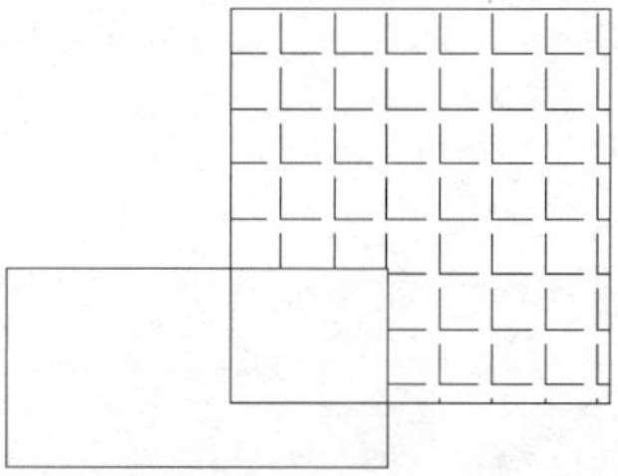

（4）重新创建边界 ：围绕选定的图案填充或填充对象创建多段线或面域，并使其与图案填充对象相关联（可选）。

（5）查看选择集 ：使用当前图案填充或填充设置显示当前定义的边界。仅在定义了边界时才可以使用此选项。

6.1.3 修改图案填充

在进行图案填充的过程中，如果对当前已经填充的图案不满意，可以对图案内容进行修改。

下面以绘制茶几的玻璃面为例，介绍修改图案填充的具体步骤和操作方法。

▶▶ **原始素材文件**：光盘\素材文件\第6章\6-1-3.dwg
▶▶ **最终结果文件**：光盘\结果文件\第6章\6-1-3.dwg
▶▶ **同步教学文件**：光盘\多媒体教学文件\第6章\6-1-3.mp4

1 绘制茶几桌面。使用矩形命令"REC"绘制一个长"1500"、宽"600"的矩形，使用偏移命令"O"向内偏移"20"，如左下图。

2 设置填充内容。输入填充命令"H"，按【Enter】键弹出"图案填充和渐变色"对话框；在"图案"里选择斜线，角度为"0"，比例为"10"；单击"添加：选择对象"按钮，如右下图。

3 拾取填充对象。单击内矩形框，如左下图。

4 确定效果。按【Enter】键弹出"图案填充和渐变色"对话框，单击"预览"按钮，如右下图。

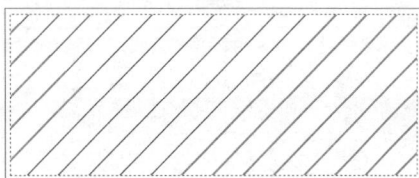

5 修改对象。填充的斜线不是玻璃的形态而且太密，需要修改。按【Esc】键弹出"图案填充和渐变色"对话框，对所填充的图案进行更改，角度改为"15"，比例设为"450"，如左下图。

6 确定效果。单击"预览"按钮，如右下图，按【Enter】键完成填充。

> **大师心得** 　　在使用填充的过程中，设定好各项内容后一般选择"预览"来查看所设置内容的显示效果，如果不满意当前效果可按【Esc】键返回"图案填充和渐变色"对话框对相关选项进行修改，在这个过程中一直使用"预览"，直到当前显示的效果满意时，再按【Enter】键确定填充。

6.2　知识讲解——使用渐变色填充对象

　　"渐变色"选项卡用于定义要应用渐变填充的图形。进入"图案填充和渐变色"对话框后，单击打开"渐变色"选项卡，选项卡分为颜色、渐变图案和方向三个部分，接下来详细讲解渐变填充的方式。

6.2.1　单色渐变填充

　　单色渐变填充是指定一种颜色与白色平滑过渡的渐变效果，同时可选择渐变图案和方向来丰富渐变效果。

6.2.2　双色渐变填充

　　双色渐变填充是指两种颜色之间平滑过渡产生的效果，同时可选择渐变图案和方向来丰富渐变效果。

　　具体操作步骤和方法如下。

1 绘制画框。使用矩形命令"REC"绘制一个长、宽都为"600"的正方形，使用偏移命令"O"向内偏移"20"。

2 设置渐变色填充。输入填充命令"H"，按【Enter】键弹出"图案填充和渐变色"

对话框，打开"渐变色"选项卡，单击"双色"单选按钮，选择第4种渐变图案，如左下图；单击添加"选择对象"按钮。

3 填充效果。单击内矩形框，按【Enter】键弹出"图案填充和渐变色"对话框，单击"预览"按钮，效果如右下图。

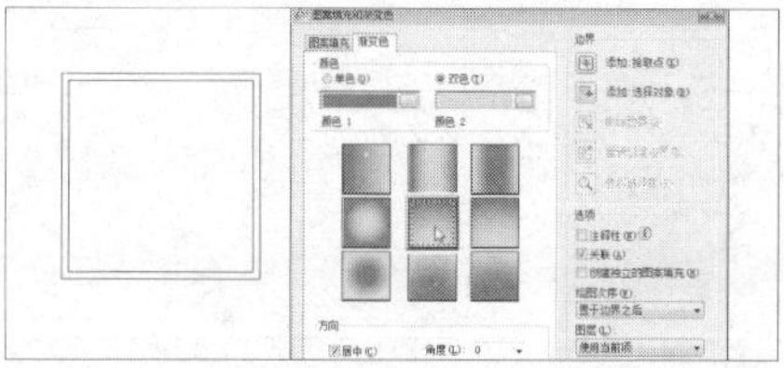

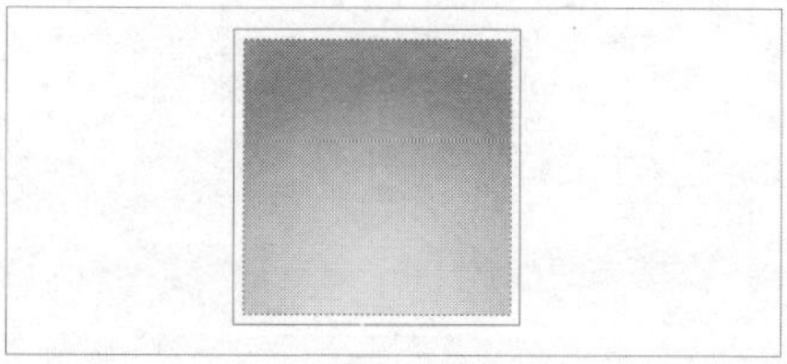

6.2.3 修改渐变填充

在给所选对象填充渐变色后若对效果不满意，可以对所填充的内容进行修改。具体操作步骤和方法如下。

1 修改渐变填充。接着上一步"渐变色"填充的操作，按【Esc】键弹出"图案填充和渐变色"对话框，取消勾选"居中"复选框，角度设为"45"并选择第6种渐变图案，如左下图。

2 修改效果。单击"预览"按钮，效果如右下图，按【Enter】键确定。

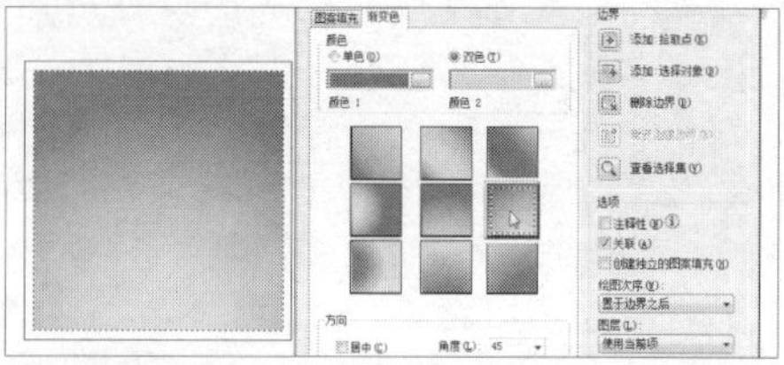

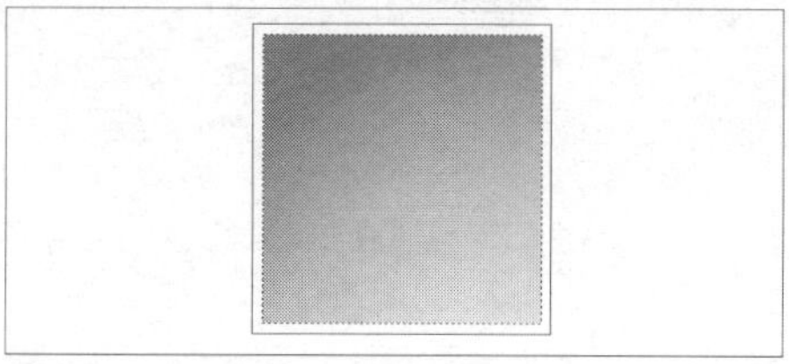

6.3 知识讲解——创建块

图块是指由一个或多个图形对象组合而成的整体，简称为块。创建图块时会提示输入块名，该软件会自动以此名将所建块保存起来，可以在同一图形中或复制到其他图形中重复使用，从而大大提高绘图效率。

6.3.1 块的功能及特点

在室内装饰设计中，经常用到一些家具，如沙发、餐桌、床、洗手盆等，将这些常用家具建成图块，并创建图库，不仅可以简化绘制过程，还节省了磁盘空间。

1. 理解块

块是由一个或多个对象的集合组成的，可以把块看成一个透明服装店，组成块的图形对象就是店里面春夏秋冬四季中各种颜色的衣服。块有自己的属性，比如图层、颜色、线型等，相当于服装店的店名、地址、颜色等内容。组成块的对象集合也有各自的属性，比如颜色、图层、线宽、线型等，相当于店内衣服的品牌、产地、颜色等内容，对象集合和块是从属关系，其关联如下。

- 组成块的对象集合：每一个对象都有自己独立的图层、颜色、线型、线宽等特性；如果某一个对象所在的图层被隐藏或冻结，此对象就不可见，但除此对象外的其他对象均可见，即此图块中某一个部分不显示。
- 块：块也有自己的图层、颜色、线型、线宽等特性，如果块所在的图层被隐藏或冻结，块就不可见，组成块的所有对象也均不可见。

2. 了解功能和特点

在AutoCAD 2012中，图块可以在同一图形或复制到其他图形中重复使用。其功能如下。

- 便于修改图形：在室内装饰设计中，虽然各户型不一，大小不同，但却都有一些统一的元素，比如沙发、电视、餐桌、床、洗手盆、燃气灶等必备元素；当建立图块后，根据户型要求对图块的某一部分做更改即可，不需要再重新绘制图形，极大地提高了绘图效率。
- 节省磁盘空间：AutoCAD要保存图形即是保存图形中的每一个对象，而每一个对象都有其属性，比如对象的类型、位置、图层、线型、颜色等，这些信息都需要存储空间。如果一个图形文件中包含有大量相同的图形对象，就会占据较大的磁盘空间，将这些对象建成图块，既满足了绘图需求，又可以节省磁盘空间。
- 方便图形文件管理：在AutoCAD中，图形对象都必须有属性才能存在，所以，一个完整的图形需要很多个图形对象集合而成，这就决定了一个图块中有很多个不同图层、不同属性的对象，若没有图块，要管理这些对象就非常困难；当定义为块后，各图形对象的属性均以块属性为主，极大地方便了文件的管理。
- 添加属性：许多块还要求有文字信息以进一步解释其用途。AutoCAD允许用户为块创建这些文字属性，并可在插入的块中指定是否显示这些属性。

6.3.2 创建块

创建块就是将一个或多个对象组合成的图形定义为块的过程。图块分为内部图块和外部图块两种。

将图形定义为块的方法如下。

方法一： 执行"绘图→块→创建"命令，弹出"块定义"对话框。

方法二： 在绘图工具栏单击"创建块"按钮，弹出"块定义"对话框。

方法三： 在命令行输入创建块命令"B"，按【Enter】键，弹出"块定义"对话框，如左下图。

"块定义"对话框内各项含义如下。

- "名称（N）："下的文字框：在此输入块的名称。单击其后的下拉按钮，即可弹出该文件中定义过的所有块名的下拉列表；指向此按钮显示此下拉列表框中可以输入的字符类型等，如右下图。

- "基点"选项组：指定所创建块的插入基点，基点主要用于插入块时进行定位，默认值为坐标原点。
- "对象"选项组：指定新块中要包含的对象，以及创建块之后如何处理这些对象，是保留对象还是删除选中对象或者转换成块。一般在创建块时，选择"转换为块"。
- "方式"选项组："注释性"指块的注解；"按统一比例缩放"是指缩放的显示方式，"允许分解"是指此块是否允许被分解修改。
- "设置"选项组：用于设置块的基本属性。
- "说明"文本框：用来输入对当前块的说明文字。
- "在块编辑器中打开"复选框：勾选此复选框，在创建块时可以进入"块编辑器"打开当前的块定义。

创建块的具体操作步骤和方法如下。

▶▶ **原始素材文件：** 光盘\素材文件\第6章\6-3-2.dwg

▶▶ **最终结果文件：** 光盘\结果文件\第6章\6-3-2.dwg

▶▶ **同步教学文件：** 光盘\多媒体教学文件\第6章\6-3-2.mp4

1 选择对象输入块名称。打开素材"6-3-2.dwg"，或绘制一个冰箱并全部选中，输入创建块命令"B"，按【Enter】键，弹出"块定义"对话框，输入块名称"BX"，如左下图。

2 创建块。单击"确定"按钮，图块创建完成。单击冰箱，效果如右下图。

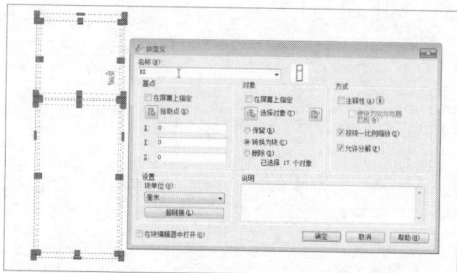

6.3.3 插入块

在绘图过程中可以根据需要把已定义好的图块或图形文件插入到当前图形的任意位置，在插入的同时还可以改变图块的大小、旋转角度等。

插入块的方法如下。

方法一： 执行"插入→块" 🔲 块(B)... 命令，弹出"插入"对话框。

方法二： 在绘图工具栏单击"插入块"按钮 🔲，弹出"插入"对话框。

方法三： 在命令行输入插入块命令"I"，按【Enter】键，弹出"插入"对话框，如下图。

"插入"对话框内各项含义如下。

- "名称"下拉列表框：在此输入要插入块的名称或指定要作为块插入的文件名称。
- "插入点"选项组：指定块的插入点。

- "比例"选项组：指定插入块的缩放比例。如果指定负的X、Y、Z轴缩放比例因子，则插入块的镜像图像。
- "旋转"选项组：在当前"UCS"中指定插入块的旋转角度。
- "块单位"选项组：显示有关块单位的信息。
- "分解"复选框：勾选此复选框，分解插入的块并插入此块的各个部分。

插入块的具体操作步骤和方法如下。

▶▶ **原始素材文件**：光盘\素材文件\第6章\6-3-3.dwg
▶▶ **最终结果文件**：光盘\结果文件\第6章\6-3-3.dwg
▶▶ **同步教学文件**：光盘\多媒体教学文件\第6章\6-3-3.mp4

1 输入插入块的名称。输入插入块命令"I"，按【Enter】键，弹出"插入"对话框，输入块名称"BX"，如左下图。

2 插入块。单击"确定"按钮，程序要求指定插入点，效果如右下图。

大师心得 　　此对象在组块时没有设置插入点位置，所以在插入块的操作过程中，块对象与光标位置不在一起。组块时在对象上的相应部位指定插入点后可以避免出现这种情况。

3 查看效果。在绘图区单击指定插入点，效果如左下图。

4 输入插入块的名称。按【Enter】键，弹出"插入"对话框，输入块名称"CHUANG"，在"比例"选项组"X"轴后的文本框中输入"0.5"；在"旋转"选项组"角度"后的文本框中输入"45"，如右下图。

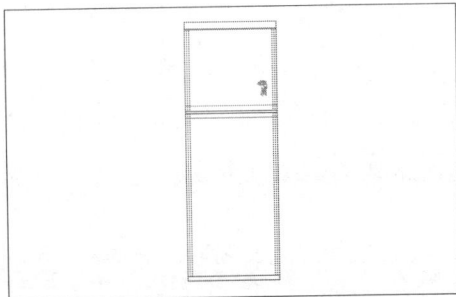

⑤ 指定插入位置。单击"确定"按钮，程序要求指定插入点，效果如左下图。

⑥ 查看效果。在绘图区单击指定插入点，和原始图块对比效果如右下图。

> **大师心得** 　　除了使用当前图形文件中的图块以外，还可以使用"复制、粘贴"将其他图形文件中的图块应用到当前图形文件中。因此可以新建一个文件，将所创建的块均粘贴到绘图区，做成自己专有的图库；并将文件名存为"平面图库"，在下一次使用时可直接从此图库中调用图块。

6.3.4　写块

在"写块"对话框中提供了一种便捷的方法，用于将当前图形中的对象保存到不同的图形文件，或将指定的块定义另存为一个单独的图形文件。

写块方法：在命令行输入写块命令"**W**"，按【Enter】键，弹出"写块"对话框，如下图。

"写块"对话框内显示为以下选项。

（1）"源"选项组：指定块和对象，将其另存为文件并指定插入点。

- 块：指定要另存为文件的现有块，从列表中选择名称。

- 整个图形：选择要另存为其他文件的当前图形。

- 对象：选择要另存为文件的对象，指定基点并选择对象。

（2）"基点"选项组：　指定块的基点，默认值是 (0,0,0)。

- "拾取点"按钮：暂时关闭"写块"对话框并在当前图形中拾取插入基点。

- X：指定基点的 X 坐标值。

- Y：指定基点的 Y 坐标值。

- Z：指定基点的 Z 坐标值。

（3）"对象"选项组：设置对象图块创建的效果。

- "选择对象"按钮：单击此按钮临时关闭该对话框后选择一个或多个对象以保存至文件。
- 保留：将选定对象另存为文件后，在当前图形中将其保留。
- 转换为块：将选定对象另存为文件后，在当前图形中将其转换为块。
- 从图形中删除：将选定对象另存为文件后，从当前图形中将其删除。
- "快速选择"按钮：打开"快速选择"对话框，从中可以过滤选择集。
- 选定的对象：显示选定对象的数目。

（4）"目标"选项组：指定文件的新名称和新位置以及插入块时所用的测量单位。

- 文件名和路径：指定文件名和保存块或对象的路径。
- "..."：显示标准文件选择对话框。
- 插入单位：指定自动缩放的单位值。选择"无单位"后在插入块时不自动缩放图形。

> **大师心得** 在将多个对象定义成块的过程中，用命令"B"写的块，存在于写块的文件之中并对当前文件有效，其他文件不能直接调用，要使用这些块可以用复制粘贴的方法；用命令"W"写的块，都保存成一个单独的DWG文件，是独立存在的，其他文件可以直接插入使用。

6.4 知识讲解——编辑块

编辑块主要是指对已经存在的块进行相关编辑，这一节包括块的分解、重定义和删除块等内容。

6.4.1 块的分解

在实际绘图中，一个块要适用于当前图形，往往要对组成块的对象做一些调整，此时会将块分解并进行修改。

分解块的具体操作步骤和方法如下。

1 打开素材。打开素材"梳妆柜"或自己绘制一个图形并创建块，复制三个并排列布置；输入打散命令"X"，按【Enter】键；单击选择其中一个块对象，如左下图。

2 分解对象。按【Enter】键确定分解，选择已分解图形对象，显示效果如右下图。

6.4.2 块的重定义

通过对图块的重定义，可以更新所有与之相关的块实例，达到自动修改的效果。在绘制比较复杂且大量重复的图形时，应用很频繁。

重定义块的具体操作步骤和方法如下。

▶ **原始素材文件：**光盘\素材文件\第6章\6-4-2.dwg
▶ **最终结果文件：**光盘\结果文件\第6章\6-4-2.dwg
▶ **同步教学文件：**光盘\多媒体教学文件\第6章\6-4-2.mp4

1 修改已分解的块。打开素材文件"6-4-2.dwg"，分解左下角梳妆柜后，删除台灯，如左下图。

2 定义块。框选梳妆柜，输入创建块命令"B"，按【Enter】键，弹出"块定义"对话框，输入块名称"SZT"并单击"拾取点"按钮，如右下图。

3 指定块的基点。在绘图区指定基点，单击"确定"按钮弹出"块-重新定义块"对话框，指向"重新定义块"，如左下图。

4 定义块。单击"重新定义块"选项，效果如右下图；不需要重新定义块单击"不重新定义'SZT'"选项。

6.4.3 删除块

当遇到插入的块不是现在所需要的或不适合当前图形使用时，就必须将其删除，以节省计算机磁盘空间。

删除块的方法如下。

方法一： 选择块，执行"编辑→清除"命令即可删除所选块。

方法二： 选择块，在绘图工具栏单击"删除"按钮 ⚟ 即可删除所选块。

方法三： 选择块，按【Delete】键即可删除；或选择块单击右键，在弹出的快捷菜单里单击"删除"选项。

6.5 知识讲解——创建与编辑块属性

图块除了包含图形对象以外，还可以具有非图形信息，块的属性即是图块的非图形信息。块属性必须和块结合使用，在图纸上显示为块实例的标签或说明，单独属性没有意义。

6.5.1 创建带属性的块

块的属性是附属于块的非图形信息，是块的组成部分，是可以包含在块定义中特定的文字对象，属性由属性标记名和属性值两部分组成。

创建带属性块的方法如下。

方法一： 选择对象，执行"绘图→块→定义属性"命令，弹出"属性定义"对话框，设置属性，单击"确定"按钮完成属性块的创建。

方法二： 选择对象，在命令行输入"ATT"，按【Enter】键弹出"属性定义"对话框，如下图；设置属性，单击"确定"按钮完成属性块的创建。

"属性定义"对话框内显示为以下选项。

（1）"模式"选项组：在图形中插入块时，设定图块中属性的行为。

（2）"插入点"选项组：指定块属性位置。

（3）"属性"选项组：设定块属性的数据。

（4）"文字设置"选项组：设定块属性文字的对正、样式、文字高度、旋转角度等内容。

6.5.2 插入带属性的块

插入属性块与插入普通块方法一样，只是在插入属性块时，命令行会给出提示，要求用户输入图块属性值。

插入带属性块的方法和步骤如下。

➤ **原始素材文件：** 光盘\素材文件\第6章\6-5-2.dwg
➤ **最终结果文件：** 光盘\结果文件\第6章\6-5-2.dwg
➤ **同步教学文件：** 光盘\多媒体教学文件\第6章\6-5-2.mp4

1 绘制圆。使用圆命令"C"绘制一个半径为"200"的圆。

2 定义属性。输入"ATT"，按【Enter】键弹出"属性定义"对话框；在"属性"选项组的"标记"文本框内输入标记"A"，在"文字设置"选项组的"对正"下拉列表框内选择"布满"，文字高度设为"200"；单击"确定"按钮，如左下图。

3 指定位置。在圆内左下角单击，在圆内右下角单击，如右下图。

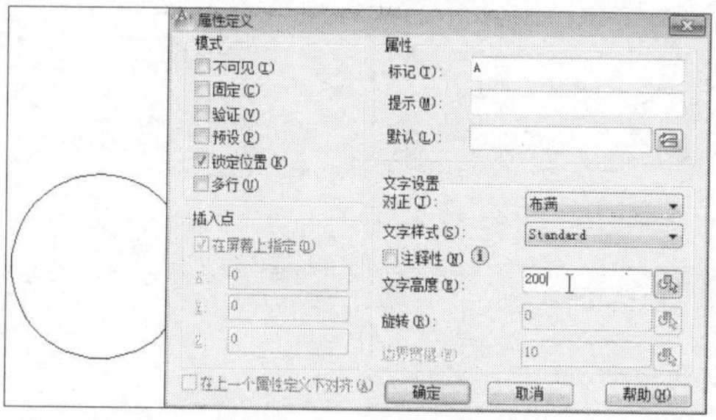

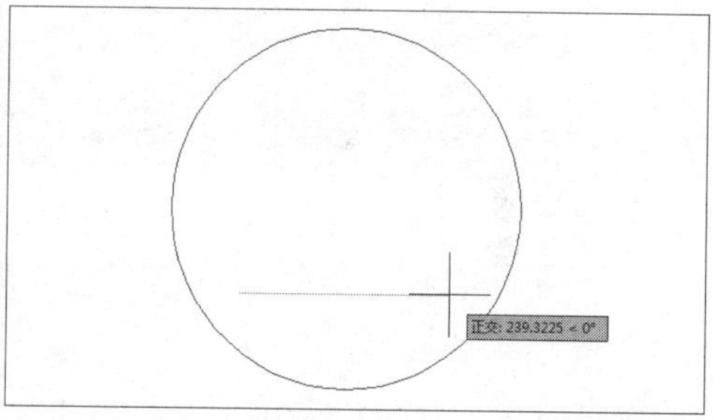

4 定义块。选择圆和属性内容，输入创建块命令"B"，按【Enter】键弹出"块定义"对话框；在名称栏输入块名称"ZX"，单击"确定"按钮，如左下图。

5 编辑属性。弹出"编辑属性"对话框，在标记"A"后的文本框中输入值"1"；单击"确定"按钮，如右下图。

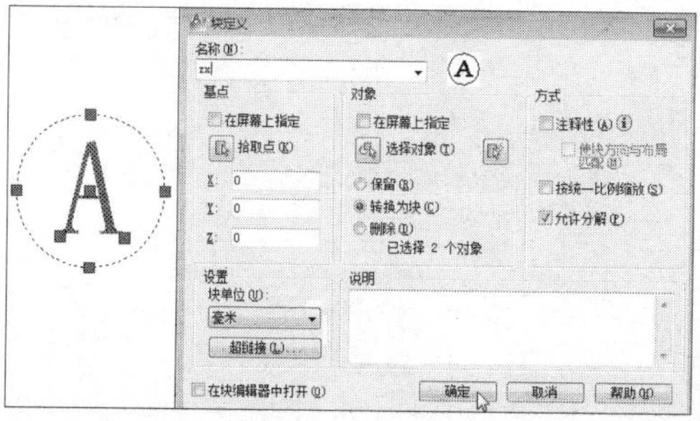

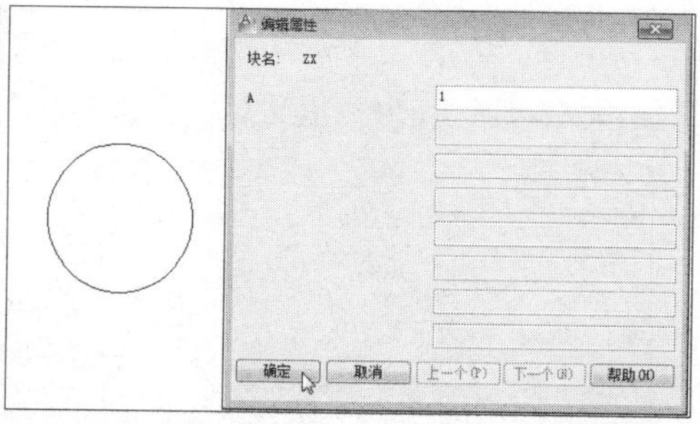

6 完成属性块的创建。完成效果如左下图。

7 插入属性块。输入插入块命令"I"，按【Enter】键弹出"插入"对话框，如右下图。

8 指定插入位置。单击"确定"按钮，在绘图区单击，效果如左下图。

9 插入属性块。在命令栏输入"2"，按【Enter】键即插入了一个带属性的块，如右下图。

6.5.3 修改编辑块属性

带属性的块编辑完成后，还可以在块中编辑属性定义、从块中删除属性以及更改插入块时软件提示用户输入属性值的顺序。

修改编辑块属性的方法如下。

➤➤ **原始素材文件**：光盘\素材文件\第6章\6-5-3.dwg
➤➤ **最终结果文件**：光盘\结果文件\第6章\6-5-3.dwg
➤➤ **同步教学文件**：光盘\多媒体教学文件\第6章\6-5-3.mp4

方法一：通过菜单命令修改块属性。

1 执行命令。执行"修改→对象→属性→块属性管理器"命令，弹出"块属性管理器"对话框；单击"编辑"按钮，如左下图。

2 编辑属性块。弹出"编辑属性"对话框，如右下图。

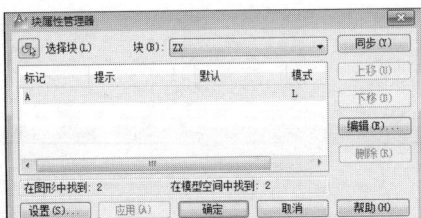

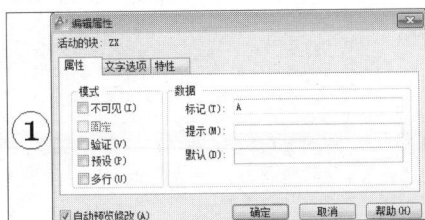

❸ 修改"文字选项"。编辑属性时默认"属性"选项组参数，单击打开"文字选项"选项卡，如左下图。

❹ 修改"特性"。单击打开"特性"选项卡，如右下图；单击"确定"按钮进入"块属性管理器"对话框，单击"确定"按钮完成块属性修改。

方法二：用快捷方式修改属性块。

❶ 执行命令。双击属性块弹出"增强属性编辑器"对话框，默认为"属性"选项组；可通过"选择块"按钮 选择带属性的块，如左下图。

❷ 编辑其他属性。打开"文字选项"选项卡或"特性"选项卡修改其他属性，修改完成单击"应用"按钮，如右下图。

6.6 知识讲解——设计中心

通过设计中心可以轻易地浏览计算机或网络上任何图形文件中的内容。其中包括图块、标注样式、图层、布局、线型、文字样式、外部参照。另外，可以使用设计中心从任意图形中选择图块，或从AutoCAD图元文件中选择填充图案，然后将其置于工具选项板上方便以后使用。

6.6.1 初识AutoCAD 2012设计中心

在AutoCAD中，要浏览、查找、预览以及插入内容，包括块、图案填充和外部参照，必须先进入"设计中心"选项板浏览查看。

打开"设计中心"选项板的方法如下。

方法一：执行"工具→选项板→设计中心"命令，如左下图；即可打开"设计中心"选项板，如右下图。

方法二：在命令行输入"ADC"，按【Enter】键打开"设计中心"选项板。

方法三：按快捷键【Ctrl+2】打开"设计中心"选项板。

执行"设计中心"命令后即打开"设计中心"选项板。在选项板顶部有一系列工具栏按钮，选取任一图标即可显示相关的内容；单击"文件夹"或"打开的图形"选项卡时，将显示左侧窗格的"树状图"和右侧窗格的"内容区域"，从中可以管理图形内容。

1. 顶部工具栏

工具栏按钮 可以显示和访问选项。

- 加载：向控制板中加载内容。
- 上一页：单击该按钮进入上一次浏览的页面。
- 下一页：在选择浏览上一页操作后，可以单击该按钮返回到后来浏览的页面。
- 上一级目录：回到上级目录。
- 搜索：搜索文件内容。
- 收藏夹：列出AutoCAD的收藏夹。
- 主页：列出本地和网络驱动器。
- 树状图切换：扩展或折叠子层次。
- 预览：预览图形。
- 说明：进行文本说明。
- 显示：控制图标显示形式，按下右侧的下拉按钮可调出四种方式，即大图标、小图标、列表、详细内容。

2. 左侧窗格的"树状图"

树状视图窗口 文件夹 打开的图形 历史记录 中显示了图形源的层次结构、打开图形的列表、自定义内容以及上次访问位置的历史记录。选择树状图中的项目以便在内容区域中显示其内容。

- 文件夹 文件夹 ：显示计算机或网络驱动器（包括"我的电脑"和"网上邻居"）中文件和文件夹的层次结构。可以使用 ADCNAVIGATE 在设计中心树状图中定位到指定的文件名、目录位置或网络路径。
- 打开的图形 打开的图形 ：显示当前工作任务中打开的所有图形，包括最小化的图形。
- 历史记录 历史记录 ：显示最近在设计中心打开的文件的列表。显示历史记录后，在一个文件上单击鼠标右键显示此文件信息，同时也可以从"历史记录"列表中删除此文件。

> **大师心得** 通过设计中心顶部的工具栏按钮可以访问树状图选项，如果绘图区域需要更多的可操作空间可隐藏"树状图"；树状图隐藏后，可以使用内容区域浏览内容并加载内容。在树状图使用"历史记录"列表时，"树状图切换"按钮不可用。

3. 右侧窗格的"内容区域"

显示树状图中当前选定文件夹或文件的内容，包含设计中心可以访问信息的网络、计算机、磁盘、文件夹、文件或网址（URL）。

"内容区域"可以显示的内容如下。

- 含有图形或其他文件的文件夹。
- 图形中包含的命名对象（命名对象包括块、外部参照、布局、图层、标注样式、表格样式、多重引线样式和文字样式）。
- 表示块或填充图案的图像或图标。
- 基于 Web 的内容。
- 由第三方开发的自定义内容。

> **大师心得** 在内容区域中，通过拖动、双击或右击并选择"插入为块"、"附着为外部参照"或"复制"，可以在图形中插入块、填充图案或附着外部参照。可以通过拖动或右击向图形中添加其他内容（例如图层、标注样式和布局）。可以从设计中心将块和图案填充拖动到工具选项板中。通过在树状图或内容区域中右击，可以访问快捷菜单上的相关内容区域或树状图选项。

6.6.2 插入图例库中的图块

在AutoCAD中，一个文件中所创建的图块不能直接被另一个文件使用，为了解决这个问题，可以将创建的图块加载到"设计中心"内，在同一台计算机中的所有AutoCAD文件都可以直接使用这些图块。

将图块加载到"设计中心"的方法如下。

1 单击"加载"按钮。单击"设计中心"选项板顶部的"加载"按钮 📂，如左下图。

2 查看"加载"内容。弹出"加载"对话框，从"查找范围"后的下拉列表中选择要加载的项目内容，如右下图。

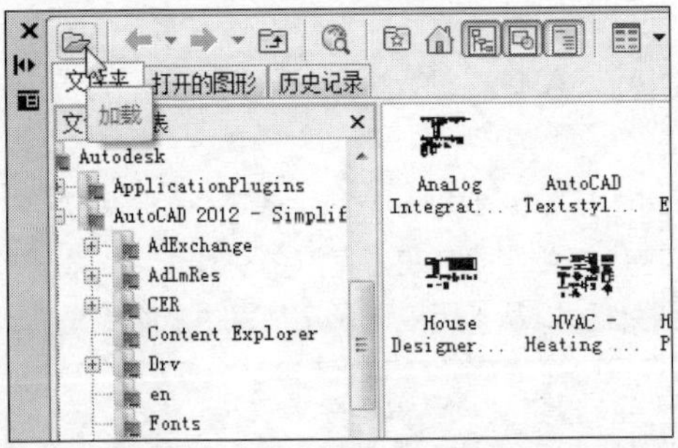

3 选择加载内容。在预览框中会显示选定的内容，确定加载的内容后，单击"打开"按钮，如左下图。

4 完成加载。"设计中心"即可加载该文件的内容，双击文件名称"实战2"，单击"块"，如右下图；"内容区域"即显示此文件中的所有图块。

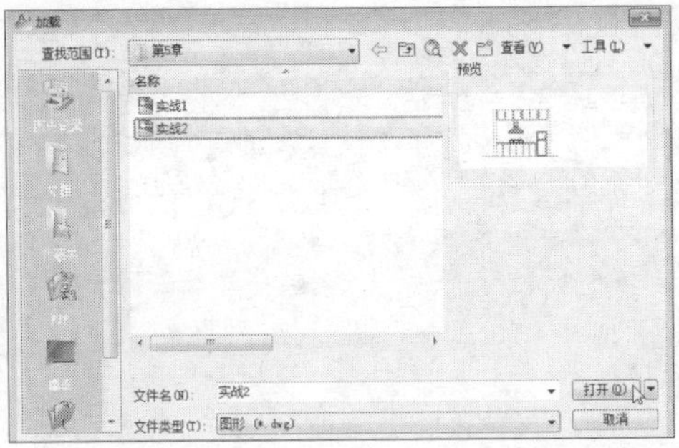

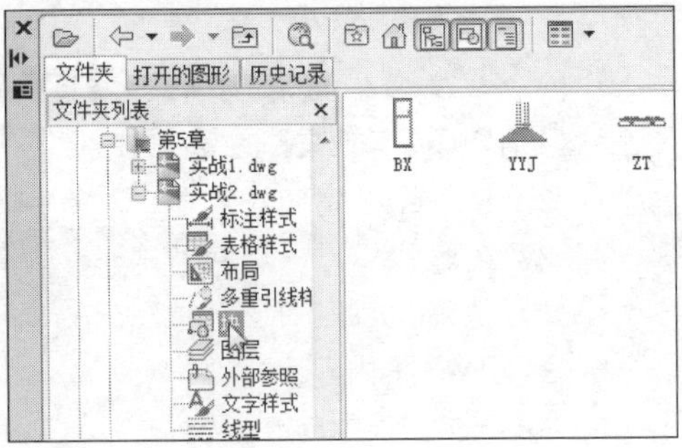

6.6.3　在图形中插入设计中心内容

在AutoCAD设计中心，将搜索对话框中搜索到的对象拖放到打开的图形中，然后根据提示设置图形的插入点、图形的比例因子、旋转角度等，即可将选择的对象加载到图形中。通过双击设计中心的块对象，以插入对象的方法将其添加到当前的图形中。

使用"设计中心"功能向图形中添加对象的方法和步骤如下。

1 打开"设计中心"选项板。执行"工具→选项板→设计中心"命令打开"设计中心"选项板。

2 选择文件。在左侧"树状图"窗格内选择文件中的"块"栏目。

3 所择所需图块。在右侧"内容区域"窗格内双击所需要的图块，如左下图。

4 设置图块内容。弹出"插入"对话框，如右下图，根据需要设置相关内容，完成设置后单击"确定"按钮。

5 完成图块的插入。在绘图区适当位置单击即完成图块的插入。

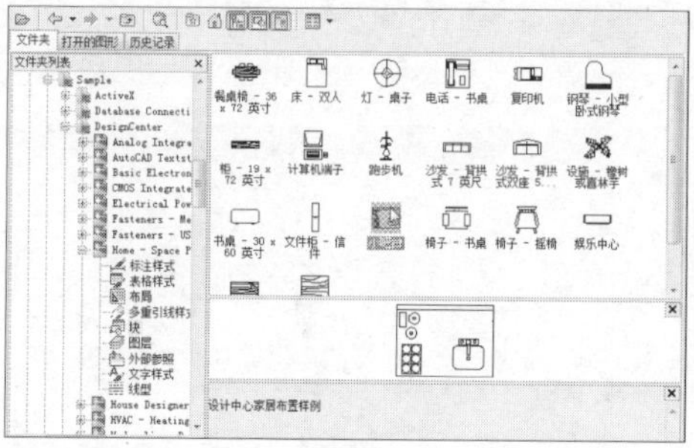

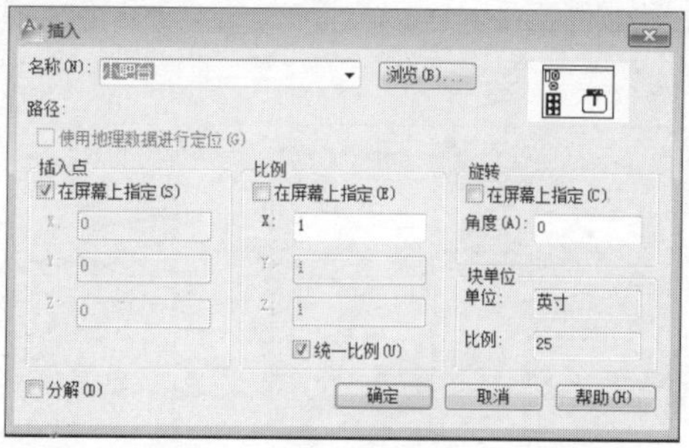

技能实训1 绘制衣柜立面图

本实例主要起承前启后的作用，是对本章学习内容的总结，主要是创建块、编辑块、插入块命令的应用，注意前提是必须先选择对象。

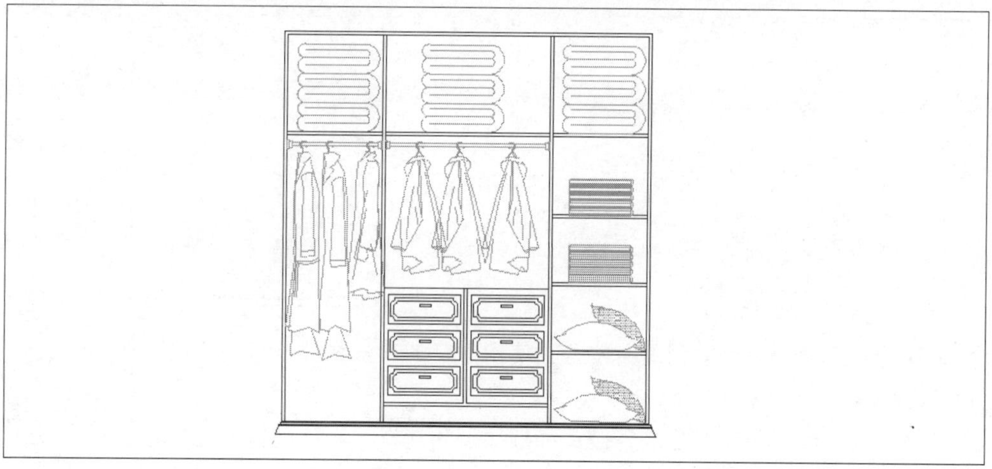

▶▶ **原始素材文件**：光盘\素材文件\第6章\技能实训1.dwg
▶▶ **最终结果文件**：光盘\结果文件\第6章\技能实训1.dwg
▶▶ **同步教学文件**：光盘\多媒体教学文件\第6章\技能实训1.mp4

本例难易度	制作关键	技能与知识要点
★★★☆☆	本实例首先打开素材，将衣服、被子、枕头、床单、毛毯等依次定义块后移动到适当位置。	• "块"的使用 • "移动"命令 • "复制"命令

1 打开素材。打开"技能实训1.dwg",如左下图。

2 将衣服定义块。选择衣服并使用定义块命令"B"将其创建为块,单击"确定"按钮,如右下图。

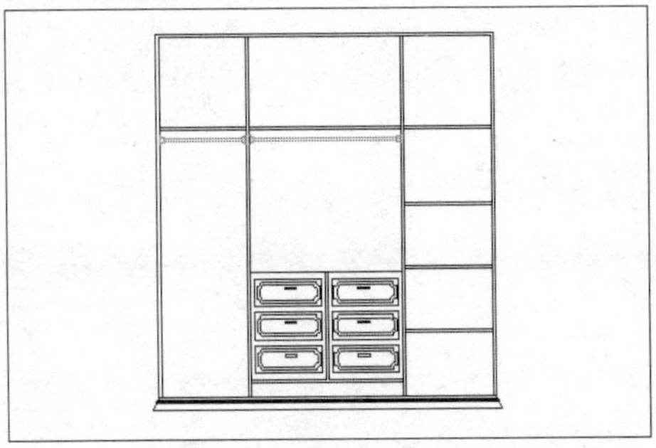

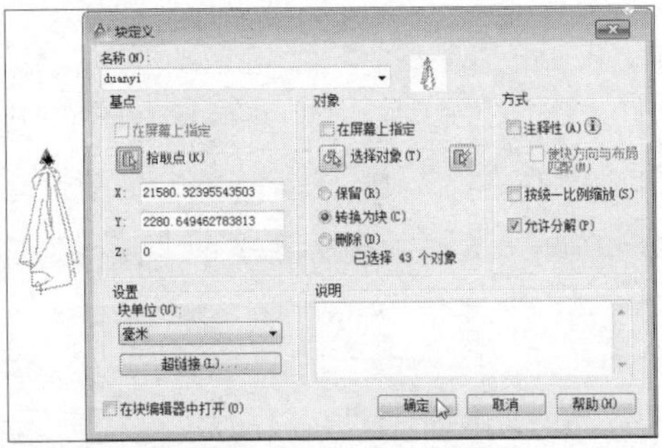

3 将所创建的块移动到适当位置并复制。使用移动命令"M"将所创建的"duanyi"移动到适当位置,并使用复制命令"CO"复制,如左下图。

4 将其他类衣服定义为块。使用同样的方法将其他类衣服创建成块,并移动到适当位置,如右下图。

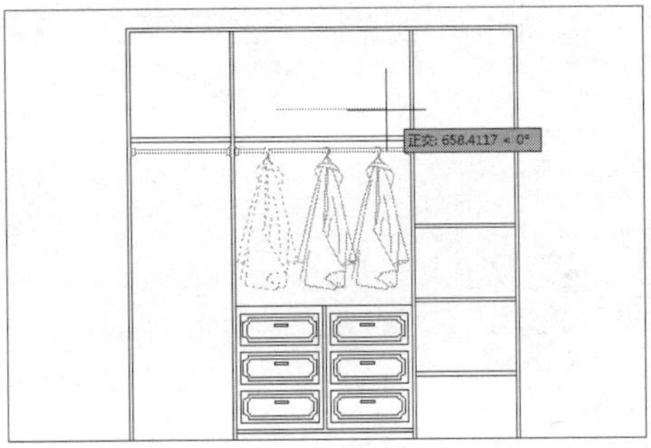

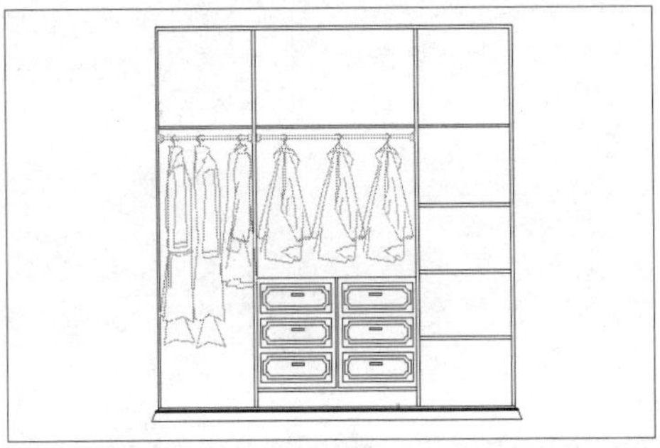

5 将被子定义为块并移动到适当位置。使用同样的方法将被子定义成块,移动到适当位置并复制,如左下图。

6 最终效果。使用同样的方法将被单和枕头创建成块,移动到适当位置并复制,最终效果如右下图。

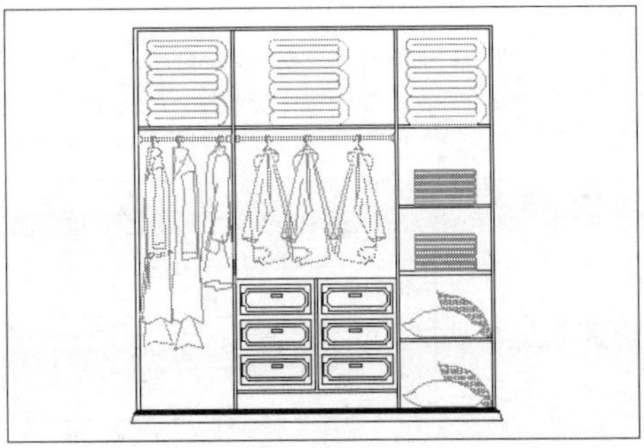

技能实训2　绘制会议桌及椅子平面图

本实例主要是对本章学习内容的难点进行深入学习，主要包括创建块时的注意事项，以及创建块时与二维图形创建命令和二维图形编辑命令的混合使用。

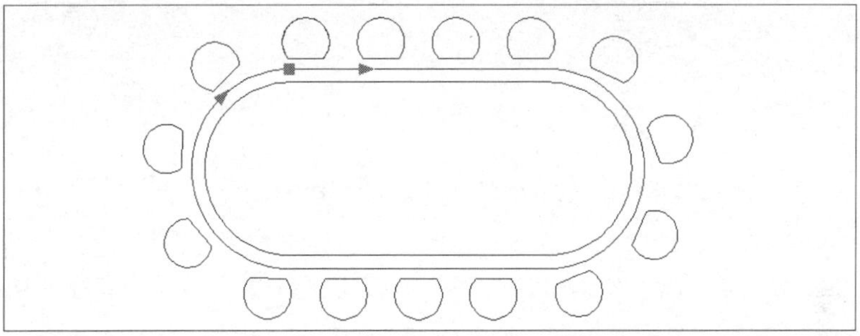

▶▶ **原始素材文件：** 光盘\素材文件\第6章\技能实训2.dwg
▶▶ **最终结果文件：** 光盘\结果文件\第6章\技能实训2.dwg
▶▶ **同步教学文件：** 光盘\多媒体教学文件\第6章\技能实训2.mp4

本例难易度	制作关键	技能与知识要点
★★★★★	本实例首先绘制会议桌，接着绘制椅子，将椅子定义块时在会议桌边缘指定基点，创建块后使用定数等分将图形绘制完成。	• "多段线"、"直线"命令 • "圆弧"命令 • "块"的使用 • "阵列"命令

1 绘制会议桌。用多段线命令"PL"绘制长"2000"、宽"1500"的会议桌，如左下图；使用偏移命令"O"向内偏移"100"。

2 绘制椅子。用圆弧命令"ARC"和直线"L"绘制椅子，如右下图。（或直接打开素材"技能实训2.dwg"。）

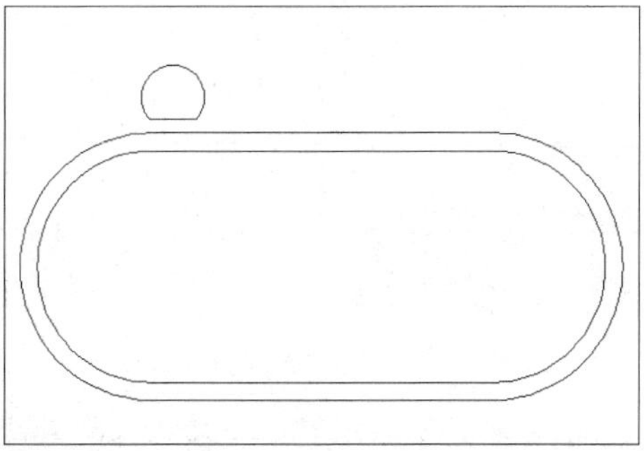

3 创建块。选择已绘制完成的椅子，输入定义块命令"B"，按【Enter】键；输入块名称"YIZI"，单击"拾取点"按钮，如左下图。

4 指定块的插入基点。在会议桌边缘上单击，将其指定为块的插入基点，单击"确定"按钮，如右下图。

5 输入阵列命令。输入阵列命令"AR"，按【Enter】键；单击椅子，如左下图，按【Enter】键。

6 选择路径阵列。输入路径阵列命令"PA"，按【Enter】键；单击桌子外边缘，如右下图。

7 输入阵列数目。输入阵列数目"15"，按【Enter】键，如左下图。

8 完成绘制。按【Enter】键终止阵列命令；会议桌和椅子绘制完成，如右下图。

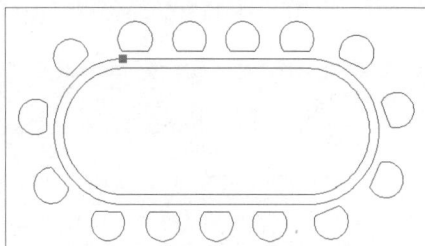

本章小结

　　本章主要对AutoCAD 2012的填充、图块、设计中心内容进行了讲解，通过各项内容的详细讲述，达到对填充、图块和设计中心的熟练运用。本章内容是对使用二维创建命令和二维编辑命令绘制的图形所做的补充以及各种工具的混合使用，在整个绘图过程中起着画龙点睛的作用。

Chapter

07

尺寸标注、文字表格

本章导读 >>>>>
BEN ZHANG DAO DU

上一章讲解了AutoCAD 2012中填充、图块与设计中心的相关内容和操作，本章主要讲解尺寸标注和文字表格的内容。主要是根据图形的需要标注一些尺寸标注和注释性的文字，如注释说明、设计要求等，文本说明的作用在于表现图形隐含或不能直接表现的含义或功能。

知识要点 >>>>>
ZHI SHI YAO DIAN

- 理解标注的概述与标注样式操作
- 熟练掌握标记图形尺寸
- 掌握快速连续标注的使用方法
- 熟练掌握编辑与修改标注的方法
- 掌握文字样式的操作
- 熟练创建文本的方法
- 掌握创建与编辑表格的方法

案例展示 >>>>>
AN LI ZHAN SHI

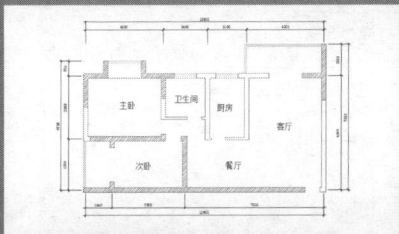

7.1　知识讲解——标注概述与标注样式操作

尺寸标注是计算机辅助绘图中非常重要的组成部分，它描述了图形对象的真实大小、形状和位置，是识别图形和现场施工的主要依据。尺寸标注是一项细致而繁重的任务，AutoCAD 2012提供了完整的尺寸标注命令和实用程序，可以方便地完成对图形的尺寸标注。

7.1.1　标注的基本元素

一个完整的尺寸标注由尺寸线、尺寸界限、尺寸文本、尺寸箭头和主单位等几个部分组成，如左下图；具体内容如右下图。

其中，各部分含义及功能如下。

- 尺寸线：通常与所标注的对象平行，位于两尺寸界线之间，用于指示标注的方向和范围。而角度标注的尺寸线是一段圆弧。
- 标注文字：通常位于尺寸上方或中间处，用于指示测量值的文本字符串。文字还可以包含前缀、后缀和公差。在进行尺寸标注时，AutoCAD会自动生成所标注图形对象的尺寸数值，用户也可以对标注文字进行修改。
- 尺寸箭头：也称为终止符号，显示在尺寸线两端，用以表明尺寸线的起始位置，AutoCAD默认使用闭合的填充箭头作为尺寸箭头。此外，系统还提供了多种箭头符号，以满足不同行业的需要，如建筑标注、点、斜线箭头等，箭头大小也可以进行修改。
- 尺寸界线：也称为投影线，用于标注尺寸的界线。标注时，延伸线从所标注的对象上自动延伸出来，超出箭头的部分为"超出尺寸线"，尺寸界线端点与所标注对象接近的部分为"起点偏移量"。

7.1.2　标注的类型

根据需要标注的对象不一样，标注类型也不同。
标注类型大致分为以下4种。

1. 长度型标注

长度型标注用于标注图形中两点间的长度，可以是端点、交点、圆弧弦线端点或能够识别的任意两个点。在AutoCAD 2012中，长度型尺寸标注包括多种类型，如线性标注、对齐标注、弧长标注、基线标注和连续标注等，如下图。

2.径向型标注

在AutoCAD中，可以执行菜单命令或者输入快捷命令标注圆或圆弧的半径尺寸、直径尺寸等内容，如下图。

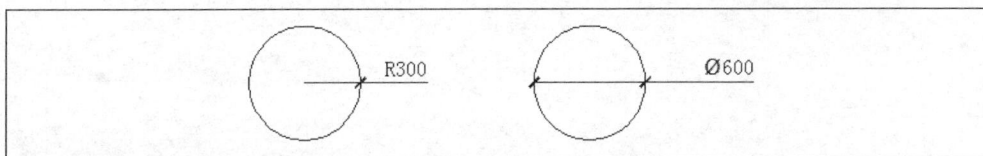

3.角度标注

角度标注测量两条直线或三个点之间的角度，如下图。

4.注释型标注

利用引线或其他图形符号标注对象，如圆心标记、坐标标记、引线注释等，如下图。

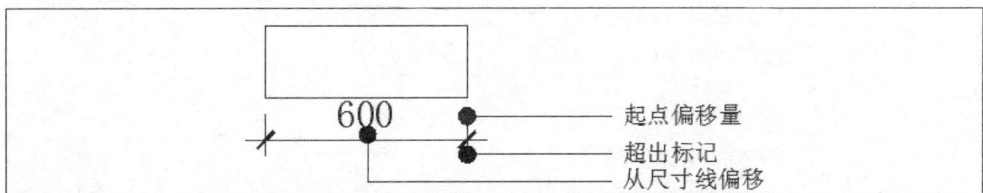

> **大师心得** 在使用AutoCAD绘制图形时，根据所处的行业不同，常用的标注类型也不尽相同。上面所讲的4种标注类型是建筑装饰设计中常常用到的，下面的内容具体讲解标注的使用方法。

7.1.3 标注的规则

使用AutoCAD提供的尺寸标注功能对建筑装饰图样进行尺寸标注必须具有一定的规范性，所以在进行尺寸标注前应首先了解国家制图标准中的有关规定。

对建筑绘图进行尺寸标注的有关规定如下。

- 当图形中的尺寸以"mm（毫米）"为单位时，则不需要标注计量单位。否则必须注明所采用的单位代号或名称，如cm（厘米）、m（米）等。
- 图形的真实大小必须以图样上所标示的尺寸数值为依据，与所画图形目测的大小及画图的准确性无关。
- 尺寸数字一般写在尺寸线上方，也可以写在尺寸线的中断处。但尺寸数字的字体高度必须相同。
- 标注文字中的字体必须按照国家标准规定进行书写，即汉字必须使用仿宋体，数字使用阿拉伯数字或罗马数字，字母使用希腊字母或拉丁字母。
- 图形中每一部分的尺寸只标注一次，并且应标在最能反映其形体特征的视图上。
- 图形中所标的尺寸，应为该构件的最后完工标注尺寸，否则须另加说明。

7.1.4 创建标注样式

尺寸标注是一个复合对象，在类型和外观上多种多样。在进行尺寸标注之前，应该根据需要先创建标注样式。标注样式可以控制标注的格式和外观，使整体图形更容易识别和理解。可以在标注样式管理器中设置尺寸的标注样式。

AutoCAD 默认的标注格式是ISO-25，绘图时可以根据有关规定及所标注图形的具体要求对尺寸标注格式进行设置。

1. 打开样式管理器

打开标注样式管理器的方法如下。

方法一：执行"格式→标注样式"命令，弹出"标注样式管理器"对话框。

方法二：执行"标注→标注样式"命令，弹出"标注样式管理器"对话框。

方法三：在命令行输入标注样式命令"D"，按【Enter】键；弹出"标注样式管理器"对话框，如右图。

"标注样式管理器"对话框中各选项的功能如下。

- 当前标注样式：显示当前的标注样式名称。
- 样式：列表中显示图形中的所有标注样式。
- 预览：在此可以预览到所选标注样式的设置集合。
- 列出：在该下拉列表中，可以选择显示哪种标注样式，如下图。

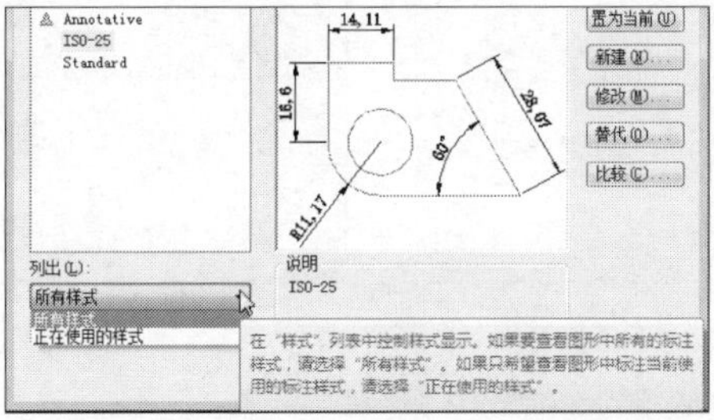

- 置为当前：选定一种标注样式后单击该按钮，可以将其设置为当前标注样式。
- 新建：单击此按钮弹出"创建新标注样式"对话框，在该对话框中创建新的标注样式。
- 修改：单击此按钮弹出"修改当前样式"对话框，在该对话框中修改标注样式。
- 替代：单击此按钮弹出"替代当前样式"对话框，在该对话框中可以设置标注样式的临时替代。
- 比较：单击此按钮弹出"比较标注样式"对话框，在该对话框中可以比较两种标注样式的特性，也可以列出一种样式的所有特性，如下图。

- 不列出外部参照中的样式：勾选此复选框，将不显示外部参照中的样式。
- 关闭：单击此按钮关闭该对话框。
- 帮助：单击此按钮打开"帮助"窗口，在此查找需要的帮助信息。

2. 创建标注样式

在AutoCAD中已有ISO-25和Standard两种标注样式，实际绘图时可以根据需要创建新的标注样式。

创建标注样式的方法和步骤如下。

▶▶ **原始素材文件**：无

▶▶ **最终结果文件**：光盘\结果文件\第7章\7-1-4.dwg

▶▶ **同步教学文件**：光盘\多媒体教学文件\第7章\7-1-4.mp4

1 打开标注样式管理器。输入标注样式命令"D",按【Enter】键弹出"标注样式管理器"对话框,如左下图。

2 创建标注样式。单击"新建"按钮弹出"创建新标注样式"对话框,如右下图。

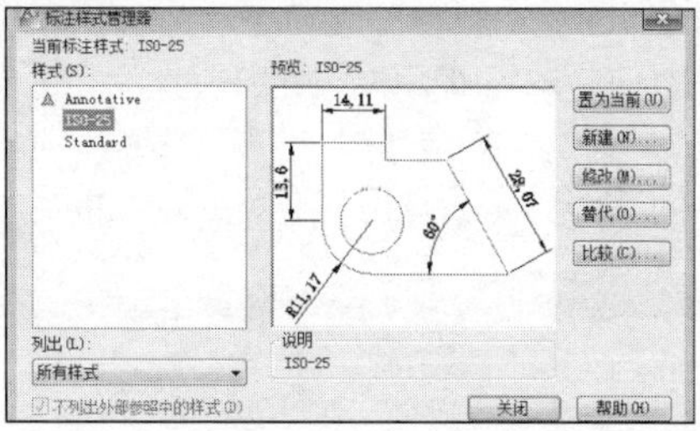

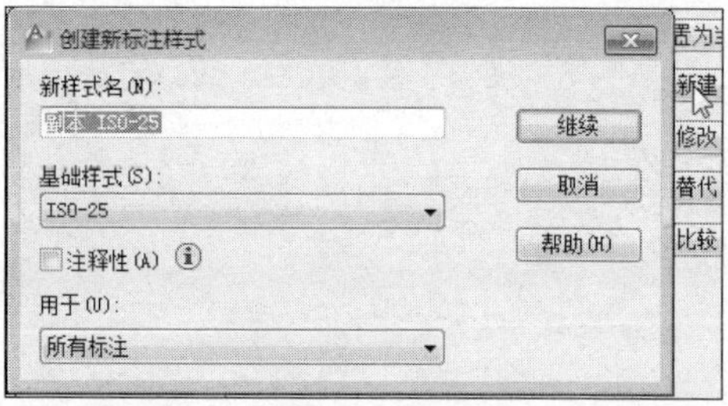

3 设置"创建新标注样式"对话框。在"新样式名"下的文本框输入"建筑装饰样式",单击"继续"按钮,如左下图。

4 设置新建标注样式。接着上一步的操作将弹出"新建标注样式:建筑装饰样式"对话框,如右下图。

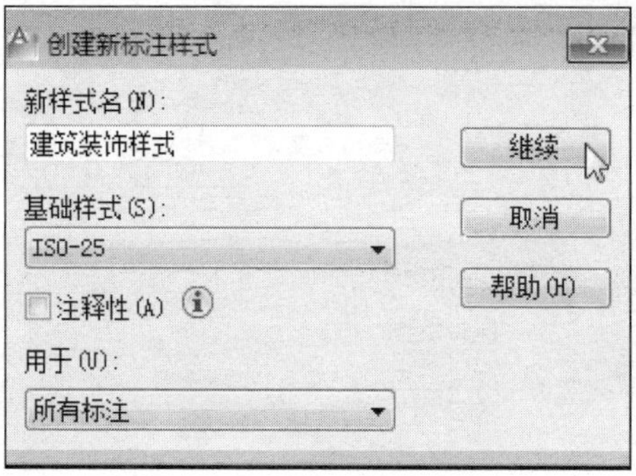

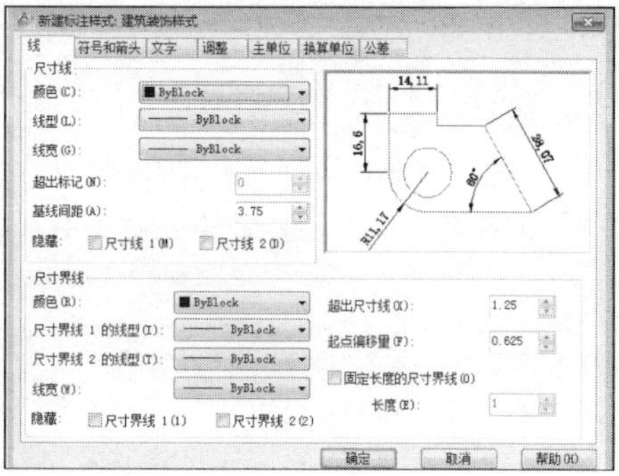

5 选择"文字"选项卡。新建样式后,先设置文字选项内容,方便预览样式效果,单击打开"文字"选项卡,如左下图。

6 设置"文字高度"。在"文字高度"后输入高度值,如"50",按【Enter】键,如右下图。

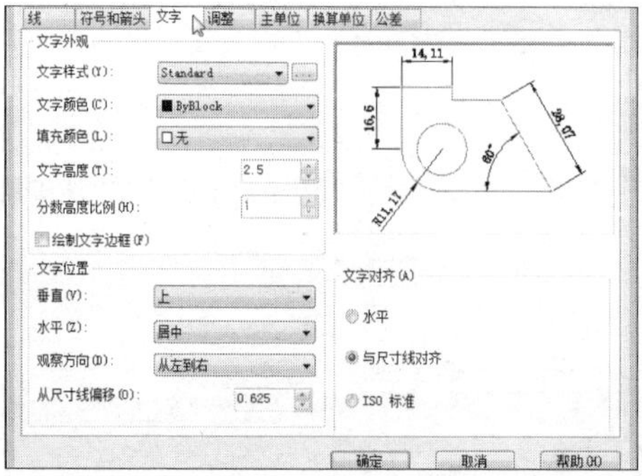

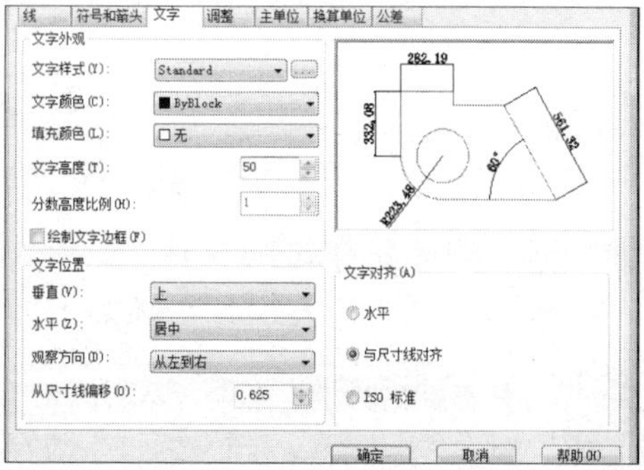

7 设置"文字"选项卡其他内容。在"从尺寸线偏移"栏后输入文字和尺寸线的距离，如"50"，按【Enter】键；单击"ISO标准"单选按钮，如左下图。

8 设置"超出尺寸线"。单击进入"线"选项卡，在"尺寸界线"栏的"超出尺寸线"后输入数值，如"20"，按【Enter】键，如右下图。

9 设置"起点偏移量"。在"尺寸界线"栏的"起点偏移量"后输入尺寸线与标注对象的起始距离，如"50"，按【Enter】键，如左下图。

10 设置"箭头"符号。尺寸线设置完成后，单击进入"符号和箭头"选项卡设置箭头，在"箭头"栏下"第一个"下拉按钮内选择"建筑标记"，如右下图；在"引线"下拉按钮内选择"点"。

11 设置"箭头大小"。在"箭头大小"下输入数值，如"50"，按【Enter】键，如左下图。（箭头大小一般设为文字高度的一半）

12 设置尺寸线。此时标注尺寸线没有超过箭头标记，所以再次单击进入"线"选项卡，在"超出标记"后输入数值，如"60"，按【Enter】键，如右下图。

13 设置"主单位"。单击进入"主单位"选项卡，在"单位格式"下拉列表中选择"小数"，在"精度"下拉列表中选择"0"，如左下图。

14 完成新样式设置。完成设置后单击"确定"按钮，弹出"标注样式管理器"对话框，如右下图。

> **大师心得** 建立有效的尺寸标注样式有几个技巧：第一个是建立必需的标注样式并保存到图形模板文件中，不仅可以不必再建立相同的样式，还可以把它们加载到新图形中。第二个是在对标注样式命名时，选用的名称应有意义，让人容易理解。第三个是当使用不同标注类型对所用标注样式进行改变时，请利用样式组。

7.1.5 修改标注样式

建立新标注样式后在"标注样式管理器"对话框的预览栏里，可以看见当前样式设置后的效果，若对当前样式不满意可以对标注样式进行修改。

新建的"建筑装饰样式"尺寸线超出标记选项的数值太大，使标注样式不够美观，修改方法如下。

▶▶ **原始素材文件：** 无

▶▶ **最终结果文件：** 光盘\结果文件\第7章\7-1-5.dwg

▶▶ **同步教学文件：** 光盘\多媒体教学文件\第7章\7-1-5.mp4

1 打开标注样式管理器。输入标注样式命令"D"，按【Enter】键弹出"标注样式管理理器"对话框。

2 选择需要修改的标注样式。单击选择样式"建筑装饰样式"，单击"修改"按钮，如左下图。

3 修改标注样式的内容。在弹出的"修改标注样式：建筑装饰样式"对话框内的"尺寸线"栏里将"超出标记"修改为"50"，将"尺寸界线"栏内的"超出尺寸线"修改为"30"，如右下图。

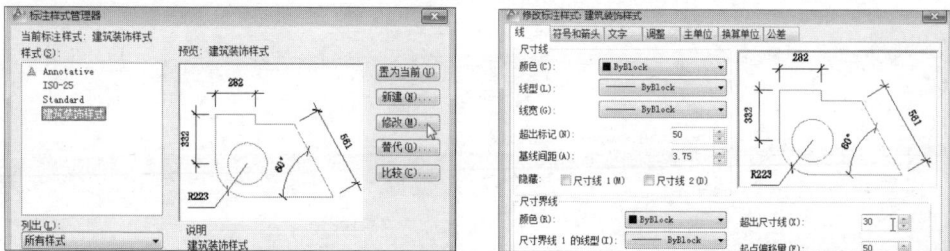

4 完成标注样式修改。单击"确定"按钮进入"标注样式管理器",单击"关闭"按钮,退出"标注样式管理器"。

> **大师心得** 　　在本书讲解的创建和修改标注样式的内容中,主要对建筑装饰设计中常用内容进行了详细的图例讲解,其他内容可根据行业性质的不同在实际操作中进行相应的修改和设置。

7.2 知识讲解——标记图形尺寸

　　本小节主要讲解如何使用AutoCAD中的基本尺寸标注工具快速和准确地进行一幅图形的尺寸标注。

7.2.1 线性标注

　　线性标注(DIMLINEAR)命令主要定义一个特定的长度,它是水平的、垂直的或与进行尺寸标注的对象对齐。

　　激活线性标注命令的方法如下。

　　方法一: 执行"标注→线性"命令,即可激活命令。

　　方法二: 执行"工具→工具栏→AutoCAD→标注"命令,在弹出的标注工具栏内单击"线性标注"|┍┑命令。

　　方法三: 在命令行输入线性标注命令"DLI",按【Enter】键即可激活命令。

　　使用线性标注命令的方法和步骤如下。

　　▶▶ **原始素材文件:** 光盘\素材文件\第7章\7-2-1.dwg
　　▶▶ **最终结果文件:** 光盘\结果文件\第7章\7-2-1.dwg
　　▶▶ **同步教学文件:** 光盘\多媒体教学文件\第7章\7-2-1.mp4

1 打开素材。打开素材文件"7-2-1.dwg",如左下图。

2 输入线性标注命令。输入线性标注命令"DLI",按【Enter】键确定。

3 标注对象起点。单击标注对象起始点,如右下图。

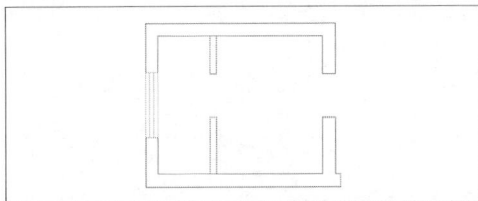

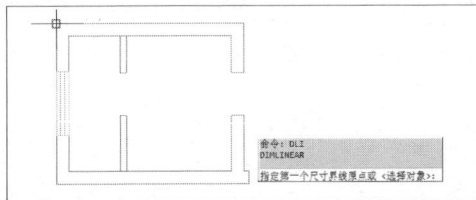

4 标注对象终点。鼠标往右移并单击标注对象终止点，此时已显示标注的长度值，如左下图。

5 指定标注位置。鼠标往上移指定尺寸线位置以确定标注的位置，如右下图。

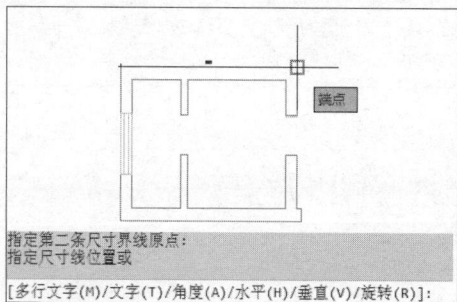

> **大师心得** 此时可以看出当前标注中的内容看不清楚，所以需要将文字高度的数值增大，再给对象进行尺寸标注。

6 修改标注样式。在"标注样式管理器"对话框中单击"修改"按钮，在"修改标注样式：建筑装饰样式"对话框的"文字"选项卡中将"文字大小"改为"120"，如左下图。

7 完成修改标注样式。根据前面所讲的方法适当调整其他选项数值，完成修改后单击"确定"按钮，单击"关闭"按钮，如右下图。

8 标注对象。指定标注对象起始点，指定标注对象终止点，如左下图。

9 输入标注对象具体位置。鼠标往上移指定尺寸线位置，如右下图。

> **大师心得**　　　线性标注是基于选择三个点来建立的，即该尺寸标注的起始点、终止点和该尺寸标注线的位置。线性标注中的起始点和终止点是确定标注对象长度的，而尺寸标注线的位置主要是确定标注尺寸线和标注对象之间的距离，当命令行出现"指定尺寸线位置或"时可直接输入具体数值以使各水平垂直标注线更为整洁美观。

7.2.2　对齐标注

对齐标注（DIMALIGNED）是线性标注的一种形式，是指尺寸线始终与标注对象保持平行的一种标注类型；若标注对象为圆弧时，尺寸标注的尺寸线与由圆弧两个端点构成的弦保持平行。

激活对齐标注命令的方法如下。

方法一： 执行"标注→对齐"命令即可激活命令。

方法二： 在标注工具栏内单击"对齐标注" ⚲ 命令。

方法三： 在命令行输入对齐标注命令"DAL"，按【Enter】键即可激活命令。

使用对齐标注命令的方法如下。

▶▶ **原始素材文件：** 光盘\素材文件\第7章\7-2-2.dwg
▶▶ **最终结果文件：** 光盘\结果文件\第7章\7-2-2.dwg
▶▶ **同步教学文件：** 光盘\多媒体教学文件\第7章\7-2-2.mp4

1 打开素材输入命令。使用矩形命令"REC"绘制一个矩形，使用夹点将其中一点向内移或外移，输入对齐标注命令"DAL"，按【Enter】键。

2 标注斜线对象。单击指定标注起始点，单击指定标注终止点，鼠标往对象相反的方向移动并输入尺寸线位置"500"，如左下图。

3 标注弧线对象。单击指定标注起始点，单击指定标注终止点，鼠标往对象相反的方向移动，单击指定尺寸线位置，如右下图。

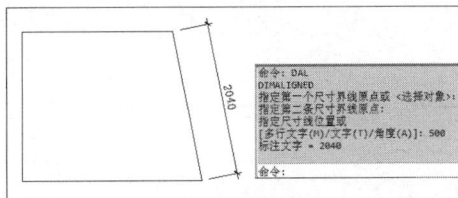

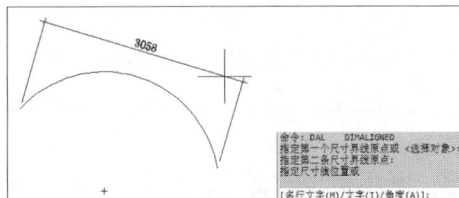

7.2.3　坐标标注

当使用坐标标注（DIMORDINATE）时，可用尺寸标注X轴点或Y轴点，称之为基准；还可以使用选项在坐标前后建立具有文本的旁注线坐标尺寸标注。

激活坐标标注命令的方法如下。

方法一： 执行"标注→坐标"命令即可激活命令。

方法二： 在标注工具栏内单击"对齐标注"命令即可激活。

方法三： 在命令行输入坐标标注命令"DOR"，按【Enter】键即可激活命令。

使用坐标标注命令的方法和步骤如下。

1 绘制圆并输入坐标标注命令。使用圆命令"C"绘制一个圆，输入坐标标注命令"DOR"，按【Enter】键，如左下图。

2 标注圆心坐标。单击圆心，指定引线端点完成坐标标注，如右下图。

7.2.4 半径标注

半径标注（DIMRADIUS）用于标注圆或圆弧的半径，半径标注由一条具有指向圆或圆弧的箭头及半径尺寸线组成。

激活半径标注命令的方法如下。

方法一： 执行"标注→半径"命令即可激活命令。

方法二： 在标注工具栏内单击"半径标注"命令即可激活。

方法三： 在命令行输入半径标注命令"DRA"，按【Enter】键即可激活命令。

使用半径标注命令的方法如下。

1 绘制圆并输入半径标注命令。使用圆命令"C"绘制一个圆，输入半径标注命令"DRA"，按【Enter】键，如左下图。

2 标注圆半径。单击圆边缘线以确定当前圆大小，指定尺寸线位置完成半径标注，如右下图。

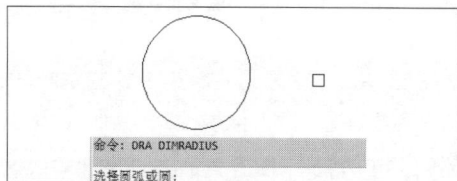

7.2.5　直径标注

直径标注（DIMDIAMETER）用于标注圆或圆弧的直径，直径标注由一条具有指向圆或圆弧的箭头及直径尺寸线组成。

激活直径标注命令的方法如下。

方法一：执行"标注→直径"命令即可激活命令。

方法二：在标注工具栏内单击"直径标注" ⊘ 命令即可激活。

方法三：在命令行输入直径标注命令"DDI"，按【Enter】键即可激活命令。

使用直径标注命令的方法和步骤如下。

1 绘制圆并输入半径标注命令。使用圆命令"C"绘制一个圆，输入直径标注命令"DDI"，按【Enter】键，如左下图。

2 标注圆直径。单击圆边缘线以确定当前圆大小，指定尺寸线位置完成直径标注，如右下图。

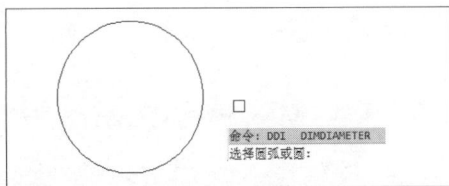

命令: DDI DIMDIAMETER
选择圆弧或圆:

命令: DDI DIMDIAMETER
选择圆弧或圆:
标注文字 = 2000
指定尺寸线位置或 [多行文字(N)/文字(T)/角度(A)]:

Ø2000

大师心得　半径和直径尺寸标注用于标注一个弧或圆的尺寸，而不考虑对象的类型。如要给一条封闭的有直线有圆弧有箭头的多段线进行标注，可以根据需要使用半径或直径标注给圆弧进行尺寸标注。半径和直径标注是基于选择两点的尺寸标注方法，"两点"即是进行标注时，只需要拾取标注对象以确定对象大小的第一点，再单击第二点指定尺寸标注线的位置即可。

7.2.6　角度标注

使用角度标注（DIMANGULAR）命令可以标注线段之间的夹角，也可以标注圆弧所包含的弧度。

激活角度标注命令的方法如下。

方法一：执行"标注→角度"命令即可激活命令。

方法二：在标注工具栏内单击"角度标注" △ 命令即可激活。

方法三：在命令行输入角度标注命令"DAN"，按【Enter】键即可激活命令。

使用角度标注命令的方法和步骤如下。

原始素材文件：光盘\素材文件\第7章\7-2-6.dwg

最终结果文件：光盘\结果文件\第7章\7-2-6.dwg

同步教学文件：光盘\多媒体教学文件\第7章\7-2-6.mp4

1 打开素材并输入半径标注命令。使用直线命令“L”绘制两条有角度的线段，输入角度标注命令“DAN”，按【Enter】键，如左下图。

2 指定组成角度的线。单击组成角的第一条线，如右下图。

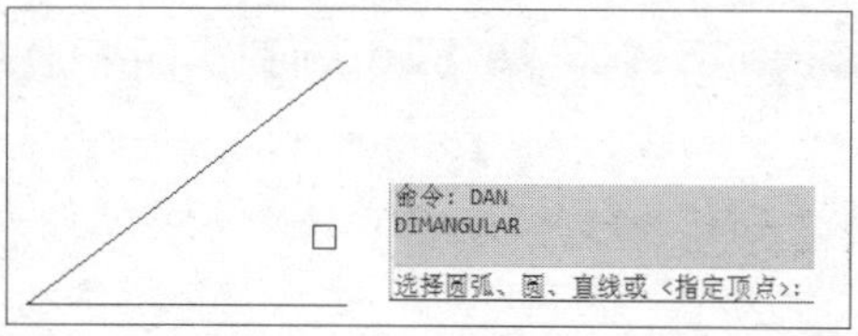

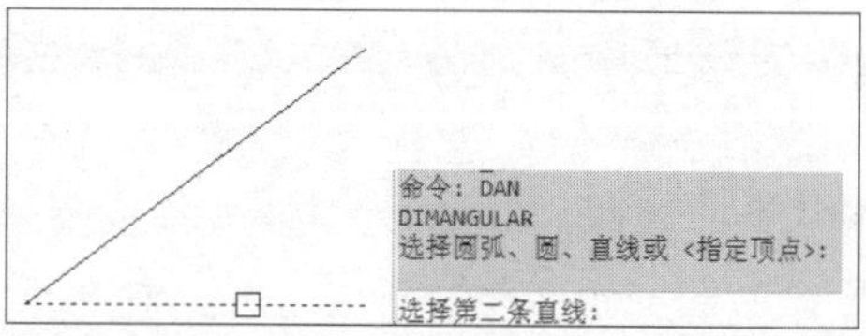

3 完成角度标注。单击第二条组成角的线，单击指定尺寸标注线位置，如左下图。

4 标注弧的角度。输入角度标注命令“DAN”，按【Enter】键；单击圆弧，鼠标往上移单击指定尺寸线位置完成角度标注，如右下图。

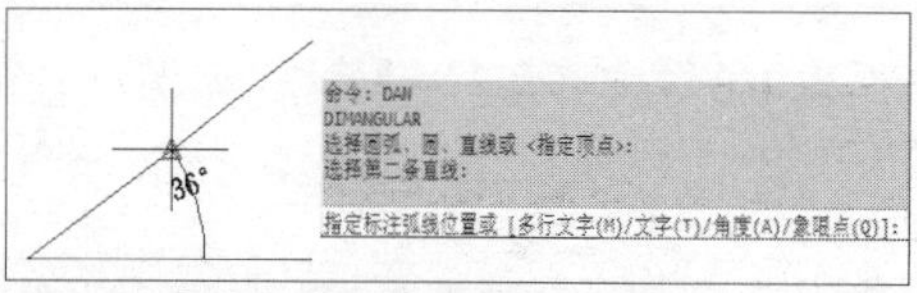

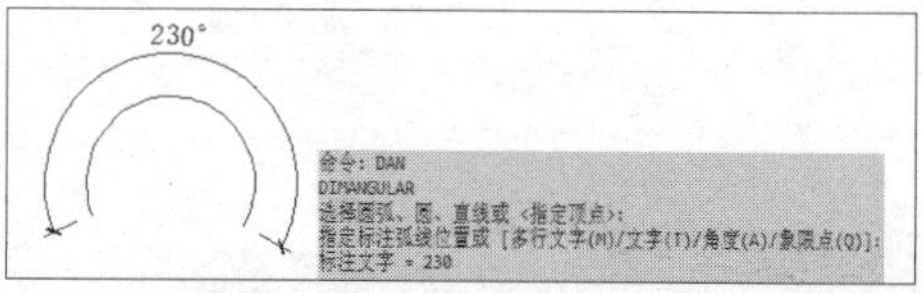

> **大师心得** 角度标注不能使用其他弧、尺寸标注或块实例产生该角度的边界边。在找不到标注的起始终止点时，可以创建辅助线，如构造线，帮助绘制角度型尺寸标注，然后删除辅助线。

7.2.7 引线标注

引线标注（LEADER）是加入注释和一幅图形中标出特定方位时的常用方法。引线是一条连接注释与特征的线。例如：可以建立一幢房子的一段墙，使用引线指向选择项中的特定材料。

接下来，使用引线标注命令将一个房间中所用的基础材料标注出来，使用方法和步骤如下。

原始素材文件：光盘\素材文件\第7章\7-2-7.dwg

最终结果文件：光盘\结果文件\第7章\7-2-7.dwg

同步教学文件：光盘\多媒体教学文件\第7章\7-2-7.mp4

1 打开素材并输入命令。打开素材文件“7-2-7.dwg”；输入引线标注命令“LE”，按【Enter】键，如左下图。

2 指定标注对象第一点。首先使用横向引线标注，单击需要标注的对象以指定第一个引线点，如右下图。

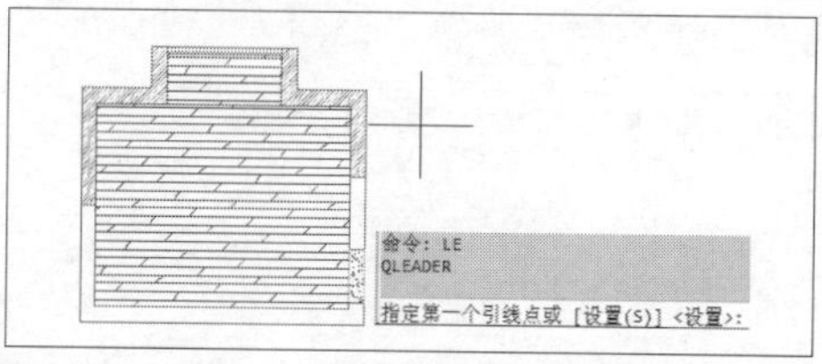

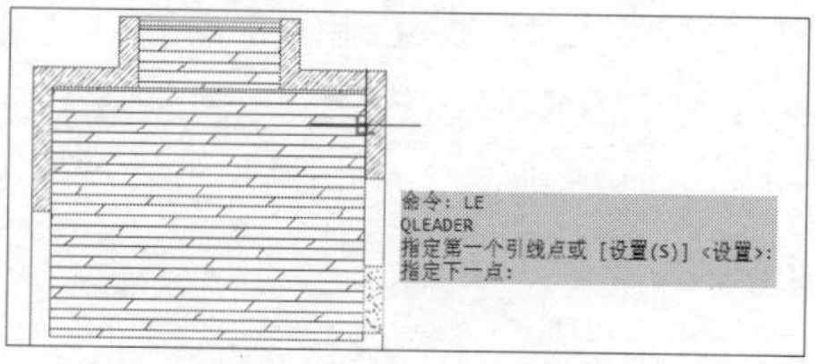

3 指定第二点。鼠标往右移输入第一点和第二点的距离"1000"，按【Enter】键确定，如左下图。

4 输入注释文字高度。按【Enter】键终止引线的绘制，输入文字宽度，如"100"，按【Enter】键确定，如右下图。

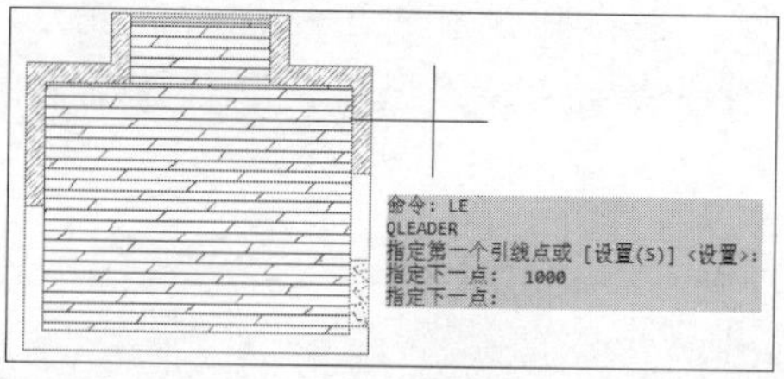

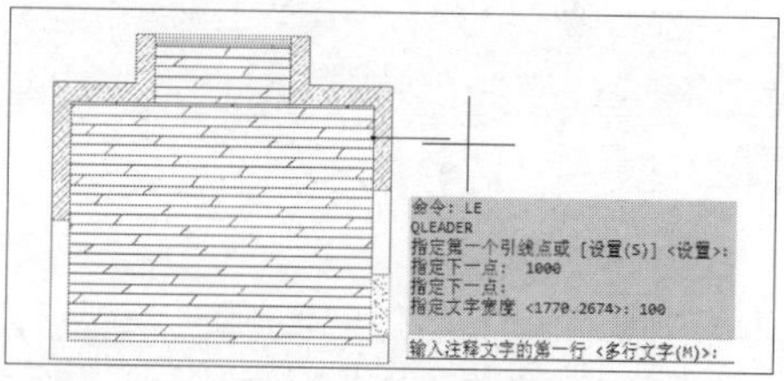

5 输入注释内容。输入注释文字，如"米黄色乳胶漆"，按【Enter】键确定，如左下图。

6 完成注释。再次按【Enter】键终止引线标注，如右下图。

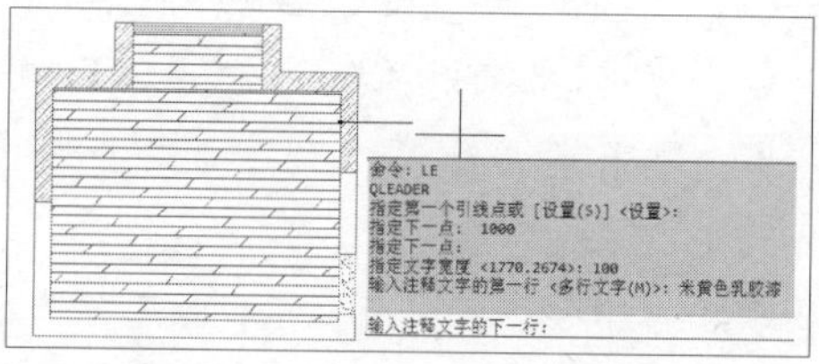

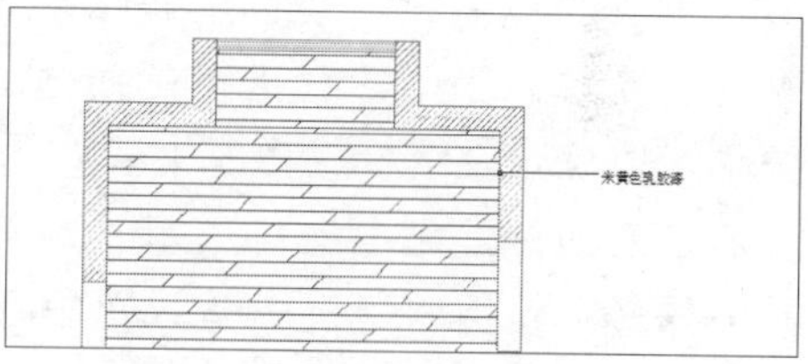

7 确定标注对象。接下来使用纵向引线标注，执行引线标注命令，单击需要标注的对象以指定第一个引线点，如左下图。

8 确定引线第二点。鼠标往上移在适当位置单击以指定第二点，鼠标往右移在适当位置单击以指定第三点，如右下图。

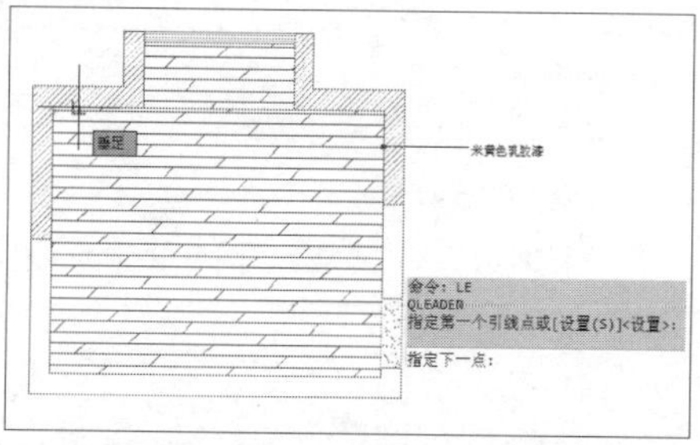

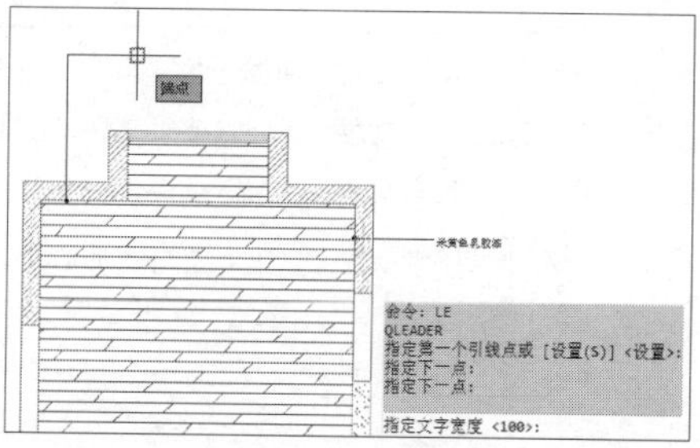

9 指定文字宽度。指定文字宽度，如"100"，按【Enter】键确定；输入注释文字，如"米黄色乳胶漆"，如左下图。

10 完成引线标注。按【Enter】键两次结束引线标注命令，如右下图。

```
命令: LE
QLEADER
指定第一个引线点或 [设置(S)] <设置>:
指定下一点:
指定下一点:
指定文字宽度 <100>: 100
输入注释文字的第一行 <多行文字(M)>: 米黄色乳胶漆
输入注释文字的下一行:
```

7.3 知识讲解——快速连续标注

在AutoCAD中，通常会使用连续标注、基线标注和快速标注等标注方法对图形进行快速的连续标注。下面将介绍基线标注、连续标注和快速标注的应用方法。

7.3.1 基线标注

基线标注（DIMBASELINE）用于标注图形中有一个共同基准的线型、坐标或角度关联标注。基线标注是以某一点、线、面作为基准，其他尺寸按照该基准进行定位。因此，在进行基线标注之前，需要对图形进行一次线性尺寸标注操作，以确定基线标注的基准点，否则无法进行基线标注。

激活基线标注命令的方法如下。

方法一： 执行"标注→基线"命令即可激活命令。

方法二： 在标注工具栏内单击"基线标注"命令即可激活。

方法三： 在命令行输入基线标注命令"DBA"，按【Enter】键即可激活命令。

使用基线标注命令的方法和步骤如下。

➡ **原始素材文件：** 光盘\素材文件\第7章\7-3-1.dwg
➡ **最终结果文件：** 光盘\结果文件\第7章\7-3-1.dwg
➡ **同步教学文件：** 光盘\多媒体教学文件\第7章\7-3-1.mp4

1 打开素材并创建线性标注。打开素材文件"7-3-1.dwg"，创建一个线性标注以确定起始标注，如左下图。

❷ 激活基线标注命令。在命令行输入基线标注命令 "DBA"，按【Enter】键确定，如右下图。

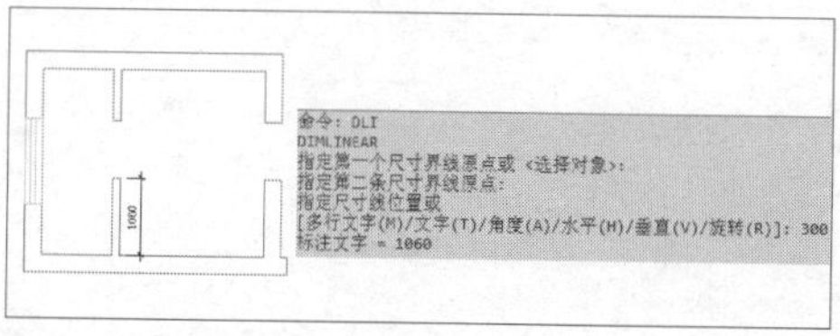

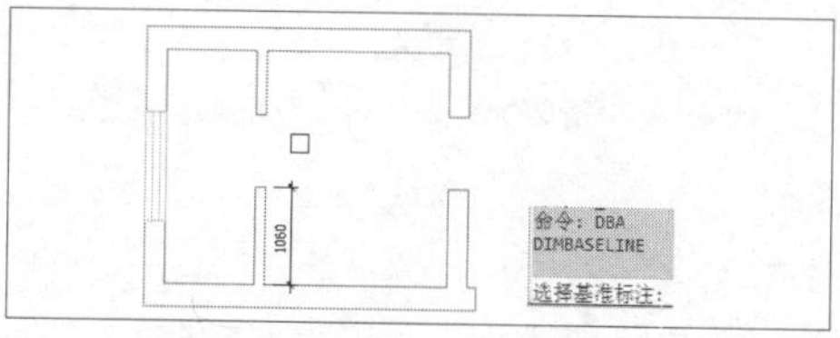

❸ 选择基准标注。单击已创建的线性标注，鼠标往上移，效果如左下图。

❹ 执行基线标注命令。单击需要标注的第二点，从上一个线性标注的起始点为起点，以现在单击点为终止点创建了一个基线标注，如右下图。

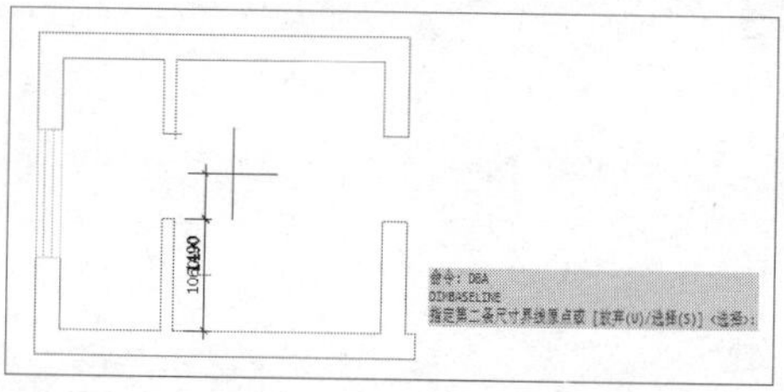

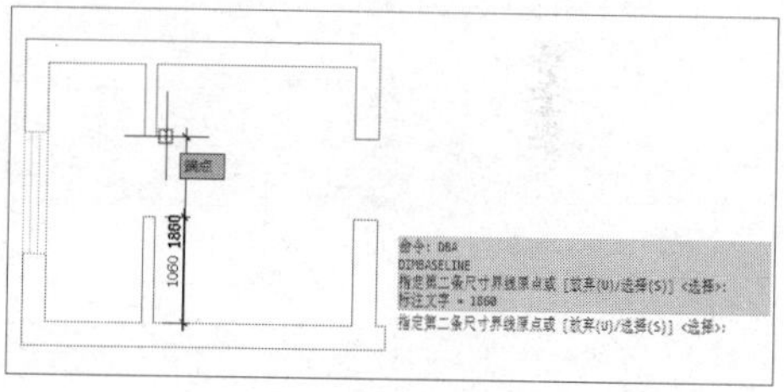

❺ 继续执行基线标注命令。接着单击需要标注的下一点，从初始线性标注的起始点为起点，以现在单击点为终止点又创建了一个基线标注，如左下图。

❻ 完成基线标注命令。按【Enter】键两次终止基线标注命令，如右下图。

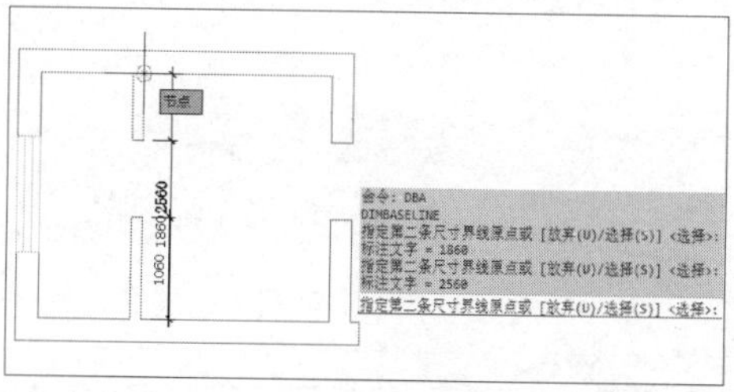

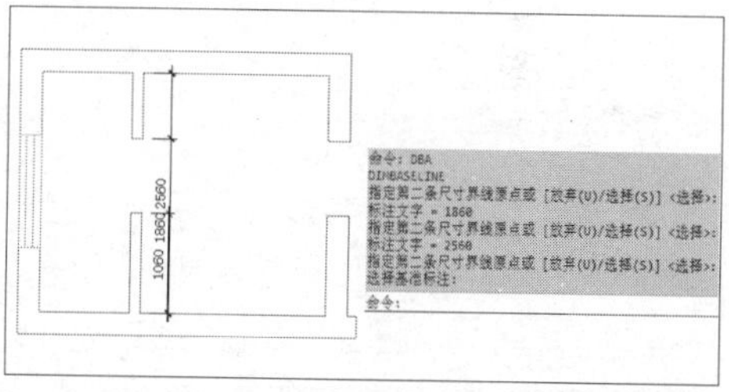

7.3.2 连续标注

连续标注（DIMCONTINUE）用于标注在同一方向上连续的线型或角度尺寸，该命令用于从上一个或选定标注的第二尺寸界线处创建新的线性、角度或坐标的连续标注。

激活连续标注命令的方法如下。

方法一： 执行 "标注→连续" 命令即可激活命令。

方法二： 在标注工具栏内单击 "连续标注" ⊢⊣⊢命令即可激活。

方法三： 在命令行输入连续标注命令 "DCO"，按【Enter】键即可激活命令。

使用连续标注命令的方法和步骤如下。

▶ **原始素材文件:** 光盘\素材文件\第7章\7-3-2.dwg
▶ **最终结果文件:** 光盘\结果文件\第7章\7-3-2.dwg
▶ **同步教学文件:** 光盘\多媒体教学文件\第7章\7-3-2.mp4

1 打开素材并创建线性标注。打开素材文件"7-3-2.dwg",创建一个线性标注作为起始标注,如左下图。

2 执行连续标注命令。在命令行输入连续标注命令"DCO",按【Enter】键,以创建的线性标注终止点为起点又新建了一个未确定下一点的线性型标注,如右下图。

3 连续标注对象。单击需要标注对象的下一点即完成一个对象的标注,效果如左下图。

4 完成连续标注命令。鼠标向上移单击需要标注的下一点,按【Enter】键两次终止连续标注命令,如右下图。

> **大师心得** 基线标注和连续标注非常相似,都是必须在已有标注上才能开始创建。但基线标注是将已经标注的起始点作为基准起始点开始创建的,此基准点也就是起始点是不变的;而连续标注是将已有标注终止点作为下一个标注的起始点,依次类推。

7.3.3 快速标注

快速标注(QDIM)命令用于快速创建标注,其中包含了创建基线标注、连续尺寸标注、半径标注和直径标注等。

激活快速标注命令的方法如下。

方法一: 执行"标注→快速标注"命令即可激活命令。

方法二: 在标注工具栏内单击"快速标注" 命令即可激活。

方法三： 在命令行输入快速标注命令"QD"，按【Enter】键即可激活命令。使用快速标注命令的方法和步骤如下。

▶▶ **原始素材文件：** 无

▶▶ **最终结果文件：** 光盘\结果文件\第7章\7-3-3.dwg

▶▶ **同步教学文件：** 光盘\多媒体教学文件\第7章\7-3-3.mp4

1 绘制素材。绘制边长为"600"的矩形，在矩形内绘制一个半径为"200"的圆，如左下图。

2 选择快速标注对象。在命令行输入快速标注命令"QD"，按【Enter】键确定；单击矩形，如右下图。

3 输入尺寸线距离。按【Enter】键确定；鼠标往上移，输入尺寸线和标注对象的距离，如"300"，如左下图。

4 快速标注矩形。按【Enter】键确定，效果如右下图。

5 给圆进行快速标注。输入快速标注命令"QD"，按【Enter】键确定；单击圆，按【Enter】键确定，如左下图。

6 完成快速标注命令标注圆的直径。输入直径命令"D"，按【Enter】键确定；在适当位置单击指定尺寸线和标注对象的距离，如右下图。

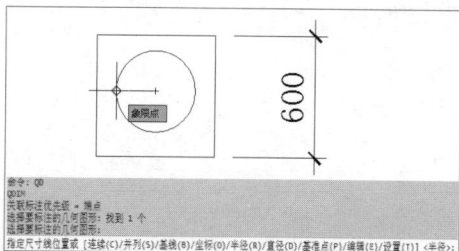

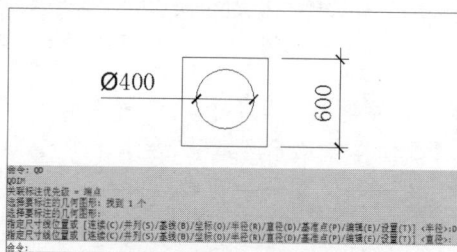

167

7.4 知识讲解——编辑与修改标注

在图形上创建标注后可能需要进行多次修改。修改标注可以确保尺寸界线或尺寸线不会遮挡任何对象；可以重新放置标注文字；也可以调整线性标注的位置从而使其均匀分布。最简单的方法是使用多功能标注夹点单独修改标注。

7.4.1 对齐文字

在实际使用过程中为了方便操作，经常需要对尺寸标注中的文字进行编辑与修改。编辑标注文字（DIMTEDIT）命令用于移动和旋转标注文字。激活"DIMTEDIT"命令后，命令行提示"指定标注文字的新位置或 [左(L)/右(R)/中心(C)/默认(H)/角度(A)]:"，其中各选项的含义如下。

- 新位置：拖曳时动态更新标注文字的位置。
- 左(L)：沿尺寸线左对正标注文字。
- 提示：本选项只适用于线性、直径和半径标注。
- 右(R)：沿尺寸线右对正标注文字。
- 提示：本选项只适用于线性、直径和半径标注。
- 中心(C)：将标注文字放在尺寸线的中间。
- 默认(H)：将标注文字移回默认位置。
- 角度(A)：修改标注文字的角度。

激活编辑文字标注命令的方法如下。

方法一： 执行"标注→对齐文字→默认"命令即可激活。

方法二： 在标注工具栏内单击"编辑标注文字" 命令即可激活。

方法三： 在命令行输入编辑文字标注命令"DIMTEDIT"，按【Enter】键即可激活命令。

使用编辑文字标注命令的方法和步骤如下。

▶▶ **原始素材文件：** 光盘\素材文件\第7章\7-4-1.dwg
▶▶ **最终结果文件：** 光盘\结果文件\第7章\7-4-1.dwg
▶▶ **同步教学文件：** 光盘\多媒体教学文件\第7章\7-4-1.mp4

1 打开素材。打开素材文件"7-4-1.dwg"，输入编辑文字标注命令"DIMTEDIT"；按【Enter】键确定，如左下图。

2 选择编辑文字的标注。单击需要编辑文字的标注，如右下图。

3 指定标注文字的新位置。单击指定文字的新位置，如左下图。

4 执行编辑文字标注命令。按【Enter】键激活编辑文字标注命令，单击选择需要编辑文字的标注，如右下图。

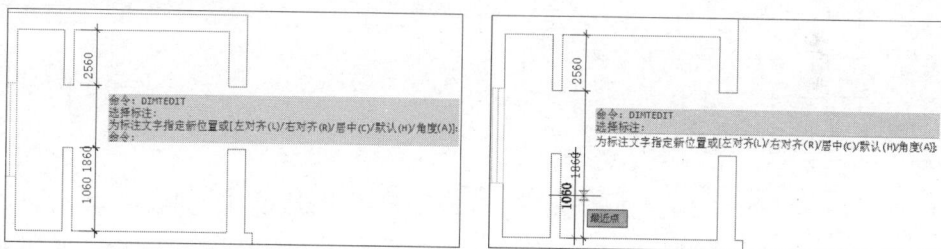

5 指定标注文字的新位置。输入右对齐"R"，按【Enter】键，如左下图。

6 完成文字位置修改。最终效果如右下图。

7.4.2 更新标注

在AutoCAD中建立标注之后，需要对当前尺寸标注做大范围相同的修改，此时可以直接对当前标注样式进行设置，即可更新标注完成原本烦琐的工作。

更新标注的具体操作方法如下。

▶▶ **原始素材文件**：光盘\素材文件\第7章\7-4-2.dwg

▶▶ **最终结果文件**：光盘\结果文件\第7章\7-4-2.dwg

▶▶ **同步教学文件**：光盘\多媒体教学文件\第7章\7-4-2.mp4

1 打开素材。打开素材文件"7-4-2.dwg"，如左下图。

2 进入"图层样式管理器"设置。打开"标注样式管理器"，单击需要编辑文字的标注，单击"修改"按钮，如右下图。

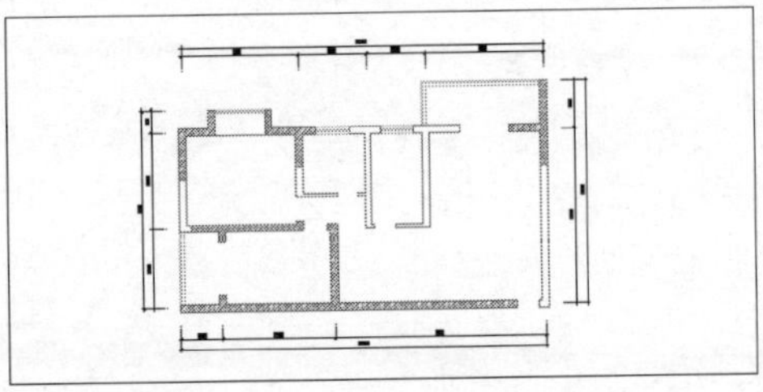

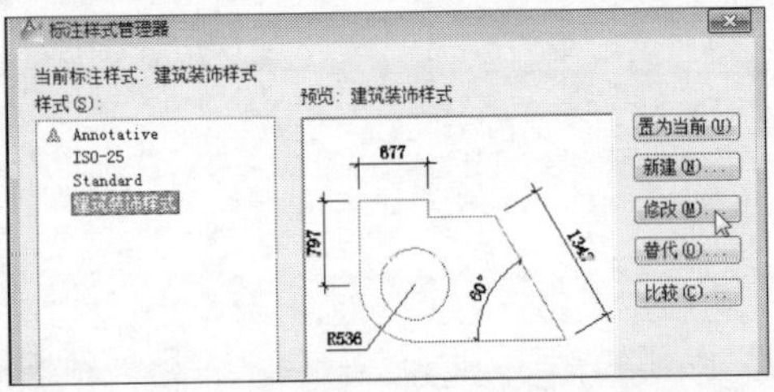

3 修改标注设置。在"修改标注样式：建筑装饰样式"里设置相关数值并随时查看"预览"效果，如左下图。

4 更新标注。完成设置后单击"确定"按钮，在弹出的"标注样式管理器"下方单击"关闭"按钮，最终效果如右下图。

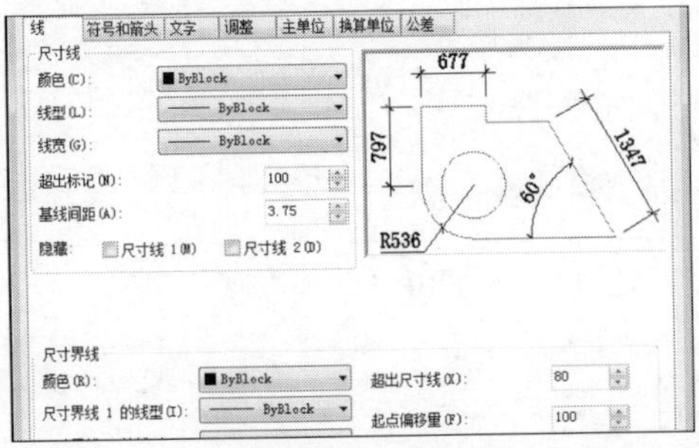

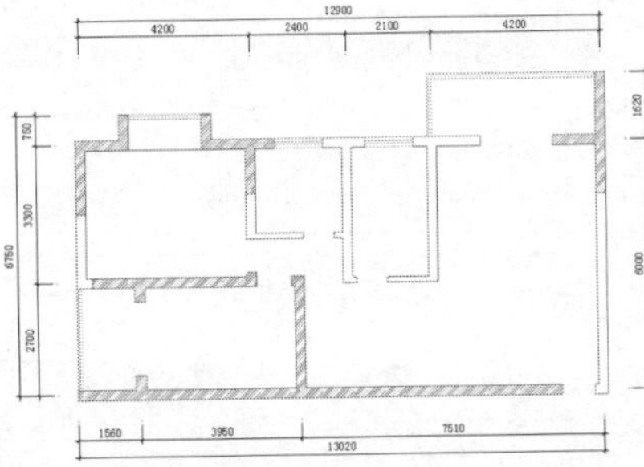

7.4.3 修改标注

当尺寸标注建立后，可能需要对标注中的某一部分进行修改，本小节就来讲解修改已有标注的几种技巧。

修改标注某部分的具体操作方法如下。

▶▶ **原始素材文件**：光盘\素材文件\第7章\7-4-3.dwg
▶▶ **最终结果文件**：光盘\结果文件\第7章\7-4-3.dwg
▶▶ **同步教学文件**：光盘\多媒体教学文件\第7章\7-4-3.mp4

1. 夹点编辑

正如可以在AutoCAD中使用夹点编辑大多数对象一样，也可以使用夹点编辑已存在的尺寸标注，方法如下。

1 建立线性型尺寸标注。创建一个线性型尺寸标注，单击该尺寸标注会显示5个夹点框，如左下图。

2 选择夹点。单击蓝色夹点框之一，此夹点框变为红色，如右下图。

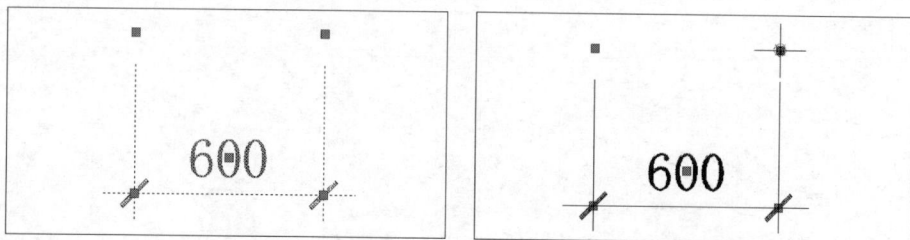

3 移动夹点修改起点偏移量。鼠标往下移动到适当位置单击，如左下图。

4 移动夹点修改尺寸数据。单击左上方蓝色夹点框，鼠标往左移动，如右下图，在适当位置单击。

5 框选夹点。输入拉伸命令"S"，选择需要修改的夹点，按【Enter】键确定，如左下图。

6 修改夹点。在绘图区空白处单击指定基点，鼠标往下移输入拉伸距离"200"，按【Enter】键确定拉伸，如右下图。

💡 知识链接——不同尺寸标注类型的夹点编辑

　　在径向型尺寸标注中，单击选择该标注有且只有三个夹点框，使用夹点框可以更改直径或半径的值，也可以将标注文字与标注对象的位置进行调整。不同的标注类型，其每个夹点的精确位置和作用会有差别。

2. 编辑标注文本

　　尺寸标注建立以后，除了可以对尺寸线的各部分进行更改外，还可以修改标注文本，操作方法如下。

1 建立线性型尺寸标注。鼠标指针停留在尺寸标注中文字的夹点框上，如左下图。

② 移动夹点。单击并向下移动即可拉长尺寸线与标注起始点的距离，如右下图；在适当位置单击。

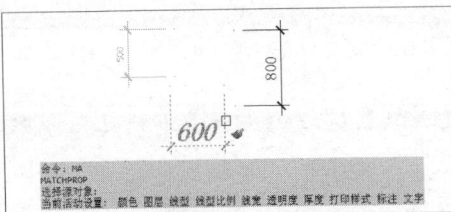

> **大师心得** 当鼠标指针悬停在夹点上时，会在光标右下角显示此夹点可操作的菜单，可选择需要的命令进行相关操作。单击夹点向下移动拉长两者距离，向上移动可缩短两者距离，在适当位置单击即可更改尺寸线位置。因"标注样式"中设置了文字与尺寸线的距离，所以文字会随着尺寸线移动位置。

③ 文字格式编辑器。在文字上双击会弹出"文字格式"编辑器，如左下图。

④ 编辑文本。按快捷键【Ctrl + A】全选当前文本，在编辑器内将文字大小改为 "200"，单击粗体"B"按钮，单击斜体"I"按钮，如右下图；单击"确定"按钮完成文本设置。

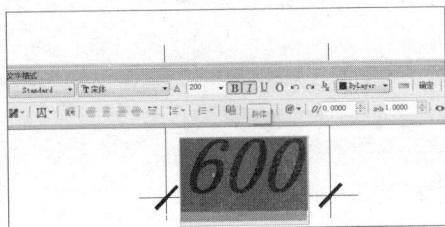

3. 更改标注特性（DED）

当一个图形文件中存在多种尺寸标注样式时，可能需要使当前尺寸标注和另一种尺寸标注样式统一，此时就需要更改标注特性。

更改标注特性的操作方法如下。

① 输入"对象"匹配。在命令行输入对象匹配命令"MA"，按【Enter】键确定。

② 选择源对象。单击源对象，如左下图。

③ 选择需要修改的对象。单击需要修改的对象，按【Enter】键确定，如右下图。

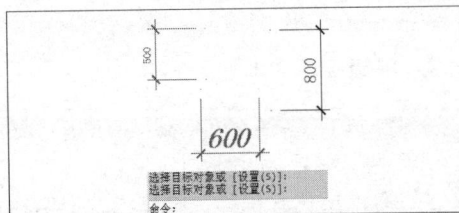

> **大师心得** "对象匹配"是将先选择的源对象特性应用到后选择的修改对象上，使两者的特性保持一致。

4. 标注编辑类型

在AutoCAD中提供了多种标注编辑类型以方便对尺寸标注的外观进行调整，如默认、新建、旋转、倾斜等。

使用标注编辑类型使当前标注倾斜的方法如下。

方法一： 执行"标注→倾斜"命令即可激活。

方法二： 在命令行输入编辑标注命令"DED"，按【Enter】键即可激活命令。

具体操作方法和步骤如下。

1 建立线性型尺寸标注。创建一个线性标注，使用连线标注命令再创建两个线性标注，如左下图。

2 输入编辑标注命令。输入编辑标注命令"DED"，按【Enter】键，如右下图。

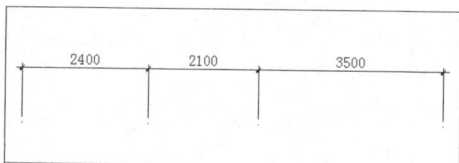

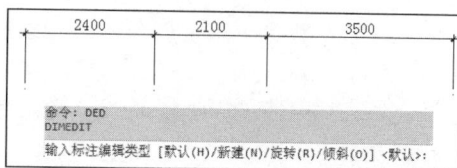

3 输入倾斜命令。输入倾斜命令"O"，按【Enter】键确定，单击需要编辑的尺寸标注，如左下图。

4 输入倾斜角度。按【Enter】键确定，输入倾斜角度"45"，按【Enter】键确定，如右下图。

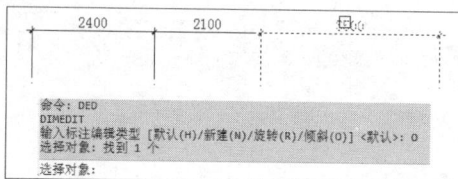

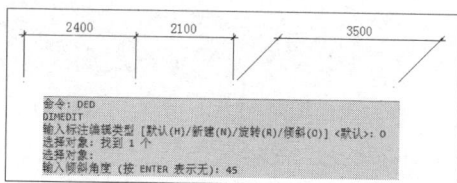

7.5 知识讲解——文字样式

AutoCAD中的文字都拥有相应的文字样式，文字样式是用来控制文字外观的一组设置。当输入文字对象时，AutoCAD将使用默认的文字样式。操作时可以直接使用AutoCAD默认的设置，也可以修改已有样式或定义自己需要的文字样式。

在AutoCAD中进行文本标注的操作时，可以先设置字体或字型。字体是具有一定固有形状，由若干个单词组成的描述库。字型是具有字体、字的大小、倾斜度、文本方向等特性的文本样式。在使用AutoCAD绘图时，所有的文本标注都需要定义文本的样式，即需要预先设定文本的字型，只有在设置文本字型之后才能决定在标注文本时使用的字体、字符大小、字符倾斜度、文本方向等文本特性。

打开"文字样式"对话框的方法如下。

方法一：执行"格式→文字样式"命令弹出"文字样式"对话框，如左下图。

方法二：输入文字样式命令"DDST"，按【Enter】键弹出"文字样式"对话框，如右下图。

> **大师心得** 在AutoCAD中创建文字时，图形中的所有文字都具有与此文字相关联的文字样式。输入文字对象时，程序将使用当前文字样式。当前文字样式用于设定字体、字号、倾斜角度、方向和其他文字特征。要使用其他已有文字样式创建文字，可将此文字样式置于当前。

7.5.1 创建文字样式

在AutoCAD中除了程序自带的文字样式外，还可以在"文字样式"对话框中创建新的文字样式。

创建新文字样式命令的方法如下。

➡ **原始素材文件：**无
➡ **最终结果文件：**光盘\结果文件\第7章\7-5-1.dwg
➡ **同步教学文件：**光盘\多媒体教学文件\第7章\7-5-1.mp4

1 新建文字样式。在"文字样式"对话框单击"新建"按钮，弹出"新建文字样式"编辑框，如左下图。

2 输入"样式名"。在"新建文字样式"编辑框的"样式名"文本栏输入名称"建筑装饰样式"，单击"确定"按钮，如右下图。

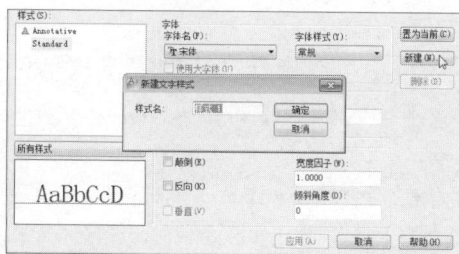

3 设置文字样式。根据需要将当前文字样式"字体"栏中的"字体名"设置为"新宋体"，单击"应用"按钮，如左下图。

4 删除文字样式。单击选择需要删除的文字样式，单击"删除"按钮弹出"acad警告"对话框，单击"确定"按钮，如右下图。

> **大师心得** 在"样式名"编辑框中输入的新建文字样式的名称，不能与已经存在的样式名称重复。在删除文字样式的操作中，不能对默认的Standard样式和当前正在使用的样式进行删除。

7.5.2 修改文字样式

在实际使用AutoCAD绘图时，常常根据需要修改文字样式。如"文字样式"的字体、大小、效果等内容，如下图。

175

1. 修改编辑字体与大小

在"文字样式"对话框中的"字体"区域中可以选择文字的字体名和字体样式，在"大小"区域可以设置文字的高度（即大小），如左下图。

字体和大小设置区中各选项的含义如下。

- 字体名：列出所有注册的中文字体和其他语言的字体供用户选择，如右下图。从列表中选择字体名称后，该程序将读取指定字体的文件。除非文件已经由另一个文字样式使用，否则将自动加载该文件的字符定义。

- 字体样式：在该列表中可以选择其他的字体样式。
- 使用大字体：勾选此复选框，可以使用亚洲语系的大字体。
- 注释性：指定文字为annotative。单击信息图标以了解有关注释性对象的详细信息。
- 使文字方向与布局匹配：指定图纸空间视口中的文字方向与布局方向匹配。如果清除"注释性"选项，则该选项不可用。
- 高度：根据输入的值设置文字高度。如果输入 0.0，则每次用该样式输入文字时，文字默认值为 0.2 高度。输入大于 0.0 的高度值则为该样式设置固定的文字高度。在相同的高度设置下，TrueType 字体显示的高度要小于 SHX 字体。如果选择"注释性"选项，则将设置要在图纸空间中显示的文字的高度。

2. 修改编辑文字效果

在"文字样式"对话框中的"效果"区域中可以修改字体的特性，例如高度、宽度因子、倾斜角以及是否颠倒显示、反向或垂直对齐，如左下图。

在"效果"区域中各选项的含义如下。

- 颠倒：勾选此复选框，用该文字样式来标注文字时，文字将被垂直翻转，如右下图。

- 宽度因子：在"宽度比例"编辑框中，可以输入作为文字宽度与高度的比例值。系统在标注文字时，会以该文字样式的高度值与宽度因子相乘来确定文字的高度。当宽度因子为1时，文字的高度与宽度相等；当宽度因子小于1时，文字将变得细长；当宽度因子大于1时，文字将变得粗短。

- 反向：勾选此复选框，可以将文字水平翻转，使其呈镜像显示，如左下图。
- 垂直：勾选此复选框，标注文字将沿竖直方向显示。
- 倾斜角度：在"倾斜角度"编辑框中输入的数值将作为文字旋转的角度，如"45"，如右下图。

> **大师心得** 在文字样式中编辑文字效果时，要注意"垂直"选项只有当字体支持双重定向时才可用，并且不能用于TrueType类型的字体，例如，在选择汉字的字体时，不能使用"垂直"选项。如果要绘制倒置的文本，不一定要使用"颠倒"选项，指定该文本的旋转角度为"180"即可。

7.6 知识讲解——创建文本

在AutoCAD中，通常可以创建两种类型的文字，一种是单行文字，一种是多行文字。单行文字主要用于制作不需要使用多种字体的简短内容；多行文字主要用于制作一些复杂的说明性文字。

7.6.1 创建单行文字

单行文本（DTEXT）可以是单个字符、单词或一个完整的句子。并且可以对文本进行字体、大小、倾斜、镜像、对齐和文字间隔调整等设置。

创建单行文字的方法如下。

方法一： 执行"绘图→文字→单行文字"命令即可激活。

方法二： 在命令行输入创建单行文字命令"DT"，按【Enter】键即可激活命令。

创建单行文字的具体操作步骤如下。

➡ **原始素材文件：** 无
➡ **最终结果文件：** 光盘\结果文件\第7章\7-6-1.dwg
➡ **同步教学文件：** 光盘\多媒体教学文件\第7章\7-6-1.mp4

1 输入创建单行文字命令。输入单行文字命令"DT"，按【Enter】键；单击指定文字的起点，如左下图。

2 指定文字高度。鼠标往下移输入文字高度"120"，按【Enter】键确定，如右下图。

3 指定文字角度。输入文字旋转角度"0"，按【Enter】键确定，如左下图。

4 完成文字创建。输入文字内容"观景阳台"，按【Enter】键两次终止创建单行文字命令，效果如右下图。

大师心得 　　在创建单行文字的过程中，输入文字内容并按【Enter】键结束命令，此时，字符自动跳到下一行，若不再继续输入文字，再次按【Enter】键可终止创建单行文字命令。如果需要继续创建单行文字直接输入文字即可，完成后按【Enter】键两次终止创建单行文字命令，单击所创建的文字可发现每一行都是一个独立的文本对象。

7.6.2　编辑单行文字

　　对于编辑已经创建完成的单行文本，可以使用菜单命令和"DDEDIT"和"PROPERTIES"两个命令进行相关操作。

　　编辑单行文字的方法如下。

　　方法一： 执行"修改→对象→文字→编辑"命令即可激活。

　　方法二： 在命令行输入改变文本字符串命令"DDED"，按【Enter】键即可激活命令。

1 选择编辑对象。输入单行文本编辑命令"DDED"，按【Enter】键；单击选择注释对象，如左下图。

2 更改文字内容。输入新文字内容"书房"，按【Enter】键两次，效果如右下图。

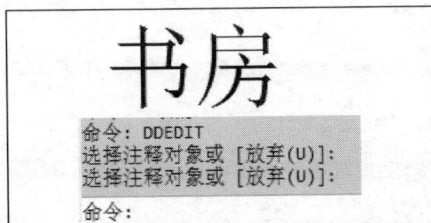

方法三：在命令行输入打开特性面板命令"PR"，按【Enter】键即可激活命令。

1 选择编辑对象。在命令行输入"PR"，按【Enter】键弹出"特性面板"；单击创建的单行文字对象，如左下图。

2 更改文字内容。输入新文字内容"主卧"，旋转"90"，倾斜"45"，按【Enter】键，效果如右下图。

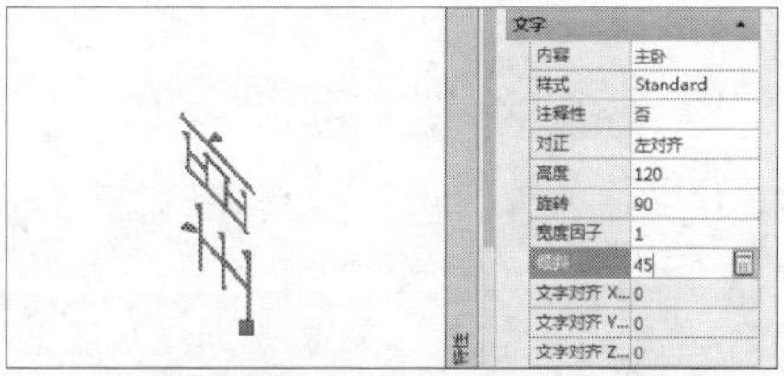

> **大师心得** 在使用菜单命令编辑修改文本时，除了可以使用编辑命令，也可以使用比例和对正命令。这些针对文字的编辑修改命令不仅能用于单行文字，同样适用于多行文本。具体内容会在后面设置多行文本格式的内容中讲解。

7.6.3 创建多行文字

在AutoCAD中，多行文字（MTEXT）是由沿垂直方向任意数目的文字行或段落构成，创建过程中可以指定文字或行段落的水平宽度。可以对其进行移动、旋转、删除、复制、镜像或缩放等操作。

创建多行文字的方法如下。

方法一：执行"绘图→文字→多行文字"命令即可激活。

方法二：在绘图工具栏内单击"多行文字" **A**命令。

方法三：在命令行输入标注样式命令"T"，按【Enter】键即可激活命令。

创建多行文字的具体操作步骤如下。

➤ **原始素材文件：**无

➤ **最终结果文件：**光盘\结果文件\第7章\7-6-3.dwg

➤ **同步教学文件：**光盘\多媒体教学文件\第7章\7-6-3.mp4

1 输入多行文字命令。输入多行文字命令"T"，按【Enter】键，如左下图。

2 指定文本框起点。在绘图区空白处单击指定文本框起点，鼠标往右下方拉出文本框，如右下图。

❸ 确定文本框范围。在适当位置单击指定文本框终点，即弹出"文字格式"编辑器，如左下图。

❹ 输入文字内容。输入文本内容"周长＝"，如右下图。

❺ 输入第二行文字内容。按【Enter】键即可让文字光标跳到下一行，输入文本内容"面积＝"，如左下图。

❻ 完成多行文字的创建。单击"确定"按钮，如右下图。

> **大师心得** 单行文字适用于不需要多种字体或多行的内容。可以对单行文字进行字体、大小、倾斜、镜像、对齐和文字间隔调整等设置，其命令是"DTEXT"；多行文字由沿垂直方向任意数目的文字行或段落构成，可以指定文字行段落的水平宽度。用户可以对其进行移动、旋转、删除、复制、镜像或缩放操作，其命令是"MTEXT"。

7.6.4 设置多行文字格式

在修改文本内容时，如果是针对个别文字进行修改，可以使用修改文本命令对其进行修改，以便进行删除、增加或替换文字内容，实现修改文本内容的目的。

1. 修改文字内容

在修改文本内容时，如果是针对个别文字进行修改，可以使用修改文本命令对其进行修改，以便进行删除、增加或替换文字内容，实现修改文本内容的目的。

修改编辑文字内容的方法如下。

方法一： 执行"修改→对象→文字→编辑"命令即可激活。

方法二： 双击已创建的文本对象会弹出"文字格式"编辑器，在此编辑器中修改编辑文字内容。

修改编辑文字内容的具体操作步骤如下。

1 更改文字内容。双击已创建文本对象，将文字光标移至"周长="之后，输入"18米"；按【↓】键，输入"20平米"，如左下图。

2 完成更改。完成更改后单击"确定"按钮，如右下图。

> **大师心得**　　因为文字类型不同，如果需要对已经创建完成的文本进行修改，就会分为两种情况：一是修改单行文本，只要双击需要修改的单行文字即可进行修改，若需要修改多个单行文本，只要在完成一个单行文本的修改后，按【Enter】键即显示"选择注释对象"的拾取框，单击选择对象即可进行修改，依次类推；二是修改多行文本，双击需要修改的多行文本弹出"文字格式"编辑器即可进行修改。

2. 缩放文本

使用缩放文本（SCALETEXT）命令，可以更改一个或多个文字对象的比例，而且不会改变其位置，这在建筑装饰制图中十分有用。

缩放文本的方法如下。

方法一：执行"修改→对象→文字→比例"命令即可激活。

方法二：输入缩放文本命令"SCALETEXT"，按【Enter】键即可激活命令。

缩放文本的具体操作方法如下。

1 执行文字比例命令。执行"修改→对象→文字→比例"命令，单击选择文字对象并按【Enter】键确定，如左下图。

2 完成更改。按【Enter】键确定对齐方式为"现有"，输入字体新高度"100"，按【Enter】键确定，如右下图。

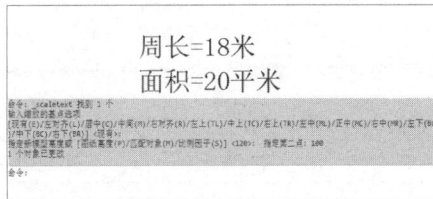

> **知识链接——"对正"命令的使用**
>
> 　　在修改对象文本中，除了"编辑"和"比例"外，还有"对正"命令；对正是指文本对象自身的对正方式；使用 JUSTIFYTEXT 命令可以重定义文字的插入点而不移动文字位置。

3. 修改文字特性

如果需要修改文本的文字特性，如样式、位置、方向、大小、对正和其他特性时，可以在特性管理器中进行编辑。

使用特性面板修改文字格式的方法如下。

方法一：选择对象，执行"修改→特性"命令即可激活。

方法二：选择对象后输入"PROPERTIES"，按【Enter】键即可激活命令。

使用特性面板修改文字格式的具体操作步骤如下。

1 使用特性面板。选择文本对象，执行"修改→特性"命令，如左下图。

2 更改对象比例。在"文字"栏的行距比例后的数字框内输入"2"，按【Enter】键，如右下图。

> **大师心得** 使用"MTXET"命令创建的文本，无论行数是多少，都将作为一个实体，可以对它进行整体选择、编辑等操作；而使用"DTEXT"命令创建多行文字时，每一行都是一个独立的实体，只能单独对每行进行选择、编辑等操作。

7.6.5 插入特殊符号

在文本标注的过程中，有时需要输入一些控制码和专用字符，AutoCAD便根据用户的需要提供了一些特殊字符的输入方法。

AutoCAD提供的特殊字符内容如下表所示。

特殊字符	输入方式	字符说明
±	%%p	公差符号
‾	%%o	上划线
_	%%u	下划线
Ø	%%c	直径符号
°	%%d	度

插入特殊符号的方法如下。

方法一：使用命令插入特殊符号。

1 执行创建单行文字命令并进行设置。输入创建单行文字命令“DT”，按【Enter】键；指定起点并输入文字高度“100”并按【Enter】键；输入文字旋转角度“0”并按【Enter】键，如左下图。

2 插入特殊符号。输入文字内容，如“%% P2800”，按【Enter】键两次完成特殊符号的插入，效果如右下图。

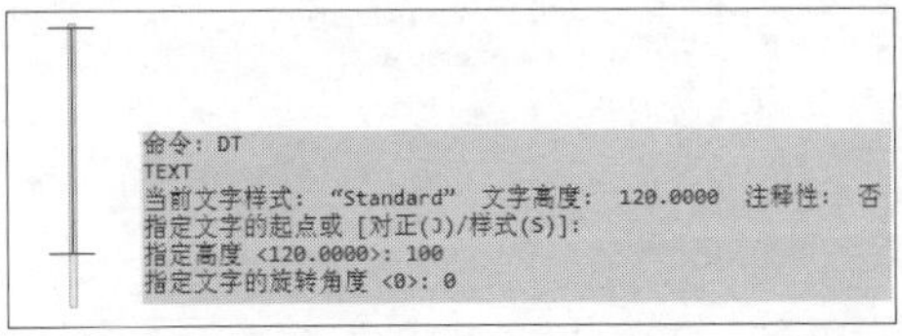

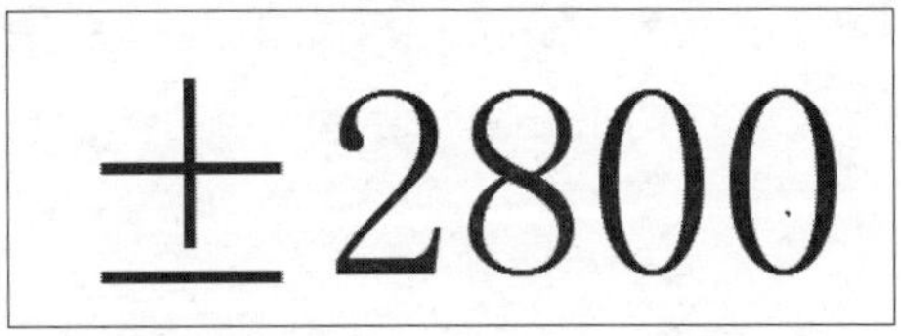

方法二：使用“文字格式”编辑器插入特殊符号。

1 输入创建多行文字命令。输入创建多行文字命令“T”并按【Enter】键；单击指定起点拉出文本框确定终点，弹出“文字格式编辑器”，输入数字“6”，如左下图。

2 插入特殊符号。按【←】键，单击“符号”下拉按钮@▾，在下拉菜单中选择“直径”，如右下图；单击“确定”按钮。

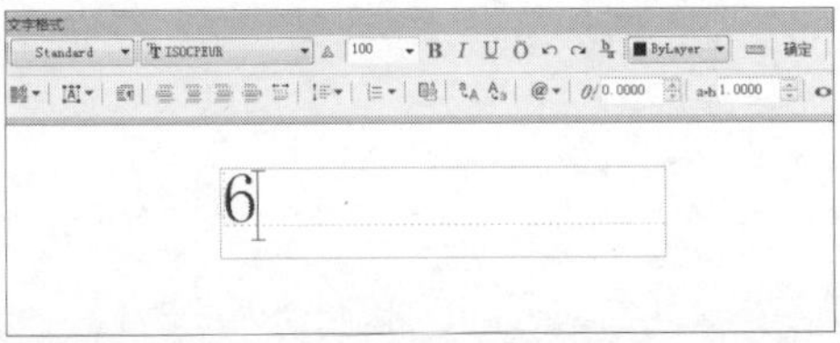

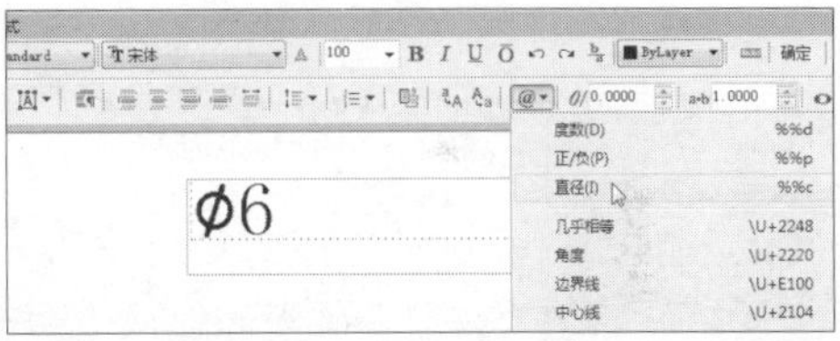

> **大师心得** 设置“文字类型”时，在“字体样式”选项中选择能同时接受中文和西文的样式类型，如“常规”样式；在“字体”栏中选中“仿宋”字体，在“字高”项中输入一个默认字高，然后单击“应用”、“关闭”按钮后，即可解决标注和单行文本中输入汉字不能识别的问题。

7.7 知识讲解——创建与编辑表格

表格是在行和列中包含数据的复合对象。可以通过空的表格或表格样式创建空的表格对象，还可以将表格链接至 Microsoft Excel 电子表格中的数据。

在创建表格之前可以先设置好表格的样式，再进行表格的创建。设置表格的样式需要在“表格样式”对话框中进行；输入表格样式命令

"TABLESTYLE"并按【Enter】键确定；弹出"表格样式"对话框，如左下图；单击"修改"按钮，弹出"修改表格样式"对话框，如右下图。

在"修改表格样式"对话框中各选项的含义如下。

- 表格样式：在要从中创建表格的当前图形中选择表格样式。通过单击下拉列表旁边的按钮，用户可以创建新的表格样式。

- 插入选项：用于指定插入表格的方式。

- 从空表格开始：创建可以手动填充数据的空表格。

- 自数据链接：从外部电子表格中的数据创建表格。

- 自图形中的对象数据（数据提取）：用于启动"数据提取"向导。

- 预览：控制是否显示预览。如果从空表格开始，则预览将显示表格样式的样例。如果创建表格链接，则预览将显示结果表格。处理大型表格时，清除此选项以提高计算机性能。

- 插入方式：指定表格位置。

- 指定插入点：指定表格左上角的位置。可以使用定点设备，也可以在命令提示下输入坐标值。如果表格样式将表格的方向设置为由下而上读取，则插入点位于表格的左下角。

- 指定窗口：指定表格的大小和位置。可以使用定点设备，也可以在命令提示下输入坐标值。选定此选项时，行数、列数、列宽和行高取决于窗口的大小以及列和行设置。

- 列和行设置：设置列和行的数目和大小。

- 列数：选定"指定窗口"选项并指定列宽时，"自动"选项将被选定，且列数由表格的宽度控制。如果已指定包含起始表格的表格样式，则可以选择要添加到此起始表格的其他列的数量。

- 列宽：指定列的宽度。选定"指定窗口"选项并指定列数时，则选定了"自动"选项，且列宽由表格的宽度控制。最小列宽为一个字符。

- 数据行数：选定"指定窗口"选项并指定行高时，则选定了"自动"选项，且行数由表格的高度控制。带有标题行和表格头行的表格样式最少应有三行。最小行高为一个文字行。如果已指定包含起始表格的表格样式，则可以选择要添加到此起始表格的其他数据行的数量。

- 行高：按照行数指定行高。文字行高基于文字高度和单元边距，这两项均在表格样式中设置。选定"指定窗口"选项并指定行数时，则选定了"自动"选项，且行高由表格的高度控制。

- 设置单元样式：对于那些不包含起始表格的表格样式，可以指定新表格中行的单元格式。
- 第一行单元样式：指定表格中第一行的单元样式。默认为将使用标题单元样式。
- 第二行单元样式：指定表格中第二行的单元样式。默认为将使用表头单元样式。
- 所有其他行单元样式：指定表格中其他行的单元样式。默认为使用数据单元样式。
- 标题：保留新插入表格中的起始表格表头或标题行中的文字。
- 表格：对于包含起始表格的表格样式，从插入时保留的起始表格中指定表格相关元素。
- 数据：保留新插入表格中的起始表格数据行中的文字。

7.7.1　创建空白表格

在AutoCAD中，除了绘制图形之外，还必须通过表格来讲述或说明一些图纸中的内容，如制图规范中的相关知识。所以创建并编辑表格也是必须掌握的内容。

创建空白表格的方法如下。

方法一：执行"绘图→表格"命令即可激活。

方法二：在命令行输入创建表格命令"TABLE"，按【Enter】键即可激活命令。

创建空白表格的具体操作方法如下。

▶▶ **原始素材文件**：无

▶▶ **最终结果文件**：光盘\结果文件\第7章\7-7-1.dwg

▶▶ **同步教学文件**：光盘\多媒体教学文件\第7章\7-7-1.mp4

1 进入"插入表格"对话框。执行"绘图→表格"命令即弹出"插入表格"对话框，如左下图。

2 设置表格初始内容。单击"从空表格开始"单选项，输入列数"8"，列宽"1000"；输入数据行数"3"，行高"200"，如右下图。

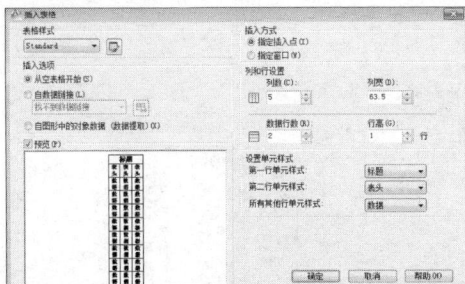

❸ 完成表格设置。单击"确定"按钮，如左下图。

❹ 完成空白表格创建。在绘图区单击指定表格插入点，如右下图。

7.7.2 在表格中输入文字

当表格外框建立以后，需要在表格中创建文字以使表格更完整。

在表格中创建文字的具体操作方法如下。

▶ 原始素材文件：无

▶ 最终结果文件：光盘\结果文件\第7章\7-7-2.dwg

▶ 同步教学文件：光盘\多媒体教学文件\第7章\7-7-2.mp4

❶ 插入表格。表格创建完成后，在绘图区单击指定插入点即弹出"文字格式"编辑器，如左下图。

❷ 输入文字内容。输入文字"室内周长面积表"，如右下图。

❸ 查看文字效果。按快捷键【Ctrl +A】全选当前文本，在编辑器内将文字高度改为"100"，单击"确定"按钮，效果如左下图。

❹ 更改文字高度。当前文字太小需要更改，双击文字弹出"文字格式"编辑器，按快捷键【Ctrl +A】全选当前文本，将文字高度改为"200"，如右下图，单击"确定"按钮。

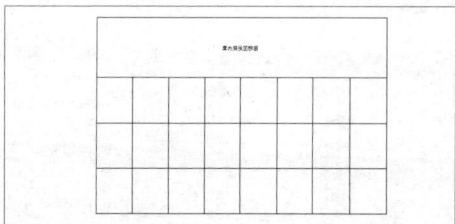

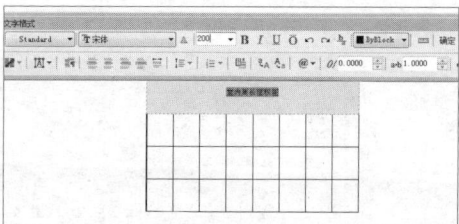

5 选择单元格。双击需要输入文字的单元格，如左下图；即弹出"文字格式"编辑器。

6 输入文字内容。将文字高度改为"150"，按【Enter】键；输入文字"房间名称"，如右下图。

7 单元格效果。单击"确定"按钮，效果如左下图。

8 表格效果。用上面的方法将单元格依次输入文字，如右下图。

7.7.3 添加和删除表格的行和列

当表格创建完成后会根据需要对当前表格的行和列进行相应的调整，如添加或删除行和列。

在表格中添加、删除行的具体操作方法如下。

▶▶ **原始素材文件**：光盘\素材文件\第7章\7-7-3.dwg

▶▶ **最终结果文件**：光盘\结果文件\第7章\7-7-3.dwg

▶▶ **同步教学文件**：光盘\多媒体教学文件\第7章\7-7-3.mp4

1 选择添加行的位置。单击需要插入行的下方单元格弹出"表格"编辑器，如左下图。

2 添加行。单击"表格"编辑器左方的"在上方插入行"按钮 即在当前单元格上方添加一行，如右下图。

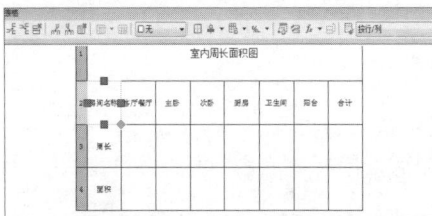

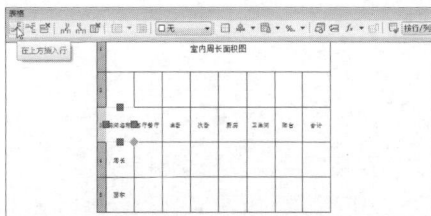

3 在当前单元格下方添加行。单击"在下方插入行"按钮 ，在当前单元格下方添加一行，如左下图。

4 删除行。选择需要删除行的任意单元格，单击"删除行"按钮 ，当前单元格所在行即被删除，下方单元格自动被选中，如右下图。

知识链接——插入和删除列

在编辑表格的行列中，关于添加和删除行的方法如上所述，添加和删除列的方法和相关操作与添加删除行是一样的。选择需要添加列的左方或右方单元格，单击"在左侧插入列"按钮 或"在右侧插入列"按钮 ；需要删除列时，只需要单击选择需要删除列的任意单元格，单击"删除列"按钮 即可。

7.7.4 调整表格的行高和列宽

在表格编辑和修改的过程中，有时候需要对表格的行高和列宽进行调整。调整表格行高和列宽的具体操作方法如下。

▶▶ **原始素材文件**：光盘\素材文件\第7章\7-7-4.dwg
▶▶ **最终结果文件**：光盘\结果文件\第7章\7-7-4.dwg
▶▶ **同步教学文件**：光盘\多媒体教学文件\第7章\7-7-4.mp4

1 选择需要调整的表格。单击需要调整行高和列宽的表格，如左下图。

2 调整表格高度。单击表格下方的三角形控制点，鼠标指针向上移即可将行高降低，如右下图。（鼠标指针往下移可使行高增加）

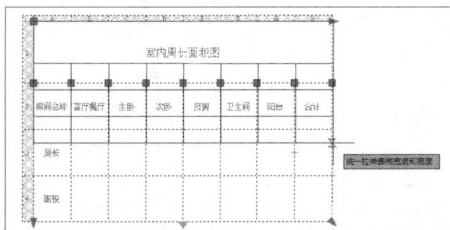

3 在适当位置确定表格高度。在适当位置单击，确定"行高"，如左下图。

4 调整表格宽度。单击表格右方的三角形控制点，鼠标向右移可增加列宽，在适当位置单击确定列宽，如右下图。

7.7.5　合并表格单元格

　　单元格是组成表格最基本的元素，在编辑表格时有可能只需要调整某一个单元格即可完成表格调整，如合并单元格。

　　合并单元格的具体操作方法如下。

▶▶ **原始素材文件**：光盘\素材文件\第7章\7-7-5.dwg
▶▶ **最终结果文件**：光盘\结果文件\第7章\7-7-5.dwg
▶▶ **同步教学文件**：光盘\多媒体教学文件\第7章\7-7-5.mp4

1 选择需要合并的单元格。选择需要合并的单元格，单击"合并单元格"按钮；在下拉菜单里单击"全部"命令，如左下图。

2 合并单元格。在弹出的"表格-合并单元"对话框内单击"是"按钮，如右下图。

3 选择需要合并的单元格。单元格合并完成，如左下图。

4 取消合并单元格。如果要将合并的单元格取消合并，可选择对象，单击"表格"编辑器中的"取消合并单元"按钮，如右下图。

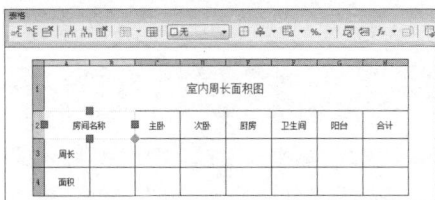

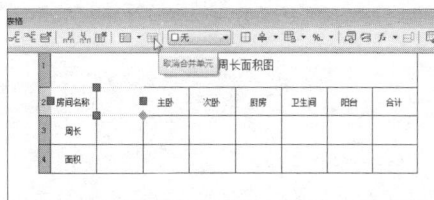

7.7.6 设置单元格的数据格式

一份表格中必然有文字和数据内容，在AutoCAD中同样可以设置数据格式。设置单元格数据格式的具体操作方法如下。

▶▶ **原始素材文件**：光盘\素材文件\第7章\7-7-6.dwg
▶▶ **最终结果文件**：光盘\结果文件\第7章\7-7-6.dwg
▶▶ **同步教学文件**：光盘\多媒体教学文件\第7章\7-7-6.mp4

1 给单元格数据设置格式。选择输入数据的单元格，单击"数据格式"按钮；在下拉菜单中单击"小数"命令，如左下图。

2 更改数格格式。单元格内显示的数据格式与需要不符，要进行更改；单击"数据格式"按钮中的"自定义表格单元格式"命令，如右下图。

3 给单元格数据设置格式。在弹出的"表格单元格式"中的"格式"栏单击"小数"，在"精度"下拉列表中选择两位小数，如左下图。

4 更改数据格式。单击"确定"按钮，数据格式设置完成，如右下图。

> **大师心得** 在"表格"编辑器的"数据格式"下拉列表中列举了常用的一些数据格式，需要时直接单击即可；若列表中没有需要的数据格式，单击"自定义表格单元格式"命令，在弹出的"表格单元格式"对话框内单击"其他格式"按钮 其他格式(O)... 即可自己设置相应的数据格式。

7.7.7 设置单元格的对齐方式

在一个表格中因为有文字和数字，还有其他格式的存在，所以必须将所有内容对齐以使表格更加美观实用。

使单元格内容对齐的具体操作方法如下。

1 选择需要设置的单元格。选择需要设置对齐方式的单元格，单击"对齐"按钮的下拉按钮，如左下图。

2 设置对齐方式。在下拉菜单里单击"正中"命令，效果如右下图。

大师心得 在给单元格设置对齐方式时，选择一个单元格可给该单元格设置对齐方式；若多个单元格的对齐方式相同，可选择这些单元格，再设置对齐方式，即可一次完成多个单元格的对齐方式设置。在AutoCAD中，因为选择方法不同，所以选择的对象和最后的效果也不尽相同。

技能实训 绘制原始户型图并标注

本实例主要是起着承前启后的作用，一是对前面所学基础知识的运用和总结，二是对本章学习内容的巩固和加强，以及一些知识点的深入，主要是线性型标注、连续型标注以及文字命令的灵活运用。

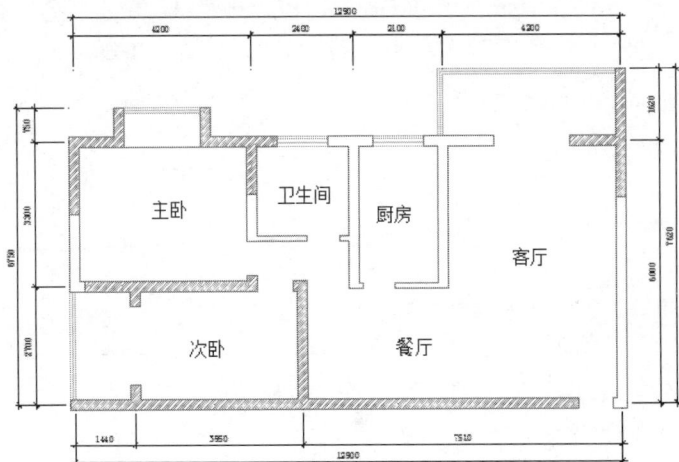

▶▶ **原始素材文件**：光盘\素材文件\第7章\技能实训.dwg
▶▶ **最终结果文件**：光盘\结果文件\第7章\技能实训.dwg
▶▶ **同步教学文件**：光盘\多媒体教学文件\第7章\技能实训.mp4

本例难易度	制作关键	技能与知识要点
★★★★☆	本实例首先打开素材，将户型中的尺寸依次绘制出来；注意必须先绘制对象的详细尺寸标注，还要再绘制一个总的尺寸标注。接着使用文字命令将户型功能区标注出来，完成原始户型图的绘制。	• "线性标注"、"连续标注"命令 • "文字"命令 • "复制"命令 • "移动"命令

1 打开素材。打开素材文件"技能实训.dwg"，如左下图。

2 新建并设置标注样式。新建"建筑装饰样式"，将超出标记设为"100"，超出尺寸线设为"80"，起点偏移量设为"100"，箭头设为"建筑标记"，引线设为"点"，箭头大小设为"100"，文字高度设为"150"，从尺寸线偏移设为"80"，单位为小数"0"，效果如右下图，单击"关闭"按钮。

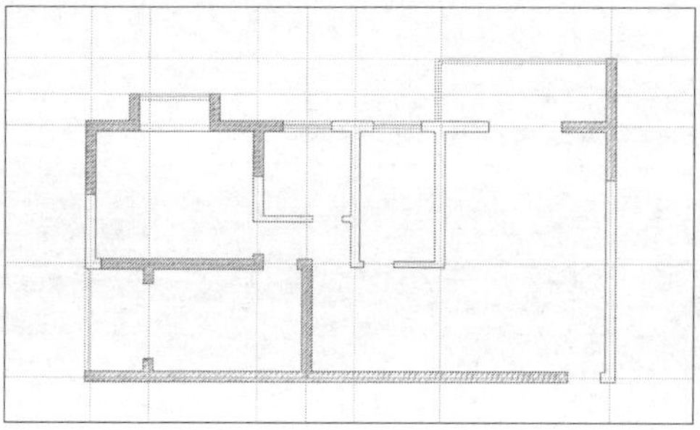

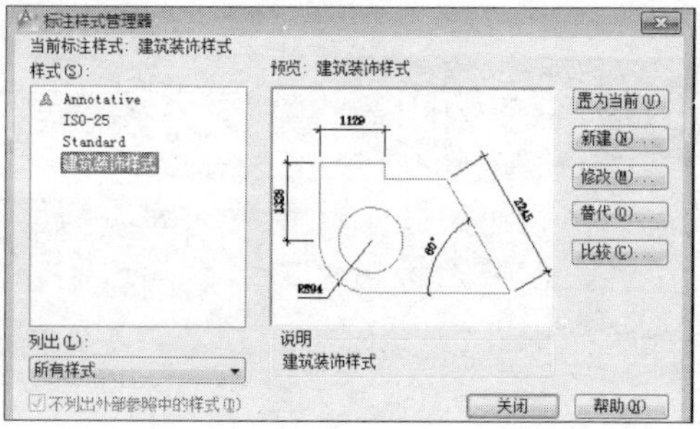

3 指定标注起点。输入直线标注"DLI"，按【Enter】键；单击房屋外墙中线辅助线确定标注起点，如左下图。

4 指定标注终点。单击中线辅助线确定标注终点，如右下图。

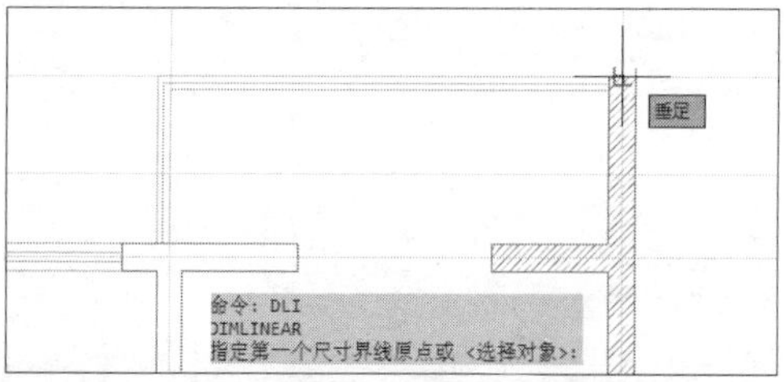

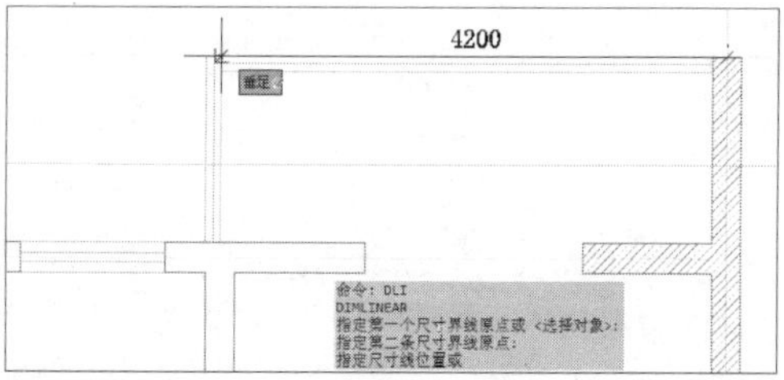

5 指定尺寸线位置。鼠标往上移并输入标注对象与尺寸线位置的距离"800"，按【Enter】键，如左下图。

6 连续标注。此时输入连续标注"DCO"，按【Enter】键即新建了以上一个标注的终点为起点并自动继承其特性的线性标注，如右下图。

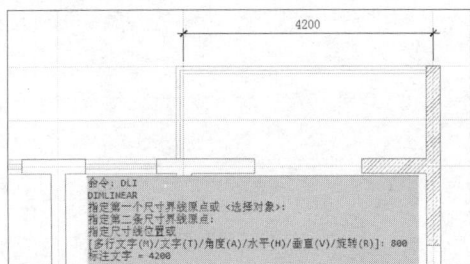

⑦ 指定尺寸线位置。此时单击指定标注的终点即可，如左下图。

⑧ 连续标注。依次单击中线辅助线，效果如右下图；完成标注后按【Enter】键两次终止连线标注命令。

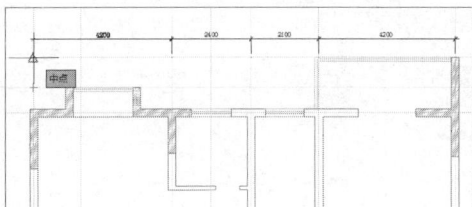

⑨ 标注总尺寸线。此时单击直线标注的起点，如左下图。

⑩ 标注完成。单击直线标注的终点，如右下图；鼠标往上移并输入标注对象与尺寸线位置的距离"1200"，按【Enter】键，完成总尺寸线的标注。

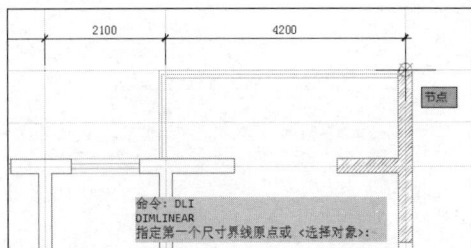

⑪ 标注户型左侧尺寸。用与上面相同的方法将户型左侧的尺寸标注出来，如左下图。

⑫ 标注户型右侧尺寸。用与上面相同的方法将户型右侧的尺寸标注出来，如右下图。

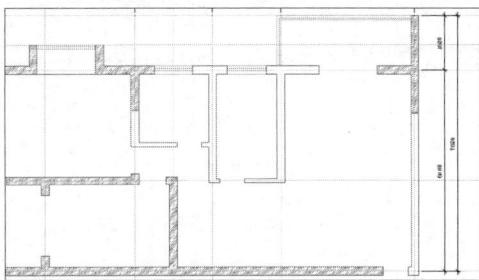

⑬ 标注户型下方尺寸。用与上面相同的方法将户型下方的尺寸标注出来，如左下图。

⚫14 完成尺寸标注。标注完成后，将辅助线图层从图层特性管理器中关闭，最终效果如右下图。

⚫15 创建并设置单行文字格式。使用单行文字创建房间名称，将文字高度设为"200"，如左下图。

⚫16 输入文字内容。输入文字"主卧"，按【Enter】键两次确定，如右下图。

⚫17 调整文字。将文字移动到适当位置并调整文字高度，如左下图。

⚫18 复制文字。将房间名称依次复制，效果如右下图。

⚫19 依次修改房间名称。双击需要修改的房间名称依次修改，如左下图。

⚫20 完成房间名称创建。修改完成，最终效果如右下图。

大师
心得　　　　在绘制室内平面图的标注时，一定要注意根据实际尺寸来标注。因为现在所绘制的前期平面图是为了后面设计室内装饰用的，所以必须确保当前尺寸和现场一致；但是在标注尺寸时，会遇到几种情况：一是根据客户所提供的房屋尺寸来绘制户型平面图，这种情况一般是根据墙的中线来绘制尺寸标注，如墙厚为"240"，那么中线位置就是墙的"120"处，上面所讲的中线辅助线就是这种情况。二是现场测量房屋得到的室内尺寸，这时候在绘制尺寸标注时就最好使用内线标注，以符合实际情况。

本章小结

　　　本章主要是对前期所绘制图形所做的补充和完善，一定要重点掌握尺寸标注的各项内容和文本的相关内容，这两部分知识在整个AutoCAD软件的学习中都是非常重要的。

Chapter 08

查询、打印

本章导读
BEN ZHANG DAO DU

上一章主要讲解了AutoCAD 2012中尺寸标注和文字标注以及表格的内容。本章主要是在前面所学的基础内容上做补充，在图形绘制完成后，对查询命令的使用，以及图形的输入、输出，图纸的打印等内容进行讲解。

知识要点
ZHI SHI YAO DIAN

- 熟练掌握查询命令的使用
- 掌握输入图形的使用方法
- 理解并掌握输出图形的使用方法和技巧
- 熟练掌握图纸打印的方法

案例展示
AN LI ZHAN SHI

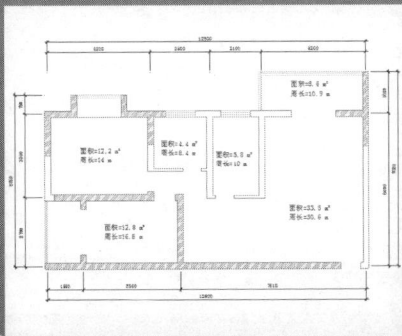

8.1 知识讲解——查询

　　使用AutoCAD提供的查询功能可以对图形的属性进行分析与查询操作，还可以直接测量点的坐标、两个对象之间的距离、图形的面积与周长以及线段间的角度等。下面将具体介绍各种图形查询的功能。

8.1.1 距离查询

　　查询距离（DIST）命令用于测量一个AutoCAD图形中两个点之间的距离；在查询距离时，如果忽略Z轴的坐标值，使用"距离查询"命令计算的距离将采用第一点或第二点的当前距离。

　　激活距离查询命令的方法如下。

　　方法一：执行"工具→查询→距离"命令即可激活。

　　方法二：在查询工具栏单击"距离" 命令。

　　方法三：在命令行输入距离查询命令"DI"，按【Enter】键即可激活命令。

　　使用距离查询命令的方法步骤如下。

▶ **原始素材文件**：无

▶ **最终结果文件**：光盘\结果文件\第8章\8-1-1.dwg

▶ **同步教学文件**：光盘\多媒体教学文件\第8章\8-1-1.mp4

1 绘制素材。绘制一个矩形，如左下图。

2 输入查询命令。输入距离查询命令"DI"，按【Enter】键，如右下图。

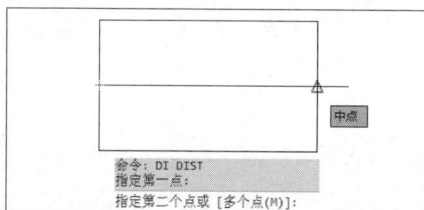

3 指定查询距离。单击指定查询距离的第一点矩形左垂直线中点处，鼠标右移指定查询距离的第二点矩形右垂直线中点处，如左下图。

4 完成距离查询。在命令栏显示距离查询的数据，如右下图。

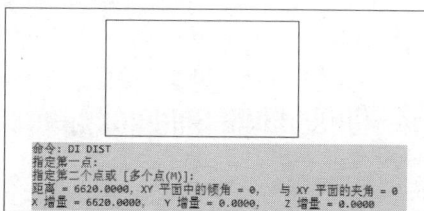

8.1.2 半径查询

在建筑装饰制图中，常常需要查询对象的半径（MEASUREGEOM）以便了解对象的情况并对当前图形进行调整。

激活半径查询命令的方法如下。

方法一： 执行"工具→查询→半径"命令即可激活。

方法二： 在命令行输入查询命令"MEA"，按【Enter】键；输入半径选项"R"，按【Enter】键即可激活命令。

使用半径查询命令的方法步骤如下。

1 绘制素材。绘制一个圆，输入半径查询命令"MEA"，按【Enter】键，如左下图。

2 输入查询命令。输入半径选项"R"，按【Enter】键；单击选择圆弧或圆，命令历史区显示当前对象的半径和直径，如右下图。

```
命令: MEA
MEASUREGEOM
输入选项 [距离(D)/半径(R)/角度(A)/面积(AR)/体积(V)] <距离>:
```

```
输入选项 [距离(D)/半径(R)/角度(A)/面积(AR)/体积(V)] <距离>: R
选择圆弧或圆:
半径 = 500.0000
直径 = 1000.0000
```

3 完成半径查询。此时命令提示与输入行显示为："输入选项 [距离(D)/半径(R)/角度(A)/面积(AR)/体积(V)/退出(X)] <半径>:"，按【Esc】键退出半径查询命令。

> **大师心得** 在使用半径查询命令查询对象时，当命令行显示为："输入选项 [距离(D)/半径(R)/角度(A)/面积(AR)/体积(V)/退出(X)] <半径>:"时，按【Enter】键即可单击选择圆弧或圆查询并显示该对象半径和直径；若对象只有一个，此时即可按【Esc】键退出半径查询命令。若查询多个对象，按【Enter】键即可查询下一个对象的半径和直径，完成查询后按【Esc】键退出半径查询命令即可。

8.1.3 角度查询

角度查询命令主要是测量选定对象或点序列的角度。

激活角度查询命令的方法如下。

方法一： 执行"工具→查询→角度"命令。

方法二： 在命令行输入查询命令"MEA"，按【Enter】键，输入角度选项"A"，按【Enter】键即可激活命令。

使用角度查询命令的方法步骤如下。

➡➡ **原始素材文件**：无

➡➡ **最终结果文件**：光盘\结果文件\第8章\8-1-3.dwg

➡➡ **同步教学文件**：光盘\多媒体教学文件\第8章\8-1-3.mp4

1 绘制素材。绘制一个矩形，输入查询命令"MEA"，按【Enter】键，如左下图。

2 输入查询选项。输入角度选项"A"，按【Enter】键，如右下图。

命令：MEA
MEASUREGEOM
输入选项 [距离(D)/半径(R)/角度(A)/面积(AR)/体积(V)] <距离>：

输入选项 [距离(D)/半径(R)/角度(A)/面积(AR)/体积(V)] <距离>：A
选择圆弧、圆、直线或 <指定顶点>：

3 选择查询对象。在命令行显示"选择圆弧、圆、直线或 <指定顶点>："时单击组成角的其中一条边，如左下图。

4 完成查询命令。在命令行显示"选择第二条直线："时单击组成角的另一条边，命令栏就会显示当前角的角度值，如右下图。

输入选项 [距离(D)/半径(R)/角度(A)/面积(AR)/体积(V)/退出(X)] <角度>：A
选择圆弧、圆、直线或 <指定顶点>：
选择第二条直线：

选择第二条直线：
角度 = 90°

5 退出查询命令。接着上一步的操作，命令提示与输入行显示为："输入选项 [距离(D)/半径(R)/角度(A)/面积(AR)/体积(V)/退出(X)] <半径>："，此时按【Esc】键退出查询命令。

8.1.4　面积和周长查询

在AutoCAD中可以使用面积（AREA）查询命令将图形的面积和周长测量出来。在使用此命令测量区域面积和周长时，需要依次指定构成区域的角点。

激活面积查询命令的方法如下。

方法一：执行"工具→查询→面积"命令即可激活。

方法二：在命令行输入查询命令"MEA"，按【Enter】键；输入面积选项"AR"，按【Enter】键即可激活命令。

方法三：在命令行输入面积查询命令"AA"，按【Enter】键即可激活命令。

使用面积查询命令的具体操作步骤如下。

▶ **原始素材文件**：光盘\素材文件\第8章\8-1-4.dwg

▶ **最终结果文件**：光盘\结果文件\第8章\8-1-4.dwg

▶ **同步教学文件**：光盘\多媒体教学文件\第8章\8-1-4.mp4

1 打开素材。打开素材文件"8-1-4.dwg"，如左下图。

2 输入面积查询命令并执行。输入面积查询命令"AA"，按【Enter】键，单击指定当前区域的第一个角点，如右下图。

3 指定下一个角点。在组成当前面积区域的第二个角点处单击，如左下图。

4 继续指定角点。单击指定组成当前面积区域的下一个角点，如右下图。

5 继续指定下一个角点。单击指定组成当前面积区域的下一个角点，继续单击指定下一个角点，如左下图。

6 继续指定角点。继续单击指定组成当前面积区域的下一个角点，单击指定下一个角点，如右下图。

7 指定下一个角点。依次指定角点，最后在起点位置单击，如左下图。

8 继续指定角点。按【Enter】键确定，当前区域的面积和周长即显示在命令栏中，如右下图。

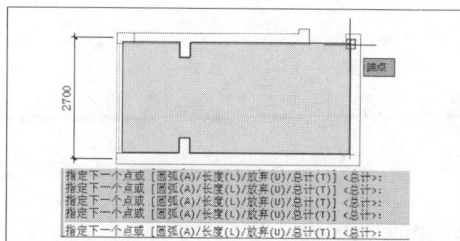

8.1.5 列表显示

查询命令中的列表（LIST）命令主要是将当前所选择对象的各种信息用文本窗口的方式显示出来供用户查阅。

激活列表查询命令的方法如下。

方法一： 执行"工具→查询→列表显示"命令即可激活。

方法二： 在命令行输入列表查询命令"LI"，按【Enter】键即可激活命令。

使用列表查询命令的具体操作如下。

1 打开素材。打开素材"卧室.dwg"。

2 绘制查询对象。使用多段线命令绘制封闭的区域对象，单击所绘制的对象，效果如左下图。

3 输入面积查询命令。输入列表查询命令"LI"，按【Enter】键；在完成面积和周长的查询后，选择多段线并删除，如右下图。

> **大师心得** 在使用查询命令查询对象面积和周长时，"面积"命令和"列表"命令都可以查询并显示当前对象的面积和周长。但要注意"面积"命令是根据所指定的角点来确定区域并计算此区域的面积和周长的；而"列表"命令只针对封闭的对象才能显示此对象区域的面积和周长。

8.1.6 点坐标查询

使用点坐标（ID）命令可以测量点的坐标，将列出指定点的X、Y和Z值，并将指定点的坐标存储为上一点坐标。

激活点坐标查询命令的方法如下。

方法一： 执行"工具→查询→点坐标"命令即可激活。

方法二： 在命令行输入点坐标查询命令"ID"，按【Enter】键即可激活命令。

使用点坐标查询命令的方法步骤如下。

1 绘制素材。绘制一条直线，输入"ID"，按【Enter】键，如左下图。

2 单击需要查询的点。单击需要查询的点，按【Enter】键，如右下图。

8.2 知识讲解——图形的输入、输出

在AutoCAD中可以将图形以各种格式输入、输出到文件，进行格式转换供其他应用程序使用。这样就可合理有效地使用不同的应用软件，以达到特殊应用的目的，使各应用软件能够实现图形和数据资源共享。

8.2.1 输入图形

在使用AutoCAD软件的过程中，有时候需要将不是DWG格式的文件导入图形中进行相关处理。

使用导入图形的方法步骤如下。

▶ **原始素材文件：** 光盘\素材文件\第8章\沙发.wmf

▶ **最终结果文件：** 光盘\结果文件\第8章\8-2-1.dwg

▶ **同步教学文件：** 光盘\多媒体教学文件\第8章\8-2-1.mp4

1 执行命令。执行"文件→输入"命令，如左下图。

2 弹出对话框。弹出"输入文件"对话框，如右下图。

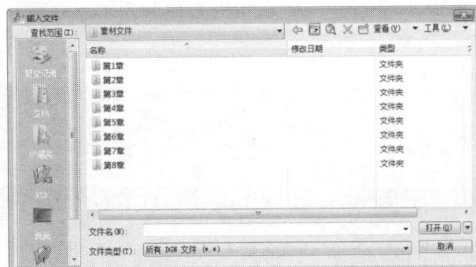

❸ 查找所需要的文件。在"文件类型"中选择需要的文件类型，如"图元文件"；在查找范围中找到所需要的文件夹，点击需要的文件，如左下图。

❹ 打开文件。选择所需要的文件后，单击"打开"按钮，效果如右下图。

> **大师心得** 　　在使用"输入"命令时，程序默认的格式为"所有DGN文件（*.*）"，若需要输入的文件不是DGN文件支持的图形文件，会弹出"DGN-不支持的DGN文件"警示框；因此在选择输入的图形文件时，必须先在"文件类型"中选择文件所属的类型。若文件是AutoCAD本身的文件格式，直接用"打开"命令；只有输入的文件不是AutoCAD默认格式可以打开的情况下才用"输入"命令。

8.2.2　输出文件

输出文件是指将文件存为除AutoCAD本身默认格式之外的其他文件格式。

激活"输出文件"命令的方法和步骤如下。

❶ 执行命令。执行"文件→输出"命令，如左下图。

❷ 弹出对话框。弹出"输出数据"对话框，如右下图。

❸ 输出文件。在"输出数据"对话框的文件名后输入文件名并选择好输出格式，单击"保存"按钮，即可以指定的格式输出图形文件。

AutoCAD可以将图形输出为以下格式的文件。

- DWF：输出为3DStudio（MAX）可接受的格式文件。相关命令：3DSOUT。
- DWFX：输出为3D类型可接受的格式文件。
- FBX：该文件格式是用于三维数据传输的开放式框架，它增强了 Autodesk 程序之间的互操作性。

- WMF：输出为Windows图元文件，以供不同Windows软件调用，它的特点是在其他Windows软件中图元特性不变。相关命令：WMFOUT。
- SAT：输出为ACIS实体对象文件。相关命令：ACISOUT。
- STL：输出为实体对象立体图文件。相关命令：STLOUT。
- EPS：输出为封装的PostScript文件。相关命令：PSOUT。
- DXX：输出为DXX属性抽取文件。相关命令：ATTEXT。
- BMP：输出为设备无关的位图文件，可供图像处理软件（如Photoshop软件）调用。相关命令：BMPOUT。
- DWG：输出为AutoCAD图形块文件，可供不同版本CAD软件调用。相关命令：WBLOCK。
- DNG：输出为DNG线型图形文件。
- IGES：可以将选定对象输出为新的 IGES（*.igs 或 *.iges）文件，该文件可以由其他CAD系统读取。

8.2.3 输出DWF文件

为了更方便快捷地打开和传输AutoCAD图形，可以将文件存成电子文件。在默认情况下，创建的电子文件为压缩格式DWF，且不会丢失数据。

创建电子文件DWF的具体操作如下。

▶▶ **原始素材文件**：光盘\素材文件\第8章\8-2-3.dwg
▶▶ **最终结果文件**：光盘\结果文件\第8章\8-2-3.dwf
▶▶ **同步教学文件**：光盘\多媒体教学文件\第8章\8-2-3.mp4

1 执行命令。打开素材文件"8-2-3.dwg"，单击快速访问工具栏中的"打印"按钮，如左下图。

2 设置对话框内容。弹出"打印-模型"对话框，在"打印机/绘图仪"选项中的"名称"下拉列表中选择"DWF6 eplot.pc3"选项，如右下图，单击"确定"按钮。

3 执行命令。在弹出的"浏览打印文件"对话框中确定"保存于"的位置，输入文件名称并单击"保存"按钮，如左下图。

4 设置对话框内容。打开相应的文件夹，即可找到所保存的DWF文件，如右下图。

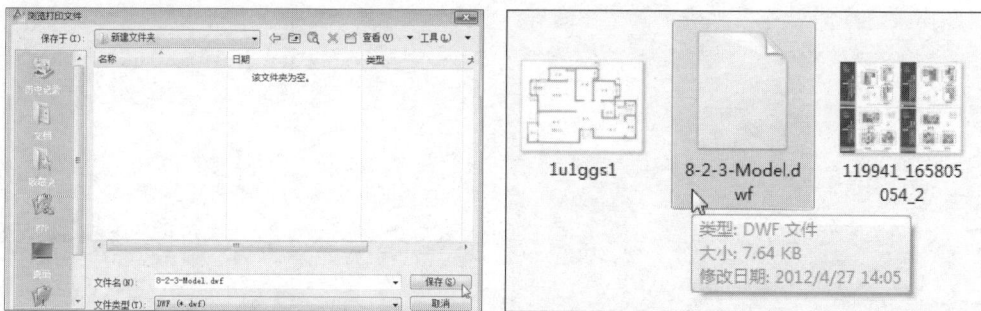

1u1ggs1   8-2-3-Model.d   119941_165805
                         wf   054_2

类型: DWF 文件
大小: 7.64 KB
修改日期: 2012/4/27 14:05

> 🛈 **知识链接——使用"输入、输出"的目的**
>
> 　　在AutoCAD中，使用输入、输出命令往往是因为所要使用的当前文件不是AutoCAD默认的格式，所以必须在相应的对话框中选择适当的"文件类型"，才能使其他格式的图形文件也能在AutoCAD中方便地打开。

8.3　知识讲解——图纸的打印

　　图形绘制完成后通常要打印到图纸上，也可以生成电子图纸，以便从互联网上访问。根据不同的需要，可以打印一个或多个视口，或设置选项以决定打印的内容在图纸上的布置。正确地设置打印参数，对确保最后打印出来的结果能够正确、规范有着非常重要的作用。

8.3.1　设置打印设备

　　为了获得更好的打印效果，在打印（PLOT）图纸之前，应该先对打印设备进行相关设置。

　　激活打印命令的方法如下。

　　方法一：执行"文件→打印"命令即可激活。

　　方法二：在快速访问工具栏内单击"打印"按钮🖶。

　　方法三：按快捷键【Ctrl +P】，弹出"打印-模型"对话框。

　　打印的具体操作步骤如下。

1 选择打印设备。输入打印命令"PLOT"，按【Enter】键弹出"打印-模型"对话框；在"打印机/绘图仪"下拉列表中选择打印设置，如左下图。

2 设置对话框内容。此时单击"特性"按钮弹出"绘图仪配置编辑器"对话框，如右下图，设置完成后单击"确定"按钮即可。

> **知识链接——"特性"按钮的使用**
>
> 在AutoCAD中进行打印设置时，只有选择了可用的打印设备之后，"特性"按钮才能使用并在"绘图仪配置编辑器"对话框中设置相关内容。没有选择打印设备之前，"特性"按钮呈灰色显示。

8.3.2 设置图纸尺寸

在打印图纸的过程中会根据打印机和纸张的情况判断当前应该设置的图纸尺寸，在"图纸尺寸"选项组中，显示所选打印设备可用的标准图纸尺寸。

设置图纸尺寸的方法和操作步骤如下。

1 页面设置。在"打印-模型"对话框中的"页面设置"栏单击"名称"后的下拉按钮，在下拉列表中选择"<上一次打印>"，如左下图。

2 设置对话框内容。图纸尺寸中会显示上一次打印的尺寸大小，若需要更换尺寸大小，可单击"图纸尺寸"下方的下拉按钮，在下拉列表中选择可用的尺寸大小，如右下图。

8.3.3 设置打印区域和方向

AutoCAD文件的绘图界限没有限制，在打印前必须设置图形的打印区域，以便更准确地打印图形。

1. 设置打印区域

在"打印区域"选项中的"打印范围"列表框中，包括"窗口"、"图形界限"、"显示"3个选项，如左下图。

其中各项含义如下。

- 窗口：打印指定窗口内的图形对象。
- 图形界限：选择该选项，只打印所设定的图形界限区域内的所有对象。
- 显示：选择该选项，可以打印当前屏幕显示的所有图形对象。

2. 设置打印方向

图形方向确定打印图形的位置是横向还是纵向，在"图形方向"选项组中可以设置图形的打印方向，如右下图。

其中各项含义如下。

- 纵向：图形的较长边位于竖直方向。
- 横向：图形的较长边位于水平方向。
- 上下颠倒打印：选中此复选框，可以进行颠倒打印，相当于将图纸旋转180°。

> **大师心得** 在使用打印范围的"窗口"选项时，如果当前所指定的窗口区域和需要打印的界限有偏差，可以单击此下拉按钮后面的"窗口"按钮 窗口(0)< ，"打印-模型"对话框暂时退出回到当前绘图窗口中，此时可重新指定打印界限，框定窗口区域后自动跳回"打印-模型"对话框。

8.3.4 设置打印比例

通常情况下，在绘制图形时一般按1:1的比例绘制，而在打印输出图形时则需要根据图纸尺寸确定打印比例。系统默认的是"布满图纸"，即程序自动调整缩放比例使所绘制的图形充满图纸。设置合适的打印比例，可以在出图时使图形更完整地显示出来，设置打印比例的方法有绘图比例和出图比例两种。

- 绘图比例：是在AutoCAD 绘制图形过程中所采用的比例。如果在绘图过程中用1个单位图形长度代表500个单位的真实长度，绘图比例则为1:500。
- 出图比例：是指出图时图纸上单位尺寸与实际绘图尺寸之间的比值，例如绘图比例为1:1000，而出图比例为1:1，则图纸上1个单位长度代表1000个实际单位的长度。若绘图比例为1:1，而出图比例为1000:1，则图纸上1个单位长度仍然代表0.001个实际单位长度。大比例的出图尺寸，一般在将大型机械设计图形打印到小图纸时才会用到。

在"打印比例"选项组中可以设置图形的打印比例。打印比例是将图形按照一定的因子进行放大或缩小显示状态，并不改变图形的形状，只是改变了图形在图纸上的显示大小。

> **大师心得** 选择"布满"复选项后，无法进行打印比例的设置，只能取消该选项后，才可以设置打印的比例。设置图形比例时可以在"比例"列表框中选择标准比例值，或者选择"自定义"选项中对应的两个数值框中设置打印比例。其中，第一个文本框表示图纸尺寸单位，第二个文本框表示图形单位。

8.3.5 设置打印样式表

打印出来的图纸线条层次是否清楚，整张图纸是否美观，都与"打印样式表"这部分内容分不开。

使用"打印样式表"的方法和具体操作步骤如下。

⏩ **原始素材文件**：无
⏩ **最终结果文件**：无
⏩ **同步教学文件**：光盘\多媒体教学文件\第8章\8-3-5.mp4

1 选择打印样式表。单击"打印样式表"下方的下拉按钮，在下拉菜单中选择"acad.ctb"样式，如左下图。

2 完成设置。此时会弹出"问题"对话框，显示"是否将此打印样式表指定给所有布局"，单击"是"按钮则此样式表将应用于所有布局中；单击"否"按钮此样式表只应用于当前图纸中，如右下图。

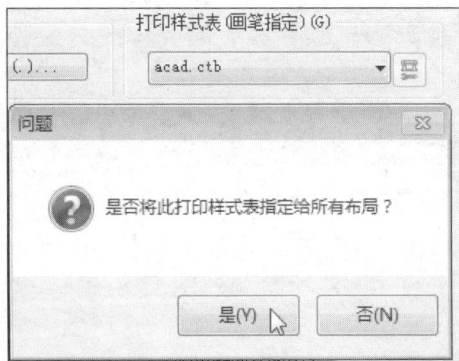

3 新建打印样式表。如果因为所设置的线型或线条颜色和其他人不一致，可单独新建打印样式表，在"打印样式表"下拉菜单中单击"新建"选项，如左下图。

4 新建打印样式表第一步。此时弹出"添加颜色相关打印样式表-开始"对话框，单击"创建新打印样式表"单选按钮，单击"下一步"按钮，如右下图。

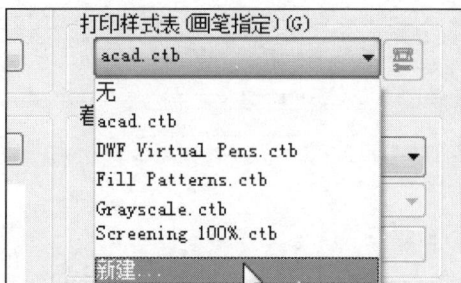

5 新建打印样式表第二步。弹出"文件名"对话框，在"文件名"下的文本框中输入样式表名称"ys1"，如左下图。

6 设置对话框内容。单击"下一步"按钮弹出"完成"对话框，单击"完成"按钮，如右下图。

7 完成新建打印样式表。单击"打印样式表"后的"编辑"按钮 🖫 弹出"打印样式表编辑器-ys1.ctb"对话框，如左下图。

8 设置特性内容。单击"颜色1"，将线宽设为"0.2"；单击"颜色3"，将线宽设为"0.25"；单击"颜色4"，将线宽设为"0.3"；单击"颜色6"，将线宽设为"0.35"，如右下图，设置完成后单击"保存并关闭"按钮。

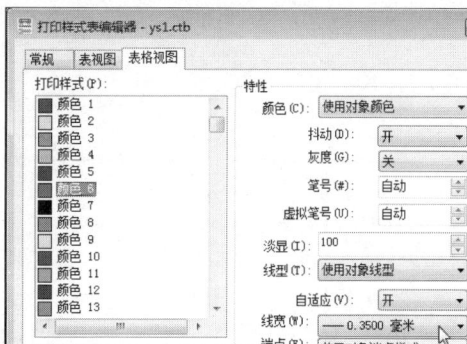

8.3.6 预览打印效果

完成打印设置后，还可以预览打印效果，如果不满意可以重新设置。AutoCAD都将按照当前的页面设置、绘图设备设置以及绘图样式表等，在屏幕上显示出当前设置的图形显示效果。

激活打印预览命令的方法如下。

方法一：执行"文件→打印预览"命令即可激活。

方法二：执行"菜单浏览器→打印→打印预览"命令，如左下图。

方法三：在命令行输入打印预览命令"PREVIEW"，按【Enter】键。

在设置完成打印参数后，执行"打印预览"命令，即可在屏幕上显示出最终要输出的图形效果，如右下图。

技能实训1 绘制楼梯并标注

本实例主要巩固前面几章所学的二维图形创建命令、二维图形修改命令和尺寸标注等方面的基础知识，重点掌握多段线命令的使用以及尺寸标注的排列，希望通过本实例能使所学各知识点内容融会贯通。

▶ 原始素材文件：无

▶ 最终结果文件：光盘\结果文件\第8章\技能实训1.dwg

▶ 同步教学文件：光盘\多媒体教学文件\第8章\技能实训1.mp4

本例难易度	制作关键	技能与知识要点
★★★★★	本实例首先使用多段线命令绘制楼梯外框，接着用直线命令绘制窗户，然后用矩形命令绘制楼梯扶手并移动到适当位置；再用直线命令绘制一级楼梯，使用阵列命令将楼梯阵列出来，使用镜像命令将两端楼梯绘制完整；最后用多段线命令绘制楼梯指示箭头和剖断线，并给楼梯加上相应标注内容。	• "多段线"、"直线"命令 • "矩形"命令 • "阵列"命令 • "镜像"命令 • "移动"命令 • "尺寸标注"命令

1 绘制楼梯外框。使用多段线命令绘制楼梯外边框，高为"4380"，长为"3080"，厚为"240"，如左下图。

2 绘制楼梯窗户。使用直线命令绘制楼梯窗户，窗户宽度为"1500"，如右下图。

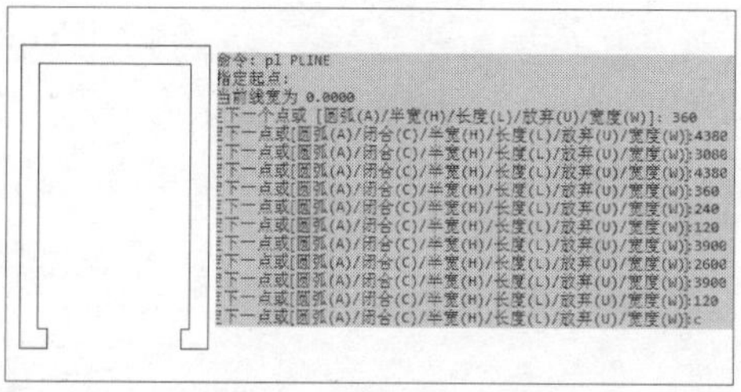

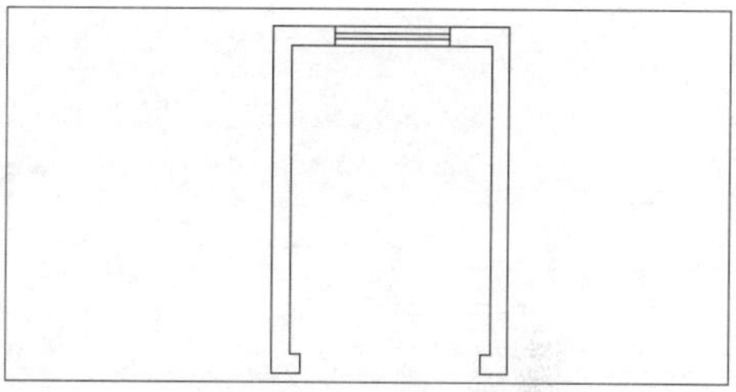

3 绘制楼梯扶手。使用矩形命令绘制楼梯扶手，并移动到适当位置后向内偏移"50"，如左下图。

4 楼梯一侧阶梯。从矩形左下角点开始用直线绘制楼梯阶梯，往上移动"200"，用阵列命令阵列10个阶梯，如右下图。

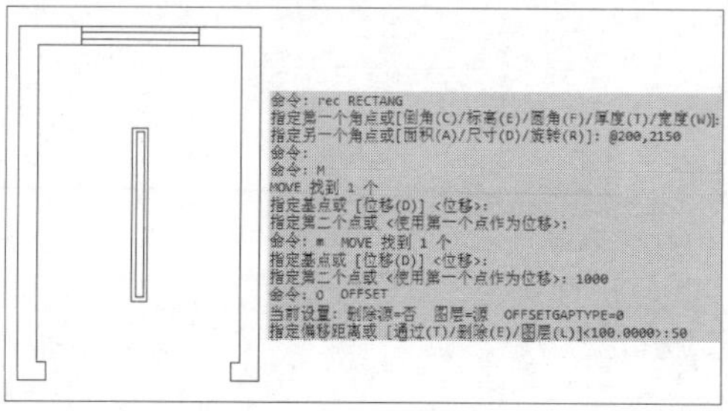

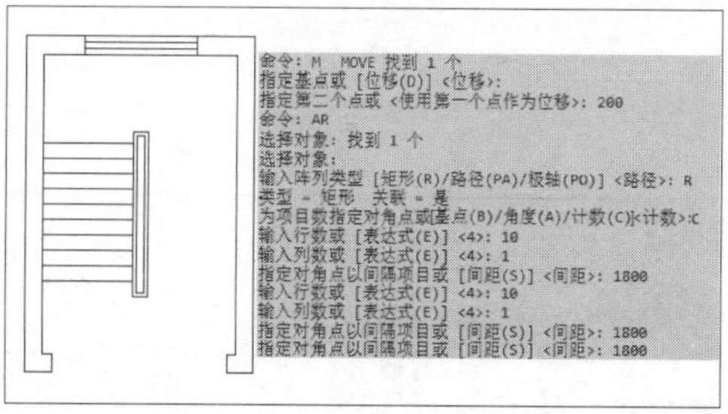

5 绘制另一侧楼梯。选择所绘制的楼梯，使用镜像命令以矩形中点为镜像线的两点将阶梯镜像复制到另一侧，如左下图。

6 绘制指示箭头。使用多段线命令中的子命令"半宽"将楼梯的指示箭头绘制出来，如右下图。

7 绘制剖断线。在箭头处将楼梯的剖断线绘制出来，如左下图。

8 标注尺寸。给楼梯外框标注尺寸，如右下图。

9 给榜样内框标注尺寸。依次给楼梯标注内框尺寸，如左下图。

10 楼梯绘制完成。最终效果如右下图。

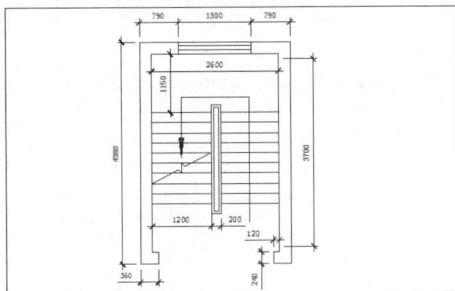

技能实训2 绘制面积周长图

　　本实例主要是起着承前启后的作用，一是对前面所学知识的总结，二是对本章学习内容的巩固和加强，主要是文字和测量命令的灵活运用，以及在绘制"面积周长图"时的注意事项。

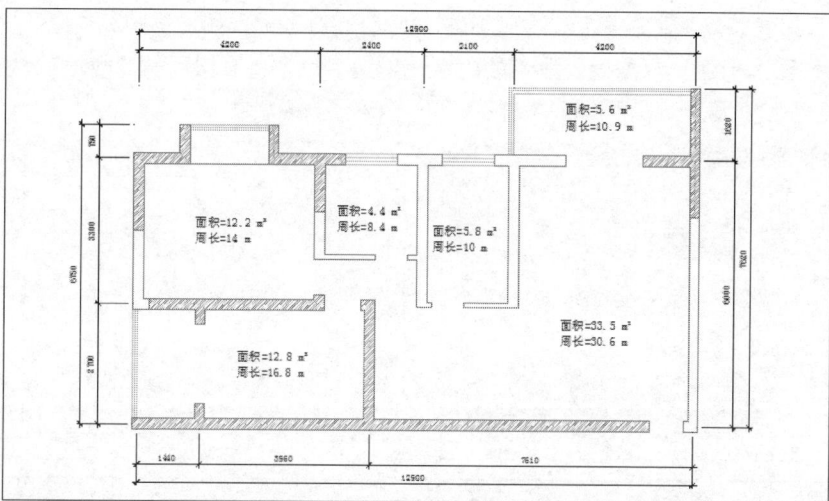

▶ **原始素材文件**：光盘\素材文件\技能实训2.dwg

▶ **最终结果文件**：光盘\结果文件\第8章\技能实训2.dwg

▶ **同步教学文件**：光盘\多媒体教学文件\第8章\技能实训2.mp4

本例难易度	制作关键	技能与知识要点
★★★★☆	本实例首先打开素材，使用多段线给需要测量的房间区域绘制一条封闭线段；接着将户型中的一个房间名称创建出来，然后在关闭正交模式的前提下使用复制命令将文字复制并移动到适当位置；然后使用测量命令将各房间中的面积周长测量并标注出来，最后一定要将作为辅助线存在的多段线删除。	• "多段线"命令 • "文字"命令 • "测量"命令 • "复制"命令 • "移动"命令

1 打开素材。打开素材文件"技能实训2.dwg"，使用多段线命令从内墙处开始绘制封闭区域起点，如左下图。

2 使用多段线命令给客厅餐厅绘制一个封闭区域。使用多段线命令从餐厅开始，经过过道至客厅，再回到餐厅绘制一个封闭的对象区域，单击此对象，如右下图。

❸ 测量此对象。输入列表显示命令"LI"，按【Enter】键，如左下图。

❹ 在户型图内标注。根据列表显示的内容使用文字命令将面积周长的数据创建出来，并移动到适当位置，如右下图。

面积=33.5 m²
周长=30.6 m

> **大师心得** 在查询对象面积和周长时，程序会自动将相关信息显示在命令栏或列表的文本窗口中，在其中显示的数据一般是小数格式，如"面积 33269400.0000 周长 30600.0000"，在实际使用时必须根据施工现场的情况在图纸上将数据列举出来，因为客户是需要根据此数据来购买施工材料的，所以根据列表显示的内容将数据标为："面积=33.5m²，周长=30.6m"。

❺ 依次复制文本。将客厅餐厅过道的"面积周长"标注文本依次复制到其他房间中，如左下图。

❻ 查询厨房面积周长。此时使用面积查询命令"AA"，沿厨房内墙面依次确定测量点，按【Enter】键；测量结果显示在命令栏历史区中，如右下图。

面积=33.5 m²
周长=30.6 m

> **大师心得** 在绘制图形的过程中，为了提高绘图效率和画面的统一性，在字体字号字型相同且部分文字相同的情况下，可以将此文字复制到其他位置，将不相同的部分内容进行更改。如本实例是绘制面积周长图，那么每个房间的数据都要标注出来，在完成一个房间的文字标注后，就可将此文字复制到其他房间中，当其他房间的数据测量出来后，直接更改后面的数据即可。

❼ 更改文本数据。双击厨房内的"面积周长"文本，将厨房的面积周长的实际数据标注在文本中，如左下图。

❽ 依次更改其他房间的面积周长数据。依次将卫生间、主卧、次卧的面积周长数据测

量出来，并将现文本标注中的数据根据实际测量结果进行标注，如右下图。

⑨ 给阳台绘制测量辅助线。沿阳台的内墙线绘制一个矩形，并使用列表显示测量出的数据，如左下图。

⑩ 完成标注。根据列表中的数据将阳台的数据标注到当前文本中，如右下图。

> **大师心得** 　　在查询对象面积和周长时，当房间比较方正时可以直接指定角点使用面积查询得到数据；当房间有棱角或者有阳台的时候可以使用列表查询，前提是必须要有封闭的辅助线。使用列表查询得到查询数据后，一定要把辅助线删除。

⑪ 完成标注并删除辅助线。依次选择户型中作为辅助线而存在的多段线并删除，最终效果如右图。

本章小结

　　本章主要是对前面所学基础知识的总结和完善，每一小节都是重要知识点，不管是在绘制图形的过程中还是图形已经绘制完成，这些知识的使用频率都很高。

Chapter 09

室内装饰设计必知必会

本章导读
BEN ZHANG DAO DU
>>>>>

室内装饰设计旨在满足人们使用及视觉感受的要求,而对目前现有的建筑物内部空间进行的加工、改造的过程。通过前几章的学习,大家已经掌握了在AutoCAD 2012中使用相关的基础绘图知识绘制图形。本章主要讲述什么是室内装饰设计以及在室内装饰设计行业中必须掌握的相关要素。

知识要点
ZHI SHI YAO DIAN
>>>>>

- 理解室内装饰设计的含义
- 掌握室内装饰设计的内容与特点
- 尤其注意室内设计与人体工程学的衔接
- 掌握室内装饰设计的相关因素
- 重点掌握室内装饰设计的原则
- 熟练掌握室内装饰设计的要点

案例展示
AN LI ZHAN SHI
>>>>>

9.1 行业链接——室内装饰设计简述

现代室内装饰设计是一门实用艺术，也是一门综合性科学。其所包含的内容同传统意义上的室内装饰相比，内容更加丰富、深入，涉及的相关因素更为广泛。室内设计泛指能够在室内建立的任何相关物件，包括：墙、窗户、窗帘、门、表面处理、材质、灯光、空调、水电、环境控制系统、视听设备、家具与装饰品的规划。

9.1.1 室内装饰设计的定义

室内装饰：装饰原义是指"器物或商品外表"的"修饰"，是着重从外表、视觉艺术的角度来探讨和研究的。例如对室内地面、墙面、顶棚等各界面的处理，装饰材料的选用，也可能包括对家具、灯具、陈设和小物品的选用、配置和设计。

对建筑内部空间所进行的设计装饰称为室内装饰设计，是运用物质技术和美学原理，为满足人类生活、工作的物质和精神要求，根据空间的使用性质、所处环境的相应标准所营造出美观舒适、功能合理、符合人类生理与心理要求的内部空间环境，与此同时还应该反映相应的历史文脉、环境风格和气氛等文化内涵。

室内装饰设计以人在室内的生理、心理和行为特点为前提，运用装饰、装修、家具、陈设、音响、照明、绿化等手段，并综合考虑室内各环境因素来组织空间，包括空间环境质量、艺术效果、材料结构和施工工艺等，结合人体工程学、视觉艺术心理、行为科学，从生态学的角度对室内空间做综合性的功能布置及艺术处理，以获得具有完善物质生活及精神生活的室内空间环境。室内设计是从建筑设计中的装饰部分演变出来的，是对建筑物内部环境的再创造。室内设计可以分为公共建筑空间和居家两大类别。

9.1.2 内容与特点

室内设计是对建筑设计的继续、深化、发展以及修改和创新，应该综合考虑功能、形式、材料、设备、技术、造价等多种因素，包括视觉环境、心理环境、物理环境以及技术构造和文化内涵的营造。

对人来讲建筑立面尺度是以满足审美需求为主要标准，而室内尺度则以满足功能需求为基本准则，建筑与室内在设计上的区别就在于尺度概念的不同。三种不同的行为心理尺度：亲昵尺度、私交尺度、社交尺度。

1. 室内装饰设计内容

室内设计由室内空间设计，室内建筑、装饰构件设计，室内家具与陈设设计，室内物理环境设计组成。

（1）室内空间设计

室内空间设计是进一步调整空间的尺度和比例，解决好空间的序列和空间的衔接、过渡、对比、统一等关系，是对建筑物提供的本身内部空间进行组织、调整、完善和再创造，是对建筑空间的细化设计。

进入21世纪后，室内设计观念是三维、四维的室内环境设计，由于室内设计受建筑设计的制约较大，这就要求室内设计师在进行设计构思的时候，应充分体会建筑的个性，深入了解原建筑的设计意图，然后进行总体的功能分析，对人流动向及结构等因素进行分析了解，决定是延续原有设计的逻辑关系，还是对建筑的基本条件进行改变。

（2）室内建筑、装饰构件设计

室内的实体构件主要是指天花板、墙面、地面、门窗、隔断以及护栏、梁柱等内容。而室内设计的装饰构件的设计，就是在此基础上，根据形式与功能原则，和原有建筑空间的结构构造方式对其进行具体深化的设计，设计的要求是用以满足私密性、风格、审美、文脉等生理和心理方面的需求。

这些实体的形式，包括界面的形状、尺度、色彩、材质、虚实、肌理等因素，可从空间的宏观角度来确定。除此之外，室内建筑、装饰构件的设计还包括了与水、暖、电等设备管线的交接和协调以及各种构件的技术构造等问题。

（3）室内家具与陈设设计

大多数的情况下室内设计师在室内设计中所充当的角色往往是选择与摆放家具为主。室内的家具与陈设设计一般指在室内空间中，设计师对家具、艺术品、软装、绿化等元素进行的规划和处理。以创造温馨和谐的室内环境，突出室内空间风格，调节室内环境色调，体现室内环境的地域特色，反映个体的审美取向。

当代室内陈设设计的原则是满足人们的心理需求，符合空间的色彩要求，符合陈设品的肌理要求以及触感要求，此外，布置灯具的同时还要考虑对光与色的要求。

（4）室内物理环境设计

适当的温度、湿度、良好的通风、适当的光照以及声音环境等，这些都是衡量环境质量的重要内容，且是当代室内环境设计中极为重要的方面之一，与科学技术的发展同步。

室内环境应该从生理、心理上，适应各种不同人群的需求，这就要求作为室内设计主导者的室内设计师对其应具有一定程度的了解，虽然未必都成为每个领域的专家，但是也要懂得具体的运用，以便在工作中能配合专业人员来开展工作。

总之，室内设计是物质与精神、科学与艺术、理性与感性并重的一门学科，旨在对人们的生活、工作和休息的空间进行改造，提高室内空间的生活环境质量。

2. 室内装饰设计特点

对室内设计含义的理解，以及它与建筑设计的关系，从不同的视角、不同的侧重点来分析，许多学者都有不少具有深刻见解、值得大家仔细思考和借鉴的观点。例如：认为室内设计"是建筑设计的继续和深化，是室内空间和环境的再创造"。认为室内设计是"建筑的灵魂，是人与环境的联系，是人类艺术与物质文明的结合。"

我国前辈建筑师戴念慈先生认为"建筑设计的出发点和着眼点是内涵的建筑空间，把空间效果作为建筑艺术追求的目标，而界面、门窗是构成空间必要的从属部分。从属部分是构成空间的物质基础，并对内涵空间使用的观感起决定性作用，然而毕竟是从属部分。至于外形只是构成内涵空间的必然结果。"

建筑大师普拉特纳（W.Platner）则认为室内设计"比设计包容这些内部空间的建筑物要困难得多"，这是因为在室内"你必须更多地同人打交道，研究人们的心理因素，以及如何能使他们感到舒适、兴奋。经验证明，这比同结构、建筑体系打交道要费心得多，也要求有更加专门的训练。"

美国前室内设计师协会主席亚当（G.Adam）指出"室内设计涉及的工作比单纯的装饰广泛得多，他们关心的范围已扩展到生活的每一方面，例如：住宅、办公、旅馆、餐厅的设计，提高劳动生产率，无障碍设计，编制防火规范和节能指标，提高医院、图书馆、学校和其他公共设施的使用率。总之一句话，给予各种处在室内环境中的人以舒适和安全。"

白俄罗斯建筑师Eo巴诺玛列娃（EoPonomaleva）认为，室内设计是设计"具有视觉限定的人工环境，以满足生理和精神上的要求，保障生活、生产活动的需求"，室内设计也是"功能、空间形体、工程技术和艺术的相互依存和紧密结合。"

（1）对人们身心的影响更为直接和密切

由于人的一生中极大部分时间是在室内度过，因此室内环境的优劣，必然直接影响到人们的安全、效率和舒适，室内空间的大小和形状，室内界面的线形图案等，都会给人们生理上、心理上有较强的长时间、近距离的感受，甚至可以接触和触摸到室内的家具、设备以至墙面、地面等界面，因此很自然地对室内设计要求更为深入细致，更为缜密，要更多地从有利于人们身心健康和舒适的角度去考虑，要从有利于丰富人们的精神文化生活的角度去考虑。

（2）对室内环境的构成因素考虑更为周密

室内设计对构成室内光环境和视觉环境的采光与照明、色调和色彩配置、材料质地和纹理，对室内热环境中的温度、相对湿度和气流，对室内声环境中的隔声、吸声和噪声背景等的考虑，都要有定量的标准。

（3）较为集中、细致、深刻地反映了设计美学中的空间形体美、功能技术美、装饰工艺美

如果说，建筑设计主要以外部形体和内部空间给人们以建筑艺术的感受，室内设计则以室内空间、界面线形以及室内家具、灯具、设备等内含物的综合，给人们以室内环境艺术的感受，因此室内设计与装饰艺术和工业设计的关系也极为密切。

（4）室内功能的变化、材料与设备的老化与更新更为突出

相比建筑设计，室内装饰设计与时间因素的关联更为紧密，更新周期趋短，更新节奏趋快。在室内设计领域里，可能更需要引入"动态设计"、"潜伏设计"等新的设计观念，认真考虑因时间因素引起的对平面布局、界面构造与装饰以至施工方法、选用材料等一系列相应的问题。

（5）具有较高的科技含量和附加值

现代室内设计所创造的新型室内环境，往往在电脑控制、自动化、智能化等方面具有新的要求，从而使室内设施、电器通信、新型装饰材料和五金配件等都具有较高的科技含量，如智能大楼、能源自给住宅、电脑控制住宅等。由于科技含量的增加，也使现代室内设计及其产品整体的附加值随之增加。

9.1.3 发展潮流

设计（DESIGN）是连接精神文明与物质文明的桥梁，人类寄希望于通过"设计"来改造世界，改善环境，提高人类生存的生活质量。随着社会的发展和时代的推移，现代室内设计具有以下所列的发展趋势。

1. 以人为本的设计理念，人性化设计

室内设计的理念即是以人为本，这是室内设计永远的主题。未来的室内设计也将延续和升华这一主题。由于室内空间环境的创造离不开使用者的切身需要，使用者的积极参与不仅体现了大众素质的提高，也使得设计师能在倾听使用者的想法和要求的过程中，把自己的设计构思与使用者进行沟通，达成共识，这将使

设计的使用功能更具实效，更为完善，有利于贴近生活、贴近大众的需求。

2. 生态、绿色及环保的设计理念

进入新世纪人们越来越深刻地反思自己在创造物质世界的同时给地球环境和人类健康造成的危害，自然、绿色、环保的环境意识已成了人们的共识。自然界中的素材、景物往往成了室内设计的素材，呼唤起人们对自然的爱护，使自然和谐安宁地与人和环境共存。从可持续发展的宏观要求出发，人们也开始注意考虑节能问题与节省室内空间，同时更注意装饰材料的环保化，创造人工环境与自然环境的相互谐调，以利于身心健康。

3. 多层次、多样化、多风格

室内设计作为一门新兴的学科，在现代的环境设计中得到了长足的进步。室内设计呈现出多层次、多样化、多风格的发展趋势已成必然。既有追求简洁明快，体现纯粹而高雅的抽象艺术之美的现代风格的室内设计；又有流露出质朴清新、充满田野风情、简朴自然为主题的室内设计；还有反映对文脉的重视，对历史文化的寻求，通过传统构件、古典符号的精心运用，营造怀旧的情怀的室内设计；更有以现代材质构筑富有时代感、体现高科技的空间环境设计；不同主题的构想，不同风格的展现，在注重艺术性表现的同时，创造适合人们生活和工作的优美环境。

4. 文化与艺术、时代感与历史文脉

当今，人们注重将生活环境和审美意识相结合，并不断上升到对人文因素的关注。从传统文化、古典艺术中寻找积极的元素，兼收并蓄地方风格、历史文化、传统风格、现代技术等因素，讲究装饰性、象征性、隐喻性，以新的装饰语言、新的表现形式丰富现代的室内设计。同时室内空间、界面线形，或室内家具、灯具、设备等内含物的整合协调，给人以环境艺术的感受。所以室内设计与装饰艺术、与工业设计的关系更为密切，并更注重在室内空间中体现精神因素及文化的内涵。

5. 更新周期加快

现代科学技术的飞速发展导致社会生活节奏的不断加快，生活质量不断提高，人们对其生活与工作环境、娱乐活动场所等提出了更高层次的要求，尤其在室内环境的更新上，更新周期相应缩短，节奏趋快。对空间质量的要求从物质体现向精神需求发展，个性化、多样化的设计已成为时代的潮流。所以，室内设计自身的规范化进程要进一步完善，使设计、施工、材料、设施、设备之间的协调和配套关系加强。

同时在设计、施工中，认真考虑因时间因素引起的对平面布局、界面构造与装饰等相应的一系列问题。如设施、选用材料的适当超前，设备的预留位置，装饰材料置换与更新的方便等，这些要求将会日益突出。

9.1.4 主要风格

室内设计风格的形成，是不同的时代思潮和地区特点，通过创作构思和表现，逐渐发展成为具有代表性的室内设计形式。一种典型风格的形式，通常是和当地的人文因素和自然条件密切相关，又要有创作中的构思和造型的特点。形成风格的外在和内在因素。风格虽然表现于形式，但风格具有艺术、文化、社会发展等深刻的内涵，从这一深层含义来说，风格又不停留或等同于形式。

1. 传统风格

室内装饰的传统风格，是指具有历史文化特色的室内风格。一般相对现代主义而言。强调历史文化的传承，人文特色的延续。传统风格即一般常说的中式风格、欧式风格、伊斯兰风格、地中海风格等。同一种传统风格在不同的时期、地区其特点也不完全相同。如欧式风格也分为：哥特风格，巴洛克风格，古典主义风格，法国巴洛克，英国巴洛克等；中式风格分为：明清风格，隋唐风格，徽派风格，川西风格等。

2. 现代风格

现代风格即现代主义风格。现代风格起源于1919年成立的包豪斯（Bauhaus)学派，强调突破旧传统，创造新建筑，重视功能和空间组织，注意发挥结构构成本身的形式美，造型简洁，反对多余装饰，崇尚合理的构成工艺，尊重材料的性能，讲究材料自身的质地和色彩的配置效果，发展了非传统的以功能布局为依据的不对称的构图手法。重视实际的工艺制作操作，强调设计与工业生产的联系。

3. 简约风格

欧洲现代主义建筑大师密斯的名言"简单就是美"被认为是代表着现代简约主义的核心思想。

简洁明快的简约主义，以简洁的表现形式来满足人们对空间环境的那种感性、本能的和理性的需求。将设计的元素、色彩、材料、照明简化到最少的程序，但是对色彩、材料的质感要求很高，这是简约主义的风格特色。因此，虽然简约的空间设计都非常含蓄，但是却往往能达到以简胜繁、以少胜多的效果。

简约主义设计风格，能让人们在越来越快的生活节奏中找到一种能够彻底放松，以简洁和纯净来调节转换精神的空间。

简约主义特别注重对材料的选择，所以，从初期的施工材料到后期的家具装饰等的投入，往往不低于施工部分的支出。

4. 欧式古典风格

欧式古典风格在空间上追求连续性，追求形体的变化和层次感。室内外色彩鲜艳，光影变化丰富。室内多用带有图案的壁纸、地毯、窗帘、床罩、及帐幔以及古典式装饰画或物件；为体现华丽的风格，家具、门、窗多做成白色，家具、画框的线条部位饰以金线、金边。古典风格是一种追求华丽、高雅的欧洲古典主义，典雅中透着高贵，深沉里显露豪华，具有很强的文化感受和历史内涵。

5. 地中海风格

地中海风格具有独特的美学特点。一般选择自然的柔和色彩，在组合设计上注意空间搭配，充分利用每一寸空间，集装饰与应用于一体，在组合搭配上避免琐碎，显得大方、自然，散发出的古老尊贵的田园气息和文化品位；其特有的罗马柱般的装饰线简洁明快，流露出古老的文明气息。在色彩运用上，常选择柔和高雅的浅色调，映射出它田园风格的本义。地中海风格多用有着古老历史的拱形状玻璃，采用柔和的光线，加之原木的家具，用现代工艺呈现出别有情趣的乡土格调。

6. 田园风格

如今的现代人，生活水平不断提高、生活节奏不断加快，尤其是在一个生活忙碌、紧张的城市中，那么"家"无疑成了下班后的最佳休息、放松的场所。所以家的装饰设计风格也是不可忽视的。

田园风格的装饰可以让一个人在休息时无形进入一个安静、自然、清新、内心大脑舒畅的幻觉环境。这样可以让人一天的紧张、疲惫完全得到放松。而且在就餐时也会让人的食欲大增，或在看书时也可以使人大脑清醒明亮。

7. 清新风格

这是一种在简约主义影响下衍生出来的一种带有"小资"味道的室内设计风格。尤其是随着众多的单身贵族的出现，这种小资风格大量地出现在各式的公寓装修之中。由于很多时候，他们的居住者没有诸如老人和小孩之类的成员，所以在装修中不必考虑众多的功能问题。他们往往强调一种随意性和平淡性。轻飘的白色纱帘配着一张柔软的布艺沙发，再堆放着一堆各种颜色的抱枕，就形成了一个充满懒洋洋氛围的室内空间。

8. 东南亚风格

东南亚风格崇尚自然，原汁原味，注重手工工艺而拒绝同质精神，其风格家居设计实质上是对生活的设计，比较符合时下人们追求时尚环保，人性化及个性化的价值理念，于是迅速深入人心。

色彩主要采用冷暖色搭配，装饰注重阳光气息。

9. 日式风格

日式风格有浓郁的日本特色，以淡雅、简洁为主要特点，采用清晰的线条，注重实际功能。居室有较强的几何感，布置优雅、清洁，半透明樟子纸、木格拉门和榻榻米木地板是其主要风格特征。

日式风格不推崇豪华奢侈、金碧辉煌，以淡雅节制、深邃禅意为境界的设计哲学，将大自然的材质大量运用于居室的装饰装修中。

9.1.5　室内设计与人体工程学

人体工程学的主要作用在于依据以人为中心，"为人而设计"的原则，运用人体测量、生理、心理计量等方法，研究人体的结构功能、心理等方面与室内空间环境的合理协调关系，使室内各个环境因素符合、适应人类的工作及生活需要，从而提高安全性、舒适性和工作效率。

1. 人体工程学概述

人体工程学是研究人—机（物）—环境相关的科学，除了建筑设计及室内设计之外，还被广泛用于军事、工业、农业、交通运输、企业管理等其他领域，是一门着重强调"以人为本"的学科。

"国际人类功效学会"给人体工程学下的定义为：人体工程学是研究人在工作环境中的解剖学、生理学、心理学等诸方面的因素，研究人—机器—环境系统中的交互作用着的各组成部分（即健康、安全、舒适、效率等）在工作中、生活中、休息的环境中，如何达到最优化的问题。

2. 感觉、知觉与室内设计

由于外界环境的刺激信息作用于人的感官而引起的各种生理、心理反映称为人的感觉、知觉。感觉、知觉是人类认识周围环境的重要手段。

深入了解人类的感觉、知觉特征，不但有利于了解人的生理、心理现象，还能为室内环境设计确定适应于人的标准提供参考，比如适宜的光线和温度、噪声问题以及空气质量等，有助于根据人的特点去建立环境与人的最适应关系，改善生活质量，提高工作效率。对室内设计有着重要的指导意义。

3. 行为心理与室内设计

环境心理学是心理学、行为学的分支学科，是研究人类行为与环境关系的一门学科，着重从心理学和行为学的角度探讨人与环境的最优关系。

空间设计应以人为本，只有在深入分析人、重视人的行为心理需要的基础上进行的空间设计，才能为人所接受和喜爱。

环境行为研究不仅涉及使用者的生理需要、活动模式需要，还包括使用者心理和社会文化的需要，是对传统设计三原则，即实用、经济、美观的深化和发展。

4. 人体的基本尺度

人体尺度问题是人体工程学的最基本内容，在工业产品设计、建筑与室内设计、家具设计、军事工业及劳动保护领域被广泛运用到，如下图。

室内设计师应用尺度的测量学结果，科学、合理地确定室内环境空间的各种尺度关系，对于提高环境质量、保证舒适、安全、高效等方面具有很大的指导意义，如下图。

会议桌形式

人体基本尺度

室内空间设计应用的人体尺寸包括结构尺寸和动能尺寸。

结构尺寸即人体的静态尺寸，是指人在标准的固定状态下测得的尺寸数据。其静态姿态大致可归纳为立姿、坐姿、蹲姿、跪姿、卧姿等，如下图。

动能尺寸即人体的动态尺寸，是指人体在进行活动时测得的尺寸，是由关节的活动、转动产生角度的变化及与肢体配合产生的范围尺寸，如下图。

动能尺寸的测量结果对于确定工作台及各种柜架、拉手、扶手的长度、宽度、高度、进深等各种尺寸具有极大的参考价值，如下图。

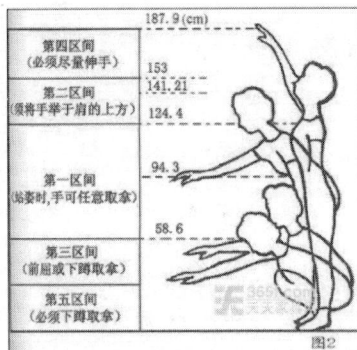

5. 特殊人群设计

在以数量众多的"正常人"身体条件为设计依据和标准的同时，不应该忽略和忘记在人群中占有相当比例的特殊人群，其中包括老人、残疾人以及病弱者和儿童。

20世纪初，在建筑学界产生了一种新的建筑设计方法——"无障碍设计"，旨在运用现代科学技术建设和改造环境，为广大的老弱病残孕提供行动方便和安全空间，创造一个"平行、和谐、参与"的环境。

无障碍设计要求在城市道路、公共建筑物和居住区的规划、设计、建设应方便老弱病残孕的通行和使用。

如城市道路应满足从轮椅者、拄拐杖者通行和方便眼疾者的通行，建筑物应考虑在空间出门口、底面、电梯、扶手、厕所、柜台等处设置残疾人可使用的相应设施和方便残疾人通行等。

9.2 行业链接——室内装饰设计的因素

现代室内装饰设计涉及的范围很广，但是设计的主要内容可以归纳为室内空间组织和界面处理以及室内光照、色彩设计和材质选用和室内物件，如家具、陈设、灯具、绿化等的设计和选用，这些内容其实是一个有机联系的整体：光、色、形体让人们能综合地感受室内环境，光照下界面和家具等是色彩和造型的依托"载体"，灯具、陈设又必须和空间尺度、界面风格相协调。这些都是室内装饰设计中的基本因素。

9.2.1 色彩因素

构成室内环境的要素必须同时具有形体、质感和色彩。色彩会使人产生各种各样的情感，以及使形体产生显眼的效果。在进行色彩设计时，必须首先考虑室内的空间效果。室内色彩除对视觉环境产生影响外，还直接影响人们的情绪、心理。科学的用色有利于工作，有助于健康。色彩处理得当既能符合功能要求又能取得美的效果。室内色彩除了必须遵守一般的色彩规律外，还随着时代审美观的变化而有所不同。

1. 色彩在建筑装饰设计中的作用

色彩对人引起的视觉效果反应在物理性质方面，如冷暖、远近、轻重、大小等，这不但是由于物体本身对光的吸收和反射不同的结果，而且还存在着物体间的相互作用的关系所形成的错觉，色彩的物理作用在室内装饰设计中可以大显身手。

（1）室内色彩的作用与效果

色彩的物理作用如下。

- 温度感：色彩有暖色系、冷色系之分；从十二色相环来看，橙色为最暖色，青色最冷，黑白灰和金银等色称为中性色。可以利用色彩的冷暖来调节室内的温度感。如在北方长年不见阳光的居室就适用于选用暖色系的色彩，也可利用材质表面的质感来辅助表达色彩的温度感。
- 距离感：在人与物体距离一定的情况下，物体的色彩不同，人对物体的距离感受也有所不同，这就是色彩的距离感，色彩的距离感与色相有关系。
- 重量感：色彩的重量感是通过色彩的明度、纯度来确定的；材料有光泽、质感细质、坚硬给人以重的感觉；物体表面结构松、软，给人的感觉就轻。
- 尺度感：膨胀色与收缩色；色彩的尺度主要取决于色彩的明度、色相。明度越高，尺度感加强，反之收缩感更强。

色彩的心理效果如下。
- 色彩的心理效果是指色彩在人的心理上产生的反应，每个地区、民族对色彩的感情不尽相同，带给人的联想也不一样。

色彩的生理效果如下。
- 视觉平衡

（2）色彩的对比与协调

色彩的对比。
- 色彩对比指两个以上的色彩，以空间或时间关系相比较，能发现明确的差别时，它们的相互关系称为色彩对比关系。正确地运用色彩的对比，可以增加色彩的表现力，使色彩更有生命力。在同一空间、时间看到的色彩对比现象叫做同比对比，如色相对比、明度对比、纯度对比、冷暖对比；两种不同色彩被人先后看到，两者的对比称为连续对比或先后对比。利用对比色使室内局部变成视觉中心，给人以深刻印象。在运用对比色装饰室内时要注意不可大面积使用，要统一中求变化。

色彩的协调。
- 色彩协调指两个或两个以上的色彩，有秩序且协调的色彩搭配。调和色协调包括单纯色、同类色和近似色协调。对比色协调是指色环上相对的两个颜色。对比色冷暖相反，对比强烈，跳跃感强。常见对比色有红和绿，橙和青，黄绿和红紫等；用对比色处理色彩关系：一是为了渲染室内环境，追求热烈、跳跃、怪诞等气氛；二是提高注意力，使色彩部件显眼，给人深刻印象；三是突出某个部分或者器物，强调背景与重点的关系。
- 无彩色与有彩色的协调：黑与白是色彩中的两个极端，在室内色彩设计中得到了广泛的应用。黑与白之间的中灰色没有色相和彩度，与有彩色间配置时，既能表现出差异，又不互相排斥，具有极大的随和性；黑、白、灰所组成的无彩色系与有色系极易调和，尤其是白色和各种明度的灰色，由于能起到极好的过渡、中和等作用，所以广泛地应用于室内装饰设计中。

2. 室内色彩的基本原则

色彩是室内设计中最为生动、最为活跃的因素，室内色彩往往给人们留下室内环境的第一印象。色彩最具表现力，通过人们的视觉感受产生的生理、心理和类似物理的效应，形成丰富的联想、深刻的寓意和象征。下面的内容主要列举室内色彩设计的基本原则。

（1）功能制约性

- 室内色彩设计首先要满足室内的使用功能、精神功能的要求。

（2）色彩设计应符合色彩规律

基调与辅调。

- 室内色彩的基调是指室内界面、家具、陈设中，面积最大、感染力最强的色彩。
- 色彩的主基调为室内的环境气氛定了主基调。
- 辅调可以是冷色调，也可以是黑、白、金、银等中性色调，恰当的组合可以得到融洽、亲切以及富丽堂皇的室内气氛。

稳定与平衡。

- 室内色彩的设计要注意色彩的稳定性及平衡性。
- 在室内的界面设计中，设计者要遵循上轻下重的色彩稳定性原则。一般情况下，顶棚、墙面、地面的色彩应该是由浅到深的变化规律，特别要注意家具与室内地面的色彩搭配。

节奏与韵律。

- 室内的色彩设计要考虑到色彩韵律性、节奏性，使色彩变化有规律性。
- 色彩设计的节奏与韵律变化还体现在多样色彩的选择上。在使用石材做地面时往往都选择地面拼图案的设计，考虑几种石材搭配的韵律感、节奏感以及整体图案大的效果。

统一与变化。

- 室内色彩的总体气氛要遵循统一中有变化的原则。
- 首先要对确定室内色彩的主基调并辅以小面积的鲜艳色彩与之呼应，使室内空间色彩层次分明，彼此衬托形成要有整体感。

（3）色彩的从属性

色彩的从属性表现在设计中首先要进行空间合理利用设计，然后才是选材、确定色彩，进行陈设、绿化设计等。室内色彩也可以促进使用功能的完善。

色彩的从属性还表现在作为背景环境，应起到衬托环境中的人和物体的作用，色彩要采用低明度、低纯度为主基调，以突出空间主体，当然特殊功能的空间例外。

（4）色彩的民族、区域性

色彩有普遍性的一面，也有民族性、区域性的另一面。在古代中国，黄色、红色均为皇室的颜色，它象征着威严与神圣。现在人们仍然视红色为喜庆、吉祥的象征。

3. 室内色彩的设计方法

色彩是有生命的。作为室内装饰设计中极其重要的手段之一，室内色彩的设计方法决定了最后的效果。

（1）色彩设计程序

确定色彩主基调。

- 在方案构思阶段应完成确定色调的工作。
- 色彩主基调的确定要根据室内设计的风格及所要表达的室内空间气氛决定。
- 装饰材料的质地、尺度、表面情况等对色彩主基调的选择有一定影响。
- 照明的不同选择也会给室内色彩主基调带来影响。

色彩选择的步骤。

- 第一步：室内界面色彩设计。在色彩设计中可以从各界面的色相开始再确定之间的明度关系。一般情况下，地面的明度最低，墙面次之，顶面明度最高，以避免空间出现头重脚轻的效果。
- 第二步：室内家具色彩设计。家具色彩设计可以和界面同时进行或稍后进行，家具色彩应该在色相、明度上与室内色彩相协调。
- 第三步：室内陈设色彩设计。陈设品在室内所占的比重越来越大。设计中不但要在线形体量上下工夫，还要多在色彩上深入推敲，以达到丰富室内色彩的目的。

（2）具体部位色彩选择

- 地面色彩：地面色彩宜采用低明度、低纯度的颜色，它可以使室内有一种稳定感。
- 顶面色彩：顶面宜采用高明度的颜色，也就是淡色或浅色。
- 墙面色彩：选择室内墙面色彩时纯度不宜过大，这样会使室内色彩过艳，但局部造型墙面例外。多数的设计选用淡雅、柔和的灰色调，容易与其他界面以及陈设的色彩相协调。墙面色彩设计还要考虑家具的因素，着色时应着重考虑与家具色彩的协调与反衬。墙面色彩的选定，还要考虑到环境色调的影响。
- 家具色彩：家具的选择，应考虑家具的材质及整个室内的色彩环境。选择家具时要考虑使用者的年龄、职业、爱好等因素。室内环境色彩也左右着家具的色彩。
- 门、窗色彩：门的色彩选择应结合墙面色彩考虑。通常情况下门和墙面的色彩在明度上是对比关系，以突出门作为出入口的功能。同时门套的材料和色彩也应和门相协调，这样才能使门更主体、更生动，更具艺术性。窗的材料如选用木材，其色彩处理方法可以用门来作参考，当选用铝合金或塑钢窗时，窗框的色彩已经固定，实践中多在窗套设计上下工夫，窗套的材料、色彩选择可参考门套等其他构件材料色彩而定。
- 踢脚线色彩：踢脚线的色彩和选材有直接的关系。有墙裙的踢脚线选材应和墙裙一致，没有墙裙的踢脚线常选择和地面一致的材质。

（3）室内色彩设计搭配要点

- 单一纯色基调组合：纯色系设计较为平淡不突出，但选色十分重要。设计中一般皆采用淡色及彩度不过高的颜色为主体。

- 双色基调组合：虽为两个主色系基调，但二者比例至少占30%；双色系主色基调可使画面和空间更加活泼与突出。
- 三色基、辅调组合：一般一个套房内基、辅色调不可大于三种，超过三色要造就出高水准的室内装饰设计作品就有很大的难度。三色所占比例一般不得少于20%，三色组合如果搭配得当往往可使设计效果突出，搭配不当则会出现不协调现象。

图案与色彩是室内设计中不可分离的一对孪生姊妹。色彩通过图案见之于形，图案通过色彩显之于生命。不同的色彩有其独特的个性，当多种色彩并置时，必须以一基本色系为主，再配以其他辅助色。通过色块与图案的组织，注意把握色彩的面积、明度与纯度之比来巧妙处理色之调和与对比。当然，图案的大小还应与居室空间的大小相协调。几何图形的运用可以说是最易出效果的方法，色彩也较容易提炼搭配，与图案一起为居室生辉。

9.2.2　陈设因素

室内家具、地毯、窗帘等，均为生活必需品，其造型往往具有陈设特征，大多数起着装饰作用。实用和装饰二者应互相协调，求得功能和形式统一而有变化，使室内空间舒适得体，富有个性。

陈设是指对室内家具、布艺、灯光、绿化等软装设计，对室内环境进行二次设计定位。陈设包含的范畴很广，既有具备使用功能的家具，灯具和织物，也包括纯粹装饰性的雕塑，工艺品，绿化和装饰艺术。室内装饰或室内陈设取决于物质条件和经济条件，当然不同的自然条件、不同的地区的风俗习惯、生活方式以及不同的建筑风格等，都会影响室内陈设的风格色彩。

1. 室内陈设装饰的原则

在现在的室内装饰设计中，越来越多的年轻人选择重装修，更重软装饰的装修方法，进行软装饰，即陈设设计时，必须遵循以下几个原则。

（1）实用性：实用舒适

创造一个室内环境的目的，首先是为了满足人们的生活需要。所以室内装饰的一切器物的安排、摆设都要考虑到人在室内生活的各种方便，各种布置的适用性和合理性，使人感到实用舒适，增添欢乐喜悦的情调。因此，在满足这些主要的生活功能之后，才可以考虑陈设的装饰色及艺术趣味。

（2）方向性：确定基调

任何一种室内装饰，在进行之前，首先必须确定陈设的基调，是东方式的，还是西方式的；是传统式的，还是现代式的；是华丽的，还是素朴的等。这样，陈设格局，即结构、位置和主要表现形式，就比较明确了。基调决定之后，室内装饰，陈设器物，物质材料，布置格局以及室内装饰，装饰手法都要以同基调协调一致为原则。

（3）统一性：色调统一

色调是反映室内陈设基调的主要因素之一。设计室内装饰的色彩要有一个主色调，让一种颜色在室内装饰中占有主要的倾向性，避免色彩对比过分强烈，或过于复杂影响房间布局的整体性。同时，要考虑到物体固有色，环境色和光源色的影响等特性。

色调要求室内一切器物所表示的颜色都要成为色调的组成部分。在室内布置方面，色调的统一调和是主要的，对比变化是次要的。一切器物的色彩关系，要有主色，配色、色阶、层次，都要处理得恰到好处。

统一色调下的室内装饰色调有色相之分、冷暖之分、亮暗之分。例如一个居室，它以黄、橘黄、咖啡色为主，可谓黄色调，也可谓暖色调；如果室内空间、器物的颜色又比较淡雅，则属于亮色调。不同的色调能给人不同的感受，有时庄严、有时活泼，有时热闹、有时平静，有时华丽、有时素朴。

想要获得某种艺术效果的色调，室内的装饰，家具和其他一切器物，从色彩上要严格选择，精心配搭。也就是说，室内的每一块颜色，都要受总色调的管辖。搞好室内色彩的对比和调和关系是取得室内色彩协调的关键。

室内的一切器物，它们之间的色彩关系应该是：大的色块，采取调和，常常采用同类色相的明度、纯度的层次变化或近邻色。小的色块，采取对比，即采用同类色或邻近色的对比色，或者采用小面积器物的自身色彩的明显对比。这样，采取"大调和，小对比"的办法，整体统一调和，局部对比活跃。也就是说，要在统一中求变化，在调和中找对比，室内才能形成既统一又丰富的色调。

（4）艺术性：适当装饰

在设计室内装饰的布局时，要研究构图章法，有疏密、有对比、有照应。为了取得一定艺术效果，室内适当添置一定的装饰品，如工艺品、字画、盆景、插画等，都能使室内取得很好装饰效果。

不同功能和要求的室内陈设，其装饰要求也不同，如高级的别墅或宾馆的陈设，要求装饰华丽一些；对于一般家庭的室内陈设，则要求朴素、大方、舒适。陈设物品的种类繁多，包罗万象，但在某个具体的陈设设计中，要选择具有代表性的陈设物品与环境和谐共处。如抽象的绘画，现代的玻璃器物、历史久远的三彩陶器、细腻的瓷器以及木雕、烛台，这些都能通过适宜的尺度非常融合、协调地被整合在一起。

2. 陈设物品的风格与形式

陈设物品的风格是指陈设物品固有的造型、色调和材质所形成的具有文化背景和品质的综合因素。陈设物品风格的选择与室内设计有着密切关系，一般情况下陈设物品的风格与室内空间的风格是一致的。风格一致的陈设物品的叠加，能增强室内的陈设效果，有利烘托室内空间的整体氛围。

另一种情况，陈设物品的风格与室内空间的风格相异，形成具有戏剧般的矛盾冲突，达到特异、新颖的陈设效果。屏风陈设物品的形式包含三个方面的因素：造型、色调和材质。在风格明确的情况下，陈设物品自身的造型特征是首先要考虑的因素。如已确定粗陶器皿陈设为陈设物品，那么它体量的大小、高低、线型的曲直等是需要仔细斟酌的。

色调是陈设物品自身呈现的，或者是外在附着的色泽，如装饰性的彩绘和镶嵌等。材质是陈设物品形式选择中需要认真揣摩的因素。相对于样式和色调、材质的选择较为微妙。陈设物品材质的选择，就是物品纹理、质地的选择，因为陈设物品的质地作用于人们的视觉和触觉，所以选择好陈设物品的材质，利用质地的对比、变化，可以创造出更丰富的室内环境。

3. 东西方陈设空间比较

以中国为代表的东方文明和以欧洲为代表的西方文明，是世界文明史中最具代表性的文化样式。在陈设领域，两种文明分别创造了风格鲜明的设计文化。东方陈设空间始终禀承回归自然，天人合一的传统，强调人与自然的和谐，人对自然的尊重，在这种融合的氛围中，陈设获得极高的审美品质。

4. 欧式风格的陈设

近代西方在工业化浪潮的推动下，在文明史册中留下辉煌的一页。但由于过度的开发，造成了资源的浪费、流失，生存环境日益恶化等，最终饱尝环境污染的苦果。现在，西方文明在积极反思，修正自己过度征服自然的念头。这种由自身造成的痛苦经历的教训是深刻的。

现代西方文明逐渐脱胎换骨，对居住、工作、娱乐等空间的处理，表现出比东方文明更为强烈地关注自然的意识，在空间的处理上引入东方文明关于空间的理念，陈设设计中更加注重与自然的和谐。

随着全球一体化进程的加快，大量国外的文化理念和样式纷纷涌入，一度难以辨认文化的发展方向。要立足于世界民族之林，必须有自己的文化样式，同时要全面、系统也了解当今世界上其他民族的室内陈设形式，通过对照，才能使自己的陈设设计得到准确定位，既要继承和发扬优秀文化传统，又要创造出极富时代气息的新样式，这就要求陈设设计师吸取各家之长，在"土"和"洋"的对比关系中，充分调和，创造出多样的艺术风格来。

9.2.3 照明因素

人类早期只能利用自然光照明，随着人类社会的不断进步，人们开始使用照明工具。使用自然光和人工光源获取亮度都属于室内装饰设计中的照明因素，良好的光照环境是人们在室内工作、学习、生活的重要条件之一。将自然光和人工光源引入室内，以消除室内的黑暗感和封闭感，特别是顶光和柔和的散射光，使室内空间更为亲切自然。光影的变换，使室内更加丰富多彩，给人以多种感受。

1. 照明与室内装饰的关系

（1）合理控制光照度，给人们提供工作、学习、娱乐、休息时各种不同的照明。

（2）调节室内空间的深度、大小以及塑造物体立体感、质感等关系。

（3）调节室内冷暖色调的关系。

（4）根据各功能区的要求与人们的生理、心理要求来布光，创造空间气氛。

2. 室内照明设计的基本原则

（1）实用性

室内照明应满足工作、学习和生活的需要，要全面考虑光质、投光方向和角度，使室内活动的功能、使用性质、空间造型、色彩陈设等与其相协调，以取得良好的整体环境效果。

（2）安全性

一般情况下，线路、开关、灯具的设置都需要有可靠的安全措施，诸如分电盘和分线路一定要有专人管理，电器和配电方式要符合安全标准，不允许超载；在危险地方要设置明显标志，以防止漏电、短路等火灾和伤亡事故发生。

（3）经济性

照明设计的经济性有两个方面的意义，一是采用先进技术，充分发挥照明设施的实际效果，尽可能以较少的投入获得较大的照明效果；二是确定照明设计时要符合我国当前的电力供应，设备和材料方面的生产水平。

（4）艺术性

照明装置也具有装饰房间、美化环境的作用，所以室内照明设计时应正确选择照明方式、光源种类、灯具造型及体量。同时处理好颜色、光的投射角度，以取得改善的空间感觉，增加环境的艺术效果。

3. 室内照明设计的要求

室内照明设计除了应满足基本照明质量外，还应满足以下几方面的要求。

（1）照度标准

在做房间的照明设计时应有一个合适的照度值，照度值过低，不能满足人们正常工作、学习和生活的需要；照度值过高，容易使人产生疲劳，影响健康。照明设计应根据空间使用情况，符合《建筑电气设计技术规程》规定的照度标准。

（2）照明位置

正确的灯光位置应与室内人们的活动范围以及家具的陈设等因素结合起来考虑，这样不仅满足了照明设计的基本功能要求，同时加强了整体空间意境。控制好发光体与视线的角度，避免产生眩光，减少灯光对视线的干扰。

（3）照明的投射范围

灯光照明的投射范围是指保证被照对象达到照度标准的范围，这取决于人们室内活动作业的范围及相关物体对照明的要求。照明的投射范围使室内空间形成一定的明、暗对比关系，产生特殊的气氛，有助于集中人们的注意力。

（4）照明灯具的选择

人工照明离不开灯具，灯具不仅仅限于照明，还为使用者提供了舒适的视觉条件，同时也是室内装饰的一部分，起着装饰美化的作用。

- 吊灯：吊灯是悬挂在室内屋顶上的照明工具，经常用作大面积范围的一般照明。大部分吊灯带有灯罩，灯罩常用金属、玻璃和塑料制成。用作普通照明时，多悬挂在距地面2.1m处，用作局部照明时，大多悬挂在距地面1~1.8m处。

- 吸顶灯：直接安装在天花板上的一种固定式灯具，作室内照明用。吸顶灯种类繁多，但可归纳为以白炽灯为光源的吸顶灯和以荧光灯为光源的吸顶灯。

- 嵌入式灯：嵌在楼板隔层里的灯具，具有较好的下射配光，灯具有聚光型和散光型两种。聚光灯型一般用于局部照明要求的场所，如酒柜、金银首饰店，商场货架等处；散光型灯一般多用作局部照明以外的辅助照明，如玄关、宾馆走道、咖啡馆走道等。

- 壁灯：壁灯是一种安装在墙壁建筑支柱及其他立面上的灯具，一般用作补充室内一般照明，壁灯设在墙壁上和柱子上，它除了有实用价值外，也有很强的装饰性，使平淡的墙面变得光影丰富。壁灯的光线比较柔和，作为一种背景灯，可使室内气氛显得优雅，常用于大门口、门厅、卧室、公共场所的走道等；壁灯安装高度一般在1.8~2m之间，不宜太高，同一位面上的灯具高度应该统一。

- 轨道射灯：轨道射灯由轨道和灯具组成，灯具沿轨道移动，灯具本身也可改变投射的角度，是一种局部照明用的灯具。主要特点是可以通过集中投光以增加某些特别需要强调的物体。已被广泛应用于商店、展览厅、博物馆等的室内照明中，以增加商品、展品的吸引力。它也正在走向人们家庭，如壁画射灯、窗头射灯等。

4. 室内照明设计的程序

室内装饰照明设计的程序可以归纳为以下几个步骤。

（1）明确照明设施的目的与用途

进行照明设计首先要确定此照明设施的目的与用途，是餐厅、客厅、卧室还是卫生间，如果是多功能房间，还要把各种用途列举出来，以便确定要求的照明设备。

（2）光环境构思及光能分布的初步确定

在照明目的明确的基础上，确定光环境及光能分布，要做到均匀的照度与合理的亮度，满足房间的功能性。

（3）照明方式的确定

照明方式的分类如下。

- 一般照明：指整个室内基本一致的照明，多用在办公室等场所。
- 分区的一般照明：是按房间的功能来布置照明的方式。
- 局部照明：在小范围内，对各种对象采用个别照明方式，富有灵活性。
- 混合照明：上述各种方式综合使用。

照明方式的选择如下。

- 一般来说，对整个房间总是采取一般照明方式，而对工作面或者需要重点突出的空间或物品采用局部照明。房间的用途确定了，照明方式也就随之确定了。

（4）灯具的选择

在室内装饰照明设计中选择灯具时，要综合考虑以下几点。

- 灯具的光特性：灯具效率、配光、利用系数、表面亮度、眩光等。
- 经济性：灯具的价格、电消耗、维护费用等。
- 灯具使用的环境条件：是否要防爆、防潮、防震等。
- 灯具的外形与建筑物与室内环境是否协调等。

室内照明就是在室内安装上光源或照明器具，采用埋入式，利用建筑物的表面反射或透过光线。这种照明方式不但有利于利用顶面结构和装饰天棚之间的巨大空间，隐藏各种照明管线和设备管理，而且可使照明成为整个室内设计有机的组成部分，达到室内空间完整统一的效果。

5. 室内照明的处理方法

进行室内照明设计时，应在考虑使用功能的同时，利用不同的人工照明方式、光照亮度的变化、光影的分布来美化环境，烘托气氛，增强空间感。照明作为一种装饰手段，在具有艺术性的同时，也应注重实用性。居室中的各个不同功能的房间，对照明的要求会有所不同。设计师首先要考虑照明设计是否能满足居室的功能要求，切不可为追求所谓的艺术效果，而忽略了实用功能，也不可只为追求灯具的高档豪华的外观，而忽视其光学性能和照明质量。因此只有恰当、合理的照度，才能满足人们视觉和生理的要求。所以，在室内设计中，掌握一定的照明设计方法是十分必要的。

（1）玄关

玄关是一个居室的门面，给人的第一印象很重要，同时它又是起居室、卧室、厨房等处的过渡空间，所以门厅处的照明设计应大方、庄重。常用的灯具有吸顶灯和造型较为简洁的顶灯，不宜使用太豪华的灯具，这样可使门厅处显得空间较高而且安静。对于小门厅可使用造型别致的壁灯，在保证照度的同时，使周围环境显得雅致，富有层次。

（2）客厅

客厅功能较为复杂，既是家庭人员的活动中心，又是接待客人的交际场所，照明环境应该较为明朗、高雅、热烈，以体现出主人的热情、坦率。在照明设计中可采用整体用日光灯，局部用壁灯或落地灯的组合照明方式。主光源如果是裸露的光源，易产生眩光，这时可采用间接照明的方式，将其转投至天花板或墙面反射，或者用乳白色透明的下班灯罩进行照明，得到的光线就较为明朗、平和。而作为局部照明中常用的落地灯，由于其高度较矮，对外观的选择要能适合所有家具的色彩和造型。

（3）餐厅

餐厅是人们进餐的场所，照明设计应热烈、明快，以突出深厚的生活气息。如果使用暖色的悬挂式吊灯，再使光线照射在餐桌范围内，可以在划定进餐区域的同时，增强食物的美感，提高进餐者的食欲。对于天花板没有造型的餐厅，可以使用较为集中的嵌入式灯具，形成明亮的空间环境，达到突出进餐气氛的目的。在构成室内环境的种种因素中，光的运用非常重要，它能够扩大或者缩小空间感，既能形成幽静舒适的气氛，也能烘托热烈、欢快的场面，能使室内的色彩丰富有变化，也能使活泼的色彩失去活力。这些都取决于照明方式与环境的协调程度。另外，灯具的选用也有一定原则：灯具大小一定要适合室内空间的体量和形状，大空间选用大灯具，小空间用小灯具或灯组。灯具的造型也要符合与艺术性相结合的规律。

（4）卧室

卧室作为人们休息、睡眠的场所，具有一定的隐秘性，照明设计应柔和、温馨，以保障休息和睡眠的舒适度。可在天花板上安装有二次反射的吸顶灯，以防止眩光的发生，同时使卧室充满恬静和温馨。对于睡前有阅读习惯的人，可设置床头灯或壁灯来配合局部照明。壁灯的光线较为柔和，卧室中如果选用一些造型精巧的壁灯，在具有实用价值的同时，还具有很强的装饰性。使用较多的床头灯是台灯，它不仅是方便的照明器具，也是极好的装饰品，深受人们喜爱。

（5）书房

书房是人们工作和学习的场所，光照应安宁、平和，还必须有适当的亮度。在需要重点照明的部位，如书桌面上，可使用长的吊灯来加以强调。为了避免产生眩光，可使用带罩的台灯，再用吸顶灯来提高整体的照度。在书橱部位为方便寻找书籍，可设置小型的射灯，使光色均匀，柔和。在挂面等装饰处，可用亮度不大的射灯或壁灯加以突出，以强调装饰品的美感。

室内照明艺术不仅直接影响到室内环境气氛，而且对人的生理和心理产生影响。室内照明应根据室内空间环境的使用功能、视觉效果及艺术构思来设计。好的光照质量，不仅能表现空间，调整空间，还能"创造"空间。因而现代室内的光照环境设计通过运用光的无穷变幻和颇具魅力的特殊"材料"来创造、表现、强调、烘托空间感，所取得的多层次性效果是其他设计手法所无法替代的。

9.2.4 家具因素

家具是构成建筑室内空间使用功能和视觉美感的重要因素，是室内空间的主体，人们的工作、学习、生活都是在室内空间中围绕家具来演绎和展开的。家具是在室内空间的墙、地、顶棚确定后，或在界面的装修过程中完成，如书柜、衣橱、酒柜等，或选购成品家具布置在室内，成为整个室内空间环境功能的主要构成要素和体现者。

1. 室内家具对空间环境的影响

家具对室内空间多有影响，下面从几个方面来具体阐述。

（1）家具与人的活动

组织空间与人流：建筑室内为家具的设计、陈设提供了一个限定的空间，家具设计就是在这个限定的空间中，以人为本合理组织安排室内空间的设计，由于不同的家具组合，可以组成不同的空间。在空间中将功能不同的家具按不同的使用要求安排在不同的区域中，使空间自然而然形成相对独立的领域。

（2）家具与风格

家具是最能体现当前室内空间风格的元素，所以家具的风格与特色在很大程度上影响了室内环境的风格和特色。

（3）家具与室内功能的协调

• 分隔空间：如整面墙的衣柜、书架或各种通透的隔断与屏风，家具取代墙在建筑室内分隔空间,特别是在空间造型上大大提高了利用率,同时丰富了建筑室内空间的造型。

- 填充空间:在室内空间组合中,经常会遇到一些尺寸低矮的角落难以正常使用,如果利用合适的家具,这些无用或难用的空间就会变成有用的空间。
- 间接扩大空间:通过对多用途性、可储藏性和叠合空间的使用,家具可以间接扩大室内空间。如多用性家具和可折叠家具。

（4）家具与人的感受

家具在室内空间环境中的作用不仅体现在物质功能方面,也包含精神方面的功能。

- 陶冶情操:家具是一种实用性艺术品,和人的生活息息相关,潜移默化的影响着人们的审美情趣和美学意识,是人们审美情趣的物化。
- 形成室内装饰设计的风格和个性。
- 烘托室内气氛、表达意境。

2. 室内家具的基本内容与功能

室内家具多种多样,在室内装饰设计中一定要考虑家具的功能性与室内空间的协调。

（1）从家具的使用功能上分类

卧类家具、倚类家具、储存类家具等。

（2）从家具的材料上分类

木制家具、竹藤类家具、软垫家具、人造板家具、金属家具、塑料家具等。

（3）从家具的结构形式上分类

板式家具、组装式家具、折叠式家具等。

（4）家具反映的审美功能

室内空间的家具反映了人们的审美情趣、民族文化传统和时代特色。

3. 室内装饰设计中家具因素的考虑要点

在室内装饰设计中,房间内的家具决定了整个作品的风格和主题,因此对室内家具因素的考虑就显得尤其重要。

（1）家具的外观形态

在室内环境中,要充分利用家具的点、线、面、体等构成要素,根据室内空间的格调,形成丰富的形态对比,结合不同材质、色彩、尺度的视觉效果,塑造功能合理、整体美观的室内环境。

（2）家具的色彩搭配

家具的色彩搭配包括材料固有色、材料装饰色和其他室内因素的相互影响。

（3）家具的材质肌理

- 材料本身具有的天然质感
- 材料以不同加工处理所显示的质感
- 材料在光影效果下显示的质感

（4）家具的空间形式

家具在室内的分布排列称为空间形式，包括规则式布置、自由式布置、集中式布置、分散式布置等。

9.2.5 装饰因素

室内装饰因素是指室内空间设计确定之后，选择装饰物品并进行物品的陈列与摆设。在这个过程中要注意装饰物品对环境的影响。要注意室内的装饰物品应与室内整体环境格调相协调，室内装饰陈设品的形态、大小与室内主要家具尺度形成良好的比例关系。

室内家具、地毯、窗帘等均为生活必需品，其造型往往具有陈设特征，大多数起着装饰作用，实用和装饰二者应互相协调，争取求得功能和形式统一而有变化，使室内空间舒适得体，富有个性。

装饰品要灵活多变。家用装饰品大体上可以分为三类：第一是软装饰，比如窗帘、床罩、沙发罩、靠垫、桌布艺品；第二是观赏植物，如鲜花、盆花、盆景等；第三则是挂画、小摆设等。这些装饰品花费不多，换起来比较容易，不用时收藏起来即可，不会占用多少空间，但它们的装饰效果却非同一般，可以瞬间改变室内的气氛，令家居常变常新。

9.2.6 绿化因素

将室内绿化是通过植物尤其是活体植物在室内的巧妙配置，使室内诸要素达到统一，进而产生美学效应，给人以美的享受。

1. 室内绿化的意义

植物是大自然生态环境的主体，接近自然，接触自然，使人们经常生活在自然中。改善城市生态环境，崇尚自然、返璞归真的愿望和需要，在当代城市环境污染日益恶化的情况下显得更为迫切。人类学家哈·爱德华强调人的空间体验不仅是视觉而是多种感觉，并和行为有关，人和空间是相互作用的，当人们踏进室内，看到浓浓的绿意和鲜艳的花朵，听到卵石上的流水声，闻到阵阵的花香，在良好环境知觉刺激面前，不但感到十分舒心，还能使精力更为充沛，思路更为敏捷，使人的聪明才智更好地发挥出来，从而提高工作效率。这种看不见的环境效益，实际上和看得见的超额完成生产指标是一样重要的。

2. 室内绿化的作用

通过绿化室内把生活、学习、工作、休息的空间变成"绿色的空间"，是环境改善最有效的手段之一，它不但对社会环境的美化和生态平衡有益，而且对工作、生产也会有很大的促进作用。

（1）净化空气、调节气候

植物经过光合作用可以吸引二氧化碳，释放氧气，而人在呼吸过程中，吸入氧气，呼出二氧化碳，从而使大气中氧和二氧化碳达到平衡，同时通过植物的叶子吸热和水分蒸发可降低气温，在夏季可以起到遮阳隔热作用。在冬季，有种植阳台的毗连温室与无种植的温室相比，其不仅可造成富氧空间，便于人与植物的氧与二氧化碳的良性循环，而且其温室效应更好。

此外，某些植物，如夹竹桃、梧桐、棕榈、大叶黄杨等可吸收有害气体，有些植物的分泌物，如松、柏、樟桉、臭椿、悬铃木等具有杀灭细菌作用，从而能净化空气，减少空气中的含菌量，同时植物又能吸附大气中的尘埃从而使环境得以净化。

（2）组织空间、引导空间

利用绿化组织室内空间、强化空间，表现在如下方面。

- 以绿化分隔空间的范围是十分广泛的：如在两厅室之间、厅室与走道之间以及在某些大的厅室内需要分隔成小空间的，如室内外之间、室内地坪高差交界处等，都可用绿化进行分隔。某些有空间分隔作用的围栏，也可以结合绿化加以分隔。对于重要的部位，如正对出入口，起到屏风作用的绿化，还须做重点处理，分隔的方式大都采用地面分隔方式，如有条件，也可采用悬垂植物由上而下进行空间分隔。

- 联系引导空间的作用：联系室内外的方法是很多的，如通过铺地由室外延伸到室内，或利用墙面、天棚或踏步的延伸，也都可以起到联系的作用。但是相比之下，都没有利用绿化更鲜明、更亲切、更自然、更惹人注目和喜爱。绿化在室内的连续布置，从一个空间延伸到另一个空间，特别在空间的转折、过渡、改变方向之处，更能发挥联系整体的效果。绿化布置的连续和延伸，如果有意识地强化其突出、醒目的效果，那么，通过视线的吸引，就起到了暗示和引导作用。方法一致，作用各异，在设计时应加以细心区别。

- 突出空间的重点作用：在大门入口处、楼梯进出口处、交通中心或转折处、走廊尽端等，既是交通的要害和关节点，也是空间中的起始点、转折点、中心点、终结点等的重要视觉中心位置，常放置特别醒目的、更富有装饰效果的、甚至名贵的植物或花卉，使之起到强化空间、重点突出的作用。布置在交通中心或尽端靠墙位置的，也常成为厅室的趣味中心而加以特别装点。但要注意位于交通路线的一切陈设包括绿化，必须以不妨碍通行和紧急疏散时不致成为绊脚石，并按空间大小形状选择相应的植物。如放在狭窄的过道边的植物，应选择与空间更为协调的修长的植物。树木花卉以其千姿百态的自然姿态、五彩缤纷的色彩、柔软飘逸的神态、生机勃勃生命，恰巧和冷漠、刻板的金属、玻璃制品及僵硬的建筑几何形体和线条形成强烈的对照。例如：乔木或灌木可以以其柔软的枝叶覆盖室内的大部分空间；蔓藤植物以其修长的枝条，从这一墙面伸展至另一墙面，或由上而下吊垂在墙面、柜、橱、书架上，如一串翡翠般的绿色枝叶装饰着，并改变了室内空间予以一定的柔化和生气。这是其他任何室内装饰、陈设所不能代替的。此外，植物修剪后的人工几何形态，以其特殊色质与建筑在形式上相协调，在质地上又起到刚柔对比的特殊效果。

（3）美化环境、陶冶情操

绿色植物，不论其形、色、质、味，或其枝干、花叶、果实，所显示出蓬勃向上、充满生机的力量，引人奋发向上，热爱自然，热爱生活。它的美是一种自然美，洁净、纯正、朴实无华，即使被人工剪裁，仍然显示其自强不息、生命不止的顽强生命力。因此，树桩盆景之美与其说是一种造型美，倒不如说是一种生命之美。人们从中可以得到万般启迪，使人更加热爱生命，热爱自然，陶冶情操，净化心灵，和自然共同呼吸。

一定量的植物配置，使室内形成绿化空间，让人们置身于自然环境中，享受自然风光，不论工作、学习、休息，都能心旷神怡，悠然自得。同时，不同的植物种类有不同的枝叶花果和姿色，例如一丛丛鲜红的桃花，一簇簇硕果累累的金橘，给室内带来喜气洋洋的节日气氛。苍松翠柏，给人以坚强、庄重、典雅之感。如遍置绿色植物和洁白纯净的兰花，使室内清香四溢，风雅宜人。

植物在四季时空变化中形成典型的四时即景：春花，夏绿，秋叶，冬枝。时迁景换，此情此景，无法形容。因此，不少宾馆设立四季厅，利用植物季节变化，可使室内改变不同情调和气氛，使旅客也获得时令感和常新的感觉。也可利用赏花时节，举行各种集会，为会议增添新的气氛，适应不同空间的使用。

3. 室内绿化的布置方式

室内绿化的布置在不同的场所，如酒店宾馆的门厅、大堂、中庭、休息厅、会议室、办公室、餐厅以及住户的居室等，均有不同的要求，应根据不同的任务、目的和作用，采取不同的布置方式，随着空间位置的不同，绿化的作用和地位也随之变化，可分为：处于重要地位的中心位置，如大厅中央；处于较为主要的关键部位，如出入口处；处于一般的边角地带，如墙边角隅。

应根据不同部位，选好相应的植物品色。但室内绿化通常是利用室内剩余空间，或不影响交通的墙边、角隅，并利用悬、吊、壁龛、壁架等方式充分利用空间，尽量少占室内使用面积。同时，某些攀缘、藤萝等植物又宜于垂悬以充分展现其风姿。因此，室内绿化的布置，应从平面和垂直两方面进行考虑，使之形成立体的绿色环境。

（1）重点装饰与边角点缀

把室内绿化作为主要陈设并成为视觉中心，以其形、色的特有魅力来吸引人们，是许多厅室常采用的一种布置方式。

（2）结合家具、陈设等布置绿化

室内绿化除了单独落地布置外，还可与家具、陈设、灯具等室内物件结合布置，相得益彰，组成有机整体。

（3）组成背景、形成对比

绿化的另一个作用，就是通过其独特的形、色、质，不论是绿叶或鲜花，不论是铺地或是屏障，集中布置出成片的背景。

（4）垂直绿化

垂直绿化通常采用天棚上悬吊方式。

（5）沿窗布置绿化

靠窗布置绿化，能使植物接受更多的日照，并形成室内绿色景观，可以做成花槽或低台上置小型盆栽等方式。

室内环境应该从生理、心理上适应各种不同人群的需求，这就要求作为室内设计主导者的设计师对其具有一定程度的了解，虽然未必都成为每个领域的专家，但也要懂得具体运用，以便在工作中能配合专业人员来开展工作。

总之，室内设计是物质与精神、科学与艺术、理性与感性并重的一门学科，旨在对人们的生活、工作和休息的空间进行改造，提高室内空间的生活环境质量。

9.3　行业链接——室内装饰设计的原则

室内装饰设计最重要的是完善的功能，再加上适当的形式，这是室内设计功能与形式的关系。

在室内环境设计中要坚持"以人为本"的设计原则，充分体现对人的关怀，比如，空间的舒适性与安全性以及人情味，对老弱病残孕的关注等。这里所说的包括功能和使用要求、精神和审美要求，且要符合经济原则，使各要素之间处于一种辩证统一的关系。

9.3.1 功能性原则

室内环境设计应该结合人体工程学、建筑物理学、社会学、心理学等学科，满足人类对环境的舒适、健康、安全、卫生、方便等众多方面的不同需求，这当中包括空间的宜人尺度、采暖、照明、通风、室内色调的总体效果。

这一原则的要求是室内空间、装饰装修、物理环境、陈设绿化等应最大限度地满足功能所需，并使其与功能相和谐、统一。

任意一个室内空间在没有被人们使用之前都是无属性的，只有经过设计改造入住之后，每个房间才有其特定意义，如一个20平方米的房间，既可以作为卧室，也可以作为书房或休闲室。当人们赋予它特定的功能之后，设计就要围绕这一功能进行，也就是说，设计要满足功能需要。

在进行室内设计时，要结合室内空间的功能需求，使室内环境合理化、舒适化，同时还要考虑人们的活动规律，处理好空间关系、空间尺度、空间比例等，并且要合理配置陈设与家具，妥善解决室内通风、采光与照明等问题。

9.3.2 安全性原则

无论是墙面、地面或顶棚，其构造都要求具有一定强度和刚度，符合计量要求，特别是各部分之间连接的节点，更要安全可靠。

在室内环境设计中，室内各空间的组合，功能区域的划分，材料的选择，结构技术的运用，无一不与安全相关联。

室内环境的设计，旨在最大限度地满足人们在区域内生活、工作、休息的舒适度。每个特定场合的设计，应充分考虑该使用人群的生活习惯、工作特点。住宅设计中要兼顾各个不同年龄层次人群的需求。

9.3.3 可行性原则

之所以进行设计，是要通过施工把设计变成现实，因此，室内设计一定要具有可行性，力求施工方便，易于操作。

在构思方案时一定要根据使用者的生活习惯和活动特点采用合理的分级结构和适宜人活动居住的尺度，使空间内的公共服务半径最短，使来往的活动线路最顺畅，并且有利于后期清扫等。

由于人们所处的地理条件存在差异，各民族生活习惯与文化传统也不一样，所以对室内设计的要求也存在着很大的差别。在设计方案时要根据各个民族的地域特点、民族性格、风俗习惯及文化素养等方面的特点，采用不同的设计风格。

室内环境的舒适性，各个国家对舒适性的定义各不相同，但从整体来看，舒适的室内环境离不开充足的阳光、清新的空气、安静的生活氛围、丰富的绿地和宽阔的室外活动空间、标志性的景观等。所以设计时要尽可能进行合理的绿化设计，还要注意室内设计与建筑、街道的关系。在可行的原则下在小环境中进行声音空间的营造，通过绿化来改善室内设计的形象，美化环境，满足使用者物质及精神等多方面的需要。

9.3.4 经济性原则

要根据建筑的实际性质不同及用途确定设计标准，不要盲目提高标准，单纯追求艺术效果，造成资金浪费，也不要片面降低标准而影响效果，重要的是在同样造价下，通过巧妙地构造设计达到良好的实用与艺术效果。

从广义上来讲，经济性原则就是以最小的消耗达到所需的目的。一项设计要为大多数消费者所接受，必须在"代价"和"效用"之间谋求一个均衡点。但无论如何，降低成本不能以损害施工质量和效果为代价。

根据预算的具体投资情况，选购恰当的材料，运用合适的技术手段，这属于室内装饰设计构造层面的内容。

现代室内环境设计置身于现代科学技术迅猛发展的洪流之中，要使室内设计更好得满足精神功能的要求，除了要求室内设计师对材料构造方面需要有一定的了解和涉猎之外，还有就是要最大限度地利用现代科学技术的发展成果。把艺术和技术整合在一起，二者取得协调统一，对室内环境的创新改造有着十分密切的关系。

9.3.5 美观性原则

爱美是人的天性。当然，美是一种随时间、空间、环境而变化的适应性极强的概念。所以在设计中美的标准和目的也会大不相同。既不能因强调设计在文化和社会方面的使命及责任而不顾及使用者需要的特点，也不能把美庸俗化，这需要室内设计师准确地把握其中的平衡。

同时，设计要具有独特的风格，缺少个性的设计是没有生命力与艺术感染力的。无论在设计的构思阶段还是在设计深入的过程中，只有加以新奇的构想和巧妙的构思，才会赋予设计以勃勃生机。

室内设计师要运用审美心理学、环境心理学原理，去影响人的情感，使其升华到预期的设计效果。通过空间中实体的形态、尺度、色彩、材质、虚实、光线等因素来抚慰心灵，以有限的物质条件创造出无限的精神价值，提高空间的艺术质量，创造出恰当的风格、氛围和意境，是用于增强空间的表现力和感染力的审美层面内容。

室内环境设计如果能明确地表达出某种构思和意境，那它将会产生强烈的艺术感染力，更完善地发挥其在精神方面的作用。

9.4 行业链接——室内装饰设计的要点

室内空间是由地面、墙面、顶面的围合限定而成，从而确定了室内空间的大小和形状。进行室内装饰的目的是创造适用、美观的室内环境，室内空间的地面和墙面是衬托人和家具、陈设的背景，而顶面的差异使室内空间更富有变化。

9.4.1 室内空间的划分与要求

在限定的室内空间中，一般都是由基面、墙面、顶面三个部分组成的，除了这三个位面的处理，还有建筑构件的装修和装饰。

1. 基面装饰——楼地面装饰

基面在人们的视域范围中是非常重要的，楼地面和人接触较多，视距又近，而且处于动态变化中，是室内装饰的重要因素之一，设计中要满足以下几个原则。

（1）基面要和整体环境协调一致，取长补短，衬托气氛

从空间的总体环境效果来看，基面要和顶棚、墙面装饰协调配合，同时要和室内家具、陈设等起到相互衬托的作用。

（2）注意地面图案的分划、色彩和质地特征

地面图案设计大致可分为三种情况：第一种是强调图案本身的独立完整性，如会议室，采用内聚性的图案，以显示会议的重要性。色彩要和会议空间相协调，取得安静、聚精会神的效果；第二种是强调图案的连续性和韵律感，具有一定的导向性和规律性，多用于门厅、走廊及常用的空间；第三种是强调图案的抽象性，自由多变，自如活泼，常用于不规则或布局自由的空间。

（3）满足楼地面结构、施工及物理性能的需要

基面装饰时要注意楼地面的结构情况，在保证安全的前提下，给予构造、施工上的方便，不能只是片面追求图案效果，同时要考虑如防潮、防水、保温、隔热等物理性能的需要。

基面的形式各种各样，种类较多，如：木质地面、块材地面、水磨石地面、塑料地面、水泥地面等，图案式样繁多，色彩丰富，设计时要同整个空间环境相一致，相辅相成，以达到良好的效果。

（4）木地板装饰的基本工艺流程

实铺地板要先安装地龙骨，然后再进行木地板的铺装。

龙骨的安装方法：应先在地面做预埋件，以固定木龙骨，预埋件为螺栓及铅丝，预埋件间距为800mm，从地面钻孔下入。

木地板的安装方法：实铺实木地板应有基面板，基面板使用大芯板。

地板铺装完成后，用刨子将表面刨平刨光，将地板表面清扫干净后涂刷地板漆，进行抛光上蜡处理。

2. 墙面装饰

室内视觉范围中，墙面和人的视线垂直，处于最为明显的地位，同时墙体是人们经常接触的部位，所以墙面的装饰对于室内设计具有十分重要的意义，要满足以下设计原则。

（1）整体性

进行墙面装饰时，要充分考虑与室内其他部位的统一，要使墙面和整个空间成为统一的整体。

（2）物理性

墙面在室内空间中面积较大，要求也较高，对于室内空间的隔声、保暖、防火等的要求因其使用空间的性质不同而有所差异，如宾馆客房，要求高一些，而一般单位食堂，要求低一些。

（3）艺术性

在室内空间里，墙面的装饰效果，对渲染美化室内环境起着非常重要的作用，墙面的主题和形状、分布图案、光影质感、层次过渡和室内气氛有着密切的关系，为创造室内空间的艺术效果，墙面本身的艺术性处理不可忽视。

墙面的装饰形式的选择要根据上述原则而定，形式大致有以下几种：抹灰装饰、贴面装饰、涂刷装饰、卷材装饰，这里着重谈卷材装饰。随着工业的发展，可用来装饰墙面的卷材越来越多，如：塑料墙纸、墙布、玻璃纤维布、人造革、皮革等，这些材料的特点是使用面广，灵活自由，色彩品种繁多，质感良好，施工方便，价格适中，装饰效果丰富多彩，是室内设计中大量采用的材料。

（4）墙面砖铺贴基本工艺流程

基层处理时，应全部清理墙面上的各类污物，提前一天浇水湿润。混凝土墙应凿除凸起部分，将基层凿毛，清净浮灰，或用107胶的水泥砂浆拉毛。抹底子灰后，底层6～7成干时，进行排砖弹线。

正式粘贴前必须粘贴标准点，用以控制粘贴表面的平整度，操作时应随时用靠尺检查平整度，不平、不直的，要取下重粘。

瓷砖粘贴前必须在清水中浸泡两小时以上，以砖体不冒泡为准，取出晾干待用。铺粘时遇到管线、灯具开关、卫生间设备的支承件等，必须用整砖套割吻合。镶贴完，用棉丝将表面擦净，然后用白水泥浆擦缝。

3. 顶面装饰

顶棚是室内装饰的重要组成部分，也是室内空间装饰中最富有变化，引人注目的界面，其透视感较强，通过不同的处理，配以灯具造型能增强空间感染力，使顶面造型丰富多彩，新颖美观。

（1）设计原则

- 要注重整体环境效果：顶棚、墙面、基面共同组成室内空间，共同创造室内环境效果，设计中要注意三者的协调统一，在统一的基础上各具自身的特色。
- 顶面的装饰应满足适用美观的要求：一般来讲，室内空间效果应是下重上轻，所以要注意顶面装饰力求简洁完整，突出重点，同时造型要具有轻快感和艺术感。
- 顶面的装饰应保证顶面结构的合理性和安全性：不能单纯追求造型而忽视安全。

（2）顶面设计形式

- 平整式顶棚：这种顶棚构造简单，外观朴素大方、装饰便利，适用于教室、办公室、展览厅等，它的艺术感染力来自顶面的形状、质地、图案及灯具的有机配置。
- 凹凸式顶棚：这种顶棚造型华美富丽，立体感强，适用于舞厅、餐厅、门厅等，要注意各凹凸层的主次关系和高差关系，不宜变化过多，要强调自身节奏韵律感以及整体空间的艺术性。
- 悬吊式顶棚：在屋顶承重结构下面悬挂各种折板、平板或其他形式的吊顶，这种顶往往是为了满足声学、照明等方面的要求或为了追求某些特殊的装饰效果，常用于体育馆、电影院等。近年来，在餐厅、茶座、商店等建筑中也常用这种形式的顶棚，使人产生特殊的美感和情趣。
- 井格式顶棚：其为结合结构梁形式，主次梁交错以及井字梁的关系，配以灯具和石膏花饰图案的一种顶棚，朴实大方，节奏感强。
- 玻璃顶棚：现代大型公共建筑的门厅、中厅等常用这种形式，主要解决大空间采光及室内绿化的需要，使室内环境更富于自然情趣，为大空间增加活力。其形式一般有圆顶形、锥形和折线形。

（3）吊顶施工基本工艺流程

首先应在墙面弹出标高线，在墙的两端固定压线条，用水泥钉与墙面固定牢固。依据设计标高，沿墙面四周弹线，作为顶面安装的标准线，其水平允许偏差±5mm。

遇藻井吊顶时，应从下固定压条，阴阳角用压条连接。注意预留出照明线的出口。吊顶面积大时，应在中间铺设龙骨。

吊点间距应当复验，一般不上人吊顶为1200~1500mm，上人吊顶为900~1200mm。

面板安装前应对安装完的龙骨和面板板材进行检查，符合要求后再进行安装。

9.4.2 室内空间的界面处理

室内空间的界面处理主要包括室内空间的围护体、建筑局部、建筑构件造型、纹样、色彩、肌理质感等处理手法。

1. 天花的处理

天花与地面是构成空间的两个水平面，因此天花处理是否得当，对整个空间起决定性作用。天花不仅和结构关系密切，又是灯具和通风口所依附的地方，所以设计天花时应全盘考虑各方面的因素。

（1）显露结构式

如果结构方式和结构本身都具有美的价值，那么天花应采用显露结构的处理手法。这样不加或少加也能取得良好的艺术效果。如房屋内多木构件则具有质朴、粗犷、自然、温暖的特点。

（2）掩盖结构式

如果结构布局缺乏表现力，结构本身又缺少美感，再加上某些特殊功能的需要，那么这种天花就应该局部或全部把结构遮盖起来。其种类有：主题天花、藻井式天花、井口式天花、落差式天花、天窗式等。

（3）天花平面的分隔形式

天花平面的分隔形式是多种多样的，不同的分隔形式可以产生不同的气氛，如散点式天花、条纹式天花、几何图形天花等。

随着新材料的不断出现，天花的变化也越来越丰富，有金属薄板吊顶、木吊顶、石膏板吊顶以及矿棉吸音板，石膏吸音装饰板、矿棉装饰吸音板等。新材料的使用使得天花的形式越来越简洁，而几何形的图案更适合于新材料的装修手法。

2. 墙面的处理

墙面是空间的垂直绘成部分，也是构成室内空间的重要因素之一。墙面处理是否得当，这对空间的完整统一和艺术气氛的影响是非常大的。

（1）墙面的形状

- 横向处理手法：为了使空间获得一种开阔博大的气氛，室内墙面应采用横向处理手法。为使横向过长的空间不至于产生压抑感，在横向过长的墙上又进行了纵向分隔。为了不使过高的空间让人产生空旷感，把过高的墙面进行横向处理，这样能使空间产生一种亲切感。

- 纵向处理手法：为了获得崇高雄伟的空间效果，对墙面采用纵向处理手法即竖线条的处理手法。比较低的空间可以采用这种手法。

（2）墙面的质感

室内墙面与人的关系十分密切，人可以用视觉去感知它，也可以用触觉去感知它，不同的材质给人的感觉不同。

材料由于本身的孔隙率、紧密度和软硬度不同就形成了不同的质感，如木材、织物具有明显的纤维结构，质地较疏松，导热性能低，有温暖的感觉，金属、玻璃质地紧密、表面光华，有寒冷的感觉。

粗糙的材料如砖、石、卵石等具有天然而质朴的表现力；光滑的玻璃、金属、水泥和塑料等则处处表现出工业技术的力量。在材料的设计运用中应该适当地将其自然肌理充分体现出来。

（3）墙面的种类

抹灰墙：这是室内墙面处理最常用的方法。装饰效果较强的有拉毛灰墙、拉条灰墙、扫毛灰墙，这几种墙统称为装饰抹灰。

贴面墙：这是用各种面料贴饰的墙面，常见的有瓷砖墙、面砖墙、大理石墙和琉璃墙。如瓷砖墙：常用于厨房、卫生间等条件要求较高的房间，常用规格为151×151mm、110×110mm，厚度均为5mm。瓷砖又称釉面砖，粘贴方法是用5%的107胶的水泥浆即可。面砖墙：又称为陶瓷面墙砖，面砖可挂釉也可不挂釉。其规格为113×77mm、145×113mm、233×113mm、265×113mm，厚度均为17mm。面砖可烧制出各种图案，纹样十分丰富，还可以制作出不同的肌理效果。大理石墙：这是一种装饰性很强的材料，常用于大型公共场合和比较重要的场所，其艺术效果庄重、大的碎大理石可拼贴出各种活泼自然的园林风格墙面。琉璃墙：这是我国特有的传统装饰材料，主要颜色有金黄、绿、蓝等颜色，其装修效果古色古香，其规格为100×150mm，厚度均为10~20mm，装修时可用13#的水泥沙浆粘贴。

板条墙：这种墙的材料十分丰富，主要有竹条、木板条、胶合板、纤维板、石膏板、石棉水泥板、玻璃和金属薄板等。竹、木板条墙：这种墙面庄重、雅致，给人以亲切、温暖之感。此材料可以做墙裙，又可装修到顶，其排列方法很多。各种质地粗糙的板材，如甘蔗板、刨花板等，具有一定的吸音性，常用于观众厅。胶合板、纤维板均可以打洞，作为装饰吸音板。

- 竹条拼镶墙面：这种墙面清新素雅，富有浓郁的生活气息，常用于气氛活泼的场合。装修纹样的方向一致，也可以纵横交错。竹面可涂桐油和清漆。
- 石膏板墙：这种墙有轻质、防火、不受虫蛀等特点。表面可喷涂、刷漆，还可贴墙纸。石膏板可以直接贴在墙上，也可钉或者挂在龙骨上，构成轻体隔墙。
- 矿棉装饰吸音板墙：该墙特点与石膏板墙一样，但其装饰效果优于石膏板墙，尤其是它的防火性能。
- 镜面玻璃墙：此墙主要采用金镜面和茶色镜面装修。金镜面华贵、富丽，茶镜面沉没高雅。其特点是能反射周围的景象，形成生动多变的空间效果，并给人以空间成倍增大的效果。
- 金属薄板墙：该墙面可用不同的金属薄板装修，如铅合金薄板、铜薄板、不锈钢薄板等。这些材料不仅坚固耐用，而且美观新颖，有很强的时代感。其装修形式可以是平面的，也可以是折线形式和波形的，还可以压出各种图案。

涂刷类墙：涂刷类材料常用的有大白浆、可赛银、油漆、涂料等。涂料主要包括乳液涂料（乳胶漆）和水溶性涂料两类。在多雨地区要慎用乳胶漆，水溶性涂料的优点是不掉粉、价格低、施工方便、可用水擦。

卷材墙：主要包括墙纸、塑料贴墙纸、塑料贴墙面、锦缎、丝绒、皮革、织物和人造革等。如纸基涂塑贴墙纸：该墙纸花色品种多、装饰效果好、透气性强、表面可轻擦，有一定的弹性和抗墙体轻微开裂的能力，且价格较便宜。纸基复塑贴墙纸：该墙纸除了纸基涂塑贴墙纸的特点以外，其装饰效果更好，必要时甚至可以贴在尚未干透的墙上。玻璃纤维贴墙布：该墙布经染色、印花等多种工艺制成，特点是表面光滑、色彩柔和、坚韧牢固、耐水、耐火；不足是耐磨性较差。皮革与人造革：这种墙面柔软、消声、温暖，少量的运用可使环境更加高雅，用在会客厅、起居室可使环境更加舒服，在装修时要做防潮处理，墙面要先抹防水沙浆，再贴油毡，在防湿层上立木筋，并用胶合板做衬板，革下应衬软材料或薄泡沫，整个墙面可分为若干块，透过衬板钉在木筋上。丝绒锦缎：该材料给人以温暖、庄重、华贵的感觉，是一种高级装修材料，适用于高级客厅、接见厅、居室的装修，但要注意防腐，必要时裱在木基层上，并脱离墙面，做通风处理。做锦缎包镶墙面时，锦缎与底板之间应加软质材料。

清水混凝土墙：这种墙面在国外用得较多，就是指拆下模板后，墙面不加任何装饰，主要表现为混凝土的本色与模板地纹理，体现一种质朴的美感。要选择纹理美观的模板，也可人工特制衬模。

石墙：这种墙面常用于园林建筑中，如今室内装修也常用此手法，石墙被引入室内和绿化、叠山、池水相结合，形成室内的自然情趣。

3. 地面的处理

地面和天花是相对应的，也是室内空间的一个重要围护面。它的色彩、质地和图案能直接影响室内的气氛，而且地面还要直接承载家具，起到衬托室内环境的作用。

（1）大理石地面

大理石地面质地光洁、美观，公共建筑的厅、室都可以铺大理石。大理石的做法是用1:3的水泥沙浆找平，厚20mm，上面铺大理石，对缝不超过1mm。大理石一般规格是300×500mm，厚为20～30mm。

（2）美术水磨石地面

美术水磨石地面是用白水泥、颜料和大理石渣制成的，石渣的色彩、粒径、形状和配比直接影响地面的处理效果，分格方法的文化可组成各种各样的变化。水磨石地面分格施工，每格不要大于1m²。现场施工做法应用15mm高的玻璃条或金属条镶嵌，层面也可预制300×300mm的水磨石板，用1:2水泥沙浆做浆和嵌缝。水磨石地面的特点是坚固、光滑美观，不易起尘。一般用于大厅、走廊、厕所等处，居室中也可使用。

（3）陶瓷锦砖地面（马赛克）

马赛克地面坚实、美观、不透水、耐腐蚀，是高级的地面装修材料。马赛克的规格分别为19×19×4mm和39×39×4mm，产品预先贴在牛皮纸上。施工方法是在钢性垫层上做找平层，在该层上加素水泥浆与马赛克黏合，待凝结后浇水刷去表面的牛皮纸，最后用水泥浆补缝。为了美观，被缝水泥浆可以用白色或彩色的，还可以拼图案。

（4）塑料块材地面

塑料块材和卷材是一种新型的地面装修材料，其装饰效果好，耐磨无尘、表面光洁、色泽鲜艳、成本低、施工方便，规格为300×300×2mm，200×200×2mm，或者10000mm宽的卷材，以专用黏合剂粘接。

（5）木地面

木地面是由木板铺钉或胶合而成的地面，其优点是有弹性、不反潮、易清扫、不起尘、蓄热系数小，因此常用于高级住宅、宾馆、剧院舞台和体育馆的比赛场地。木地面有实木地板、实木复合地板、强化木地板、软木地板、竹地板等。

- 实木地板：是以天然木材为原料，从面到底是同一树种加工而成的地板。由于其选用天然材料，始终保持其自然本色，不会产生污染，不易吸尘，是名副其实的绿色建材产品。按其结构可分为平口地板、企口地板、指接实木地板、集成指接实木地板。
- 实木复合地板：属于实木地板的换代产品。它是将优质实木做成表面板、芯板和底板单片，然后根据不同品种材料的力学原理将三种单片依照纵向、横向、纵向三维排列方法，用胶水粘贴起来，并在高温下压制成板，这就使木材的异向变化得到控制。可分为三层实木复合地板、多层实木复合地板、细木工复合地板三大类，在居室装修中多使用三层实木复合地板。实木复合地板有实木地板美观自然、脚感舒适、保温性能好的优点，又克服了实木地板因单体收缩，容易起翘裂缝的不足，而且安装简便，一般情况下不用打龙骨。

- 强化木地板：因为价格便宜、易打理等优点已占得地板市场绝大多数份额。它的结构一般分为四层：表层为耐磨层，是含有三氧化二铝等耐磨材料的表层纸；第二层为装饰层，是电脑仿真制作的印刷纸；第三层为人造板基材，多采用高密度纤维板（HDF）、中密度纤维板（MDF）或特殊型态的优质刨花板；第四层为底层，是防潮平衡层，一般采用一定强度的厚纸在三聚氰胺或酚醛树脂中浸渍，可以阻隔来自于地面的潮气与水分，从而保护地板不受地面潮湿影响，进一步强化了底层的防潮和平衡功能。

- 竹地板：是以天然优质竹子为原料，经过二十几道工序脱去竹子原浆汁，经高温高压拼压，再经过3层油漆，最后经红外线烘干而成。竹地板按其加工处理方式可分为本色竹地板和炭化竹地板。本色竹地板保持竹材原有的色泽，而炭化竹地板的竹条要经过高温高压的炭化处理，使竹片的颜色加深，并使竹片的色泽均匀一致。

- 软木地板：实际上不是用木材加工成地板，而是以栎树（橡树）的树皮为原料，经过粉碎，热压而成板材，再通过机械设备加工而成。

木地面从装修方面上讲可分为架空式和实铺式两种。

- 架空式楼地面：这种楼木料消耗大，防火性能差，除高级装饰必须使用外，一般场合尽量少用。

- 空心板木地面：这种地面分为粘贴式木地面、单层木楼面和双层木楼面。粘贴式木地面是将木板条企口用环氧树脂粘合剂直接粘在空心板上；单层木楼面是在找平层上架搁栅，然后把硬木条板做在架搁栅；双层木楼面是在木企口地板下铺一层毛板，留10mm的空气层，这样的地面环保性能好，有弹性，但加工较为复杂。

木地面的拼花是非常讲究的，利用木材的纹理、色泽可拼出变化丰富的图案，提升空间的艺术性。

（6）内庭地面

内庭地面的处理手法比室内要灵活得多，使用的材料也更加丰富、自然。常用的有砖铺地和乱石、卵石地。

砖铺地所用的砖有粘土砖、水泥砖、陶面砖等，拉出的图案也比较多。

乱石或卵石铺成的地面自然活泼，结合绿化则更富有园林情趣，具有相互自然美。

4. 柱的处理艺术

柱子是室内重要的建筑构件，它在室内设计中有着举足轻重的作用。设计得好，可有画龙点睛之妙。因此对柱子的装修应新颖、简洁、大方，充分发挥它的装饰作用。

（1）柱的截面种类

柱的截面种类可分为方柱、圆柱、矩形柱、海棠角柱，还可根据空间的形状特点采用不同形式的柱子。

（2）柱的装修材料

从柱的装修材料来看，可分为大理石柱、花岗岩柱、汉白玉柱、水磨石柱、陶面砖柱、马赛克柱、木装修柱、大漆柱和沥粉描金柱等。

（3）传统柱式

传统柱式一般可分为柱头、柱身和柱基三段。中国柱式一般只有柱身和柱基，因柱头部分与柱身区别不大，又和梁枋斗贡相交，所以柱头不明确。

（4）壁柱

壁柱一般是夹在墙中的承重柱，还有一种是非承重的假壁柱，其主要功能是划分墙面，并和室内的柱子相匹配，形成一个整体空间。

（5）装饰柱

一般室内不做装饰柱，除非有些承重柱的体量过大占据了室内的主要空间很不好看，严重地影响了室内效果。在这种情况下，该柱可做装饰柱，这样可收到化不利为神奇的特殊功效。

5. 隔断、门洞、窗洞的处理

一个有完整主题的室内装饰设计作品，在关于隔断、门洞、窗洞上的处理都非常考究，只要把这些部分融入到整体的设计中，就会让主题更加明确和深入。

（1）隔断的形式

隔断就是分隔室内空间或室外过渡空间的室内装饰构件。分为封闭式和半封闭式。封闭式的主要构件是隔扇、花格墙；半封闭式的主要构件是屏风、屏门、博古架、落地罩、挂落等。其特点是大多可随意拆装，有很大的灵活性，可组成各种不同的空间。

隔断的装修方法为古典式和现代式。古典式装修多采用精质的硬质木雕，并配以纱绫字画。现代式装修更加多样化，材料的选用也更广泛，可用玻璃、金属格架和木格架以及钢筋混凝土花格塑料等。

以安装形式又可分为折叠式、推拉式、卷升式和拆装式等。

（2）隔断的功能

增加空间层次，并使空间关系互相渗透。过长的空间中加上一个完全通透的玻璃隔断，就使得空间有了层次感。

6. 收纳空间的处理

收纳空间在每类建筑中是必不可少的，是当代住宅计划的重要组成部分。收纳空间的处理经常采用以下几种方式。

（1）嵌进式（或称壁龛式）

其特点是贮存空间与结构结成团体，充分保持室内空间面积的完备，常使用突出于室内的框架柱嵌进墙内的空间，并使用上下部空间来布置橱柜。

（2）壁式橱柜

占有一个或多个完整墙面，做成固定式或活动式组合柜，偶然作为房间的整片分隔墙柜，使室内保持完整统一。

（3）悬挂式

这类"占天不占地"的方式可以单独存在，也能够和其他家具组合成富有虚实、凹凸、线面纵横等活泼的收纳空间，在居住建筑中使用广泛。这类方式应高度得当，构造安稳才能更好地显现其特点。

（4）活动式

结合壁柜计划活动床桌，可以随时翻下使用，使空间用途机动化。在小面积住宅中应用非常广泛。

（5）桌橱结合式

充分使用桌面上部空间，使桌子与橱柜相结合，极大地节省了地面和空间的使用率。

室内空间界面主要是指墙面、地面、顶面和各种隔断。如上所述，它们都有各自的功能和结构特点。在绝大多数空间里，这几种界面之间的边界是分明的，但是有时由于某种特殊功能和艺术造型上的需要，边界并不分明，甚至混为一体、不同界面的艺术处理都是对形、色、光、质等造型因素的恰当运用。

9.4.3 室内空间的艺术处理

与室内装饰、室内陈设相比，空间处理在室内设计中具有先决性的重要地位。一般来说，居家主人为了使自己的居室更符合功能、审美上的需求，以及适应自己的个性与文化层次，就必须理解和掌握怎样协调和处理空间。

1. 室内设计中的空间艺术处理手法

（1）分割

分割是最普遍的空间处理方式。有三种形式：第一种是实体性分割，它包括使用不到顶的墙、家具或其他实体性界面来划分空间。这种分割形式，既可形成一定的视觉范围，又具有开放性。第二种是象征性分割，它包括使用栏杆、玻璃、悬垂物或光线、色彩等非实体的手段来划分空间。这种分割空间界面模糊，限定度低、空间更开放。第三种是弹性分割，如推拦门、升降帘幕和可移动的室内阵设等。这种分割形式灵活性强、简单实用。

（2）切断

用到顶的家具和墙体等限定度高的实体来划分空间，称切断。切断的处理，排除了噪音和干扰，私密度和独立性非常高，但同时也降低了与周围环境的交融性，它适用于书房、卧室等私密性要求高的空间。

（3）通透

对分割和切断而言，通透是一种反向的空间处理方式，它是指将原来分割空间的界面全部或部分除去。这种处理方式对结构不合理的旧楼重新装修时较常使用（当然不能破坏建筑物的承重结构）。通过完全打通、部分打通或挖去部分隔墙的手法，来拓展空间，扩大视野，引室外园景入内，让光线、视线、空气在无阻碍中自由融合。这种处理方式可消除窒息感和压迫感，使空间更具延伸性、互动性和流畅性，但不容易操作。

（4）裁剪

众所周知，现代建筑室内空间大多是90°角的矩形空间。为了破除方正空间四平八稳，死气沉沉的呆板形象，有个性的家居主人可采用裁剪的手法，用弧线、折线、曲线、斜线或三角形、圆形、倾斜界面、穹顶等多种方式裁定空间，破除对称感，倾情演绎个性魅力。

（5）高差

高差包括部分抬高或降低地面，也包括部分抬高或降低顶面。通过对地面的高差处理，可实现转换空间、界定功能，使人产生错落有致的主体感（往往要诉诸于个人心理）；通过对顶面的高差处理可增强空间立体层次感，也可丰富灯光的艺术效果。

（6）凹凸

对空间和界面进行凹凸的处理，可实现一些特定功能，如古董、雕塑、工艺品的陈设，取暖、通风、排水设备的隐藏，杂物的储藏，以及一些特殊效果的照明。凹凸既可以满足功能要求，又能丰富空间视觉体验，可达到形式与内容的完美统一。

（7）借景

借景是一种惯用手法。利用格窗、门扉、卷帘、门洞，将室外景色甚至气候引入室内，调节景观，拓展空间，创造迂回曲折的感觉，使有限的空间产生无限的视觉体验。

2. 室内设计中灯光编排与运用

在内设计中最重要的是怎样建立完善的空间结构，让空间传递出不同的气氛和层次感以至喜、怒、哀、乐等各种情感变得与人更加亲近，带来随时的惊喜。

（1）灯光的重要性

在现在的设计中，会发现各式各样的灯光主题贯穿于其中，光影交集处处皆是，缔造出不同的气氛及多重的意境。

灯光可以说是一个较灵活及富有趣味的设计元素，可以成为气氛的催化剂，是一室的焦点及主题所在，也能加强现有装潢的层次感。

（2）灯光编排可以分为直接和间接两种

直接灯光泛指那些直射式的光线，如吊灯及射灯等，光线直接散落在指定的位置上，投射出或明或暗各式各样的光影，作照明或突出主题之用，直接、简单。

间接灯光在气氛营造上则能发挥独特的功能性，营造出不同的意境。它的光线不会直射至地面，而是被置于壁凹、天花背后，或是壁面铺饰的背后，光线被投射至墙上再反射至地面，柔和的灯光仿佛轻轻地洗刷整个空间，温柔而浪漫。

这两种灯光的适当配合，才能缔造出完美的空间意境。一些明亮活泼，一些柔和蕴藉，才能透过当中的对比表现出灯光的独有个性，散发出不凡的艺韵。

在家居灯光的运用上卧室要温馨，书房和厨房要明亮实用，客厅要丰富、有层次、有意境，餐厅要浪漫，卫生间要温暖、柔和。

3. 室内设计中的图案与色彩

图案与色彩是室内设计中不可分离的伙伴。它们对于室内空间氛围的形成可谓是不分伯仲：色彩通过图案见之于形，图案通过色彩显之于生命。

不同的色彩有其独特的个性，黄色能予人温暖柔和的感觉，红色能予人热情奔放的感受。居室中的色彩并非过于统一才能称之为和谐，也并非一定是淡雅的色彩才能称之为柔和。以红色来说，不同的红色有明度、冷暖的差异，用不同的红色进行巧妙组合，甚至于搭配以和谐的绿色，也同样能产生明快优美的视觉观感。中国古典建筑中的朱砂、粉绿及青色就是完善结合的典范。

当多种色彩并置时，必须以一基本色系为主，再配以其他辅助色。通过色块与图案的组织，注意把握色彩的面积、明度与纯度之比来巧妙处理色之调和与对比。恰到好处的对比色运用完全能表达出与众不同的审美情趣。

当然，图案的大小还应与居室空间的大小相协调。过小的图案放在大的空间会不明显，而太大的图案放在小的空间又会太强烈。组合图案时，可以用不同大小的图案由大至中至小地配搭来增加趣味性。几何图形的运用可以说是最易出效果的方法，色彩也较容易提炼搭配，与图案一起为居室共生辉。

9.4.4 方案设计基本步骤

在设计工作中，按时间的先后顺序依次安排设计步骤的方法称为设计程序。室内装饰设计的步骤在大体上分为4个阶段，即方案调查阶段、方案设计阶段、方案实施阶段和方案评估阶段，不同阶段会有不同的侧重点，应针对性地解决每个阶段所面临的问题。

1. 方案调查阶段

此阶段的内容主要包括接受设计任务，到现场进行勘察与测量。这将有助于设计师更直观地把握建筑室内空间的各种自然条件和制约条件，若是能够对现有空间进行拍照，可以避免日后对现场进行再次核查。

设计师应通过各种方法尽可能多地了解客户的想法和要求，并对其进行分析和评价，明确工程性质、规模、使用特点、投资标准以及设计时间的要求，以便开展后序的设计工作。

收集、分析和项目相关的设计规范和标准，了解、熟悉有关的资料和信息，能使我们在有限的时间内尽可能地熟悉和掌握更多更实用的有关信息，并能够获得灵感和启发。

2. 方案设计阶段

此阶段的内容主要是先根据测量结果绘制原始结构图，在原始结构图上绘制初步设计方案，针对初步设计方案与客户进行设计沟通，再修改方案，和客户沟通后即可确定方案并绘制方案的平面图、施工图、详图、效果图等内容，接着制作预算审核和报价单，经过报价、议价、签约的过程，客户交付预付款后，即可进入方案实施阶段。

在这一阶段中，设计师要用各种图示语言表达对各种功能、形式、经济等问题的解决方式，并通过各种符号、线条等来表示设计方案中的对象和情景表象。

在此期间，设计师一定要与用户多沟通和讨论，根据各方面的要求对方案进行修正和完善，直至定稿。

方案确定之后，就可以进入施工图的绘制阶段。设计师与承包者、施工人员及工程中涉及的专业人员进行交流与协作，是保证工作成功的重要手段。

3. 设计方案实施阶段

此阶段是从工程项目经理布置各部门工程任务开始的，首先要消防审核报审，按照工程进度表来进行材料采购，工程队按照各类工程的施工顺序依次进入施工现场，在此期间根据合同及工程进度表来收取工程款，直至工程竣工、水电验收，最后是工程总结算。

在施工前，设计师应向施工单位解释图样，进行图样的技术交底。并且要作为用户代表，经常赴现场审查与技术和设计相关的细节，及时解决现场与设计发生的矛盾，有时候还要根据现场的情况修改补充图样，监督方案实施状况，保证施工质量。施工结束后还应协助进行水电验收等程序。

4. 方案评估阶段

这一阶段一定要做好工程的售后服务。主要是指工程在交付使用后客户对其的评估。其目的在于了解是否达到了预期的设计意图，以及用户对该工程的满意程度。这一过程不仅有利于用户利益和工程质量，同时也有利于设计师本身为未来的设计和施工增加、积累经验及改进工作方法。

方案评估也就是验收一般分：效果验收、工艺验收、水电验收、功能验收四个部分。

（1）效果验收

业主可以根据装修前所绘制的设计图样及所签订的合同作为根据，仔细观察室内整体装饰装修的情况，判断整体设计风格、色彩、灯光、功能及居室周边小环境的营造效果是否符合设计图样。

（2）工艺验收

工艺验收是比较重要的方面，这关系到后期的使用效果，如做清漆，对装饰面板表面钉眼、缝隙等需要颜色相同的腻子粉修补整齐、平滑，以及一些不同功能空间的划分和高度是否合理等工艺水平。

（3）水电验收

卫生间应进行24小时的闭水试验，无渗漏现象。给排水管的安装都符合上热下冷，左热右冷，横平竖直。应通过实际操作和运行来检查质量状况，要按照国家或行业颁布的相关检验规范验收其排管、布线是否符合标准，对相应的设备设施进行实际操作及开启。

（4）功能验收

对室内功能分区的划分是否合理及使用功能进行验收。如厨房的操作流线是否合理，个人空间私密性的设置，老人房、小孩房的设计是否符合特定人群的居住特点等，是否存在安全隐患等。

本章小结

这一章主要是对室内装饰设计的相关内容进行了简单的陈述和了解，室内装饰设计工作的开展与完成，都有一定的过程，本章内容就是围绕这一过程所做的讲解，可以让读者直观地感受并了解室内设计。

Chapter

10

室内装饰设计制图知识

本章导读
BEN ZHANG DAO DU

上一章讲解了室内装饰设计中相关的因素和原则；本章主要讲解室内装饰设计制图的相关内容与知识，包括行业内的制图规范与制图内容。

知识要点
ZHI SHI YAO DIAN

- 熟练掌握室内设计制图规范
- 掌握室内装饰设计制图内容

案例展示
AN LI ZHAN SHI

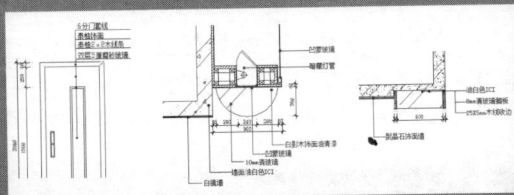

10.1 行业链接——室内设计制图规范

在室内设计中，图样是表达设计师设计理念的重要工具，也是室内装饰施工的必要依据，室内设计制图多沿用建筑制图的方法和标准，因为室内设计是室内空间和环境的再创造，所以其图样的绘制又有自身的特点，在图样的制作过程中，应该遵循统一的制图规范。

> 🕐 知识链接——制图规范必备
>
> 建筑施工图一般是按照正投影原理以及视图、剖视和断面等基本图示方法绘制的，所以为了保证制图的质量，提高制图效率，表达统一和便于识读，我国制定了国家标准《建筑制图标准》（GBJ 104—87），在绘制施工图时，应严格遵守标准中的相关规定。

10.1.1 图纸幅面规格

图纸幅面是指图纸大小。根据国家标准规定，按照图面的长和宽来确定图幅大小的等级。在室内设计中经常使用的图幅有A0（也称0号图幅，下面依次类推）、A1、A2、A3、A4等，其中A3和A4为最常用的图样幅面尺寸。

绘图时应优先采用图纸幅面标准尺寸表中规定的基本图幅，如下表所示。其中B、L分别表示图样的短边和长边，其短边与长边之比为1∶1.4；A、C分别代表图框线到图幅边缘之间的距离。

尺寸代号	幅面代号/mm				
	A0	A1	A2	A3	A4
B（宽）×L（长）	841×1189	594×841	420×594	297×420	210×297
A	25				
C	10			5	
E	20		10		

按房屋建筑制图统一标准，有特殊需要可采用按长边1/8模数加长尺寸；短边不得加长，长边可加长，加长尺寸应符合图样长边加长尺寸表的规定，如下表所示。

幅面尺寸	长边尺寸/mm	长边加长后尺寸/mm
A0	1189	1486、1635、1783、1932、2080、2230、2378
A1	841	1051、1261、1471、1682、1892、2102
A2	594	743、891、1041、1189、1338、1486、1635、1783、1932、2080
A3	420	630、841、1051、1261、1471、1682、1892

单项工程中每一个专业所用的图纸不宜超过两种幅面；主要用于目录、变更、修改等表格类的A4幅面，可超过两种幅面。

一般A1～A3的图纸宜横式，必要时，也可立式使用，如下图。

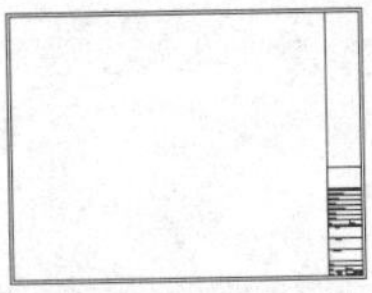

不留装订线的横式图纸　　不留装订线的竖式图纸 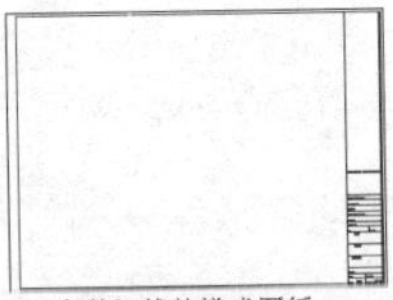　　留装订线的横式图纸 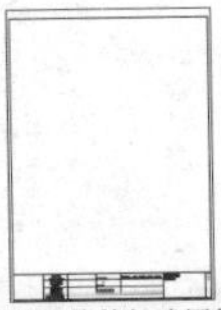　　留装订线的竖式图纸

> **知识链接——图纸标题栏**
>
> 图签即图纸的标题栏，包括设计单位名称、工程名称、签字区、图名区及图号区等内容。如今不少设计单位采用自己设计的图签格式，但是必须包括设计单位名称、工程名称、图号、签字和图名这几项内容。会签栏是为各工作负责审核后签名用的表格，包括专业、姓名、日期等内容，具体内容根据需要设置，对于不需要会签的图样，可以不设此栏。

10.1.2 图线内容设置

工程图样主要采用粗、细线和线型不同的图线来表达不同的设计内容，并用以分清主次。因此，熟悉图线的类型及用途，掌握各类图线的画法是室内装饰制图最基本的技术。

> **大师心得**　需要微缩的图纸，不宜采用0.18mm的线宽；在同一张图纸内，各种不同线宽组中的细线，可统一采用较细的线宽组中的细线。

1. 常用线型的种类和用途

为了使图样主次分明、形象清晰，建筑装饰制图常用线型有实线、虚线、折断线、点划线等，按线宽度一般分粗线、中粗线、细线三种。各类图线的线型、宽度和用途如下表。

名　称	线　型	线　宽	用　途
粗实线	——	0.35mm	构筑物的外轮廓线、剖切位置线、地面线、详图符号、图纸的图框线、标题与会签栏
中粗实线	——	0.25mm	家具装饰结构的轮廓线、标注尺寸的起止短划线
细实线	——	0.18mm	家具和装饰结构的辅助线、标注尺寸线、材料说明文字、文字引出线、索引符号的圆圈、标注文字
最细实线	——	0.07 mm	填充线
粗虚线	-----	0.35mm	总平面图及运输图中的地下建筑物或构筑物
中粗虚线	-----	0.25mm	需要画出的看不到的轮廓线

名　　称	线　型	线　宽	用　　途
细虚线	------	0.18mm	平面图上高窗的位置线、搁板（吊柜）的轮廓线
粗点划线	▬·▬·▬	0.35mm	结构图中梁或架构的位置线
细点划线	——·——	0.18mm	中心线、定位轴线、对称线
细双点划线	—··—··	0.18mm	假想轮廓线、成型前原始轮廓线
折断线	──⌁──	0.18mm	用以表示假想折断的边缘，在局部详图中用得最多

2. 图线的画法及要求

在将线型设置完成后开始绘图时，要注意以下几点。

（1）在同一张图纸内，相同比例的图样，应选用相同的线宽组，同类线应粗细一致。

（2）相互平面的图纸，其间隔不宜小于其中的粗线宽度，且不宜小于0.07mm。

（3）虚线、点划线或双点划线的线段长度和间隔，宜各自相等。

（4）点划线或双点划线，在较小的图形中绘制有困难时，可用双实线代替。

（5）点划线或双点划线的两端，不应是点。点划线与点划线交接或点划线与其他图线交接时，应是线段交接，如左下图。

（6）虚线与虚线交接或虚线与其他图线交接时，应是线段交接。虚线为实线的延长线时，不得与实线连接，如右下图。

（7）图线不得与文字、数字或符号等重叠、混淆，不可避免时，应首先保证文字等的清晰显示，如下图。

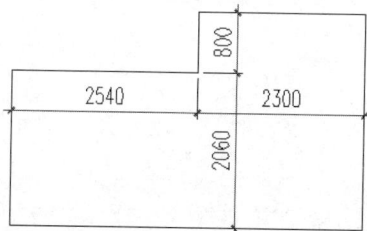

3. 线宽与绘图色彩的对应

线宽与色彩相对应往往能使图面更清晰明了。线宽往往是一定的，但颜色可根据自己的需要来设置。

图层名称	颜　色	线　　宽	用　　途
墙线	黄色	0.35mm	主要绘制墙线
门窗线	青色	0.25mm	门线和窗线、阳台线的绘制
中心线	紫色	0.18mm	中心线、定位轴线、对称线
家具线	绿色	0.18mm	家具和装饰结构的辅助线
标注线	默认	默认	标注尺寸线、索引符号的圆圈
电器线	红色	0.2mm	总平面图及运输图中的地下建筑物或构筑物
文字线	默认	默认	材料说明文字、文字引出线
植物线	绿色	0.18mm	植物的边缘线
灰线	灰色8	0.07mm	填充线

10.1.3　详图及索引符号

图样中的某一局部或一个构件和其他构件间的构造如需另见详图，应以索引符号索引，也就是在需要另绘制详图的部位编上索引符号，并在所绘制的详图上编上详图符号且两者必须对应一致，以便看图时查找相应的图样。

1. 详图索引符号及详图符号

在室内平面图、立面图、剖面图中，在需要另设详图表示的部位标注一个索引符号，以表明该详图的位置，这就是详图的索引符号。详图索引符号采用细实线绘制，A0、A1、A2图幅索引符号的圆直径为12mm，A3、A4图幅索引符号的圆直径为10mm，如下图。

图（d）～图（g）用于索引剖面详图，当详图就在本张图样时，采用图（a）的形式，详图不在本张图样时，采用图（b）～（g）的形式。

详图符号即详图的编号，用粗实线绘制，圆直径为14mm。

剖视的剖切符号应符合下列规定。

（1）剖视的剖切符号应由剖切线及投射方向线组成，均应以粗实线绘制。剖切线的长度宜为6～10mm；投射方向线应垂直于剖切线，长度应短于剖切线，宜为4～6mm；绘制时，剖视的剖切符号不应与其他图线相接触。

（2）剖视图中剖切符号的编号宜采用阿拉伯数字，按顺序由左至右、由下至上连续编排，并应注写在剖视方向线的端部。

（3）需要转折的剖切线，应在转角的外侧加注与该符号相同的编号。

（4）建（构）筑物剖面图的剖切符号，宜标注在±0.00标高的平面图上。

2. 引出线

引出线可用于详图符号、标高等符号的索引，箭头圆点直径、圆点尺寸和引线宽度可根据图幅及图样比例调节，引出线在标注时应保证清晰，在满足标注准确、功能齐全的前提下，尽量保证图面美观。

常见的几种引出线标注方式如下。

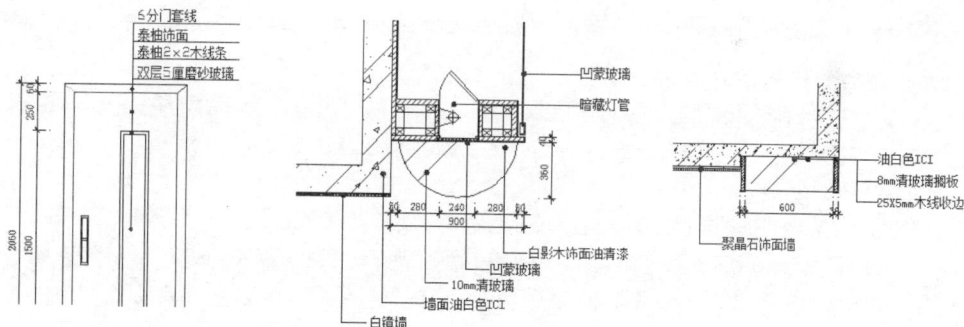

引出线均采用水平向0.25宽细线，文字说明均写于水平线之上。同时引出几个相同部分的引出线，宜互相平行。

3. 立面指向符

在房屋建筑中，一个特定的室内空间领域是由竖向分隔来界定的。因此，根据具体情况，就有可能出现绘制1个或多个立面来表示隔断、构配件、墙体及家具的设计情况。立面索引符号标注在平面图中，包括视点位置、方向和编号三个信息，用于建立平面图和室内立面图之间的联系。立面索引指向符的形式如下图；图中立面图编号可用英文字母或阿拉伯数字表示，黑色的箭头指

向表示立面的方向；图（a）为单向内视符号，图（b）为双向内视符号，图
（c）和（d）为四向内视符号。

| (a) | (b) | (c) | (d) |

10.1.4 文字说明

在一幅完整的图样中，用图线方式表现得不充分和无法用图线表示的地
方，就需要进行文字说明，例如：材料名称、构配件名称、构造做法、统计表
及图名等。文字说明是图样内容的重要组成部分，制图规范对文字标注中的字
体、字号、字体字号搭配方面作了具体规定。

（1）一般原则为：字体端正、排列整齐，清晰准确，美观大方，避免过
于个性化的文字标注。

（2）字体：一般标注推荐使用仿宋体，标题可以使用楷体、隶书、黑体
字等。尽量不使用TureType字体，以加快图形的显示，缩小图形文件。同一图
形文件内字型数目不要超过四种。

（3）字号：标注的文字高度要适中。同一类型的文字采用统一大小，较
大的字用于概括性的说明内容，较小的字用于较细致的说明内容等。说明文字
一般应位于图面右侧。

10.1.5 常用比例

比例是指图样中的图形与所要表示的实物之间相应要素的线性尺寸之比，
比例应该以阿拉伯数字表示，一般写在图名的右侧，字高应该比图名字高小一
号或两号。

下面列出常用的绘图比例，使用时可以根据自己的实际情况灵活运用。

平面图常用比例：1：50、1：100、1：200等。

立面图常用比例：1：20、1：30、1：50、1：100等。

顶面布置图常用比例：1：50、1：100等。

构造详图常用比例：1：1、1：2、1：10、1：20等。

同一张图纸中，不宜出现三种以上的比例，比例标注置于图名右边。

> **大师心得** 建筑物形体庞大，必须采用不同的比例来绘制。对于整幢建筑物、构筑物的局部和细部结构都分别予以缩小绘出，特殊细小的线脚等有时不缩小，甚至需要放大绘出。建筑施工图中，各种图样常用的比例如上所示。一般情况下，一个图样应使用一种比例，但在特殊情况下，由于专业制图的需要，同一种图样也可以使用两种不同的比例。

10.1.6 标注注释

在图样中除了按比例正确地绘制出图形外，还必须标出完整的实际尺寸，施工时应该以图样上所标注的尺寸为准，不得从图形上量取尺寸作为施工的依据。

建筑装修图上的尺寸单位一般都以毫米（mm）为单位。

图样上一个完整的尺寸标注包括尺寸线、尺寸界线、尺寸起止符号、尺寸数字四个部分，如下图。

- 尺寸线：表示图形尺寸度量方向的直线，用细实线绘制，在圆弧上标注半径尺寸时，尺寸线应通过圆心；它与被标注对象之间的距离不宜小于10mm，且互相平行的尺寸线之间的距离要保持一致。
- 尺寸界线：表示所度量图形尺寸的范围边限，一般也用细实线绘制，且与尺寸线垂直，末端约超出尺寸线外2mm，在某些情况下，也允许以轮廓线及中心线为尺寸界线。
- 尺寸起止符号：此符号一般采用与尺寸界线成顺时针倾斜45°的中粗短线或细实线表示，长度宜为2～3mm，在某些情况下，例如标注圆弧半径的时候，也可以用箭头作为起止符号。
- 尺寸数字：徒手书写的尺寸数字不得小于2.5号，标注尺寸数字时应在尺寸线的上方，尺寸数字一律使用阿拉伯数字标注，同一张图纸上的尺寸数字大小要一致；图样上的尺寸单位，除建筑标高和总平面等建筑图纸以米（m）为单位之外，均应以毫米（mm）为单位。

在进行标注时，尺寸应该力求准确、清晰以及美观大方，同一张图样中标注风格应该保持一致。尺寸线应尽量标注在图样轮廓线以外，从内到外依次标注从小到大的尺寸，不能把大尺寸标在内、小尺寸标在外面。

1. 尺寸标注的线型

（1）尺寸标注线型为0.15mm宽的细实线。

（2）尺寸界线、尺寸线，应用细实线绘制，端部出头2mm。尺寸起止符号用斜中粗线绘制，其倾斜方向与尺寸线成顺时针45°，长度为2～3mm。

2. 尺寸数字

在一般情况下，当尺寸线为水平方向时，数字注写于尺寸线的上方，当尺寸线为垂直方向时，数字注写于尺寸线左边。数字大小为绘图比例的两倍。

3. 尺寸标注的注意事项

（1）尺寸数字宜标注于图样轮廓线以外，不宜与图纸、文字及符号等相交。

（2）互相平行的尺寸线，小尺寸线应距轮廓线较近，大尺寸线应距轮廓线较远。

（3）标注数字为黑体。

10.1.7 图标及标高

室内设计常用符号和图例如下。

符　号	说　明	符　号	说　明
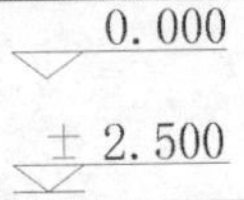 0.000　± 2.500	标高符号，数字为当前标高值：上图为地面水平线，下图为层高2.5m	 N	指北针
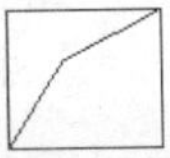	楼板开方孔或天窗	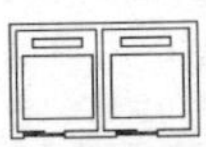	电梯
原始平面图1:50	图名和比例		单扇推拉门
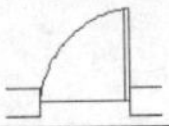	单扇平开门	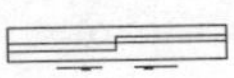	双扇推拉门
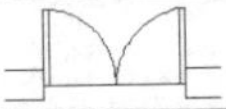	双扇平开门		四扇推拉门
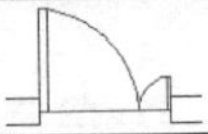	子母门	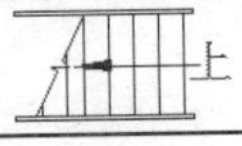	首层楼梯
	窗	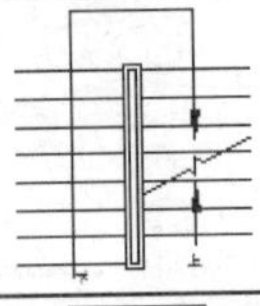	中间层楼梯
	阳台	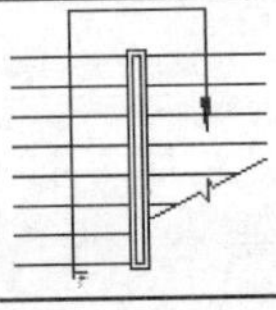	顶层楼梯

标高符号用等腰三角形表示，凡三角形尖角无横线的，又用于平面图、顶面图；有横线的，其横线应指被标注的剖面和立面的高度；尖角可指向上或指向下，以米（m）为单位。

> **大师心得** 标高是标注建筑高度的一种尺寸形式，单体建筑工程的施工图注写到小数点后第三位，在总平面图中则写到小数后两位。在单体建筑工程中，零点标高注写成±0.000，负数标高数字前必须加注"-"，正数标高前不写"+"，标高数字不到1m时，小数点前应加"0"。

在房屋的底层平面图上，应绘出指北针来表明房屋的朝向。其符号应按国标规定绘制，细实线圆的直径一般以24mm为宜，箭尾宽度宜为圆直径的1/8，即3mm，圆内指针应涂黑并指向正北。

> **大师心得** 在AutoCAD中，建筑物和构筑物是按比例缩小绘制在图纸上的，一套方案图纸的内容复杂繁多，所以必须在相应图样下标明图名和比例，方便查阅。对于有些建筑细部、构件形状以及建筑材料等，往往不能如实给出，也难以用文字注释来表达清楚，所以都按统一规定的图例和代号来表示，以求达到简单明了的效果。

10.1.8 认识填充图例

在室内设计中经常应用材料图例来表示材料，在无法用图例表示的地方则采用文字注释。一定要遵照房屋建筑制图统一标准和总图制图标准绘制图形。

规定常用图例如下。

图 例	说 明	图 例	说 明
	混凝土		块砖顺砌
	钢筋混凝土		绝缘材质
	瓷砖或类似材料		砖块成人字形图案成45°角
	大理石		板岩和石材
	木地板		镶木地板
	玻璃		实体填充
	角钢		随机的点和石头

> **知识链接——填充图例**
>
> 在使用AutoCAD中的填充图例绘制图形时，每一种图例都代表一种材料或一种物质，但因为行业或习惯的不同，其中的一部分相近的图例可能会有差别。可参考国际标准或国内标准进行绘制。

10.1.9 灯光照明图例

在实际绘图中，各种装置或设备中的元件都是用图形符号表示的，同时用文字符号、安装代号来说明电气装置等相关内容。

图　例	说　明	图　例	说　明
 ⊗	吊灯	 ⟋	单联双控开关
 ⊗	餐厅灯	⟋	单联单控开关
 ◎	吸顶灯	⟋	双联单控开关
 ✛	石英灯	 ⟋	多联多控开关
 ⊕	筒灯	⟋	多联单控开关
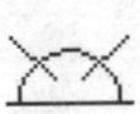 ⌓	壁灯	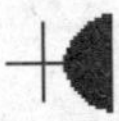 ⊣◖	暗装二、三插座
▣	排风扇	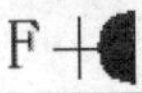 F ⊣◖	暗装排气扇插座
 ⊙	感应开关	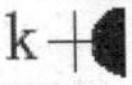 k ⊣◖	暗装空调插座
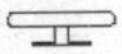 ⊤	镜前灯	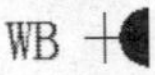 WB ⊣◖	暗装微波炉插座
 ----	暗槽灯	 A ⊣◖	暗装抽油烟机插座
 ✳	豪华吊灯	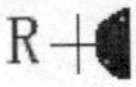 R ⊣◖	暗装热水器插座
 ⊕	射灯	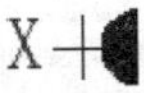 X ⊣◖	暗装消毒碗柜插座
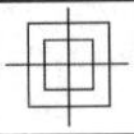 ⊞	方形吸顶防雾灯	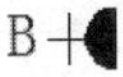 B ⊣◖	暗装冰箱插座
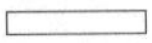 ▭	日光灯	 Ⓗ	暗装电话插座
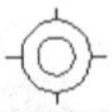 ⊙	户外球形灯	 Ⓣ	暗装电视插座
 △	电话接线盒	 ⌓	电铃
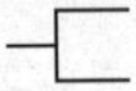 ⌐	有线电视接线盒	◣	分户配电箱
 ▣	浴霸	 ♠	双极插座带接地（暗装）
 🔺	立面图射灯	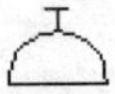 ⌓	双极插座带接地（明装）

10.2 行业链接——室内装饰设计制图内容

在工程上通常使用正投影法绘制建筑物的正投影图，正投影图反映空间物体的形状和大小，比如建筑平面图、立面图和剖面图等。

其中平行投射线由上向下垂直投影而产生的投影图称为水平投影图；投射线由前向后垂直投影而产生的投影图称为正面投影图；由左向右垂直投影而产生的投影图称为侧面投影图；其中的关系分别如下。

（1）长对正：正面投影图和水平投影图。

（2）高平齐：正面投影图和侧面投影图。

（3）宽相等：水平投影图和侧面投影图。

"长对正、高平齐、宽相等"是绘制和识读物体正投影图必须遵循的投影规律。

> **大师心得** 在建筑装饰制图中，如果遇到所绘制的建筑物形体比较复杂时，有时为了便于绘图和识图，需要画出形体的六面投影图，其中正面投影称为正立面图，水平投影称为平面图，侧面投影称为左侧立面图，其他投影根据投射方向称为右侧立面图、底面图和背立面图。

在工程制图中，常用的投影图除了三面正投影图，还有镜像投影图、展开投影图、剖视图、断面图等。

10.2.1 方案图册内容

建筑施工图是指导建筑施工的重要依据，建筑一幢房屋或者装饰一套房屋，需要使用很多张图作为施工依据，建筑工程施工图和室内装饰设计方案一般的编排顺序是图纸封面、图纸目录、总说明、建筑施工图、结构施工图、设备施工图。

其主要内容如下。

1. 建筑施工图

主要表示房屋的建筑设计内容，如房屋总体布局、内外形状、大小、构造等，包括总平面图、平面图、立面图、剖视图、详图等。

2. 结构施工图

表示房屋的结构设计内容，如房屋承重构件的布置、构件形状、大小、材料、构造等，包括结构布置图、构件详图、节点详图等。

3. 设备施工图

表示建筑物内管道与设备的位置与安装情况，包括给排水、采暖通风、电气照明等各种施工图，其内容有各工种的平面布置图、系统图等。

一套完整的房屋施工图，其内容和数量很多。工程的规模和复杂程度不同，工程的标准化程度不同，都会导致图样数量和内容的差异。一般在能够清楚表达工程对象的前提下，一套图样的数量及内容越少越好。

10.2.2　平面图

平面图是表达设计意图最基本的图示，包括原始结构图、平面设计图、平面布置图三种。

1. 原始结构图

原始结构图是在对房屋进行实地丈量之后，由室内设计师将丈量结果在图样上绘制出来的。在图样上必须将原始房屋的框架结构、各空间之间的关系以及尺寸、门洞窗洞的具体位置及尺寸等交代清楚；平面设计图、平面布置图都是在此基础上进行绘制的。绘制原始户型图时必须要标明承重墙、柱子、梁的位置。

2. 平面设计图

有时房屋的原始结构图因为客户的需要，或是与风水的大方向相冲突，或是因为人的舒适度需要，必须对墙体进行更改。平面设计图可以将需要进行拆建的墙体在图样上清楚地表达出来，方便施工。若原始结构图的户型和各方面要求完全符合标准，可不做此图，直接做平面布置图。

3. 平面布置图

平面布置图是设计师为了表达自己的设计意图及设计构思或根据业主的需要，在原始结构图或者平面设计图的基础上，将各个功能区进行划分及室内设施定位而绘制的一种图样。

10.2.3　地面图

地面图用来表示地面的铺贴材质和方式，比如木地板、地砖、地毯等使用的材料、尺寸、施工工艺以及铺贴花样等形式。布置过的每一个地方都必须使用文字说明将其材质和材质大小标注出来。

10.2.4 顶面图

顶面图主要包括对梁的处理、吊顶、电路走向、灯具布置等内容。用来表示顶面的造型和灯具的布置，以及室内空间组合的标高关系和安装尺寸等。图样上所要表示的内容包括使用的装饰材料、施工工艺、各种造型以及灯具的安装尺寸等，并用标注文字以及标高加以表示说明，有时会根据需要绘制某处的剖面详图来更详细地表达构造和做法。

10.2.5 开关插座布置图

开关插座布置图主要用来表示室内各区域的配电情况，包括照明、插座以及开关的铺设方式及安装说明等。

10.2.6 给排水布置图

在家庭的内部装修中，管道有给水和排水两个部分，通俗地讲就是上水和下水；同时又包括热水系统和冷水系统。绘制给排水布置图，用以表示室内给水和排水管道、开头等用水设施的布置和安装情况。

10.2.7 立面图

立面图是一种与垂直界面平行的正投影图，能够反映垂直界面的形状、装修做法和其上的陈设。一般是将房屋内各重要墙面绘制并标注出来，需要绘制立面图的部分包括玄关立面图、餐厅立面图、电器背景墙、沙发背景墙、主卧立面图、各柜体立面图等。每一个立面图都必须标明尺寸、标注、文字说明等。

10.2.8 施工图

施工图可以分为立面图、剖面图和节点图3种类型。

1. 立面图

立面图是室内墙面与装饰物的正投影图，它标明了室内的标高；吊顶装修的尺寸以及梯次造型的相互关系尺寸；墙面装饰的样式及材料和位置尺寸；墙面与门、窗、隔断的高度尺寸；墙与顶、地的衔接方式等。

2. 剖面图

剖面图是将装饰面剖切，以表达结构构成的方式、材料的形式和主要支承构件的相互关系等。剖面图中标注有详细的尺寸、工艺做法以及施工要求等。

3. 节点图

节点图是两个以上装饰面的交汇点，按垂直或水平方向切开，以标明装饰面之间的对接方式和固定方式。节点图详细表现出装饰面连接处的构造，注有详细的尺寸和收口、封边的施工方法。

在设计施工时，无论是剖面图还是节点图，都应在立面图上标示清楚，以便于正确指导施工。

本章小结

在本章内容中，主要对室内设计制图规范中的相关内容作了大致的陈述，这些都是制图规范必备知识和理论依据，是绘制图形的前提，所以在使用时一定要牢牢掌握。

Chapter

11

绘制室内设计素材

本章导读
BEN ZHANG DAO DU

>>>>>

本章在已经掌握软件技能的基础上，绘制在室内装饰中常用的图形素材，包括家具、电器、橱具、洁具、花草、装饰品等各个方面的平面和立面图形，最后将这些图形存为一个图库，方便使用。

知识要点
ZHI SHI YAO DIAN

>>>>>

- 掌握家具的绘制方法
- 掌握电器的绘制方法
- 掌握橱具和洁具的绘制方法
- 掌握花草和装饰品的绘制方法

案例展示
AN LI ZHAN SHI

>>>>>

燃气灶平面图　　　　　　燃气灶立面图

11.1 同步训练——家具的绘制

本节将室内装饰设计中最常用的家具元素绘制出来。在AutoCAD中绘制室内装饰图纸时，几乎每套住房中都需要电视、沙发、床等基本元素。因为有许多元素都是大致相同的，所以先将这些元素绘制出来，后期需要时直接调用即可，可极大地节约绘图时间，提高绘图效率。

案例 01 绘制电视组合柜

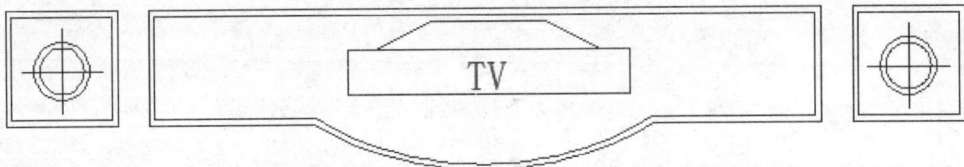

为了方便学习，本节相关实例的素材文件、结果文件，以及同步教学文件可以在配套的光盘中查找，具体内容路径如下。

▶▶ 原始素材文件：无
▶▶ 最终结果文件：光盘\结果文件\第11章\11-1-1.dwg
▶▶ 同步教学文件：光盘\多媒体教学文件\第11章\11-1-1.mp4

本例难易度	制作关键	技能与知识要点
★★★☆☆	本实例首先绘制电视柜的主体柜体，接着绘制电视，然后绘制组合矮柜和矮柜上的台灯，最后将矮柜和台灯镜像复制，完成电视组合柜的绘制。	• "多段线"、"直线"命令 • "文字"命令 • "偏移"命令 • "拉伸"命令 • "镜像"命令

1 新建并保存文件。打开程序"AutoCAD 2012"，保存文件名称为"11-1-1.dwg"；输入"单位"命令"UN"并确定，设置图形单位为"毫米"，单击"确定"按钮，如左下图。

2 执行多段线命令。按【F8】键打开正交模式，输入多段线命令"PL"并确定，单击指定起点，鼠标向上移输入"400"并确定，如右下图。

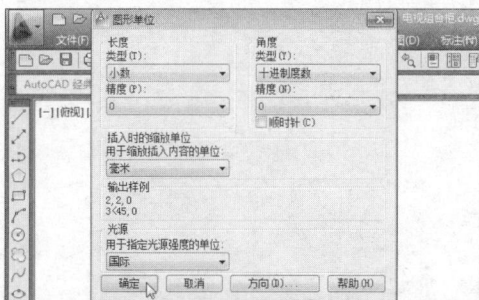

> **大师心得** 　　在绘制建筑室内装饰图时，在"图形单位"的"类型"中，都会选择小数，但是一定要在"精度"选项中选择"0"。

3 绘制"电视柜"尺寸。鼠标向左移输入电视柜长度"2400"并确定；鼠标向下移输入电视柜宽度"400"并确定，如左下图。

4 执行多段线子命令圆弧。鼠标向左移输入长度"600"并确定，输入子命令圆弧"A"并确定；输入子命令半径"R"并确定，如右下图。

5 输入圆弧半径。输入圆弧的半径值"1200"并确定，如左下图。

6 确定圆弧包含的角度。输入子命令"角度"并确定，输入角度值"-60"并确定，如右下图。

> ℹ **知识链接——多段线绘制弧线**
>
> 　　在AutoCAD中，多段线是一个功能多而全的命令，在此处是使用子命令半径"R"绘制一个有弧度和角度的弧线段。

7 完成圆弧的绘制。按空格键确定圆弧的弦方向完成圆弧的绘制，输入子命令直线 "L" 并确定，如左下图。

8 完成电视柜外框的绘制。输入直线长度 "600" 并确定，输入子命令闭合 "C" 并确定，完成电视柜的绘制，如右下图。

9 偏移电视柜体厚度。输入偏移命令 "O" 并确定，输入偏移距离 "20" 并确定；单击选择电视柜外框线，向线框内单击，并按空格键确定，偏移出电视柜体的厚度，如左下图。

10 绘制电视外框。使用矩形命令 "REC" 绘制长为 "1000"、宽为 "150" 的电视外框，如右下图。

11 绘制电视后座尺寸。使用矩形命令绘制长为 "800"、宽为 "100" 的电视后座，如左下图。

12 修改后座形状。输入拉伸命令 "S" 并确定，从右向左框选矩形左上角并确定，如右下图。

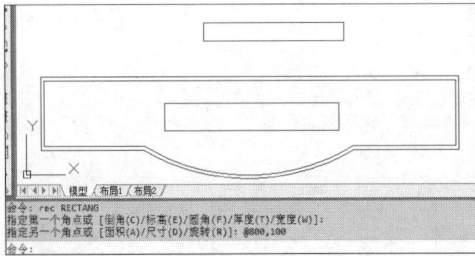

13 输入拉伸距离。单击指定拉伸的基点，鼠标向右移输入拉伸距离 "200" 并确定，如左下图。

⑭ 移动对象。使用同样的方法将右上角向中间位置拉伸"200"；输入移动命令"M"并确定，单击上方的矩形下方线中点为移动基点，单击下方的矩形的上方线中点为移动点，如右下图。

> **大师心得** 在绘制实例时，需要将对象对齐、对正的情况下，就要打开正交；当编辑对象不在同一水平垂直线时，就需要关闭正交。正常情况下，将正交模式打开，需要关闭正交模式时按【F8】键，操作完成后再按【F8】键打开正交。使用移动命令时，将对象的端点、中点指定为基点移动至另一个对象的端点、中点处时，不需要关闭正交模式。

⑮ 创建文字说明。使用文字命令创建文字高度为"100"的说明文字"TV"，并移动到适当位置，如左下图。

⑯ 绘制组合矮柜。使用矩形命令绘制长宽都为"400"的组合矮柜，如右下图。

> **大师心得** 在制作实例的过程中，要经常执行保存命令；在确保所绘制文件完整度的同时也要避免文件的意外丢失。

⑰ 绘制矮柜厚度。使用偏移命令向内偏移"20"作为矮柜厚度，绘制一个半径为"100"的圆，如左下图。

⑱ 绘制台灯。将圆向内偏移"20"的厚度，使用直线命令"L"绘制两条直线，如右下图。

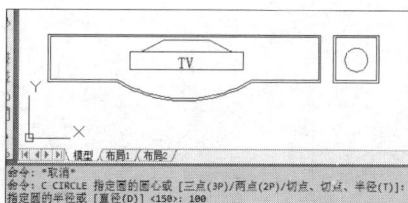

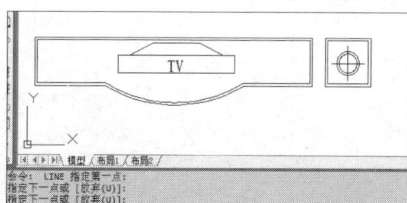

⑲ 镜像对象。选择需要镜像的矮柜和台灯，使用镜像命令"MI"以电视柜外框中点为镜像线指定的点，完成对象的镜像，如左下图。

⑳ 完成电视组合柜的绘制。完成电视组合柜的绘制，最终效果如右下图。

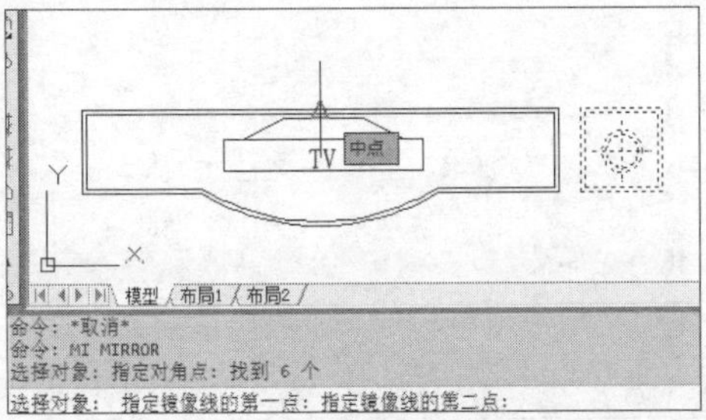

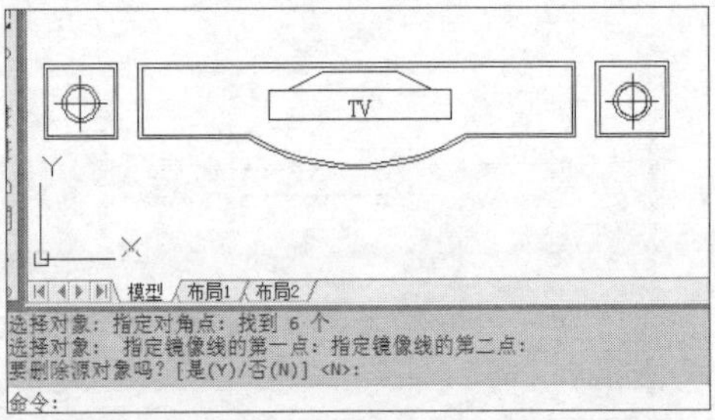

案例 02 绘制沙发和茶几

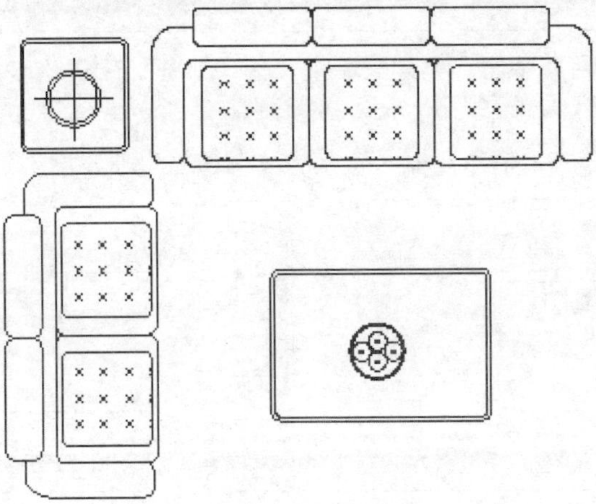

为了方便学习，本节相关实例的素材文件、结果文件，以及同步教学文件可以在配套的光盘中查找，具体内容路径如下。

▶▶ **原始素材文件：** 无

▶▶ **最终结果文件：** 光盘\结果文件\第11章\11-1-2.dwg

▶▶ **同步教学文件：** 光盘\多媒体教学文件\第11章\11-1-2.mp4

本例难易度	制作关键	技能与知识要点
★★★★☆	本实例首先要绘制出沙发的各个组成部分，接着在需要圆角的部分使用不同的圆角值进行圆角；然后使用相关命令将沙发各部分移动到适当位置，再修剪掉多余的部分；最后使用填充命令填充沙发图案，并绘制茶几和相关配套物品，完成整套沙发组合的绘制。	• "多段线"、"直线"命令 • "矩形"、"圆"命令 • "圆角"、"修剪"命令 • "移动"、"镜像"命令 • "填充"命令

1 新建并保存文件。打开程序"AutoCAD 2012"，保存文件名为"11-1-2.dwg"；设置图形单位为"毫米"；输入多段线命令"PL"并确定，单击指定起点，如左下图。

2 执行多段线命令。按【F8】键打开正交模式；鼠标向上移输入沙发外沿宽度"720"并确定，鼠标向右移输入沙发外沿长度"2400"并确定，鼠标向下移输入"720"并确定，如右下图。

3 确定沙发尺寸。鼠标向左移输入沙发扶手宽度"180"并确定，鼠标向上移输入沙发扶手内沿长度"540"并确定，鼠标向左移输入沙发靠背长度"2040"并确定，如左下图。

4 完成沙发外框的绘制。鼠标向下移输入沙发扶手内沿长度"540"并确定，鼠标向左移输入沙发扶手宽度"180"并确定，输入子命令闭合"C"并确定，如右下图。

> **大师心得** 因为后面要将沙发的各个角进行圆角处理，所以在此处使用多段线绘制一条闭合的线段；也可以使用直线绘制外沿，然后向内侧偏移的方法进行绘制。

5 绘制沙发靠背。使用矩形命令绘制沙发靠背，矩形的长为"650"、宽为"200"，如左下图。

6 绘制沙发座椅。使用矩形命令绘制沙发座椅，矩形长为"680"、宽为"560"，如右下图。

7 执行圆角命令。执行圆角命令"F"并确定，输入子命令半径"R"并确定，输入圆角半径"135"并确定，单击指定需要圆角的第一条边，如左下图。

8 圆角对象。单击指定需要圆角的第二条边；按空格键激活圆角命令，单击指定需要圆角的第一条边，单击指定需要圆角的第二条边，如右下图。

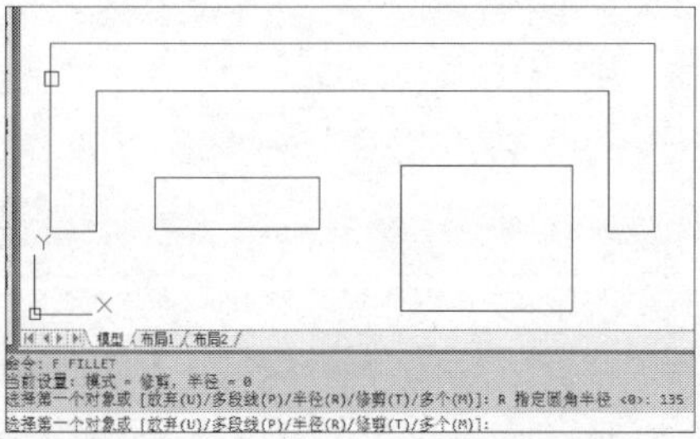

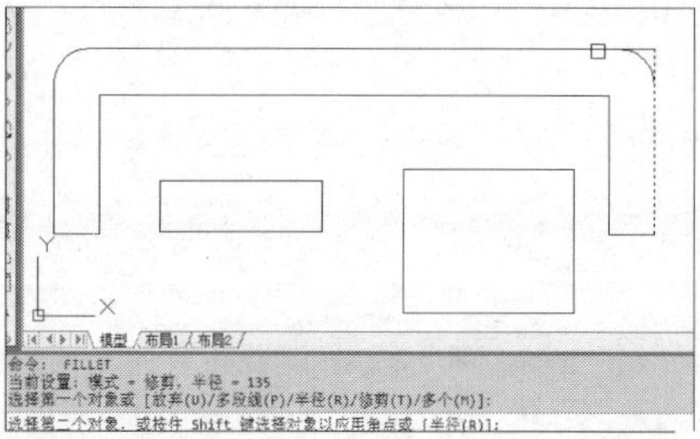

> **大师心得** 　　在以人体工程学"以人为本"的主导思想下，日常的家居用品都是以安全舒适为前提来制作的，会尽量避免出现尖角或特别尖锐的部分，在绘制AutoCAD图形的过程中，必须要注意这些小细节，所以要对尖角部分进行圆角；绘制时必须遵守实际情况给予相应的圆角值并进行圆角。

9 更改圆角半径。按空格键激活圆角命令，输入"R"并确定，输入圆角半径"50"并确定；单击指定圆角的第一条边，单击指定需要圆角的第二条边，如左下图。

10 将沙发各角进行圆角。依次将沙发各部分的角进行圆角，圆角后效果如右下图。

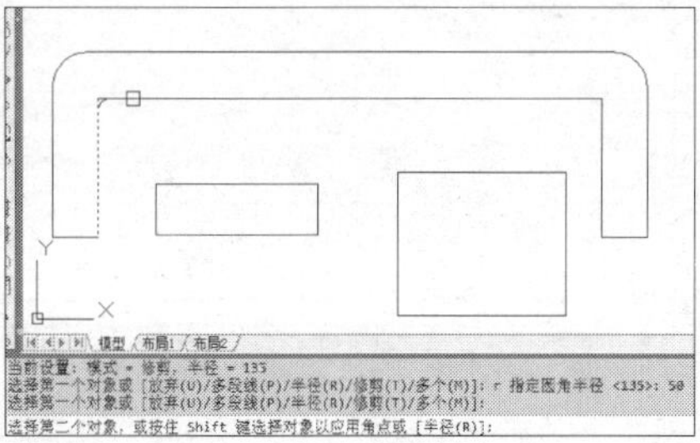

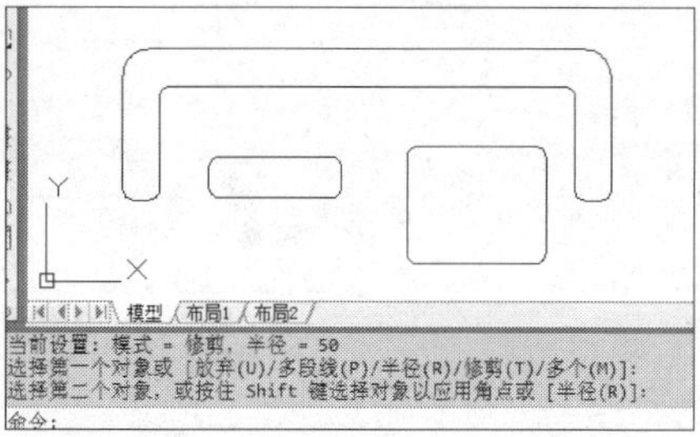

11 移动沙发座椅。激活移动命令，选择沙发座椅上方线中点为移动基点，单击沙发轮廓内沿线中点为移动到的点，如左下图。

12 镜像复制沙发座椅。激活镜像命令，选择沙发座椅；单击座椅右侧线中点作为镜像线第一点，鼠标向下移单击指定镜像线第二点，按空格键确定，如右下图。

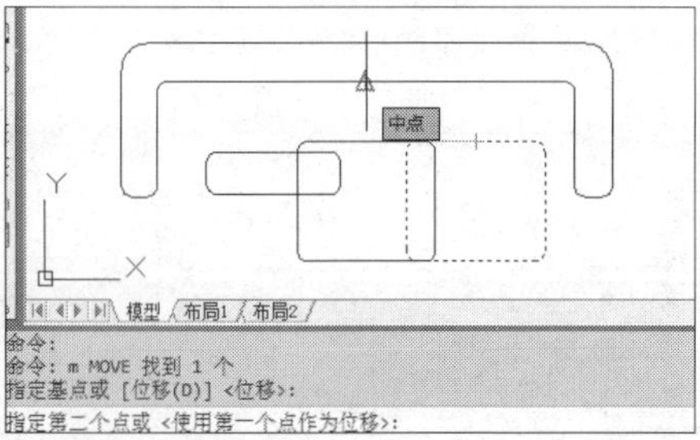

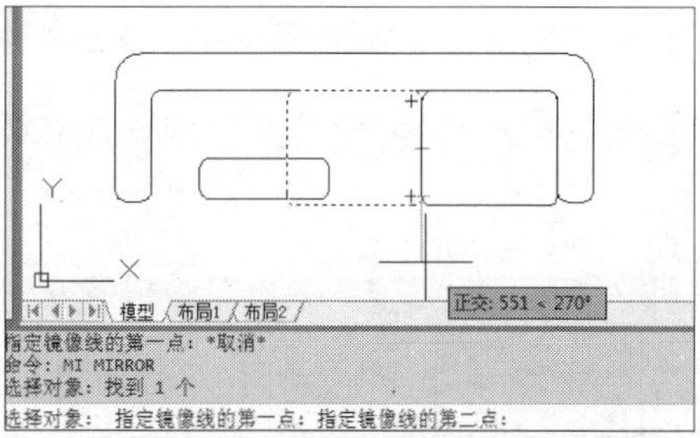

⑬ 完成沙发座椅的绘制。将沙发靠背移向上方适当位置，使用镜像命令将沙发座椅绘制完成，如左下图。

⑭ 移动沙发靠背。使用移动命令将沙发靠背移动至沙发轮廓外沿线中点处，如右下图。

⑮ 完成移动。激活移动命令，单击靠背右侧中点为基点，鼠标向下单击垂点处，完成沙发靠背的移动，如左下图。

⑯ 复制沙发靠背。将沙发靠背复制两个，并移动至适当位置与对象对齐，如右下图。

> **大师心得** 此处多次使用移动命令将对象的某点移动到另一个对象的某点，是为了将沙发靠背与沙发主体的各个衔接面对齐，以达到精确绘图的目的。也可以使用坐标值来确定对象的具体位置。

⑰ 修剪对象。将沙发靠背中多余的线段使用修剪命令修剪删除，如左下图。

⑱ 绘制矩形。在座椅中绘制长宽都为"400"的正方形，将各角圆角"50"，移动至适当位置，如右下图。

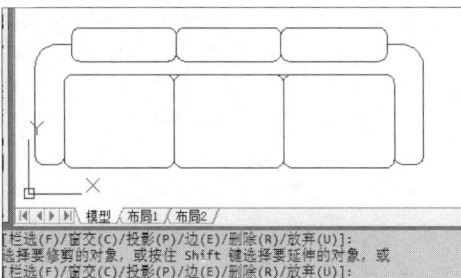

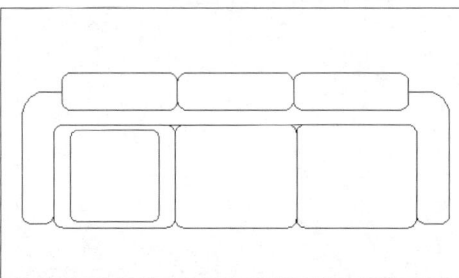

⑲ 选择填充图案。输入填充命令 "H" 并确定，单击图案后的 "填充图案选项板" 对话框按钮 ⋯，在对话框中选择 "CROSS"，单击 "确定" 按钮，如左下图。

⑳ 设置填充选项。设置 "角度" 为 "45"，"比例" 为 "15"，单击 "添加：选择对象" 按钮 🔲，如右下图。

> **大师心得**　在此处即将被填充的对象是一个闭合的正方形，所以使用 "添加：选择对象" 命令更方便，能节约计算机计算填充区域的时间，提高了绘图速度。

㉑ 选择填充对象。单击左侧座椅内的正方形，按空格键确定，如左下图。

㉒ 预览填充效果。单击 "预览" 按钮，按空格键确定；单击 "确定" 按钮，填充效果如右下图。

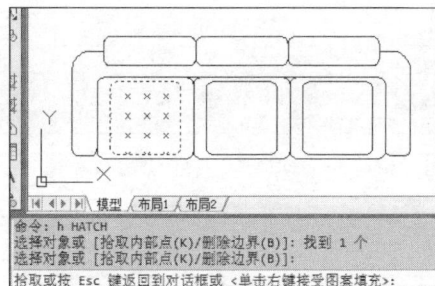

㉓ 填充其他对象。使用同样的方法填充其右方的两个座椅，完成三人沙发的绘制，如左下图。

㉔ 绘制侧面沙发。使用如上所述的方法绘制双人沙发，完成效果如右下图。

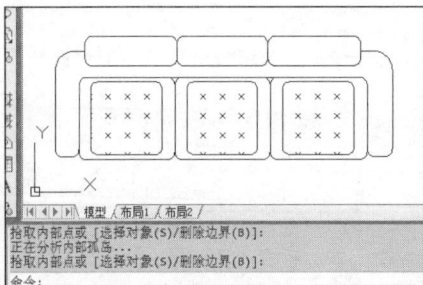

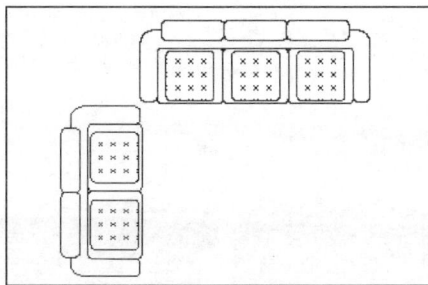

大师心得　可直接复制三人沙发，将其旋转后删除一个沙发座椅和靠背，使用拉伸命令将座椅向内侧拉伸即可。

25 绘制茶几。绘制长为“1200”、宽为“800”的茶几并将各角点圆角，在茶几上绘制一个果盘和一些水果，如左下图。

26 绘制小矮几。绘制长和宽都为“600”的小矮几，并将各角点圆角，在矮几上绘制一个台灯，如右下图。

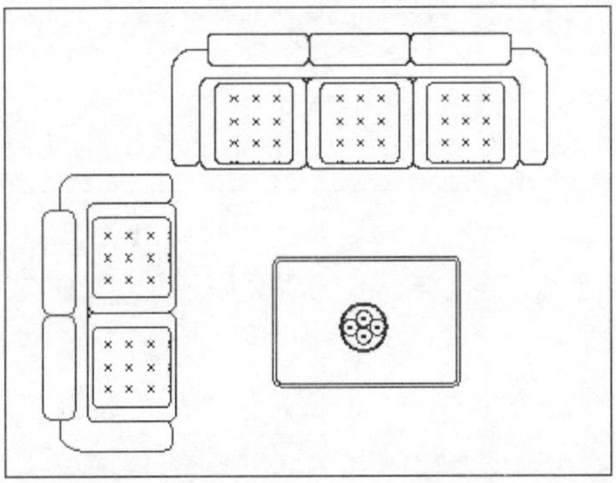

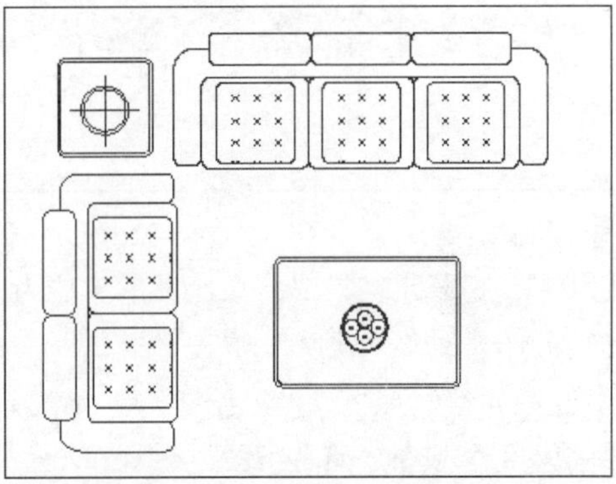

大师心得　在实例制作中，可给比较单调的图形添加相应的对象，使整体图形更完善和美观。

案例 03 绘制餐桌和椅子

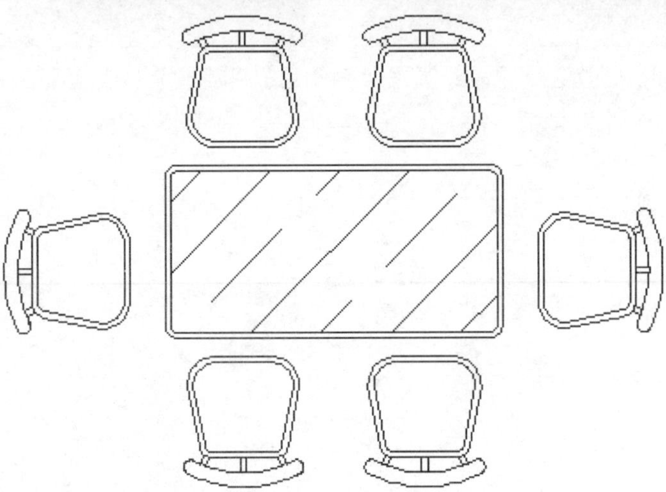

为了方便学习，本节相关实例的素材文件、结果文件，以及同步教学文件可以在配套的光盘中查找，具体内容路径如下。

▶ **原始素材文件：** 无

▶ **最终结果文件：** 光盘\结果文件\第11章\11-1-3.dwg

▶ **同步教学文件：** 光盘\多媒体教学文件\第11章\11-1-3.mp4

本例难易度	制作关键	技能与知识要点
★★☆☆☆	本实例首先绘制餐桌的外形，然后使用填充图案表现出餐桌的材质，接着使用相应的命令绘制并调整椅子的形状和位置，最后按实际情况将其绘制完成。	• "矩形"、"直线"命令 • "圆角"命令 • "拉伸"命令 • "圆"命令 • "填充"命令 • "镜像"命令

1 绘制餐桌尺寸。打开程序"AutoCAD 2012"，保存文件名为"11-1-3.dwg"；按【F8】键打开正交模式；设置图形单位为"毫米"；绘制长为"1200"、宽为"600"的矩形作为餐桌外轮廓，如左下图。

2 圆角并绘制餐桌厚度。给矩形各角圆角，圆角值为"50"；使用偏移命令偏移餐桌面的厚度"20"，如右下图。

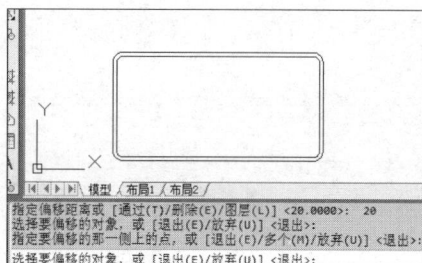

3 激活填充命令。激活填充命令弹出"图案填充和渐变色"对话框，单击图案后的"填充图案选项板"对话框按钮，在对话框中选择"JIS-STN-1E"，单击"确定"按钮，如左下图。

4 设置填充选项。设置"角度"为"0"，"比例"为"350"，单击"添加：选择对象"按钮，如右下图。

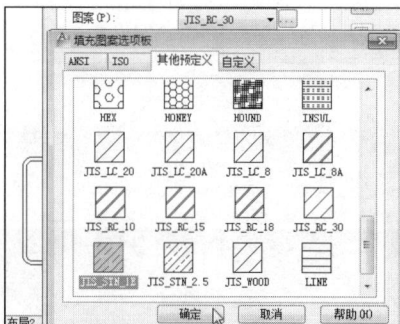

> **大师心得** 　　在使用填充命令中的"图案"时，"角度和比例"是整个填充效果的重要组成部分，当不确定比例值时，可使用原始比例"1"预览效果，再根据实际效果的需要更改比例值。

5 选择填充对象。单击餐桌内侧矩形线作为填充对象，按空格键确定，如左下图。

6 填充餐桌面材质。单击"预览"按钮观察填充效果，按空格键确定；单击"确定"按钮，如右下图。

7 确定椅子面尺寸。绘制矩形确定椅子面的尺寸，矩形长为"400"、宽为"350"，如左下图。

8 给矩形上方圆角。将矩形上方进行圆角，圆角值为"100"，圆角后的效果如右下图。

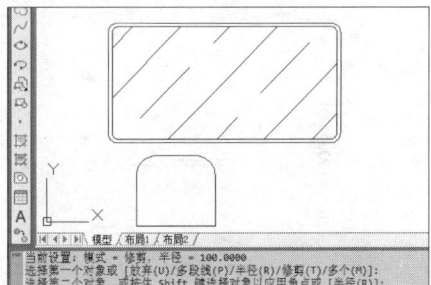

9 确定椅子座面形状。使用拉伸命令将椅子下方向中间位置各拉伸"50"，然后圆角，圆角值为"50"，如左下图。

10 激活圆命令。输入圆命令"C"并确定，单击椅子面上方线中点确定圆心，输入圆半径"400"并确定，如右下图。

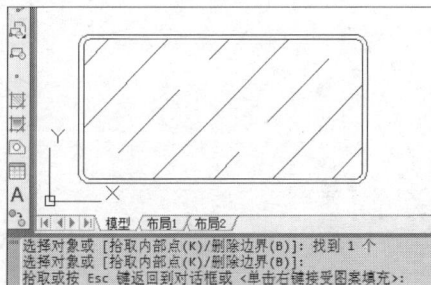

⑪ 确定椅子靠背的厚度。使用偏移命令将圆向外进行偏移复制，偏移值为"50"，如左下图。

⑫ 修剪对象。在圆下侧的适当位置绘制两条线段，使用修剪命令将线段上方部分修剪删除掉，效果如右下图。

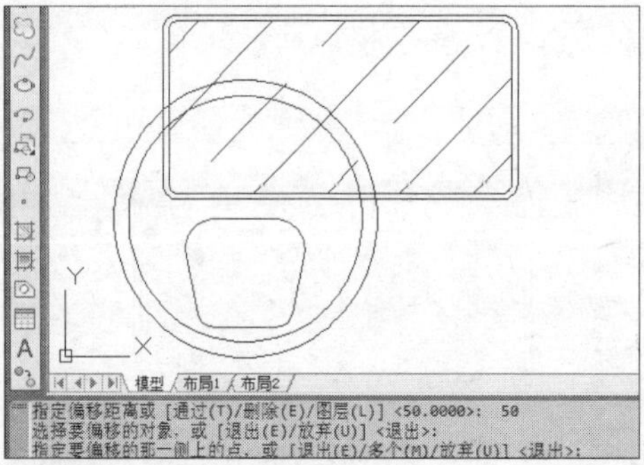

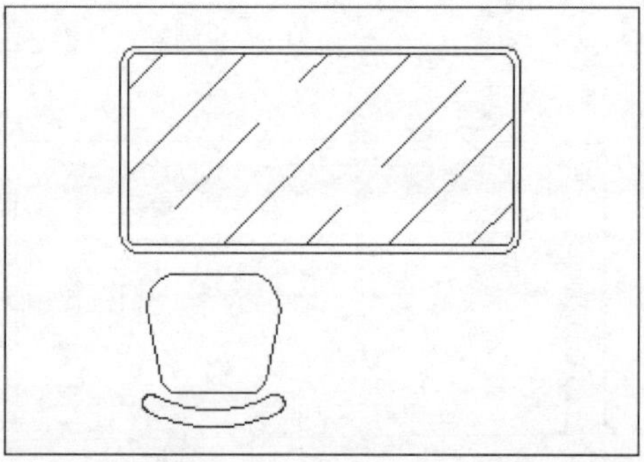

> **大师心得** 　图形绘制到此步骤时，可在椅背部分至最外沿的圆绘制一条垂直线，接着将垂直线向左右各偏移相同的数值，最后以左右两条垂直线为修剪界限，将上方的圆修剪掉，删除多余的线段，完成椅背的绘制。

⑬ 将椅子绘制完整。将连接椅子面和靠背的部分使用直线绘制出来，偏移椅子面厚度"20"，如左下图。

⑭ 完成餐桌及椅子的绘制。使用镜像命令和旋转命令完成餐桌及椅子的绘制，效果如右下图。

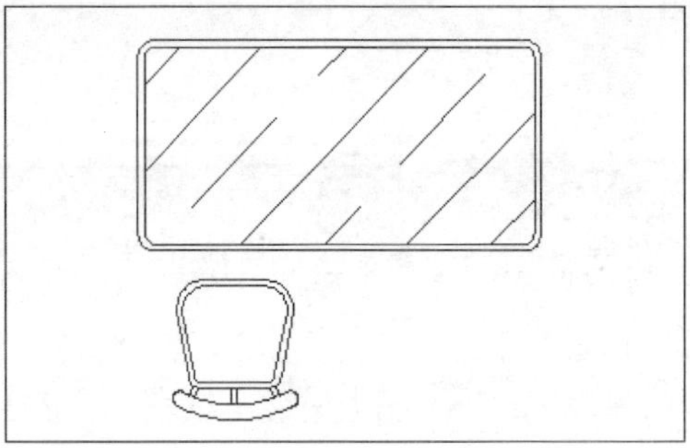

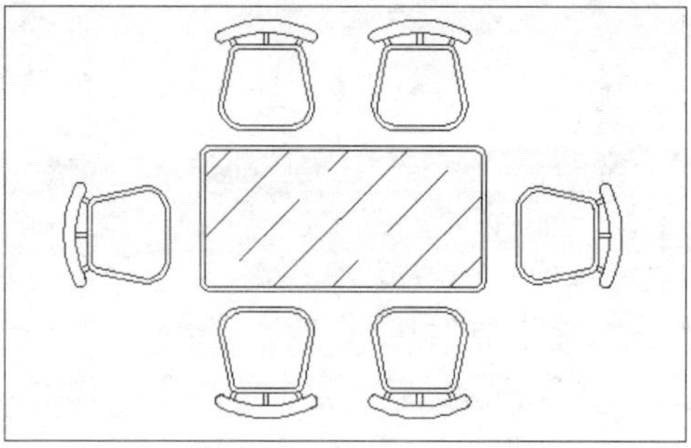

> **大师心得** 　在此处也可将椅子组成块，以桌子边缘线为块的插入点，然后使用定数等分命令将其分布布置。

案例 **04**　绘制床

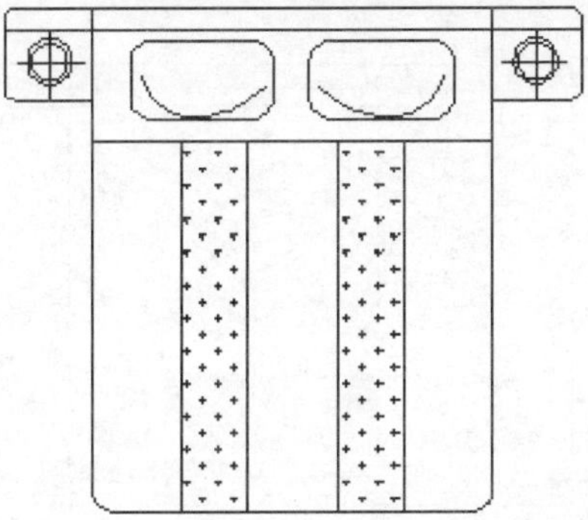

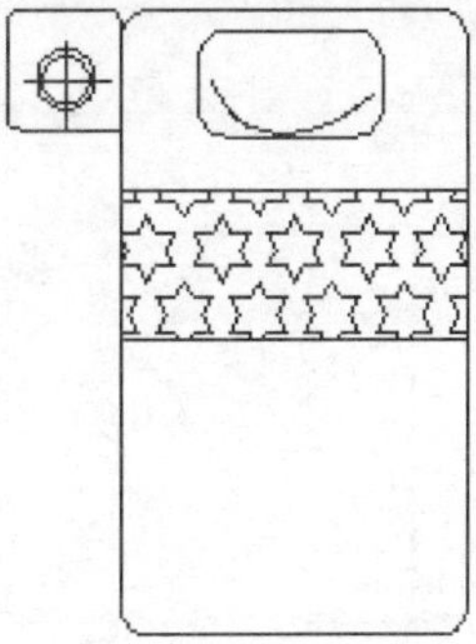

为了方便学习，本节相关实例的素材文件、结果文件，以及同步教学文件可以在配套的光盘中查找，具体内容路径如下。

▶▶ **原始素材文件**：无

▶▶ **最终结果文件**：光盘\结果文件\第11章\11-1-4.dwg

▶▶ **同步教学文件**：光盘\多媒体教学文件\第11章\11-1-4.mp4

本例难易度	制作关键	技能与知识要点
★★★☆☆	本实例主要绘制床，首先绘制双人床，通过矩形绘制床体，接着绘制床头柜、床头靠背、枕头、床单，然后添加相应的细节；最后绘制单人床，首先复制双人床，并删除双人床一边的图形，使用拉伸完成单人床体的绘制，接着绘制相应细节，完成双人床和单人床的绘制。	• "矩形"命令 • "圆"命令 • "直线"命令 • "圆角"命令 • "填充"命令 • "拉伸"命令

1 新建并保存文件。打开程序"AutoCAD 2012"，保存文件名为"11-1-4.dwg"；设置图形单位为"毫米"；按【F8】键打开正交模式；绘制宽为"2200"、长为"1800"的矩形，作为双人床的尺寸，如左下图。

2 确定床头柜位置。使用矩形命令绘制两个长和宽都为"400"的床头柜，并将其移动到床的两侧，如右下图。

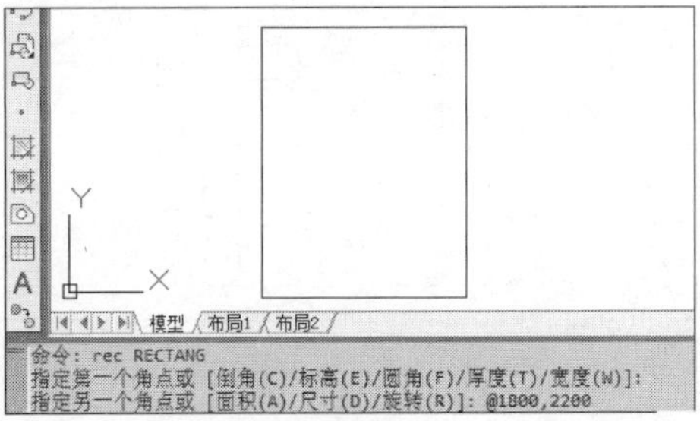

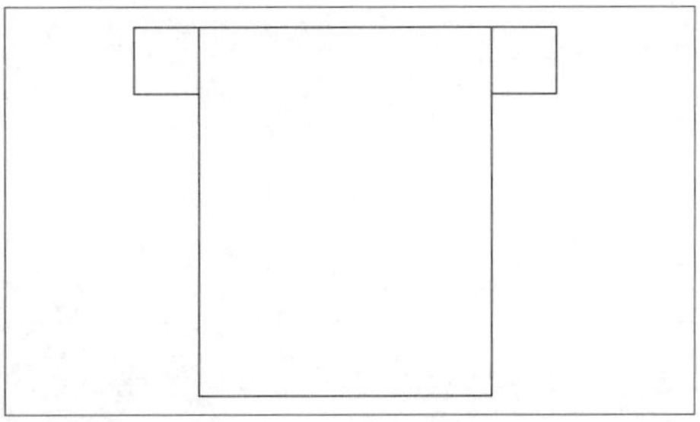

3 绘制床头靠背厚度。使用直线绘制厚度为"100"的床头靠背，如左下图。

4 绘制枕头。使用矩形命令绘制长为"650"、宽为"350"的枕头，并将其移动到适当位置，如右下图。

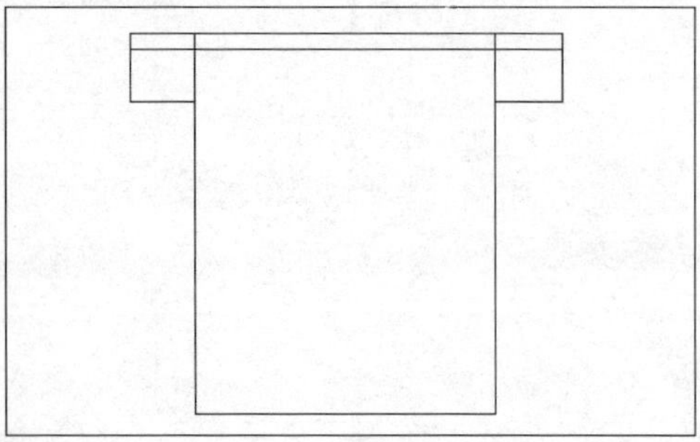

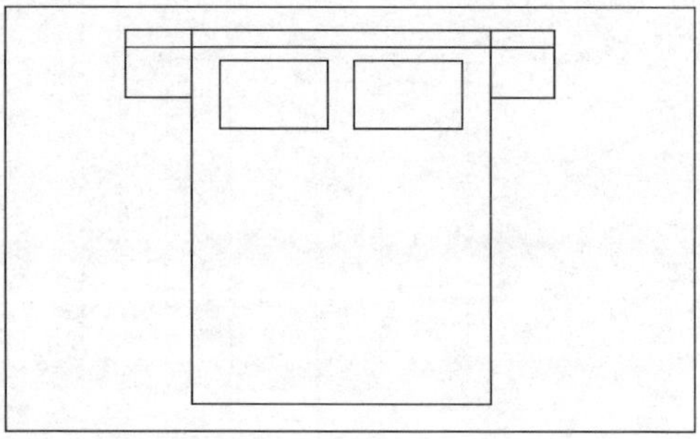

5 圆角对象。给图中的对象依次圆角，如左下图。

6 绘制床单图纹线条。使用直线绘制床单图纹线条，如右下图。

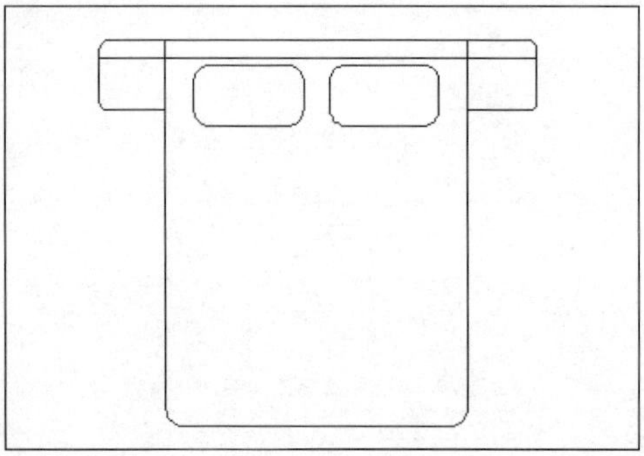

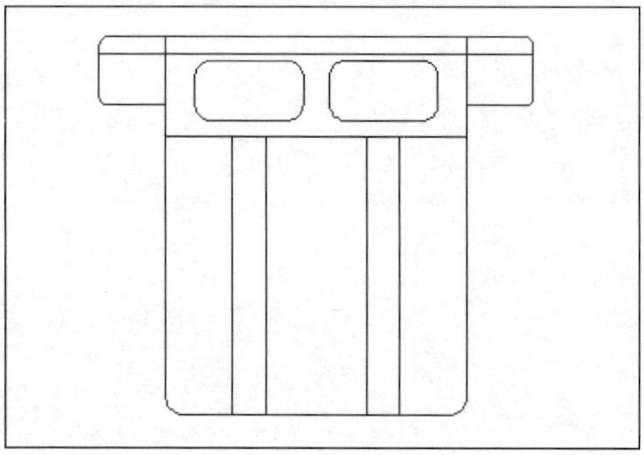

7 填充花纹。使用图案填充命令，选择图案"GRASS"，设置比例为"4"，单击"添加：拾取点"按钮，选择对象进行填充，如左下图。

8 补充细节。使用样条曲线绘制枕头的细节，给两边的床头柜上绘制床头灯，如右下图。

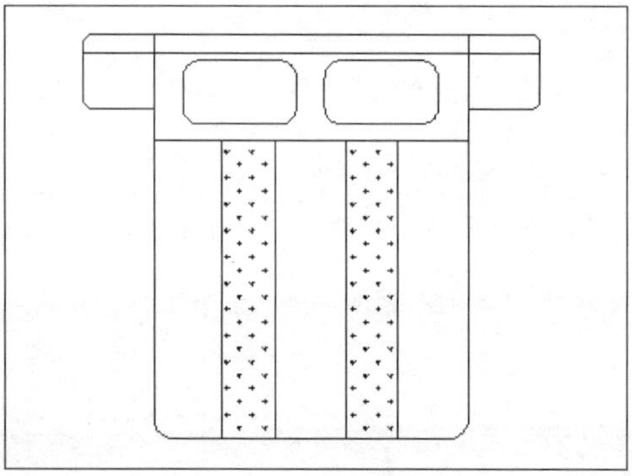

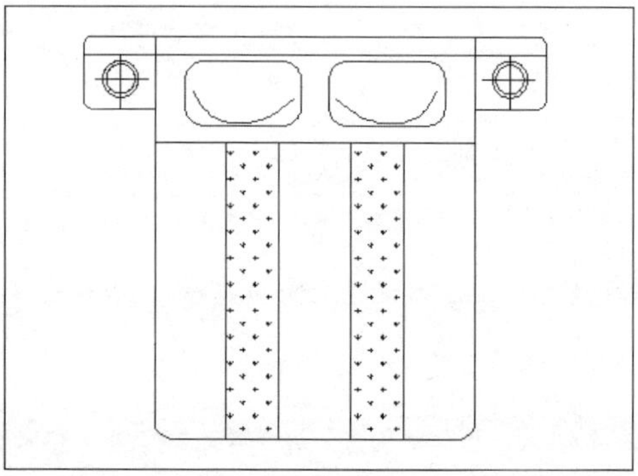

> **大师心得** 　双人床的标准尺寸有："1500×1800"，"1500×2000"，"1800×2000"，此处绘制的双人床为加大加宽的尺寸；双人床尺寸可以分为：标准双人床尺寸、加大双人床尺寸、加宽双人床尺寸等。

9 复制所绘制的图形。复制所绘制的图形，移动到右侧，如左下图。

10 删除双人床一侧的图形。选择需要删除的一侧图形，使用【Delete】键删除，效果如右下图。

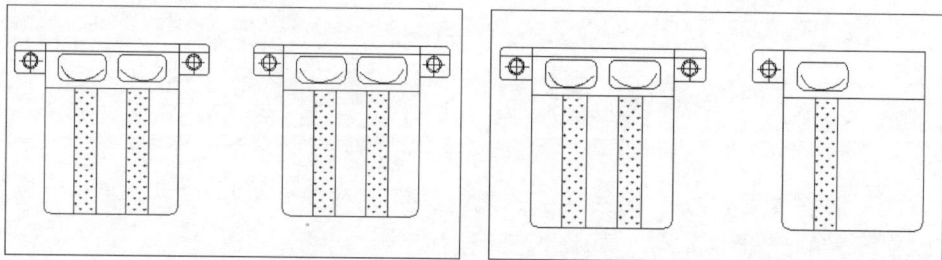

11 使用多段线绘制单人床尺寸。使用多段线沿双人床的一侧床头处绘制长为"1200"，宽为"2100"的单人床尺寸线，如左下图。

12 删除多余线条。将多余线段删除，并将细节做适当调整，如右下图。

13 绘制床单花纹。使用图案填充命令，选择图案"STARS"，设置比例为"20"，单击"添加：拾取点"按钮，选择对象进行填充，如左下图。

14 圆角床角。将床角进行圆角，完成单人床的绘制，如右下图。

案例 05 绘制衣柜

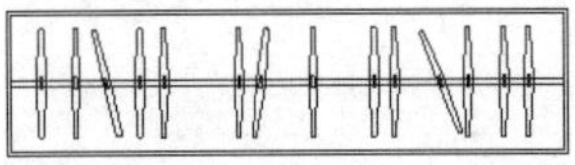

衣柜平面图

衣柜立面图

为了方便学习，本节相关实例的素材文件、结果文件，以及同步教学文件可以在配套的光盘中查找，具体内容路径如下。

▶▶ **原始素材文件**：无
▶▶ **最终结果文件**：光盘\结果文件\第11章\11-1-5.dwg
▶▶ **同步教学文件**：光盘\多媒体教学文件\第11章\11-1-5.mp4

本例难易度	制作关键	技能与知识要点
★★★★☆	本实例主要通过矩形和直线，使用修剪命令绘制衣柜平面图，然后使用多段线绘制衣柜立面的尺寸，接着用直线和偏移命令绘制衣柜内的抽屉和隔板，最后绘制衣柜内抽屉的拉手和内部摆放的物品，完善相关细节并标注文字，完成衣柜平面图和立面图的绘制。	• "直线"命令 • "多段线"命令 • "圆弧"命令 • "修剪"命令 • "偏移"命令 • "移动"命令 • "复制"命令

1️⃣ 新建文件。打开程序"AutoCAD 2012"，保存文件名为"11-1-5.dwg"；设置图形单位为"毫米"；按【F8】键打开正交模式；绘制长为"2400"、宽为"600"的矩形，作为衣柜外框尺寸，如左下图。

2️⃣ 偏移厚度。将衣柜外框向内偏移出"20"的厚度，使用直线绘制挂衣杆，偏移宽度为"20"的挂衣杆宽度，如右下图。

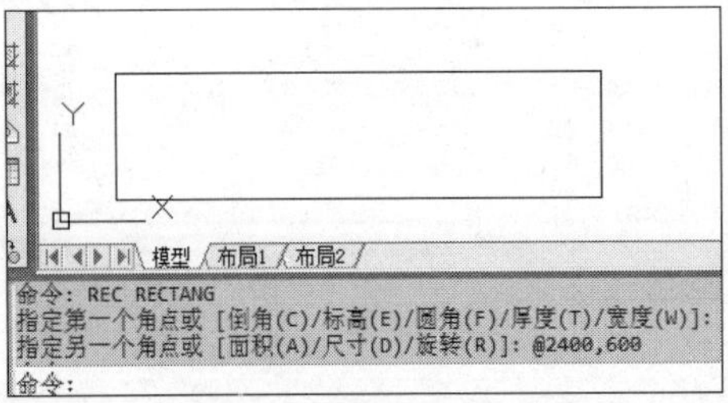

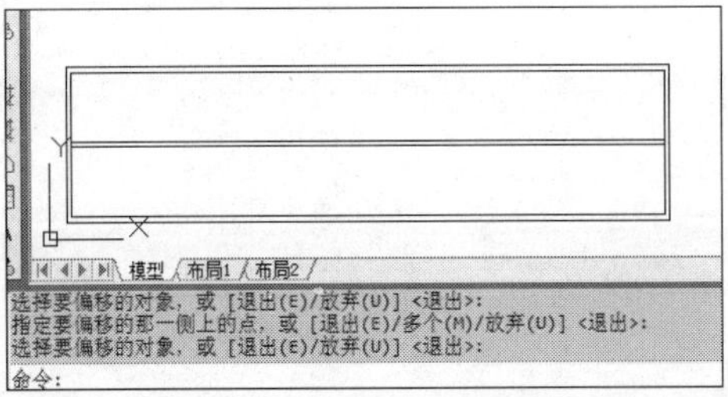

③ 绘制衣架。使用多边形命令绘制一个六边形，拉伸对象形成衣架，将各角圆角"5"，如左下图。

④ 复制衣架。复制并排列衣架，如右下图。

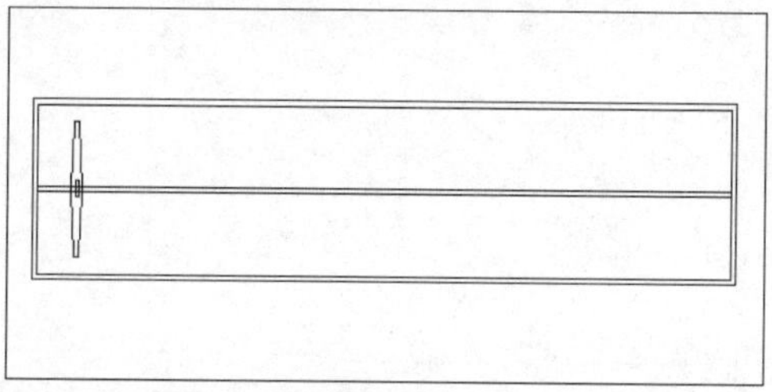

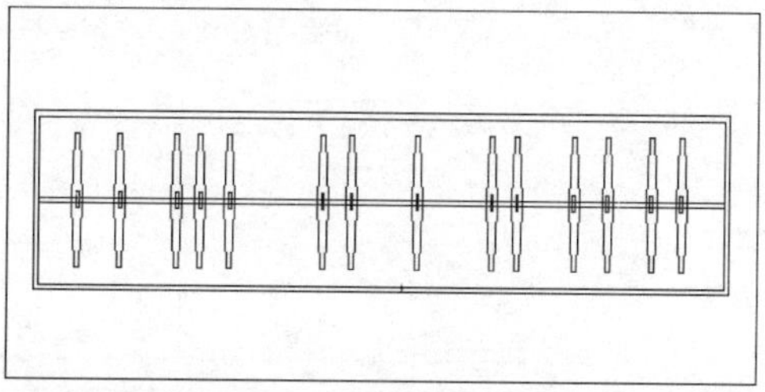

⑤ 修改细节。旋转部分衣架，将衣架挂钩中显示的挂衣杆线段修剪掉，修改需要调整的细节，如左下图。

⑥ 绘制衣柜立面尺寸。使用多段线绘制衣柜立面尺寸，外框的长和宽都为"2400"，并绘制外框厚度"50"，如右下图。

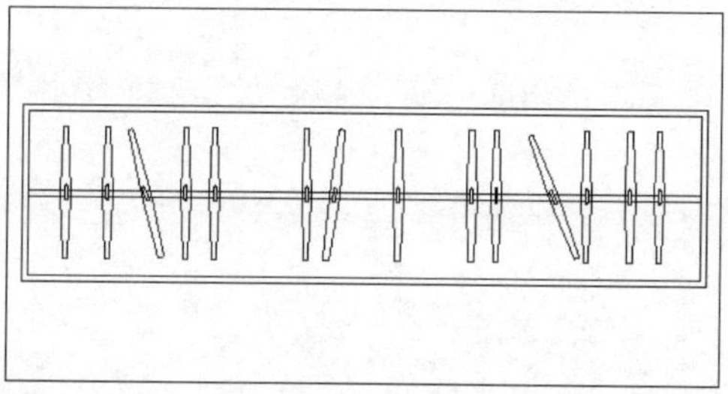

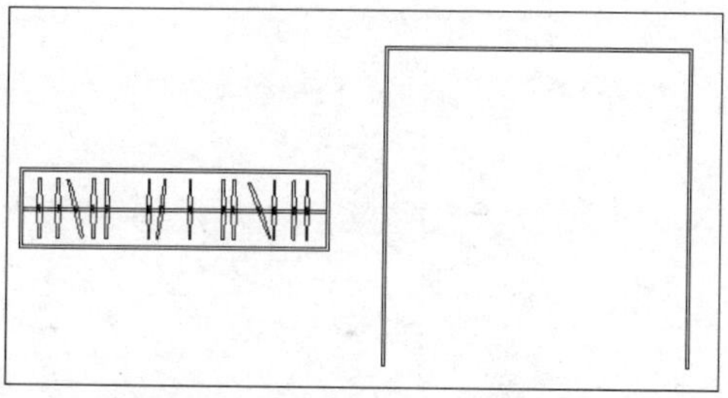

⑦ 绘制衣柜横向隔板。使用直线命令绘制衣柜横向隔板，衣柜底面离地面的距离为"100"，衣柜上方储藏柜长宽都为"600"，如左下图。

⑧ 绘制衣柜纵向隔板。使用直线命令绘制衣柜竖向隔板，以确定衣柜内的功能区，如右下图。

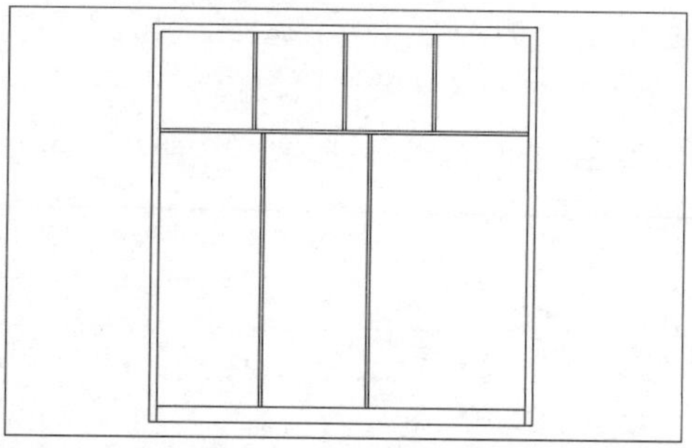

大师心得　在绘制衣柜内的隔板时，要注意衣柜的宽度一般为"600"，柜体内隔板的厚度一般都为"20"。

9 绘制其他隔板。使用直线将各功能区划分出来，使用偏移命令将各隔板偏移出"20"的厚度，如左下图。

10 绘制细节。在相应的功能区绘制挂衣杆，如右下图。

> **大师心得** 　在正常情况下，整条木板的长度为"2400"；如果要在基础工程中制作各种柜体，如衣柜、书柜、酒柜等要注意木材的使用率。即尽量使用"300"、"400"或"600"等作为"2400"除数的数值，避免木材的浪费。

11 绘制抽屉拉手。在相应区域使用矩形命令和多段线命令绘制抽屉拉手，将其移动到适当位置并镜像复制，如左下图。

12 绘制卧室用品。绘制被子、毯子、枕头等卧室日常用品，并将其移动至适当位置，如右下图。

13 绘制左侧收纳区的短衣。绘制上衣及衣架，将其移动至左侧收纳区；复制对象后使用修剪命令修剪多余对象，如左下图。

14 绘制右侧收纳区的长衣。绘制长大衣及衣架，将其移动至右侧收纳区，修剪细节，如右下图。

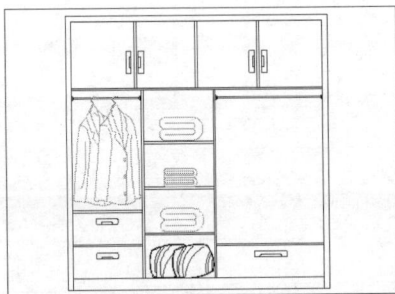

15 将图形下方标注文字。给图形添加相应的文字标注，如下图。

衣柜平面图

衣柜立面图

> **大师心得** 　在基础工程中制作衣柜时，有的情况下会根据需要将进门处的衣柜外沿制作为圆弧形，而且这部分相当于衣柜的延伸，不在衣柜的柜体内。这是由于房间尺寸的限制，或者是为进出门口的安全考虑的。
>
> 　衣柜根据房间的功能性不同，造型是有区别的；设计时尽量多考虑房间使用者的情况。

案例 06 绘制休闲椅

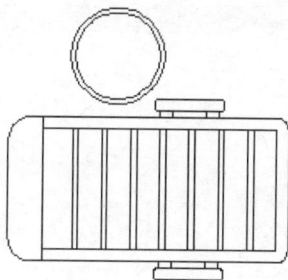

　　为了方便学习，本节相关实例的素材文件、结果文件，以及同步教学文件可以在配套的光盘中查找，具体内容路径如下。

➠ **原始素材文件：** 无

➠ **最终结果文件：** 光盘\结果文件\第11章\11-1-6.dwg

➠ **同步教学文件：** 光盘\多媒体教学文件\第11章\11-1-6.mp4

本例难易度	制作关键	技能与知识要点
★★★☆☆	本实例主要通过各种命令绘制两种休闲椅。首先使用矩形绘制休闲躺椅的尺寸，接着用直线和偏移命令完成躺椅主体部分的绘制，然后绘制躺椅的扶手和小圆桌。最后再使用多段线命令绘制半圆形休闲椅，并完善相关细节。	• "矩形" 命令 • "多段线"、"直线" 命令 • "偏移" 命令 • "圆"、"圆弧" 命令 • "复制" 命令

1 新建并保存文件。打开程序"AutoCAD 2012"，保存文件名为"11-1-6.dwg"；设置图形单位为"毫米"；按【F8】键打开正交模式；绘制长为"1200"、宽为"600"的矩形，确定为躺椅主体尺寸，如左下图。

2 确定躺椅头部位置。使用直线沿矩形左侧绘制一条垂直线，将其向右移动"150"，如右下图。

3 执行多段线命令。激活多段线命令，单击移动后的垂直线上方端点作为多段线起点，如左下图。

4 确定躺椅的边缘宽度。鼠标向下移输入"50"并确定，鼠标向右移输入"1000"并确定，鼠标向下移输入"500"并确定，如右下图。

5 完成躺椅边缘宽度的绘制。鼠标向左在左方垂直线的垂点处单击，按空格键结束多段线命令，如左下图。

6 绘制椅片和缝隙。在离躺椅底部"100"的位置绘制一条垂直线段，作为椅片的宽度，将直线向左侧偏移"25"作为两个椅片之间的距离，如右下图。

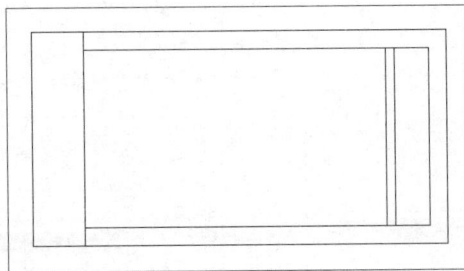

7 选择复制对象。选择两条垂直线，激活移动命令，单击躺椅左下角作为复制基点，如左下图。

8 确定复制对象的位置。单击所选对象的左下角作为复制对象将移动到的点，以确定新复制对象的位置，如右下图。

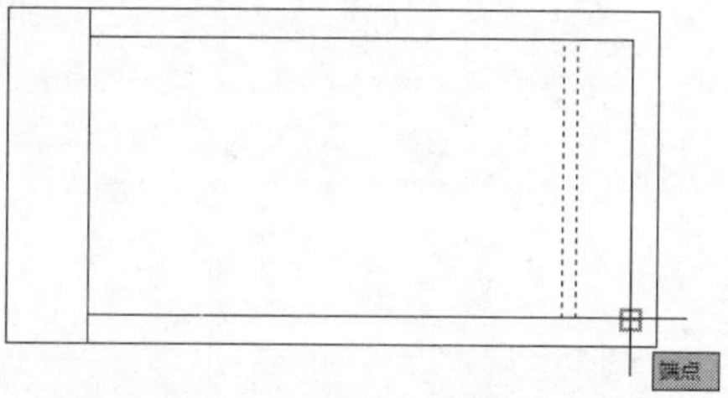

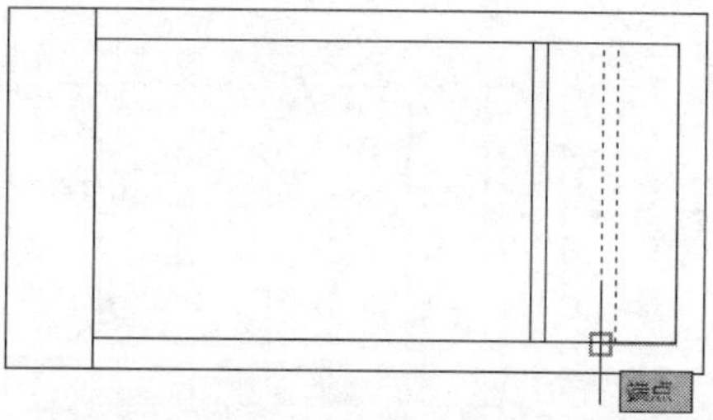

> **大师心得** 此处使用复制命令时，所讲的"基点"是指所选择对象的复制起点，"指定下一点"是指所复制的对象即将到达的点。激活移动命令后，选择双垂直线，单击矩形内框右下角，再单击双直线左下角，即可在双直线左侧复制距离相同的对象。

9 继续复制对象。单击所复制的对象左下角作为复制基点，即按上一个复制对象的距离再次复制了一个对象，如左下图。

10 完成复制。依次单击复制对象，完成后单击空格键结束复制命令，复制完成后的效果如右下图。

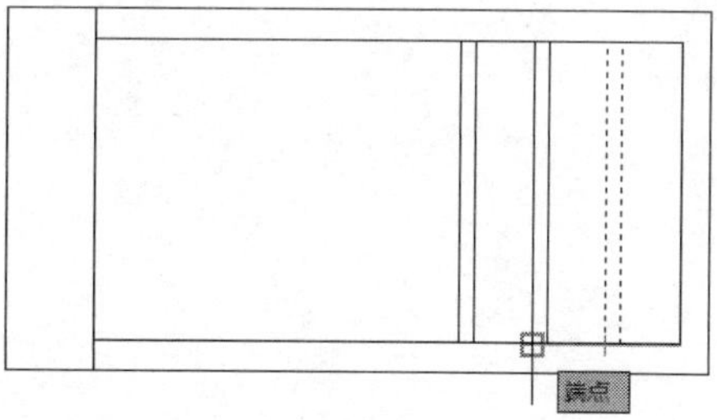

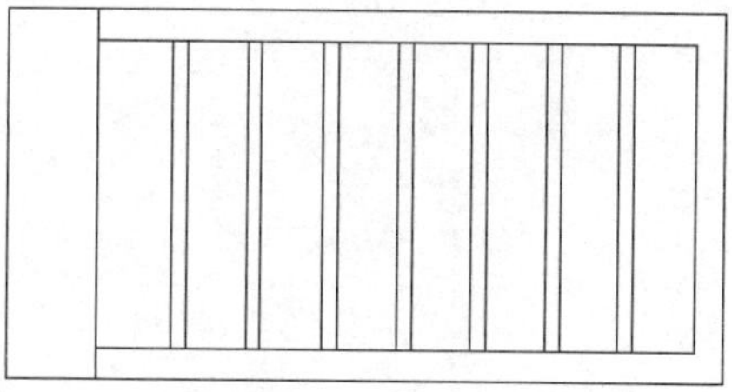

11 绘制躺椅扶手。使用矩形绘制一侧扶手的尺寸，移动到适当位置后使用镜像命令将其镜像复制到另一侧，如左下图。

12 绘制躺椅与扶手的连接部分。使用直线绘制躺椅与扶手的连接部分，如右下图。

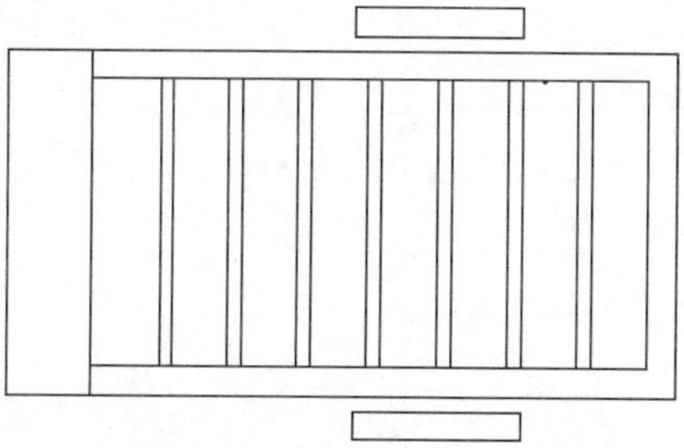

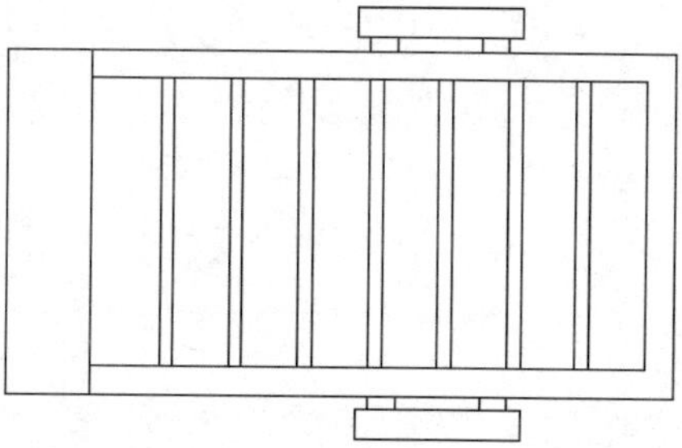

13 **圆角躺椅各角。** 将躺椅及扶手各角根据实际情况进行圆角，躺椅即绘制完成，如左下图。

14 **绘制小茶几。** 绘制一个半径为 "200" 的圆，偏移厚度为 "20"，作为躺椅旁的小茶几，如右下图。

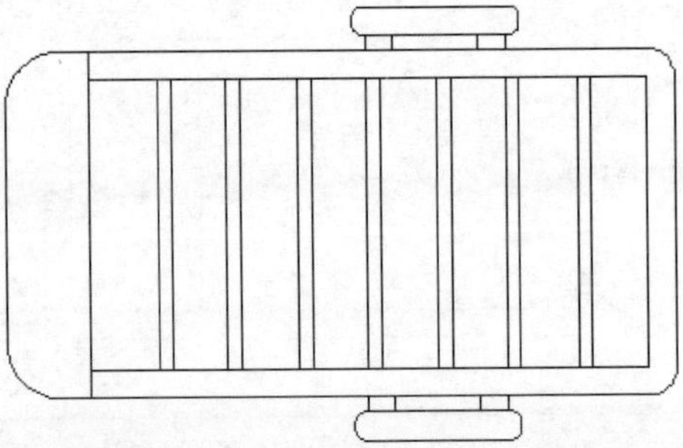

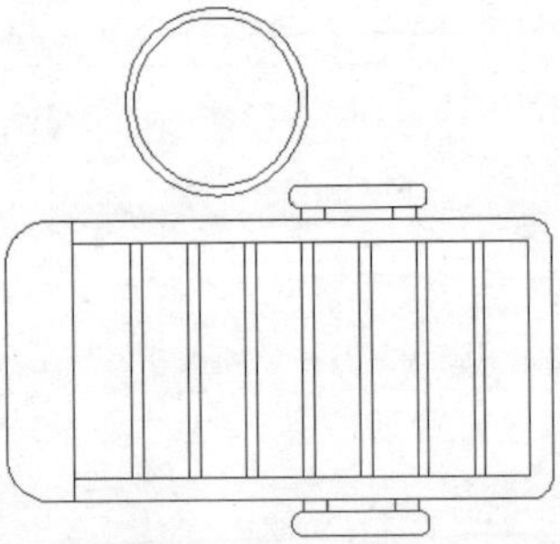

> **大师心得** 完成躺椅的绘制后，又绘制一个小圆桌配套的目的，是在房间内放置躺椅的位置也要预留一个放置各类如茶杯、手机等小物件的茶几位置。躺椅的一般尺寸为 "1200×700"。

15 **绘制第二种休闲椅。** 激活多段线命令，单击指定起点，鼠标向上移输入 "200" 并确定；输入圆弧命令 "A" 并确定，如左下图。

16 **绘制休闲椅的椅背。** 鼠标向右移输入 "400" 并确定，输入直线命令 "L" 并确定；鼠标向下移输入 "200" 并确定，如右下图。

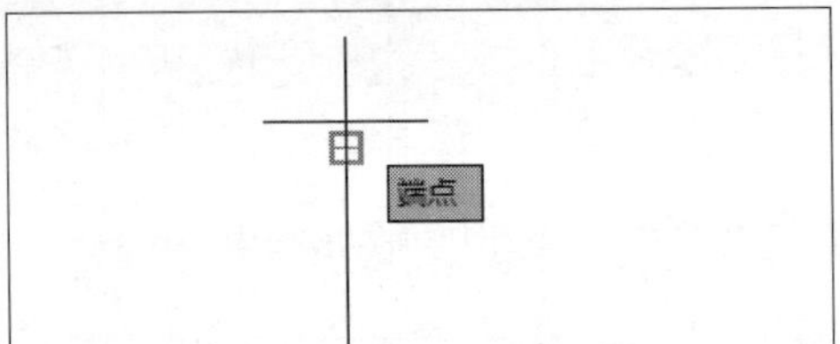

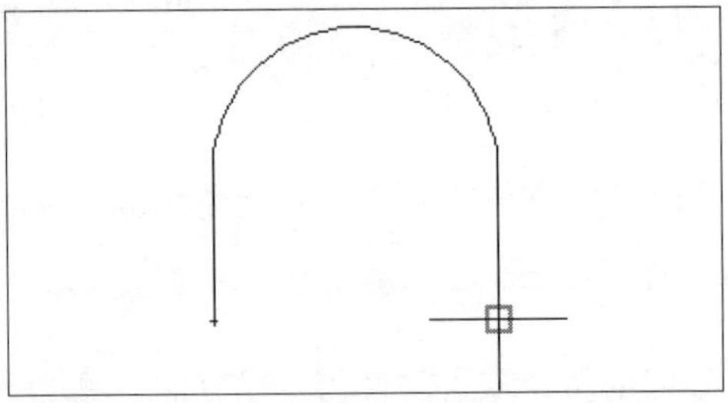

> **大师心得** 在此处绘制的休闲椅，是一个中规中矩的款式；根据室内装饰风格、色调、用途的不同，可以选择不同风格款式、颜色、材质的休闲椅。

17 **绘制休闲椅厚度。** 输入圆弧命令 "A" 并确定，鼠标向右移输入 "25" 并确定；输入直线命令 "L" 并确定；鼠标向上移输入 "250" 并确定，如左下图。

18 **休闲椅绘制完成。** 输入圆弧命令 "A" 确定，鼠标向左移输入 "450" 确定；输入直线命令 "L" 确定；鼠标向下移输入 "250" 确定；输入圆弧命令 "A" 确定，鼠标向右移输入 "25" 确定；输入闭合命令 "CL" 确定，效果如右下图。

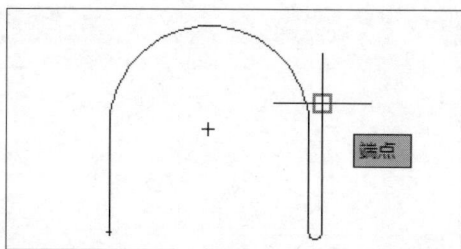

⑲ 绘制内侧尺寸。使用多段线绘制离休闲椅内侧距离为"20"的线条,将尖角进行圆角,如左下图。

⑳ 绘制椅面。使用多段线绘制椅面,将尖角处进行圆角后,效果如右下图。

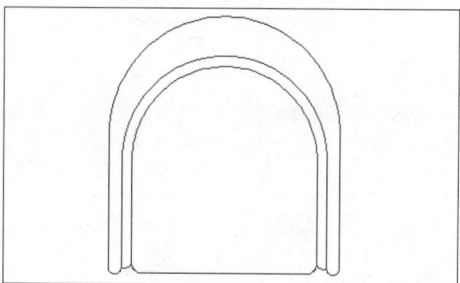

㉑ 绘制配套圆桌。使用圆命令绘制半径为"200"的小圆桌,小圆桌的厚度为"20",如左下图。

㉒ 镜像对象。选择所绘制的休闲椅,使用镜像命令,以小圆桌的上方象限点为镜像线第一点,以下方象限点为镜像线的第二点,镜像对象;完成休闲椅的绘制,如右下图。

ℹ **知识链接——休闲椅的内容**

休闲椅分室内休闲椅和室外休闲椅两大部分。休闲椅的种类包括各种休闲椅、躺椅、摇椅、折叠椅等。从材料上来说,室内休闲椅多为皮质、不锈钢、塑料等,造型多变而富有创意,颜色鲜艳明快。总的来说室内休闲椅以家庭、室内公共场所为摆放地点,为个人或多人提供舒适的休闲的坐卧依靠家具。

休闲椅一般都会配置相应的茶几方便使用。

案例 07　绘制梳妆柜

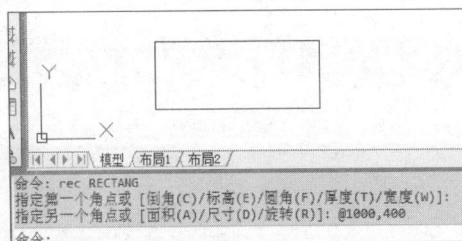

为了方便学习，本节相关实例的素材文件、结果文件，以及同步教学文件可以在配套的光盘中查找，具体内容路径如下。

▶ **原始素材文件：** 无

▶ **最终结果文件：** 光盘\结果文件\第11章\11-1-7.dwg

▶ **同步教学文件：** 光盘\多媒体教学文件\第11章\11-1-7.mp4

本例难易度	制作关键	技能与知识要点
★★★☆☆	本实例主要绘制梳妆柜的平面和立面图。通过矩形和圆绘制梳妆柜平面图，使用圆角和修剪命令完成细节的绘制。通过多段线绘制梳妆柜的立面尺寸，然后绘制其款式，使用椭圆绘制镜子和各抽屉拉手，使用偏移、修剪、填充等修改命令完成梳妆柜立面图的细节绘制。	• "矩形"命令 • "多段线"命令 • "椭圆"命令 • "偏移"命令 • "修剪"命令 • "填充"命令

1 新建文件。打开程序"AutoCAD 2012"，保存文件名为"11-1-7.dwg"；设置图形单位为"毫米"；按【F8】键打开正交模式；绘制长为"1000"，宽为"400"的矩形，如左下图。

2 偏移桌面厚度。将梳妆柜各角圆角"50"，外边框向内偏移"20"，作为桌面厚度，如右下图。

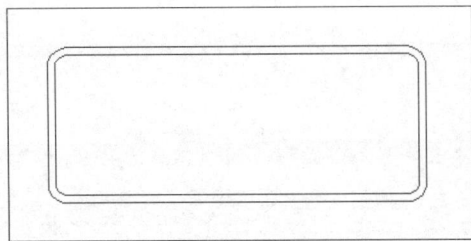

3 绘制台面小抽屉。使用多段线绘制台面小抽屉，其长和宽都为"200"并作适当圆角，如左下图。

4 绘制镜子。使用矩形绘制镜子的外框尺寸并移动至适当位置，使用修剪命令完成镜子的绘制，如右下图。

大师
心得　此处绘制镜子的方法是首先在梳妆柜的适当位置绘制一个长为"400"，宽为"20"的镜子外框尺寸，然后绘制一个矩形作为镜子底座，将其移动至适当位置后，镜像作为底座的矩形，将底座内的线段修剪掉即完成了镜子平面图的绘制。

5 绘制配套的化妆凳。绘制一个半径为"150"的圆作为化妆凳，向内偏移厚度"20"，如左下图。

6 绘制梳妆柜立面框架。使用多段线绘制梳妆柜立面框架，外框的长为"1000"、高为"700"、外框的厚度为"20"，如右下图。

7 绘制小抽屉立面图。使用多段线以梳妆柜外框左上角为起点绘制一个宽为"200"、高为"150"的小抽屉，向内偏移厚度"10"，如左下图。

8 绘制抽屉细节。使用偏移命令继续向内偏移"10"，作为内抽屉尺寸；使用椭圆命令绘制抽屉拉手，如右下图。

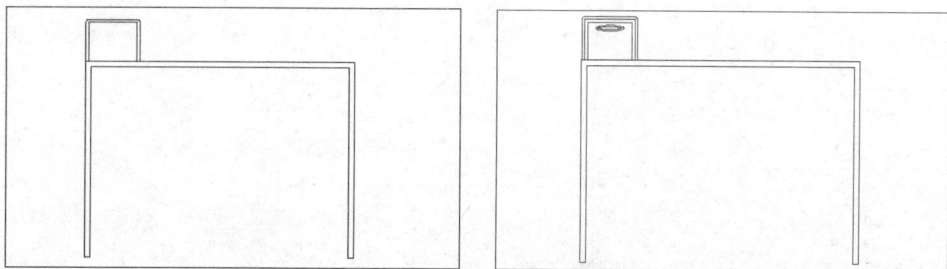

9 完成抽屉的绘制。激活镜像命令，选择左侧绘制的抽屉及其拉手并确定，以桌面中点为镜像线的第一点，鼠标向下单击确定镜像线的第二点，按空格键确定，效果如左下图。

10 绘制镜子。使用椭圆绘制镜子外框，向内偏移"20"作为镜面，在椭圆下方绘制一个矩形并放置到适当位置作为镜子的底座，绘制一条直线作为梳妆柜的背面挡板，如右下图。

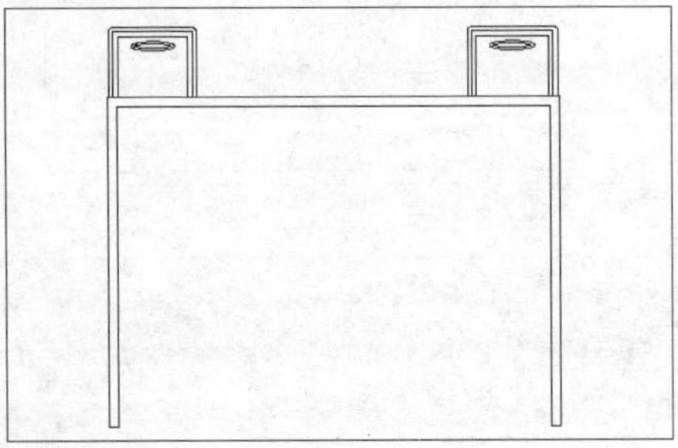

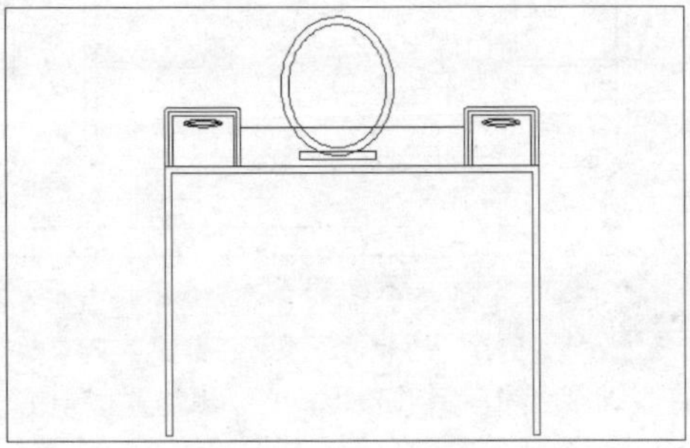

11 修剪细节。使用修剪命令将椭圆内部的多余线段修剪掉，产生前后有序的效果，如左下图。

12 填充镜面。使用填充命令在镜面中填充图案"JIS-STN-1E"，设置角度为"0"，比例为"120"，完成效果如右下图。

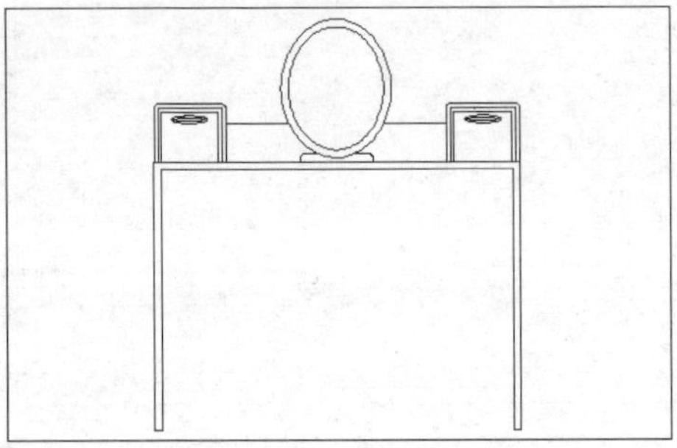

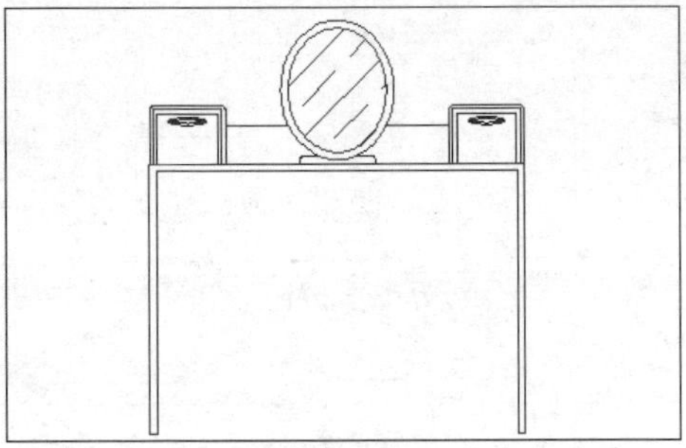

13 绘制梳妆柜抽屉。使用直线命令绘制梳妆柜抽屉，抽屉底部离梳妆台面的距离为"200"，以台面中点绘制抽屉的隔断，如左下图。

14 完成抽屉的绘制。使用椭圆和偏移命令绘制抽屉拉手，效果如右下图。

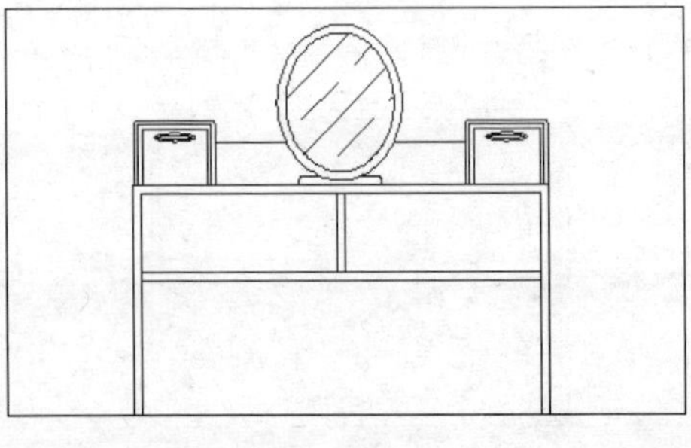

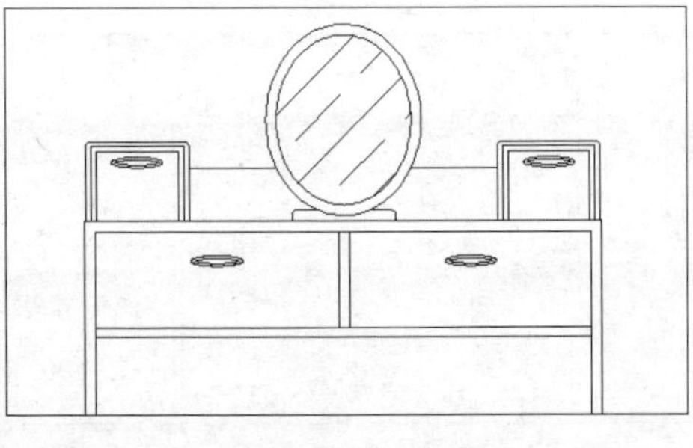

15 绘制梳妆柜底柜。使用多段线绘制离地面"50"、宽度为"400"的梳妆柜底柜，复制并旋转拉手放置到适当位置，梳妆柜立面图完成的效果如左下图。

16 完成效果。梳妆柜平面图和立面图完成的效果如右下图。

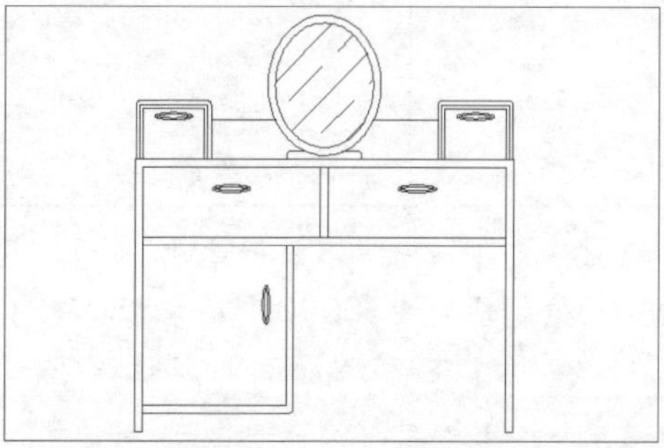

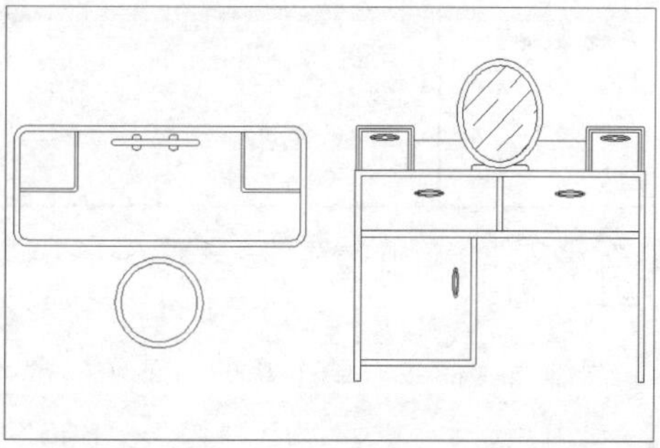

💡 知识链接——梳妆柜的内容

　　梳妆柜指用来化妆的家具装饰。梳妆台一词，在现代家居中，已经被业主、客户、家居设计师广泛用到，现在泛指家具梳妆台。

　　梳妆台尺寸标准是总高度为1500mm左右，宽为700mm到1200mm，在家庭装修之前的前期准备时，就应该确定好梳妆柜尺寸大小，同时梳妆柜尺寸也要与房间的格调和风格统一起来。

　　在易学风水的角度，在室内梳妆台摆放的要求是：镜子与任何的时钟都不能正对自己家的任何门，包括大门、房门、厕所门、厨房门等。梳妆台摆放的学问不少，一定要选择好合适的位置进行摆放。

案例 **08** 绘制门

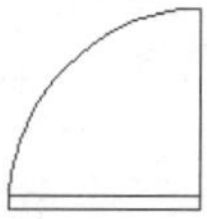

单扇门 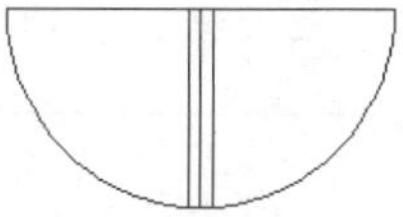　　　　双扇门　　　　子母门

　　为了方便学习，本节相关实例的素材文件、结果文件，以及同步教学文件可以在配套的光盘中查找，具体内容路径如下。

▶▶ **原始素材文件：** 无

▶▶ **最终结果文件：** 光盘\结果文件\第11章\11-1-8.dwg

▶▶ **同步教学文件：** 光盘\多媒体教学文件\第11章\11-1-8.mp4

本例难易度	制作关键	技能与知识要点
★★★★☆	本实例主要绘制平面和立面的门。首先通过"矩形、直线、圆"命令绘制单扇平开门，双扇平开门、子母门的平面图，然后使用矩形绘制门的立面尺寸，向内偏移出门的外框形状，使用矩形绘制门内的图案，最后绘制门下部的图案。	• "矩形"命令 • "直线"命令 • "圆"命令 • "修剪"命令 • "阵列"命令 • "偏移"命令

1 新建文件。打开程序"AutoCAD 2012"，保存义件名为"11-1-8.dwg"；设置图形单位为"毫米"；按【F8】键打开正交模式；绘制长为"800"、宽为"50"的矩形；激活直线命令，单击矩形右下角指定为第一点，如左下图。

2 确定门槛线。鼠标向上移输入"800"并确定；按空格键结束命令；激活圆命令，单击矩形右下角确定为圆心，输入圆半径"800"并确定，如右下图。

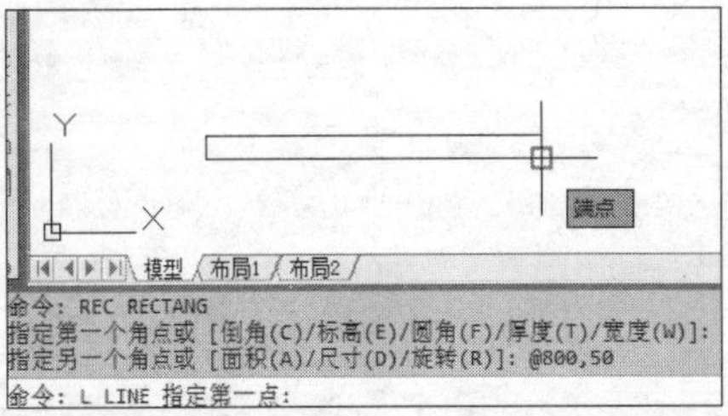

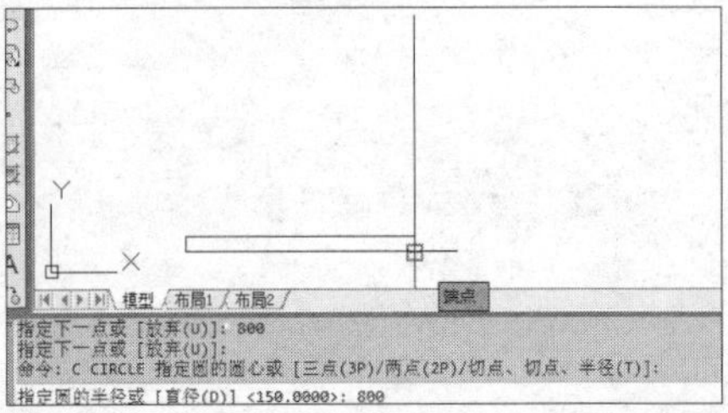

3 确定门的运动弧度。激活修剪命令，选择矩形和直线作为修剪界限，按空格键确定，如左下图。

4 完成门的绘制。单击圆的右侧部分修剪出圆弧，完成门的绘制，如右下图。

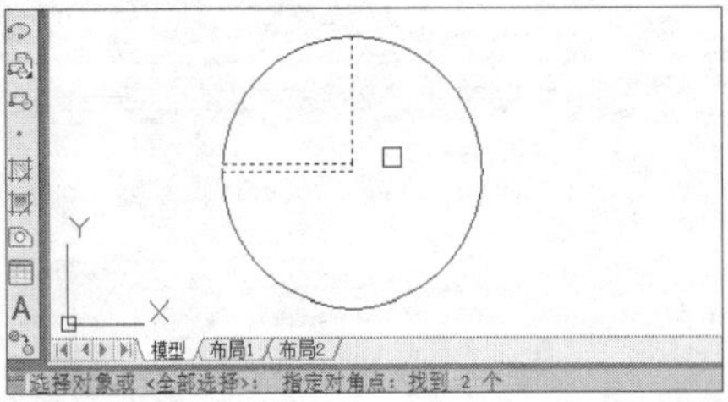

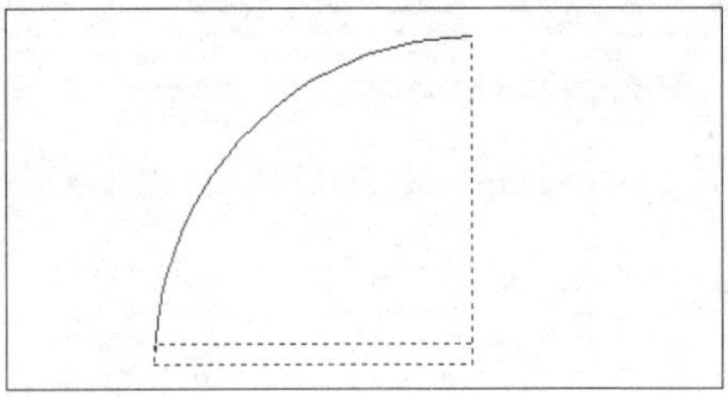

5 复制门。选择所绘制的门，复制并旋转，如左下图。

6 绘制双扇平开门。激活镜像命令，以所复制矩形的右上角为镜像线第一点，以右下角为镜像线第二点，镜像复制出双扇平开门，如右下图。

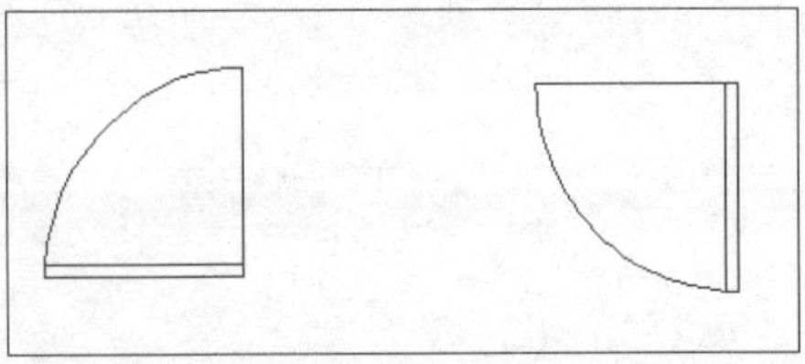

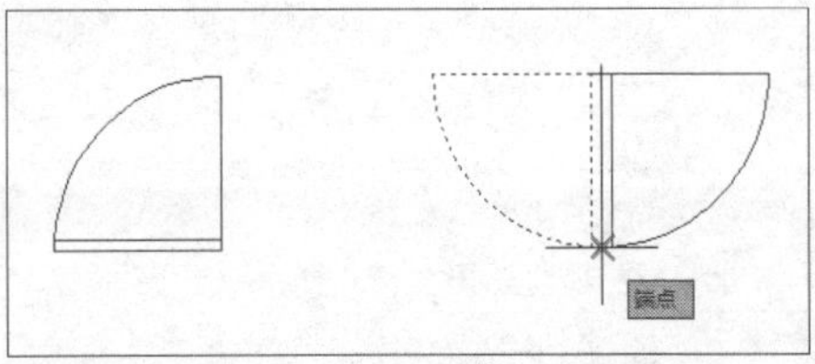

大师心得　　使用AutoCAD绘制图形时，可以使用很多简便的方法提高绘图效率。此处绘制的门款式相同，只有尺寸大小不一致；如果每次重复去绘制，就达不到高效率绘图的要求。可以先绘制一个尺寸为"1000"的门，当此处需要"800"的门时，复制一个"1000"的门，然后激活缩放命令设缩放比例为"0.8"，即完成了"800"的门的绘制；同样，如果需要"300"的门，即复制一个"1000"的门，激活缩放命令设缩放比例为"0.3"即可。门的厚度为"50"不变。

7 绘制子母门。绘制长为"50"、宽为"900"的大门；绘制长为"300"，宽为"50"的小门，如左下图。

8 完成绘制。将两个门直线与弧线的交点处移动到一起，完成子母门的绘制，完成效果如右下图。

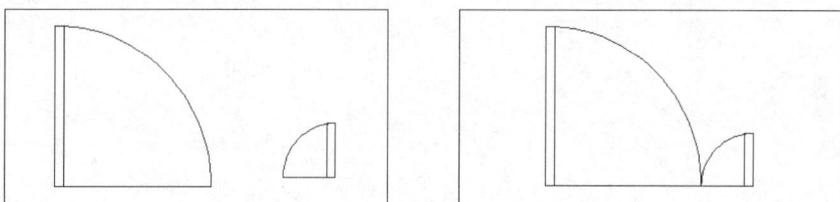

9 添加说明文字。使用文字命令给每一个图形下方标注图形名称，如下图。

单扇门　　　　　　双扇门　　　　　　　子母门

ℹ 知识链接——门的特点

　　"门"指建筑物的出入口或安装在出入口能开关的装置。门的种类有很多，按位置分包括：外门、内门；按开户方式分包括：平开门、弹簧门、推拉门、折叠门、转门、卷帘门、生态门；从门的作用上来说，主要可把门分为大门、进户门、室内门、防爆门、抗爆门、防火门等。

10 绘制门立面尺寸。使用矩形绘制门的外框立面尺寸，外框的长为"820"、宽为"2200"，如下图。

单扇门　　　　双扇门　　　　　子母门

大师心得　　此处绘制的门立面外框尺寸是指单扇平开门。要绘制其他门的立面图可参考此门的立面图。

⓫ 偏移门框。激活偏移命令，选择门外框矩形，向内依次偏移"30"、"20"、"50"、"20"，如左下图。

⓬ 绘制门上方花纹。使用矩形绘制长和宽都为"280"的矩形，将其旋转"45"°，放置到适当位置，如右下图。

⓭ 完成门上部花纹的绘制。将已旋转的矩形复制两个，依次向下移拼出花纹，效果如左下图。

⓮ 绘制隔板。在门中部适当位置绘制一条直线，向下偏移"100"的宽度，如右下图。

⓯ 绘制下方图案部分。在门的左下角适当位置绘制一个长为"220"，宽为"400"的矩形，向内偏移"20"，如左下图。

⓰ 激活阵列命令。激活阵列命令，输入子命令矩形阵列命令"R"并确定；输入子命令计数"C"并确定，输入行数为"2"并确定，如右下图。

⑰ 设置行列数据。输入列数为"2"并确定，输入子命令间距"S"并确定；输入行间距"450"并确定，输入列间距"260"并确定，如左下图。

⑱ 完成门立面图的绘制。按空格键结束阵列命令，效果如右下图。

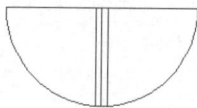

```
输入列数或 [表达式(E)] <4>: 2
指定对角点以间隔项目或 [间距(S)] <间距>: s
指定行之间的距离或 [表达式(E)] <600>: 450
指定列之间的距离或 [表达式(E)] <330>: 260
```

> **大师心得** 此处设置矩形阵列命令中的行距和列距值时，必须比阵列对象本身的长宽值相应的要高一些。

⑲ 完成效果。在门上部花纹的适当位置填充图案"AR-SAND"，比例为"0.5"，完成效果如下图。

单扇门　　　　　　　双扇门　　　　　　　　子母门

> **大师心得** 此处绘制的门立面图效果仅仅是众多门中的一种，在选择门时，必须根据室内的整体风格和颜色来选择配套的门。根据门不同的材质和功能，其花纹和颜色也是有区别的，可根据实际情况来选择。

11.2 同步训练——绘制电器

本节将把室内装饰设计中最常用的电器元素绘制出来。在AutoCAD中绘制室内装饰图纸时，除了平面图，还有立面图的绘制，所以在本节的绘制内容里，是将电器对象的平面图和立面图均绘制出来，方便后期设计时直接调用。

案例 01 绘制电视

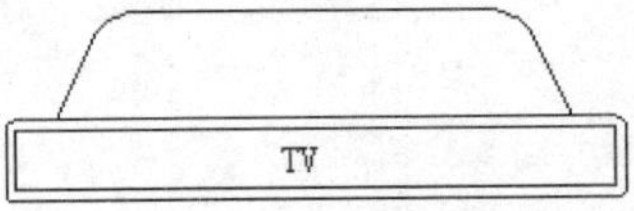

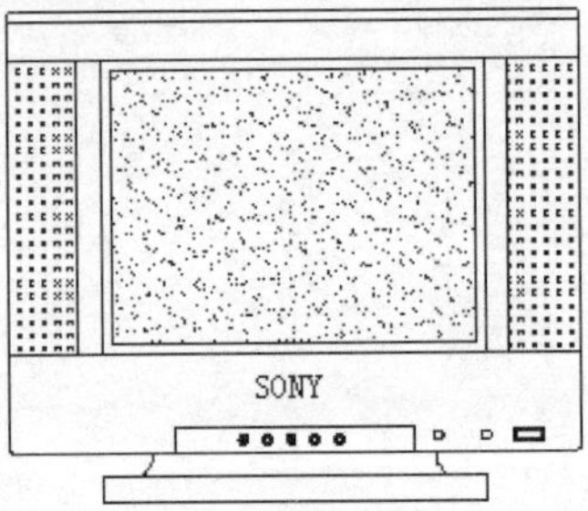

电视平面图　　　　　电视立面图

　　为了方便学习，本节相关实例的素材文件、结果文件，以及同步教学文件可以在配套的光盘中查找，具体内容路径如下。

> ▶▶ **原始素材文件:** 无
> ▶▶ **最终结果文件:** 光盘\结果文件\第11章\11-2-1.dwg
> ▶▶ **同步教学文件:** 光盘\多媒体教学文件\第11章\11-2-1.mp4

本例难易度	制作关键	技能与知识要点
★★★☆☆	本实例主要绘制超薄电视的平面和立面图。首先使用矩形、拉伸等命令绘制电视的平面图；接着使用直线、矩形、偏移、复制命令完成电视立面图框架的绘制，最后使用填充命令将电视立面各区域填充适当的图案，并标注文字。	• "矩形" 命令 • "拉伸" 命令 • "偏移" 命令 • "填充" 命令 • "镜像" 命令 • "文字" 命令

1 新建文件。打开程序 "AutoCAD 2012"，保存文件名为 "11-2-1.dwg"；设置图形单位为 "毫米"，按【F8】键打开正交；绘制长为 "1200"、宽为 "150" 的矩形，如左下图。

2 绘制并移动矩形。绘制长为 "1000"、宽为 "200" 的矩形，并将其移动到适当位置，如右下图。

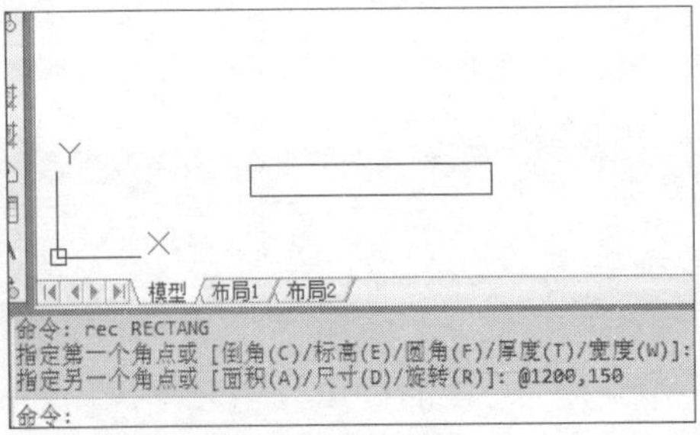

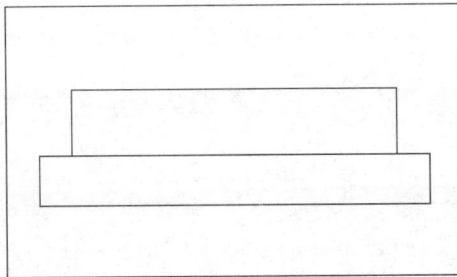

3 拉伸角点。使用拉伸命令将上方矩形的两个角各向内拉伸"150"，如左下图。

4 圆角对象。将电视外框各尖角处使用适当圆角值进行圆角，将下方矩形向内偏移 "20"，如右下图。

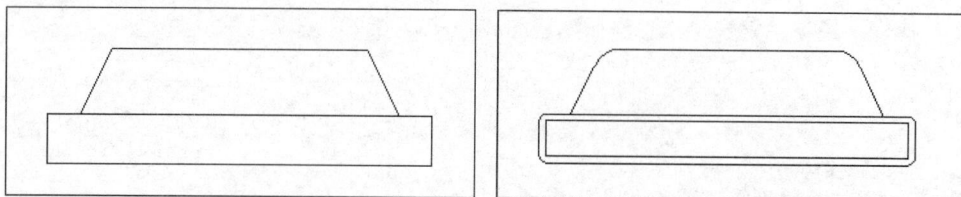

> **大师心得** 　　在室内平面图的绘制过程中，因为电视俯视图的绘制比较简单，为了能够清晰地识别对象，一般情况下都会在电视主体上使用文字进行标注说明，如电视即为"TV"。

5 绘制电视立面尺寸。绘制长为"1200"、高为"900"的矩形，并依次将其各角进行圆角，如左下图。

6 绘制直线。沿矩形上方线段绘制一条直线，向下移动"20"，并将其向下偏移复制 "80"，如右下图。

7 绘制电视款式。绘制一个长为"800"、宽为"600"的矩形作为电视镜面；将其移动到适当位置，如左下图。

8 绘制镜面。向内偏移"20"作为电视镜面，如右下图。

⑨ 绘制细节。沿电视镜面外框绘制一条垂直线，向左侧移动"50"；激活镜像命令，以电视镜面上方中点为镜像线第一点，鼠标向下单击确定镜像线第二点，完成镜像复制，如左下图。

⑩ 绘制按钮面板。使用多段线绘制按钮面板，如右下图。

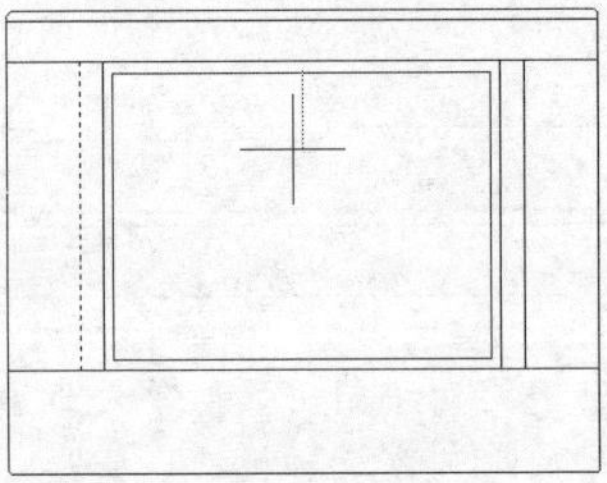

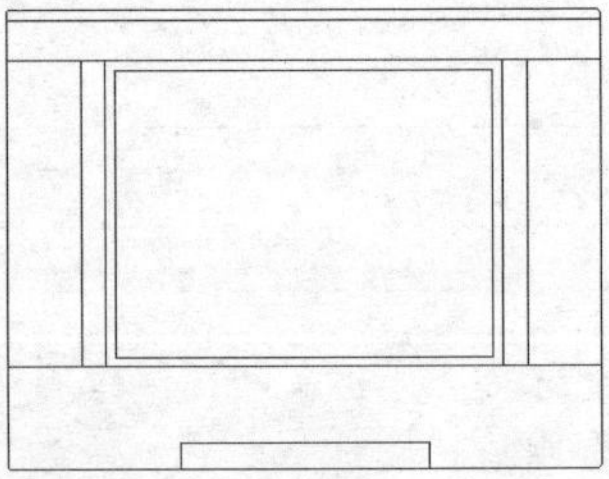

⑪ 填充对象。将边缘填充图案"CROSS"，角度为"45"，比例为"3"；将电视镜面填充图案"AR-SAND"，比例设为"1"，效果如左下图。

⑫ 绘制底座。绘制长为"800"、宽为"50"的电视底座，将其向下移动至离电视主体"50"的位置，使用圆弧线将其连接在一起，效果如右下图。

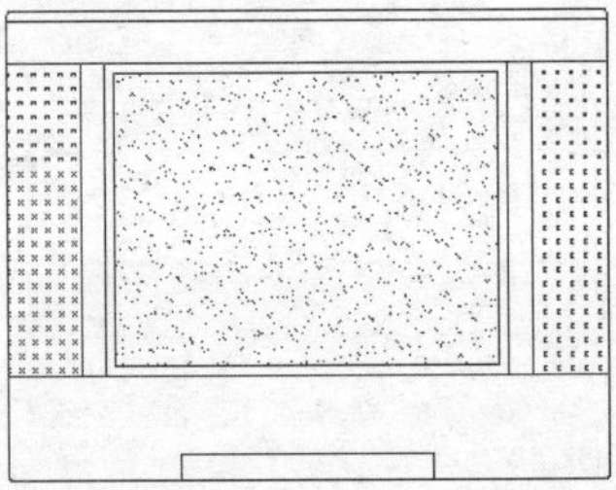

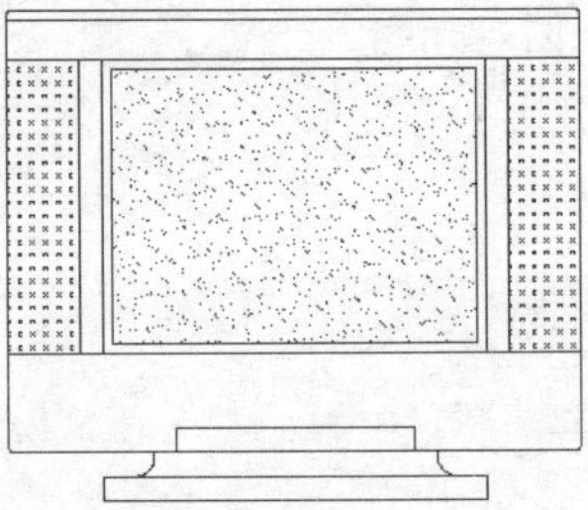

⑬ 补充细节。绘制一个矩形移动到适当位置作为电视开关按钮，使用圆命令绘制各按钮，复制并移动至适当位置，再添加文字内容，完成电视立面图的绘制，如左下图。

⑭ 完成效果。完成后添加文字标注，如右下图。

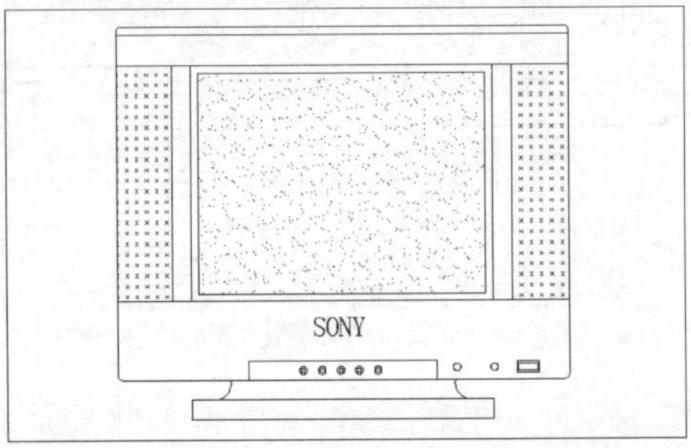

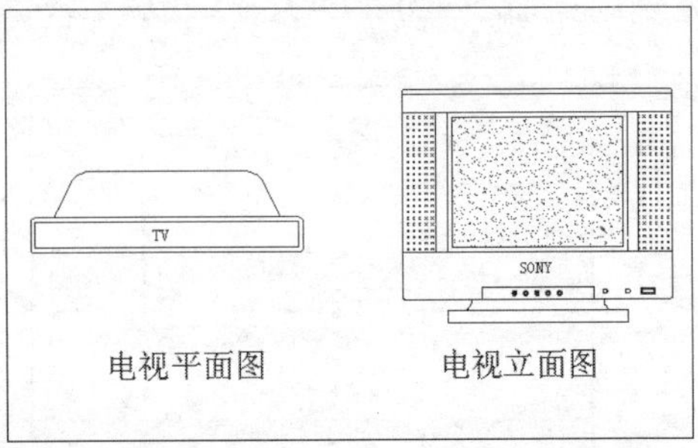

电视平面图　　　　电视立面图

案例 02　绘制冰箱

冰箱平面图　　　　　　冰箱立面图

　　为了方便学习，本节相关实例的素材文件、结果文件，以及同步教学文件可以在配套的光盘中查找，具体内容路径如下。

▶▶ **原始素材文件：** 无
▶▶ **最终结果文件：** 光盘\结果文件\第11章\11-2-2.dwg
▶▶ **同步教学文件：** 光盘\多媒体教学文件\第11章\11-2-2.mp4

·本例难易度	制作关键	技能与知识要点
★★★☆☆	本实例主要通过矩形和直线绘制冰箱平面和立面图。冰箱平面图主要使用矩形和直线绘制冰箱箱体，绘制时注意冰箱门平面图的绘制。冰箱立面图主要使用矩形和直线命令通过偏移等二维修改命令完成，注意冰箱门立面图的表现方法，最后使用文字命令进行标注。	• "矩形"命令 • "直线"命令 • "偏移"命令 • "修剪"命令 • "文字"命令

① 新建文件。打开程序"AutoCAD 2012"，保存文件名为"11-2-2.dwg"；设置图形单位为"毫米"；按【F8】键打开正交模式；绘制长为"560"、宽为"600"的矩形，如左下图。

② 绘制冰箱门。沿矩形下方绘制一条水平线，向上移动"30"；将直线向上偏移复制"20"，在两条线段间绘制一条垂直线，将其镜像复制到右侧，如右下图。

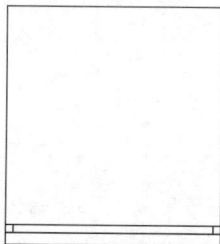

3 偏移厚度。绘制一个长为"520"、宽为"510"的矩形作为冰箱主体，放置到适当位置，如左下图。

4 绘制为箱体。将冰箱门的多余线段修剪掉，使用直线沿冰箱的对角绘制两条相交的直线，如右下图。

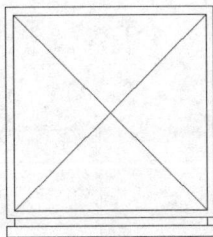

5 绘制冰箱立面尺寸。使用矩形绘制长为"560"、高为"1500"的冰箱立面尺寸，如左下图。

6 绘制冰箱底面和顶面。使用直线沿冰箱上方水平线绘制一条直线，将其向下依次偏移"40"、"10"、"1410"，如右下图。

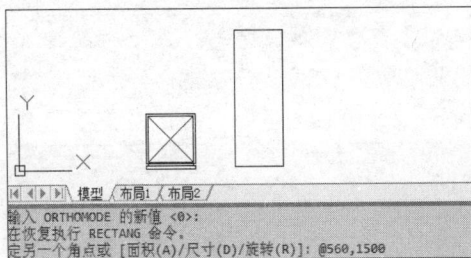

7 绘制冰箱分界线。将冰箱最上方线段向下移"530"，再向下偏移复制"10"，如左下图。

8 绘制冰箱上部细节。使用直线沿冰箱上部左侧绘制一条垂直线，向右依次偏移"15"、"15"、"540"、"550"，如右下图。

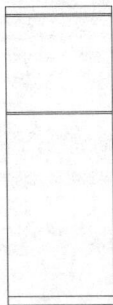

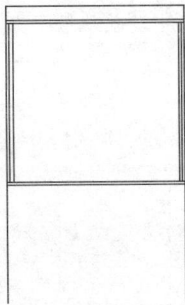

9 绘制冰箱下部细节。将上部各垂直线复制到下方，利用延伸命令完成对象的绘制；将冰箱上下分界线向上、下各偏移"30"作为冰箱门的包边，如左下图。

🔟 完成冰箱的绘制。将冰箱的细节进行完善，并在相应的对象下方标注文字，最终效果如右下图。

冰箱平面图

冰箱立面图

案例 03 绘制洗衣机

洗衣机平面图

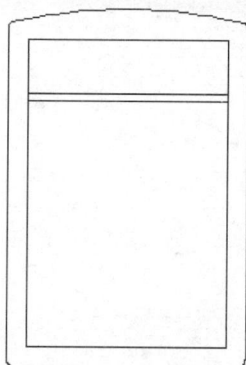

洗衣机立面图

为了方便学习，本节相关实例的素材文件、结果文件，以及同步教学文件可以在配套的光盘中查找，具体内容路径如下。

▶▶ **原始素材文件：** 无

▶▶ **最终结果文件：** 光盘\结果文件\第11章\11-2-3.dwg

▶▶ **同步教学文件：** 光盘\多媒体教学文件\第11章\11-2-3.mp4

本例难易度	制作关键	技能与知识要点
★★☆☆☆	本实例绘制洗衣机平面图和立面图。首先通过矩形、圆、多段线等二维绘制命令使用偏移、复制等方法完成洗衣机平面图的绘制。接着使用矩形、直线命令通过修剪、偏移命令绘制洗衣机立面图，最后给图形进行文字标注。	• "矩形"命令 • "圆"命令 • "多段线"、"直线"命令 • "复制"命令 • "偏移"命令 • "文字"命令

1 新建文件。打开程序"AutoCAD 2012",保存文件名为"11-2-3.dwg";设置图形单位为"毫米";按【F8】键打开正交模式;绘制长为"600"、宽为"600"的矩形,如左下图。

2 偏移厚度。将洗衣机边角进行圆角,向内偏移"20",如右下图。

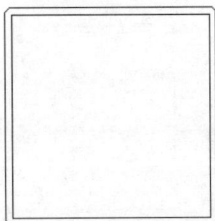

3 绘制操作台。使用直线沿洗衣机内框下方水平线绘制一条直线,向上移动"100"作为操作台面,如左下图。

4 绘制洗衣筒。使用圆命令绘制一个半径为"200"的洗衣筒,向内偏移"20",如右下图。

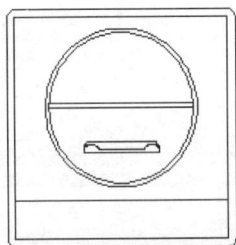

5 绘制洗衣筒盖细节。使用矩形和直线绘制洗衣筒盖的细节,如左下图。

6 完成洗衣机平面图绘制。使用矩形和圆命令在操作台面绘制洗衣机的电源按钮和其他操作按钮,并使用复制命令在正交模式打开的情况下进行复制,完成效果如右下图。

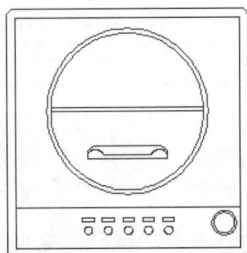

7 绘制洗衣机立面尺寸。绘制长为"600"、高为"850"的矩形,作为洗衣机的立面尺寸,如左下图。

8 绘制洗衣机立面细节。将外框圆角后向内偏移"50"，使用修剪命令将外框上方直线修剪掉，使用弧线绘制洗衣机上方线条；使用直线绘制立面细节，最后在相应对象下方标注文字，如右下图。

洗衣机平面图　　洗衣机立面图

案例 04 绘制饮水机

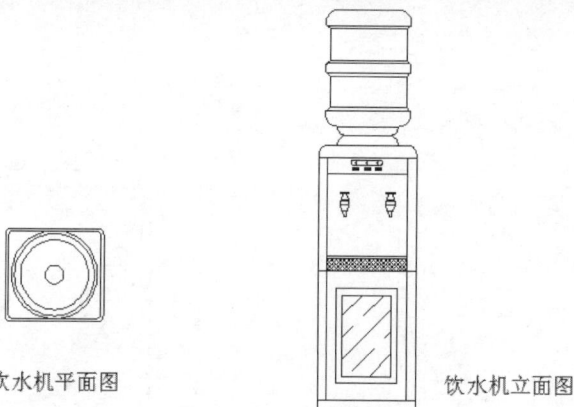

饮水机平面图　　　　　　　　　　　　　　饮水机立面图

为了方便学习，本节相关实例的素材文件、结果文件，以及同步教学文件可以在配套的光盘中查找，具体内容路径如下。

▶ **原始素材文件：** 无

▶ **最终结果文件：** 光盘\结果文件\第11章\11-2-4.dwg

▶ **同步教学文件：** 光盘\多媒体教学文件\第11章\11-2-4.mp4

本例难易度	制作关键	技能与知识要点
★★★★☆	本实例绘制饮水机平面图和立面图。首先用矩形和圆通过偏移命令完成饮水机平面图的绘制；接着绘制饮水机的正立面框架尺寸，然后用矩形绘制下方细节，使用矩形、圆、文字命令绘制饮水机的功能显示区，再绘制饮水机冷、热水的出水口，并将饮水机各部分进行填充；最后使用矩形、圆角等命令完成水桶立面图的绘制，并将图形进行文字标注。	• "矩形"命令 • "圆"命令 • "拉伸"命令 • "圆角"命令 • "偏移"命令 • "填充"命令 • "文字"命令

1 新建文件。打开程序"AutoCAD 2012"，保存文件名为"11-2-4.dwg"；设置图形单位为"毫米"；按【F8】键打开正交模式；绘制长为"320"、宽为"296"的矩形，如左下图。

2 偏移厚度。将饮水机边角进行圆角，圆角值为"20"；使用偏移命令将其向内偏移"10"，如右下图。

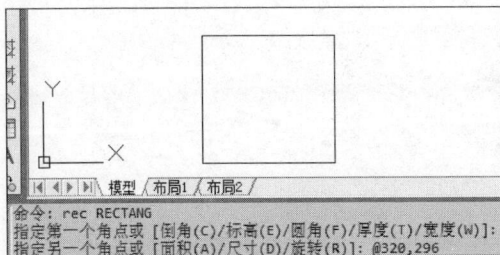

```
命令：rec RECTANG
指定第一个角点或 [倒角(C)/标高(E)/圆角(F)/厚度(T)/宽度(W)]:
指定另一个角点或 [面积(A)/尺寸(D)/旋转(R)]: @320,296
```

3 绘制水桶外框。绘制半径为"140"的圆，作为水桶的外框；将圆上方象限点与矩形内框上方线条中点对齐，如左下图。

4 绘制水桶平面图。使用偏移命令依次向内偏移"10"、"20"、"80"，完成水桶细节的绘制，如右下图。

5 绘制立面尺寸。绘制长为"320"、高为"841"的矩形，为饮水机的正立面尺寸，如左下图。

6 绘制分区线。沿外框上方水平线绘制一条直线，依次向下偏移"40"、"360"、"410"，如右下图。

7 绘制饮水机侧面边框宽度。沿饮水机外框左侧垂直线绘制一条直线，向右移动"30"作为左侧宽度；再向右偏移"260"作为右侧宽度，如左下图。

8 绘制饮水机接水垫尺寸。在饮水机上部适当位置绘制一条直线，向上移动"40"作为接水垫高度；再向上偏移"10"作为上方漏水网的厚度，如右下图。

9 绘制饮水机下方形状。在饮水机下方绘制长为"200"、高为"300"的矩形，将其移动到适当位置，如左下图。

10 绘制饮水机功能显示区。绘制水平直线，向下移动"50"作为功能显示区；绘制长为"100"、高为"15"的矩形；圆角值为"5"，绘制饮水机显示灯区域，如右下图。

11 绘制功能区细节。绘制半径为"2"的圆，向右依次复制两个作为显示灯；在显示灯下方使用文字标注显示灯的功能，如左下图。

12 绘制左侧出水口。绘制长为"30"、高为"5"的矩形，作为一侧出水口的上方尺寸，如右下图。

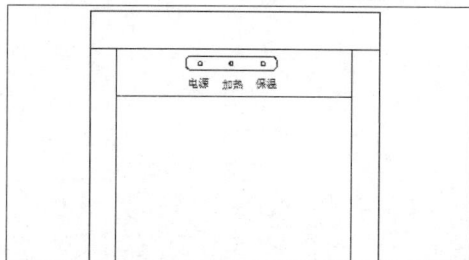

317

⓭ 绘制出水口连接部分。绘制长为"24"、高为"20"的矩形；作为饮水机的出水口上方连接部分尺寸，将其移动至适当位置，如左下图。

⓮ 修改细节。使用拉伸命令将矩形上方连接处的两个角均向内拉伸，拉伸距离为"5"，如右下图。

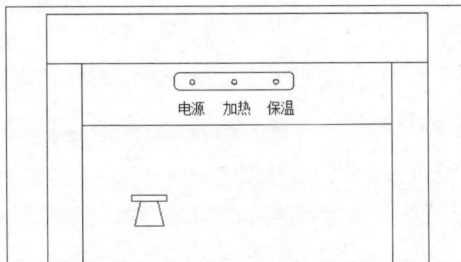

⓯ 绘制延伸部分。绘制长为"24"，高为"5"的矩形，移动至适当位置，如左下图。

⓰ 绘制矩形。绘制长为"30"，高为"10"的矩形，移动至适当位置；绘制长为"30"，高为"20"的矩形并移动至适当位置，将此矩形下方的两个角各向内拉伸"5"，如右下图。

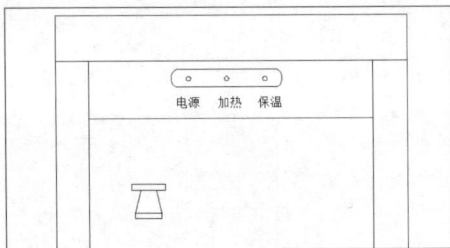

⓱ 绘制出水口部分。绘制长为"12"、高为"20"的矩形，作为饮水机的出水口尺寸，将下方两个角各向内拉伸"2"，完成左侧出水口的绘制，如左下图。

⓲ 绘制右侧出水口。使用镜像命令将左侧出水口镜像复制到右侧，完成饮水机上部的绘制，如右下图。

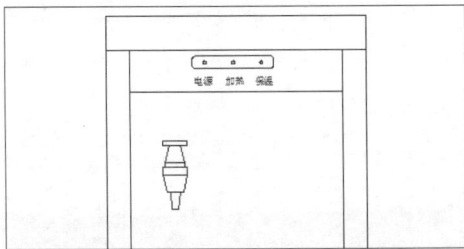

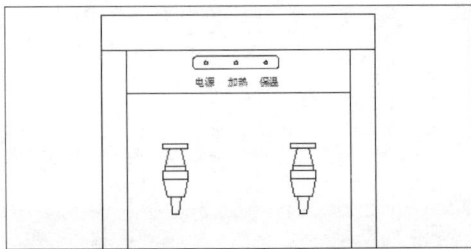

> **大师心得** 　此处绘制饮水机水龙头，所有部分均使用矩形绘制而成；将矩形和拉伸命令结合绘制水龙头的各部件，再使用移动命令将各部件完善组合，即可完成绘制。在使用AutoCAD绘制图形时，要注意基础命令的灵活运用。

19 填充细节。在饮水机接水垫区域填充图案"ANSI37"，比例设置为"3"；在饮水机下方内侧的矩形中填充图案"JIS-STN-1E"，比例设置为"100"，如左下图。

20 完成饮水机的绘制。将饮水外框上侧的两个角圆角，圆角值为"30"，完成饮水机的绘制，如右下图。

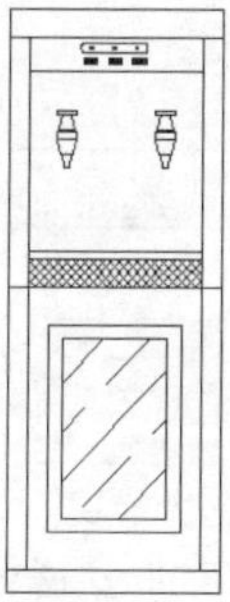

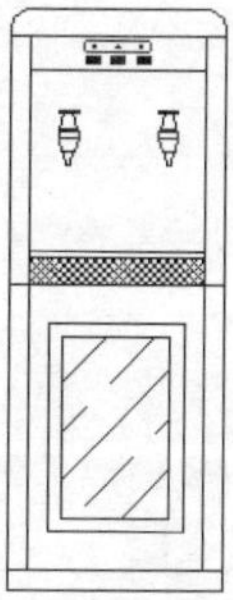

21 绘制注水口尺寸。绘制长为"200"、高为"30"的矩形，作为饮水机的注水口部分，如左下图。

22 绘制水桶的出水口。将矩形上部两个角进行圆角"30"，使用镜像命令以圆角后的水平线作为镜像线镜像复制水桶的出水口，如右下图。

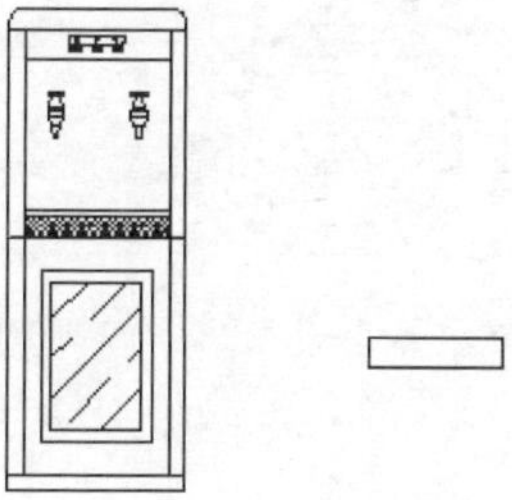

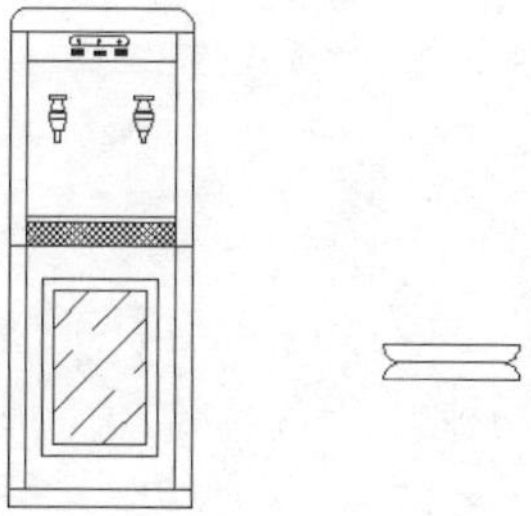

23 绘制水桶上部。绘制长为"280"、高为"50"的矩形，为水桶上部尺寸，如左下图。

24 圆角矩形。将矩形下侧两个角各圆角"50"，并将其移动至适当位置，如右下图。

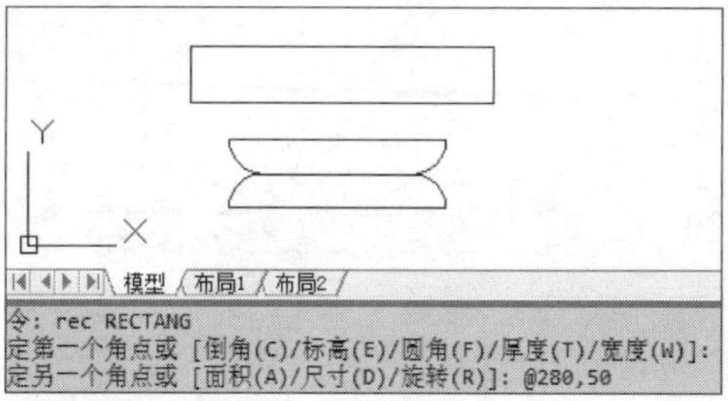

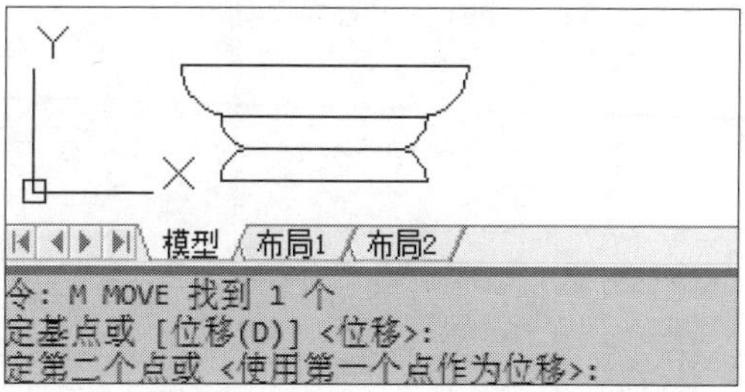

25 绘制连接部分。绘制长为"270"、高为"10"的矩形，作为水桶上部与中部的连接部分，将其移动至适当位置，如左下图。

26 绘制水桶中间主体部分。将水桶上部与中部的连接矩形上侧各向内拉伸"5";绘制长为"250"、高为"100"的矩形,移动至适当位置,如右下图。

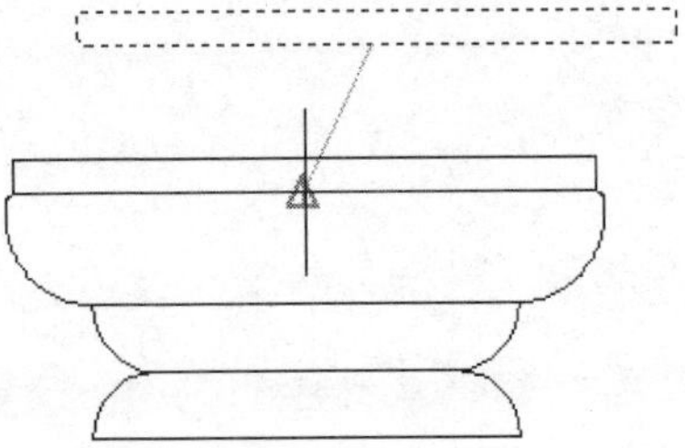

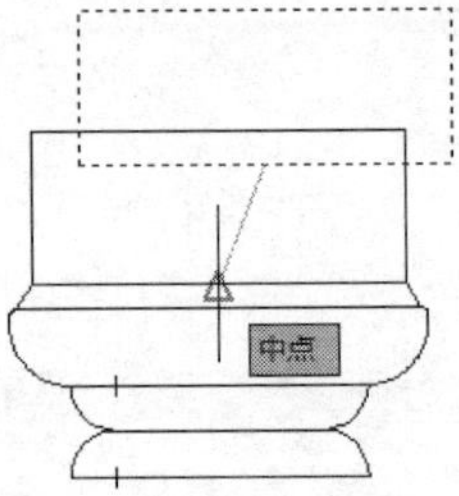

27 绘制中间连接部分。绘制长为"280"、高为"30"的矩形,作为水桶的中间连接部分,将各角圆角"5",如左下图。

28 绘制细节。选择水桶上部与中部的连接矩形,将其使用镜像命令镜像复制到水桶的下半部分,如右下图。

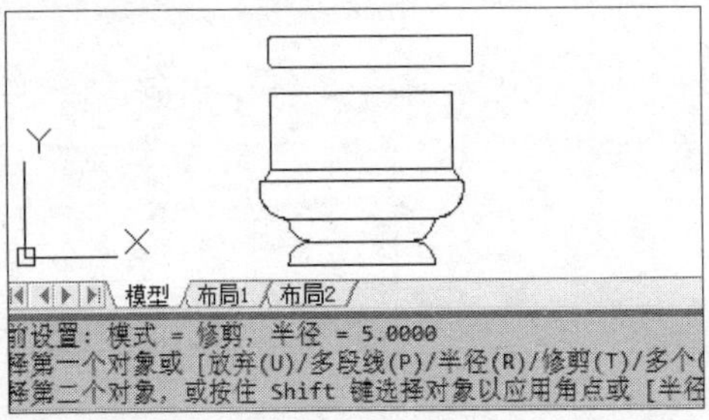

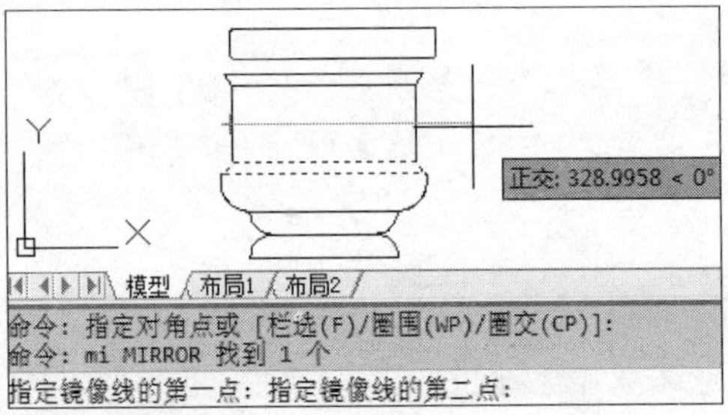

29 移动对象。将水桶的中间连接部分矩形移动至适当位置,如左下图。

30 镜像复制。选择上部与中部的连接矩形和中部主体,将其向上方复制到适当位置,如右下图。

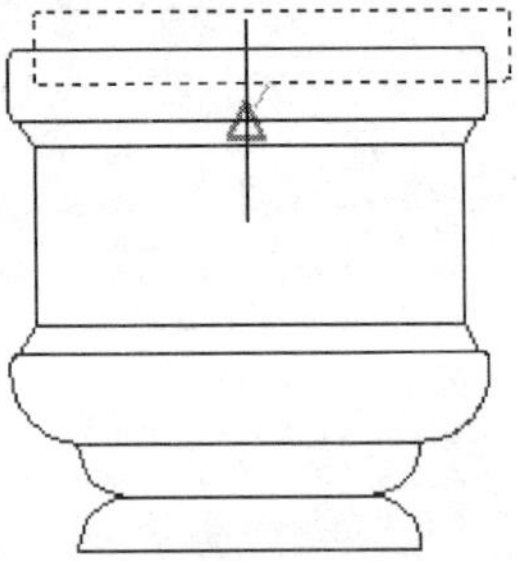

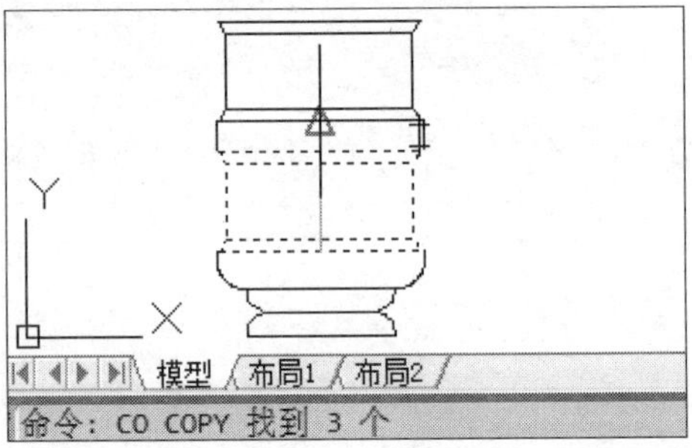

31 绘制水桶底部。绘制长为"280"、高为"50"的矩形,将上方两个角圆角"40",将下方两个角圆角"5",移动至适当位置,如左下图。

32 移动饮水机注水口。将水桶最下方的饮水机注水口移动至饮水机上方的中点处,如右下图。

> **大师心得** 　　在此处将饮水机注水口与水桶一起绘制，一是方便水桶的快速绘制；二是方便两者对齐。

33 选择水桶。激活移动命令，将水桶全部选择，单击水桶底座中点，作为移动基点，如左下图。

34 移动水桶。单击注水口上方水平线的中点，作为将移动至此的点，如右下图。

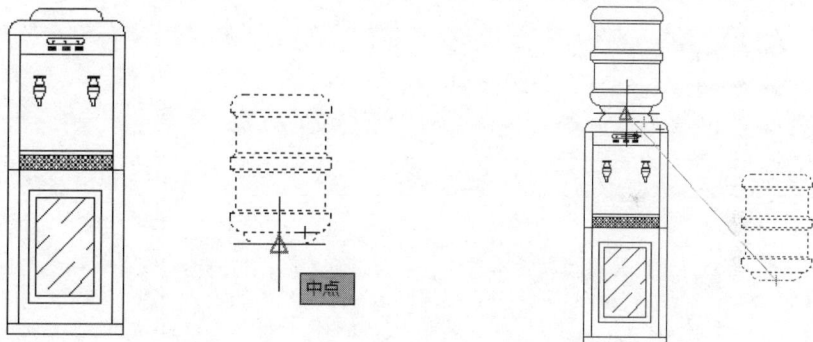

35 完成绘制。使用文字命令给对象添加文字标注，完成饮水机平面图和立面图的绘制，效果如下图。

饮水机平面图　　　　　　　　　　　　　　饮水机立面图

案例 05 绘制空调

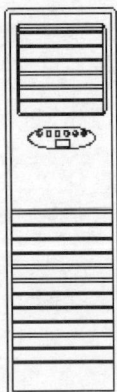

空调平面图

空调立面图

　　为了方便学习，本节相关实例的素材文件、结果文件，以及同步教学文件可以在配套的光盘中查找，具体内容路径如下。

▶▶ **原始素材文件：** 无

▶▶ **最终结果文件：** 光盘\结果文件\第11章\11-2-5.dwg

▶▶ **同步教学文件：** 光盘\多媒体教学文件\第11章\11-2-5.mp4

本例难易度	制作关键	技能与知识要点
★★☆☆	本实例主要绘制空调平面图和立面图。首先通过矩形、直线和文字命令绘制空调平面图；接着绘制空调立面尺寸，将其圆角并偏移厚度，绘制空调下方的条纹，使用阵列命令进行阵列；绘制上方出风口和功能面板，最后添加文字标注。	• "矩形"命令 • "直线"命令 • "圆角"命令 • "阵列"命令 • "文字"命令

1 新建文件。打开程序"AutoCAD 2012"，保存文件名为"11-2-5.dwg"；设置图形单位为"毫米"；按【F8】键打开正交模式；绘制长为"500"、宽为"300"的矩形，如左下图。

2 偏移厚度。将矩形边角进行圆角，圆角值为"20"；将其向内偏移复制，偏移值为"20"，如右下图。

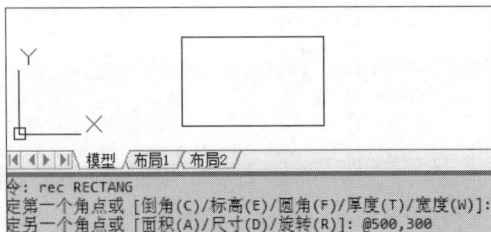

3 绘制直线。沿内侧矩形的对角点绘制一条直线，如左下图。

4 创建文字。使用文字命令创建文字"PC"，将其移动到适当位置，如右下图。

5 绘制立面尺寸。绘制长为"500"、高为"1700"的矩形；作为空调立面尺寸，如左下图。

6 偏移厚度。将矩形各角进行圆角，圆角半径为"20"；将其向内偏移复制，偏移值为"20"，如右下图。

```
命令: rec RECTANG
指定第一个角点或 [倒角(C)/标高(E)/圆角(F)/厚度(T)/宽度(W)]:
指定另一个角点或 [面积(A)/尺寸(D)/旋转(R)]: @500,1700
```

7 绘制直线。沿矩形内框下侧水平线绘制一条直线，向上移动"120"；再向上复制偏移"10"，如左下图。

8 执行阵列命令。选择所绘制的两条直线，输入阵列命令"AR"并确定；输入子命令矩形阵列"R"并确定，如右下图。

```
选择对象: 指定对角点: 找到 2 个
选择对象: 输入阵列类型 [矩形(R)/路径(PA)/极轴(PO)] <矩形>: r
类型 = 矩形 关联 = 是
为项目数指定对角点或 [基点(B)/角度(A)/计数(C)] <计数>:
```

9 输入相关数据。输入子命令计数"C"并确定，输入行数"12"并确定；输入列数"1"并确定，如左下图。

10 完成阵列。输入间距"60"并确定；按空格键结束阵列命令，完成空调下方条纹的绘制，如右下图。

11 绘制空调出风口尺寸。绘制长为"400"、高为"400"的矩形，作为空调的出风口尺寸，并将其移动至适当位置；将矩形圆角"20"，向内复制偏移"10"的距离，如左下图。

12 绘制出风口挡板。绘制两条距离为"10"的直线，使用阵列命令将两条直线创建为"1"列、"6"行的矩形阵列；完成出风口挡板的绘制，如右下图。

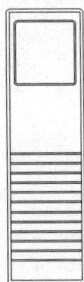

13 绘制空调功能面板。绘制长轴直径为"300"、短轴直径为"100"的椭圆，为空调的功能面板尺寸，如左下图。

14 绘制功能按钮。绘制半径为"10"的圆作为功能按钮，并移动至适当位置；将其复制5个；绘制长为"60"、宽为"30"的矩形作为电源开关按钮，将其移动至适当位置，如右下图。

案例 06 绘制台灯

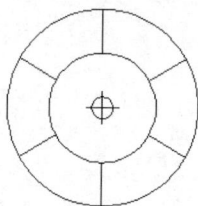

台灯平面图   台灯立面图

为了方便学习，本节相关实例的素材文件、结果文件，以及同步教学文件可以在配套的光盘中查找，具体内容路径如下。

▶▶ **原始素材文件：** 无

▶▶ **最终结果文件：** 光盘\结果文件\第11章\11-2-6.dwg

▶▶ **同步教学文件：** 光盘\多媒体教学文件\第11章\11-2-6.mp4

本例难易度	制作关键	技能与知识要点
★★★★☆	本实例主要绘制台灯的平面图和立面图。首先绘制圆确定台灯平面图的尺寸和厚度，并创建灯泡，使用直线将台灯绘制完整。然后通过矩形确定台灯立面图中灯罩的尺寸，绘制线段创建灯罩细节；最后通过创建样条曲线和直线完成台灯立面图的绘制，并添加文字标注。	• "圆"命令 • "直线"、"样条曲线"命令 • "矩形"命令 • "拉伸"命令 • "偏移"命令 • "镜像"命令 • "文字"命令

1 新建文件。打开程序"AutoCAD 2012"，保存文件名为"11-2-6.dwg"；设置图形单位为"毫米"；按【F8】键打开正交模式；创建半径为"180"的圆，作为台灯外框的尺寸，然后将其向内偏移复制"80"，如左下图。

2 绘制灯泡。以与灯罩相同的圆心绘制半径为"20"的圆，作为台灯的灯泡尺寸，如右下图。

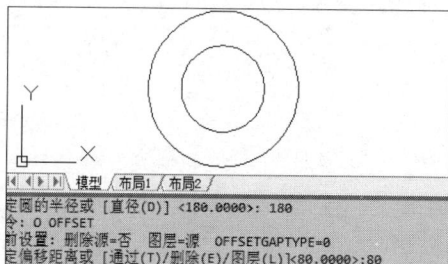

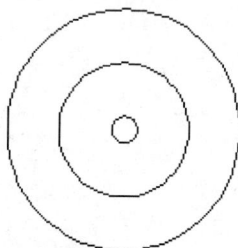

3 完成灯泡的创建。使用直线命令创建灯泡中的直线，将其移动至适当位置，如左下图。

4 绘制灯罩细节。使用直线命令将灯罩的细节绘制出来，完成台灯平面图的绘制，如右下图。

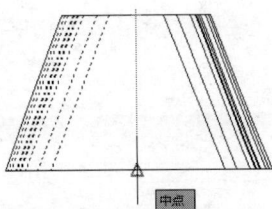

5 创建台灯灯罩立面尺寸。绘制长为"360"、宽为"200"的矩形，作为台灯灯罩的立面尺寸，如左下图。

6 拉伸对象。将矩形上方两个角各向内拉伸"80"，如右下图。

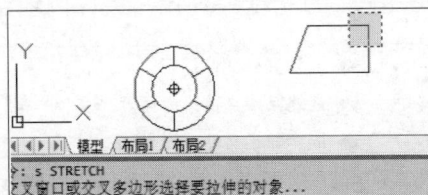

7 创建直线。关闭正交模式，沿灯罩外框左侧线条在灯罩上下水平线之间绘制一条线段，如左下图。

8 复制对象。打开正交模式，使用复制命令，将所绘制的直线依次向右进行复制，如右下图。

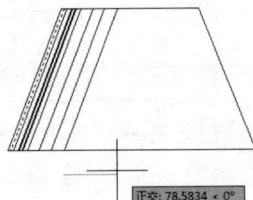

9 镜像左侧细节。全部选择灯罩左侧的线段，使用镜像命令将其镜像复制到右侧，如左下图。

10 创建样条曲线。关闭正交模式，使用样条曲线命令绘制台灯支撑部分左侧的形状，如右下图。

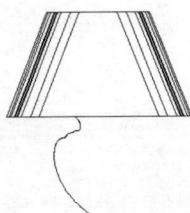

> **大师心得** 　在绘制台灯支撑座时，使用样条曲线绘制主要是方便修改形状；在绘制时，每个有弯曲的地方都必须单击，若绘制完成后效果不理想，可单击选择样条曲线，单击蓝色的夹点进行调整。

11 完成灯罩下方部分的绘制。使用镜像命令将左侧样条曲线镜像复制到右侧，使用直线将细节绘制出来，如左下图。

12 绘制台灯底座。使用样条曲线命令绘制台灯底座形状，如右下图。

13 镜像复制。选择绘制的台灯底座形状，将其镜像复制到右侧，如左下图。

14 完成台灯底座的绘制。在台灯左右两侧的底座线条之间绘制两条距离为"5"的水平线，使用直线绘制底座的第三只脚，如右下图。

15 添加文字。为所绘制的图形添加文字标注，最终完成效果如下图。

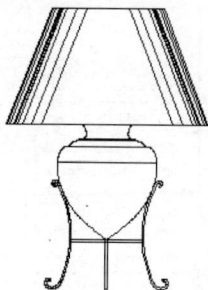

台灯平面图　　　　　台灯立面图

11.3 同步训练——绘制橱具和洁具

本节将把室内装饰设计中最常用的橱具和洁具绘制出来，在AutoCAD中绘制室内装饰图纸时，主是用来作为厨房和卫生间的布置元素。在室内空间中，一般绘制这两类对象的平面图形。

案例 01 绘制燃气灶

燃气灶平面图　　　　　　　　燃气灶立面图

为了方便学习，本节相关实例的素材文件、结果文件，以及同步教学文件可以在配套的光盘中查找，具体内容路径如下。

▶▶ **原始素材文件：** 无
▶▶ **最终结果文件：** 光盘\结果文件\第11章\11-3-1.dwg
▶▶ **同步教学文件：** 光盘\多媒体教学文件\第11章\11-3-1.mp4

本例难易度	制作关键	技能与知识要点
★★★★☆	本实例主要绘制燃气灶的平面图和立面图。首先绘制燃气灶尺寸，接着绘制一侧锅架、炉头和喷嘴，再绘制燃气灶的开关，最后选择对象进行镜像复制，完成燃气灶平面图的绘制。接下来绘制燃气灶主体的立面尺寸，先绘制主体支架，再绘制一侧灶体的炉盘、炉头、锅架等部分内容，最后绘制开关并镜像复制到另一侧，再添加文字标注，完成绘制。	• "多段线"、"直线"命令 • "矩形"命令 • "圆"命令 • "圆角"命令 • "镜像"命令 • "拉伸"命令 • "阵列"命令 • "修剪"命令 • "文字"命令

1 新建文件。打开程序"AutoCAD 2012"，保存文件名为"11-3-1.dwg"；设置图形单位为"毫米"，按【F8】键打开正交；绘制长为"720"、宽为"320"的矩形，如左下图。

2 绘制炉盘尺寸。使用圆命令绘制半径为"120"的炉盘外框，如右下图。

```
令: rec RECTANG
定第一个角点或 [倒角(C)/标高(E)/圆角(F)/厚度(T)/宽度(W)]:
定另一个角点或 [面积(A)/尺寸(D)/旋转(R)]: @720,320
```

3 偏移对象。将圆向内依次偏移复制，偏移值依次为"10"、"20"、"50"、"20"，如左下图。

4 绘制锅架。激活多段线命令，输入子命令宽度"W"并确定；输入起点宽度"20"并确定，鼠标向上移，输入端点宽度"5"并确定；按空格键结束多段线命令，如右下图。

```
定下一个点或 [圆弧(A)/半宽(H)/长度(L)/放弃(U)/宽度(W)]: w
定起点宽度 <0.0000>: 20
定端点宽度 <20.0000>: 5
```

大师心得 　　在使用多段线中的宽度命令时，若起点宽度和端点宽度相同，则绘制出来的线段为粗实线；若一端数值大于0，一端数值等于0，则绘制出的图形为箭头；若两端的宽度都大于0但不相等，则可以根据需要绘制各种图形。

5 阵列锅架。选择所绘制的锅架，激活阵列命令，输入子命令极轴"PO"并确定，单击圆心指定为阵列中心点，如左下图。

6 完成阵列。输入项目数"5"并确定，输入阵列角度"360"并确定；按空格键结束阵列命令，如右下图。

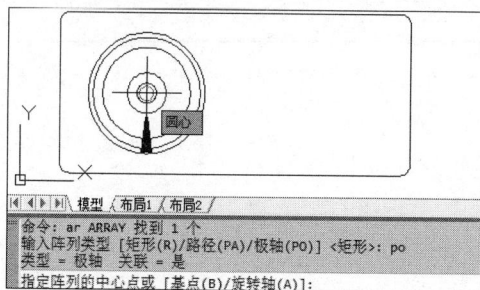

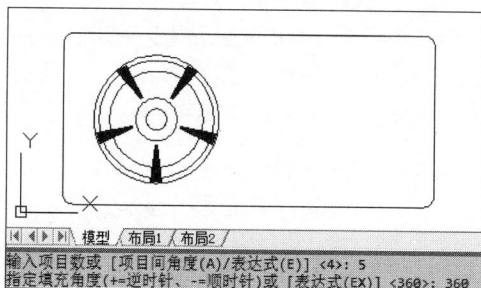

```
命令: ar ARRAY 找到 1 个
输入阵列类型 [矩形(R)/路径(PA)/极轴(PO)] <矩形>: po
类型 = 极轴 关联 = 是
指定阵列的中心点或 [基点(B)/旋转轴(A)]:
```

```
输入项目数或 [项目间角度(A)/表达式(E)] <4>: 5
指定填充角度(+=逆时针、-=顺时针)或 [表达式(EX)] <360>: 360
```

7 绘制炉头：使用多段线绘制炉头，使用极轴阵列命令将炉头以圆心为阵列中心点阵列3个，如左下图。

8 绘制开关底座。绘制长为"50"、宽为"10"的矩形，将下方两个角各圆角"5"，移动至适当位置，如右下图。

9 绘制开关形状。绘制长为"15"、高为"30"的矩形，将下方两个角各圆角"5"，移动至适当位置，如左下图。

10 镜像对象。选择左侧的炉灶和开关，使用镜像命令将其镜像复制到右侧，完成燃气灶平面图的绘制，如右下图。

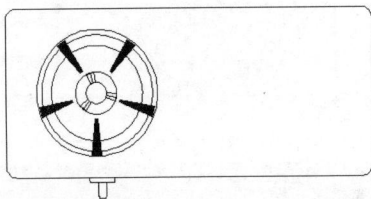

11 绘制燃气灶立面尺寸。绘制长为"720"、高为"80"的矩形，作为燃气灶立面尺寸，如左下图。

12 绘制支架。绘制长为"20"、高为"15"的矩形，作为燃气灶主体部分的支架；将其移动到适当位置并镜像复制，如右下图。

13 绘制炉盘。绘制长为"200"、高为"5"的矩形，作为燃气灶的炉盘尺寸，移动至适当位置，如左下图。

14 绘制矩形。绘制长为"5"、高为"10"的矩形，如右下图。

⑮ 绘制正面锅架。绘制长为"30"、高为"10"的矩形；将一侧向下拉伸"5"，移动至适当位置，如左下图。

⑯ 绘制侧面锅架。绘制长为"40"、高为"10"的矩形，将一侧向下拉伸"5"，移动至适当位置，如右下图。

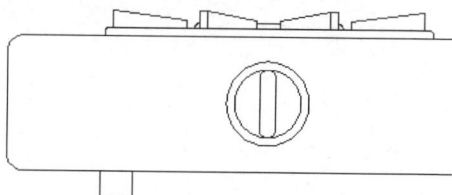

⑰ 镜像复制锅架。选择已绘制的左侧两个锅架，使用镜像命令将其镜像复制到炉盘右侧，如左下图。

⑱ 绘制开关底座尺寸。绘制半径为"25"的圆，作为左侧灶台开关底座的外框尺寸，如右下图。

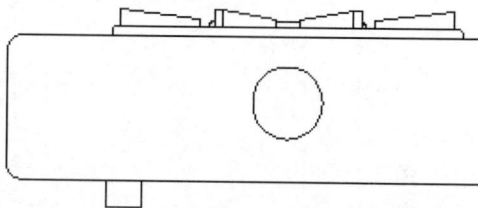

> **大师心得** 此处绘制的锅架形状不同，是因为根据投影关系，所看到对象的面不同；在将实物用图形表达出来时，必须遵循"所见即所得"的原则。

⑲ 绘制开关细节。将圆向内偏移"5"，作为开关底座的厚度；使用矩形命令绘制长为"10"、宽为"40"的矩形，将四个角依次圆角"5"，将其移动至适当位置，如左下图。

⑳ 镜像对象。选择燃气灶左侧炉盘中的对象以及开关，将其镜像复制到燃气灶右侧，完成燃气灶立面图的绘制，如右下图。

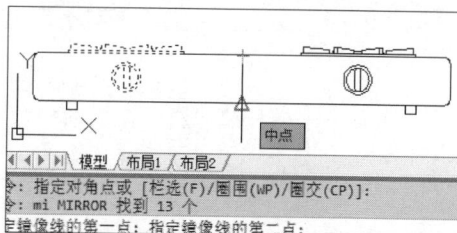

21 完成效果。给绘制完成的图形添加文字标注，完成效果如下图。

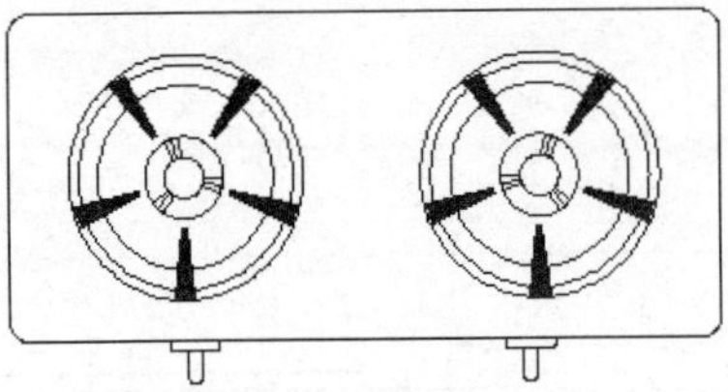

燃气灶平面图 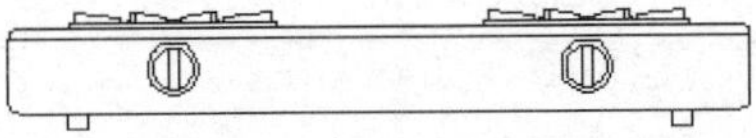　　　　　　　　　　　　燃气灶立面图

案例 02　绘制洗菜盆

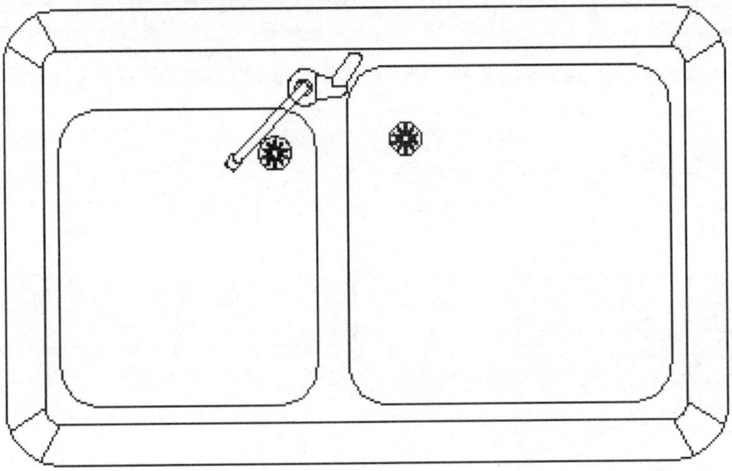

　　为了方便学习，本节相关实例的素材文件、结果文件，以及同步教学文件可以在配套的光盘中查找，具体内容路径如下。

▶▶ **原始素材文件：**无

▶▶ **最终结果文件：**光盘\结果文件\第11章\11-3-2.dwg

▶▶ **同步教学文件：**光盘\多媒体教学文件\第11章\11-3-2.mp4

本例难易度	制作关键	技能与知识要点
★★★☆☆	本实例主要绘制洗菜盆的平面图。首先绘制洗菜盆的主体尺寸，接着绘制两侧的盆体及水漏；最后使用圆、矩形、多段线等命令将水龙头和开关绘制出来，完成洗菜盆平面图的绘制。	• "多段线"、"直线"命令 • "圆"、"椭圆"命令 • "矩形"命令 • "拉伸"命令 • "阵列"命令 • "修剪"命令

1 新建文件。打开程序"AutoCAD 2012"，保存文件名为"11-3-2.dwg"；设置图形单位为"毫米"，按【F8】键打开正交；绘制长为"800"、宽为"450"的矩形，如左下图。

2 绘制矩形。使用矩形命令绘制长为"320"、宽为"360"的矩形并移动到适当位置，将各角圆角"20"，如右下图。

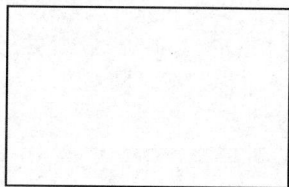

3 绘制并圆角矩形。绘制长为"400"、宽为"410"的矩形，将其移动至适当位置；使用圆角命令将各角圆角"50"，如左下图。

4 绘制水漏。绘制半径为"20"的圆，将其移动至适当位置，作为一侧水槽的水漏，如右下图。

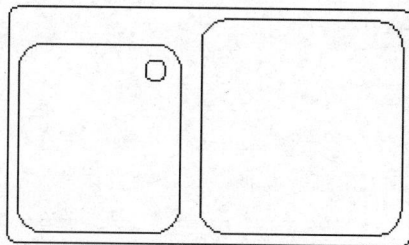

5 绘制水漏细节。绘制一个椭圆并移动至适当位置，使用极轴阵列命令将这个椭圆阵列10个；使用复制命令将左侧的水漏复制并移动到右侧水槽中；绘制半径为"22"的圆作为水龙头底座，如左下图。

6 绘制矩形。使用矩形命令绘制长为"40"、宽为"30"的矩形并移动到适当位置，将右侧两个角向中间各拉伸"5"，如右下图。

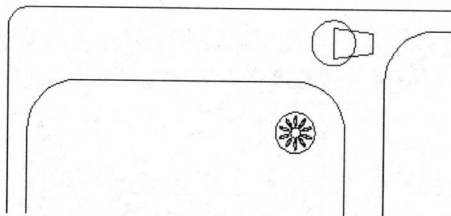

令: c CIRCLE 指定圆的圆心或 [三点(3P)/两点(2P)/切点、切点、半径(T)]:
定圆的半径或 [直径(D)] <20.0000>: 22

7 圆角开关的旋转轴。使用圆角命令将矩形右侧两个角进行圆角，圆角半径为"10"，如左下图。

8 绘制矩形。使用矩形命令绘制长为"20"、宽为"40"的矩形并移动到适当位置，激活拉伸命令，从右向左框选矩形上方，如右下图。

9 绘制开关扳手。确定所选，单击空白处指定为基点，鼠标向右移动输入"20"并确定；绘制一条垂直线，将矩形多余部分修剪掉，如左下图。

10 圆角矩形扳手。使用圆角命令将矩形上方两个角进行圆角，圆角值为"5"；在适当位置绘制一个半径为"10"的圆，如右下图。

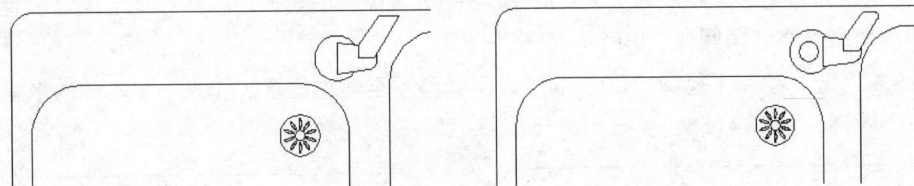

11 绘制水龙头。绘制长为"120"、圆弧长为"12"的闭合多段线为水龙头主体，如左下图。

12 绘制水龙头喷头。绘制长为"15"、宽为"20"的矩形，将其移动到适当位置；将右侧两个角进行圆角，圆角半径为"5"，如右下图。

13 移动对象。使用旋转命令将喷头旋转到与水龙头同一角度，将其移动到适当位置，如左下图。

14 绘制外沿。使用偏移命令将洗菜盆外框向外偏移"50"，在各个角使用直线绘制细节，最终完成效果如右下图。

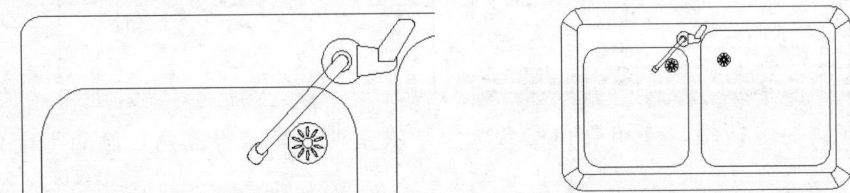

ℹ️ 知识链接——洗菜盆

> 常用洗菜盆有双盆和单盆。双盆的长度在700~850mm之间，宽度在400~500mm之间。

案例 03 绘制浴缸

浴缸平面图　　　　　　　　　　　浴缸立面图

为了方便学习，本节相关实例的素材文件、结果文件，以及同步教学文件可以在配套的光盘中查找，具体内容路径如下。

▶▶ **原始素材文件：**无
▶▶ **最终结果文件：**光盘\结果文件\第11章\11-3-3.dwg
▶▶ **同步教学文件：**光盘\多媒体教学文件\第11章\11-3-3.mp4

本例难易度	制作关键	技能与知识要点
★★★☆☆	本实例主要绘制浴缸平面图和立面图。首先绘制浴缸外沿和内沿尺寸，接着绘制水漏和水龙头，完成浴缸平面图的绘制。然后绘制浴缸侧立面图的内沿和外沿尺寸，最后绘制立面水龙头，添加文字标注后完成浴缸的绘制。	• "多段线"命令 • "矩形"命令 • "圆弧"命令 • "圆角"命令 • "修剪"命令 • "文字"命令

1 新建文件。打开程序"AutoCAD 2012"，保存文件名为"11-3-3.dwg"；设置图形单位为"毫米"，按【F8】键打开正交，绘制长为"1700"、宽为"800"的矩形，如左下图。

2 圆角浴缸一侧。绘制长为"1550"、宽为"700"的矩形并移动到适当位置，将矩形左侧两个角进行圆角，圆角半径为"100"，如右下图。

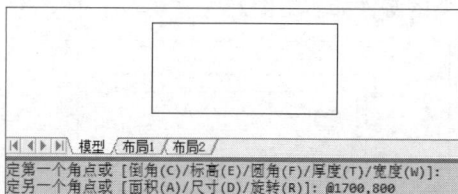

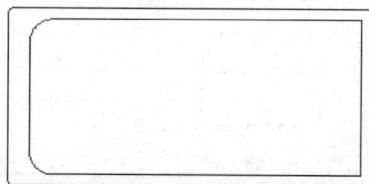

```
定第一个角点或 [倒角(C)/标高(E)/圆角(F)/厚度(T)/宽度(W)]:
定另一个角点或 [面积(A)/尺寸(D)/旋转(R)]: @1700,800
```

3 圆角浴缸的另一侧。将浴缸内沿右侧的两个角进行圆角，圆角半径为"300"，如左下图。

4 绘制圆。将矩形向内偏移"20"，在适当位置绘制半径为"20"的圆，向外偏移"10"，如右下图。

5 绘制开关底座。绘制半径为"30"的圆，移动到适当位置，如左下图。

6 绘制水龙头开关。绘制长为"150"、宽为"50"的矩形；使用移动命令将其左侧垂直线中点与开关底座的圆心对齐，右下图。

7 绘制开关形状。将水龙头开关右上角向下拉伸"10"，右下角向上拉伸"10"，如左下图。

8 圆角矩形。将矩形右侧两个角进行圆角，圆角半径为"15"；将矩形左侧两个角圆角，圆角半径为"5"；将开关把手内的多余线段修剪掉，如右下图。

9 绘制浴缸侧立面尺寸。绘制长为"1700"、宽为"50"的矩形，为浴缸上方边的尺寸；绘制长为"1600"、宽为"400"的矩形，为浴缸主体的侧立面尺寸；将对象移动到适当位置，如左下图。

10 绘制边角形状。将上方矩形的左上角进行圆角，圆角半径为"50"；以上方矩形和下方矩形的左侧交点为圆心，绘制半径为"50"的圆，如右下图。

⑪ 移动对象。激活移动命令，单击圆上方的象限点作为移动基点，单击浴缸上方矩形左下角作为移动到的点，完成移动命令，如左下图。

⑫ 修剪对象。使用修剪命令将圆的相应部分修剪掉，如右下图。

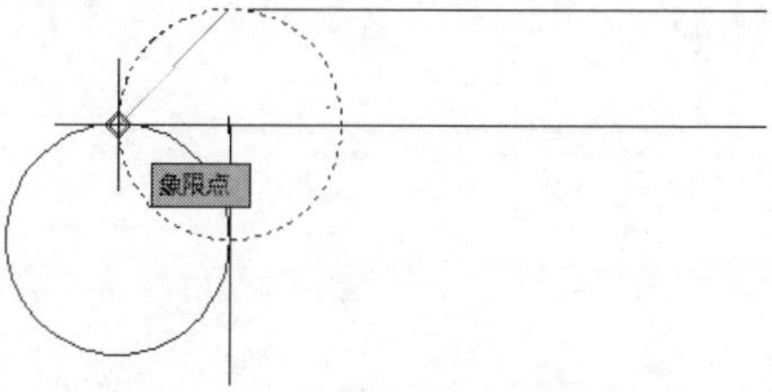

象限点

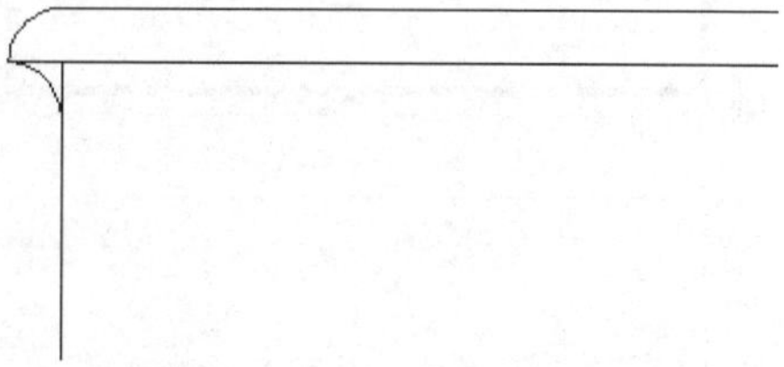

⑬ 修剪其他部分。使用修剪命令将浴缸中多余的线段修剪掉，如左下图。

⑭ 完成右侧边角绘制。使用镜像命令将左侧的圆弧镜像复制到右侧，将浴缸中多余的线段修剪掉，如右下图。

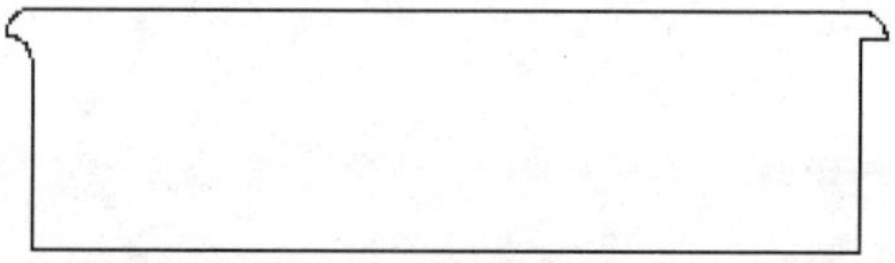

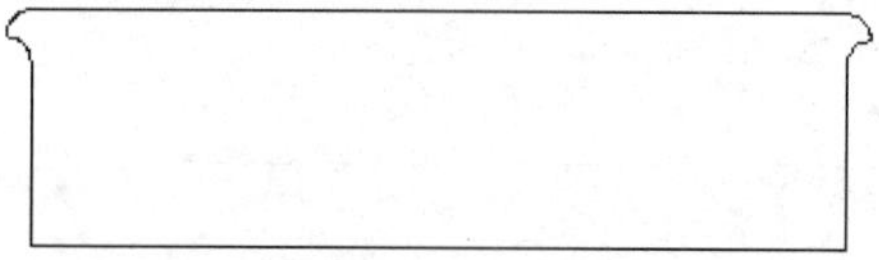

> **大师心得** 　在此处将圆弧线作为修剪界线删除多余对象，主要注意被修剪对象是由两个矩形组成的；如果要删除重合在一起的对象时，输入修剪命令"TR"，按空格键两次，再单击需要修剪对象的部分即可将其修剪。

⑮ 确定多段线宽度。激活多段线命令，单击指定起点，输入子命令宽度"W"并确定；输入起点宽度"20"并确定，输入端点宽度"20"并确定，如左下图。

⑯ 绘制多段线。鼠标向下移，输入至下一点的距离"400"并确定；鼠标向右移，输入至下一点的距离"1500"并确定；鼠标向上移，输入至下一点的距离"400"并确定；按空格键结束多段线命令，如右下图。

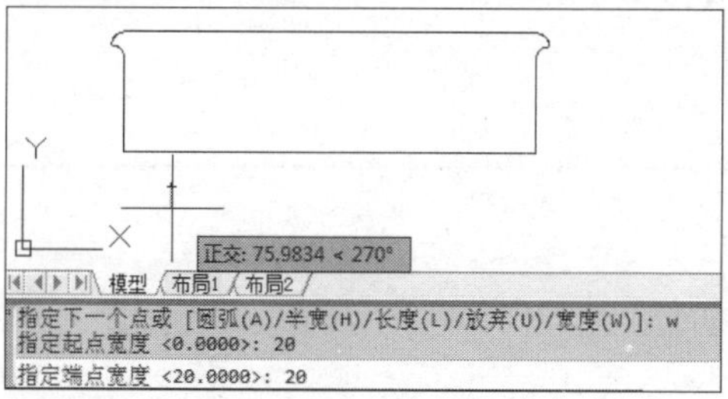

正交: 75.9834 < 270°

模型　布局1　布局2

```
指定下一个点或 [圆弧(A)/半宽(H)/长度(L)/放弃(U)/宽度(W)]: w
指定起点宽度 <0.0000>: 20
指定端点宽度 <20.0000>: 20
```

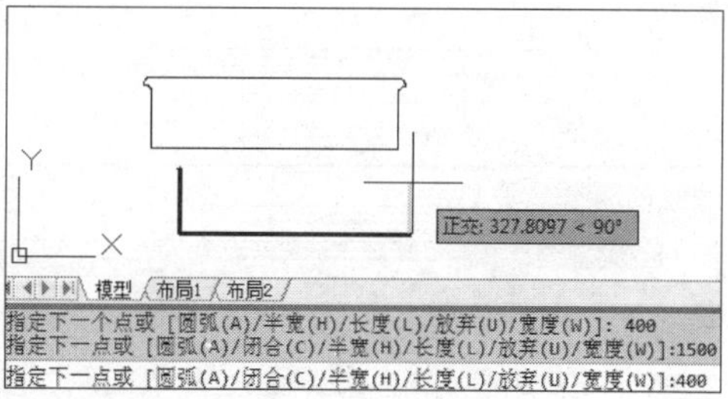

正交: 327.8097 < 90°

模型　布局1　布局2

```
指定下一个点或 [圆弧(A)/半宽(H)/长度(L)/放弃(U)/宽度(W)]: 400
指定下一个点或 [圆弧(A)/闭合(C)/半宽(H)/长度(L)/放弃(U)/宽度(W)]:1500
指定下一个点或 [圆弧(A)/闭合(C)/半宽(H)/长度(L)/放弃(U)/宽度(W)]:400
```

⑰ 移动对象。将使用多段线绘制的浴缸内框线移动到适当位置，如左下图。

18 移动对象的夹点。使用移动命令将浴缸内框线的右下角夹点向左侧移动"200"，如右下图。

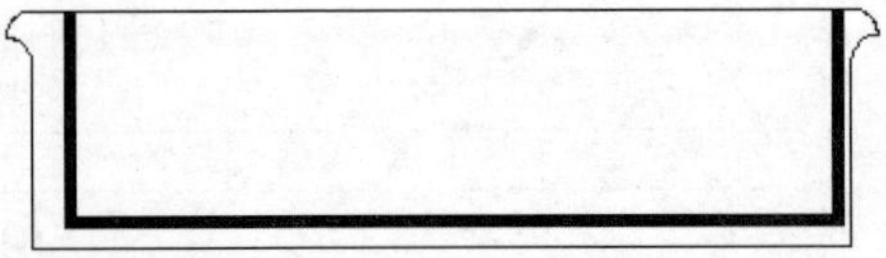

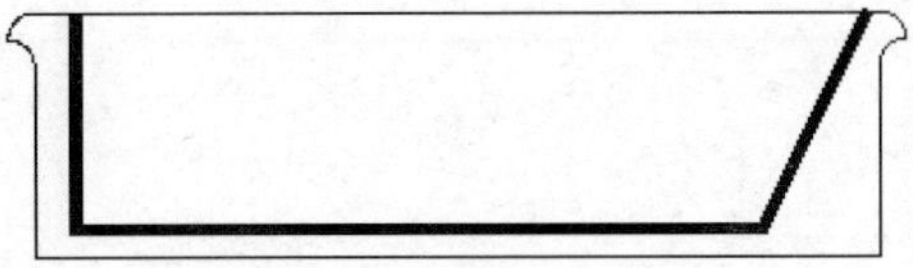

> **大师心得** 在此处移动对象某部分的距离时，如果使用拉伸命令移动右下角的距离，会因为两条线过于接近而不便操作；所以直接使用移动夹点的方式来改变对象某部分的位置，以达到改变对象形状的目的。

19 圆角对象。使用圆角命令将浴缸内框线的右下角进行圆角，圆角半径为"200"，如左下图。

20 绘制矩形。使用矩形命令和圆角命令绘制水龙头开关立面图，使用修剪命令将多余线段修剪掉，如右下图。

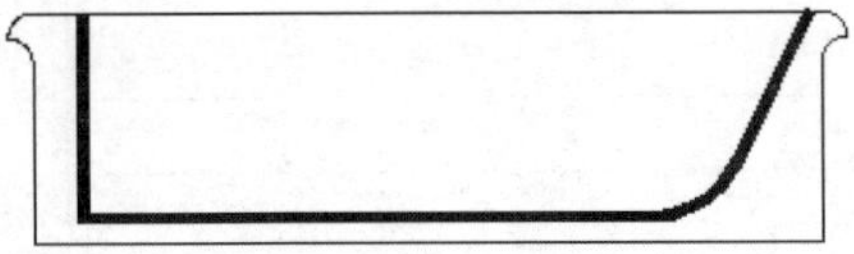

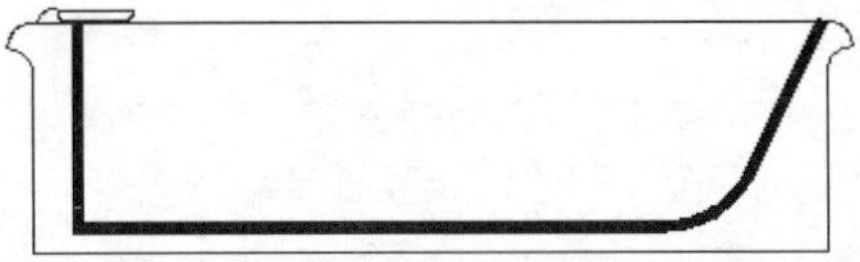

21 完成效果。对浴缸平面图和立面图的细节进行完善，最后添加文字标注，完成效果如下图。

浴缸平面图 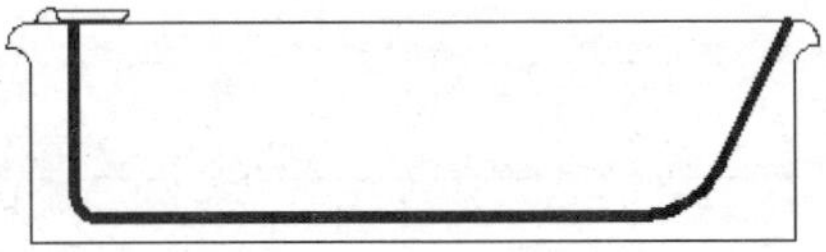　　　　　　　　　　　　　浴缸立面图

知识链接——安装浴缸的注意事项

在安装浴缸之前，一定要做好浴缸与墙面的防水处理。在安装浴缸时，要注意以下几点。

浴缸与墙面间略有空隙，要沿墙砌砖填没空隙，砖的上平面低于浴缸上口两厘米左右，以便最后贴瓷砖。

卫生间的瓷砖在浴缸安装后再铺贴。若墙面做好后再安装浴缸，安装时要敲掉缸口以下，即凿槽，便于将浴缸上口嵌进去，最后再进行修整，可防止浴缸在使用时上口渗漏水。

案例 **04** 绘制淋浴房

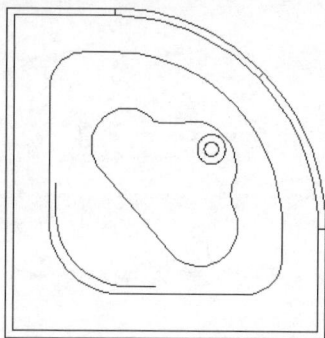

为了方便学习，本节相关实例的素材文件、结果文件，以及同步教学文件可以在配套的光盘中查找，具体内容路径如下。

▶▶ **原始素材文件：** 无

▶▶ **最终结果文件：** 光盘\结果文件\第11章\11-3-4.dwg

▶▶ **同步教学文件：** 光盘\多媒体教学文件\第11章\11-3-4.mp4

本例难易度	制作关键	技能与知识要点
★★★☆☆	本实例主要绘制两个不同款式的淋浴房平面图。首先绘制淋浴房的外框尺寸，接着绘制淋浴房的门洞尺寸，然后绘制淋浴房的花洒，最后将细节进行补充，完成淋浴房的绘制。	• "矩形"命令 • "圆"命令 • "直线"、"弧线"、"多段线"命令 • "倒角"、"圆角"命令 • "偏移"命令 • "阵列"命令

1 新建文件。打开程序"AutoCAD 2012"，保存文件名为"11-3-4.dwg"；设置图形单位为"毫米"，按【F8】键打开正交；绘制长为"900"、宽为"900"的矩形，如左下图。

2 激活倒角命令。激活倒角命令，将两个倒角距离都设置为"450"，如右下图。

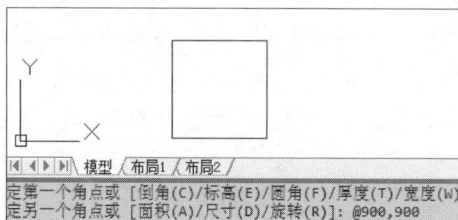

3 倒角对象。单击需要倒角的第一个对象，如左下图。

4 倒角第二个对象。单击需要倒角的第二个对象，完成对象的倒角，如右下图。

指定 第二个 倒角距离 <150.0000>: 450
择第一条直线或 [放弃(U)/多段线(P)/距离(D)/角度(A)/修剪(T)/

450 指定 第二个 倒角距离 <450.0000>: 450
选择第一条直线或 [放弃(U)/多段线(P)/距离(D)/角度(A)/修剪(T)/方式
选择第二条直线，或按住 Shift 键选择直线以应用角点或 [距离(D)/角

5 创建圆。绘制半径为"20"的圆，将其移动到淋浴房左下角的适当位置，如左下图。

6 创建阵列。使用直线命令在适当位置创建垂直线；选择垂直线，激活阵列命令，输入极轴命令并确定，选择如右下图。

命令: c CIRCLE 指定圆的圆心或 [三点(3P)/两点(2P)/
指定圆的半径或 [直径(D)] <50.0000>: 50

命令: ar ARRAY
选择对象: 找到 1 个
选择对象: 输入阵列类型 [矩形(R)/路径(PA)/极轴(PO)] <极轴>: po

7 输入阵列数目。单击圆心为极轴阵列的中心点，输入阵列项目数"6"并确定，如左下图。

8 输入角度。输入阵列角度"-90"并确定，如右下图。

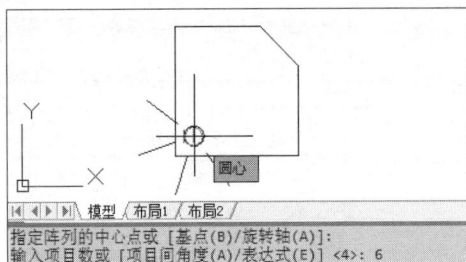

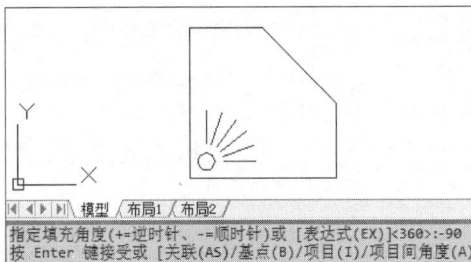

指定阵列的中心点或 [基点(B)/旋转轴(A)]:
输入项目数或 [项目间角度(A)/表达式(E)] <4>: 6

指定填充角度(+=逆时针、-=顺时针)或 [表达式(EX)]<360>:-90
按 Enter 键接受或 [关联(AS)/基点(B)/项目(I)/项目间角度(A)

9 创建淋浴房厚度。使用偏移命令将沐浴房外框向内偏移"20"作为淋浴房的厚度，完成淋浴房的绘制，如左下图。

10 绘制矩形。使用矩形命令绘制长为"900"、宽为"900"的矩形并移动到适当位置，如右下图。

```
指定第一个角点或 [倒角(C)/标高(E)/圆角(F)/厚度(T)/宽度(W)]:
指定另一个角点或 [面积(A)/尺寸(D)/旋转(R)]: @900,900
```

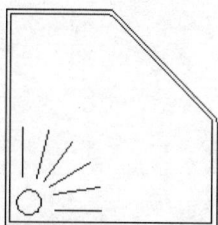

⓫ 圆角对象。对矩形右上角进行圆角，圆角半径为"600"，如左下图。

⓬ 偏移复制对象。将圆角后的矩形向内进行偏移复制，偏移值依次为"20"、"100"，如右下图。

```
选择第一个对象或 [放弃(U)/多段线(P)/半径(R)/修剪(T)/多个(M)]:
└ 指定圆角半径 <50.0000>: 600
```

⓭ 圆角对象。对最内侧的偏移矩形进行圆角，左上角和右下角的圆角半径为"100"；左下角的圆角半径为"200"，完成圆角后将对象向内偏移"20"；最后修剪多余线段，如左下图。

⓮ 绘制图纹。使用多段线命令绘制相应的图纹，效果如右下图。

⓯ 绘制细节。使用圆绘制灯，使用直线绘制门；完善细节后淋浴房的平面图绘制完成，效果如下图。

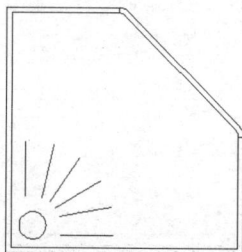

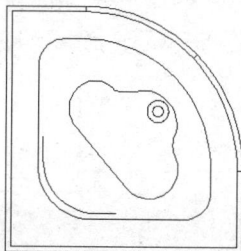

案例 05　绘制蹲便器

　　为了方便学习，本节相关实例的素材文件、结果文件，以及同步教学文件可以在配套的光盘中查找，具体内容路径如下。

▶▶ **原始素材文件：** 无

▶▶ **最终结果文件：** 光盘\结果文件\第11章\11-3-5.dwg

▶▶ **同步教学文件：** 光盘\多媒体教学文件\第11章\11-3-5.mp4

本例难易度	制作关键	技能与知识要点
★★★☆☆	本实例主要绘制两种常用款式的蹲便器。首先绘制第一种蹲便器的主体尺寸，接着绘制两侧脚踏区域，然后将各细节部分进行完善。最后完成另一种款式的蹲便器平面图绘制。	• "矩形"命令 • "直线"、"圆"命令 • "偏移"命令 • "拉伸"命令 • "镜像"命令 • "阵列"命令

1 新建文件。打开程序"AutoCAD 2012"，保存文件名为"11-3-5.dwg"；设置图形单位为"毫米"，按【F8】键打开正交；绘制长为"600"、宽为"300"的矩形，如左下图。

2 绘制蹲便外框。将矩形向内偏移"20"，将最外侧的矩形4个角都进行圆角，圆角半径为"50"；对内侧的矩形右侧两个角进行圆角，圆角半径为"50"，如右下图。

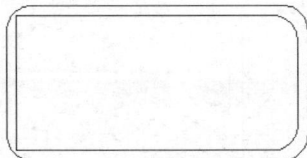

3 圆角便盆一侧。将对象内侧矩形左方的两个角进行圆角，圆角半径值为"120"，如左下图。

4 绘制并移动矩形。绘制长为"400"、宽为"100"的矩形；将其移动到适当位置，如右下图。

5 拉伸对象。将矩形上方两个角向其中间位置拉伸，拉伸距离为"50"，如左下图。

6 圆角矩形。将矩形上方两个角进行圆角，圆角半径为"150"；在圆角矩形内绘制一条垂直线，如右下图。

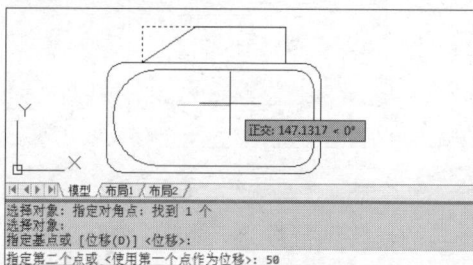

7 阵列直线。激活阵列命令，选择矩形阵列后输入子命令计数"C"并确定；设阵列行数为"1"并确定，阵列列数为"6"并确定，单击矩形左侧圆角处确定阵列间距，完成矩形阵列，如左下图。

8 镜像脚踏区域。使用镜像命令将上方对象镜像复制到下方，如右下图。

> **大师心得** 在矩形阵列中，必须确定阵列间距才能完成阵列命令；此处没有给定具体阵列数值，而是单击矩形的一侧，即是指阵列间距在400以内。

9 绘制下水口。使用圆命令绘制半径为"50"的下水口，向内偏移"20"，如左下图。

10 绘制矩形。绘制长为"600"，宽为"400"的矩形并移动到适当位置，如右下图。

```
命令: rec RECTANG
指定第一个角点或 [倒角(C)/标高(E)/圆角(F)/厚度(T)/宽度(W)]:
指定另一个角点或 [面积(A)/尺寸(D)/旋转(R)]: @600,400
```

11 绘制便盆尺寸。将矩形各角进行圆角，圆角半径为"50"；绘制长为"490"、宽为"240"的矩形作为便盆，并移动到适当位置，如左下图。

12 圆角矩形。将矩形各角进行圆角，右侧两个角的圆角半径为"70"；左侧两个角的圆角半径为"120"，如右下图。

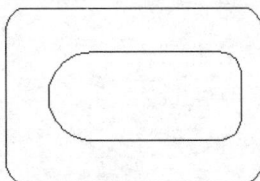

13 绘制直线。将便盆向内偏移"20"，在适当位置绘制一条垂直线，如左下图。

14 阵列直线。使用矩形阵列命令将直线进行阵列，阵列行数为"1"，阵列列数为"8"，阵列间距为"320"，如右下图。

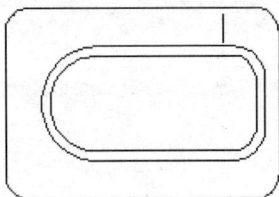

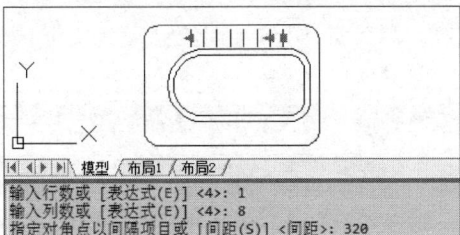

```
输入行数或 [表达式(E)] <4>: 1
输入列数或 [表达式(E)] <4>: 8
指定对角点以间隔项目或 [间距(S)] <间距>: 320
```

15 镜像对象。将上方的阵列对象镜像复制到下方，如左下图。

16 绘制下水口。绘制半径为"50"的圆，向内偏移"20"；将其移动到适当位置作为蹲便器下水口，完成蹲便器平面图的绘制，如右下图。

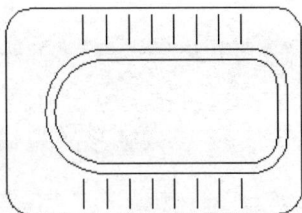

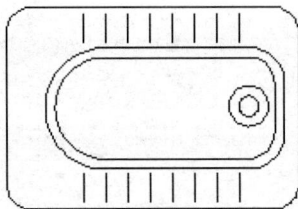

> ℹ️ 知识链接——蹲便器的内容
>
> 蹲便器是指使用时以人体取蹲式为特点的便器。
>
> 蹲便器分为无遮挡和有遮挡。
>
> 蹲便器结构有返水弯和无返水弯。
>
> 蹲便器的尺寸：长为400~500mm；宽为200~350mm；高为200~250mm。

11.4 同步训练——绘制盆景

本节主要是绘制室内装饰设计中的绿化元素。在AutoCAD中绘制室内装饰图纸时，无论是平面图的绘制还是立面图的绘制，植物、盆景等对象都是使图形更完整、美观的重要元素，同时也是实际操作中必须使用的软设计装饰方法。

案例 01 绘制盆景平面图

为了方便学习，本节相关实例的素材文件、结果文件，以及同步教学文件可以在配套的光盘中查找，具体内容路径如下。

➡️ **原始素材文件**：无

➡️ **最终结果文件**：光盘\结果文件\第11章\11-4-1.dwg

➡️ **同步教学文件**：光盘\多媒体教学文件\第11章\11-4-1.mp4

本例难易度	制作关键	技能与知识要点
★★★☆☆	本实例主要绘制室内装饰设计中常用的几种盆景平面图，首先绘制植物的一部分，接着使用阵列命令将其绘制完整，然后绘制花盆，最后将多余部分进行修剪完善，完成盆景平面图的绘制。	• "多段线"、"直线"、"弧线"命令 • "圆"命令 • "阵列"命令 • "镜像"命令 • "修剪"命令 • "分解"命令

1 新建文件。打开程序"AutoCAD 2012"，保存文件名为"11-4-1.dwg"；设置图形单位为"毫米"；使用圆弧绘制两条弧线组成叶子的形状，如左下图。

2 激活阵列命令。选择所绘制的椭圆，激活阵列命令，选择子命令极轴"PO"并确定，单击叶子的角点指定为阵列的中心点，如右下图。

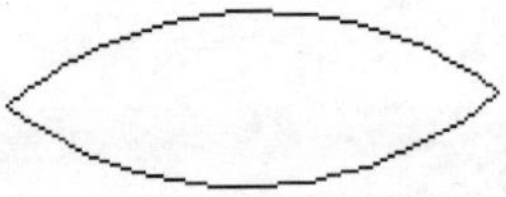

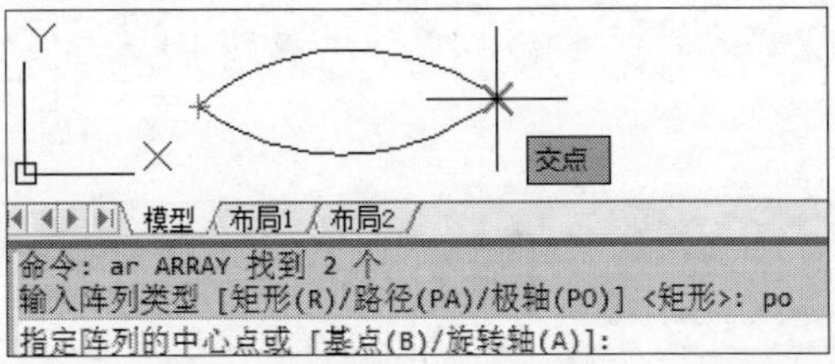

3 阵列对象。输入阵列数目"20"并确定，输入阵列角度"360"并确定，按空格键结束阵列命令，如左下图。

4 绘制花盆。使用圆命令绘制花盆大小，使用偏移命令向内偏移"50"，作为花盆的边沿宽度，如右下图。

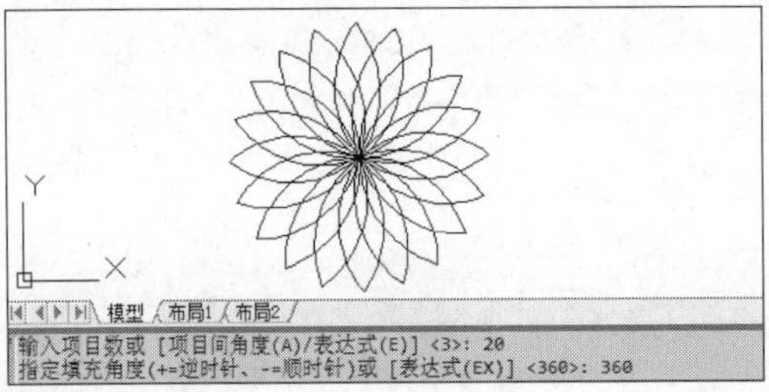

5 修剪对象。使用修剪命令将多余的线段删除，完成盆景1的绘制，如左下图。

6 绘制叶子。使用圆弧命令绘制两条弧线组成叶子的形状，激活极轴阵列命令，单击弧线的交点指定为阵列的中心点，如右下图。

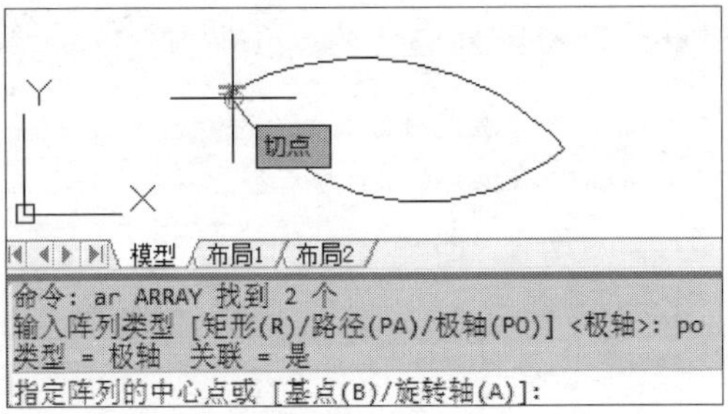

7 阵列叶子。设置极轴阵列数目为"6"，设置极轴阵列角度为"20"，按空格键结束极轴阵列命令，如左下图。

8 分解对象。选择阵列对象，输入分解命令"X"并确定，阵列对象即被分解为独立个体，如右下图。

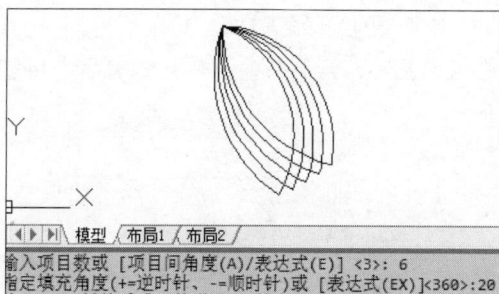

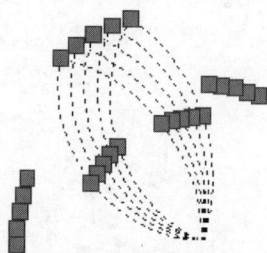

```
输入项目数或 [项目间角度(A)/表达式(E)] <3>: 6
指定填充角度(+=逆时针、-=顺时针)或 [表达式(EX)]<360>:20
```

大师
心得　　　　在使用极轴阵列时，阵列的数目和填充角度决定了最终效果，有时是一个完整的对象，有时是为了完成对象某部分的绘制。在具体操作中，也可以将几种阵列命令交替综合运用。

　　　在阵列对象后，阵列对象即成为一个完整的对象。如果需要编辑对象，必须将阵列对象打散再进行操作。

⑨ 修剪对象。将多余线段使用修剪命令修剪掉，如左下图。

⑩ 执行阵列命令。选择当前修剪过的对象，使用极轴阵列命令进行阵列，单击各对象的交点作为阵列的中心点，如右下图。

```
选择对象: 指定对角点: 找到 10 个
选择对象: 输入阵列类型 [矩形(R)/路径(PA)/极轴(PO)]<极轴>: po
类型 = 极轴  关联 = 是
指定阵列的中心点或 [基点(B)/旋转轴(A)]:
```

⑪ 设置阵列参数。设置对象的阵列数目为"6"，阵列角度为"360"，完成对象的阵列，如左下图。

⑫ 确定修剪界限。激活修剪命令后，依次单击确定对象的修剪界限，如右下图。

```
指定阵列的中心点或 [基点(B)/旋转轴(A)]:
输入项目数或 [项目间角度(A)/表达式(E)] <4>: 6
指定填充角度(+=逆时针、-=顺时针)或 [表达式(EX)]<360>:360
```

⓭ 修剪对象。依次单击需要修剪的对象线段，将多余的线段修剪掉，如左下图。

⓮ 绘制花盆。使用圆命令以阵列对象的中心点为圆心，绘制花盆；使用修剪命令将多余的线段修剪掉，完成盆景2的绘制，如右下图。

⓯ 绘制直线。绘制一条垂直线，关闭正交模式，在垂直线左侧绘制斜线，依次向上绘制一条稍短的斜线，如左下图。

⓰ 绘制左侧直线。依次向上绘制比上一条稍短的斜线，在垂直线的上端绘制一条短垂直线，如右下图。

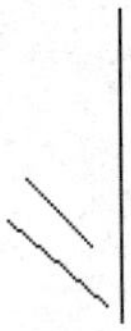

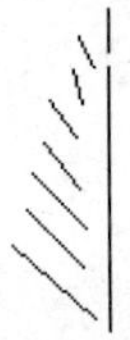

⓱ 绘制右侧直线。从下向上依次绘制从长到短的斜线，如左下图。

⓲ 绘制下一个对象。使用同样的方法绘制下一个对象，如右下图。

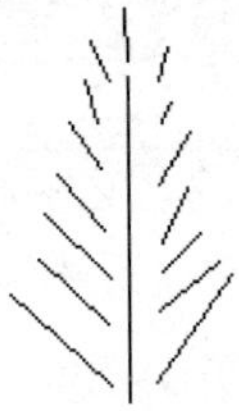

⓳ 继续绘制对象。使用同样的方法继续绘制下一个对象，如左下图。

⓴ 补充绘制完整。使用同样的方法绘制余下的叶子，将盆景植物补充细节绘制完整，如右下图。

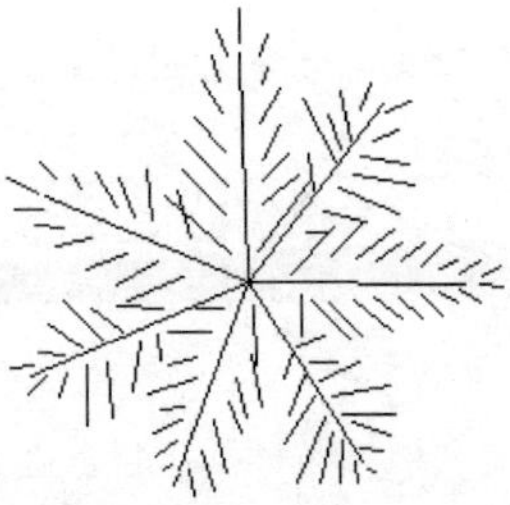

21 绘制花盆。使用圆绘制一个花盆，向内偏移"50"作为花盆外沿；将多余对象修剪掉，如左下图。

22 绘制盆景叶子。使用样条曲线命令绘制叶子，如右下图。

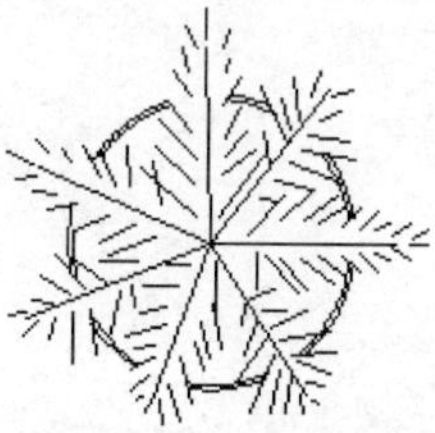

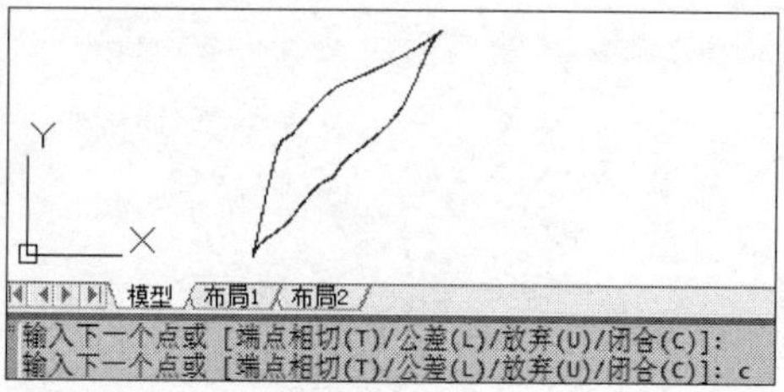

```
模型 布局1 布局2
输入下一个点或 [端点相切(T)/公差(L)/放弃(U)/闭合(C)]:
输入下一个点或 [端点相切(T)/公差(L)/放弃(U)/闭合(C)]: c
```

23 绘制叶脉。绘制叶子的主叶脉，如左下图。

24 绘制叶子纹路。使用弧线命令绘制叶片中的纹路，如右下图。

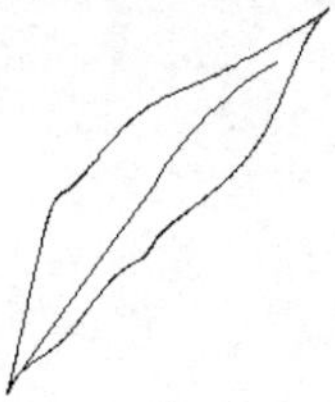

25 绘制第二片叶子。使用样条曲线命令绘制第二片叶子及叶脉，如左下图。

26 绘制第三片叶子。使用样条曲线命令绘制第三片叶子及叶脉，并排列到适当位置，如右下图。

27 绘制余下的叶子。使用样条曲线命令，将其他叶子及叶脉绘制完成，并依次排列，如左下图。

28 绘制花盆。使用圆命令绘制花盆尺寸，向内偏移"50"作为花盆边的厚度；使用修剪命令将多余的线段修剪掉，完成效果如右下图。

> **大师心得**　在使用样条曲线绘制图形时，可以设置样条曲线是闭合或开放的。绘制完成后，单击此样条曲线，即在样条曲线一端出现此下拉按钮▼；在此下拉按钮上单击左键，即出现 ✓ □□□□□□ 选项。选择拟合点或控制点可以对选择的样条曲线进行调整。

㉙ 绘制植物。使用样条曲线绘制植物，依次排列布置完整，如左下图。

㉚ 绘制植物果实。使用圆命令绘制植物果实，完成效果如右下图。

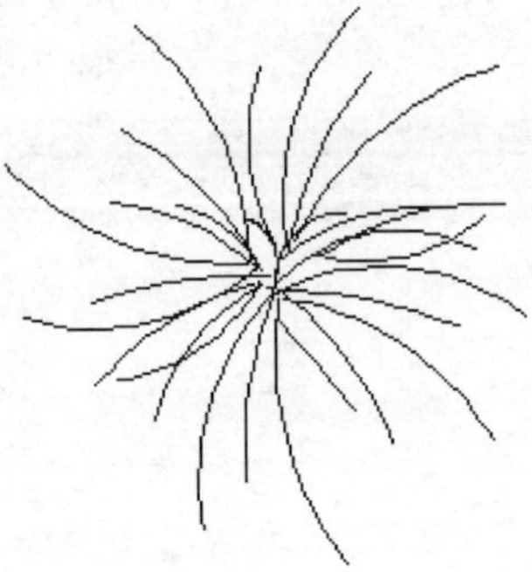

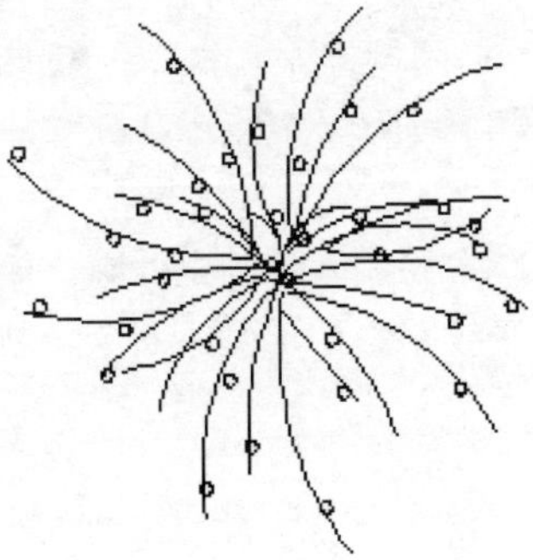

㉛ 绘制花盆。使用圆命令绘制花盆尺寸，向内偏移"50"进行复制，作为花盆的厚度，如左下图。

㉜ 填充花盆土壤。在花盆区域填充图案"AR-SAND"，比例设置为"3"；完成土壤的绘制，如右下图。

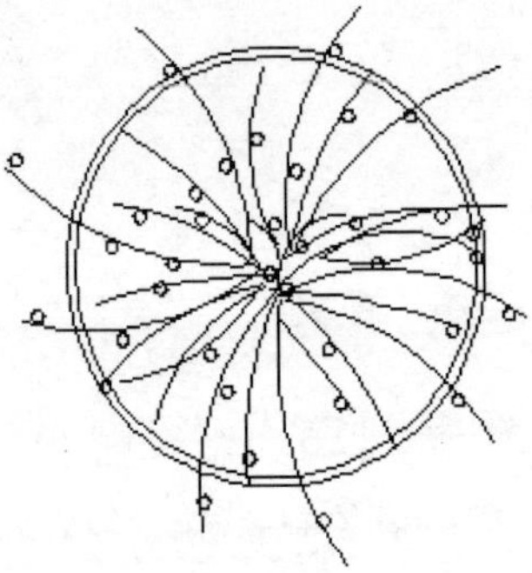

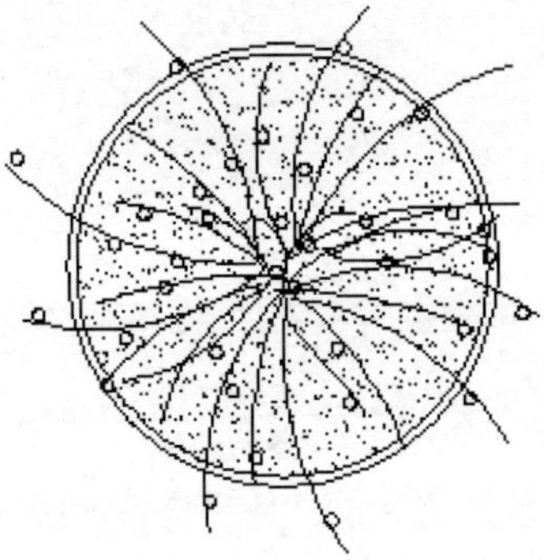

㉝ 常用盆景平面图效果。常用装饰盆景的平面图，效果如下图。

案例 **02**　　绘制盆景立面图

　　为了方便学习，本节相关实例的素材文件、结果文件，以及同步教学文件可以在配套的光盘中查找，具体内容路径如下。

　　▶▶ **原始素材文件：** 无

　　▶▶ **最终结果文件：** 光盘\结果文件\第11章\11-4-2.dwg

　　▶▶ **同步教学文件：** 光盘\多媒体教学文件\第11章\11-4-2.mp4

本例难易度	制作关键	技能与知识要点
★★★☆☆	本实例主要绘制室内装饰设计中常用的几种盆景立面图。首先绘制植物的一部分，接着依次绘制其他部分，然后绘制花盆，并将花盆的细节进行完善，最后把花和花盆组合在一起，将组合时显示的多余部分进行修剪完善，完成盆景立面图的绘制。	• "矩形"命令 • "样条曲线"命令 • "椭圆"命令 • "圆角"命令 • "修剪"命令 • "移动"命令

1 新建文件。打开程序"AutoCAD 2012"，保存文件名为"11-4-2.dwg"；设置图形单位为"毫米"，使用样条曲线命令绘制叶子，如左下图。

2 继续绘制叶子。使用样条曲线命令继续绘制叶子，并依次排列，如右下图。

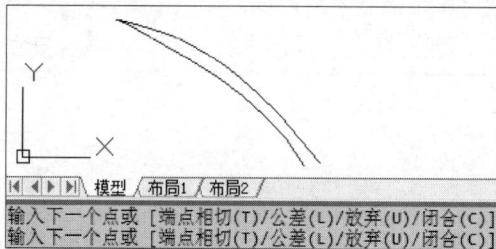

输入下一个点或 [端点相切(T)/公差(L)/放弃(U)/闭合(C)]
输入下一个点或 [端点相切(T)/公差(L)/放弃(U)/闭合(C)]

3 完成叶子的绘制。使用样条曲线命令绘制其他叶子，依次排列布置完整，如左下图。

4 绘制花盆口。绘制长为"350"、宽为"50"的矩形作为花盆口,如右下图。

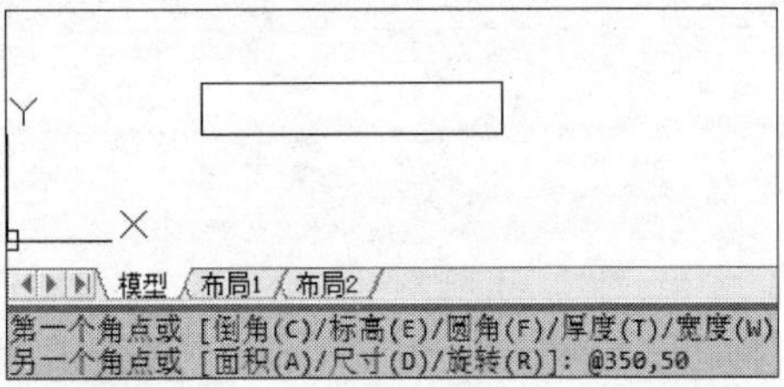

5 绘制花盆主体。绘制长为"300"、宽为"300"的矩形作为花盆的主体,如左下图。

6 移动对象。将花盆主体和花盆口移动到适当位置,如右下图。

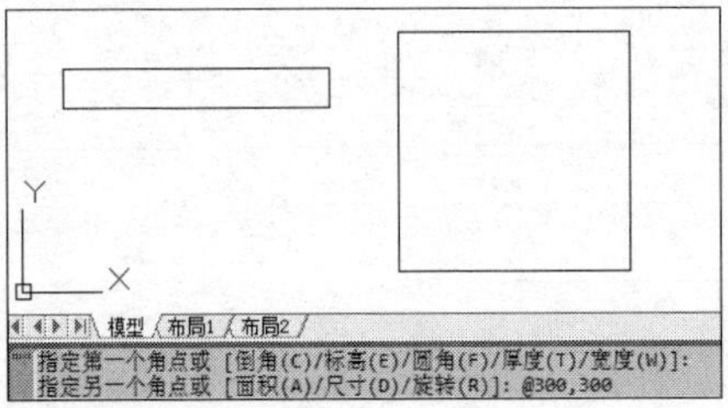

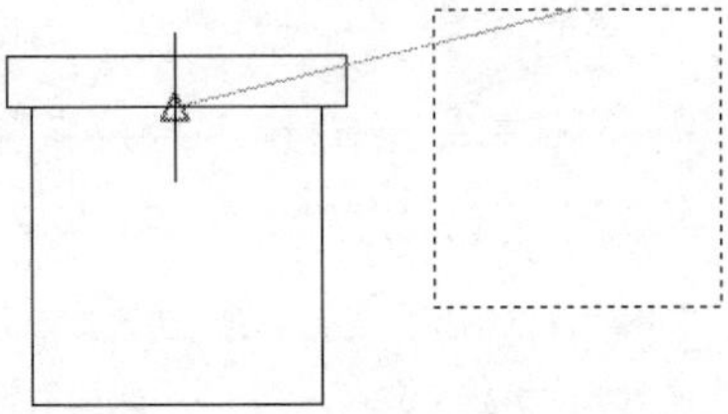

7 圆角对象。对花盆口各角进行圆角,圆角值为"20";对花盆主体下方两个角进行圆角,圆角值为"10",如左下图。

8 组合叶子和花盆。将叶子移动到花盆上方,如右下图。

9 修剪花盆口的叶子。使用修剪命令将花盆口多余的叶子修剪掉,如左下图。

10 完善细节。使用修剪命令将叶子中有交叉的地方按前后次序进行修剪,完成盆景立面图1的绘制,如右下图。

11 绘制花叶。使用样条曲线命令在绘图区空白处绘制花的叶子，并将叶脉绘制出来，如左下图。

22 继续绘制花叶。使用样条曲线命令依次将花叶及叶子中的内容绘制出来，并将其排列布置完整，如右下图。

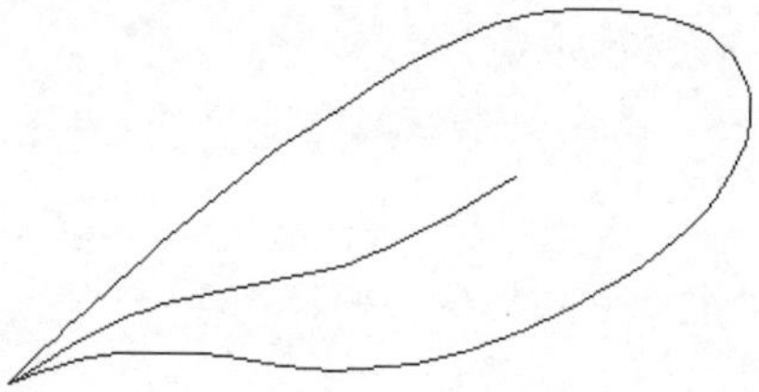

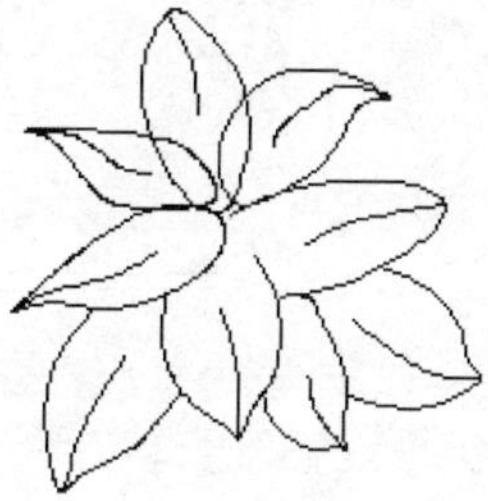

13 绘制花茎。在花叶下方绘制花茎，如左下图。

14 绘制花盆主体。使用矩形绘制长宽都为"400"的矩形，打开正交模式，将矩形下侧两个角使用拉伸命令向中间各拉伸"30"，如右下图。

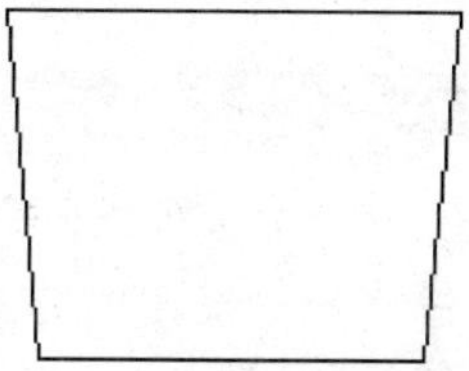

15 绘制花盆托盘。绘制长为"450"、宽为"50"的矩形，将其移动到适当位置作为花盆的托盘，如左下图。

16 圆角对象。使用圆角命令对花盆及托盘的各部分进行圆角，圆角值为"20"，如右下图。

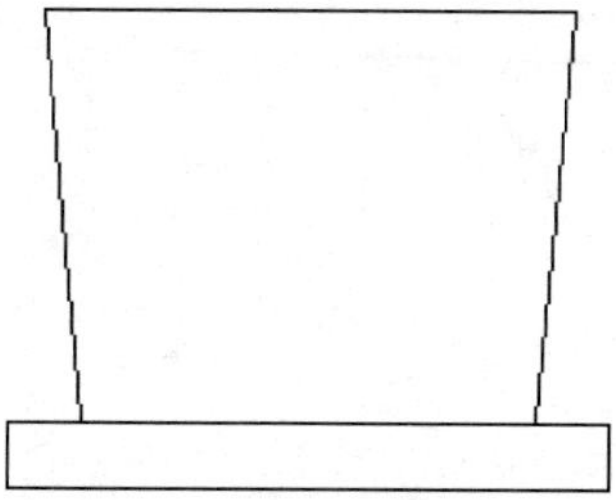

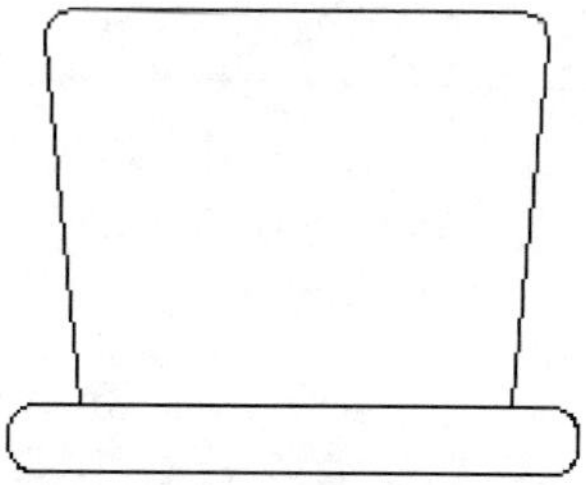

17 组合对象。将花叶移动到适当位置，与花盆组合在一起，如左下图。

18 修改细节。使用修剪命令将图形对象中多余的线段修剪掉，完成盆景立面图2的绘制，如右下图。

19 绘制基本元素。关闭正交模式，使用直线命令绘制一条线段，选择此线段，激活极轴阵列命令，如左下图。

20 设置阵列选项。单击直线一端确定为阵列中心点，设置阵列数目为"15"，设置阵列角度为"45"，如右下图。

21 完成阵列命令。完成阵列命令后，以阵列中心点为起点绘制一条线段，如左下图。

22 继续绘制叶子。使用同样的方法绘制下一片叶子，设极轴阵列的阵列数目为"15"、阵列角度为"60"，效果如右下图。

23 绘制其他叶子。使用同样的方法将其他叶子绘制出来，效果如左下图。

24 绘制花盆的形状。使用样条曲线命令绘制花盆一边的形状；打开正交模式，在花盆下方绘制一条长为"300"的线段，如右下图。

㉕ 镜像对象。以直线的中点为镜像线的起点，鼠标向上单击确定镜像线的端点，完成对象的镜像，如左下图。

㉖ 绘制花盆的尺寸。在适当位置使用直线命令绘制水平线段，确定花盆的主体尺寸，如右下图。

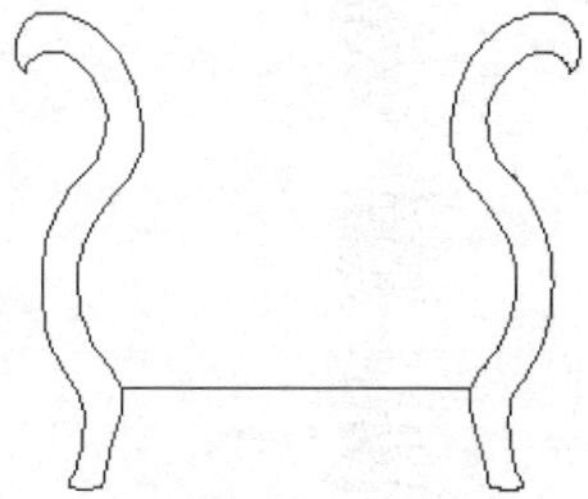

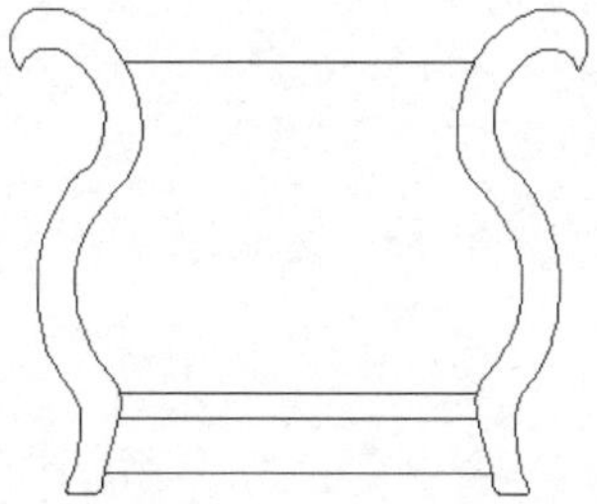

㉗ 绘制盆体支撑部分。绘制长为"50"、宽为"400"的矩形，移动到适当位置，作为盆体的另一个支撑部分，如左下图。

㉘ 组合对象。将叶子移动到花盆上方，将两个部分组合在一起，如右下图。

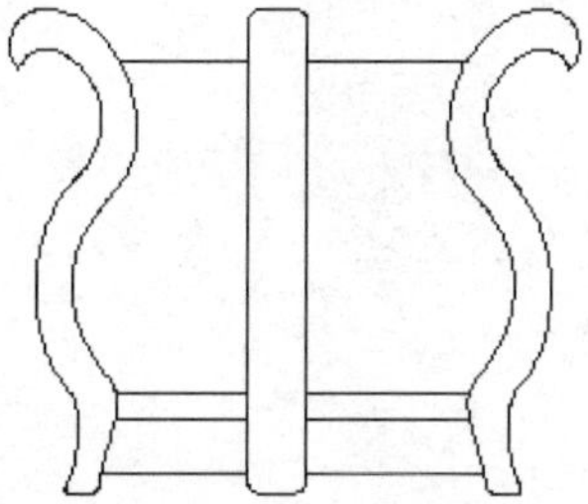

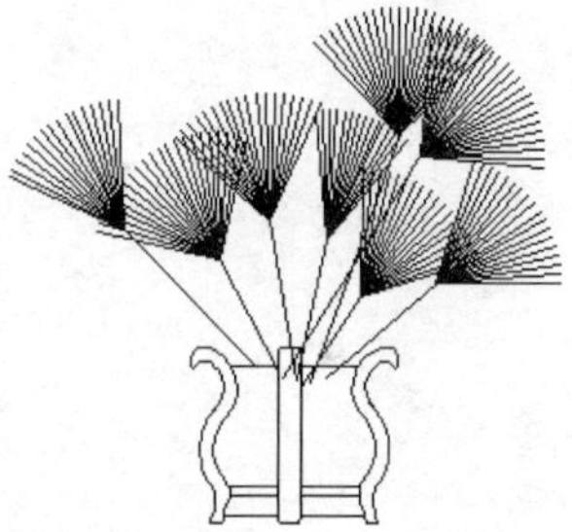

㉙ 修剪对象。将两部分图形对象组合处的多余线段进行修剪，完成盆景立面图3的绘制，效果如左下图。

㉚ 绘制花瓣。关闭正交模式，使用样条曲线命令绘制花瓣，如右下图。

㉛ 依次绘制花瓣。依次将花瓣绘制完成，将每一片花瓣进行组合排列，组成花朵的形状，如左下图。

32 绘制花蕊。使用圆弧命令在花心处绘制花蕊的茎，在弧线一端绘制一个圆，作为花蕊，如右下图。

33 将花蕊绘制完成。使用同样的方法将余下的花蕊绘制完成，如左下图。

34 绘制花茎。使用样条曲线绘制花茎，如右下图。

35 绘制叶子。使用样条曲线命令绘制叶片，使用圆弧命令绘制叶片中的叶脉，并将其移动到适当位置，如左下图。

36 绘制其他花朵和叶子。使用同样的方法，将其他的叶子、花茎和花朵等内容绘制出来，并布置排列，效果如右下图。

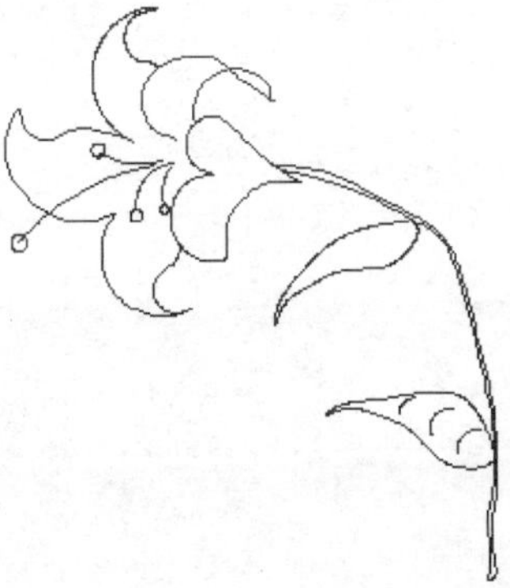

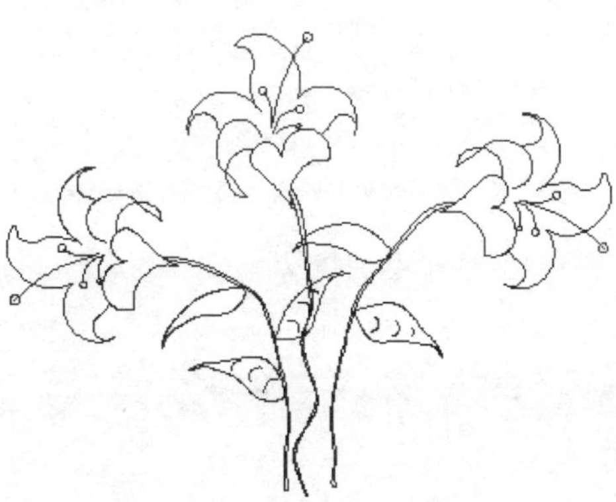

37 绘制花瓶的形状。使用样条曲线命令绘制一条曲线段，如左下图。

38 绘制花瓶底。打开正交模式，使用直线命令沿曲线段下端绘制一条长为"200"的水平线段，如右下图。

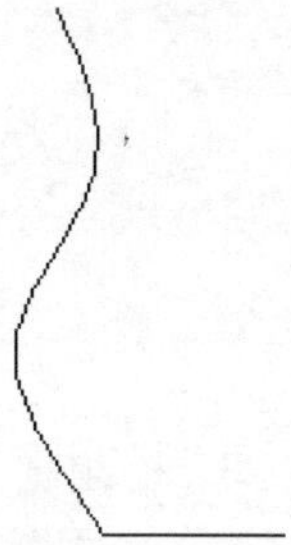

39 镜像对象。将花瓶一侧使用镜像命令进行镜像，如左下图。

40 绘制花瓶口。沿两条曲线段的上方端点使用椭圆命令绘制花瓶口，并向内偏移复制出厚度，如右下图。

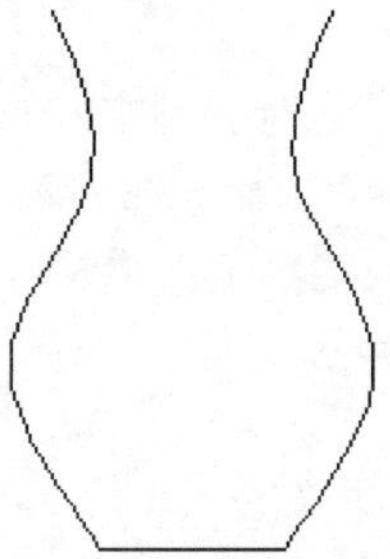

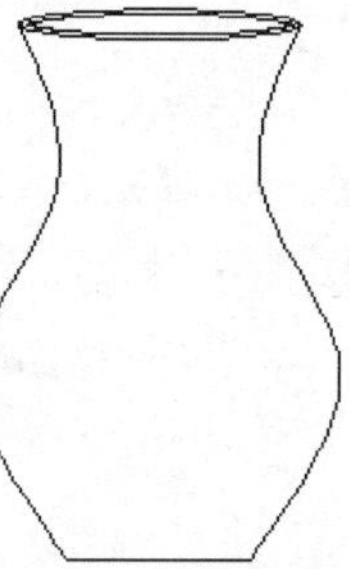

41 移动组合对象。将花和花瓶完成移动组合，如左下图。

42 完善细节。修剪连接处多余部分，完善各细节，完成花瓶及花的立面图绘制，如右下图。

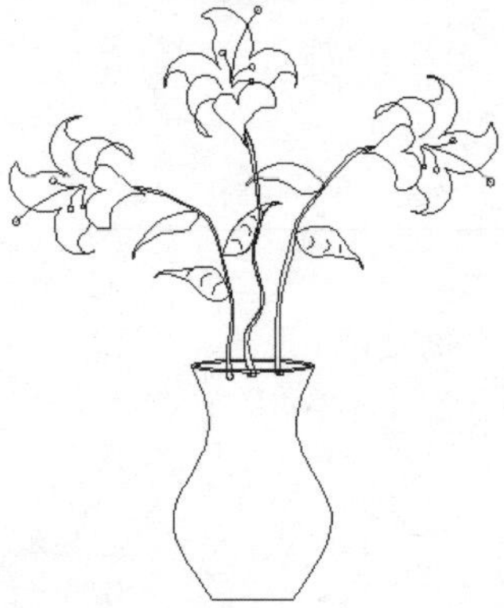

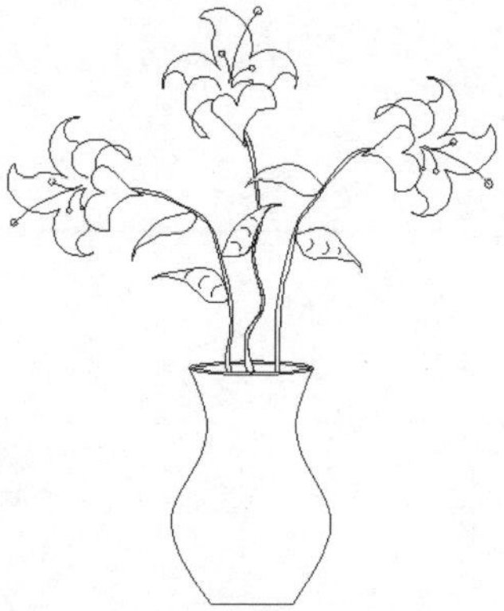

43 绘制植物。关闭正交模式，使用圆弧命令和椭圆命令绘制植物，使用移动和旋转命令将两个部分进行排列组合，如左下图。

44 完成植物的绘制。使用复制命令复制对象，然后镜像对象，做适当的修改完善，如右下图。

45 绘制花盆下部。使用圆弧命令绘制花盆下部，如左下图。

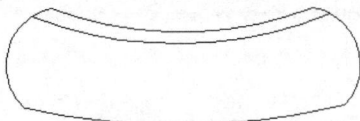

46 绘制花盆主体。使用圆弧和直线命令绘制花盆主体，如右下图。

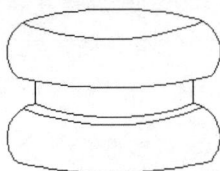

47 绘制花盆底座并填充。使用圆弧命令绘制花盆底座；使用填充命令将花盆口填充土壤，如左下图。

48 组合对象。将花及花盆组合在一起，完成盆景立面图5的绘制，如右下图。

49 完成效果。将各盆景立面图做最后的修改完善，最终完成效果如右下图。

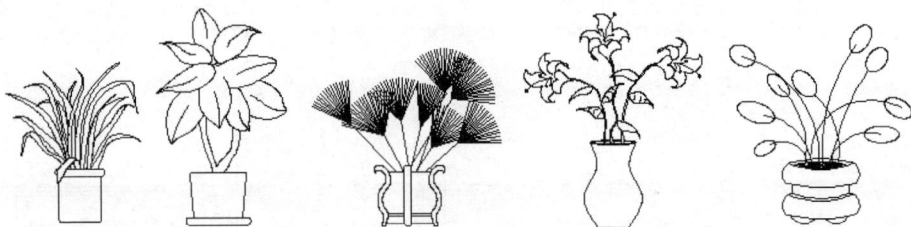

11.5 同步训练——绘制装饰品

本节主要是绘制室内装饰设计中的软装饰元素。在AutoCAD中绘制室内装饰图纸时，在立面图中会大量使用装饰元素，使图形更饱满美观，如工艺品、花瓶、墙画、书籍衣物等。

案例 01 绘制装饰花瓶

为了方便学习，本节相关实例的素材文件、结果文件，以及同步教学文件可以在配套的光盘中查找，具体内容路径如下。

▶▶ 原始素材文件：无

▶▶ 最终结果文件：光盘\结果文件\第11章\11-5-1.dwg

▶▶ 同步教学文件：光盘\多媒体教学文件\第11章\11-5-1.mp4

本例难易度	制作关键	技能与知识要点
★★★☆☆	本实例主要绘制室内装饰设计中常用的装饰花瓶立面图。首先绘制花瓶的一侧及其底部，接着使用镜像命令将其镜像复制到另一侧，然后绘制花瓶口，最后绘制花瓶上的花纹及相关细节，完成装饰花瓶立面图的绘制。	• "多段线"、"直线"、"弧线" 命令 • "圆" 命令 • "阵列" 命令 • "镜像" 命令 • "修剪" 命令

1 新建文件。打开程序"AutoCAD 2012"，保存文件名为"11-5-1.dwg"；设置图形单位为"毫米"，使用样条曲线命令绘制曲线段，如左下图。

2 绘制花瓶底。打开正交模式，使用直线命令沿曲线段下端点绘制一条长为"200"的水平线段，如右下图。

③ 绘制花瓶口。使用镜像命令绘制花瓶另一边的曲线，使用矩形命令创建长为"280"、宽为"50"的花瓶口，如左下图。

④ 组合对象。将花瓶口移动到适当位置，如右下图。

⑤ 绘制花纹区域。使用直线命令在花瓶的适当位置绘制直线，作为花纹图案的限定区域，如左下图。

⑥ 绘制图案。使用圆命令绘制一个圆，在适当位置绘制一个椭圆，激活极轴阵列命令，以圆心为阵列中心点，如右下图。

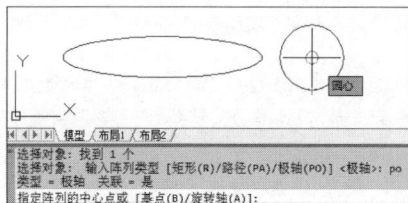

⑦ 完成阵列。设置阵列数目为"12"，设阵列角度为"360"，完成阵列后将对象移动到花瓶图案区域，如左下图。

⑧ 复制图案。将阵列的图案复制两个，移动到适当位置，如右下图。

⑨ 绘制上侧图案。使用圆、椭圆、阵列命令绘制花瓶上侧的图案，并将其复制排列，如左下图。

⑩ 绘制下侧图案。使用同样的方法绘制下侧的图案，并将其复制排列，如右下图。

11 修改瓶口。使用圆角命令将瓶口各角进行圆角，圆角半径为"20"，如左下图。

12 绘制瓶口花纹。使用直线命令绘制瓶口的花纹，完成装饰花瓶1立面图的绘制，效果
如右下图。

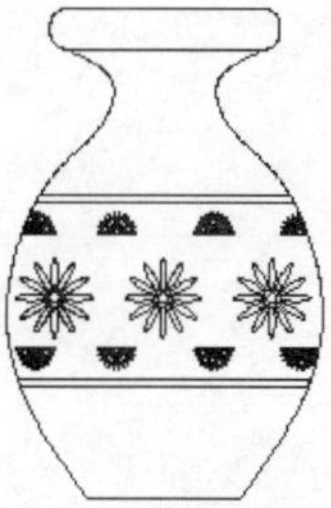

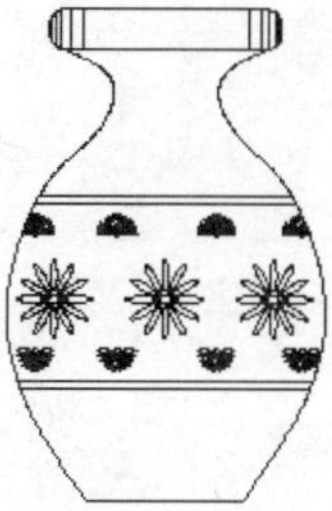

13 绘制花瓶一侧。使用样条曲线命令绘制花瓶一侧，如左下图。

14 将花瓶外框绘制完成。使用直线命令在顶端和底端绘制长为"200"的水平线段，
使用镜像命令将花瓶外框绘制完成，如右下图。

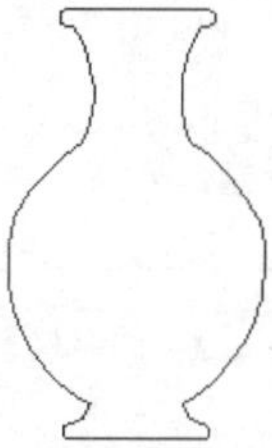

15 绘制直线。在花瓶各转折处绘制直线，以确定花瓶的形状，如左下图。

16 绘制纹路。使用直线绘制花瓶的横向纹路，如右下图。

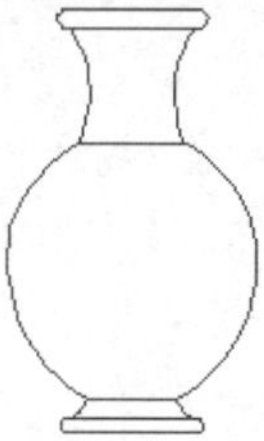

17 绘制花纹。使用样条曲线命令绘制花瓶中间的横向花纹，如左下图。

18 绘制把手。使用样条曲线命令绘制花瓶左侧把手的内沿，如右下图。

19 绘制把手外沿。使用样条曲线命令绘制左侧把手外沿，如左下图。

20 镜像把手。使用镜像命令将左侧的花瓶把手镜像到右侧，完成花瓶2立面图的绘制，效果如右下图。

21 绘制花瓶一侧。使用样条曲线命令绘制一条曲线段，以曲线下端点处为起点使用直线命令绘制一条水平线段，如左下图。

22 绘制花瓶外轮廓。使用样条曲线命令绘制花瓶右侧曲线段，使用圆弧命令封闭花瓶口，如右下图。

23 绘制花瓶中的花纹。使用样条曲线命令绘制花瓶身上的不规则图案，并移动到适当位置进行排列，如左下图。

24 补充细节。使用弧线绘制花瓶身上其他细节图案，一个有着不规则图案的装饰花瓶即绘制完成，如右下图。

25 绘制花瓶曲线。使用样条曲线绘制花瓶的曲线，如左下图。

26 绘制花瓶底和另一侧。使用直线命令沿曲线段下方端点绘制一条水平线段，使用镜像命令镜像另一侧的花瓶曲线，如右下图。

27 绘制花瓶口。使用样条曲线命令绘制花瓶口，如左下图。

28 补充花瓶外形细节。使用直线补充瓶底细节，使用样条曲线命令补充瓶口细节，使用修剪命令完成瓶口多余线段的修剪，如右下图。

29 绘制图案。使用样条曲线命令绘制图案，将其排列组合后移动到花瓶的适当位置，如左下图。

30 镜像对象。将所绘制的图案进行镜像复制，如右下图。

31 镜像花纹。将组合花纹对象进行镜像复制，如左下图。

32 绘制其他花纹。使用样条曲线命令绘制花纹，如右下图。

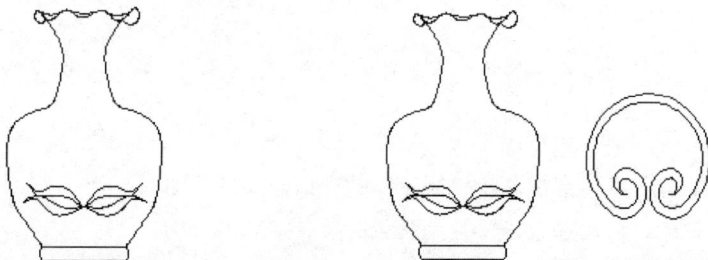

33 绘制图案中的图形。使用圆命令在图案中绘制一个圆，并使用偏移命令向圆内进行偏移复制，如左下图。

34 缩放并移动对象。选择所绘制的图案，使用缩放命令将其缩小到适当大小；使用移动命令将图案移动到适当位置，如右下图。

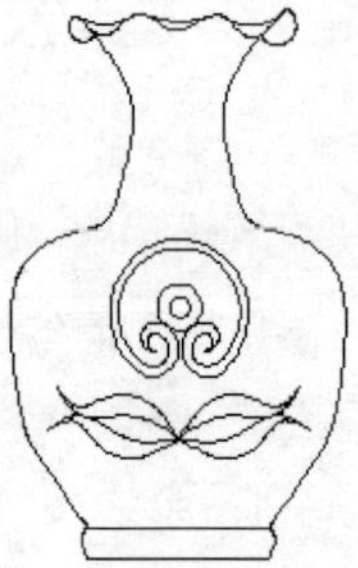

35 复制花纹。复制瓶身下侧的花纹，将其移动至花瓶上方，如左下图。

36 移动到适当位置。将复制的花纹缩放到适当大小，使用旋转命令进行旋转，最后将花纹移动到适当位置，花瓶4即绘制完成，效果如右下图。

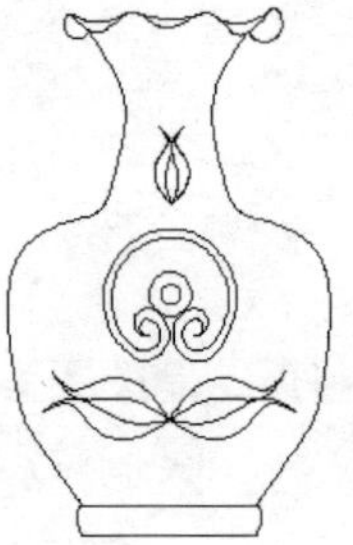

37 绘制花瓶主体曲线的一侧线条。使用样条曲线命令将花瓶主体一侧的曲线绘制出来，如左下图。

38 绘制花瓶另一侧。使用直线命令沿样条曲线下端点绘制一条水平线段，使用镜像命令将花瓶另一侧的曲线镜像复制出来，如右下图。

39 绘制花瓶口。使用直线命令绘制花瓶的瓶口，如左下图。

40 绘制花瓶颈。使用直线命令绘制花瓶的瓶颈，如右下图。

41 绘制花瓶下端造型。使用直线命令绘制花瓶下端造型，如左下图。

42 绘制花瓶底座。使用直线命令将花瓶底座的形状补充完整，如右下图。

43 绘制花瓶主体。在花瓶主体上绘制两组直线，以确定花纹的区域，如左下图。

44 绘制图案部分。使用样条曲线命令绘制花瓶图案的其中一部分，如右下图。

45 绘制图案其他部分。使用样条曲线命令绘制花瓶图案的另外两个部分，如左下图。

46 完成绘制。将所绘制的图案各部分依次移动到花瓶主体上，进行适当排列后完成花瓶5的绘制，如右下图。

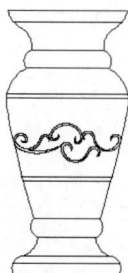

案例 02 绘制墙画

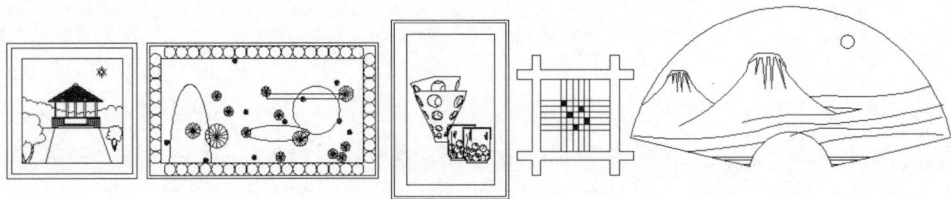

　　为了方便学习，本节相关实例的素材文件、结果文件，以及同步教学文件可以在配套的光盘中查找，具体内容路径如下。

▶▶ **原始素材文件：** 无

▶▶ **最终结果文件：** 光盘\结果文件\第11章\11-5-2.dwg

▶▶ **同步教学文件：** 光盘\多媒体教学文件\第11章\11-5-2.mp4

本例难易度	制作关键	技能与知识要点
★★★☆☆	本实例主要绘制室内装饰设计中常用的几种墙面挂画立面图。首先绘制画框及画框中的细节，接着使用相关命令将其画框中的内容绘制完整，然后修改完善，完成墙面挂画立面图的绘制。	• "矩形"命令 • "圆"、"圆弧"、"椭圆"命令 • "阵列"命令 • "镜像"命令 • "修剪"命令 • "填充"命令

1 新建文件。打开程序"AutoCAD 2012"，保存文件名为"11-5-2.dwg"；设置图形单位为"毫米"，打开正交模式；绘制长宽都为"450"的矩形，如左下图。

2 绘制画框。使用偏移命令将矩形依次向内进行偏移，偏移值依次为"15"、"35"，如右下图。

3 绘制画面区域。使用直线命令在画框内绘制直线，以划分画面区域，如左下图。

4 绘制树干。关闭正交模式，使用样条曲线命令绘制树干，如右下图。

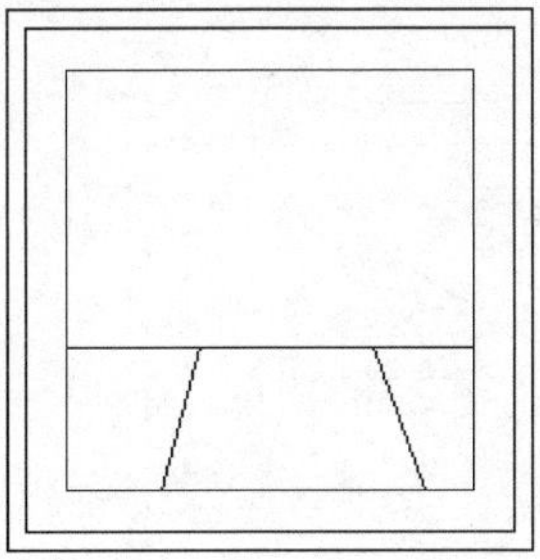

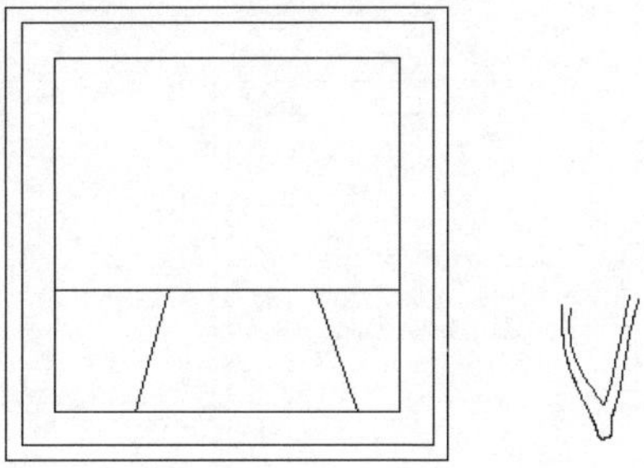

5 绘制树叶。使用修订云线命令绘制树叶，如左下图。

6 布置画面。使用修剪命令将对象衔接处多余的线段修剪掉，使用缩放命令将树缩放到合适大小，并将其移动到适当位置，将对象多余部分修剪掉，如右下图。

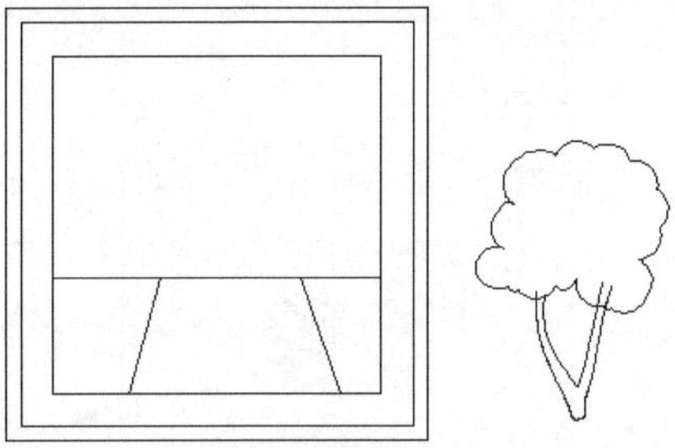

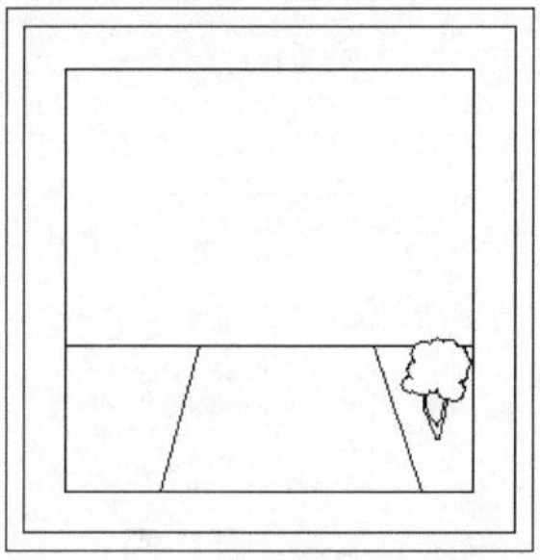

7 复制对象。将树镜像复制到画框左侧，并放大到合适大小，将画框外多余的线段修剪掉，如左下图。

8 复制凉亭台阶。打开正交模式，使用矩形命令绘制凉亭台阶并复制，修改其大小，如右下图。

9 绘制凉亭台面和柱子。使用直线命令绘制凉亭的台面和柱子，使用矩形命令绘制凉亭顶面尺寸，如左下图。

🔟 绘制凉亭顶棚。使用直线和圆弧命令绘制凉亭顶棚的形状，使用修剪命令将多余部分修剪掉，如右下图。

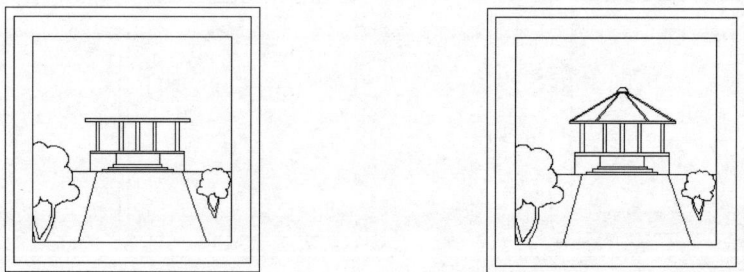

11 绘制背景风景。使用修订云线命令在画面中的适当位置绘制凉亭后的背景风景，如左下图。

12 绘制亭台的材质。使用修剪命令修剪亭柱中的多余线段，使用填充命令将亭台的材质填充出来，如右下图。

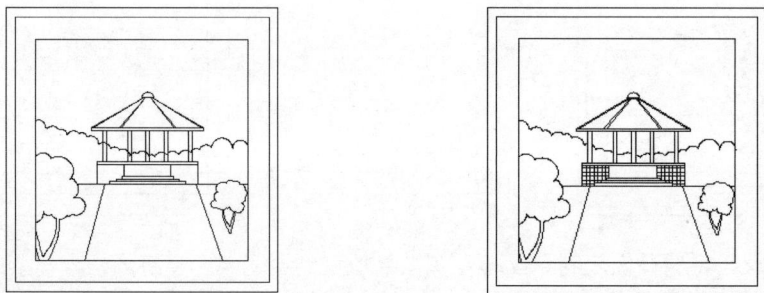

13 填充凉亭顶棚材质。使用填充命令将凉亭顶棚的材质填充出来，如左下图。

14 绘制太阳。绘制一个圆，在圆附近使用直线绘制两条长短不一的线段，使用镜像命令将两条线段以圆心为极轴阵列的中心点进行阵列，完成太阳的绘制，完成效果如右下图。

15 绘制画框。绘制长为"800"、宽为"450"的矩形，依次向内进行偏移，偏移值为"10"、"40"，完成画框的绘制，如左下图。

16 绘制圆。使用圆命令绘制半径为"20"的圆，将圆移动到适当位置，激活阵列命令，选择阵列对象圆，如右下图。

17 完成阵列。使用矩形阵列中的子命令计数"C"，设置阵列行数为"1"，列数为"17"，间距为"650"，完成阵列命令，如左下图。

18 绘制其他三边的样式。使用同样的方法，将其他三个边的样式绘制出来，如右下图。

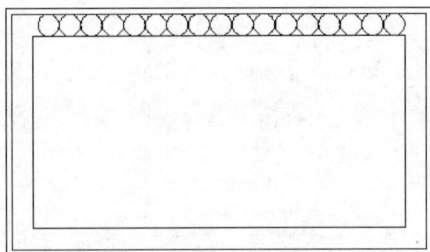

19 绘制画面中的元素。使用圆命令在适当位置绘制一个圆，在圆内绘制一条直线，使用阵列命令进行阵列，如左下图。

20 绘制其他元素。使用椭圆、圆、矩形命令绘制画面中的其他元素，并将这些元素进行适当排列，如右下图。

21 绘制画面内容。使用复制命令复制画面中的对象；进行适当缩放后移动到相应位置，如左下图。

㉒ 绘制画框轮廓。绘制一个长为"400"、宽为"600"的矩形，向内依次偏移"10"、"40"，如右下图。

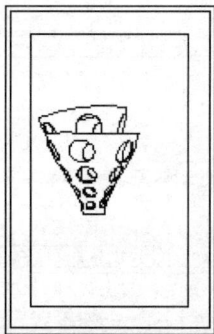

㉓ 绘制画面中的元素。使用样条曲线命令在画面中的适当位置绘制一个闭合的果盆，如左下图。

㉔ 绘制果盆上的花纹。使用圆和弧线命令绘制果盆身上的其他细节图案，并依次复制缩小，移动到适当位置，如右下图。

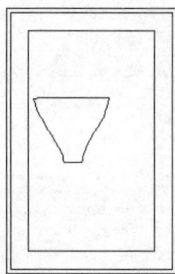

㉕ 复制并修改对象。复制果盆后将其缩小并移动到适当位置，将多余部分修剪掉，如左下图。

㉖ 绘制玻璃杯。使用直线命令和样条曲线命令在画框中的适当位置绘制一个玻璃杯，如右下图。

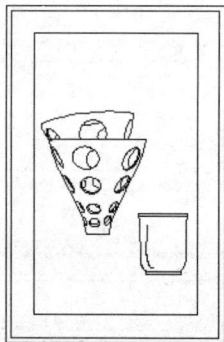

27 绘制玻璃杯细节和苹果。使用圆弧命令绘制玻璃杯中的细节，使用圆、圆弧命令绘制苹果并移动到适当位置，如左下图。

28 绘制其他的苹果。使用同样的方法绘制苹果并进行适当排列，如右下图。

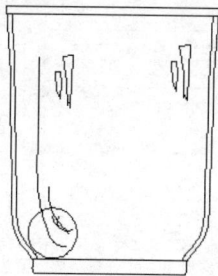

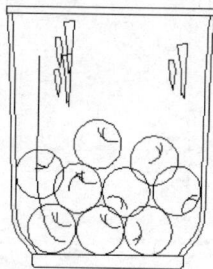

29 修改对象。将苹果中多余的线段按照前后顺序修剪掉，如左下图。

30 复制对象。复制玻璃杯及苹果，将其移动到当前对象的左侧，修剪多余的部分，如右下图。

31 复制修改画面中的对象。将玻璃杯及苹果复制移动到适当位置，将多余线段进行修剪，完成效果如左下图。

32 绘制画框。绘制长为"400"、宽为"30"的矩形，将其复制并旋转，如右下图。

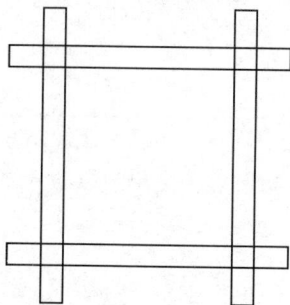

33 修剪对象。使用修剪命令将各矩形中交叉的线段进行修剪，使对象连接为一个整体，如左下图。

34 绘制画框中的内容。使用直线命令在画框中部的位置绘制多条水平直线，如右下图。

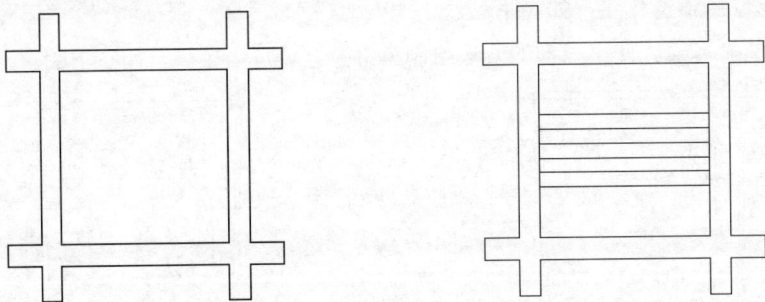

35 绘制纵向条纹。使用直线命令在画框中部的位置绘制多条垂直线，如左下图。

36 填充对象。使用填充命令，在画框中由相交直线组成的格子内进行填充，效果如右下图。

37 绘制圆弧。绘制一个圆弧，如左下图。

38 绘制直线。使用直线命令沿圆弧一端绘制一条线段，如右下图。

39 绘制另一侧线段。使用镜像命令将另一侧的线段镜像复制出来，如左下图。

40 绘制上端圆弧。使用圆弧命令将墙画上端的圆弧绘制出来，如右下图。

41 绘制山顶。使用圆弧和多段线命令绘制山顶，如左下图。

㊷ 绘制山体。使用圆弧命令绘制山体，复制对象后适当缩小，移动到相应位置，如右下图。

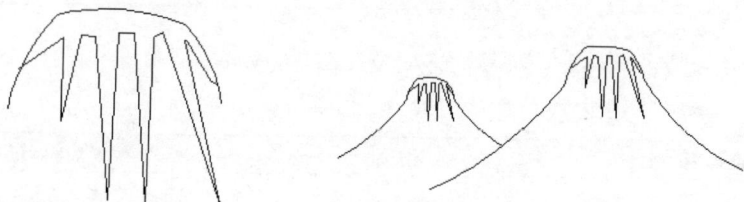

㊸ 绘制细节。使用样条曲线命令绘制画面中的其他细节内容，如左下图。

㊹ 绘制水平线。使用直线命令绘制画面中的水平线，如右下图。

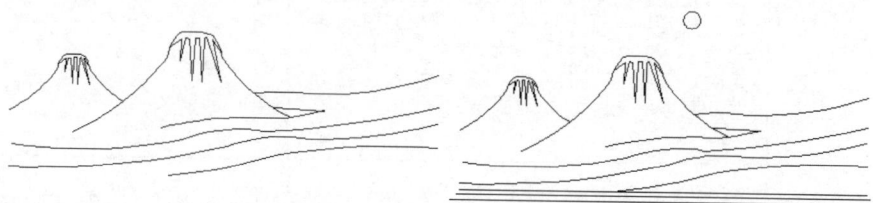

㊺ 组合对象。将扇形画框和画面内容移动组合在一起，如左下图。

㊻ 完成对象。将画框外的多余对象进行修剪，将太阳移动到适当位置，完成扇形墙画的绘制，效果如右下图。

案例 03 绘制工艺品

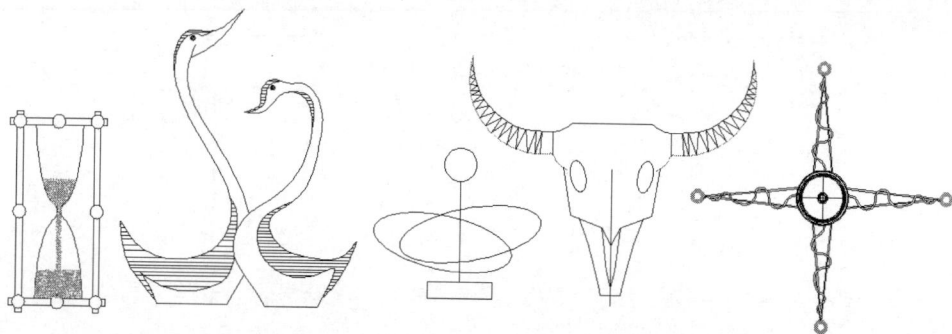

为了方便学习，本节相关实例的素材文件、结果文件，以及同步教学文件可以在配套的光盘中查找，具体内容路径如下。

▶▶ **原始素材文件：** 无

▶▶ **最终结果文件：** 光盘\结果文件\第11章\11-5-3.dwg

▶▶ **同步教学文件：** 光盘\多媒体教学文件\第11章\11-5-3.mp4

本例难易度	制作关键	技能与知识要点
★★★★☆	本实例主要绘制室内装饰设计中常用的几种工艺品立面图，包括摆件和挂件。首先使用矩形、圆、椭圆和点绘制沙漏，接着使用样条曲线命令和填充绘制天鹅，然后使用圆、椭圆和矩形绘制小摆件，再使用多段线和直线命令绘制牛头，最后使用圆、多段线、样条曲线命令绘制十字挂件，完成工艺品立面图的绘制。	• "多段线"、"直线"、"样条曲线"命令 • "圆"、"椭圆"命令 • "矩形"命令 • "镜像"命令 • "偏移"命令 • "修剪"命令 • "旋转"命令

1 新建文件。打开程序"AutoCAD 2012"，保存文件名为"11-5-3.dwg"；设置图形单位为"毫米"，使用矩形命令绘制矩形，如左下图。

2 复制矩形。打开正交模式，选择两个矩形进行镜像复制，如右下图。

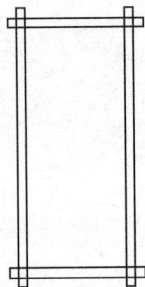

3 创建并复制圆。在适当位置绘制一个圆，将其复制两个后，依次向右移动到适当位置，如左下图。

4 完成圆的布置。依次复制圆，并按适当位置进行排列，如右下图。

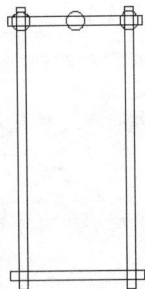

5 修剪对象。使用修剪命令将各个圆内的线段修剪掉，如左下图。

6 绘制椭圆。使用椭圆命令以沙漏上方中间部位圆的圆心为中心点，绘制一个椭圆，如右下图。

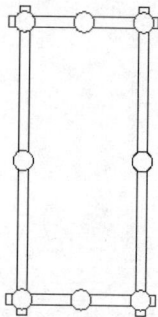

7 修剪椭圆。以沙漏上方矩形的下侧线段为修剪界线，对椭圆进行修剪，如左下图。

8 镜像半边椭圆。使用镜像命令，将半边椭圆以沙漏左右两侧中间圆的圆心为镜像线的起点和端点进行镜像复制，如右下图。

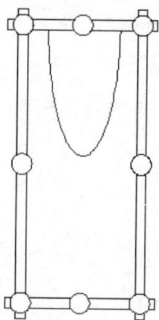

9 绘制弧线段。在两个椭圆的同一侧之间，使用圆弧命令绘制一段弧线，如左下图。

10 修剪对象。使用镜像命令镜像复制弧线，使用修剪命令将圆弧中间的椭圆部分修剪掉，如右下图。

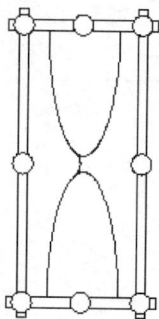

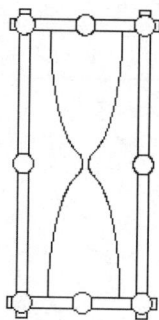

11 绘制细沙。使用点命令绘制沙漏上端部分的细沙，如左下图。

⑫ 绘制完成。使用复制命令将上端的细沙复制到下端，并进行补充完善，沙漏的最终效果如右下图。

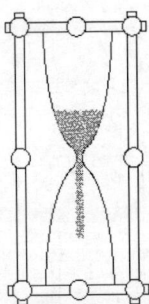

大师心得　　　在此处的沙漏中也可以使用填充命令绘制细沙，但必须将细沙的运动范围以辅助线的方式先绘制出来，在绘制的范围内进行填充，最后删除辅助线。

⑬ 绘制天鹅一侧线条。使用样条曲线命令将天鹅头、颈、腹部下侧的线条绘制出来，如左下图。

⑭ 绘制另一侧线段。使用样条曲线命令将天鹅腹部的线段绘制出来，使用直线命令将两个样条曲线沿下端点连接起来，如右下图。

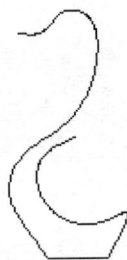

⑮ 绘制头部。使用样条曲线命令将天鹅上侧部分按嘴、头、颈到尾巴的顺序绘制出来，如左下图。

⑯ 绘制细节。使用样条曲线命令将天鹅身体部分的其他部分绘制出来，在天鹅头部适当位置绘制一个圆，并向内偏移复制，将其作为天鹅的眼睛，如右下图。

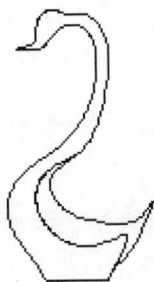

17 绘制另一只天鹅。使用同样的方法将另一只天鹅绘制出来，并将其移动到适当位置；使用修剪命令将两只天鹅按前后顺序修剪出来，如左下图。

18 绘制阴影。使用填充命令，将两只天鹅的背部、头部、颈部进行相应填充，完成效果如右下图。

19 绘制画面中的元素。使用圆命令在适当位置绘制一个圆，在圆的一端绘制一条直线，如左下图。

20 绘制椭圆。使用椭圆命令绘制工艺品的元素，将其进行旋转后移动到适当位置，如右下图。

21 绘制另一个椭圆。使用椭圆命令绘制另一个组成要素，将其进行旋转后移动到适当位置，如左下图。

22 绘制底座。绘制一个矩形，将其移动到直线下端点，作为物体的底座，完成效果如右下图。

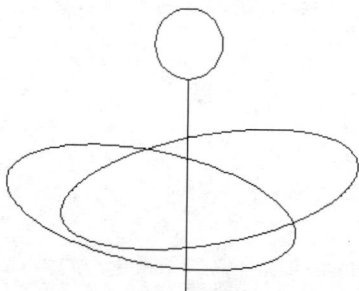

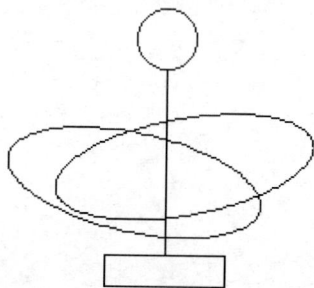

23 绘制曲线段。使用样条曲线命令在画面中的适当位置绘制一条曲线段，如左下图。

24 绘制另一条曲线段。使用样条曲线命令以上一条曲线的一个端点为起点绘制一条曲线段，如右下图。

25 绘制直线。在角右侧适当位置绘制一条垂直线段，在上侧曲线段端点处绘制一条水平线段，如左下图。

26 镜像对象。使用镜像命令将左侧的角以水平线段的中点为镜像线的位置镜像复制到右侧，如右下图。

27 绘制多段线。使用多段线命令以左角下侧近端点处为起点，向下绘制一条多段线，如左下图。

28 绘制下端细节。使用多段线命令绘制牛头下端形状，在右端处绘制一条垂直线，移动到适当位置，如右下图。

29 镜像对象。选择牛角下方左侧的对象，使用镜像命令以垂直线段为镜像线进行镜像复制，如左下图。

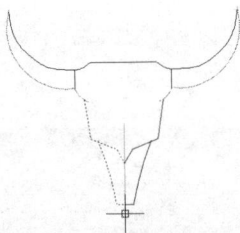

30 绘制细节。使用圆弧命令沿牛头下方绘制细节，使用镜像命令进行镜像复制，如右下图。

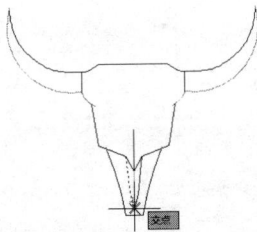

31 绘制牛头的眼眶。使用椭圆命令在牛头的适当位置绘制一个椭圆，并将其进行镜像复制，完成牛头眼眶的绘制，如左下图。

32 绘制牛角中的纹路。使用多段线命令在左侧牛角的两条曲线段内绘制牛角中的纹路，如右下图。

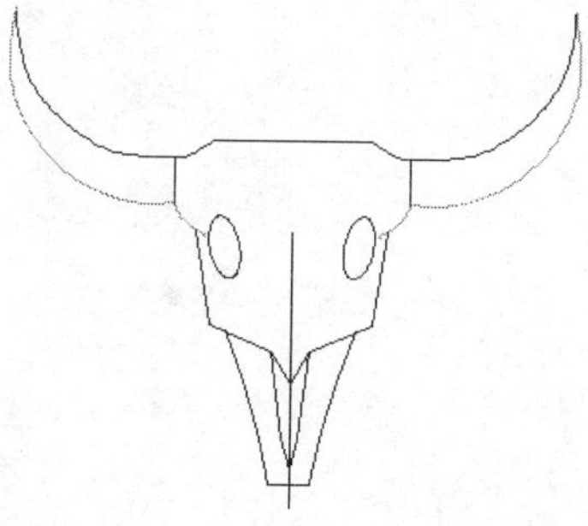

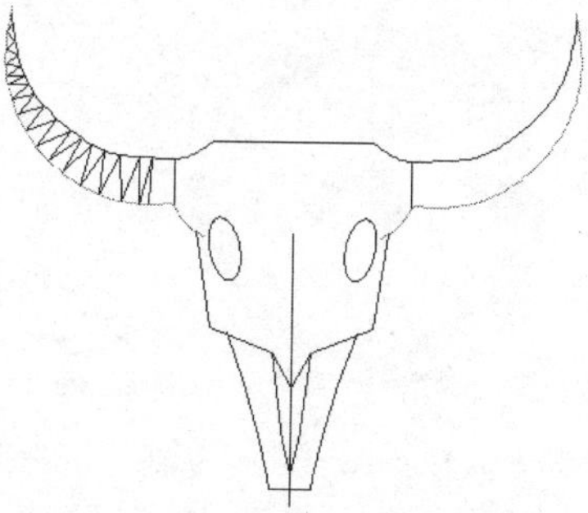

33 完成牛头的绘制。使用镜像命令将左侧牛角中的纹路复制到右侧的牛角中，完成牛头的绘制，如左下图。

34 绘制圆。使用圆命令，在适当位置绘制一个圆，使用偏移命令将圆向内偏移多个，偏移值为"2"，如右下图。

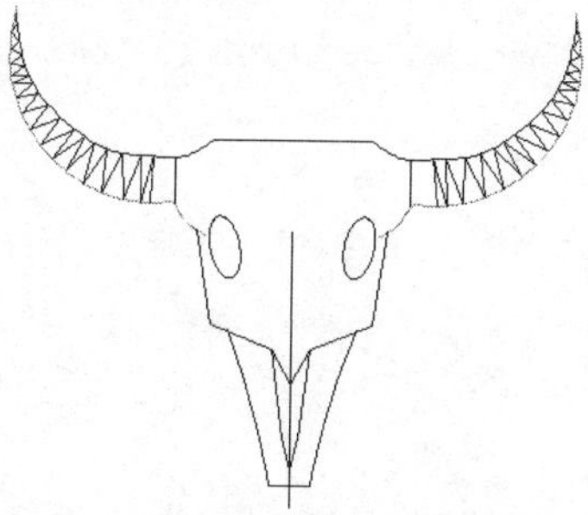

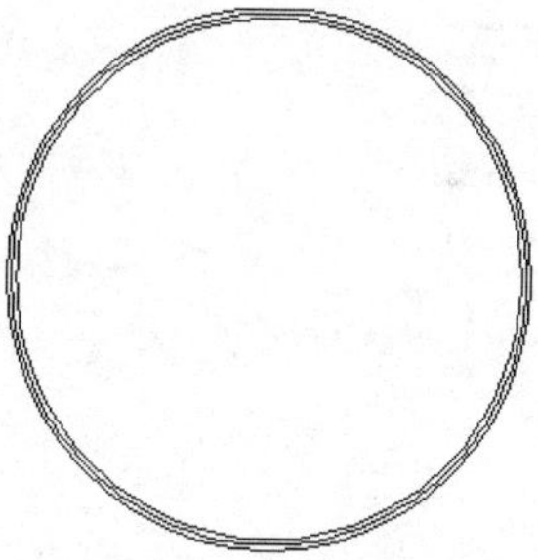

35 偏移对象。使用偏移命令继续将圆向内侧偏移"10"，然后将其继续向内侧偏移，偏移值为"2"，如左下图。

36 偏移内圆：使用偏移命令将最内侧的圆向圆心位置偏移一个较大的值，然后将最靠近圆心的圆向更内侧偏移多个，如右下图。

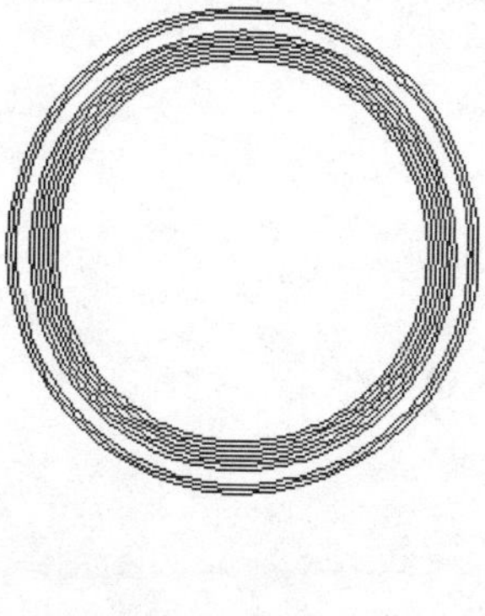

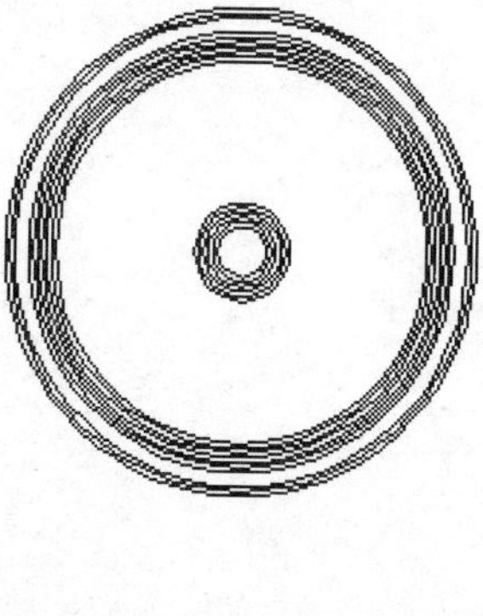

37 绘制直线。使用直线命令以圆的左右象限点为端点绘制水平线段，以上下象限点为端点绘制垂直线段，如左下图。

38 绘制左侧尖角。使用多段线命令在组合圆的左侧适当位置绘制如箭头状的多段线，如右下图。

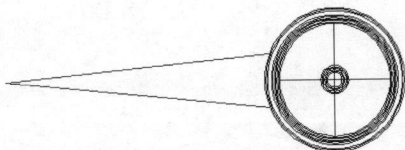

39 绘制圆。以尖角的端点为圆心，绘制一个大小适中的圆，并将其向圆心处偏移多个，如左下图。

40 修剪对象。使用偏移命令将多段线向内侧偏移适当的数值，将圆中多段线的尖角修剪掉，并完善细节，如右下图。

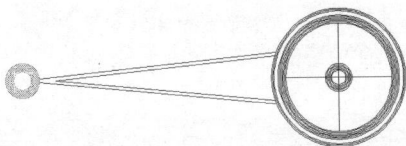

41 绘制样条曲线。使用样条曲线命令在右侧组合圆和左侧组合圆之间绘制一条曲线段，如左下图。

42 修剪对象。使用偏移命令将对象进行偏移复制，将两条曲线中的多余线段修剪掉，如右下图。

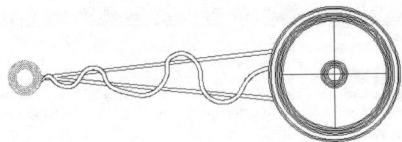

43 镜像对象。选择中心组合圆左侧的所有对象，使用镜像命令以圆内水平线为镜像线将其向右侧镜像复制，如下图。

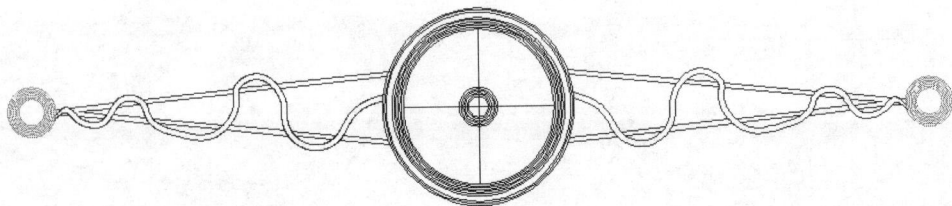

44 完成对象。复制除中心组合圆之外其左右两侧的所有对象，旋转对象后将其移动到适当位置，完成对象的绘制，如下图。

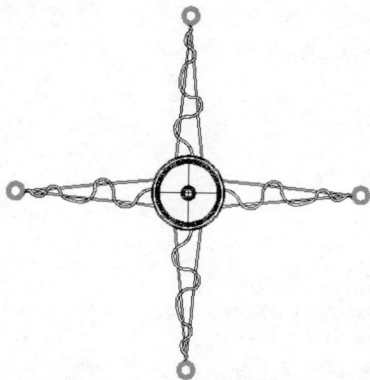

案例 04 绘制书籍

为了方便学习，本节相关实例的素材文件、结果文件，以及同步教学文件可以在配套的光盘中查找，具体内容路径如下。

▶▶ **原始素材文件**：无

▶▶ **最终结果文件**：光盘\结果文件\第11章\11-5-4.dwg

▶▶ **同步教学文件**：光盘\多媒体教学文件\第11章\11-5-4.mp4

本例难易度	制作关键	技能与知识要点
★★☆☆☆	本实例主要绘制室内装饰设计中常用的几种书籍立面图。首先绘制书籍的正面或侧面的尺寸及文字内容，接着使用直线命令和偏移命令将书页绘制出来，最后将部分书籍进行复制旋转，对细节进行完善，完成书籍立面图的绘制。	• "直线"命令 • "矩形"命令 • "圆"命令 • "偏移"命令 • "修剪"命令 • "文字"命令 • "旋转"命令

1 新建文件。打开程序“AutoCAD 2012”，保存文件名为“11-5-4.dwg”；设置图形单位为“毫米”，使用矩形命令绘制长为“30”、宽为“260”的矩形，如左下图。

2 绘制上部细节。使用直线命令绘制上部标志区域，使用圆弧和直线命令绘制标志，如右下图。

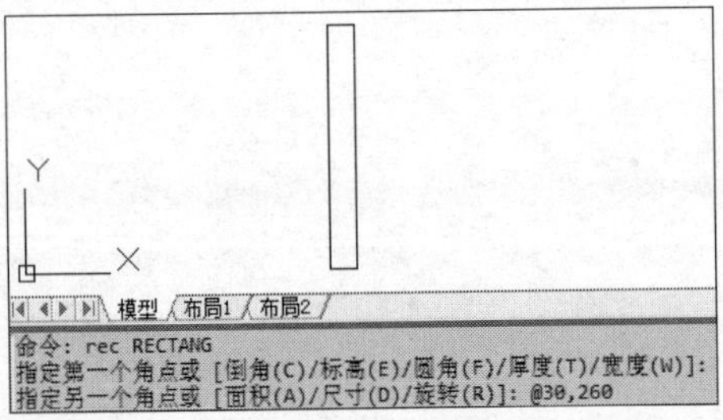

Y
X
模型
布局1
布局2
命令: rec RECTANG
指定第一个角点或 [倒角(C)/标高(E)/圆角(F)/厚度(T)/宽度(W)]:
指定另一个角点或 [面积(A)/尺寸(D)/旋转(R)]: @30,260

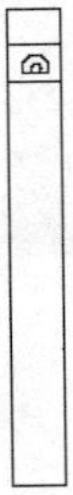

3 创建文字。使用单行文字命令创建此书的名称，如“上下五千年”，如左下图。

4 移动文字。将创建的文字进行旋转，角度为“270”；然后将其移动到书脊上侧的适当位置，如右下图。

上 下 五 千 年

上下五千年

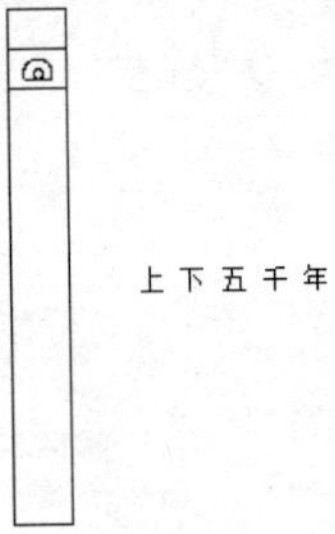

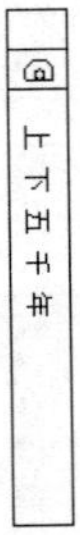

5 修剪对象。使用文字命令将书脊上的其他文字内容创建出来，如左下图。

6 创建矩形。使用矩形命令绘制一个长为“180”、宽为“260”的矩形，作为书籍的正面尺寸，如右下图。

上下五千年

上下五千年

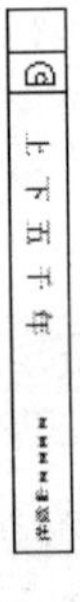

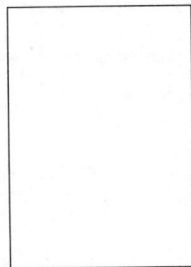

7 偏移出书的厚度。使用偏移命令将矩形向外侧进行偏移，偏移值为“20”，如左下图。

8 绘制线段。使用直线命令在正交模式关闭的情况下，在两个矩形上侧和右侧的适当位置绘制两条线段，如右下图。

9 修剪对象。以矩形上侧和右侧的两条线段为修剪界线，单击外侧矩形的左方线条将其修剪，如左下图。

10 绘制书页效果。使用偏移命令将现有的外侧矩形向内偏移多次，绘制出书页的效果，如右下图。

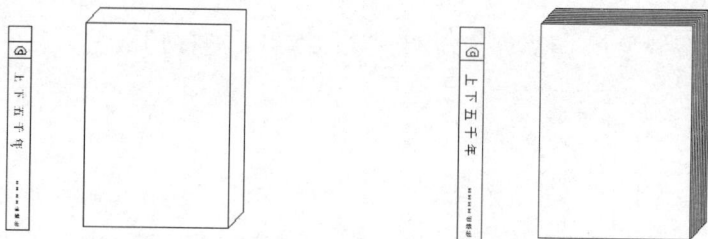

11 创建文字。使用文字命令绘制书籍的名字及出版社名称，如左下图。

12 使用矩形和圆绘制书籍。使用矩形命令将书籍的厚度和高度绘制出来，使用圆命令绘制书籍内容，如右下图。

13 使用矩形绘制工具书。使用矩形命令将书籍的厚度、高度及表示文字的内容绘制出来，如左下图。

14 绘制工具书籍正立面图。使用绘制"上下五千年"正面的方法绘制工具书的正立面图，如右下图。

⓯ 绘制工具书脊。使用矩形命令将工具书的厚度和长度绘制出来，再绘制矩形代表书脊上的文字，如左下图。

⓰ 复制对象。复制工具书，将其缩小后移动至适当位置，如右下图。

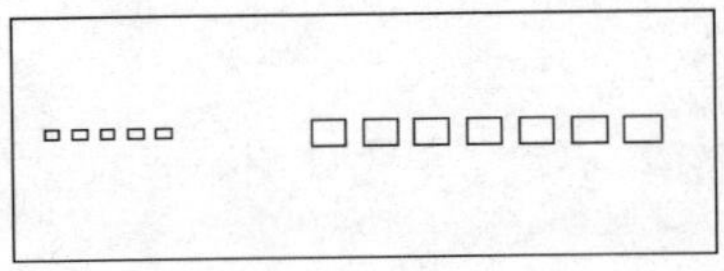

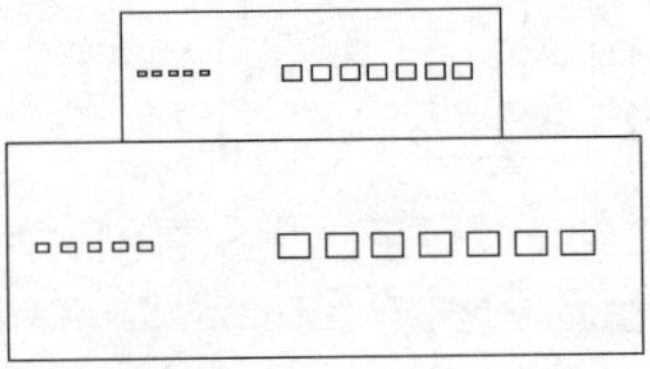

⓱ 绘制另一种书籍。使用同样的方法将另一种书籍绘制出来，并将其复制移动到适当位置，如左下图。

⓲ 旋转对象。复制两个对象，将其分别进行适当旋转，如右下图。

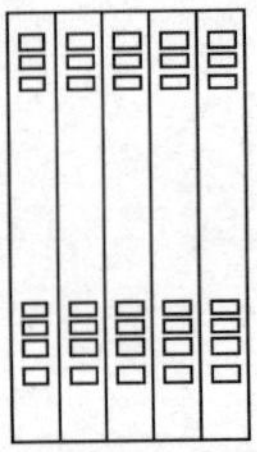

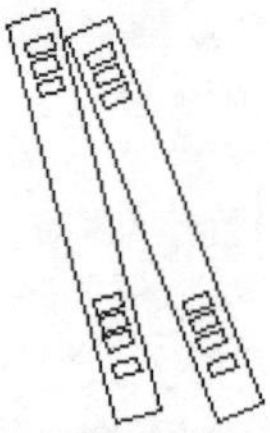

⓳ 绘制杂志类书籍。使用矩形命令和圆命令绘制杂志类书籍，然后将其复制旋转，如左下图。

⓴ 移动对象。将绘制的两种书籍移动至适当位置，进行排列布置，如右下图。

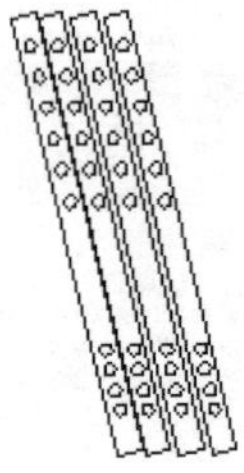

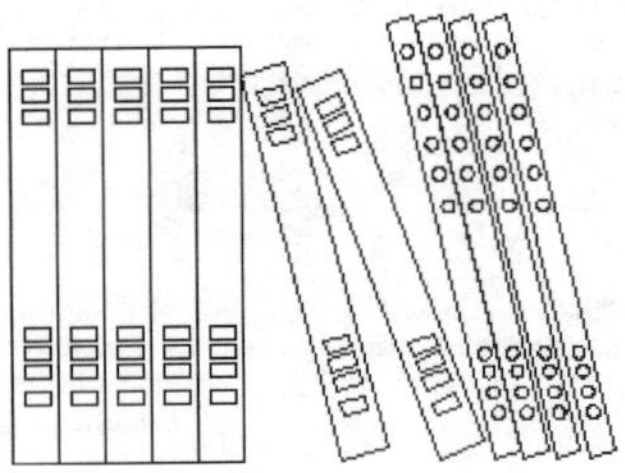

本章小结

在本章内容中，主要详细讲解了室内装饰设计中各设计元素的绘制，包括平面设计图、立面设计图中需要使用的素材，涉及家具、洁具、电器、厨具、花草、工艺品等各方面内容。通过对本章内容的制作，可以有效地提高对AutoCAD 2012的掌握，也可以了解在本软件中各设计元素的表现手法和绘制方法。

创建室内绘图模板

本章导读
BEN ZHANG DAO DU

>>>>>

本章主要讲解在室内设计制图中创建绘图模板的方法和相关内容。一套完整的室内设计图纸必须有统一的图层、文字样式和标注样式等。为了避免每绘制一张图纸都要重新设置的情况，可预先设置好将其保存为样板文件，以提高绘图效率。

知识要点
ZHI SHI YAO DIAN

>>>>>

- 掌握设置样板文件的方法
- 掌握设置基本样式的方法
- 掌握绘制基本常用图块的方法

案例展示
AN LI ZHAN SHI

>>>>>

12.1 同步训练——设置样板文件

图形样板文件可通过保持标准样式和设置，在用户创建的图形中确保一致性，通常存储在样板文件中的设置包括单位格式和精度、标题栏与边框、图层名及图层特性、捕捉和栅格间距、文字、标注样式、页面设置等。

案例 01 创建样板文件

为了方便学习，本节相关实例的素材文件、结果文件，以及同步教学文件可以在配套的光盘中查找，具体内容路径如下。

▶▶ **原始素材文件**：无

▶▶ **最终结果文件**：光盘\结果文件\第12章\12-1-1.dwg

▶▶ **同步教学文件**：光盘\多媒体教学文件\第12章\12-1-1.mp4

本例难易度	制作关键	技能与知识要点
★★☆☆☆	本实例主要讲解创建样板文件。首先打开程序"AutoCAD 2012"，然后另存为"样板文件"，设置相关选项，最后保存。	• "另存为"命令

1️⃣ "另存为"文件。在已经打开程序"AutoCAD 2012"的前提下，单击"菜单浏览器"按钮，单击"另存为"命令后的展开按钮，单击"AutoCAD图形样板"命令，如左下图。

2️⃣ 设置样板文件名称。在文件名后输入"室内装饰设计制图模板（a）"，单击"保存"按钮，如右下图。

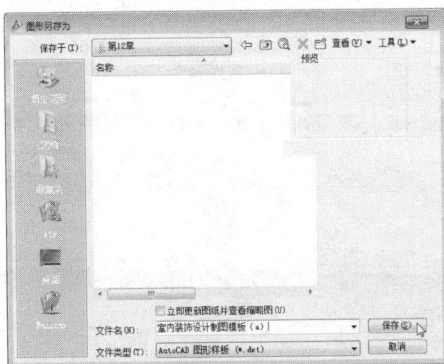

❸ 设置样板选项。设置样板选项，单击"确定"按钮，如左下图。

❹ 完成保存。成功创建样板文件，如右下图。

知识链接——"样板选项"对话框

在保存样板文件时，弹出的"样板选项"对话框中的选项含义如下。

"说明"：在该列表框中指定图形样板的说明。

"测量单位"：指定图形样板是使用英制单位还是公制单位。

"将所有图层另存为未协调"：将样板文件及其图层集另存为未协调的图层，这意味着不创建图层基线。

"将所有图层另存为已协调"：将样板文件及其图层另存为已协调的图层，将导致创建图层基线。

案例 **02** 设置图形单位

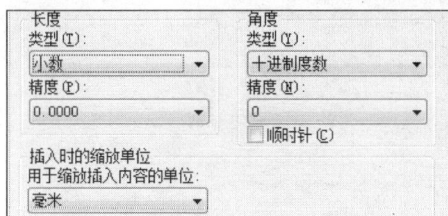

为了方便学习，本节相关实例的素材文件、结果文件，以及同步教学文件可以在配套的光盘中查找，具体内容路径如下。

▶▶ **原始素材文件：** 无

▶▶ **最终结果文件：** 无

▶▶ **同步教学文件：** 光盘\多媒体教学文件\第12章\12-1-2.mp4

本例难易度	制作关键	技能与知识要点
★★★★☆	本实例主要设置当前样板文件的图形单位。	• "图形单位"命令

1 执行图形单位命令。输入图形单位命令“UN”并确定，如左下图。

2 设置图形单位选项。设置长度类型为“小数”，精度为“0”，单位为“毫米”，如右下图。

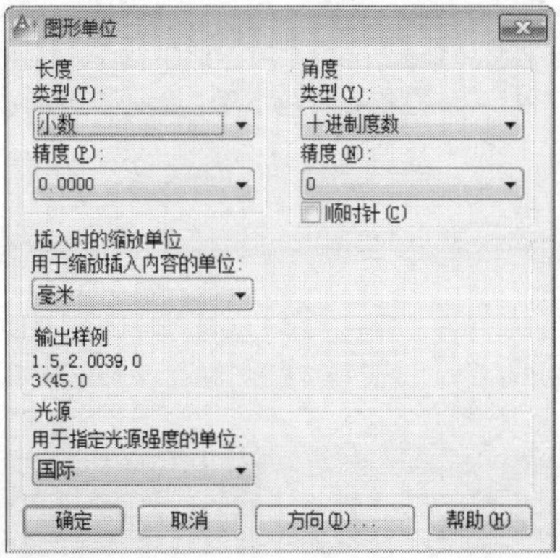

图形单位
长度
类型(T):
小数
精度(P):
0.0000
角度
类型(Y):
十进制度数
精度(N):
0
顺时针(C)
插入时的缩放单位
用于缩放插入内容的单位:
毫米
输出样例
1.5,2.0039,0
3<45.0
光源
用于指定光源强度的单位:
国际
确定
取消
方向(D)...
帮助(H)

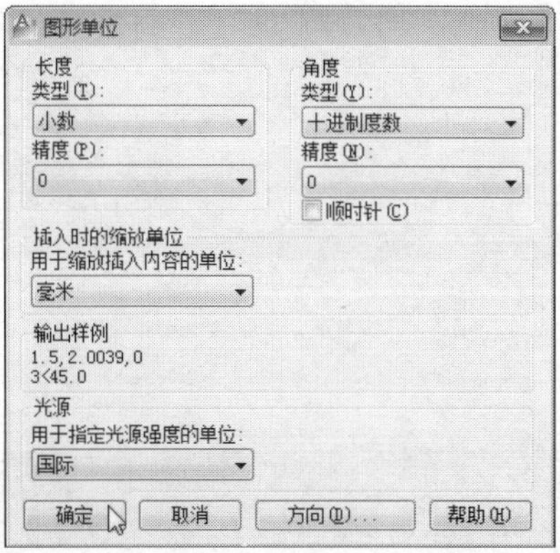

图形单位
长度
类型(T):
小数
精度(P):
0
角度
类型(Y):
十进制度数
精度(N):
0
顺时针(C)
插入时的缩放单位
用于缩放插入内容的单位:
毫米
输出样例
1.5,2.0039,0
3<45.0
光源
用于指定光源强度的单位:
国际
确定
取消
方向(D)...
帮助(H)

大师心得 图形的精度影响计算机的运行速度，精度越高运行速度越慢。在绘制室内装饰图纸时，设置精度为“0”即可满足设置要求。

在绘制建筑室内装饰图时，在“图形单位”的“类型”中，都会选择小数，但是一定要在“精度”选项中选择“0”。

案例 03 设置绘图界限

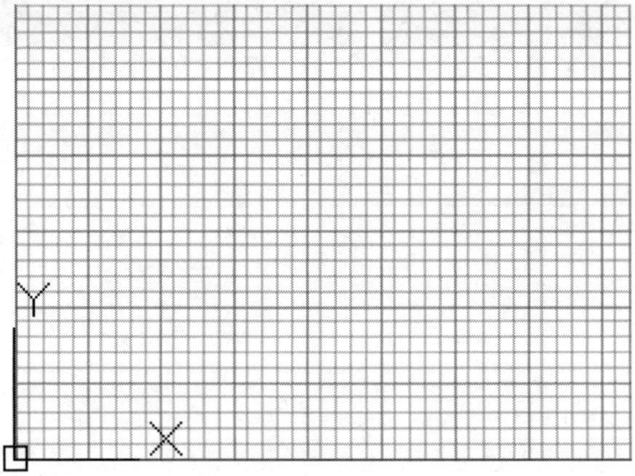

为了方便学习，本节相关实例的素材文件、结果文件，以及同步教学文件可以在配套的光盘中查找，具体内容路径如下。

- **原始素材文件：** 无
- **最终结果文件：** 无
- **同步教学文件：** 光盘\多媒体教学文件\第12章\12-1-3.mp4

本例难易度	制作关键	技能与知识要点
★★☆☆☆	本实例主要设置当前样板文件的图形界线。	• "栅格"命令 • "对象捕捉"命令

1 输入空间界限命令。输入图形界限命令"LIMITS"并确定，输入相关数值并确定，如左下图。

2 打开栅格。单击"栅格显示"按钮▦，打开栅格，效果如右下图。

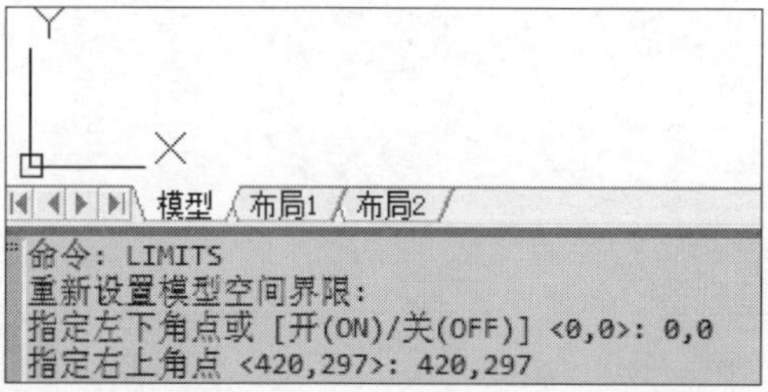

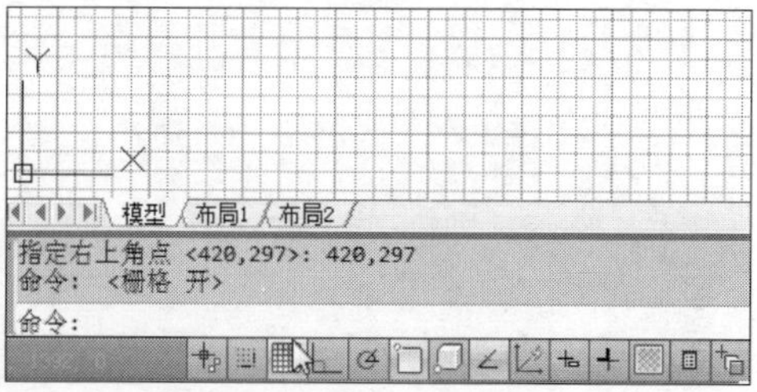

```
命令: LIMITS
重新设置模型空间界限:
指定左下角点或 [开(ON)/关(OFF)] <0,0>: 0,0
指定右上角点 <420,297>: 420,297
```

```
指定右上角点 <420,297>: 420,297
命令: <栅格 开>
命令:
```

3 设置栅格。右击"对象捕捉"按钮▢，单击"设置"选项，如左下图。

4 设置栅格选项。在"草图设置"对话框中，在勾选"启用栅格"复选框的前提下，勾选"图纸/布局"复选框，其他选项均不勾选，单击"确定"按钮，如右下图。

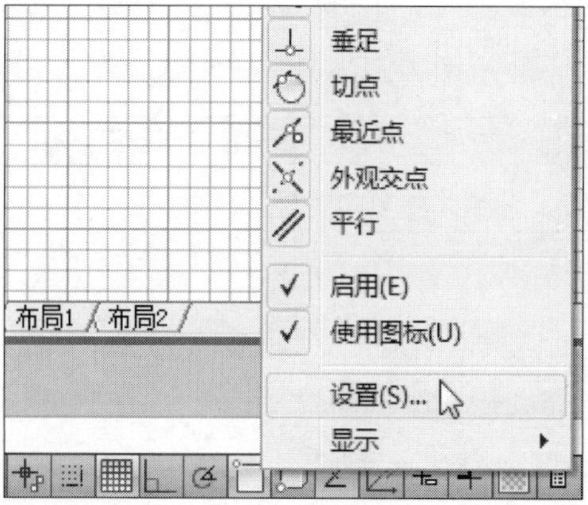

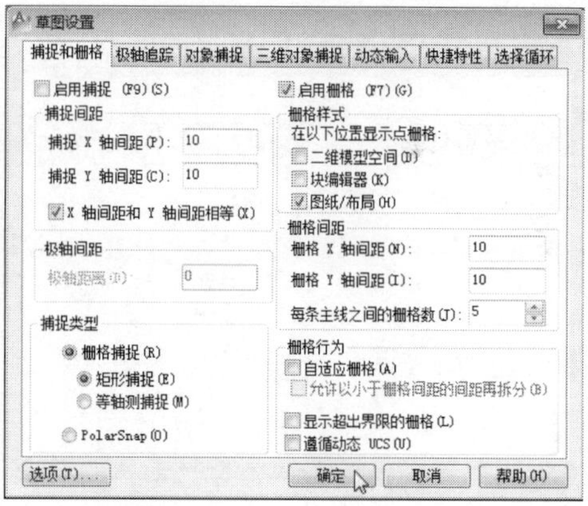

5 最终效果。此时绘图区显示效果如下图。

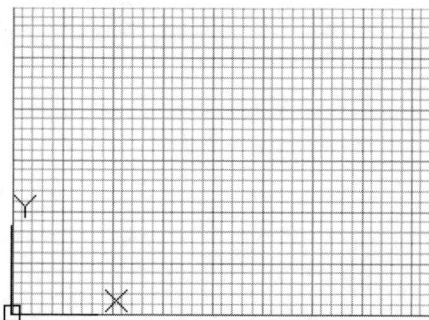

案例 04 创建并设置图层

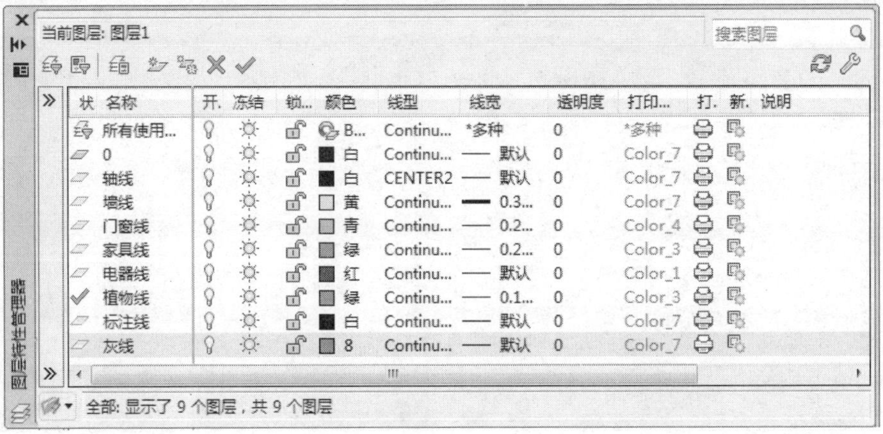

为了方便学习，本节相关实例的素材文件、结果文件，以及同步教学文件可以在配套的光盘中查找，具体内容路径如下。

▶▶ **原始素材文件：** 无

▶▶ **最终结果文件：** 光盘\结果文件\第12章\12-1-4.dwg

▶▶ **同步教学文件：** 光盘\多媒体教学文件\第12章\12-1-4.mp4

本例难易度	制作关键	技能与知识要点
★★★☆☆	本实例主要创建并设置图层，首先打开"图层特性管理器"，接着创建图层，然后设置图层中的内容，最后完成当前样板文件中的图层设置。	• "图层"命令

1 打开"图层特性管理器"。输入"图层特性管理器"命令"LA"并确定，单击"创建图层"按钮 ，如左下图。

2 创建新图层。在图层名称栏输入当前图层的名字，如"轴线"，如右下图。

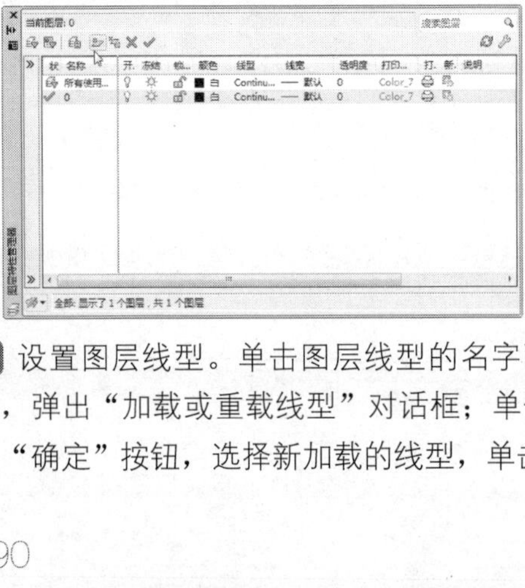

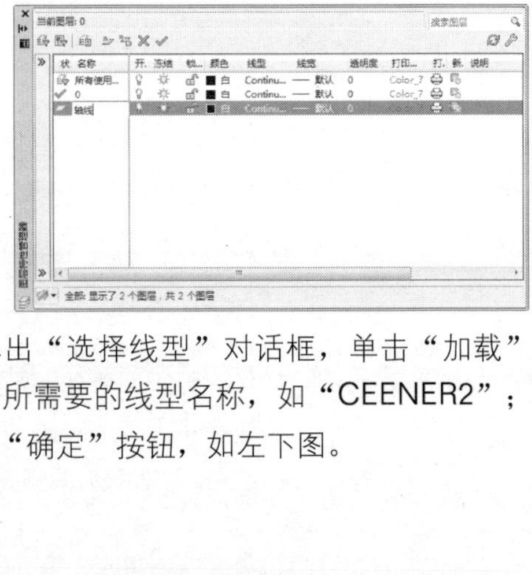

3 设置图层线型。单击图层线型的名字弹出"选择线型"对话框，单击"加载"按钮，弹出"加载或重载线型"对话框；单击所需要的线型名称，如"CEENER2"；单击"确定"按钮，选择新加载的线型，单击"确定"按钮，如左下图。

4 设置图层线宽。单击"墙线"图层的线宽，单击需要的线宽值，如"0.35mm"；单击"确定"按钮，如右下图。

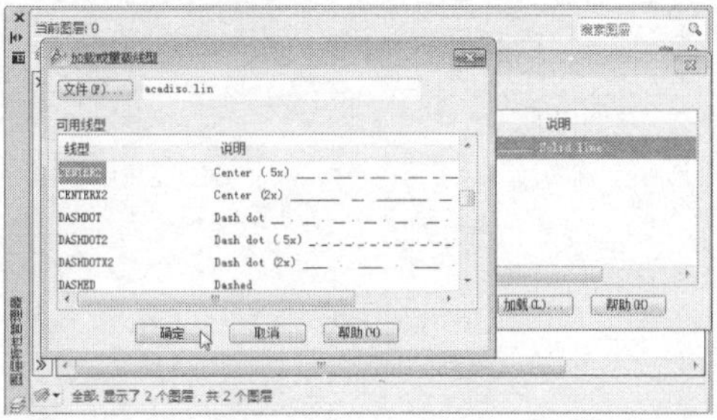

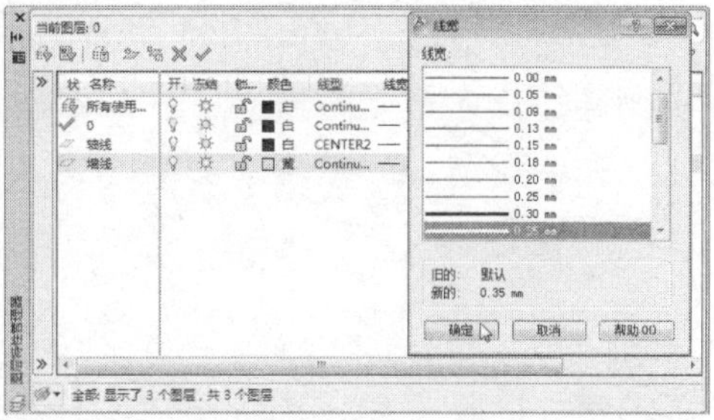

5 设置图层颜色。单击"门窗线"图层的颜色框，单击选择需要的颜色，单击"确定"按钮，如左下图。

6 确定图层设置。设置"门窗线"图层的宽度为"0.25mm"，完成设置后的效果如右下图。

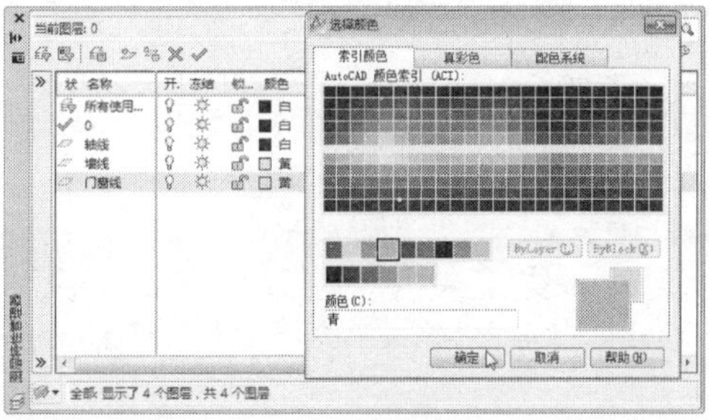

7 创建当前样板文件中的基本图层。接下来设置"标注线"图层、"电器线"图层、"家具线"图层、"植物线"图层，如左下图。

8 完成图层的创建与设置。将所有图层设置完成，如右下图。

> **大师心得** 在创建样板文件时，创建的常用图层在实际应用中可能无法满足一些大型绘图的要求，用户可以在进行绘图时对其进行适当地添加。

12.2 同步训练——设置基本样式

在室内装饰设计中，需要对图形进行适当的文字说明，对图形进行相应的标注，还要对图纸进行打印输出，这些操作都需要指定统一的设置。因此，在绘图前，还需要对文字样式、尺寸标注样式、引线样式以及打印等进行适当设置。

案例 01 设置文字样式

为了方便学习，本节相关实例的素材文件、结果文件，以及同步教学文件可以在配套的光盘中查找，具体内容路径如下。

▶▶ **原始素材文件**：无

▶▶ **最终结果文件**：无

▶▶ **同步教学文件**：光盘\多媒体教学文件\第12章\12-2-1.mp4

本例难易度	制作关键	技能与知识要点
★★★☆☆	本实例主要设置此样板文件中的文字样式。	• "文字样式"命令

1️⃣ 新建文字样式。输入文字样式命令"ST"并确定，单击"新建"按钮，如左下图。

2️⃣ 确定新文字样式的名称。在"样式名"文本框中输入"室内装饰样式"，单击"确定"按钮，如右下图。

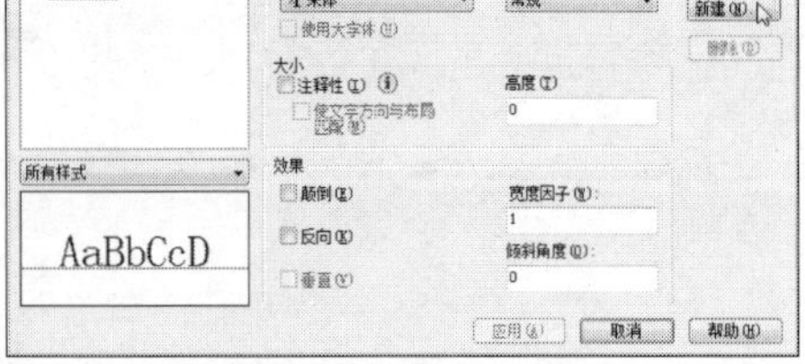

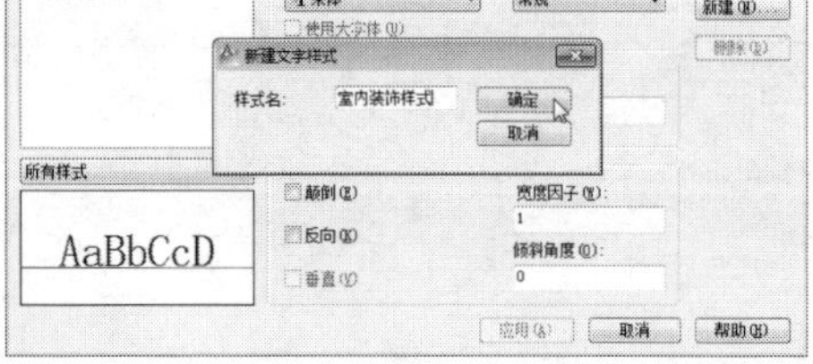

3 设置字体。单击选择新建新式，单击"字体名"下拉按钮，选择"新宋体"，如左下图。

4 设置字体高度。在"高度"下方的文本框内输入"100"，单击"应用"按钮，完成"文字样式"的设置，如右下图。

> **大师心得** 选中"文字样式"对话框中"大小"选项组的"注释性"复选框，使该样式成为注释性的，调用该样式创建文字为注释性对象，可以随时根据打印需要调整注释性比例。

案例 02 设置尺寸标注样式

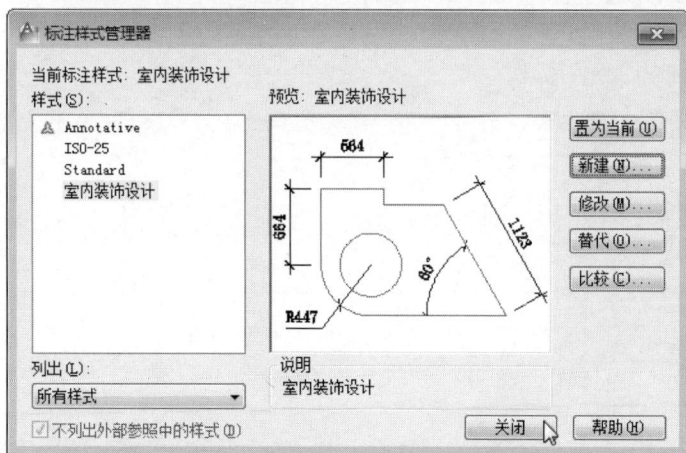

为了方便学习，本节相关实例的素材文件、结果文件，以及同步教学文件可以在配套的光盘中查找，具体内容路径如下。

▶▶ **原始素材文件：**无

▶▶ **最终结果文件：**无

▶▶ **同步教学文件：**光盘\多媒体教学文件\第12章\12-2-2.mp4

本例难易度	制作关键	技能与知识要点
★★★☆☆	本实例主要创建与设置样板文件中的标注样式。	• "标注样式"命令

1 打开标注样式管理器。输入"标注样式管理器"命令"D"并确定，单击"新建"按钮，在"新样式名"文本框中输入"室内装饰设计"，单击"继续"按钮，如左下图。

2 设置"文字"选项卡。单击打开"文字"选项卡，将文字高度设置为"100"，将从尺寸线偏移设为"50"；选中"ISO标准"单选按钮，如右下图。

3 设置"符号与箭头"选项卡。单击打开"符号和箭头"选项卡，单击"第一个"下拉按钮，选择"建筑标记"；单击"引线"下拉按钮，选择"点"；将"箭头大小"设为"80"，如左下图。

4 设置"主单位"选项卡。单击打开"主单位"选项卡，设置"单位格式"为"小数"，"精度"为"0"，如右下图。

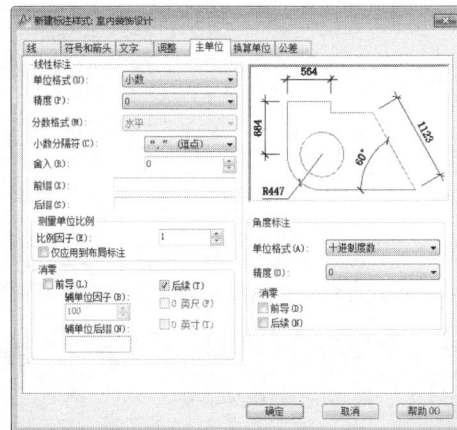

5 设置"线"选项卡。单击打开"线"选项卡，"超出标记"设为"80"；"超出尺寸线"设为"50"，"起点偏移量"设为"100"；单击"确定"按钮，如左下图。

6 完成新标注样式设置。完成新标注样式的设置，单击"关闭"按钮，预览效果如右下图。

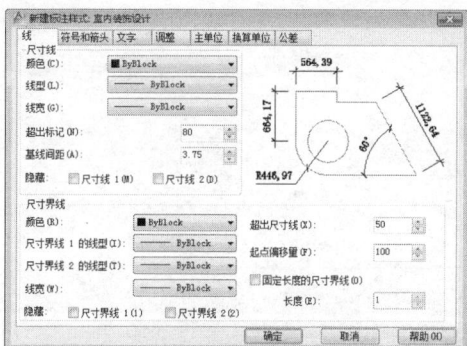

> **大师心得** "尺寸标注"文字样式主要用于标注数字尺寸。因此，将字体样式设置为"romans.shx"。

案例 **03** 设置引线样式

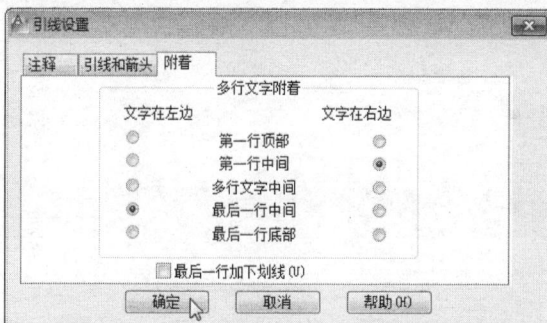

　　为了方便学习，本节相关实例的素材文件、结果文件，以及同步教学文件可以在配套的光盘中查找，具体内容路径如下。

▶▶ **原始素材文件：** 无
▶▶ **最终结果文件：** 无
▶▶ **同步教学文件：** 光盘\多媒体教学文件\第12章\12-2-3.mp4

本例难易度	制作关键	技能与知识要点
★★☆☆☆	本实例主要对样板文件中的"引线"进行设置。	• "引线设置"命令

1 输入引线设置命令。输入引线命令"LE"并确定，输入设置命令"S"并确定，如左下图。

2 设置"注释"选项卡。对"注释类型"、"多行文字选项"、"重复使用注释"根据需要进行设置,如右下图。

3 设置"引线和箭头"选项卡。单击打开"引线和箭头"选项卡,可设置"引线"和"箭头"样式,也可设置引线"点数"和"角度约束",如左下图。

4 设置"附着"选项卡。单击打开"附着"选项卡,可设置引线文字的附着选项,设置完成单击"确定"按钮,如右下图。

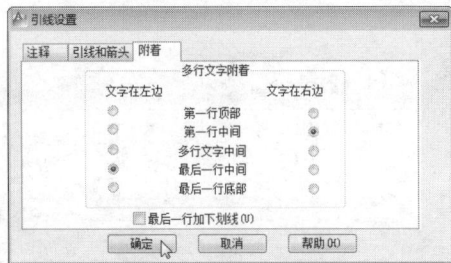

案例 04 创建打印样式

　　为了方便学习,本节相关实例的素材文件、结果文件,以及同步教学文件可以在配套的光盘中查找,具体内容路径如下。

▶▶ **原始素材文件**:无

▶▶ **最终结果文件**:无

▶▶ **同步教学文件**:光盘\多媒体教学文件\第12章\12-2-4.mp4

本例难易度	制作关键	技能与知识要点
★☆☆☆☆	本实例主要在此样板文件中创建打印样式。	• "打印"命令

1 输入打印命令。按快捷键【Ctrl +P】弹出"打印-模型"对话框,单击"打印样式表"下拉按钮,单击"新建"选项,如下图。

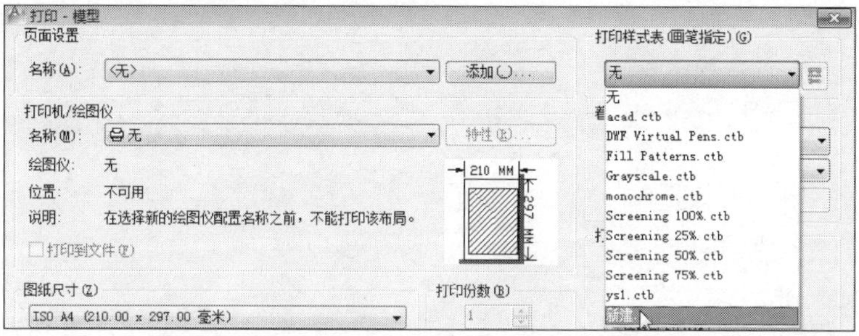

2 开始创建。单击"创建新打印样式表"单选按钮,单击"下一步"按钮,如下图。

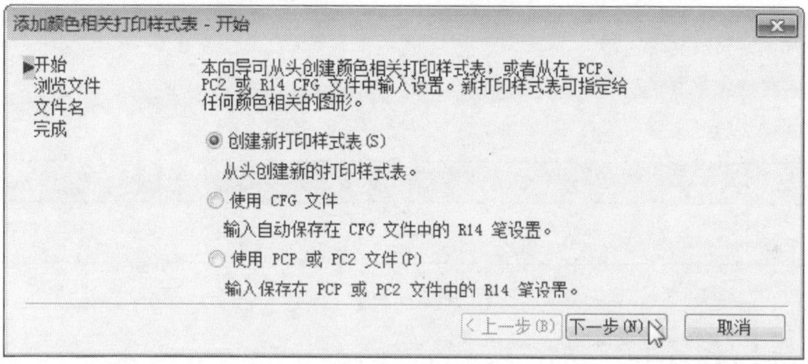

3 输入样式名称。在"文件名"下的文本框中输入"室内装饰设计",单击"下一步",如左下图。

4 完成创建。单击"完成"按钮,成功创建新样式表"室内装饰设计",如右下图。

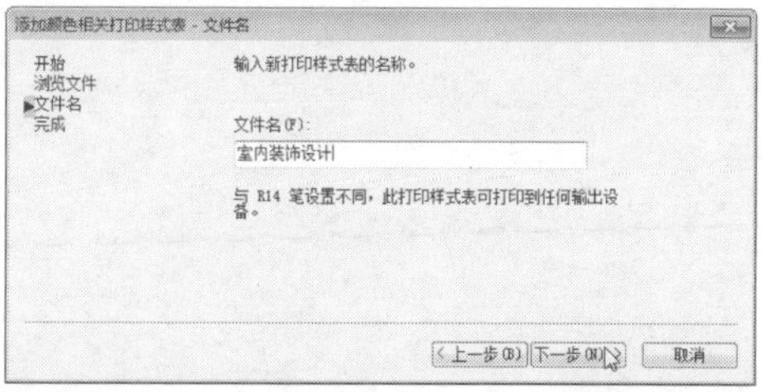

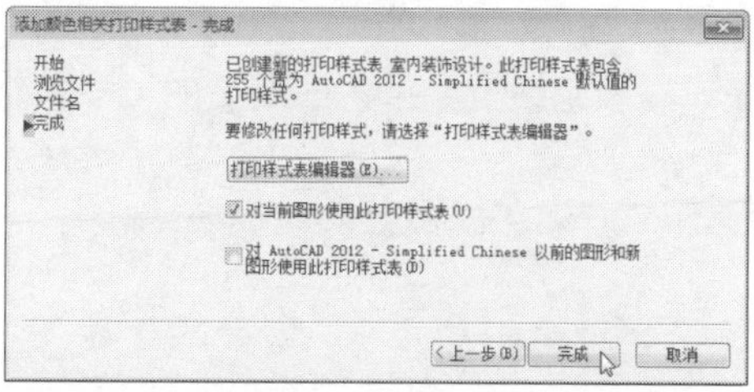

> **大师心得** 默认情况下,颜色相关打印样式表和命名打印样式表存储在"Plot Styles"文件夹中,此文件夹也称为打印样式管理器。打印样式管理器列出了所有可用的打印样式表,可以使用打印样式管理器来添加、删除、重命名和编辑打印样式表。双击创建的打印样式表,在弹出的相应对话框中,可以对创建的打印样式表进行相应的编辑(设置线型颜色、线型以及线宽等)。

案例 05　编辑打印样式

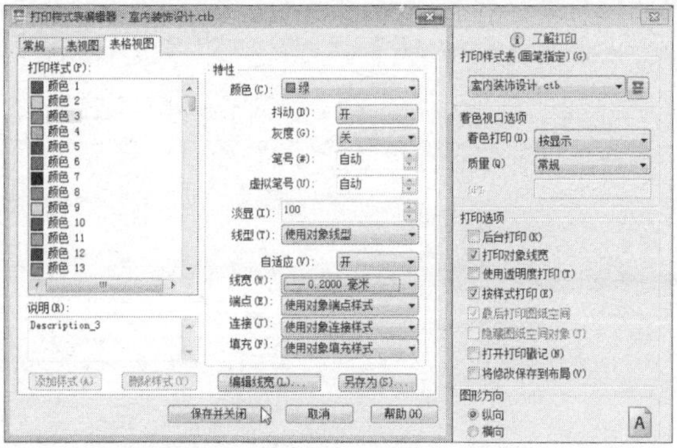

为了方便学习，本节相关实例的素材文件、结果文件，以及同步教学文件可以在配套的光盘中查找，具体内容路径如下。

> ➡ **原始素材文件：**无
>
> ➡ **最终结果文件：**无
>
> ➡ **同步教学文件：**光盘\多媒体教学文件\第12章\12-2-5.mp4

本例难易度	制作关键	技能与知识要点
★★☆☆☆	本实例主要对新创建的打印样式进行编辑。	• 编辑打印样式表

❶ 打开"打印-模型"。按快捷键【Ctrl +P】弹出"打印-模型"对话框，单击"编辑"按钮，如下图。

❷ 设置"颜色"。选择颜色中的"黄"，如左下图。

❸ 设置颜色线宽。单击线宽后的"使用对象线宽"下拉按钮，单击"0.35毫米"，如右下图。

④ 设置青色的特性。选择颜色"青"，设置线宽为"0.25毫米"，如左下图。

⑤ 编辑线宽。单击"编辑线宽"按钮，可编辑需要的线宽，如右下图。

> **大师心得** 在绘制室内装饰设计图纸时，通常调用不同的线宽和线型来表示不同的内容，例如墙体轮廓线调用粗实线，而内容家具图块则调用细实线，从而使打印出来的图纸有层次、清晰、美观。

12.3 同步训练——绘制基本常用图块

绘制室内装饰设计图纸时，经常用到指向符、标高等特殊图块。为了避免在后期设计时重复绘制，一般在样板文件中绘制这些图形，并将其定义为块，以方便后期绘制过程的调用。

案例 01 绘制立面指向符

为了方便学习，本节相关实例的素材文件、结果文件，以及同步教学文件可以在配套的光盘中查找，具体内容路径如下。

▶▶ **原始素材文件**：无

▶▶ **最终结果文件**：光盘\结果文件\第12章\12-3-1.dwg

▶▶ **同步教学文件**：光盘\多媒体教学文件\第12章\12-3-1.mp4

本例难易度	制作关键	技能与知识要点
★★★★☆	本实例主要绘制立面图的指示符。首先绘制单向指示符，接着绘制双向指示符，最后绘制四向指示符。	• "矩形"、"多边形"命令 • "圆"、"直线"命令 • "修剪"、"旋转"命令 • "填充"命令 • "文字"命令

1 绘制三角形。在正交模式打开的前提下，使用多边形命令"POL"绘制边长为"400"的三角形，如左下图。

2 拉伸顶点。单击选择三角形顶点，鼠标向下移动输入"100"并确定，如右下图。

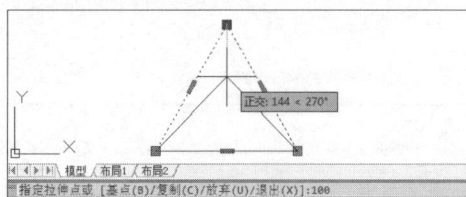

3 创建圆。单击三角形水平边的中点作为圆心，如左下图。

4 确定圆半径。单击三角形斜边中点，确定圆的半径，如右下图。

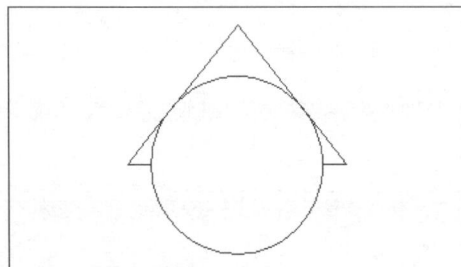

> **大师心得** 立面指向符由等边三角形、圆和字母组成，其中字母表示立面图的编号，黑色箭头指向立面的方向。

5 修剪对象。将圆内的三角形边使用修剪命令修剪掉，如左下图。

6 填充命令。输入填充命令"H"并确定，选择图案"SOLID"，单击"添加：拾取点"按钮，如右下图。

7 选择填充对象：在对象中单击拾取需要填充的区域，如左下图。

8 填充对象。按空格键确定所选，单击"确定"按钮，完成填充，如右下图。

9 输入文字。输入文字命令"T"并确定，在适当位置拉出文本框，设置字体高度为"200"，输入文字内容"A"，单击"确定"按钮，如左下图。

10 选择组块对象。选择绘制的指向符所有对象，如右下图。

11 设置块基点。输入块定义命令"B"并确定，输入名称"ZXF"，单击"拾取点"按钮；单击组块对象的顶点作为块的定义基点，如左下图。

12 完成组块。单击"确定"按钮，完成"ZXF"的组块，如右下图。

> **大师心得** 立面指向符是室内装饰施工图中特有的一种标识符号，主要用于立面图编号。当某个垂直界面需要绘制立面图时，在该垂直界面所对应的平面图中需要使用立面指向符，以便确认该垂直界面的立面图编号。

13 复制对象。将块"ZXF"复制并移动到适当位置，使用分解命令"X"将其分解，如左下图。

14 绘制双向内视符号。在已经分解对象的圆中以上下象限点绘制一条垂直线，将文字大小适当调整后，内容更改为"AB"，并移动到适当位置，如右下图。

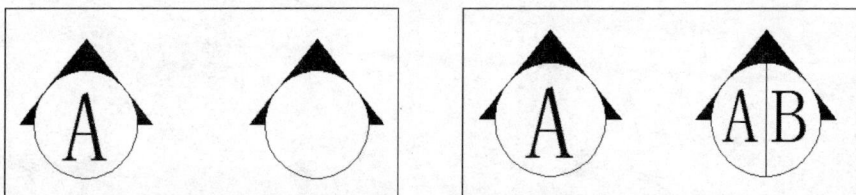

> **大师心得** 上面绘制的两个立面指向符是单向内视符号和双向内视符号，接下来绘制的是四向内视符号。绘图时可根据需要进行朝向和字母的更改。

15 绘制矩形。绘制长宽都为"400"的矩形，如左下图。

16 旋转矩形。使用旋转命令将矩形旋转"45"度，如右下图。

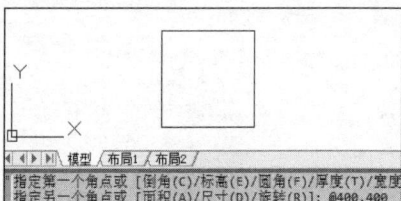

17 绘制矩形。以旋转矩形左上侧中点为起点，以右下侧中点为端点，绘制一个矩形，如左下图。

18 创建圆。以内矩形的上方水平线中点为圆心，以斜线边缘的适当位置为半径绘制一个圆，如右下图。

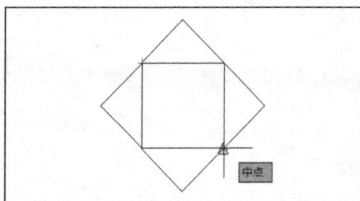

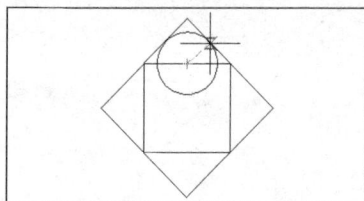

19 镜像对象。以旋转矩形的左右对角点为镜像线，将内侧上方的圆镜像到下方，如左下图。

20 复制旋转对象。复制矩形内的两个圆，然后将其旋转"90"度，移动到适当位置，如右下图。

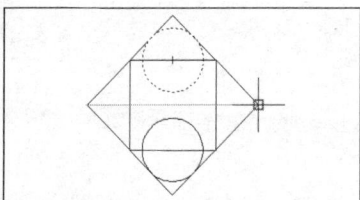

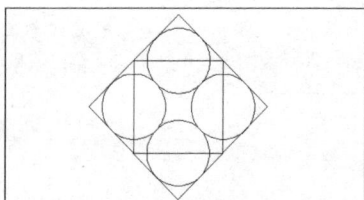

㉑ 修剪对象。使用修剪命令将四个圆内的线段依次修剪掉，如左下图。

㉒ 创建文字。在圆内以顺时针的方向创建文字"A"、"B"、"C"、"D"，将其移动到适当位置，如右下图。

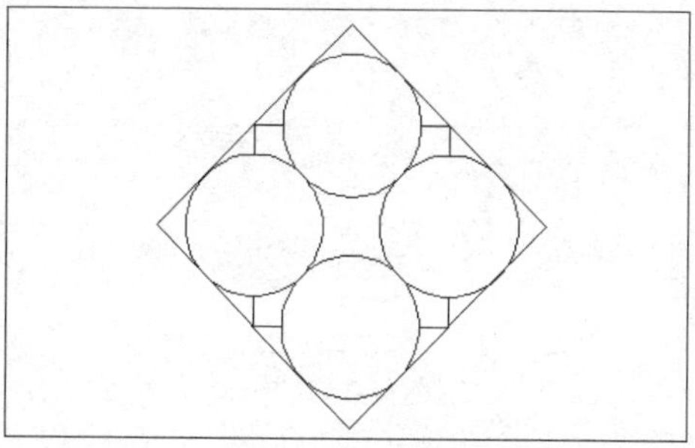

㉓ 选择填充区域。输入填充命令"H"并确定，选择图案"SOLID"，单击"添加：拾取点"按钮▣，在对象中单击拾取需要填充的区域，如左下图。

㉔ 完成效果。按空格键确定所选，单击"确定"按钮，完成填充，效果如右下图。

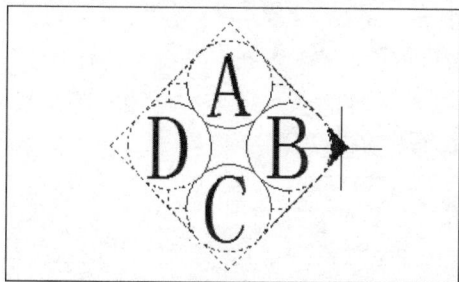

案例 02 绘制标高

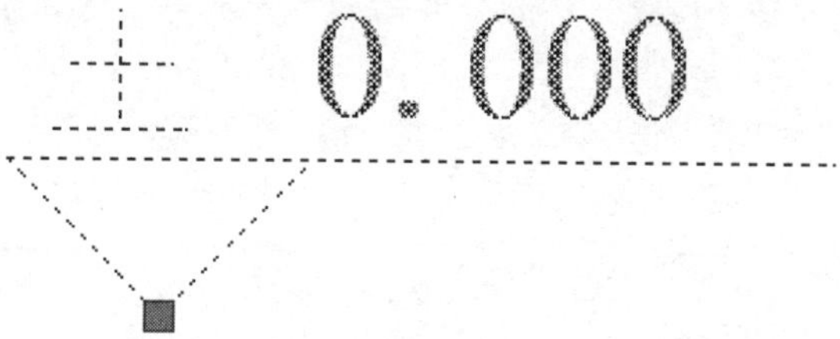

为了方便学习，本节相关实例的素材文件、结果文件，以及同步教学文件可以在配套的光盘中查找，具体内容路径如下。

▶▶ **原始素材文件：** 无

▶▶ **最终结果文件：** 光盘\结果文件\第12章\12-3-2.dwg

▶▶ **同步教学文件：** 光盘\多媒体教学文件\第12章\12-3-2.mp4

本例难易度	制作关键	技能与知识要点
★★★☆☆	本实例主要绘制室内装饰设计中的标高符号。首先绘制矩形并进行旋转，从矩形的左侧顶点绘制一条直线，将直线上方的矩形部分修剪掉，接着创建标高文字，完成标高符号的绘制。	• "矩形" 命令 • "直线" 命令 • "修剪" 命令 • "文字" 命令

1 绘制矩形。绘制长宽都为 "200" 的矩形，如左下图。

2 绘制直线。将所绘制的矩形旋转 "45" 度，以矩形左侧对角点为起点，绘制一条直线，如右下图。

3 修剪对象。使用修剪命令将直线上方的矩形修剪掉，如左下图。

4 绘制符号。使用直线命令绘制一条垂直线段，一条水平线段，移动对象使其呈 "+"；在稍下方的位置绘制一条稍长的水平线段，如右下图。

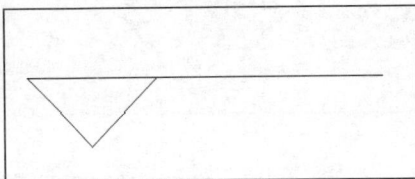

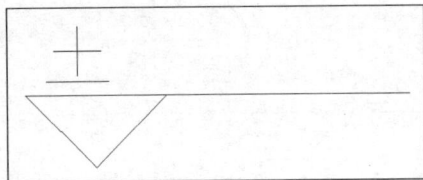

5 定义属性块。输入定义属性命令 "ATT" 并确定，在标记中输入 "0.000"，在 "提示" 栏输入 "请输入标高"，在 "默认" 栏中输入 "0.000"；单击 "确定" 按钮，如左下图。

6 定义块。选择所有对象，激活定义块命令，输入块名称 "标高"，单击下端角点为插入基点，将对象组合为块，如右下图。

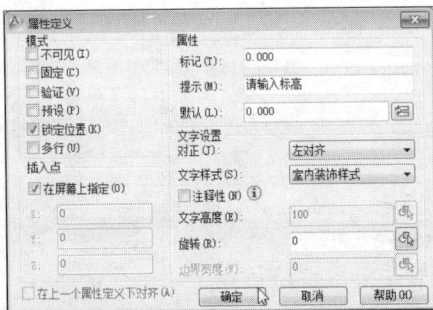

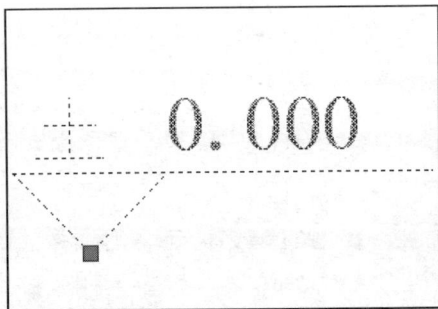

案例 03　绘制A3图框

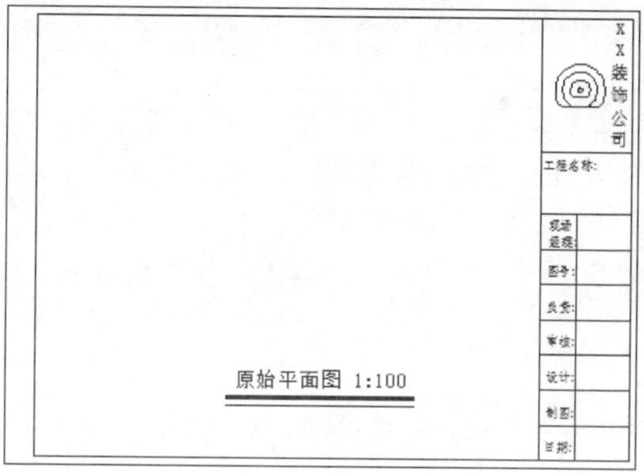

原始平面图 1:100

为了方便学习，本节相关实例的素材文件、结果文件，以及同步教学文件可以在配套的光盘中查找，具体内容路径如下。

▶▶ **原始素材文件**：无
▶▶ **最终结果文件**：光盘\结果文件\第12章\12-3-3.dwg
▶▶ **同步教学文件**：光盘\多媒体教学文件\第112章\12-3-3.mp4

本例难易度	制作关键	技能与知识要点
★★★☆☆	本实例主要绘制模板中的A3图框。首先创建图框大小，接着使用直线命令创建图框的格局样式，然后在相应的位置创建文字，最后创建图框名称，完成A3图框的绘制。	• "直线"、"多段线"命令 • "矩形"、"圆"命令 • "文字"命令 • "偏移"命令

1 绘制矩形。绘制长为"420"、宽为"297"的矩形，如左下图。

2 偏移对象。使用偏移命令将矩形向内侧偏移"5"，如右下图。

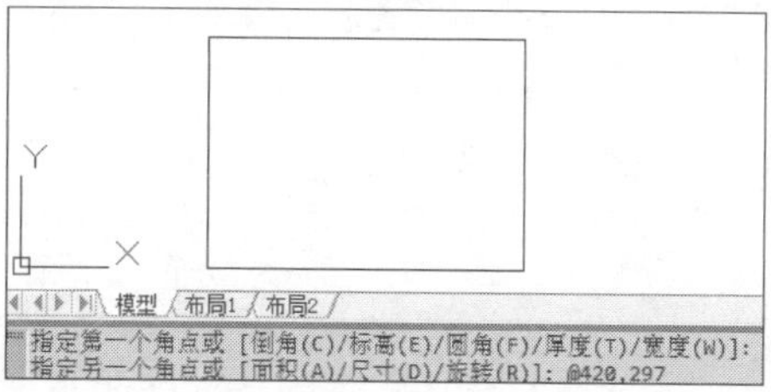

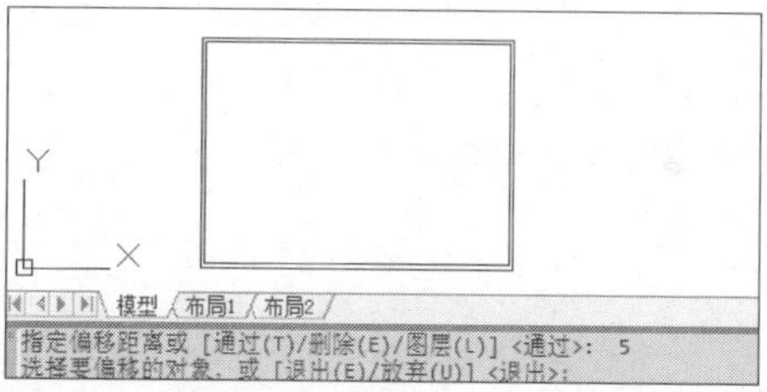

3 拉伸对象。使用拉伸命令将内侧矩形左方向右侧拉伸 "15"，如左下图。

4 绘制直线。使用直线命令绘制一条垂直线，将其移动到离右侧内框矩形 "40" 的位置，如右下图。

5 阵列对象。在垂直线和内侧矩形右垂直线之间绘制一条直线，使用矩形阵列命令将直线阵列 "1" 列，"8" 行，阵列间距为 "150"，如左下图。

6 绘制直线。在阵列对象的上方绘制一条水平线，在阵列对象中左侧位置绘制一条垂直线，如右下图。

7 创建文字。在图框中相应位置创建文字，如左下图。

8 创建标志和公司名称。在图框右上角创建公司的名称及标志，如右下图。

9 创建图线。绘制一条宽度为 "2" 的多段线，在下方使用直线绘制一条相同长度的直线，如左下图。

10 创建文字。创建图框名称和比例，移动到适当位置，如右下图。

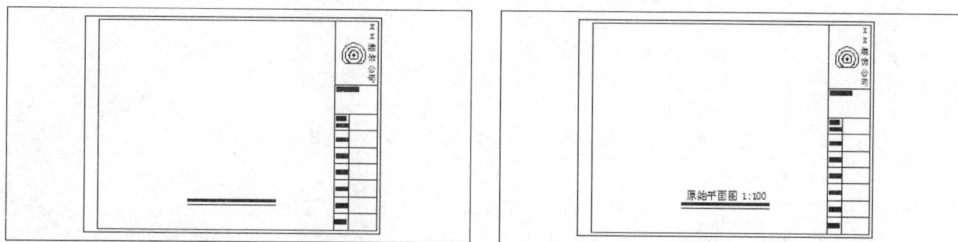

本章小结

　　在本章内容中，主要详细讲解了室内装饰设计中绘图模板内容的创建方法和编辑。包括样板文件的设置、基本样式的设置以及常用基本图块的绘制。模板创建完成后，后面作图时可直接使用此模板。

Chapter 13

办公室装修设计案例

本章主要讲解办公室装修设计案例的过程及内容。包括户型分析、平面设计图、地面布置图、顶面布置图和方案图册设计等内容。

本章导读
BEN ZHANG DAO DU >>>>>

知识要点
ZHI SHI YAO DIAN >>>>>

- 户型分析确定设计方向和内容
- 平面设计图设计规划室内功能区
- 地面布置图的相关要点
- 顶面布置图的特点
- 方案图册的内容和制作

案例展示
AN LI ZHAN SHI >>>>>

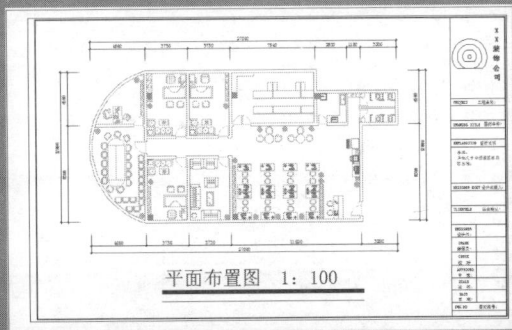

平面布置图 1: 100

13.1　实战应用——户型分析

办公空间设计旨在创造一个良好的办公环境。一个成功的室内办公空间设计，必须在室内空间划分、平面布置、界面处理、采光照明、色彩选择、氛围营造等方面进行全盘考虑。在设计之初，必须根据客户的需要对户型进行分析。

流程　01　办公空间设计概述

办公空间设计主要涉及行政办公楼和商业办公楼内部的办公室、会议室以及报告厅的室内设计。

1. 办公空间室内设计的基本要求

从办公空间的特征与功能要求来看，办公空间应该满足几个基本要求。

（1）秩序感：秩序感是指在空间设计中保持形的节奏和韵律，强调形的完整和简洁。办公空间设计也正是运用这一基本原理来创造一种安静、平和与整洁的环境。可以说秩序感是办公空间设计中的其中一个基本要求，要达到办公空间有秩序的目的，涉的范围很广。如办公家具的多样式与色彩的统一，平面布置的规划性，隔断的高低尺寸与色彩材料的统一，天花的平整性与墙面不带花哨的装饰，合理的室内色调及人流导向等。这些都与秩序密切相关，可以说秩序的营造在办公室设计中起着最为关键的作用。

（2）明快感：保持办公室的简洁明快是设计的又一基本要求。简洁明快是指办公环境的色调统一，灯光布置合理，有充足的光线，空气清新，这也是办公室的基本要求所决定的。在装饰中，明快的色调可以给人一种愉快的心情，给人一种洁净的感觉，同时明快的色调也可以在白天增加室内采光度。

（3）现代感：目前，许多企业的办公室为了便于思想交流，加强民主管理，往往采用开敞式的设计。这种设计已经成为新型办公空间的特征，形成了现代办公空间新的空间概念。现代办公空间设计非常重视办公环境的研究，将自然景观引入室内空间，通过室内外环境的绿化，给办公环境带来生机。这也是现代办公空间设计的另一种特征。

另外，现代人体工程学的发展，是办公设备在适合人体工程学的要求下日益完善的。办公的科学化、自动化给人类工作带来了极大方便。在设计中充分利用人体工程学的知识，按特定的功能与尺寸要求进行设计，这些都是对现代办公空间设计的基本要求。

2. 办公室设计要点

办公室的种类很多，设计的要求也不同。

（1）普通办公室的处理要点

普通办公室是指传统意义上的办公空间，每个办公空间是相对独立有隔断的功能区。此类办公室包括如下方面。

- 个人使用的办公室：这种办公室一般面积比较大，除办公桌外，室内还设有接待谈话区域，这样的办公空间一般通信设施比较齐全、家具宽大、配套设计比较齐全，适合于办公、接见等。在室内空间设计上追求简洁精致，布局尊贵气派，在电器设计上讲究冷暖光线并用，营造一种明快、大方、有效率的空间环境。若还有剩余空间，可以做一些陈设方面的设计，如绿化，设置字画、地球仪、纪念品和书籍等。

- 一个人的办公室在使用上比较固定，在平面上主要考虑各种功能的分区，其设计原则是：既要分区合理又要避免过多走动。即使是最小的办公室也要强调办公效率的最大化。

- 个人办公室室内照明：个人办公室是一个人占有一定面积的空间，较之一般办公室，顶棚灯具亮度不那么重要，能够达到一般明明的要求即可，更多的则是希望它能够为烘托一定的艺术效果或气氛提供帮助。房间其余部分则采用辅助的方法来解决，这样就会有充分的余地运用装饰照明来处理空间细节。个人办公室的工作照明围绕办公桌的具体位置而定，有明确的针对性，对于照明质量和灯具造型都有较高的要求。

- 多人使用办公室：这种空间以4~10人办公为主，面积根据情况也不相等。在布置上首先考虑按工作顺序来安排每个人的位置。应避免互相干扰，要尽量使人和人的视线相互回避。其次，室内的通道应布局科学、合理，避免来回穿插及走动过多，造成浪费。避免带来视觉上的干扰。

（2）开放式办公室处理要点

开放式办公室也称为开敞式办公室，是目前较流行的一种办公形式，与超市和自选商场气氛相似，人们可以自由地去交流，领导层可以自由地去检查工作，同时也方便大家的互相监督。这种空间布局的特点是灵活多变的，此种办公环境处理的关键是通道的布置。在装饰材料的使用上，大多是由工业化生产的各种屏隔构成。其每一个办公单元都应按照功能关系来进行分组。

3. 办公空间色彩的设计方法

办公空间的色彩对整个空间的设计和使用起着非常关键的作用。

（1）办公空间总体色彩把握

这一部分工作应从方案构思阶段就开始。材料本身的色彩、家具色彩及照明色彩应该整体考虑。一般来说，办公空间是人们集散及工作之地，应强调统一效果，配色时用色相的浓淡系列配色最为适宜。即用相同色相来统一，并将其纯度进行适当变化，可取得理想效果。在大的办公室内有空间区分要求时，可以用两个色相的配合来取得变化，以创造有条理、舒适的工作环境。

（2）办公空间室内各部位的配色

地面色：地面色和墙面色是整个空间颜色设计中比重最大的部分，如果采用同色系时可以强调其中一种来对比效果。

墙面色：墙面在对创造室内气氛中起着支配作用。墙面的色彩不同，给人的影响也不同，如暖色系的色彩能产生温暖的气氛，冷色系的色彩会引起寒冷感觉，明快的中性色彩可使人产生明朗沉着的感觉。在具体使用中，墙面色的明度比顶棚色的明度略深，一般采用明亮的中间色。

顶棚色：这部分一般采用接近白色、比较明亮的色彩。当采用与墙面统一的色系时，应比墙面的明度更高一些。

（3）家具色

在无特殊要求时，一般办公家具都较多地采用低彩度、低明度、相对低调的色彩。在办公空间中，如墙面为暖色系时，家具一般选用冷色系或中性色，墙面是冷色系无色彩时，家具宜采用暖色。

（4）照明因素对办公室色彩的影响

以上讨论的颜色主要是在日光下反映出来的。在办公空间中，往往还需要人工照明来辅助采光，特别是在晚上，则是完全依赖于人工照明。所以在进行室内色彩设计时还应该考虑照明对色彩的影响。

4. 办公空间室内陈设

陈设是指建筑空间内除固定于墙、地面、顶面的建筑构造、设备外的一切使用或专供观赏的物品，它可分为墙面陈设、地面陈设、桌面陈设等。

（1）墙面陈设

墙面陈设一般以平面艺术为主。如绘画、摄影等小型的立体饰物，以及壁灯、浮雕等。也可以在墙上设置的搁架上存放陈设品。

（2）地面陈设

地面陈设是指除必要的办公家具之外，所摆放的增加观赏性或起宣传作用的物品，如展架等。

（3）桌面陈设

桌面陈设宜选用小巧精致便于更换的陈设品。如家庭合影、笔筒、小卡通造型等，这些看似不起眼的小物品往往使办公空间变得有人情味。

（4）落地陈设

这类陈设品一般体量较大，如雕塑、绿化、屏风等，常放置在办公空间的角落、墙边或者走道，起引导的作用。

流程 02 户型及尺寸

任何一个室内装饰设计案例，绘制的前提都是必须得到需要设计的户型图。本章所设计的办公室装修设计案例的户型如下图。

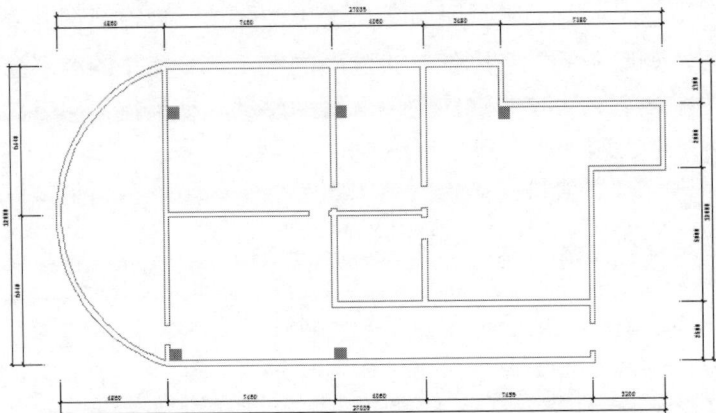

流程 03 客户意见及要求

在得到户型图及尺寸之后，在与客户的洽谈中，了解客户需要在此空间中达到的使用功能和要求。

1. 客户的意见及需要

从办公空间的特征与功能要求来看，此办公空间应客户的需要应该满足以下几个基本要求。

（1）此公司主要是做销售工作，所以必须要有比较宽敞的会议室。

（2）此公司有相当部分的产品，所以要有一个可以做产品陈列的独立空间。

（3）此公司因为是股份有限公司，所以必须有三个领导办公室，一个独立的接待会客室。

（4）其他配套与普通办公室相同，包括：服务台、财务室、普通办公区、卫生间等功能空间。

2. 客户的要求

（1）三个办公室的空间大小必须相同，办公室内的装修也必须相同，其他功能区与办公室常规装修一致。

（2）整个办公空间只需要做墙面的基装，其他墙面陈设由公司自行设计。

流程 04 办公空间装修预算

由空间面积和客户的要求两个参考要素作为前提，本案例的基装预算要求控制在十万元左右。

1. 基装区域

所谓基装，具体包括六个部分，即水电工程、泥工部分、墙面装饰、安装部分、门窗成品保护部分、隐藏工程。

2. 装修内容

此案例装修内容包括：地面贴地砖、墙面涂乳胶漆、顶面要吊顶。

关于案例的装修预算，必须在完成案例的设计，计算出装修面积之后才能做出来。

13.2 实战应用——绘制户型图

本小节主要是根据所得到的户型图或者根据从现场所丈量的尺寸绘制出原始平面图，并标注尺寸；再根据客户的需要和现场的实际情况创作平面设计图，并给图形配置图框等内容。

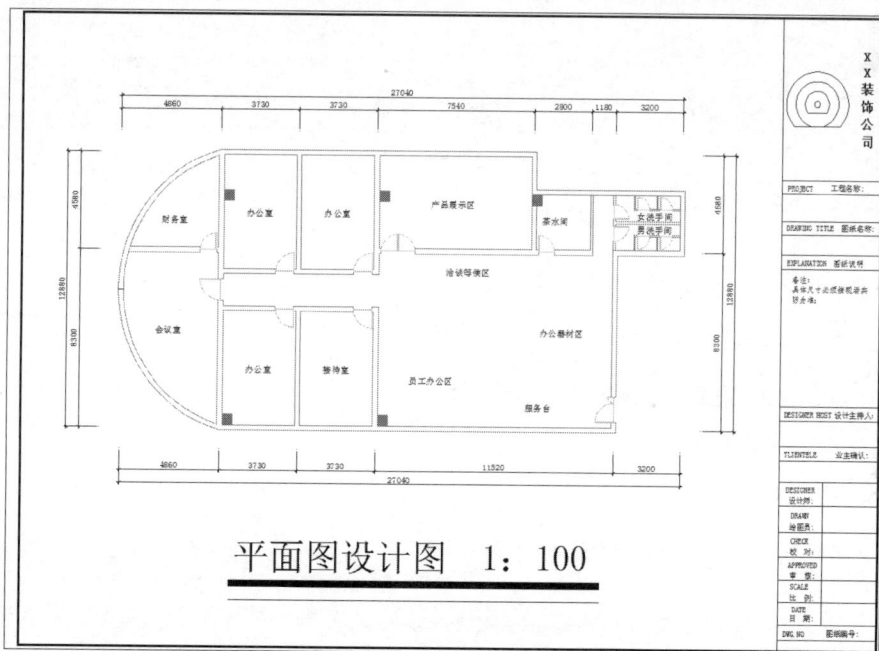

平面图设计图 1：100

流程 01 绘制辅助线

▶▶ **原始素材文件：** 光盘\素材文件\第13章\13-2-1.dwt
▶▶ **最终结果文件：** 光盘\结果文件\第13章\13-2-1.dwg
▶▶ **同步教学文件：** 光盘\多媒体教学文件\第13章\13-2-1.mp4

本例难易度	制作关键	技能与知识要点
★★☆☆☆	本实例主要是打开绘制的图形模板，另存为需要的文件名后，使用构造线绘制户型图的中轴辅助线。	• "另存为"命令 • "构造线"命令 • "偏移"命令

1 打开图形模板文件。打开前期绘制的模板文件，并将其另存为文件名"13-2-1.dwg"，如下图。

2 绘制辅助线。选择"轴线"图层，按【F8】键打开正交模式，绘制一条水平构造线，如左下图。

3 偏移辅助线。激活偏移命令，依次向下方偏移；偏移距离依次为：1780、2800、5800、2500，如右下图。

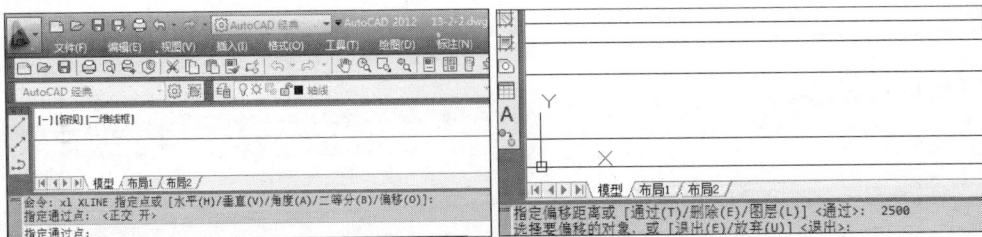

4 绘制垂直辅助线。绘制一条垂直构造线，依次向右偏移；偏移距离依次为：4860、7460、4060、3480、7180，如左下图。

5 绘制另一侧辅助线。激活偏移命令，将最右侧辅助线向左偏移距离为 "3200" 的垂直辅助线，并更改其颜色，如右下图。

大师
心得　　在绘制户型图的中轴线时，因为其上下左右四个面的墙体大部分都不相同，而在使用多段线绘制墙线中轴线时，为了方便分清楚此条线是上方还是下方的墙体线，一般将上方和下方的轴线设在同一个图层，但是颜色不同。

6 完成辅助线的绘制。激活偏移命令，将最上侧辅助线向下偏移距离为 "6440"，绘制出水平辅助线，并更改其颜色，完成辅助线的绘制，如下图。

大师
心得　　此文件的辅助线有黑色和红色两种，黑色的辅助线代表上方和右方的墙中线位置，红色的辅助线代表左方和下方的墙中线位置。

流程 **02** 绘制原始平面图

▶ 原始素材文件：光盘\素材文件\第13章\13-2-2.dwg
▶ 最终结果文件：光盘\结果文件\第13章\13-2-2.dwg
▶ 同步教学文件：光盘\多媒体教学文件\第13章\13-2-2.mp4

本例难易度	制作关键	技能与知识要点
★★★★☆	本实例主要是根据辅助线绘制原始平面图。首先使用多段线命令绘制墙中线，接着偏移出墙体厚度再将墙中线删除，然后绘制墙体承重柱，最后使用修剪命令完成门洞的绘制。	• "多段线"命令 • "偏移"命令 • "修剪"命令 • "填充"命令

1 绘制辅助线。打开素材文件"13-2-2.dwg"，选择"墙线"图层，按【F8】键打开正交模式，单击最右侧上第二条水平线处指定起点，输入PL多段线命令，如左下图。

2 绘制上方墙线。依次单击辅助线的端点绘制上方墙线，至最上方的左二处单击，如右下图。

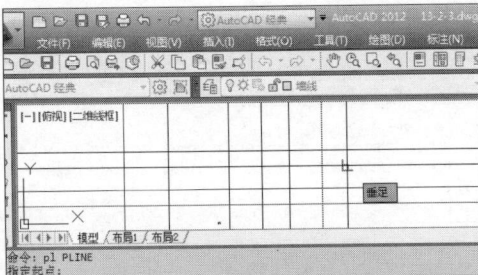

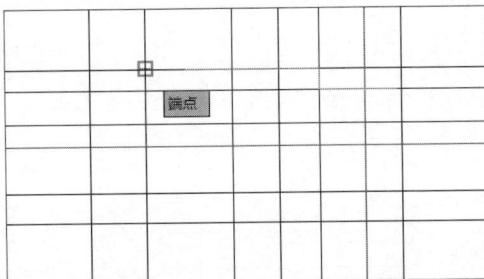

3 绘制阳台尺寸。输入子命令圆弧"A"并确定，输入子命令第二点"S"并确定，单击红色水平辅助线与最左侧垂直辅助线的交点，如左下图。

4 确定阳台弧度。单击左侧第二条垂直线与最下端水平线的交点，确定阳台的弧度与端点，如右下图。

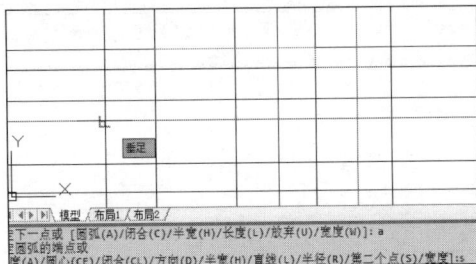

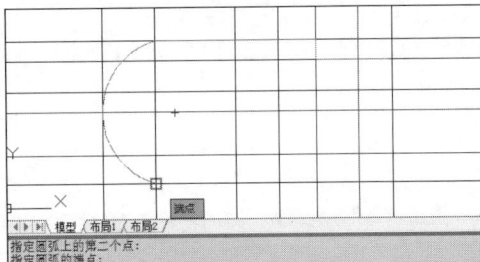

5 完成墙中线的绘制。输入子命令直线"L"，依次单击沿辅助线将墙体中线绘制出来，最后使用子命令"C"将线段闭合，如左下图。

6 偏移出墙体。激活偏移命令，将墙体中线向内外侧各偏移"120"的距离，如右下图。

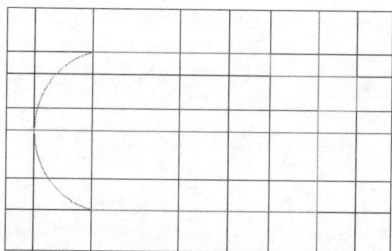 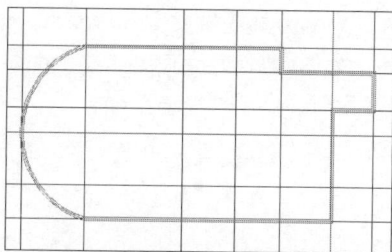

> **大师心得**　　在绘制墙体时，一般的外墙体厚度为"240"，厨房和卫生间的墙体厚度一般为"120"。

7 绘制内部墙中线。删除外墙中线，使用多段线绘制内墙中线，如左下图。

8 偏移墙线。使用偏移命令依次将各内部墙中线进行偏移，向中线两侧各偏移"120"，如右下图。

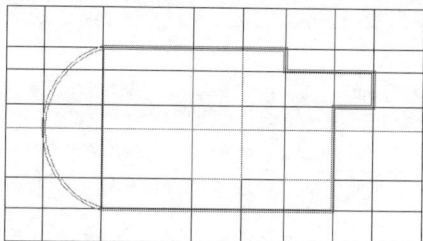 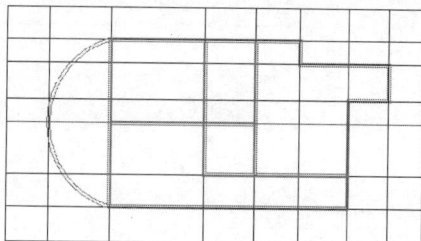

9 删除中线。选择内部墙中线并删除，关闭"轴线"图层，如左下图。

10 修剪对象。将墙线各连接处的多余线段使用修剪命令修剪掉，如右下图。

11 创建承重柱。创建长宽都为"500"的承重柱，使用填充命令进行填充后将其定义为块，如左下图。

12 依次创建承重柱。选择定义为块的承重柱，依次移动到适当位置，如右下图。

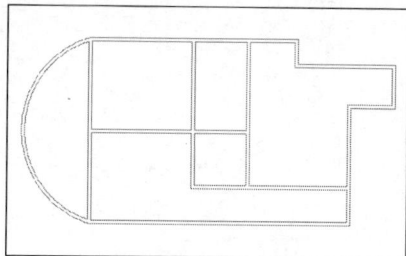

⓭ 创建门洞位置。使用直线，将各门洞位置创建出来，如左下图。

⓮ 创建门洞。根据现场所得到的户型图，使用修剪命令将直线间多余的部分修剪掉，创建出此户型的门洞，如右下图。

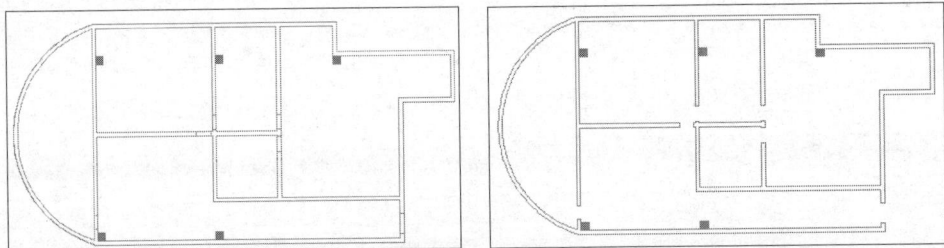

大师心得 在室内装饰设计中，在没有装修之前，一套房屋中各个门洞的尺寸是不同的。进户门一般为"900～1200mm"，室内门洞尺寸一般为880mm，厨房和卫生间的门洞尺寸一般为780mm。

流程 03 标注尺寸

▶ **原始素材文件：** 光盘\素材文件\第13章\13-2-3.dwg

▶ **最终结果文件：** 光盘\结果文件\第13章\13-2-3.dwg

▶ **同步教学文件：** 光盘\多媒体教学文件\第13章\13-2-3.mp4

本例难易度	制作关键	技能与知识要点
★★★☆☆	本实例主要是根据辅助线绘制原始平面图的尺寸标注。首先打开轴线图层显示辅助线，然后根据辅助线创建线性标注，再使用连续标注将一侧的尺寸标注创建完成，最后依次将其他三个方向的尺寸标注创建完成。	• "图层"命令 • "线性标注"命令 • "连续标注"命令

1 选择标注线图层。打开素材文件"13-2-3.dwg"，打开"轴线"图层；选择"标注线"图层，如左下图。

2 指定标注起始点和终止点。单击指定标注起点，单击指定标注终点，如右下图。

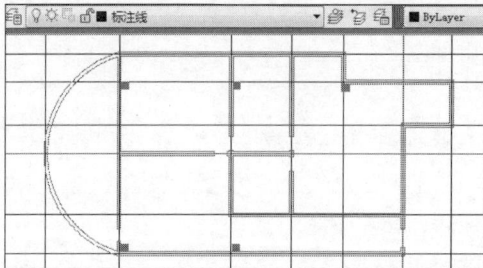

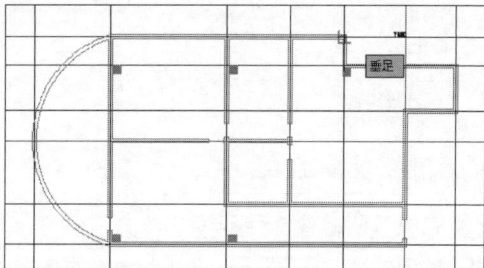

3 指定标注尺寸线位置。鼠标向上移，输入尺寸线位置"1000"并确定，完成标注，如左下图。

4 连续标注上方尺寸。使用连续标注命令按照辅助线所在交点依次标注上方各房间墙体尺寸，如右下图。

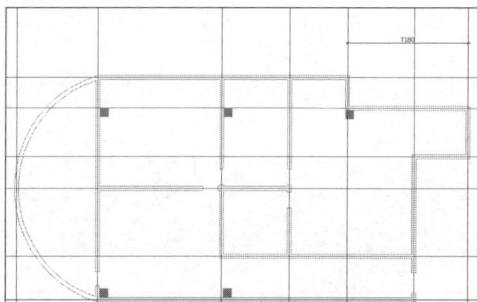

5 总标注。使用线性标注以左垂直线和上水平线为起点，以右垂直线和上水平线为终点，标注户型总尺寸，如左下图。

6 创建左侧标注。使用线性标注创建左侧起始标注，如右下图。

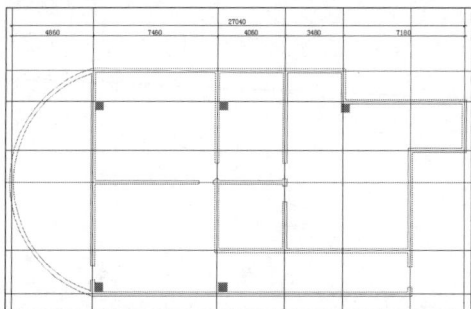

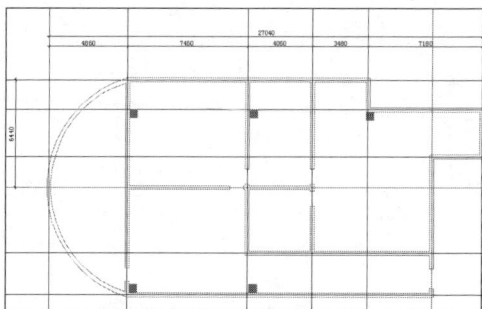

7 完成左侧标注。使用连续标注命令将左侧尺寸标注完整，使用线性标注创建总标注，如左下图。

8 创建右侧标注。使用同样的方法创建右侧标注，如右下图。

9 完成下侧标注。使用同样的方法创建下侧标注，如左下图。

10 关闭辅助线图层。关闭辅助线图层，如右下图。

大师心得　　创建辅助线的目的有两个：一是帮助绘制户型图，二是方便绘制尺寸标注。完成尺寸标注后一般会关闭辅助线。

流程 **04** 绘制户型设计图

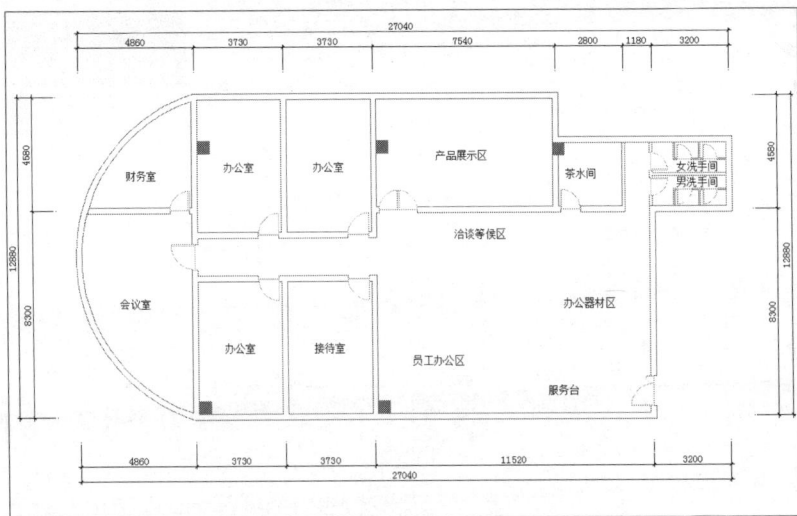

本例难易度	制作关键	技能与知识要点
★★★★★	本实例主要是将原始平面图根据客户的要求做适当的设计调整。首先根据客户的要求创建出办公室、会议室、展示区及其他必要的办公空间，然后适当调整后创建门、文字标注等内容，最后根据设计图创建中轴线，并根据中轴线将各个方向的尺寸标注出来。	• "多段线"、"直线"命令 • "延伸"命令 • "偏移"命令 • "修剪"命令 • "复制"命令 • "文字"、"尺寸标注"命令

1 打开素材并复制对象。打开素材文件"13-2-4.dwg"，并复制对象，移动到适当位置，如下图。

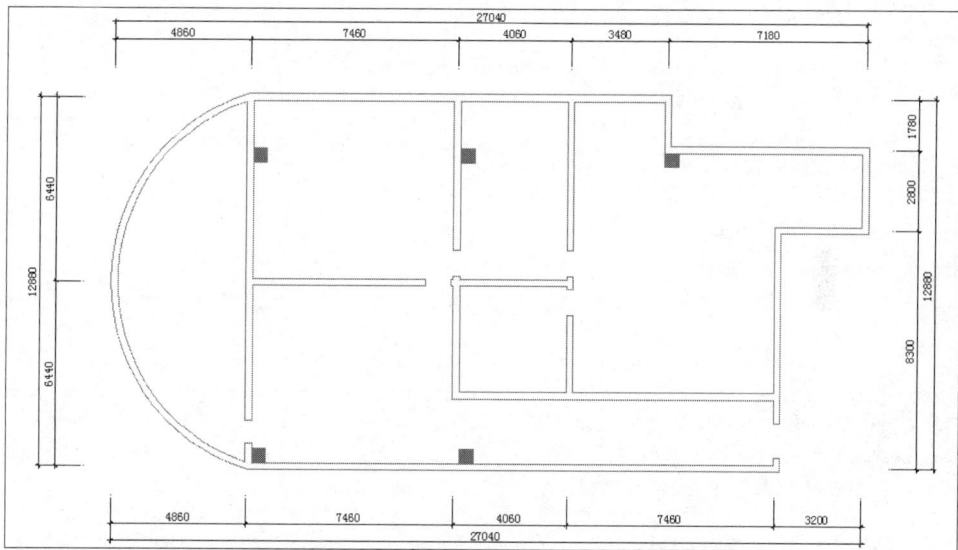

2 选择图层。关闭"标注线"图层，选择"墙线"图层，如下图。

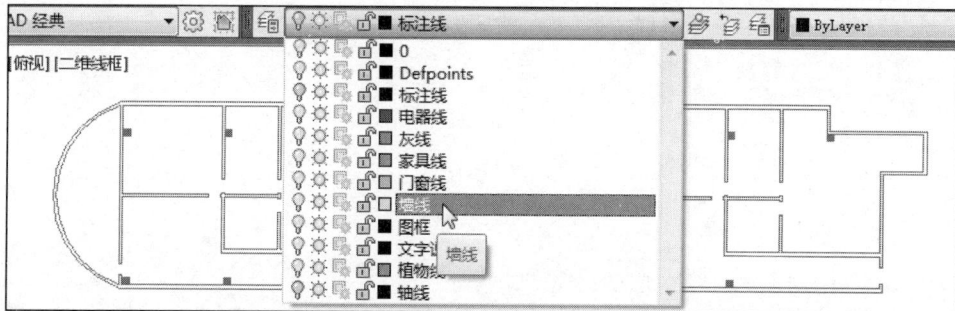

❸ 删除墙线。选择需要打掉的墙体进行删除，如左下图。

❹ 延伸墙线。使用延伸命令将断开的墙线延伸到适当位置，将多余的线段删除，将墙体各切断处绘制完整，如右下图。

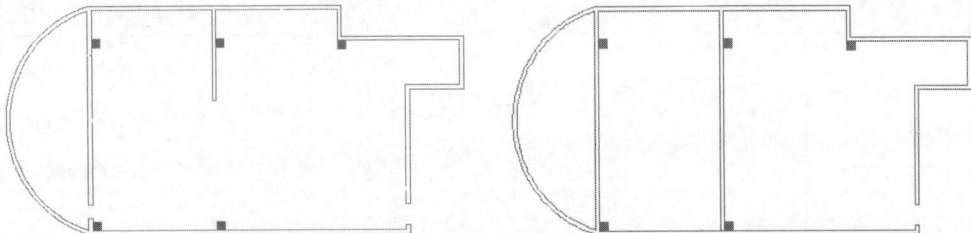

> **大师心得** 此处将原始户型图内部的大部分墙体拆除，是因为原户型不能满足客户的基本要求，客户需要三个尺寸配置相同的办公室，所以根据现场的实际尺寸测量，可以将这一部分平均划分为四个房间。

❺ 创建绘图辅助线。激活直线命令，沿两组延伸线的中点绘制一条水平辅助线，如左下图。

❻ 偏移辅助线。将所绘制的辅助线向上下各偏移"750"，如右下图。

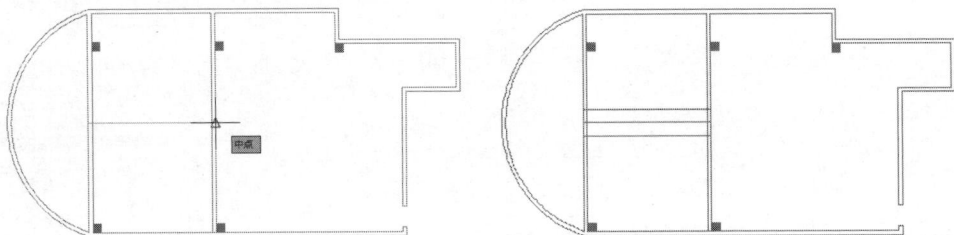

> **大师心得** 此处在延伸线的中点向上下方向各偏移"750"，是要留出通行的过道；一是因为此处要做出四个房间，所以人流量比较大；二是因为只能从这个过道通往阳台，所以留出"1500"的距离以便通行。

❼ 偏移墙线。删除中间的辅助线，使用偏移命令将上方偏移线段向上偏移"240"，将下方偏移线段向下偏移"240"，作为墙线，如左下图。

❽ 修剪对象。将两组偏移线段中间的多余线段使用修剪命令修剪掉，如右下图。

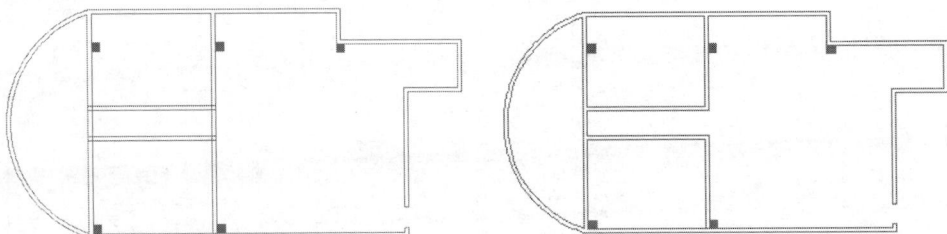

9 绘制办公室。使用直线命令从两组偏移墙线的中点绘制一条垂直辅助线，并向其左右各偏移"120"，如左下图。

10 创建墙线。将中间的辅助线删除，使用修剪命令将墙线之间多余的线段修剪掉，并修剪过道中多余的线段，如右下图。

11 创建门洞位置。使用直线命令将各个房间的门洞位置标记出来，四个房间的门洞尺寸为"880"，阳台的门洞尺寸为"1000"，如左下图。

12 创建门洞。使用修剪命令将各组直线标记的门洞位置之间的多余线段修剪掉，完成门洞的创建，如右下图。

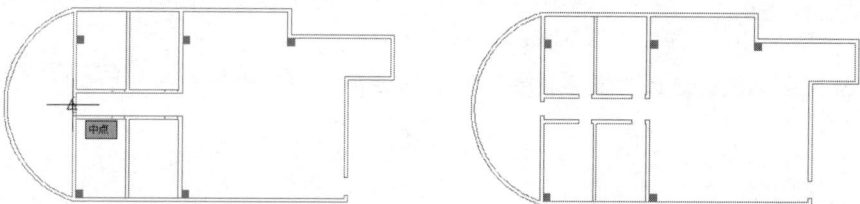

13 创建财务室。使用直线命令和偏移命令创建财务室的墙体，使用修剪命令创建门洞，门洞尺寸为"800"，如左下图。

14 创建展示区。使用多段线命令和偏移命令创建展示厅，使用直线和修剪命令创建门洞，门洞尺寸为"1600"，如右下图。

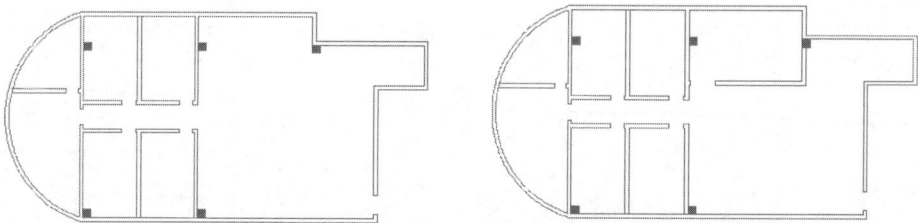

> **大师心得** 此处将阳台利用起来，作为会议室和财务室的区域。一是因为此阳台面积大，利用率高，完全能达到客户在保证各个功能区基本运作的前提下，有一个比较大的会议室的要求；二是因为会议室在工作中的使用率比其他空间要低，与财务室这种私密性强的空间放在一起，能保证财务室的相对独立与安静；而且，此处的面积也完全能够保证财务室的使用条件。

15 创建茶水间。使用直线命令和偏移命令创建茶水间，使用修剪命令将门洞修剪出来，门洞尺寸为"800"，如左下图。

16 创建卫生间。使用直线命令和偏移命令创建卫生间，使用修剪命令创建门洞，卫生间大门门洞尺寸为"700"，内部隔断的门洞尺寸为"600"，如右下图。

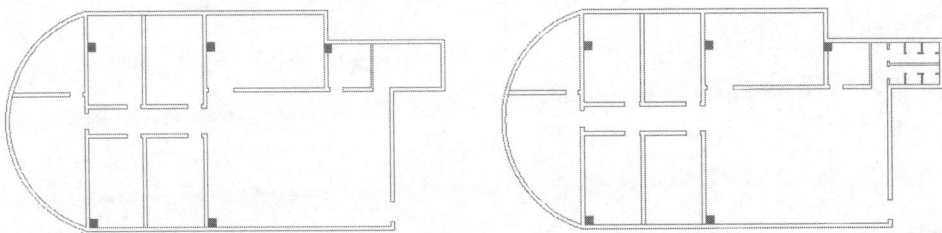

> **大师心得** 因为该公司常驻人员在十人以上，加上需要经常回公司的其他人员，所以需要配置男女两个洗手间。现在的设计是在卫生间用隔断做出两个蹲位，若只需要一个蹲位，可直接拆除隔断。

17 创建门。选择"门窗线"图层，创建门，依次复制到各个门洞的适当位置，并根据门洞大小缩放门的尺寸，如左下图。

18 创建文字标注。选择"文字说明"图层，使用文字命令创建各个功能区的文字标注，如右下图。

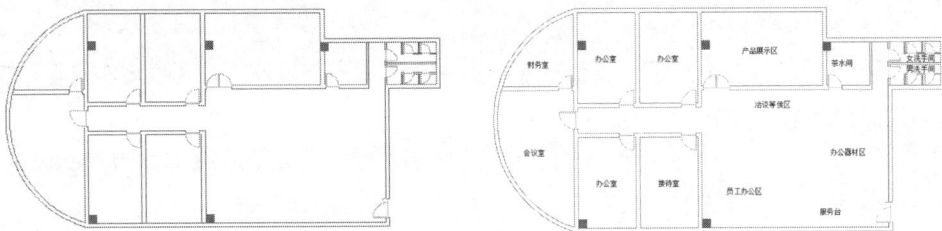

19 创建轴线。打开"轴线"图层，使用构造线命令从各墙体中线位置创建中轴线，如左下图。

20 创建尺寸标注。使用尺寸标注命令沿中轴线标注各个方向的房间尺寸，如右下图。

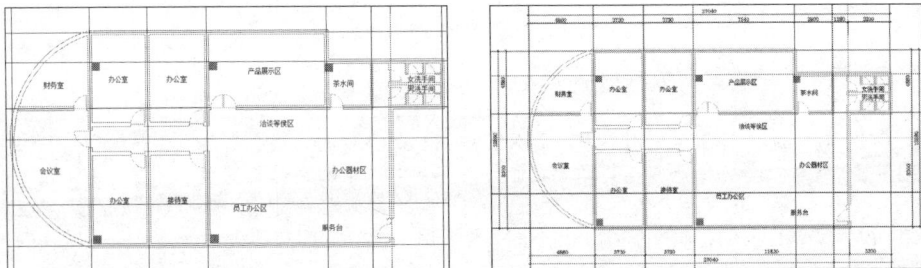

21 关闭"轴线"图层。关闭"轴线"图层，将标注向图形外沿的方向做适当移动调整，如下图。

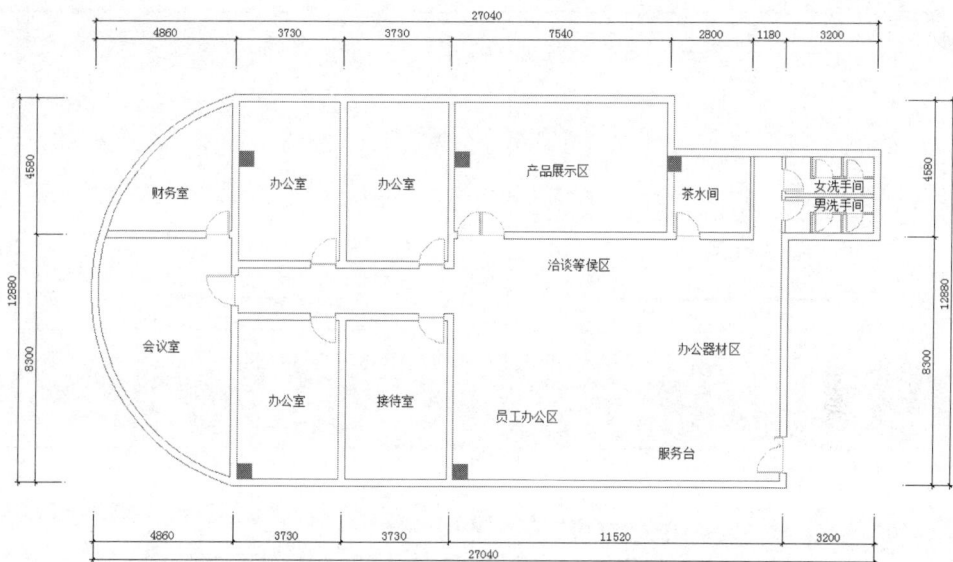

流程 05 配置图框

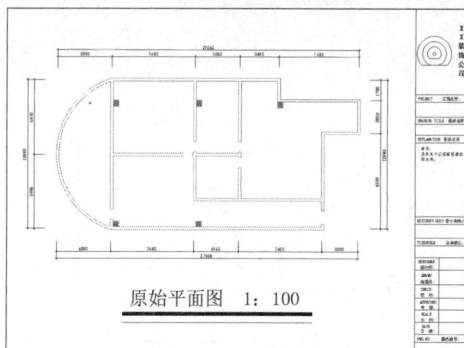

原始平面图 1：100

平面图设计图 1：100

▶▶ **原始素材文件：**光盘\素材文件\第13章\13-2-5.dwg

▶▶ **最终结果文件：**光盘\结果文件\第13章\13-2-5.dwg

▶▶ **同步教学文件：**光盘\多媒体教学文件\第13章\13-2-5.mp4

本例难易度	制作关键	技能与知识要点
★★☆☆☆	本实例主要是配置图框。首先给原始平面图配置图框，然后将图框复制到平面设计图中，将其中的图名进行更改。	● "移动"命令 ● "多段线"命令 ● "文字"命令

❶ 打开素材并配置图框。打开素材"13-2-5.dwg"，创建图框，如左下图。

❷ 完成图框的配置。给平面设计图配置图框，如右下图。

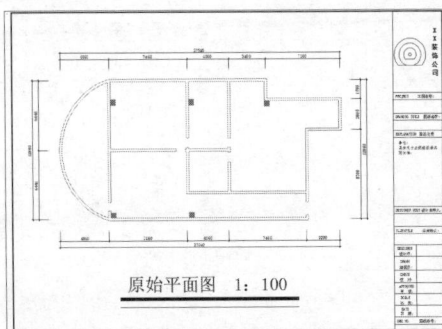
原始平面图　1：100

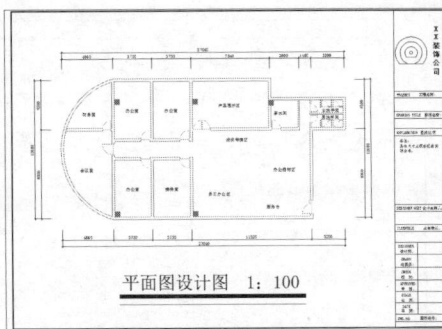
平面图设计图　1：100

> **大师心得**　此处可以单独绘制图框，也可以将前面第12章中的图框复制过来直接使用。每个公司的图框都是不同的。

13.3　实战应用——绘制平面布置图

本小节是在平面设计图的基础上进行合理的设计布置。首先要将大厅进行分区，包括服务台、员工办公区、等候洽谈区、办公器材区，同时要保证各个区运动通道的畅通。接着将各个房间布置完成，最后添加绿化植物，配置图框图名即可。

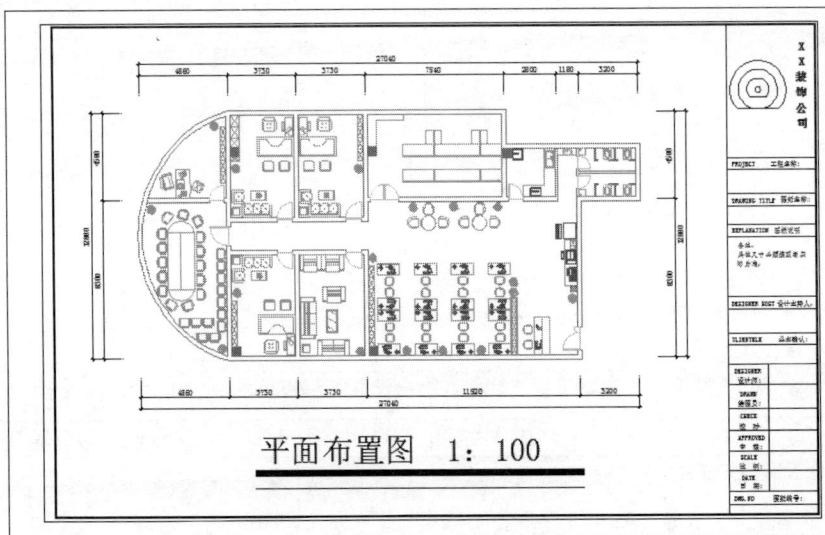
平面布置图　1：100

流程 01 绘制前台

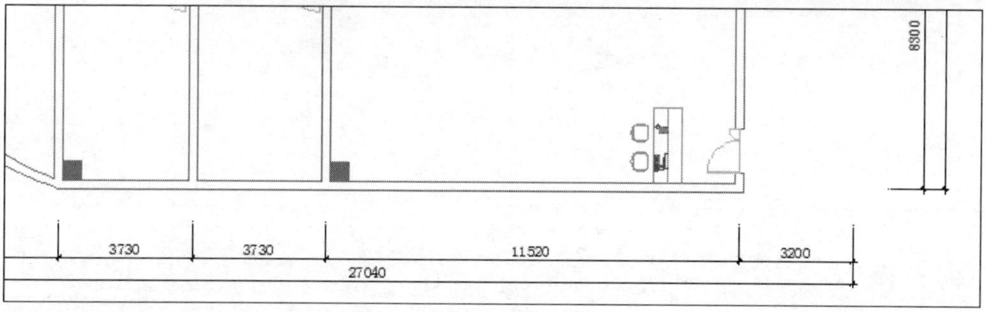

```
8300
3730        3730        11520        3200
           27040
```

▶▶ **原始素材文件：** 光盘\素材文件\第13章\13-3-1.dwg
▶▶ **最终结果文件：** 光盘\结果文件\第13章\13-3-1.dwg
▶▶ **同步教学文件：** 光盘\多媒体教学文件\第13章\13-3-1.mp4

本例难易度	制作关键	技能与知识要点
★★☆☆☆	本实例主要是绘制前台的服务台，并将图库中需要的素材文件复制到当前文件中，进行适当的调整布置。	• "多段线"命令 • "复制"命令 • "修剪"命令

1 打开素材文件。打开素材文件"13-3-1.dwg"，复制平面设计图并将图中的文字说明删除，选择"家具线"图层，如左下图。

2 绘制前台上层台面。使用多段线在距离门口"1500"的距离绘制长为"1500"、宽为"400"的服务台上层台面，如右下图。

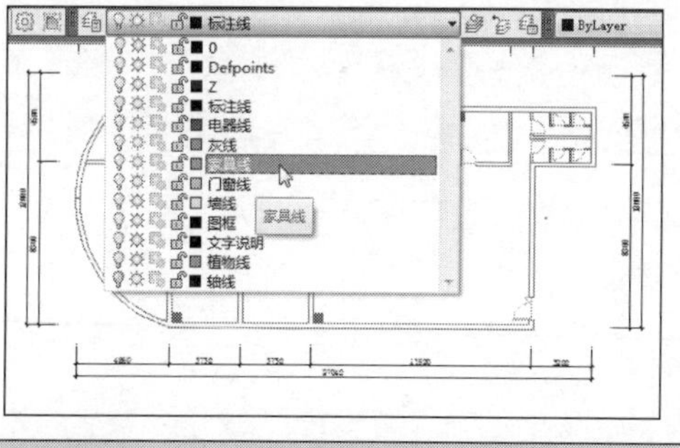

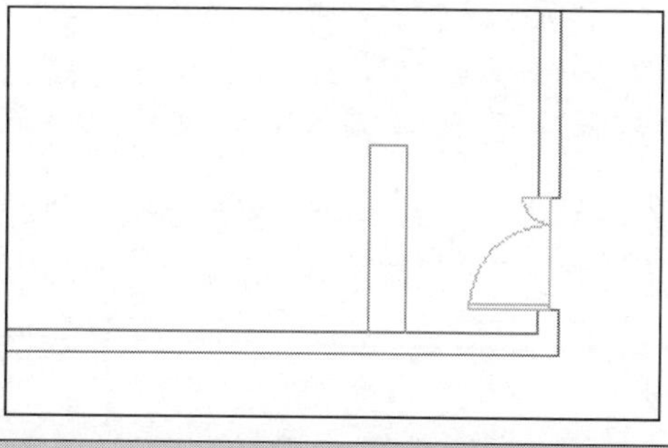

大师心得 　　因为前台离大门口最近，同时也是每天人流量最大的区域，所以需要将其绘制在离大门口1500mm的距离，前台的服务台长度为1500mm，上层台面宽为400mm，下层台面宽为800mm。

3 绘制服务台下层台面。使用多段线命令绘制服务台下层没有被遮挡的台面部分，如左下图。

4 绘制电话。绘制电话，定义为块后将其移动到适当位置，如右下图。

> **大师心得** 　　此处可直接创建电话，也可以从原始图库中将电话平面图调用到当前文件中，接下来的设计图中的素材均可调用前期绘制的文件，也可从图库中选择需要的素材。

5 绘制座椅。绘制或调用其他文件中的座椅，将其移动到适当位置后复制移动对象，如左下图。

6 绘制电脑显示屏。使用直线绘制电脑显示屏，将多余部分修剪掉，如右下图。

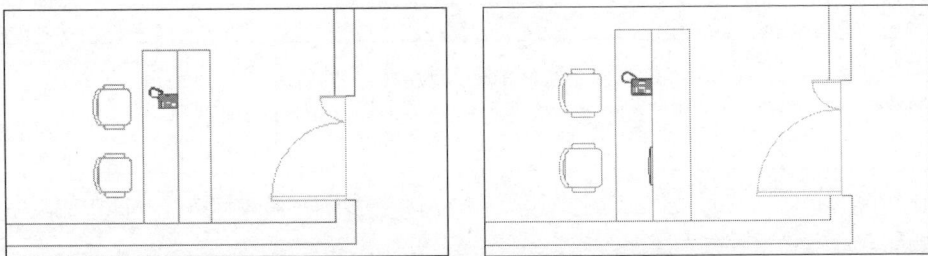

> **知识链接——计算机屏幕顶部的显示**
>
> 　　在当前文件中，因为服务台是错层的，即下层是1500mm×800mm的台面，上层是1500mm×400mm的台面，上下层之间的距离为350mm，所以当电脑显示屏摆放在下层台面中时，从顶视图观察，就只能看到其最外侧的部分。

7 绘制键盘。绘制电脑键盘并将其移动到适当位置，如左下图。

8 绘制鼠标。绘制鼠标及电源线，效果如右下图。

> **大师心得** 　　因为服务台为错层，所以一些常用的办公用具或文件资料都可以放置在下层里面，因为上层台面的存在，所以从顶面看不到，这样能保证服务台的干净整洁。

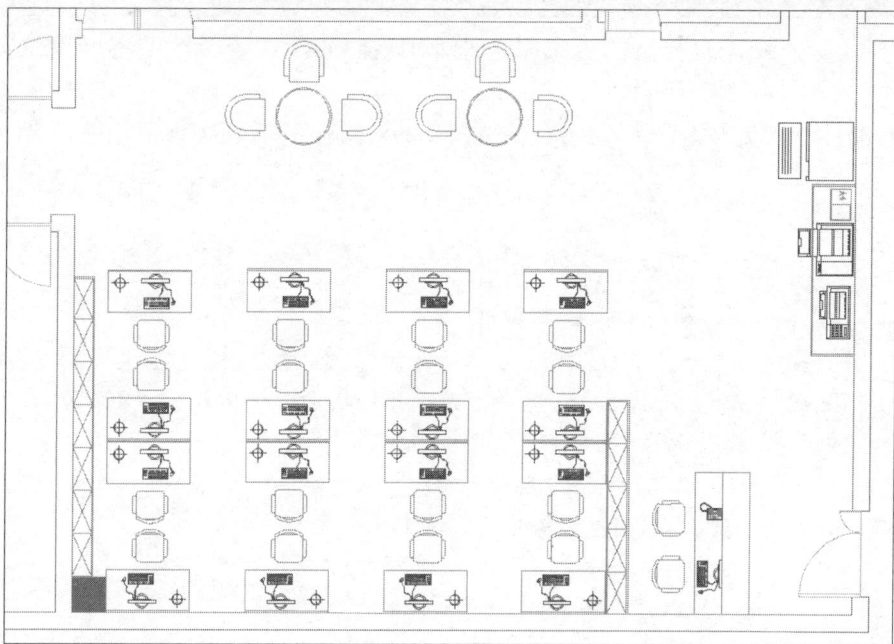

▶▶ **原始素材文件**：光盘\素材文件\第13章\13-3-2.dwg

▶▶ **最终结果文件**：光盘\结果文件\第13章\13-3-2.dwg

▶▶ **同步教学文件**：光盘\多媒体教学文件\第13章\13-3-2.mp4

本例难易度	制作关键	技能与知识要点
★★★☆☆	本实例主要是从图库中调用相关素材图形，将员工办公区、洽谈等候区、办公器材摆放区布置完成，并在相应位置绘制文件柜，完成员工办公区的平面布置。	• "多段线"、"直线"命令 • "复制"命令 • "镜像"命令 • "移动"命令

1 打开素材文件。打开素材文件"13-3-2.dwg"，绘制办公桌及座椅，将其他办公用品摆放在适当位置，如左下图。

2 复制对象。用复制命令将办公桌进行排列，办公桌之间的距离为"800"，如右下图。

> **大师心得** 此处绘制的办公桌必须是一侧有隔断的类型，这样才能达到两张办公桌相对布置的时候阻隔视线的目的。

3 镜像复制对象。选择办公桌及其相关部分，镜像复制对象，调整两张办公桌之间的距离为"1200"，如左下图。

4 复制对象。使用复制命令，将已经布置排列的对象再复制一组，如右下图。

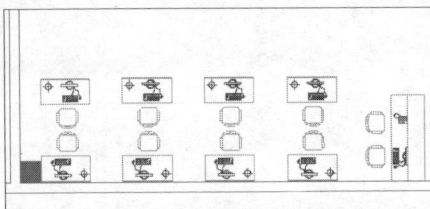

5 绘制隔断。在前台和员工办公区之间使用多段线命令绘制长为"3000"，宽为"300"的隔断，将隔断做成每格为"600"的文件柜，如左下图。

6 绘制员工办公区文件柜。使用多段线和直线命令绘制员工办公区的文件柜，其长为"4200"、宽为"300"，如右下图。

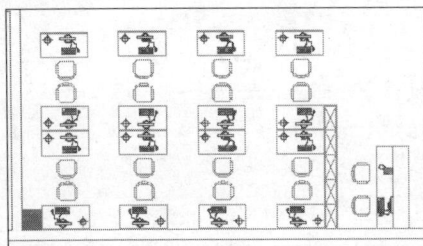

> **大师心得** 因为服务台和员工办公区之间是开放式的，没有私密性，所以在两个功能区之间做一个文件柜，既解决了前台需要存放大量各类文件的问题，又能将前台和员工办公区之间隔成两个相对独立的功能区。

7 布置洽谈等候区。调用素材文件，在洽谈等候区布置桌子及椅子，如左下图。

8 布置办公用具。使用多段线绘制长为"2400"的长桌，调用素材文件，将复印机、打印机、传真机移动到适当位置，在长桌适当位置绘制A3和A4的纸张，如右下图。

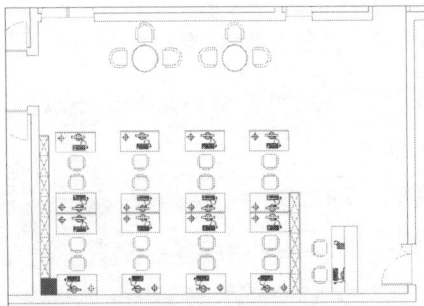

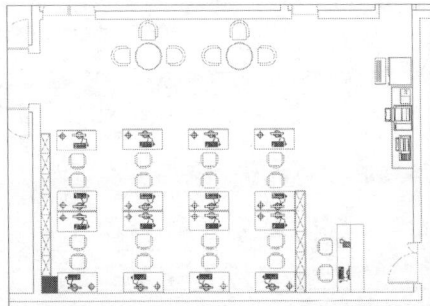

> **大师心得** 图形中的这个区域是完全呈开放式的，将其分为4个功能区，既可满足公司运作的大部分工作，又极大地节省了空间和装修成本，但必须保证每一个主通道的通行距离都在"1500"以上。

流程 03 绘制领导办公室

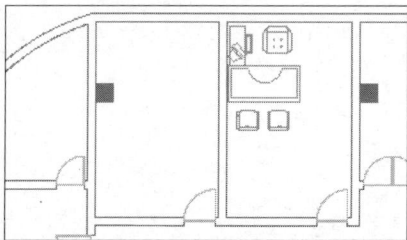

▶ **原始素材文件**：光盘\素材文件\第13章\13-3-3.dwg

▶ **最终结果文件**：光盘\结果文件\第13章\13-3-3.dwg

▶ **同步教学文件**：光盘\多媒体教学文件\第13章\13-3-3.mp4

本例难易度	制作关键	技能与知识要点
★★★☆☆	本实例主要是布置领导的办公室。首先将三个房间设计做出来，接着绘制接待室的布置图。	• "多段线"、"直线"命令 • "复制"命令 • "移动"命令

1 打开素材文件。打开素材文件"13-3-3.dwg"，绘制领导办公桌及座椅，并将其移动到适当位置，如左下图。

2 绘制文件柜。在办公室适当位置使用多段线命令绘制长为"2400"、宽为"300"的文件柜，如右下图。

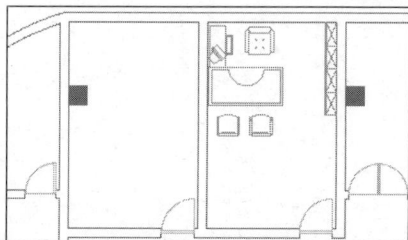

3 绘制并布置沙发。在领导办公室布置私人会客用的沙发，并将其布置在适当位置，如左下图。

4 镜像对象。选择右侧领导办公室中所有对象，将其镜像复制到左侧，修改文件柜的宽度，如右下图。

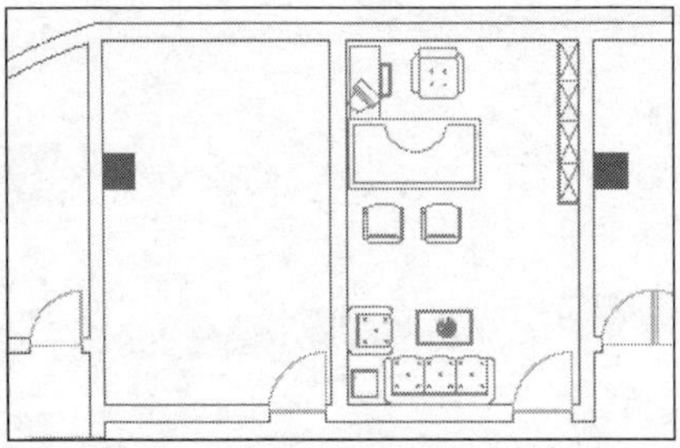

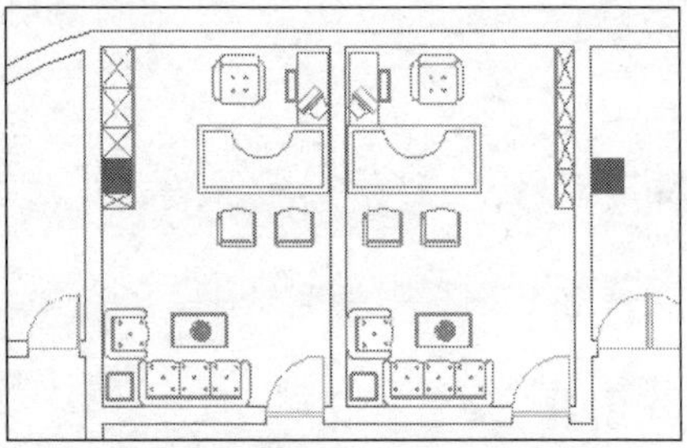

5 绘制下方办公室的布置图。将上方领导办公室的布置内容复制到左下角的房间，将其布置完整，如左下图。

6 绘制接待室。绘制接待室的沙发和茶几等，绘制完成后将其移动到适当位置，如右下图。

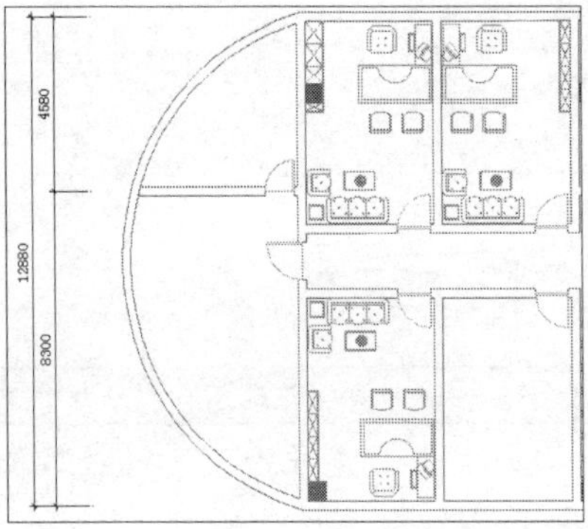

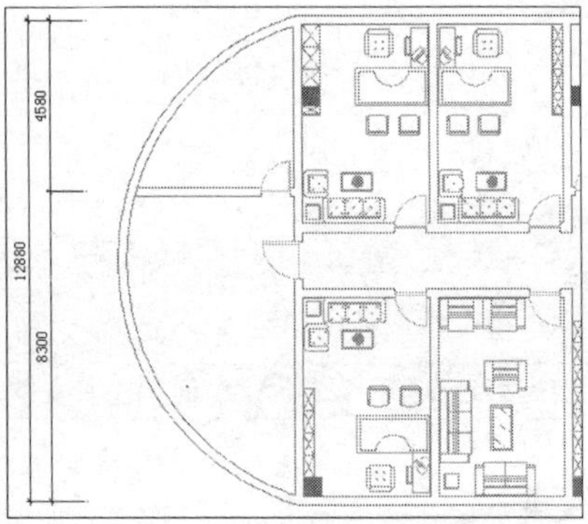

流程 04 绘制财务室和会议室

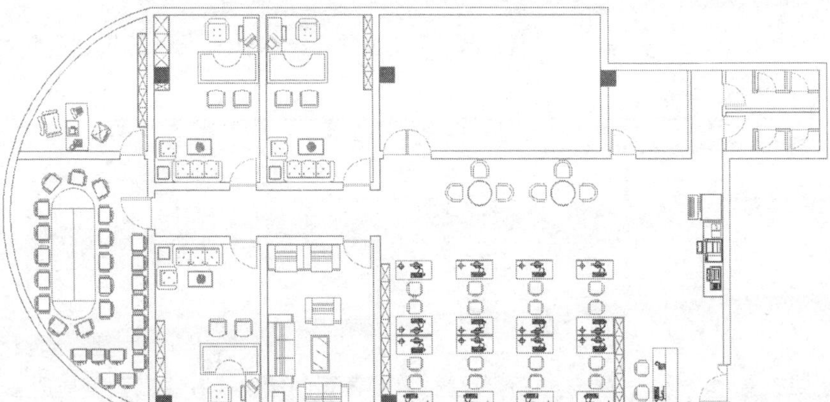

本例难易度	制作关键	技能与知识要点
★★★☆☆	本实例首先绘制财务室的办公桌及相应对象，接着绘制财务室的文件柜，最后绘制会议室的相关对象。	• "多段线"、"直线"命令 • "移动"命令 • "复制"命令

1 打开素材文件。打开素材文件"13-3-4.dwg"，绘制办公桌及座椅，将其他办公用品摆放在适当位置，如左下图。

2 绘制文件柜。使用多段线命令绘制长为"3000"、宽为"300"的文件柜，将其平均分为五个部分，如右下图。

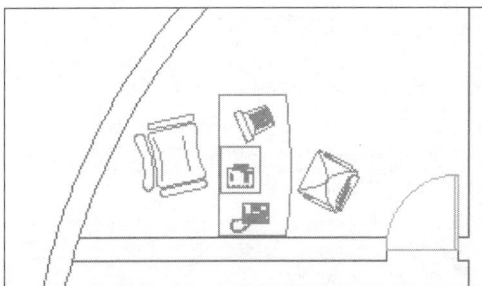

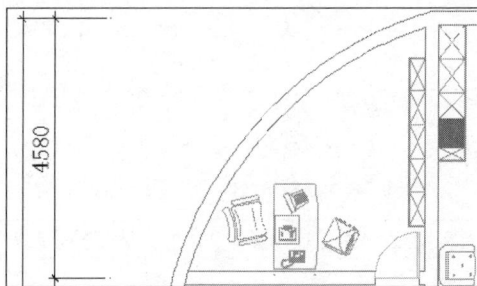

3 布置会议室。将前面的素材文件复制到当前文件中，移动到适当位置，复制座椅，移动到适当位置，如左下图。

4 完成效果。完成财务室及会议室的绘制，效果如右下图。

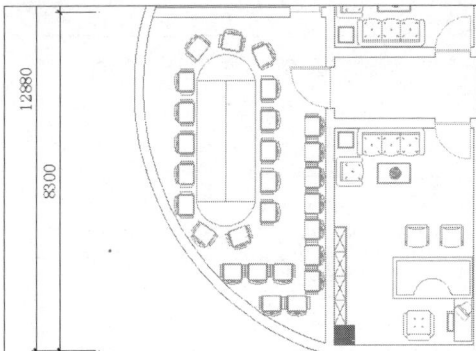

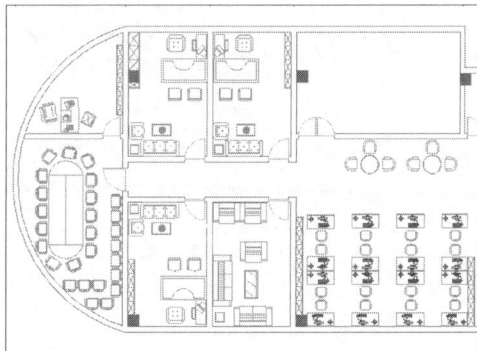

流程 05 绘制产品展览室及其他部分

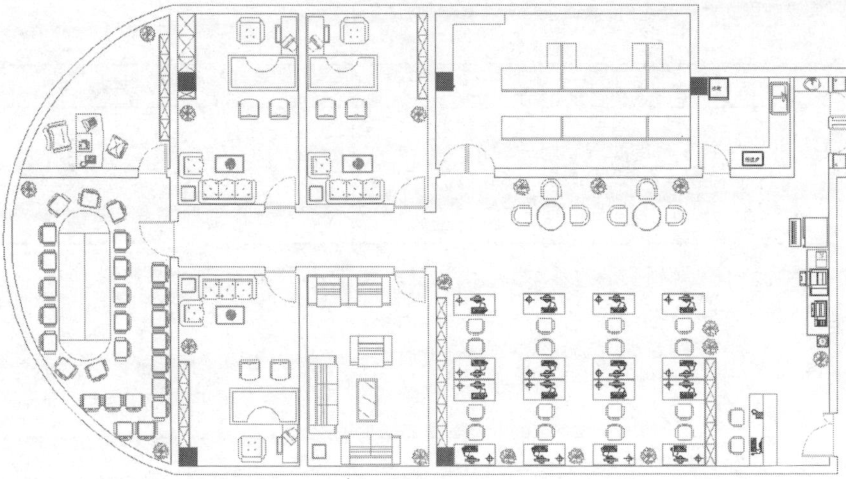

▶ **原始素材文件**：光盘\素材文件\第13章\13-3-5.dwg

▶ **最终结果文件**：光盘\结果文件\第13章\13-3-5.dwg

▶ **同步教学文件**：光盘\多媒体教学文件\第13章\13-3-5.mp4

本例难易度	制作关键	技能与知识要点
★★★☆☆	本小节先将展览室的展示架制作出来，接着将茶水间的布局设计出来，添加相关素材，然后将洗手间的各部分创建完成，最后给整个平面布置图添加绿色植物，完成平面布置图的绘制。	• “多段线”、“直线”命令 • “移动”命令 • “文字”命令 • “复制”命令

1 布置展示厅。打开素材文件“13-3-5.dwg”，绘制展示架，依次排列布置，如左下图。

2 布置茶水间。使用多段线命令绘制茶水间的厨柜，将洗手盆、冰箱、微波炉绘制出来移动到适当位置，如右下图。

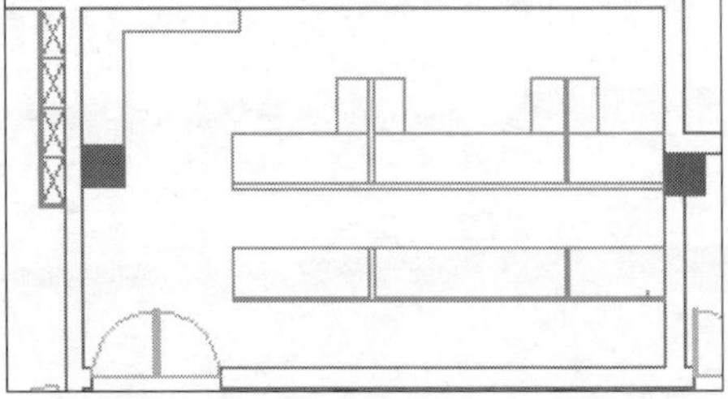

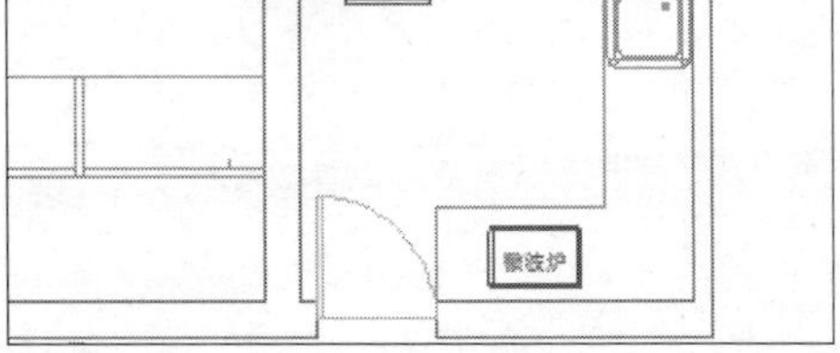

大师心得　此处只绘制了展厅中部的展架，是因为客户要求墙面的布置由客户单独完成。在承重柱及屋角之间创建了一个贴墙的展架，是因为承重柱的其中两个面可以做很好的装饰，和展架相互呼应，连为一体，又提高了房间角落的利用率。

③ 布置洗手间。首先在茶水间和洗手间之间的走道尽头绘制洗手盆，复制蹲便器的素材，移动到适当位置后，复制并移动对象；在两个洗手间的进门处绘制长宽都为"400"的拖把池，如左下图。

④ 添加绿化盆景。创建盆景，依次复制到适当位置，完成平面布置图的绘制，如右下图。

大师心得　此处盆景布置在进门处的办公器材区，美化环境的同时可以减少辐射。布置在服务台文件柜的尽头，引导了活动区又起到了隔断的作用。其他每个区域都要保证有一盆植物，主要是为了美化环境。

⑤ 复制图框。将平面设计图的图框复制到此图形中，如左下图。

⑥ 修改图名。将图名改为"平面布置图"，如右下图。

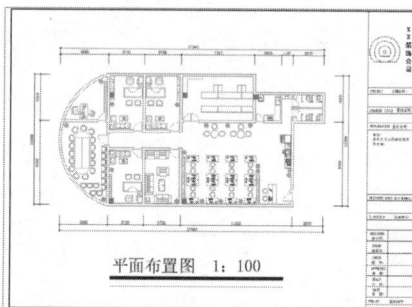

平面设计图　1：100

平面布置图　1：100

13.4　实战应用——绘制地面布置图

本小节是在平面设计图的基础上，绘制地面布置图。地面布置是指地面的装修材料，铺陈方式等内容。主要是铺设地砖，大厅及各个房间的地砖为600×600mm，整体保持统一；茶水间、卫生间的地砖统一铺贴300×300mm的地砖。在绘制过程中要注意不能在文字中填充对象。

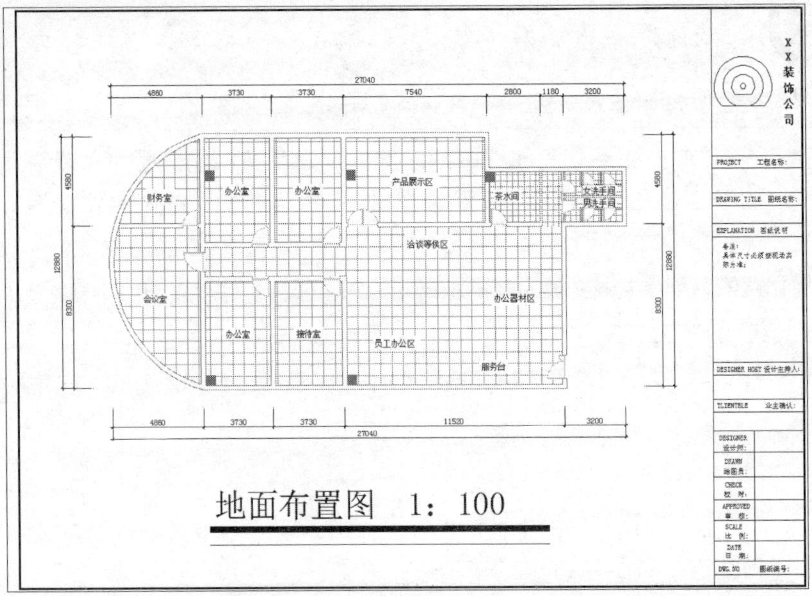

地面布置图　1：100

流程 01　绘制前台及大厅

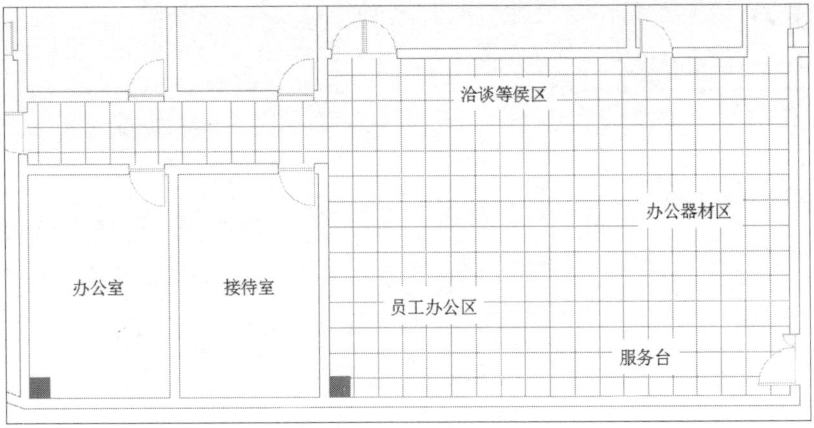

▶ **原始素材文件**：光盘\素材文件\第13章\13-4-1.dwg
▶ **最终结果文件**：光盘\结果文件\第13章\13-4-1.dwg
▶ **同步教学文件**：光盘\多媒体教学文件\第13章\13-4-1.mp4

本例难易度	制作关键	技能与知识要点
★★☆☆☆	本实例主要是沿服务台、员工办公区、走道、洽谈等候区、办公器材区创建辅助线，在辅助线内填充地砖，最后删除辅助线。	• "多段线"命令 • "填充"命令 • "删除"命令

1 打开素材文件并复制对象。打开素材文件"13-4-1.dwg"，复制平面设计图，选择"灰线"图层，如左下图。

2 激活多段线命令。激活多段线命令，在大门口右下角单击指定起点，如右下图。

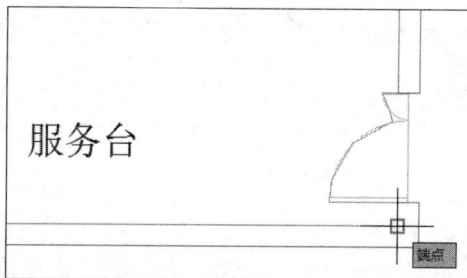

3 创建辅助线。沿服务台、员工办公区到走道尽头依次单击创建填充辅助线，如左下图。

4 继续创建辅助线。依次单击指定辅助线，到大门口的另一端单击，如右下图。

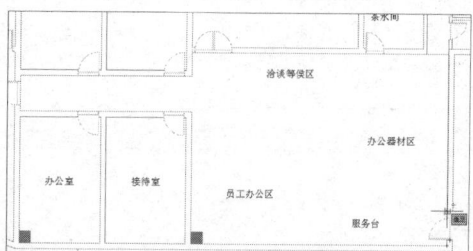

> **大师心得** 此处在门口的另一侧指定多段线端点，而不是直接使用子命令闭合，是因为现在门是打开状态，所以要将门排除在辅助线之外。

5 闭合辅助线。利用多段线将门的位置排除在辅助线之外，输入子命令闭合"C"并确定，完成辅助线的绘制，如左下图。

6 激活填充命令。输入填充命令"H"并确定，弹出"图案填充和渐变色"对话框，如右下图。

7 设置填充内容。选择图案"ANSI37"，设置角度为"45"，设置比例为"189"，单击"添加：选择对象"按钮，如左下图。

⑧ 单击选择填充对象。单击选择辅助线，依次单击此区域中的文字，按空格键确定，如右下图。

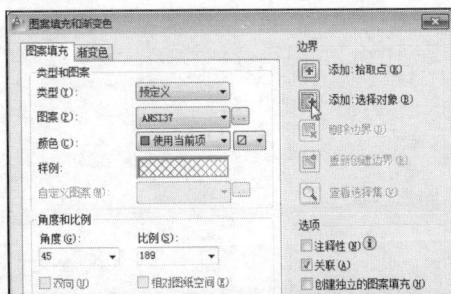

大师心得 　此处创建辅助线，再使用"添加：选择对象"按钮选择填充对象，主要是因为此区域范围太大，而且区域中可能会有未封闭的点，为了避免这些情况，节省电脑的反应时间，所以使用此方法。选中辅助线和文字可以将设置的填充内容填充在辅助线以内，文字以外的所有区域。

⑨ 确定填充。单击"确定"按钮，按空格键确定，如左下图。

⑩ 删除辅助线。选择辅助线并删除，如右下图。

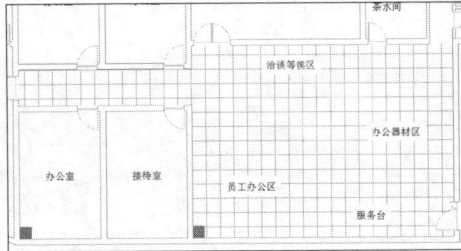

流程 02　绘制办公室及其他部分

▶▶ 原始素材文件：光盘\素材文件\第13章\13-4-2.dwg
▶▶ 最终结果文件：光盘\结果文件\第13章\13-4-2.dwg
▶▶ 同步教学文件：光盘\多媒体教学文件\第13章\13-4-2.mp4

本例难易度	制作关键	技能与知识要点
★★★☆☆	本实例主要将区域内的其他区域进行填充，最后添加图框，创建图名。	• "填充"命令 • "复制"命令

1 打开素材文件。打开素材文件"13-4-2.dwg"，激活填充命令，选择图案"ANSI37"，设置角度为"45"，设置比例为"189"，单击"添加：拾取点"按钮 ⊞，如左下图。

2 选择填充区域。单击指定填充区域，如右下图。

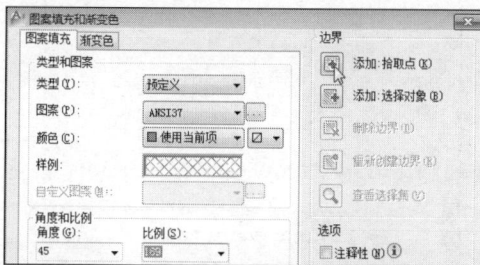

> **大师心得** 此处使用"添加：拾取点"按钮，是因为此区域只有一个门是断开的，但在门口添加了门，只要确定门洞和门是闭合的，就可以使用此命令，而且此区域面积比较小，能被电脑快速计算出来。

3 指定填充区域。依次单击指定填充区域，如左下图。

4 完成填充。按空格键确定选择，单击"确定"按钮，按空格键确定填充，如右下图。

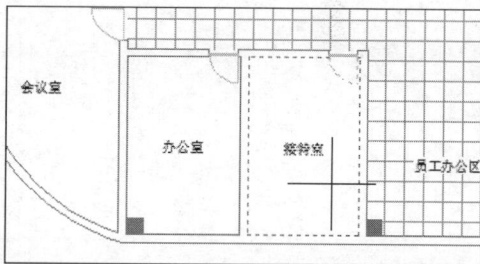

5 设置填充内容。激活填充命令，选择图案"ANSI37"，设置角度为"45"，设置比例为"94.7"，单击"添加：拾取点"按钮 ⊞，如左下图。

6 指定填充区域。单击指定填充区域,如右下图。

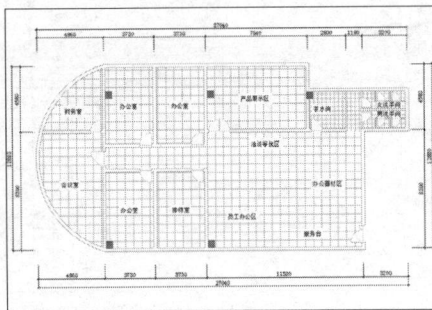

7 确定填充。按空格键确定选择,单击"确定"按钮,按空格键确定填充,如左下图。

8 创建图框。复制图框,将图名更改为"地面布置图",如右下图。

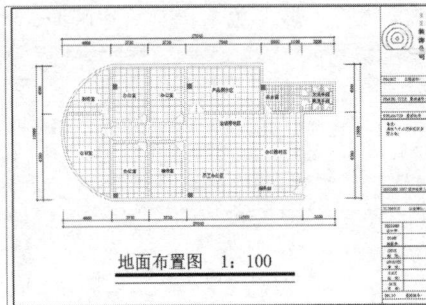

地面布置图 1:100

13.5 实战应用——绘制顶面布置图

　　本小节是在平面设计图的基础上绘制顶面布置图。主要将各功能区顶面的吊顶及灯具布置绘制出来。要注意根据每个房间的功能及实际情况绘制吊顶,根据吊顶的情况配置灯具。

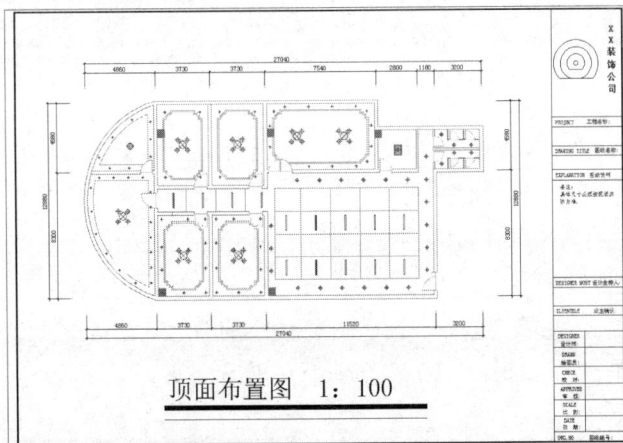

顶面布置图 1:100

流程 **01** 绘制大厅顶面布置图

▶▶ **原始素材文件：** 光盘\素材文件\第13章\13-5-1.dwg
▶▶ **最终结果文件：** 光盘\结果文件\第13章\13-5-1.dwg
▶▶ **同步教学文件：** 光盘\多媒体教学文件\第13章\13-5-1.mp4

本例难易度	制作关键	技能与知识要点
★★★★☆	本实例主要是创建大厅及走道的吊顶及灯具布置。首先绘制吊顶样式，接着在吊顶周围及过道安装筒灯，最后在大厅中部绘制白炽灯。	• "直线"命令 • "偏移"命令 • "复制"命令

1 打开素材文件并复制对象。打开素材文件"13-5-1.dwg"，复制平面设计图，删除其中的文字内容，如左下图。

2 绘制吊顶。使用直线命令绘制一条直线，使用偏移命令创建大厅及走道的吊顶，如右下图。

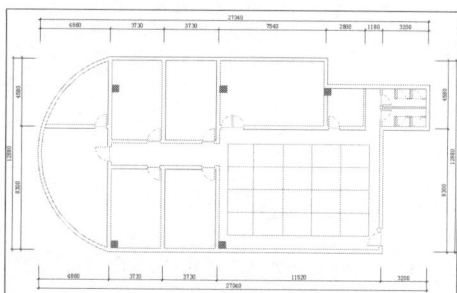

> **大师心得** 如果办公区域面积很大，可以设计一些比较复杂的吊顶，使平面的天花板出现立体感，配合相应的灯具，可以创建出不一样的效果。

3 创建吊顶一侧筒灯。创建半径为"100"的筒灯，依次沿吊顶面进行复制，灯之间的距离为"1200"，如左下图。

4 完成大厅筒灯的布置。使用复制命令，选择筒灯，沿吊顶的其他3个面进行复制，如右下图。

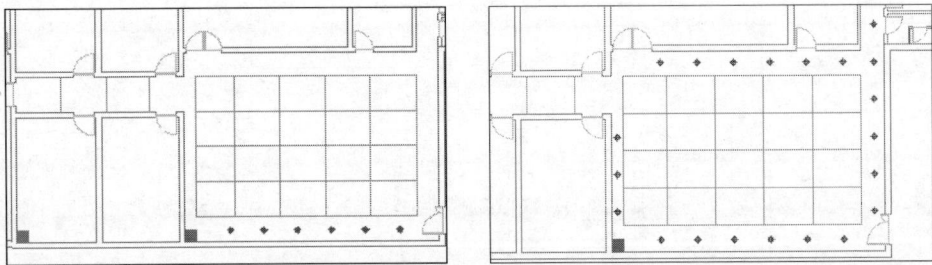

> **大师心得** 在吊顶的时候要预留灯槽方便照明，这是吊顶最基本的功能，各种灯具被藏在吊顶内部，形成反射光源，给空间创造出温馨的效果。

5 创建大厅的主灯。绘制白炽灯，将其沿吊顶中的适当位置进行复制，如左下图。

6 完成大厅顶面的布置。选择白炽灯，将其沿吊顶中的适当位置进行复制，如右下图。

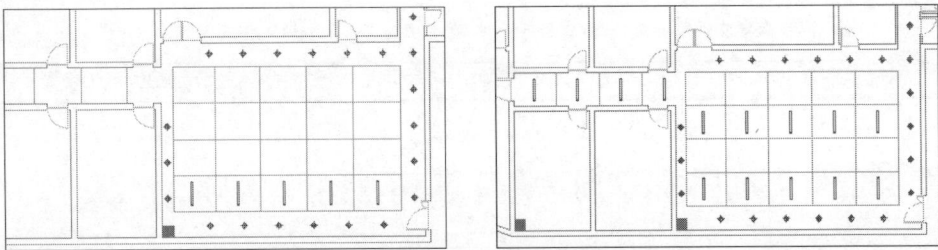

流程 02 绘制办公室顶面布置图

▶ **原始素材文件：** 光盘\素材文件\第13章\13-5-2.dwg

▶ **最终结果文件：** 光盘\结果文件\第13章\13-5-2.dwg

▶ **同步教学文件：** 光盘\多媒体教学文件\第13章\13-5-2.mp4

本例难易度	制作关键	技能与知识要点
★★★★☆	本实例主要是创建接待室、办公室、财务室、会议室的吊顶及灯具。首先绘制接待室的吊顶及灯具，接着创建办公室及财务室的吊顶及灯具，最后创建会议室的吊顶及灯具布置。	• "多段线"命令 • "复制"命令 • "移动"命令 • "修剪"命令

1 打开素材文件。打开素材文件"13-5-2.dwg"，选择"灰线"图层，创建接待室的吊顶，如左下图。

2 创建筒灯。创建筒灯，将其沿吊顶的周边进行复制，如右下图。

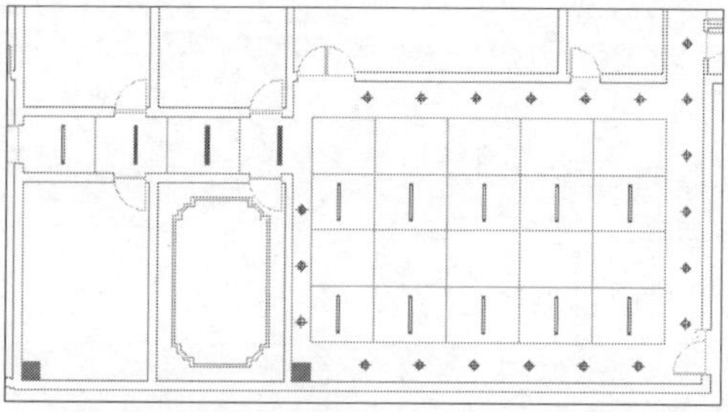

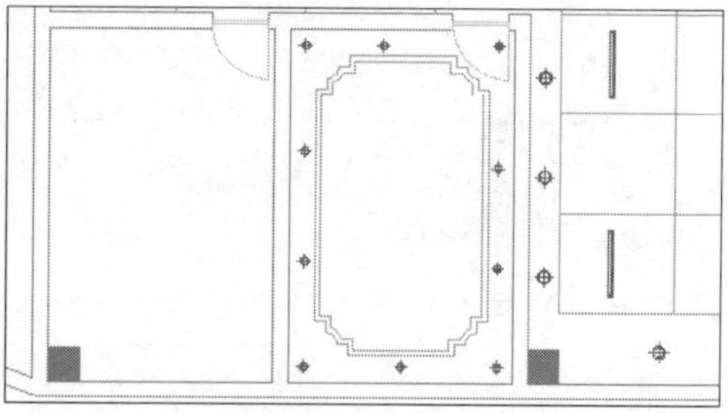

> 💡 **知识链接——要依据层高确定是否吊顶以及吊顶的形式**
>
> 住宅的层高非常关键：如果层高低于2.5m，就不宜大面积吊顶，可在局部小范围吊顶；如在房间吊一圈二级顶，内藏向上照射的灯光，而中间部位保持原高，用淡蓝色涂料刷顶，会使顶面显得高远且层次丰富；或在房间中某个隐蔽部分进行局部吊顶，都可以取得同样的效果。若房间层高较高，可自由选择吊顶方式及造型，可以是弧形、圆形、方形、异型顶，也可分二级或多级吊顶造型，并可以采用大面积吊顶以降低层高。
>
> 吊顶前应先将隐蔽工程做好：照明电源、空调、视频音频线路是否需要隐藏，照明方式及灯具安装位置等问题都要事先布置，否则以后只能走明线，影响美观。

3 创建主灯。绘制主灯，移动到适当位置，如左下图。

4 创建办公室的顶面布置。选择接待室的吊顶及灯具布置，镜像复制到左侧的办公室中，如右下图。

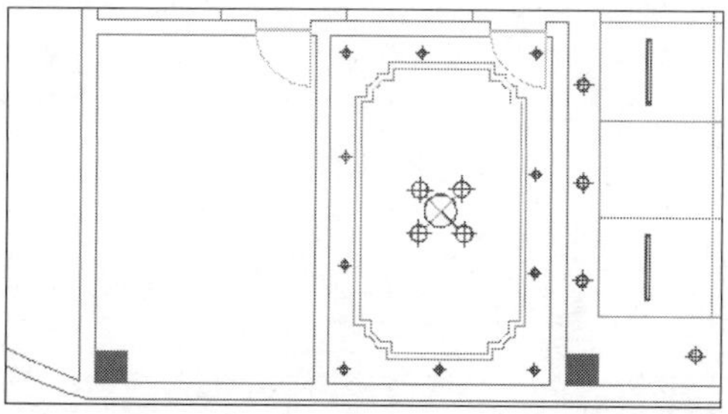

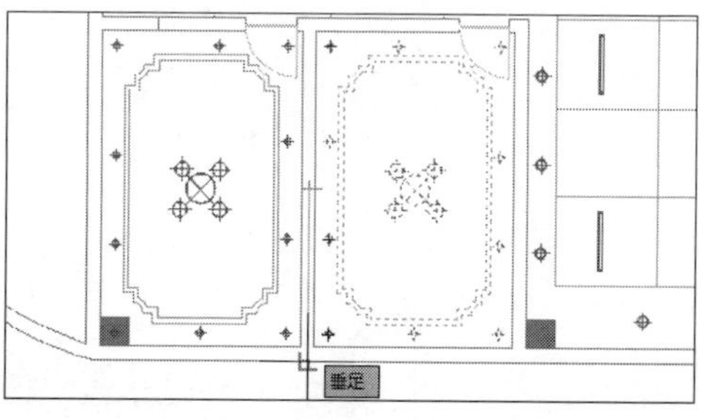

5 完成办公室的顶面布置。选择下侧两个房间中的对象，镜像复制到上方两个办公室中，将承重柱中多余的线段删除掉，如左下图。

6 创建财务室的吊顶。选择"灰线"图层，创建财务室的吊顶，如右下图。

7 布置财务室的灯具。将筒灯沿吊顶布置在适当位置，创建财务室的主灯，移动到适当位置，如左下图。

8 布置会议室的顶面。创建会议室的吊顶，沿吊顶布置相关灯具，如右下图。

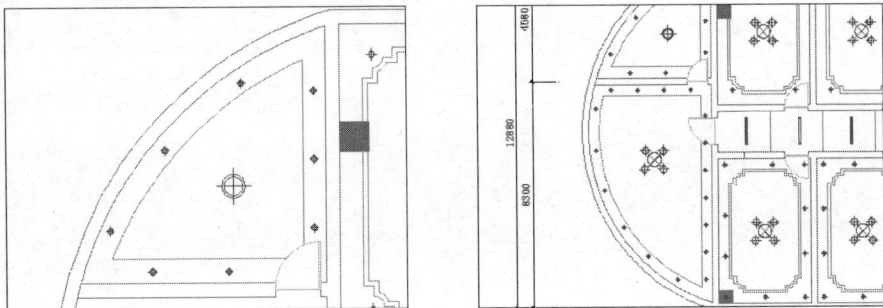

流程 03 绘制产品展览室及其他房间顶面布置图

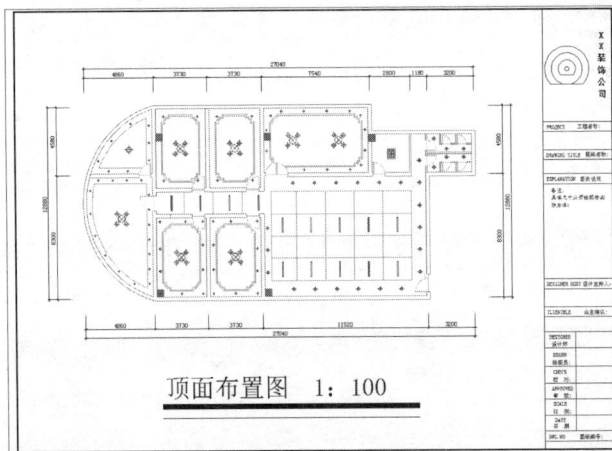

顶面布置图 1：100

▶▶ **原始素材文件**：光盘\素材文件\第13章\13-5-3.dwg
▶▶ **最终结果文件**：光盘\结果文件\第13章\13-5-3.dwg
▶▶ **同步教学文件**：光盘\多媒体教学文件\第13章\13-5-3.mp4

本例难易度	制作关键	技能与知识要点
★★★★☆	本实例主要是创建展览室、茶水间、洗手间的吊顶及灯具。首先创建展览室的吊顶及灯具布置，然后创建茶水间的灯具，最后创建过道及卫生间的灯具布置。	• "多段线"命令 • "复制"命令 • "移动"命令

1 打开素材文件。打开素材文件"13-5-3.dwg"，选择"灰线"图层，创建展览室的吊顶，如左下图。

2 布置展览室的灯具。使用复制命令，将展览室的灯具布置完成，如右下图。

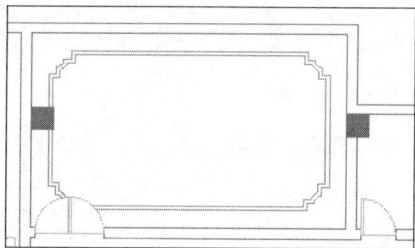

3 创建灯具。创建茶水间的灯具，移动到适当位置，如左下图。

4 创建洗手间灯具。创建洗手间的灯具，复制并布置完成，如右下图。

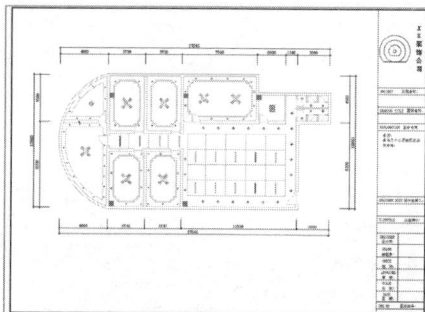

5 配置图框。复制图框，移动到适当位置，如左下图。

6 创建图名。创建本图的图名"顶面布置图"，完成顶面布置图的绘制，如右下图。

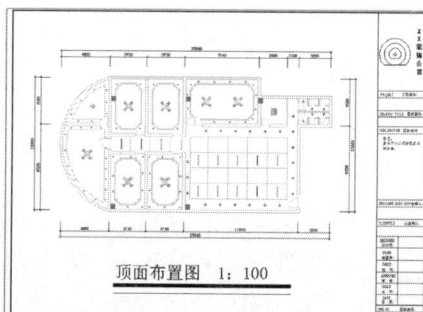

顶面布置图 1：100

13.6 实战应用——绘制方案图册

本小节是在完成整套图形的基础上，创建方案图册的封面、封底以及施工图目录和说明等内容，完成方案图册的绘制。

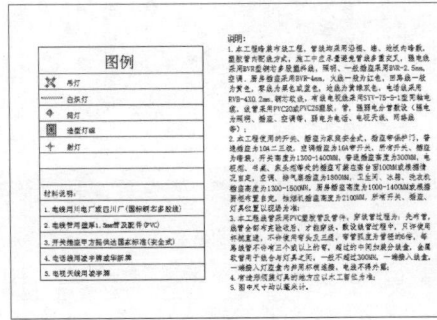

流程 01 配置方案图册的封面封底

▶▶ 原始素材文件：光盘\素材文件\第13章\13-6-1.dwg

▶▶ 最终结果文件：光盘\结果文件\第13章\13-6-1.dwg

▶▶ 同步教学文件：光盘\多媒体教学文件\第13章\13-6-1.mp4

本例难易度	制作关键	技能与知识要点
★★★☆☆	本实例主要是创建方案图册的封面和封底。首先绘制图框大小，接着使用直线和文字创建墙面的内容，然后创建封底的内容，将标志绘制完成移动到适当位置，完成封面封底的绘制。	• "直线"命令 • "矩形"命令 • "圆弧"命令 • "文字"命令

1 创建矩形。打开素材文件"13-6-1.dwg"，创建长为"420"、宽为"297"的矩形，作为封面的尺寸，如左下图。

2 创建文字。使用文字命令创建封面上公司的中英文名称，如右下图。

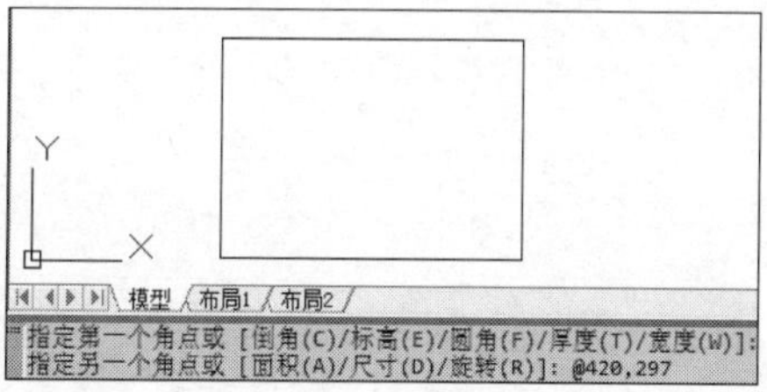

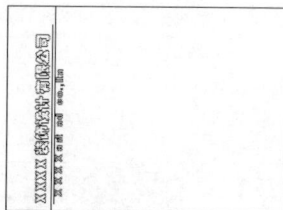

3 创建公司文化口号。使用文字命令创建公司的文化口号，如左下图。

4 创建封面名称。使用文字命令创建封面名称，如右下图。

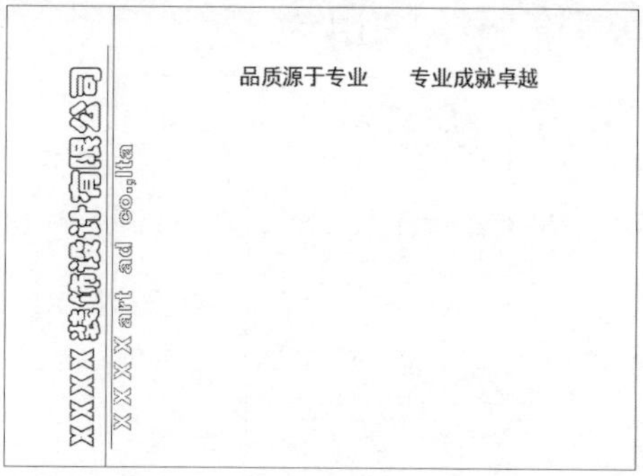

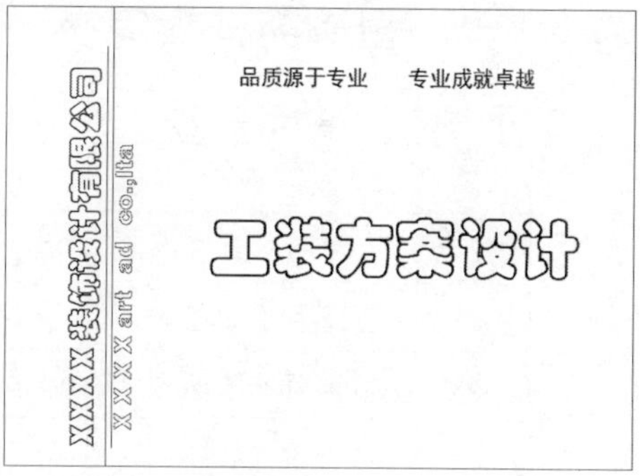

5 创建其他内容。创建公司的地址、电话等相关内容，如左下图。

6 创建封底。创建长为"420"、宽为"297"的矩形，作为封底的尺寸，如右下图。

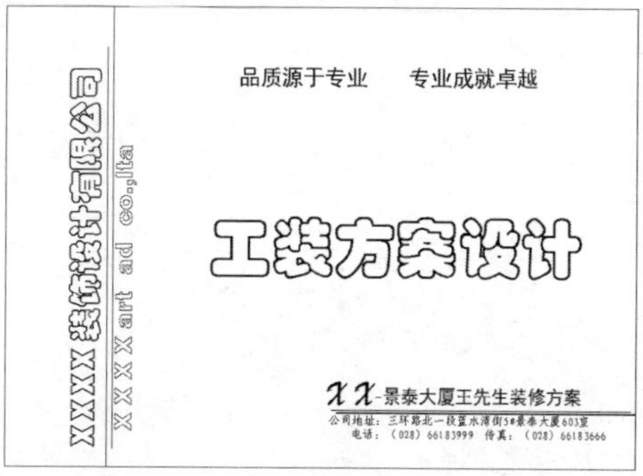

7 创建公司标志。创建公司的标注及公司名称，将两个对象合理排列后移动到适当位置，如左下图。

8 创建其他内容。创建公司地址、电话等内容，移动到适当位置，如右下图。

公司地址：三环路北一段望水滨街50豪华大厦603室
电话：(028) 66183999　传真：(028) 66183666

流程 02　创建图册目录

皇御苑样板房 A 户型装饰施工图目录

序　号	图 纸 名 称	图号	序　号	图 纸 名 称	图号
1	原始平面图	P-01	6		
2	平面设计图	P-02	7		
3	平面布置图	P-03	8		
4	地面布置图	P-04	9		
5	顶面布置图	P-05	10		
设　计		备注：	非得本公司设计师之书面批准，不得随意将任何部分翻印。切勿以比例量度此图，一切以图内数字所示为准。施工单位必须在工地核对图内所示数字之准确，如发现任何矛盾，应通知设计师，方可施工，否则施工单位须承担所有责任。		
编　制					
校　对					

▶▶ **原始素材文件**：光盘\素材文件\第13章\13-6-2.dwg

▶▶ **最终结果文件**：光盘\结果文件\第13章\13-6-2.dwg

▶▶ **同步教学文件**：光盘\多媒体教学文件\第13章\13-6-2.mp4

本例难易度	制作关键	技能与知识要点
★★★☆☆	本实例主要是创建方案图册的施工图目录。首先绘制目录表格，接着创建目录项目，然后在相应位置补充内容，最后添加备注内容。	• "直线"命令 • "矩形"命令 • "文字"命令

1 创建图纸尺寸。打开素材文件"13-6-2.dwg"，创建长为"420"，宽为"297"的矩形，作为图纸尺寸，将矩形向内偏移出表格尺寸，并复制标志移动到图框中适当位置，如左下图。

2 创建表格。使用直线创建目录表格，如右下图。

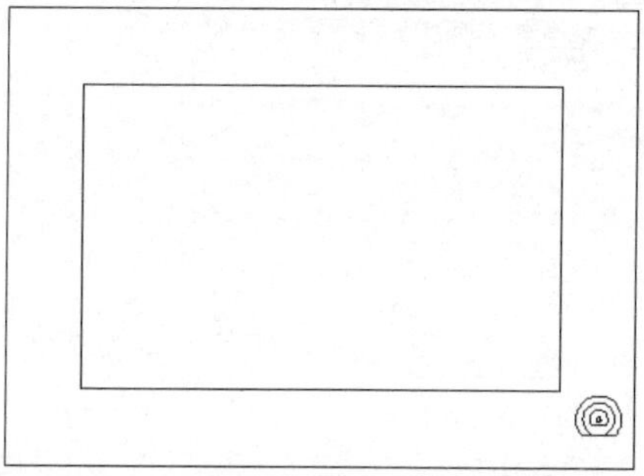

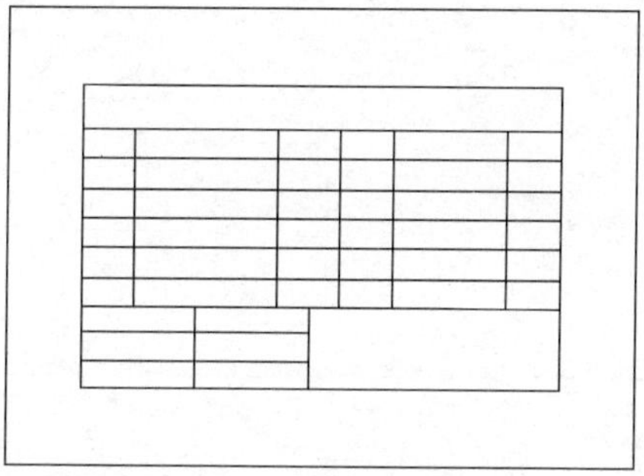

3 输入目录名称。使用文字命令创建目录名称及各项目名称，如左下图。

4 创建目录。使用文字命令依次给图形创建目录，如右下图。

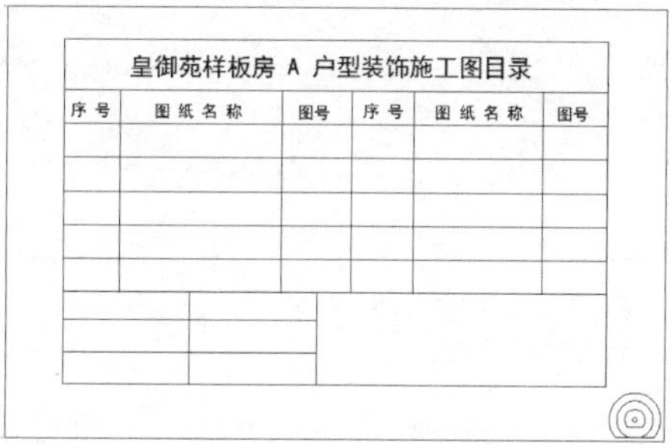

5 创建目录的其他内容。使用文字命令将目录中的其他内容创建出来，如左下图。

6 创建备注。在图框右下栏中创建本套方案图册的备注内容，如右下图。

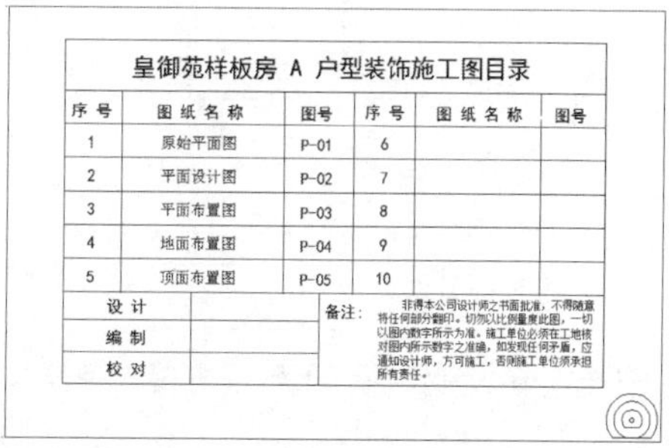

流程 03 创建图册图例及说明

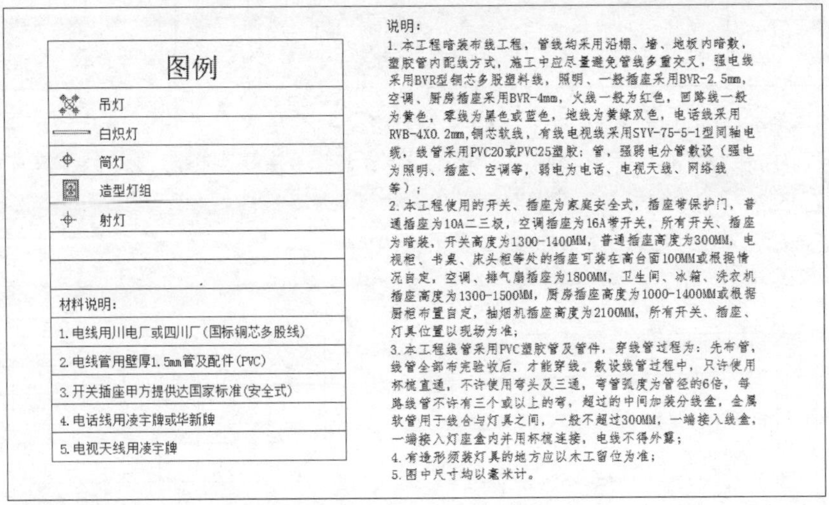

图例

✖ 吊灯

── 白炽灯

✛ 筒灯

▦ 造型灯组

✛ 射灯

材料说明：

1.电线用川电厂或四川厂（国标铜芯多股线）

2.电线管用壁厚1.5mm管及配件(PVC)

3.开关插座甲方提供达国家标准（安全式）

4.电话线用凌宇牌或华新牌

5.电视天线用凌宇牌

说明：

1. 本工程暗装布线工程，管线均采用沿棚、墙、地板内暗敷，塑胶管内配线方式，施工中应尽量避免管线多重交叉，强电线采用BVR型铜芯多股塑料线，照明、一般插座采用BVR-2.5mm，空调、厨房插座采用BVR-4mm，火线一般为红色，回路线一般为黄色，零线为黑色或蓝色，地线为黄绿双色，电话线采用RVB-4X0.2mm铜芯软线，有线电视线采用SYV-75-5-1型同轴电缆，线管采用PVC20或PVC25塑胶ᴄ管，强弱电分管敷设（强电为照明、插座、空调等，弱电为电话、电视天线、网络线等）；

2. 本工程使用的开关、插座为家庭安全式，插座带保护门，普通插座为10A二三极，空调插座为16A带开关，所有开关、插座为暗装，开关高度为1300-1400MM，普通插座高度为300MM，电视柜、书桌、床头柜等处的插座可装在高台面100MM或根据情况自定，空调、排气扇插座为1800MM，卫生间、冰箱、洗衣机插座高度为1300-1500MM，厨房插座高度为1000-1400MM或根据厨柜布置自定，抽烟机插座高度为2100MM，所有开关、插座、灯具位置以现场为准；

3. 本工程线管采用PVC塑胶管及管件，穿线管过程为：先布管，线管全部布完验收后，才能穿线，敷设管过程中，只许使用杯梳直通，不许使用弯头及三通，弯管弧度为管径的6倍，每路线管不许有三个或以上的弯，超过的中间加装分线盒，金属软管用于线合与灯具之间，一般不超过300MM，一端接入线盒，一端接入灯座盒内并用杯梳连接，电线不得外露；

4. 有造形须装灯具的地方应以木工留位为准；

5. 图中尺寸均以毫米计。

▶▶ **原始素材文件**：光盘\素材文件\第13章\13-6-3.dwg

▶▶ **最终结果文件**：光盘\结果文件\第13章\13-6-3.dwg

▶▶ **同步教学文件**：光盘\多媒体教学文件\第13章\13-6-3.mp4

本例难易度	制作关键	技能与知识要点
★★★☆☆	本实例主要是创建方案图册的图例及说明。图例主要是各种灯的注释，说明主要是对材料的要求、施工现场的要求及其他注意事项的强调。	• "直线"、"矩形"命令 • "复制"、"移动"命令 • "文字"命令

1 创建图框及表格。打开素材文件"13-6-3.dwg"，创建长为"420"、宽为"297"的矩形，作为图纸尺寸，创建图例表格，如左下图。

2 创建图例及名称。复制顶面布置图中的图例，将各图例的名字标注在后方对应的位置，如右下图。

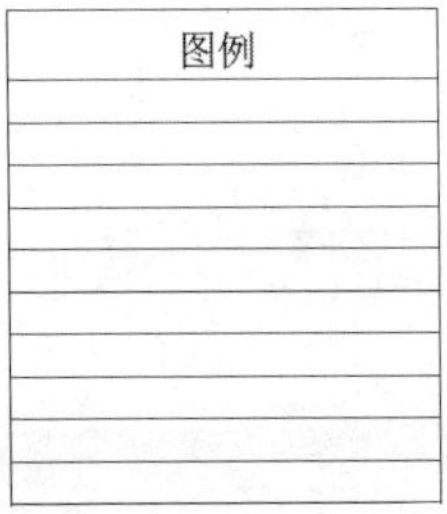

图例

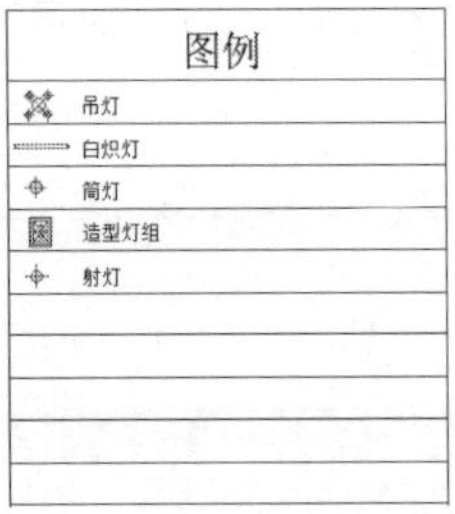

图例

✖ 吊灯

── 白炽灯

✛ 筒灯

▦ 造型灯组

✛ 射灯

3 创建材料说明。在图例下方位置创建材料的说明，用文字标明图中材料的各个注意细节，如左下图。

4 创建说明。使用文字命令创建本方案图册的说明，如右下图。

图例

✕	吊灯
▭	白炽灯
✛	筒灯
🔲	造型灯组
✛	射灯

材料说明：

1. 电线用川电厂或四川厂（国标铜芯多股线）
2. 电线管用壁厚1.5mm管及配件（PVC）
3. 开关插座用方提供达国家标准（安全式）
4. 电话线用凌宇牌或华新牌
5. 电视天线用凌宇牌

说明：

1. 本工程缔装布线工程、管线均采用沿烟、墙、地板内暗敷、塑胶管内配线完工，施工中应尽量避免管线多重交叉，强电线采用BVR型铜芯多股量芯线，照明、一般插座采用BVR-2.5mm，空调、厨房插座采用BVR-4mm，火线一般为红色，回路线一般为黄色，零线用蓝色或蓝色，地线为黄绿双色，电话线采用RVB-4X0.2mm，例芯软线，有线电视线采用SYV-75-5-1型同轴电缆，线管采用PVC20或PVC25塑胶，管，强弱电分管敷设（强电为照明、插座、空调等，弱电为电话、电视天线、网络线等）；
2. 本工程使用的开关、插座为家用安全式，插座带保护门，普通插座为10A二三极，空调插座为16A带开关，所有开关、插座为暗敷，开关高度为1300-1400MM，普通插座高度为300MM，电视柜、书桌、床头柜的插座可放在离地面100MM或视情况而定，空调、排气扇插座为1800MM，卫生间、洗涤、洗衣机插座高度为1300-1500MM，厨房插座高度为1000-1400MM或根据厨柜布置定，照明插座离地高度为2100MM，所有开关、插座、灯具位置以现场为准；
3. 本工程管采用PVC塑管及管件，穿线管过长、先布管，接管全部布木刷收后，才校穿线，数设过程中，只许使用标准直通，不许使用三通与三通，弯管处应为管标的6倍，每路走管不许有三个以上的弯，超过的中间加装分线盒，全暗软管代替金与灯具头之间，一般不超过300MM，一端埋入线盒，一端接入灯盒管与弱电插装电盒，电线不得分开；
4. 客造房所装灯具的地方应以木工留位为准；
5. 图中尺寸均以毫米计。

流程 **04** 方案预算

预算即报价表，当完成方案设计图之后，就要根据图中的实际情况在Microsoft Excel软件中制作方案的预算报价表。制作报价表即是将设计装修过程中产生的相关费用根据项目逐条列举出来，然后将各项进行小计，最后综合统计，如下图。

景泰大厦王先生工装报价表

客户：

序号	项目	单位	面积	单价	合计	备注
A、大厅及过道						
1	顶面方形吊顶购买	m²	105.0	18.0	1890.0	材料说明：青石粉、腻子胶、白水泥、乳胶底、面漆 工艺流程：清扫基层、磨砂纸、两到腻子、打磨、磨滑、抹补腻子、抗磨、面漆 工艺标准：环保乳胶漆、墙面专用腻子、滚涂、ICI多乐士抗碱腻漆一遍、面漆两遍
2	地面地砖安装（规格：600×600以下）	m²	105.0	36.0	3780.0	材料说明：峨嵋325#水泥、中砂、 工艺流程：试排拼缝、刷素水泥浆、调线水泥浆、铺贴、白水泥填缝擦缝、清理净面。 工艺标准：水泥砂浆体积配合比为1：2.5，砂浆厚超过4cm找平加4mm厚加10元/m²
3	储藏柜体	m²	7.2	360.0	1008.0	材料说明：木工板、内饰面、九厘板、面板、漆 工艺流程：下料、划线、组装、收边线胶、安装、白水泥填缝隙等 工艺标准：15层木工板+柏内含耐酸+九厘板+铺封面+机具夹+人工费（不含油漆）、详见施工图。
4	聚脂漆	m²	120.0	80.0	9600.0	材料说明：华润聚脂漆 工艺流程：底面、清理净面
5	ICI多乐士"家丽安"乳胶漆（墙面）漆客户购买	m²	120.0	18.0	2160.0	材料说明：青石粉、腻子胶、白水泥、乳胶底、面漆 工艺流程：清扫基层、磨砂纸、两到腻子、打磨、磨滑、抹补腻子、抗磨、面漆 工艺标准：环保乳胶漆、墙面专用腻子、滚涂、ICI多乐士抗碱腻漆一遍、面漆两遍
6	过道平顶	m²	14.0	80.0	1120.0	材料说明：青石粉、腻子胶、白水泥、乳胶底、面漆 工艺流程：清扫基层、磨砂纸、两到腻子、打磨、磨滑、抹补腻子、抗磨、面漆 工艺标准：环保乳胶漆、墙面专用腻子、滚涂、ICI多乐士抗碱腻漆一遍、面漆两遍
	小计	元			7154.6	
B、阳台						
序号	名称	单位	工程量	单价1	合计1	说明
1	地砖安装人工及辅料费	m²	41.5	36.0	1494	材料说明：峨嵋325#水泥、中砂、 工艺流程：试排拼缝、刷素水泥浆、调线水泥浆、铺贴、白水泥填缝擦缝、清理净面。 工艺标准：水泥砂浆体积配合比为1：2.5，砂浆厚超过4cm找平加4mm厚加10元/m²
2	顶面石膏板吊顶购买	m²	41.5	36.0	1494	材料说明：峨嵋325#水泥、中砂、 工艺流程：试排拼缝、刷素水泥浆、调线水泥浆、铺贴、白水泥填缝擦缝、清理净面。 工艺标准：水泥砂浆体积配合比为1：2.5，砂浆厚超过4cm找平加4mm厚加10元/m²
3	ICI多乐士"家丽安"乳胶漆（墙面）漆客户购买	m²	45	16.5	742.5	材料说明：峨嵋325#水泥（无缝墙藏加5B6元/M2）
	小计	元			3730.5	
C、办公室						
序号		单位				说明
1	顶面石膏板平顶购买	m²	13.0	18.0	234.0	材料说明：青石粉、腻子胶、白水泥、乳胶底、面漆 工艺流程：清扫基层、磨砂纸、两到腻子、打磨、磨滑、抹补腻子、抗磨、面漆 工艺标准：环保乳胶漆、墙面专用腻子、滚涂、ICI多乐士抗碱腻漆一遍、面漆两遍 材料说明：青石粉、腻子胶、白水泥、乳胶底、面漆

Sheet1 Sheet2 Sheet5 Sheet4 Sheet3

1. 制作基装报价表

本案例的基装报价表包括的内容如下。

（1）大厅及过道的报价项目包括：吊顶、地砖、乳胶漆、储藏柜、聚脂漆、过道平顶。

（2）阳台的报价项目包括：吊顶、地砖、乳胶漆。

（3）办公室的报价项目包括：吊顶、吊顶阴角线、地砖、乳胶漆、储藏柜。

（4）展览室的报价项目包括：吊顶、吊顶阴角线、地砖、乳胶漆、展示柜。

（5）茶水间的报价项目包括：吊顶、地砖、乳胶漆、橱柜、防水。

（6）洗手间的报价项目包括：吊顶、地砖、防水。

在计算每个房间乳胶漆的用量时，一定要将门洞及窗户的面积除去。

2. 制作水电改造及灯具洁具安装工程报价表

本案例的水电改造及灯具洁具安装工程报价表包括如下内容。

（1）电路布置报价项目：强、弱电布线材料及人工费。

（2）水路布置报价项目：给排水管改造材料及人工费、排污水管改造材料及人工费、水管接头材料及人工费、排污水管接头材料及人工费。

（3）灯布置报价项目：暗线盒及安装、开关、插座面板安装人工费；筒灯、射灯安装人工费；小型吊灯、吸顶灯、主灯安装人工费。

（4）洗手间布置报价项目：卫生洁具安装人工费、开孔、防水处理人工费。

3. 其他项目报价表

其他项目包括基建及清洁清理费用等，具体项目如下。

（1）墙体基建报价项目：墙体拆除费、新建墙体费、围墙费。

（2）日常清理报价项目：包下水管、材料运费及上楼费、施工现场日常清理费、竣工专业清洁费。

（3）其他报价项目：远程施工费、设计费、效果图制作费。

4. 主材项目报价表

主材项目包括内容如下。

（1）洁具类：洗面盆及龙头、卫生间蹲便及配件、木隔断。

（2）木材类：文件柜、门及门套。

（3）其他类：灯具、开关、插座。

本章小结

本章内容主要讲解了在AutoCAD 2012中制作办公装修方案图纸的方法和注意事项。一定要牢记办公空间的设计图纸要根据客户的需求及房屋的实际情况来进行设计。

Chapter

14

室内家装设计案例

本章主要讲解室内家装设计案例的过程及内容。包括户型分析、平面设计图、地面布置图、顶面布置图和立面图、施工图的制作，以及方案图册的设计等内容。

本章导读
BEN ZHANG DAO DU

知识要点
ZHI SHI YAO DIAN

- 户型分析确定设计方向和内容
- 平面设计图设计规划室内功能区
- 地面布置图的相关要点
- 顶面布置图的特点
- 绘制立面图
- 绘制施工图
- 方案图册的内容和制作

案例展示
AN LI ZHAN SHI

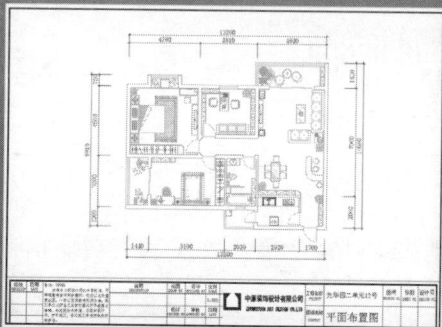

14.1 实战应用——户型分析

室内家装设计泛指能够实际在室内建立的任何相关物件，包括：墙、窗户、窗帘、门、表面处理、材质、灯光、空调、水电、环境控制系统、视听设备、家具与装饰品的规划。在设计之初，必须根据客户的需要对户型进行分析。

流程 01 家装设计概述

室内家装设计主要涉及住宅、公寓和宿舍的室内设计，具体包括玄关、起居室、餐厅、书房、工作室、卧室、厨房和浴厕设计。

1. 室内家装设计的基本要求

从居住空间的特征与功能要求来看，居住空间应该满足几个基本要求。

（1）功能性：就是将室内空间的装修、装饰以何种形式设计在哪个位置，是否物尽其用，所设计的结构、构造、材料、质地、颜色等是不是满足人们的识别、使用、居住、生活等需求。功能性在家装的设计中是最基本的要求。

任意一个室内空间在没有被人们使用之前都是无属性的，只有经过设计改造入住之后，每个房间才有其特定意义，如一个20平方米的房间，既可以作为卧室，也可以作为书房或休闲室。当人们赋予它特定的功能之后，设计就要围绕这一功能进行，也就是说，设计要满足功能需要。

（2）审美性：即是经过设计后的居住空间呈现出的视觉效果，一个合理舒适的居住空间，环境的美观与否起着重要的作用。尤其是家装设计，因为家居环境是私人的休息场所，一个舒适的环境不仅体现在家居用品、功能结构上，也体现在视觉效果上，但是这一点也和客户的喜好有很大的关系。

美是一种随时间、空间、环境而变化的适应性极强的概念，所以在设计中美的标准和目的也会大不相同。既不能因强调设计在文化和社会方面的使命及责任而不顾及使用者需要的特点，也不能把美庸俗化，这需要室内设计师准确地把握其中的平衡关系。

（3）舒适性：室内空间设计应该结合人体工程学、建筑物理学、社会学、心理学等学科，满足人类对环境的舒适、健康、安全、卫生、方便等众多方面的不同需求，这当中包括空间的大小、采暖、照明、通风、室内色调的总体效果。这一原则的要求是室内空间、装饰装修、物理环境、陈设绿化等应最大限度地满足功能所需，并使其与功能相和谐、统一。

在进行室内设计时，要结合室内空间的功能需求，使室内环境合理化、舒适化，同时还要考虑人们的活动规律，处理好空间关系、空间尺度、空间比例等，并且要合理配置陈设与家具，妥善解决室内通风、采光与照明等问题。

（4）情感性：很多人喜欢自己的居室装修与众不同，能突出自我个性，突出个人的情趣和品位，不喜欢与别人的居室如出一辙。所以现代家装很重要的一点要求就是突出个性化。

（5）经济性：要根据建筑的实际性质和用途确定设计标准，不要盲目提高标准，单纯追求艺术效果，造成资金浪费，也不要片面降低标准而影响效果，重要的是在同样的造价下，通过巧妙地构造设计达到良好的实用与艺术效果。

从广义上来讲，经济性原则就是以最小的消耗达到所需的目的。一项设计要为大多数消费者所接受，必须在"代价"和"效用"之间谋求一个均衡点。但无论如何，降低成本不能以损害施工质量和效果为代价。根据预算的具体投资情况，选购恰当的材料，运用合适的技术手段，这属于室内装饰设计构造层面的内容。

现代室内环境设计置身于现代科学技术迅猛发展的洪流之中，要使室内设计更好地满足精神功能的要求，除了要求室内设计师对材料构造方面有一定的了解之外，还有就是要最大限度地利用现代科学技术的发展成果。把艺术和技术整合在一起，二者取得协调统一，对室内环境的创新改造有很密切的关系。

2. 家装设计要点

家装设计的要点总结起来可以分为以下几点。

（1）玄关设计：玄关指的是房门入口的一个区域。设置玄关，一是为了增加主人的私密性；二是为了起装饰作用，它是设计师整体设计思想的浓缩，在房间装饰中起到画龙点睛的作用；三是方便客人脱衣换鞋挂帽。

玄关的设计应依据户型和形式而定。可以是圆弧型的，也可以是直角型的，有的户型入口还可以设计成玄关走廊。式样有木制的、玻璃的、屏风式的、镂空的，等等。

玄关设计形式要素如下。

- 地坪：人们大都喜欢把玄关的地坪和客厅区分开来，自成一体。或用纹理美妙、光可鉴人的磨光大理石拼花，或用图案各异、镜面抛光的地砖拼花勾勒而成。在此，地坪需把握三大原则：易保洁、耐用、美观。

- 顶棚：玄关的空间往往比较局促，容易产生压抑感，但通过局部的吊顶配合，往往能改变玄关空间的比例和尺度，成为极具表现力的室内一景。这里需要把握的原则是简洁、整体统一、有个性。要将玄关的吊顶和客厅的吊顶结合起来考虑。

- 墙面：玄关的墙面往往与人的视距很近，常常只作为背景烘托。这里应该把握：重在点缀达意，切忌堆砌重复，色彩不宜过多。

- 家具和隔断：玄关除了起装饰作用外，另有一重要功能，即储藏物品。玄关内可以组合的家具常有鞋箱、壁橱、风雨柜、更衣柜等，在设计时应因地制宜，充分利用空间。在日常生活中所指的狭义的玄关就是此类隔断。在设计玄关家具和隔断时，应考虑整体风格的一致性，避免为追求花哨而杂乱无章。

- 小饰品和绿化：这个部分应该把握一个原则——少而精，重在点题。

- 灯光：精心设计的灯光组合，可使蓬荜生辉。筒灯、射灯、壁灯、轨道灯、吊灯、吸顶灯根据不同的位置安排，可以形成焦点聚射。当然，灯光效果应有重点。

设计玄关时，充分考虑到玄关周边相关环境，一定要立足整体，抓住重点，在此基础上追求个性，这样才会有收获。

（2）客厅设计：客厅是家庭居住环境中最大的生活空间，也是家庭的活动中心。由于客厅具有多功能性，面积大、活动多、人流导向相互交替等特点，因此在设计时应充分考虑环境空间弹性利用，突出重点装修部位。在家具配置设计时应合理安排，充分考虑人流导航线路以及各功能区域的划分，并考虑灯光色彩的搭配及其他各项客厅的辅助功能设计。

客厅装修设计的功能：由于客厅具有多功能性，而且面积大，通常在设计功能区域划分时采用隔断形式。一般采用的形式有木柜隔断、艺术屏风隔断、花格式隔断、地台式隔断、天花造型分格、利用天花灯光照明强弱分格等。

客厅装修要点包括以下几种。

- 装修要点：客厅一般可划分为会客区、用餐区、学习区等。会客区应适当靠外一些，用餐区接近厨房，学习区只占居室的一个角落。在满足起居室多功能需要的同时，应注意整个起居室的协调统一；各个功能区域的局部美化装饰，应注意服从整体的视觉美感。客厅的色彩设计应有一个基调。采用什么色彩作为基调，应体现主人的爱好。一般的居室色调都采用较淡雅或偏冷的色调。向南的居室有充足的日照，可采用偏冷的色调，朝北居室可以用偏暖的色调。色调主要是通过地面、墙面、顶面来体现的，而装饰品、家具等只起调剂、补充的作用。总之，要做到舒适方便、热情亲切、丰富充实，使人有温馨祥和的感受。

- 照明要点：家庭装修设计中，客厅要依照空间的属性配置不同的灯。客厅的灯光有两个功能，即实用性和装饰性。根据客厅的各种用途，需要安装：背景灯，为整个房间提供一定亮度，烘托气氛；展示灯，为房间里的某个特殊部位提供照明；照明灯，为某项具体的任务提供照明；荧光灯，亮度高，但可以放在灯盒内，作为泛光照明使用，但无法调节亮度；低压卤化钨灯，价格贵，但是照明质量高，它也是最接近日光照明的灯，不过所有的低压灯都需要变压器；钨丝灯，使用最广泛，但是使用寿命相对较短而且功耗大，一定要根据墙壁和天花板来选择照明。在选购灯具时，还应该注意灯罩与灯光是否相配。

- 吧台设计原则：在室内设置吧台，必须将吧台看作是完整空间的一部分，而不单是一件家具，好的设计能将吧台融入空间，无形中使居住往来更加舒适。

（3）卧室设计：卧室具有私密性、蔽光性，配套洗浴，静谧舒适，与住宅内其他房间分隔开来。卧室是一个完全属于主人自己的房间。设计较好的卧室特点包括不向南开窗，避免阳光直射室内；避免靠近夏季西晒和冬季室温较低的西墙；居室中除摆放双人床外，应留有一定的面积摆放卧室家具。如果在设计上能考虑建有墙式的壁柜、壁橱则更好；如果有多间卧室，卧室门尽量不要相对而开，不向住宅起居室开窗或开低窗；卧室应能自然通风。当通过走廊等间接采光时，应满足通风、安全和私密性的要求。

卧室具体设计要求如下。

- 照明色调：一般情况下，墙壁、家具以及灯光的颜色是暖色调的，并且灯光应当选用可调节的。
- 内部摆设的床是卧室中最主要一部分，床和床单的选择很大程度上会影响整间卧室的设计，以床为中心的家具陈设应尽可能简洁实用。床可安排在房间的中间，一般将床安排在光线较暗的位置。

（4）儿童房设计：考虑孩子的成长，创造可弹性利用的空间。安全性设计具有重要地位，同时还要留出一定空间供孩子玩耍。在条件允许的情况下，保留一片空白墙供孩子画图使用，或设置一块大面板。避免呆板、僵硬的设计，活泼有创意的设计有助于培养儿童乐观向上的性格。

儿童房的设计可以多姿多彩，但有以下几个原则。

- 共同参与规划：由于每个小孩的个性、喜好有所不同，因此对房间的摆设要求也会各有差异。
- 充足的照明：合适且充足的照明，能让房间温暖、有安全感，有助于消除孩童独处时的恐惧感。
- 柔软、自然的素材：由于儿童的活动力强，因此在儿童房空间的选材上，宜以柔软、自然素材为佳，如地毯、原木、壁布或塑料等。这些耐用、容易修复、非高价的材料，可营造舒适的睡卧环境。
- 明亮、活泼的色调：儿童房的居室或家具色调，最好以明亮、轻松、愉悦为选择方向，色泽上不妨多些对比色。
- 可随时重新摆设：设计巧妙的儿童房，应该考虑到儿童可随时重新调整摆设，空间属性应是多功能且具多变性的。
- 安全性：安全性是儿童房设计时需考虑的重点之一。由于小朋友正处于活泼好动、好奇心强的阶段，容易发生意外，在设计时需处处费心，如在窗户旁设护栏、家具尽量避免棱角的出现、采用圆弧收边等。材料也应采用无毒的安全建材为佳。家具、建材应挑选耐用、承受破坏力强、使用率高的。

- 预留展示空间：可以在其活动区域如壁面上挂一块白板或软木塞板，让孩子有一处可随性涂鸦、自由张贴的天地。这样既不会破坏整体空间，又能激发孩子的创造力。孩子的美术作品或手工作品也可利用展示板或在空间的一隅加个层板架放置。

（5）厨房设计：住宅的厨房是指用于炊事的专用房间。在设计时为满足采光、通风及电气化的需要，厨房应有外窗或开向走廊的窗户，并要为排油烟和电炊具的使用创造条件。厨房是住宅生活设施密度和使用频率较高的空间部位，也是家庭活动的重要场所。

厨房设计原则如下。

- 空间决定形式：依据空间大小决定厨房形式。厨房依据空间的大小，可分为I字形、L字形、凹字形与中岛形。
- 人体工程学原则：注意使用时的人体工程学。在厨房进行烹调时，必须长时间弯腰倾身，通过适当的设计，才能避免腰酸背疼的问题。
- 操作流程原则：合理分配橱柜空间。在规划空间时，尽量依据使用的频率来决定物品放置的位置。在收纳物品时，还要注意到安全问题。
- 能源照明原则：利用充足的照明提高效率，厨房的照明首要安全与效率。灯光应从前方投射，以免产生阴影妨碍工作。除利用可调式的吸顶灯作为普遍式照明外，在橱柜与工作台上方装设集中式光源，可以让切菜与其他操作更为方便安全。
- 采光通风原则：厨房的采光主要是避免阳光的直射，防止室内贮藏的粮食、干货、调味品因受光热而变质。另外，必须通风，但在灶台上方切不可有窗。
- 高效排污原则：厨房是居室污染的重灾区，除在灶具上方安装抽油烟机外，还应在灶台上方的最高处加装换气扇。

厨房设计的禁忌：忌材料不防水，厨房是潮湿易积水的地方，所有表面装饰材料都应防水耐擦洗；忌材料易燃，厨房里尤其是炉灶周围要注意材料的阻燃性；忌餐具暴露在外，厨房家具尽量采用封闭式，将各种用具物品分类储藏于柜内，既卫生又整齐；忌夹缝多，厨房是个容易藏污纳垢的地方，如吊柜与天花板之间尽量不要有夹缝，以免日后成为保洁的难点；忌地面铺马赛克，马赛克规格较小，缝隙多，不易清洁，且用旧了还容易脱落。

流程 02　户型及尺寸

任何一个室内装饰设计案例，绘制的前提都是必须得到需要设计的户型图。本章所制作的家装设计案例的户型为三居室，即三室两厅的户型结构，这也是结构比较科学的家庭首选户型，如下图。

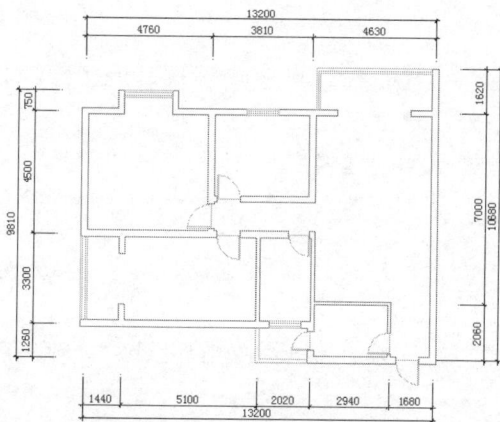

流程 03 户主意见及要求

在得到户型图及尺寸之后，在与客户的洽谈中，了解客户需要在此空间中达到的使用功能和要求。

1. 客户的意见及需要

从家庭居住的特征与功能要求来看，此户型图应客户的要求应该满足以下几个基本要求。

（1）户主是标准的三口之家，有一个三岁的小女儿，老人偶尔会过来短暂居住，所以需要两个常用卧室，一个书房兼临时客房。

（2）因为户主是每天做饭的，所以希望厨房尽量整洁一些，功能尽量完善一些。

（3）户主两夫妻都比较喜欢品酒，所以希望有一个比较大的酒柜，有一个小吧台。

（4）其他配套与标准的三口之家相同，包括玄关、餐厅、客厅、卫生间等功能空间。

2. 客户的要求

（1）客户需要比较多的储藏空间。

（2）客户喜欢的装修风格为现代简约。

流程 04 三居室装修预算

由空间面积和客户的要求两个参考要素作为前提，本案例的基装预算要求控制在八万元左右。

1. 基装区域

所谓基装，具体包括六个部分，即水电工程、泥工部分、墙面装饰、安装部分、门窗成品保护部分、隐藏工程。

本案例的基装区域就是整个室内空间。

2. 装修内容

此案例装修设计的内容包括：地面贴地砖、墙面涂乳胶漆、顶面要吊顶、做很多柜体。

关于案例的装修预算，必须在完成案例的设计、计算出各个房间的装修情况之后才能做出来。

14.2 实战应用——绘制户型图

本节主要是根据所得到的户型图或者根据从现场测量的尺寸绘制出原始平面图，并标注尺寸、配置图框等内容。

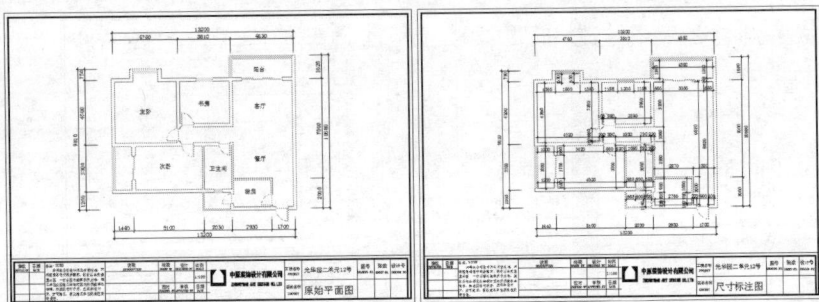

流程 01 绘制辅助线

▶▶ **原始素材文件**：光盘\素材文件\第14章\14-2-1.dwt

▶▶ **最终结果文件**：光盘\结果文件\第14章\14-2-1.dwg

▶▶ **同步教学文件**：光盘\多媒体教学文件\第14章\14-2-1.mp4

本例难易度	制作关键	技能与知识要点
★★☆☆☆	本实例主要是将前期创建的模板另存为需要的文件名称，然后使用构造线绘制相应的垂直和水平辅助线，完成户型的辅助线绘制。	• "另存为"命令 • "构造线"命令 • "偏移"命令

1 打开图形模板文件。打开前期绘制的模板文件，并将其另存为"14-2-1.dwg"，如下图。

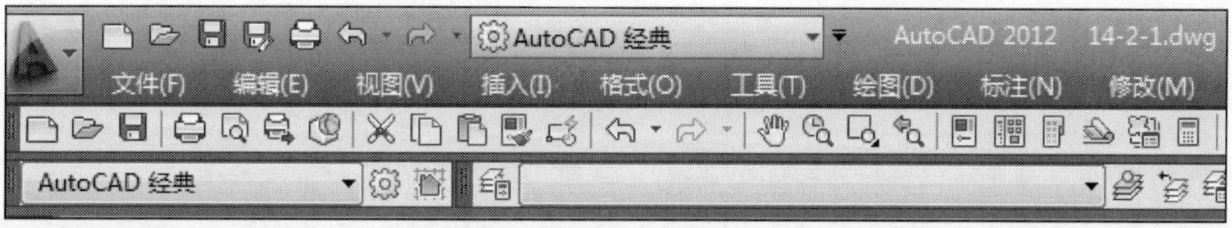

> **大师心得** 在此处之所以打开模板文件来使用，是因为模板文件中已经创建了单位、辅助设置、图层、标注样式、文字样式等绘图中需要的各种环境设置，若直接新建文件，这些内容必须重新设置。

2 绘制水平辅助线。选择"轴线"图层，按【F8】键打开正交模式，绘制一条水平构造线，激活偏移命令，将其依次向下方偏移1620、7000、2060，如左下图。

3 绘制垂直辅助线。绘制一条垂直构造线，将其依次向右偏移4760、3810、4630，如右下图。

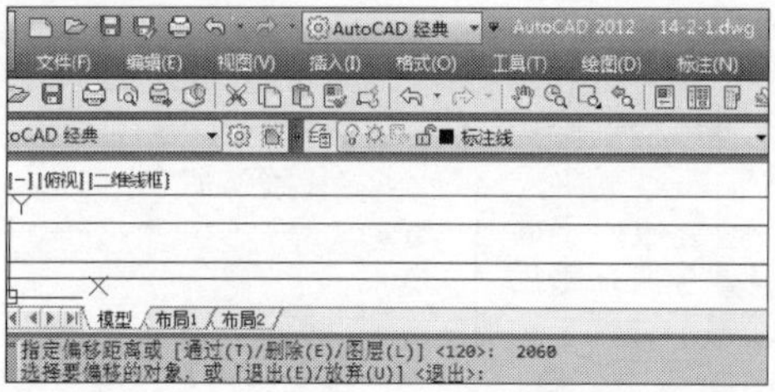

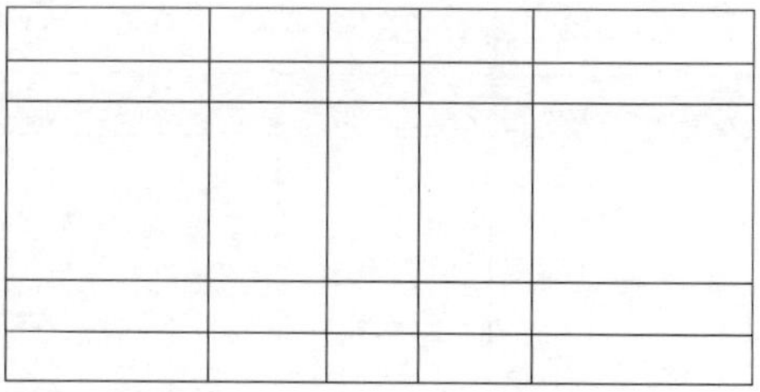

4 绘制下方垂直辅助线。将最左侧的垂直辅助线向右偏移1440，将其颜色更改为蓝色，再将蓝色辅助线向右依次偏移5100、4960，如左下图。

5 绘制左侧水平辅助线。激活偏移命令，将最上方水平辅助线向下偏移870，将其颜色更改为蓝色，依次将蓝色辅助线向下偏移3950、1300、3300，如右下图。

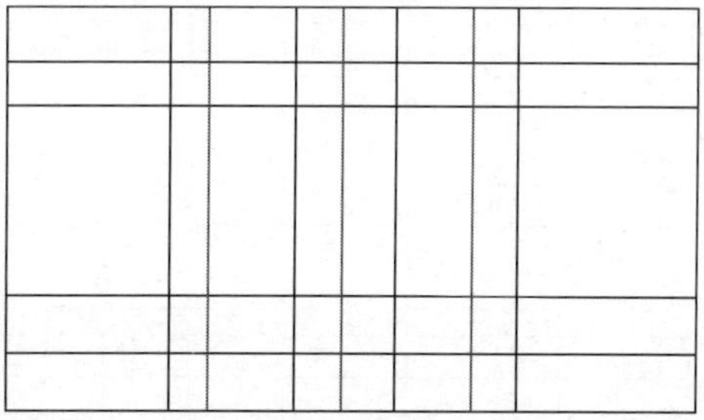

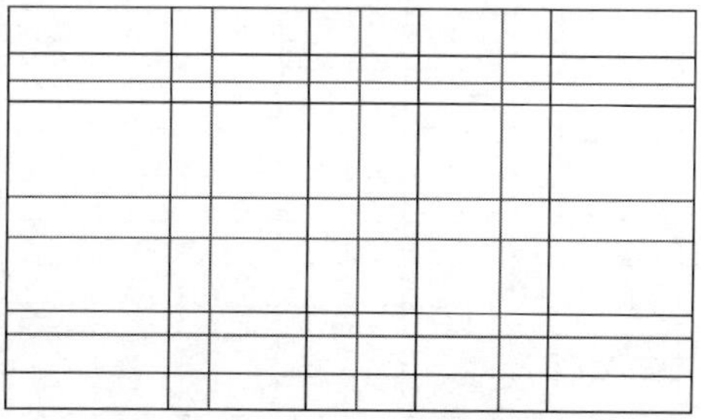

流程 02 绘制原始平面图

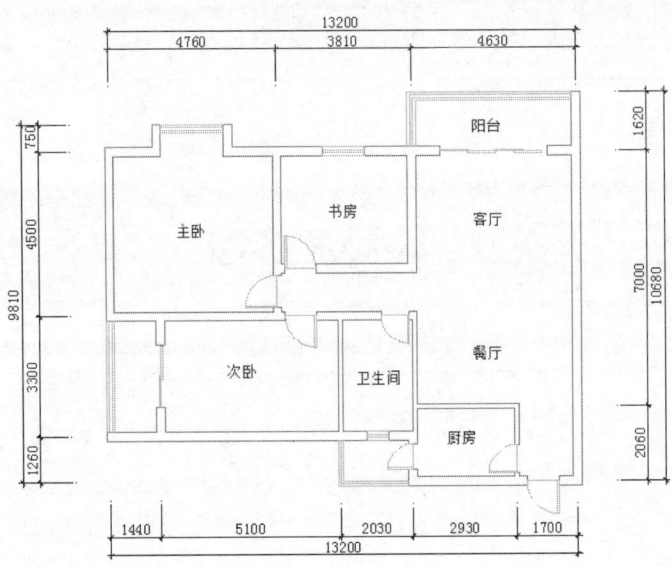

▶ **原始素材文件**：光盘\素材文件\第14章\14-2-2.dwg
▶ **最终结果文件**：光盘\结果文件\第14章\14-2-2.dwg
▶ **同步教学文件**：光盘\多媒体教学文件\第14章\14-2-2.mp4

本例难易度	制作关键	技能与知识要点
★★★★☆	本实例主要是根据辅助线绘制原始平面图，并将每个房间的文字说明创建出来，最后创建原始平面图的外墙尺寸标注。	• "多段线"命令 • "偏移"命令 • "修剪"命令 • "填充"命令

1 绘制墙体辅助中线。打开素材文件"14-2-2.dwg"，选择"墙线"图层，按【F8】键打开正交模式，使用多段线沿辅助线绘制最外沿的墙中线，如左下图。

2 绘制内墙中线。依次绘制内墙的墙体中线，如右下图。

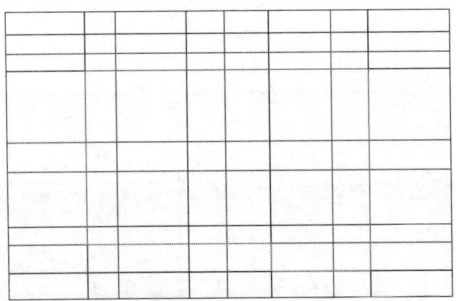

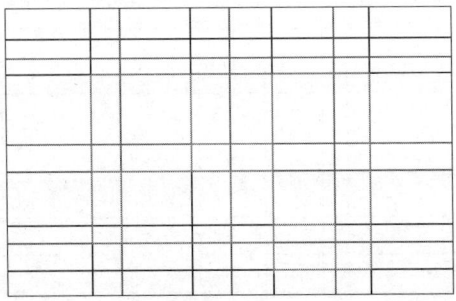

> **大师心得** 在绘制墙线时，尽可能使用多段线命令来绘制，方便接下来完成墙线后进行连接，将连接的墙线再进行偏移，可极大地节约绘制时间。

3 偏移普通墙线。激活偏移命令，将各墙线向中线两侧各偏移"120"，如左下图。

4 偏移厨房和卫生间的墙线。将厨房和卫生间的墙中线辅助线向两侧各偏移"60"，将厨房和卫生间相连的墙中线向右侧偏移"120"，如右下图。

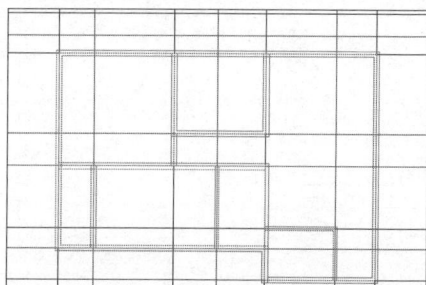

> **大师心得** 在此处偏移墙体时，一般的墙体厚度为"240"，厨房和卫生间的墙体厚度为"120"，所以需要单独偏移。

5 绘制阳台墙体线。根据辅助线绘制伸出墙体的阳台墙体线，如左下图。

6 关闭轴线图层。关闭轴线图层，删除墙体中线，如右下图。

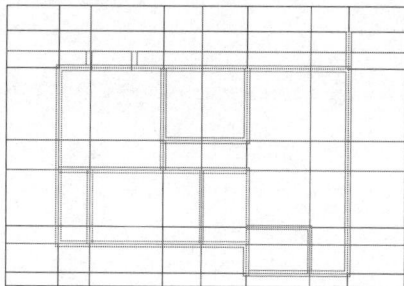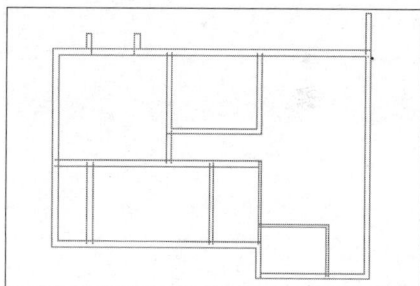

7 修剪墙体。将墙体中多余的线段使用修剪命令修剪掉，如左下图。

8 创建门洞和窗洞。使用直线命令创建出门洞和窗户的位置，使用修剪命令将直线中多余的墙体修剪掉，如右下图。

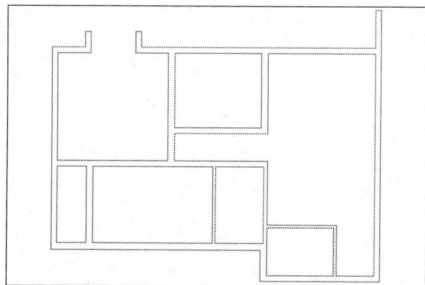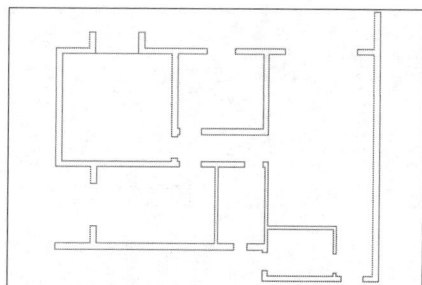

大师
心得　　此处主卧阳台宽度为1800mm，书房窗户宽度为1200mm，卫生间窗户宽度为600mm，客厅及次卧的阳台与室内相连的墙体两边各为680mm。

⑨ 绘制窗线。选择"门窗线"图层，使用直线命令绘制窗线和阳台线，如左下图。

⑩ 创建门。插入图块"门"，依次将其复制并缩放，移动到适当位置，如右下图。

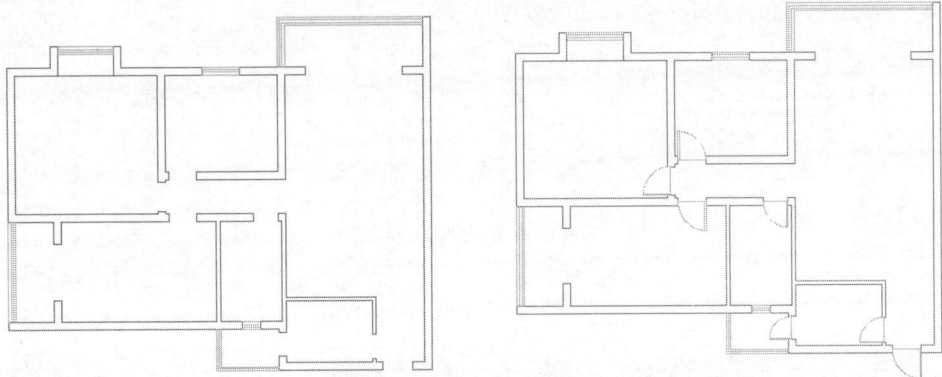

⑪ 创建阳台门。将室内及阳台相连区域的墙体修剪掉，绘制推拉门并进行适当排列，如左下图。

⑫ 创建文字说明。选择"文字说明"图层，使用文字命令创建各个房间的名称，如右下图。

大师
心得　　窗线一般是由四条平行线组成的总距离为240的线组，即每条线之间的距离为80，这是为了与240墙及120墙进行区别。

此处进户门宽度为900mm，室内门宽度为880mm，厨房和卫生间门宽度为780mm，厨房阳台门宽度为700mm。

⑬ 选择标注线图层。在图层控制下拉按钮中选择"标注线"图层，如左下图。

14 激活连续标注。使用线性标注命令将客厅的宽度标注出来，激活连续标注命令，单击指定下一个标注终点，如右下图。

15 完成连续标注。依次单击需要标注的轴线，完成尺寸标注后按空格键结束连续标注命令，如左下图。

16 总标注。单击指定标注的原始起点，单击指定标注的最终点，鼠标向上单击指定标注尺寸线位置，如右下图。

17 创建左侧标注。根据轴线创建左侧每堵墙线的尺寸标注，再使用线性标注命令创建总标注，如左下图。

18 创建右侧标注。使用同样的方法创建右侧尺寸标注，如右下图。

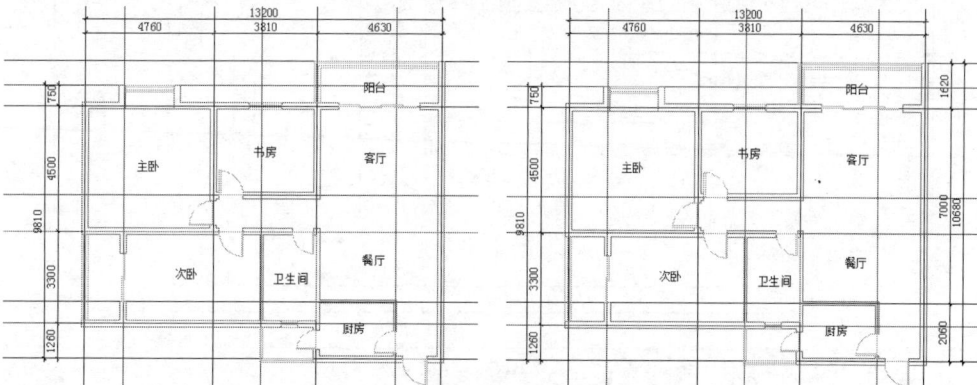

19 创建下方标注。使用同样的方法创建房屋户型的下方尺寸标注，如左下图。

20 关闭轴线图层。关闭"轴线"图层，效果如右下图。

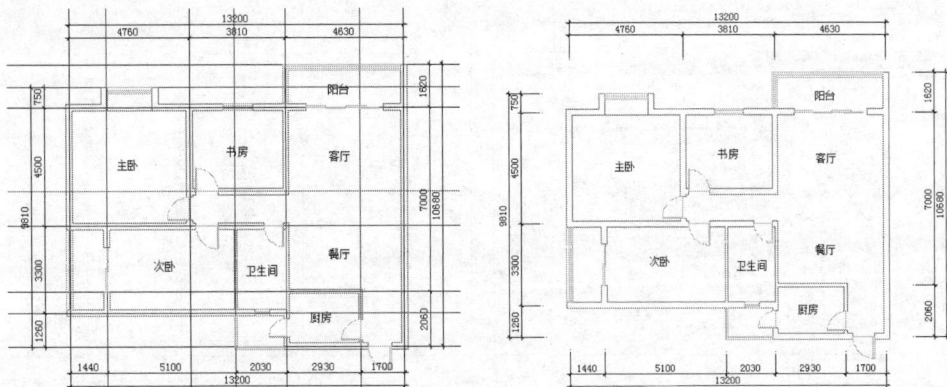

流程 03 创建尺寸标注图

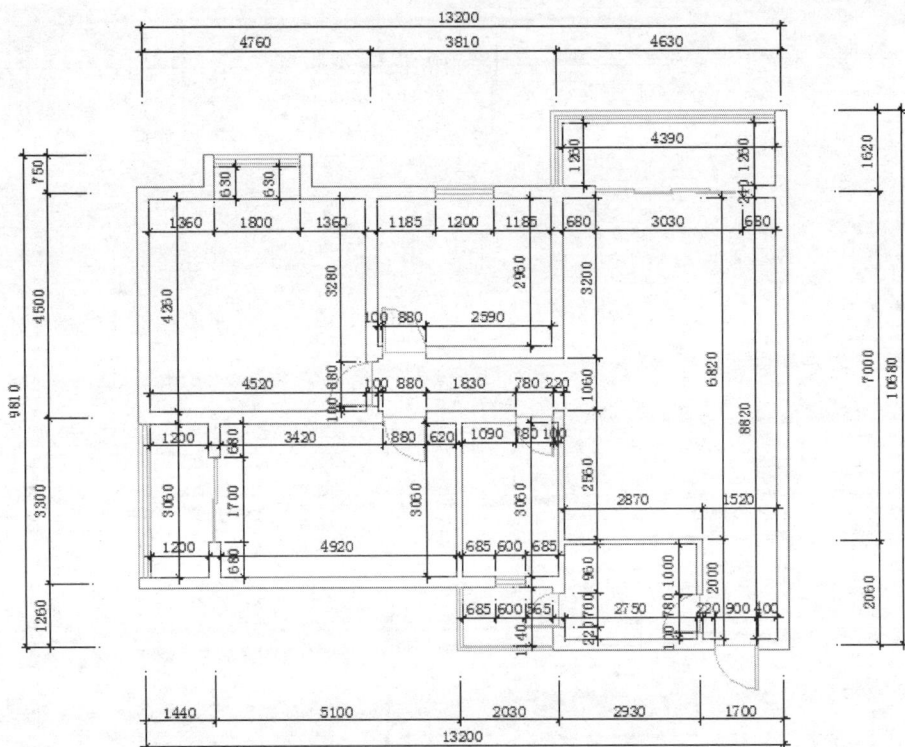

▶▶ **原始素材文件**：光盘\素材文件\第14章\14-2-3.dwg

▶▶ **最终结果文件**：光盘\结果文件\第14章\14-2-3.dwg

▶▶ **同步教学文件**：光盘\多媒体教学文件\第14章\14-2-3.mp4

本例难易度	制作关键	技能与知识要点
★★★☆☆	本实例主要是根据辅助线绘制原始平面图中每个房间的内部尺寸标注。使用线性尺寸标注和连续尺寸标注从进户门开始,依次创建每个房间的尺寸标注。	• "线性标注"命令 • "连续标注"命令

1 标注房间内尺寸。打开素材文件"14-2-3.dwg",使用线性标注将进户门右侧部分标注出来,如左下图。

2 移动标注文字。单击已创建的尺寸标注,单击文字中的夹点,单击尺寸线的中点,移动标注文字,如右下图。

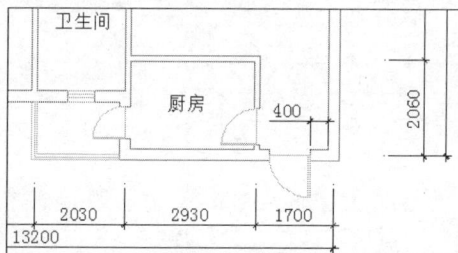

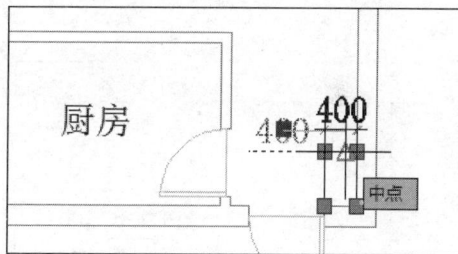

3 连续标注。使用连续标注命令创建门的尺寸,如左下图。

4 完成玄关标注。继续单击指定至下一点的尺寸标注,关闭"文字说明"图层,如右下图。

5 创建厨房长度尺寸。使用线性标注创建厨房的长度尺寸,如左下图。

6 创建厨房一侧的宽度尺寸。将厨房靠阳台部分的一侧门垛标注出来,如右下图。

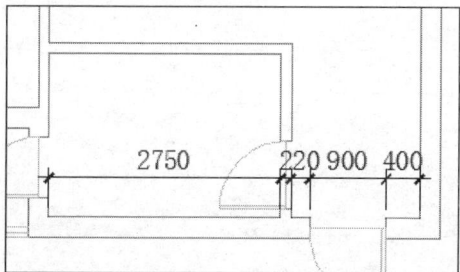

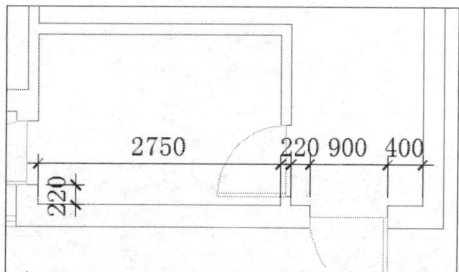

> **知识链接——房屋内部尺寸标注**
>
> 在设计家装方案时，设计师一般都会到房屋现场量房，即测量每个房间的内部详细尺寸，一是为了方便制作设计装修图纸；二是将原始图纸与测量得到的内部尺寸作对比，以得到最准确的房间尺寸。
>
> 在制作内部尺寸标注时，必须将每一堵墙的情况清楚标注出来，包括墙头、门洞、窗洞等。在现场量房时，也必须将这些内容记录下来，以方便查阅。

7 创建连续标注。使用连续标注命令将厨房阳台门洞及此面墙余下的部分标注出来，如左下图。

8 创建厨房另一侧标注。将厨房大门一侧的墙体按门垛、门洞、余下墙体的顺序标注出来，如右下图。

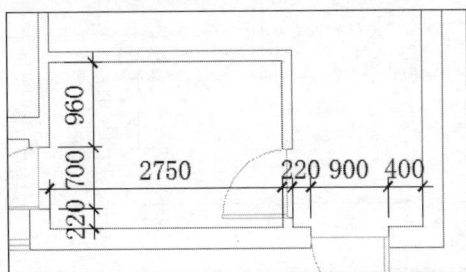

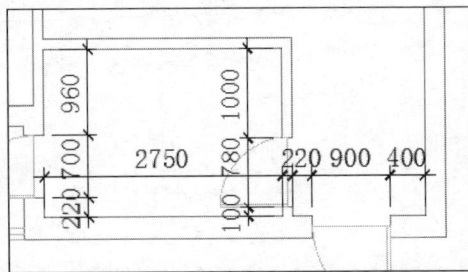

9 标注客厅餐厅的内部尺寸。使用标注命令将餐厅、客厅、阳台的内部尺寸标注出来，如左下图。

10 标注主卧及书房的内部尺寸。使用标注命令将主卧、书房的内部尺寸标注出来，如右下图。

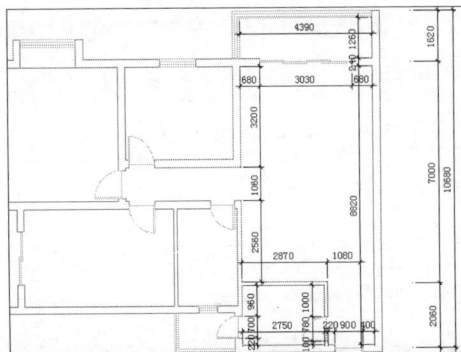

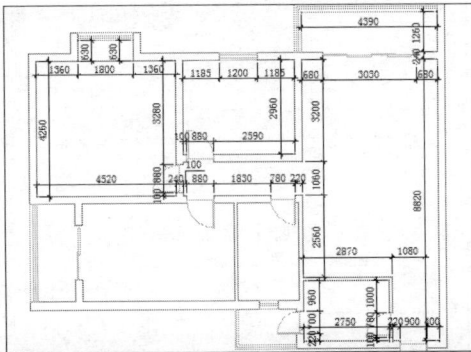

> **大师心得** 因为房间的内部尺寸繁多，必须注意长对正，高平齐，即每一面墙的标注尺寸线尽量是同一条直线，达到横平竖直的标准。在标注的过程中，不能遮挡文字，不能使尺寸线直接与文字交叉，当不可避免时，可以在文字的空隙处绘制尺寸线。

⓫ **标注次卧及卫生间尺寸。** 将次卧、卫生间的内部尺寸标注出来，修改完善标注的相关细节，如左下图。

⓬ **完成尺寸标注图。** 完成房屋的内部尺寸标注，最终效果如右下图。

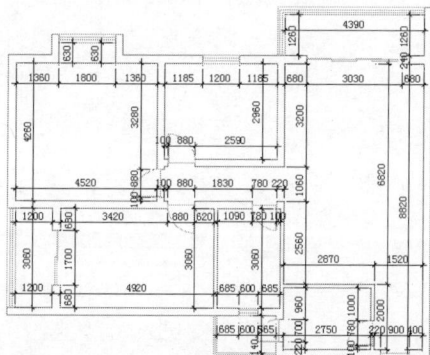

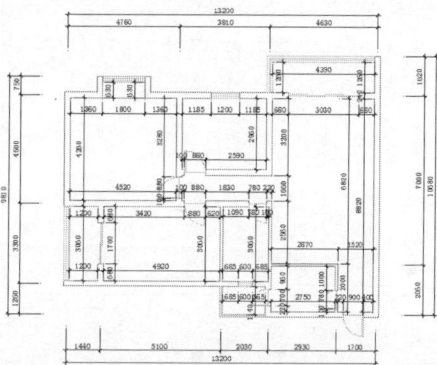

> **大师心得** 　　在没有经过装修的房屋中，除了进户门和阳台之外，其他各个房间都没有安装门，所以在绘制尺寸标注图时，除进户门和阳台门之外，可以将图中的其他门全部删除，使图纸更加美观。

流程 **04** 配置图框

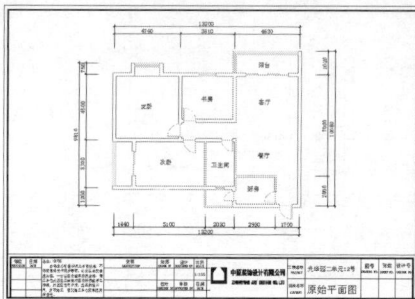

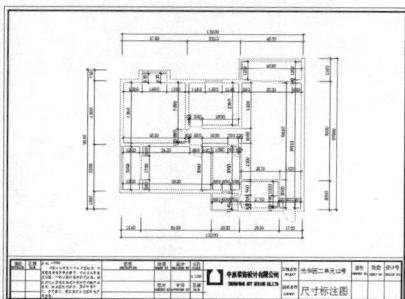

💿 ▶▶ **原始素材文件：** 光盘\素材文件\第14章\14-2-4.dwg
　▶▶ **最终结果文件：** 光盘\结果文件\第14章\14-2-4.dwg
　▶▶ **同步教学文件：** 光盘\多媒体教学文件\第14章\14-2-4.mp4

本例难易度	制作关键	技能与知识要点
★★☆☆☆	本实例主要是给原始平面图和尺寸标注图加上图框。首先创建适当比例的图框，然后将原始平面图移动到图框中，根据图形的情况在图框相应的文字栏内添加文字内容，完成原始平面图图框的绘制，最后给尺寸标注图配置图框。	• "移动"命令 • "多段线"命令 • "复制"命令 • "文字"命令

1 打开素材并配置图框。打开素材文件"14-2-4.dwg"，创建图框，如左下图。

2 完成图框的配置。给原始平面图配置图框，如右下图。

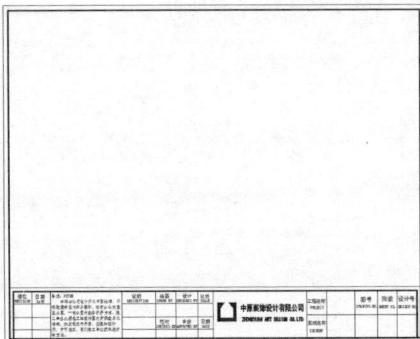

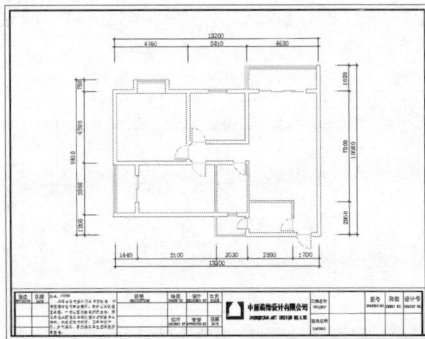

3 设置图框内容。输入工程名称"光华园二单元12号"，输入图纸名称"原始平面图"，输入比例"1：100"，如下图。

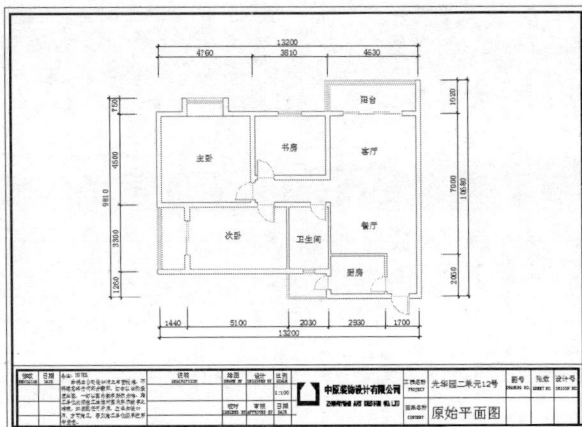

4 配置尺寸标注图的图框。给尺寸标注图配置图框，并更改图纸名称，如下图。

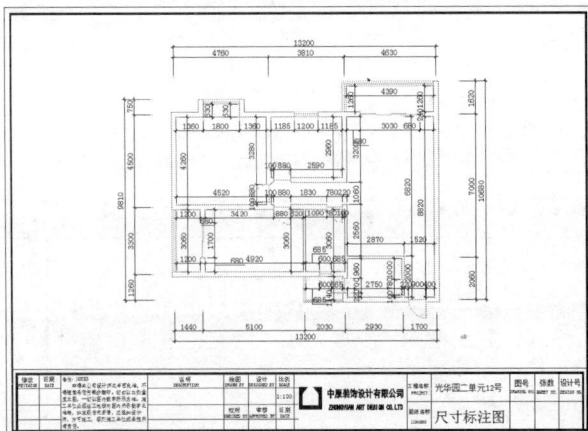

> **大师心得**　设计公司一般会根据实际需要制作图框，但是必须包括设计单位名称、工程名称、图号、签字、图名、设计内容、姓名、日期等内容，具体内容可以根据需要进行设置。使用时可直接复制图框，更改图框中的相关内容，不需要重新制作图框。

14.3　实战应用——绘制平面布置图

本小节主要是根据原始平面图绘制平面布置图，因为当前的户型利用率极高，基本不需要做墙体改动，所以可以直接在原始户型结构上做平面布置图。当前户型图设计完成之后效果如下图。

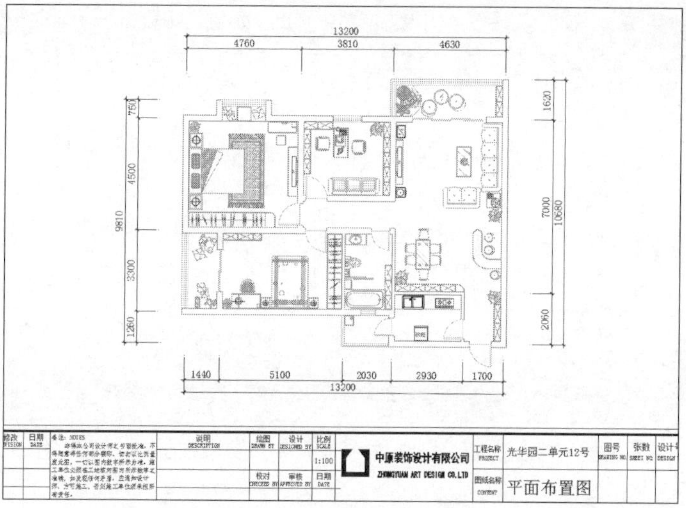

流程 01　绘制客厅

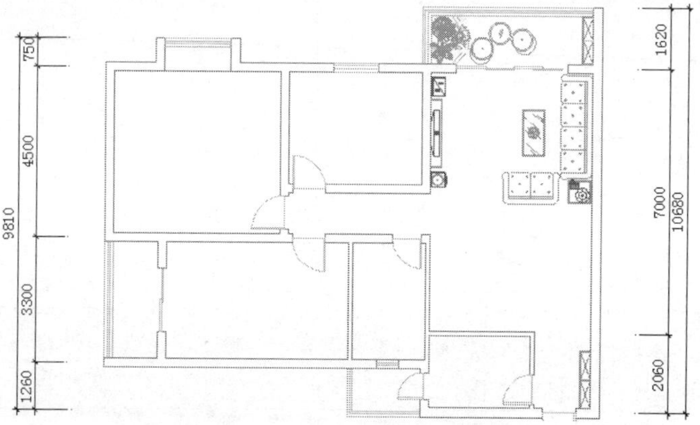

▶▶ **原始素材文件:** 光盘\素材文件\第14章\14-3-1.dwg
▶▶ **最终结果文件:** 光盘\结果文件\第14章\14-3-1.dwg
▶▶ **同步教学文件:** 光盘\多媒体教学文件\第14章\14-3-1.mp4

本例难易度	制作关键	技能与知识要点
★★★☆☆	本实例主要是绘制套房内玄关及客厅的设计图。首先绘制玄关处的鞋柜,接着绘制沙发墙,然后绘制电视墙,最后在阳台绘制储物柜及布景等对象。	• "多段线"、"直线"命令 • "复制"命令 • "移动"命令 • "偏移"命令

1 打开素材文件。打开素材文件"14-3-1.dwg",复制原始平面图,隐藏"文字说明"图层,选择"家具线"图层,绘制长为"1500"、宽为"300"的鞋柜,如左下图。

2 将鞋柜绘制完成。使用多段线绘制鞋柜的柜体,如右下图。

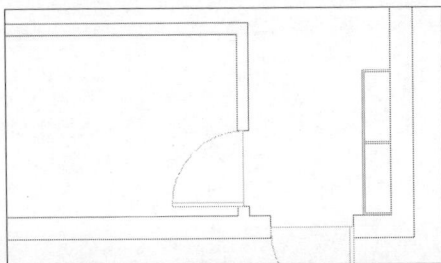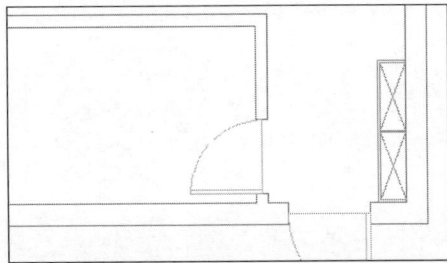

> **大师心得** 此户型进门处即有一个门厅,在进门右手边绘制鞋柜,一是方便保持房间的清洁,二是方便进门时将手中的东西放置在鞋柜上。也可在进门处的顶部创建一个储物柜。

3 绘制并摆放沙发。绘制沙发或从图库中选择沙发素材,将其调整后移动到适当位置,如左下图。

4 绘制茶几。绘制长为"1200"、宽为"600"的茶几,移动到沙发的中心位置,如右下图。

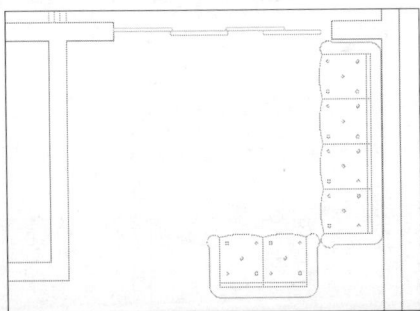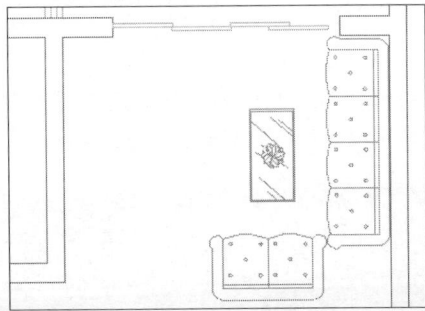

> **大师心得** 此处将沙发摆放在右侧是因为左侧有一个过道,屋内家具的摆放以不影响主通道为原则。茶几的摆放不能太靠近阳台,避免影响进出阳台的通道。

5 绘制矮柜。绘制矮柜，将其移动到适当位置；绘制电话、台灯，并将其移动到矮柜上，如左下图。

6 绘制电视。绘制长为"1800"、宽为"400"的电视柜；绘制电视，将其移动到电视柜中，如右下图。

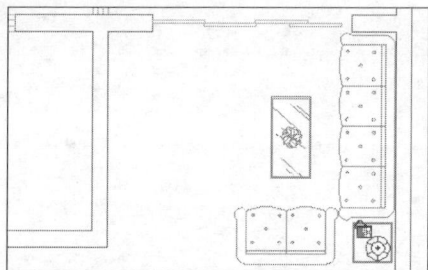

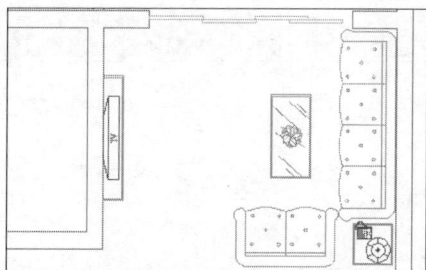

7 绘制饮水机和空调。绘制饮水机和空调，分别移动到适当位置，如左下图。

8 绘制储物柜。在阳台右侧绘制一个宽度为"400"的储物柜，效果如右下图。

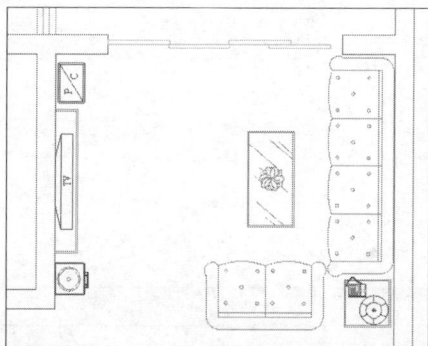

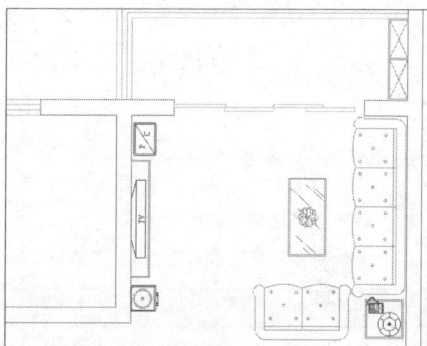

> **大师心得** 此处将饮水机放在墙转角处，方便各个区域使用。因为户主希望有比较多的储物柜，而阳台有足够的面积，可以做一个储物柜。

9 绘制小花台。沿墙体绘制一个小花台，在花台内绘制植物，如左下图。

10 绘制休闲椅。在阳台上绘制一组休闲椅，如右下图。

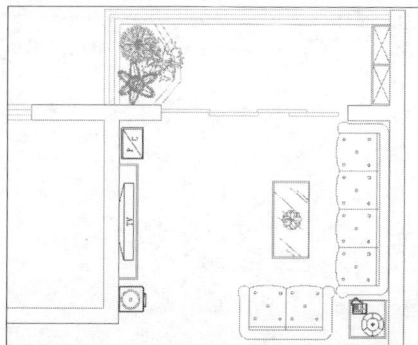

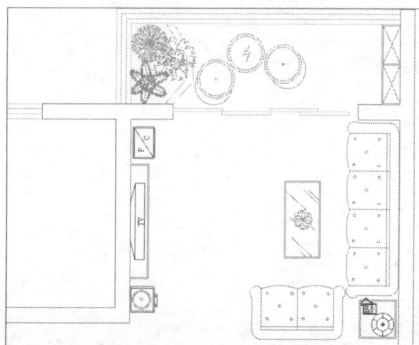

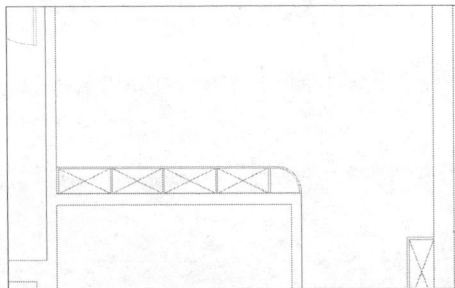

此处在阳台的一角创建一个小花台，可以根据主人的爱好来打理，比如种花、种树、种藤蔓植物等。如果喜欢田园风格，还可以种菜。根据花台内的植物风格在旁边摆上休闲椅，即成为房屋内的一景。

流程 02　绘制餐厅

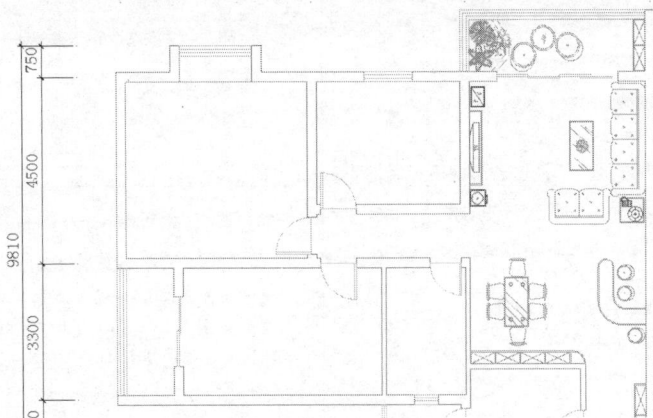

▶ **原始素材文件**：光盘\素材文件\第14章\14-3-2.dwg
▶ **最终结果文件**：光盘\结果文件\第14章\14-3-2.dwg
▶ **同步教学文件**：光盘\多媒体教学文件\第14章\14-3-2.mp4

本例难易度	制作关键	技能与知识要点
★★★☆☆	本实例主要是设计布置餐厅。首先绘制酒柜，接着从图库中复制餐桌椅，经过调整后将其布置在适当位置，接着绘制吧台和吧凳，完成餐厅的布置。	• "多段线"、"直线"命令 • "复制"命令 • "移动"命令 • "圆角"命令

1 绘制酒柜。打开素材文件"14-3-2.dwg"，沿厨房一侧的餐厅墙绘制酒柜，将转角处的酒柜进行圆角处理，圆角值为"400"，如左下图。

2 创建餐桌。创建餐桌，将其移动到适当位置，如右下图。

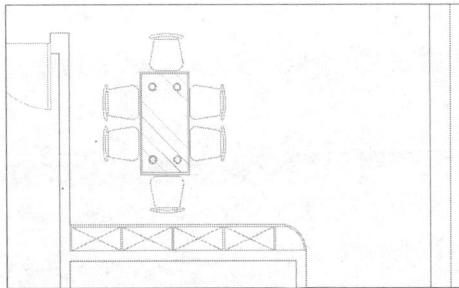

> **大师心得** 此户型门厅连接餐厅客厅的面积比较大，可以充分利用。将酒柜创建在靠厨房墙这一面，方便从吧台过来拿酒。而餐厅的面积也比较充裕，无论将餐桌靠墙壁放置，还是在用餐的情况下，都不会影响过道的通行。

③ 绘制吧台。绘制长为"1600"、宽为"400"的吧台，将吧台的各个角进行圆角，如左下图。

④ 绘制吧凳。绘制吧凳，并将其复制移动到适当位置，即完成餐厅和吧台的布置，如右下图。

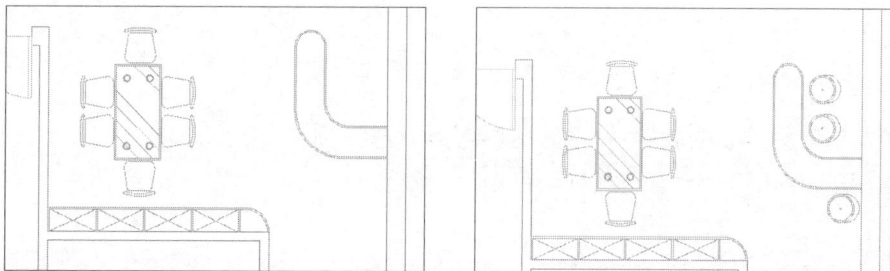

> **大师心得** 此处必须保证吧台内侧离墙壁有800的运动距离，即可让吧台内外都能利用起来。将吧台各个角圆角，在保证了安全的前提下起到了引导通行的作用。

流程 **03** 绘制厨房

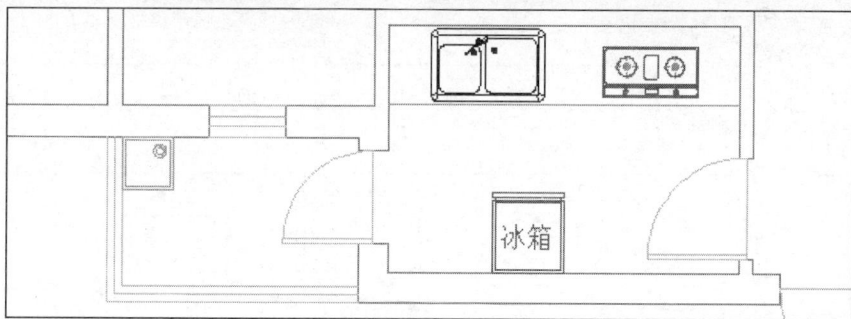

▶▶ **原始素材文件**：光盘\素材文件\第14章\14-3-3.dwg

▶▶ **最终结果文件**：光盘\结果文件\第14章\14-3-3.dwg

▶▶ **同步教学文件**：光盘\多媒体教学文件\第14章\14-3-3.mp4

本例难易度	制作关键	技能与知识要点
★★★☆☆	本实例主要是绘制厨房的平面布置图。首先在厨房门右手边绘制橱柜，接着从图库中复制燃气灶、洗手盆、冰箱，将各个对象移动到适当位置，完成厨房的布置。	• "直线"命令 • "复制"命令 • "移动"命令

1 绘制橱柜。打开素材文件"14-3-3.dwg"，绘制宽度为"600"的橱柜，如左下图。

2 绘制燃气灶。绘制燃气灶，将其移动到适当位置，如右下图。

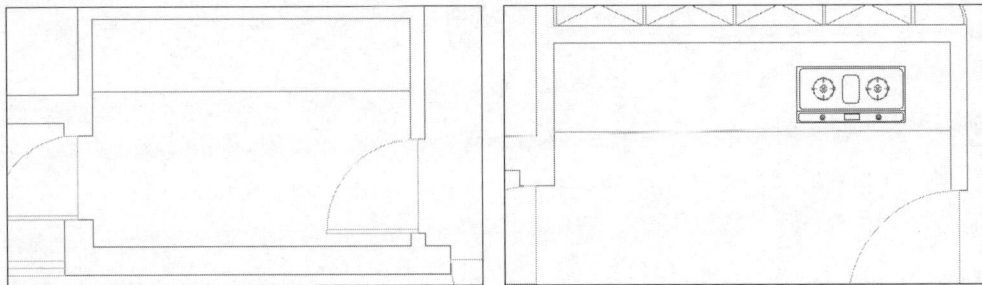

3 绘制洗菜盆。绘制洗菜盆，将其移动到适当位置，如左下图。

4 绘制冰箱。绘制冰箱，将其移动到适当位置，如右下图。

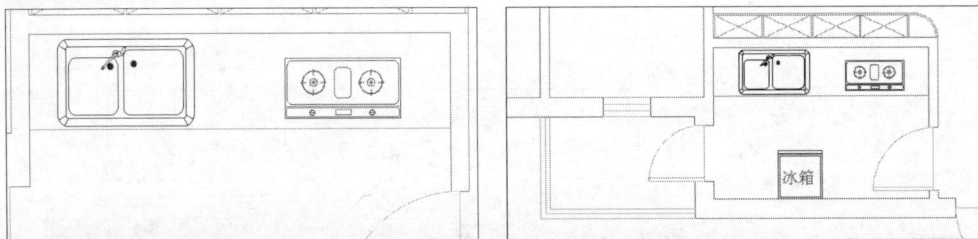

> **大师心得** 　　如果将冰箱放在厨房内，一定要避免将其放在离水、火太近的地方，最好放在空气比较流通的地方，方便冰箱散热。

5 绘制拖把池。在厨房阳台的一角绘制长和宽都为"400"、厚度为"20"的拖把池，如下图。

流程 **04** 绘制主卧

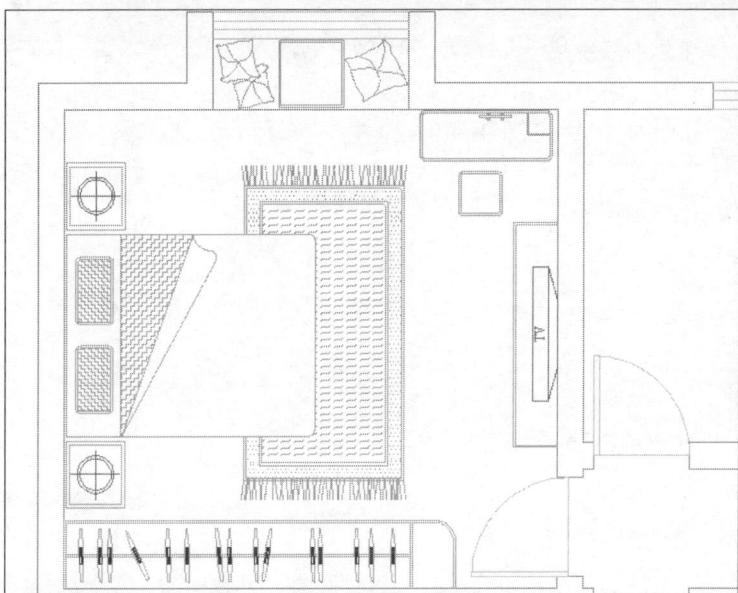

▶▶ **原始素材文件**：光盘\素材文件\第14章\14-3-4.dwg

▶▶ **最终结果文件**：光盘\结果文件\第14章\14-3-4.dwg

▶▶ **同步教学文件**：光盘\多媒体教学文件\第14章\14-3-4.mp4

本例难易度	制作关键	技能与知识要点
★★★☆☆	本实例主要是绘制主卧室设计图。首先绘制主卧的衣柜，接着绘制床，然后绘制电视柜和电视，还要在主卧内绘制梳妆柜，最后将阳台布置出来。完成主卧室的平面设计图。	<ul><li>"多段线"命令</li><li>"直线"命令</li><li>"复制"命令</li><li>"移动"命令</li><li>"偏移"命令</li></ul>

1 绘制衣柜。打开素材文件"14-3-4.dwg"，绘制宽为"600"的衣柜，在衣柜中间绘制挂衣杆，如左下图。

2 绘制衣架。绘制衣架，并将其复制移动，进行适当排列，如右下图。

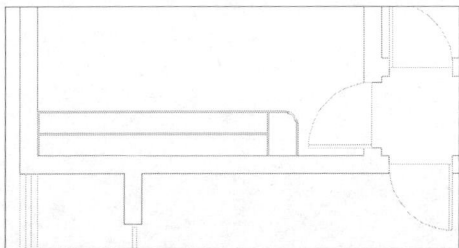

**大师
心得**　　　当衣柜和门的开合方向处于同一面墙时，就要保证衣柜离门至少有1000的距离，并且出于安全考虑，最好将进门处的衣柜角进行适度圆角。

3 布置床。绘制长为"2200"、宽为"1800"的双人床，移动到适当位置，在床尾绘制地毯，如左下图。

4 绘制电视柜和电视。绘制电视柜和电视，并将其移动到适当位置，如右下图。

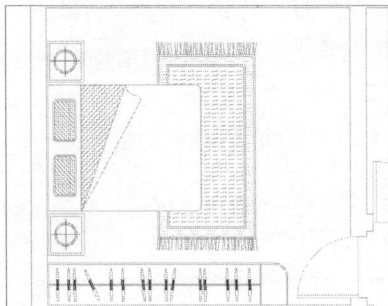

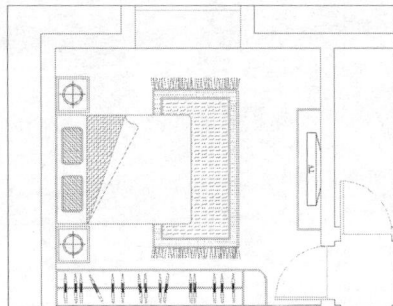

5 绘制梳妆柜。绘制长为"1200"、宽为"450"的梳妆柜，将其移动到适当位置，在适当位置绘制梳妆凳，如左下图。

6 布置阳台。绘制矮几和抱枕，在阳台上排列布置，如右下图。

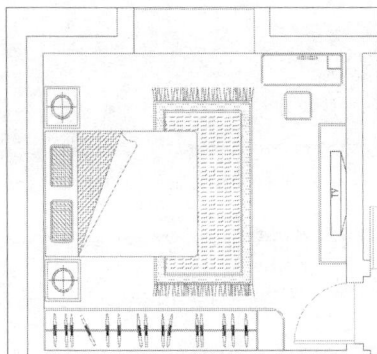

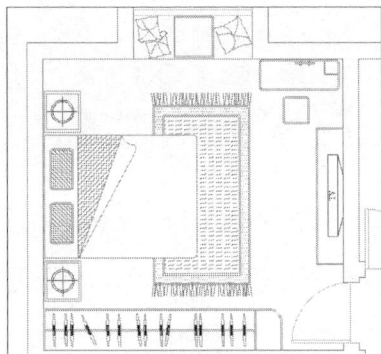

流程 **05**　绘制次卧

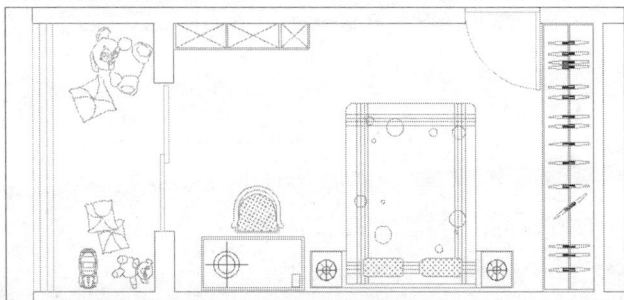

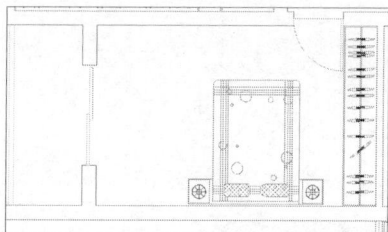

⟩⟩ **原始素材文件**：光盘\素材文件\第14章\14-3-5.dwg
⟩⟩ **最终结果文件**：光盘\结果文件\第14章\14-3-5.dwg
⟩⟩ **同步教学文件**：光盘\多媒体教学文件\第14章\14-3-5.mp4

本例难易度	制作关键	技能与知识要点
★★★☆☆	本实例主要是绘制次卧的设计图。首先绘制次卧的衣柜，再绘制床，接着绘制书柜，然后绘制书桌和椅子，最后将阳台布置成小孩的专用游戏场所，完成次卧的设计布置图。	• "多段线"、"直线"命令 • "复制"命令 • "移动"命令 • "偏移"命令

1 打开素材文件。打开素材文件"14-3-5.dwg"，绘制次卧的衣柜，如左下图。

2 绘制床。绘制长为"2000"、宽为"1500"的双人床，移动到适当位置，如右下图。

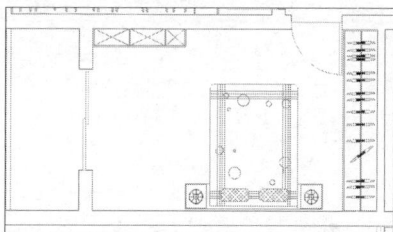

3 绘制书柜。在房间左上角绘制长为"1500"、宽为"300"的书柜，如左下图。

4 绘制书桌。绘制长为"1200"、宽为"600"的书桌，将其移动到适当位置，绘制台灯和椅子，如右下图。

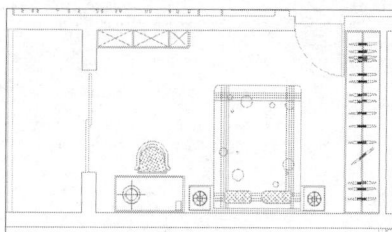

5 布置阳台。在阳台上布置玩具娃娃、模型车、抱枕等各种儿童玩具，完成次卧的设计，如下图。

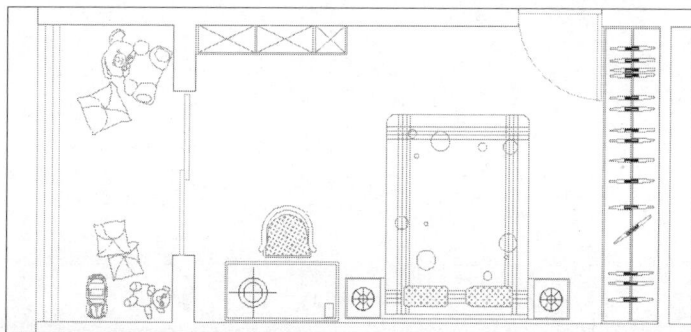

流程 06 绘制书房

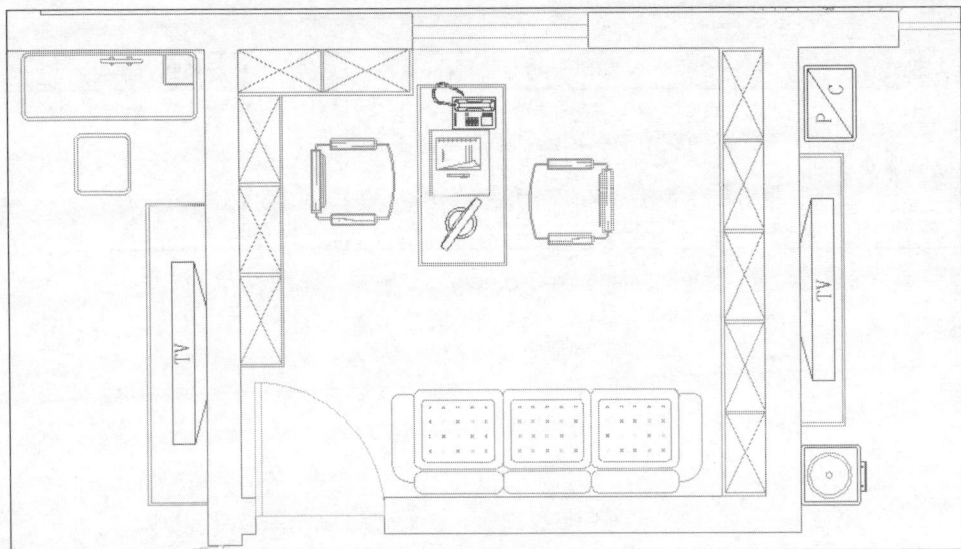

▶▶ 原始素材文件：光盘\素材文件\第14章\14-3-6.dwg

▶▶ 最终结果文件：光盘\结果文件\第14章\14-3-6.dwg

▶▶ 同步教学文件：光盘\多媒体教学文件\第14章\14-3-6.mp4

本例难易度	制作关键	技能与知识要点
★★★☆☆	本实例主要是制作书房的设计图。首先在书房绘制书柜，接着绘制书桌及各种办公用品，最后绘制沙发床，完成书房兼临时客房的布置图。	• "多段线"、"直线"命令 • "复制"命令 • "移动"命令 • "缩放"命令

1 打开素材文件。打开素材文件"14-3-6.dwg"，在适当位置绘制书柜，如左下图。

2 绘制书柜。将另一面墙全面做成书柜，如右下图。

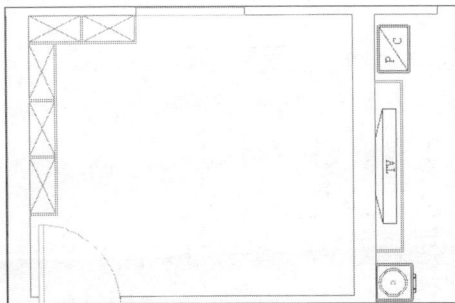

3 绘制办公桌。绘制办公桌及办公用品，并将其布置在适当位置，在办公桌两个方向绘制座椅，如左下图。

4 绘制沙发床。在书房靠走道一侧绘制沙发床，并将其移动到适当位置，如右下图。

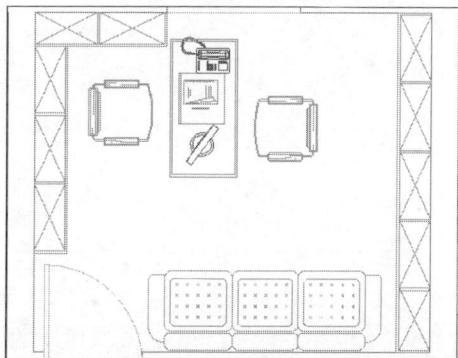

流程 07 绘制卫生间

▶▶ **原始素材文件：** 光盘\素材文件\第14章\14-3-7.dwg

▶▶ **最终结果文件：** 光盘\结果文件\第14章\14-3-7.dwg

▶▶ **同步教学文件：** 光盘\多媒体教学文件\第14章\14-3-7.mp4

本例难易度	制作关键	技能与知识要点
★★★☆☆	本实例主要是绘制卫生间的设计图。首先绘制洗手间的洗手盆，接着绘制座便器，再绘制浴缸，然后绘制吊柜，最后绘制干湿分区的隔断，在座便器和浴缸一侧各绘制一个搁板，即完成卫生间的设计布置图。	• "多段线"、"直线"命令 • "矩形"命令 • "复制"命令 • "移动"命令 • "偏移"命令

1 打开素材文件。打开素材文件"14-3-7.dwg",绘制洗手盆并将其移动到适当位置,如左下图。

2 绘制座便器。绘制座便器并将其移动到适当位置,如右下图。

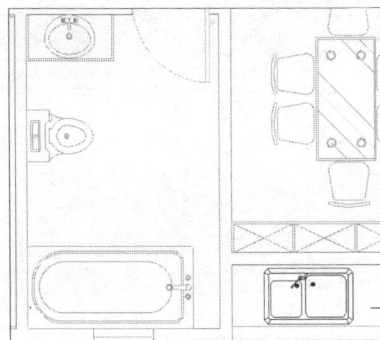

3 绘制浴缸。绘制浴缸并将其移动到适当位置,如左下图。

4 绘制吊柜。在卫生间开门方向靠窗的墙面绘制长为"1800"、宽为"300"的吊柜,如右下图。

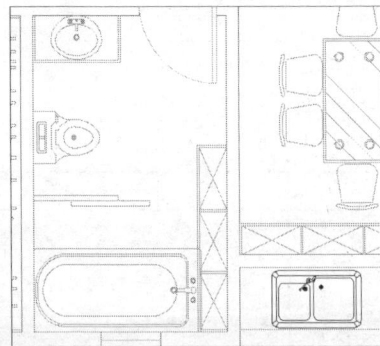
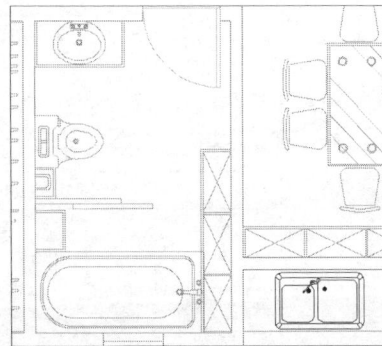

5 绘制隔断。绘制隔断,再绘制一个长为"800"、厚为"50"的门,将其移动到离墙面"1200"的位置,如左下图。

6 绘制搁板。在浴缸和座便器的一侧各绘制一个搁板,如右下图。

> **大师心得** 此处将浴缸和座便器之间使用隔断隔开,既达到了干湿分区的效果,又提高了卫生间的功能性。

7 完成平面布置图。卫生间绘制完成后即完成了此户型的平面设计布置图，如左下图。

8 配置图框。复制原始平面图的图框，将平面布置图移动到图框中，更改图纸名称为"平面布置图"，如右下图。

14.4 实战应用——绘制地面布置图

本小节主要绘制地面布置图。客厅餐厅铺贴600mm×600mm的地砖，厨房和卫生间铺贴300mm×300mm的地砖，卧室和书房安装复合木地板。各个门槛石和主卧阳台安装大理石。客厅阳台的造景台内填充营养土。

流程 **01** 绘制客厅餐厅地面布置图

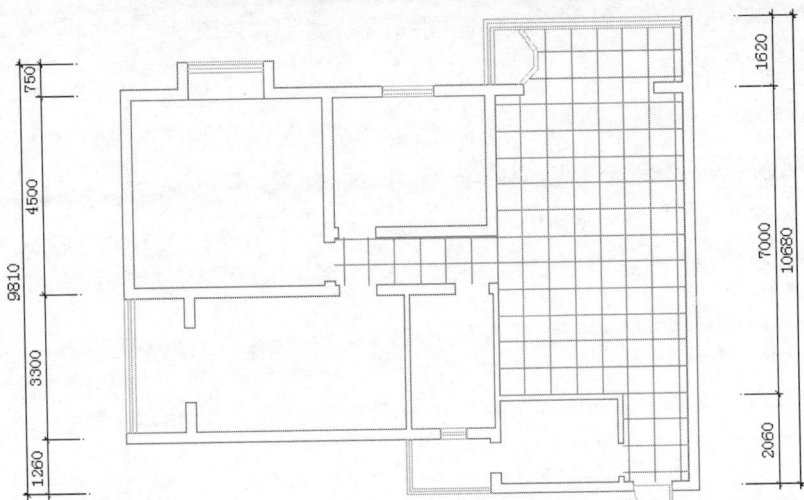

▶ **原始素材文件**：光盘\素材文件\第14章\14-4-1.dwg

▶ **最终结果文件**：光盘\结果文件\第14章\14-4-1.dwg

▶ **同步教学文件**：光盘\多媒体教学文件\第14章\14-4-1.mp4

本例难易度	制作关键	技能与知识要点
★☆☆☆☆	本实例主要绘制客厅餐厅的地面布置图。首先使用多段线命令沿需要布置的区域绘制辅助线，接着使用填充命令在辅助线内填充适当的材料，最后删除辅助线，完成此区域的地面布置效果。	• "多段线"命令 • "填充"命令 • "删除"命令

1 打开素材文件并复制对象。打开素材文件"14-4-1.dwg"，复制原始平面图及图框，更改图纸名称为"地面布置图"，如左下图。

2 激活多段线命令。选择"灰线"图层，激活多段线命令，在大门口右下角单击指定起点，如右下图。

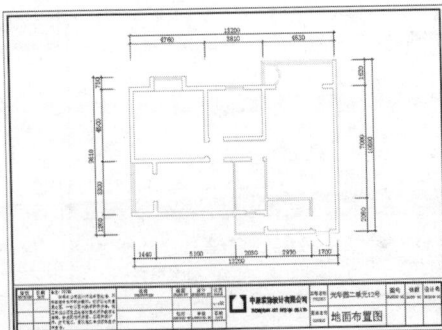

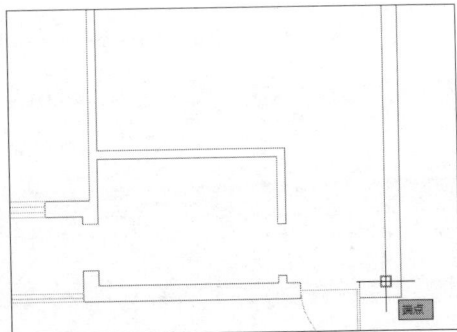

3 创建辅助线。沿玄关、厨房、餐厅依次单击创建填充辅助线，如左下图。

4 继续创建辅助线。依次单击指定辅助线，在过道的另一端单击，如右下图。

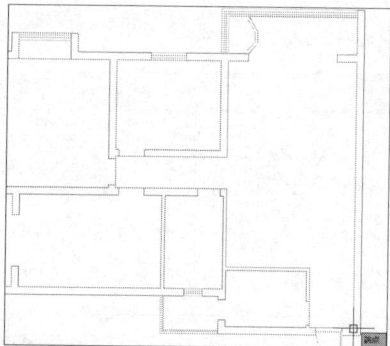

5 闭合辅助线。依次单击指定辅助线，最后单击辅助线起始点，输入闭合命令"C"并确定，如左下图。

6 激活填充命令并设置填充内容。输入填充命令"H"并确定，弹出"图案填充和渐变色"对话框，选择图案"NET"，设置其比例为"189"，单击"添加：选择对象"按钮，如右下图。

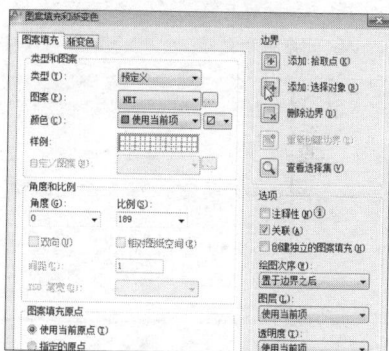

7 选择填充对象。单击选择填充对象，按空格键确定，如左下图。

8 完成填充。单击"确定"按钮，删除多段线绘制的辅助线，即完成了餐厅、客厅的地面布置图，如右下图。

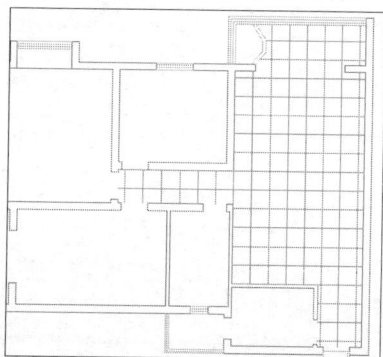

流程 02 绘制卧室书房地面布置图

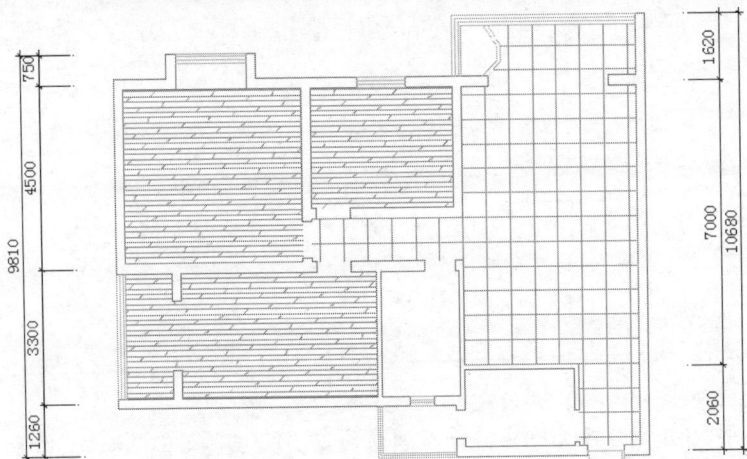

▶▶ **原始素材文件**：光盘\素材文件\第14章\14-4-2.dwg
▶▶ **最终结果文件**：光盘\结果文件\第14章\14-4-2.dwg
▶▶ **同步教学文件**：光盘\多媒体教学文件\第14章\14-4-2.mp4

本例难易度	制作关键	技能与知识要点
★★★☆☆	本实例主要绘制卧室和书房的地面布置图。首先在主卧和书房沿内墙线绘制矩形，在次卧使用多段线命令沿内墙绘制闭合多段线，使用填充命令在所绘制的区域内填充代表木地板的图案，最后删除辅助线，完成卧室书房的地面布置图。	• "矩形"命令 • "多段线"命令 • "填充"命令 • "删除"命令

1 打开素材文件。打开素材文件"14-4-2.dwg"，在主卧和书房沿内墙绘制矩形，在次卧使用多段线命令沿内墙绘制闭合多段线，如左下图。

2 激活填充命令。激活填充命令，选择图案"DOLMIT"，设置比例为"20"，单击"添加：选择对象"按钮▦，如右下图。

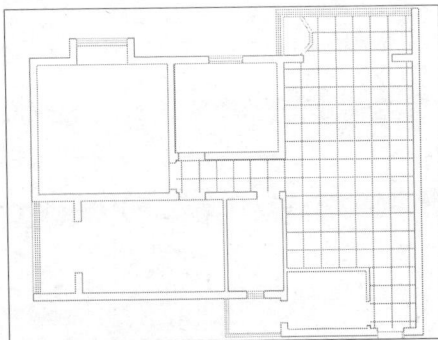

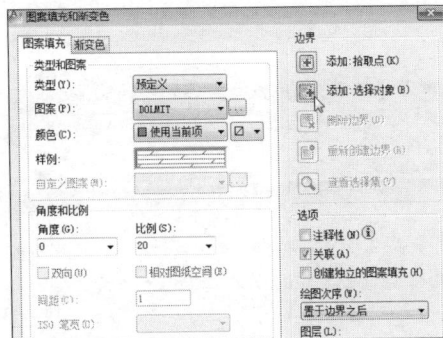

3 指定填充对象。依次单击选择填充对象，如左下图。

4 完成填充。按空格键确定选择，单击"确定"按钮确定填充，如右下图。

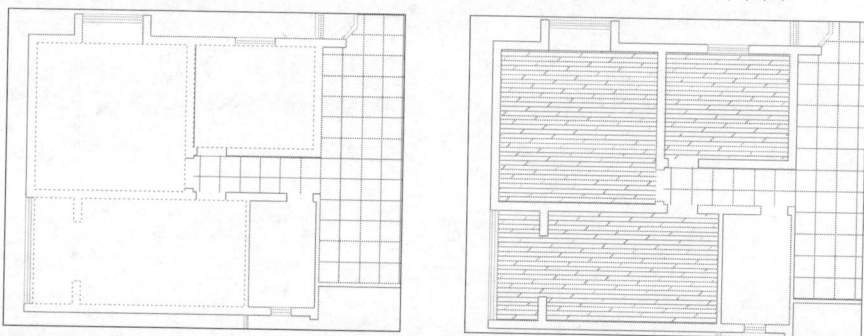

大师
心得 　　正常情况下，阳台都会填充地砖等防水的材料，但因为次卧是一个儿童房，而阳台又是一个游戏区域，小孩会经常在地面上爬动，所以填充木地板可以增加小孩的舒适度和安全度。

流程 **03** 绘制厨房卫生间地面布置图

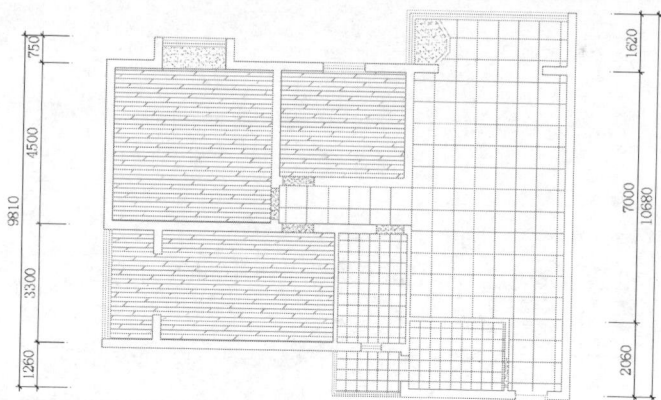

 原始素材文件： 光盘\素材文件\第14章\14-4-3.dwg

最终结果文件： 光盘\结果文件\第14章\14-4-3.dwg

同步教学文件： 光盘\多媒体教学文件\第14章\14-4-3.mp4

本例难易度	制作关键	技能与知识要点
★★★☆☆	本实例主要是将户型图内的其他区域进行填充。首先在各填充区域绘制辅助线，然后在卫生间和厨房填充地砖，在其他区域填充大理石，最后对填充对象进行引线标注。	• "多段线"命令、"矩形"命令 • "填充"命令 • "删除"命令 • "引线标注"命令

1 打开素材文件。打开素材文件"14-4-3.dwg"，在卫生间和厨房沿内墙绘制辅助线，如左下图。

2 激活填充命令。激活填充命令，选择图案"NET"，设置比例为"94.7"，单击"添加：选择对象"按钮，如右下图。

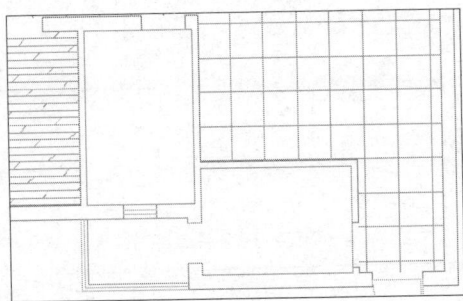

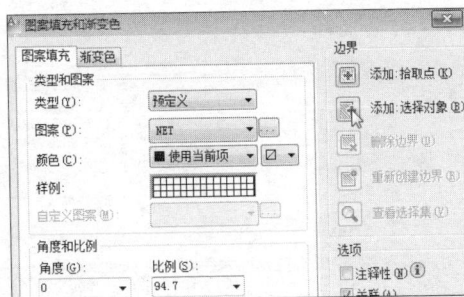

3 指定填充区域。依次单击指定填充区域，如左下图。

4 完成填充。按空格键确定选择，单击"确定"按钮确定填充，如右下图。

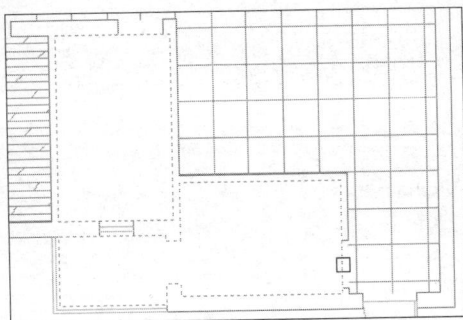

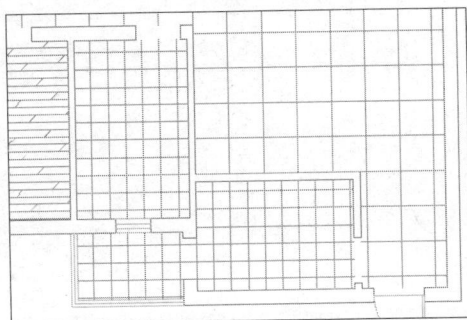

5 绘制填充辅助线。在各门口创建辅助线，如左下图。

6 设置填充内容。激活填充命令，选择图案"AR-SAND"，设置比例为"2"，单击"添加：选择对象"按钮，如右下图。

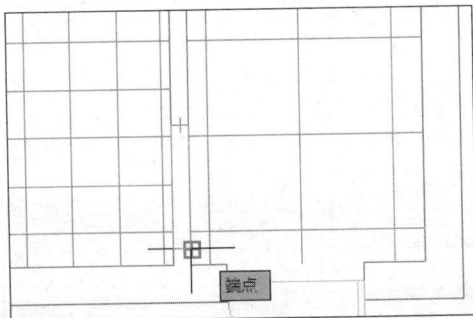

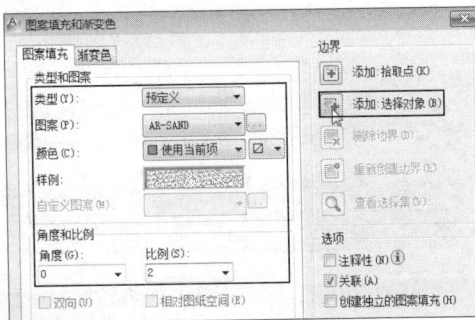

7 指定填充区域。依次单击各门口所绘制的辅助线，指定为填充区域，如左下图。

8 确定填充。按空格键确定选择，单击"确定"按钮确定填充，如右下图。

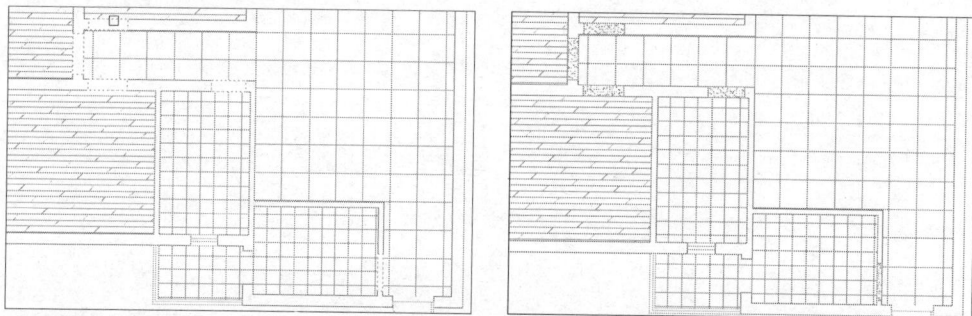

> **大师心得**　门槛石主要在厨房、卫生间地面和客厅铺设，是指房间的木地板，以及客厅的瓷砖，是用来分割不同材质或者区分不同功能的一块石头。
>
> 　门槛石能起到防潮的作用，防止地板起拱。卫生间和厨房的门槛石还具有防止水流到外面的功能。如果不用门槛石，卫生间和厨房地面就要往下降，与厅形成一个高度差，视觉上不美观，生活上也不方便。

9 激活填充命令。激活填充命令，选择图案"AR-SAND"，设置比例为"3"，单击"添加：拾取点"按钮⊞，如左下图。

10 完成填充。在主卧窗台内单击，在客厅阳台的造景台内单击，按空格键确定选择，单击"确定"按钮确定填充，选择各辅助线进行删除，如右下图。

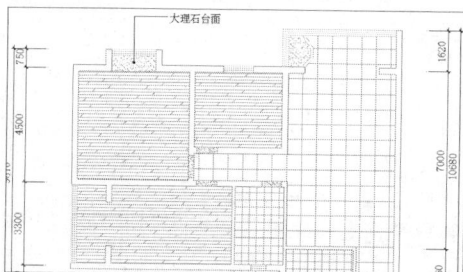

11 创建引线标注。选择"标注线"图层，激活引线标注，在主卧的窗台填充区创建引线，标注为"大理石台面"，如左下图。

12 创建其他引线标注。依次创建其他填充区域的引线标注，如右下图。

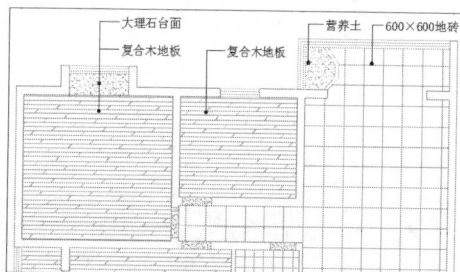

⑬ 完成引线标注。创建下侧的引线标注，地面布置图即创建完成，如下图。

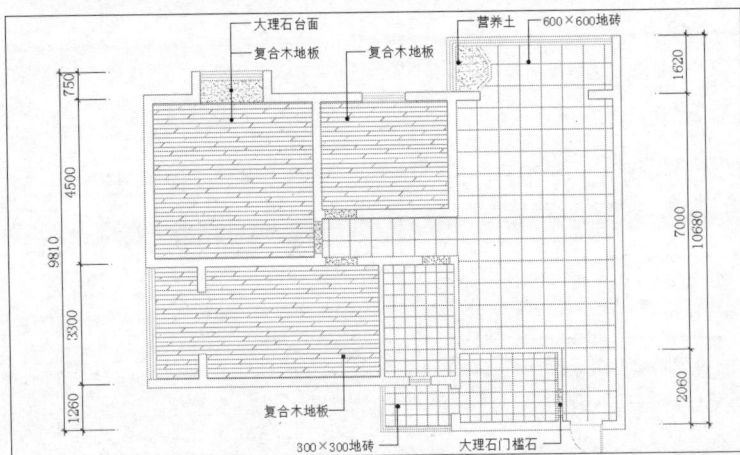

当几个标注对象处在同一条直线上时，可以将几个引线标注创建在一条线上。

14.5 实战应用——绘制顶面布置图

本小节讲解绘制顶面布置图的方法。主要是将各个功能区，如客厅、餐厅、卧室、书房、厨房、卫生间等顶面的吊顶及灯具布置绘制出来。要注意根据每个房间的功能及实际情况绘制吊顶，再根据吊顶的情况配置灯具。

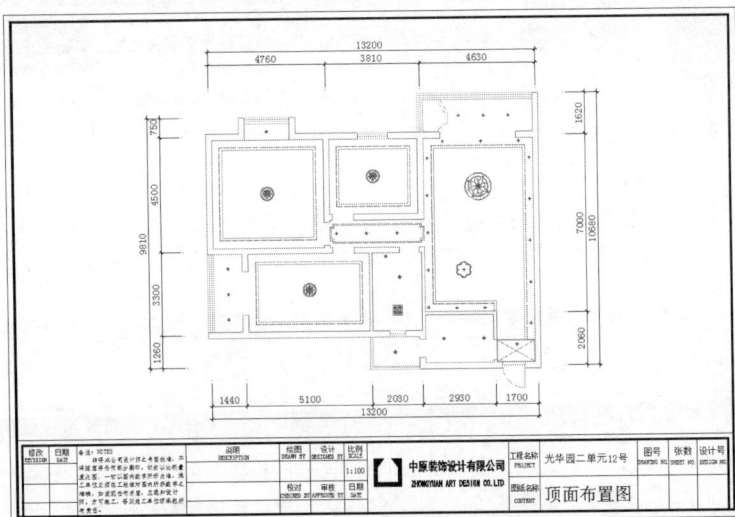

流程 01　绘制过道餐厅客厅顶面布置图

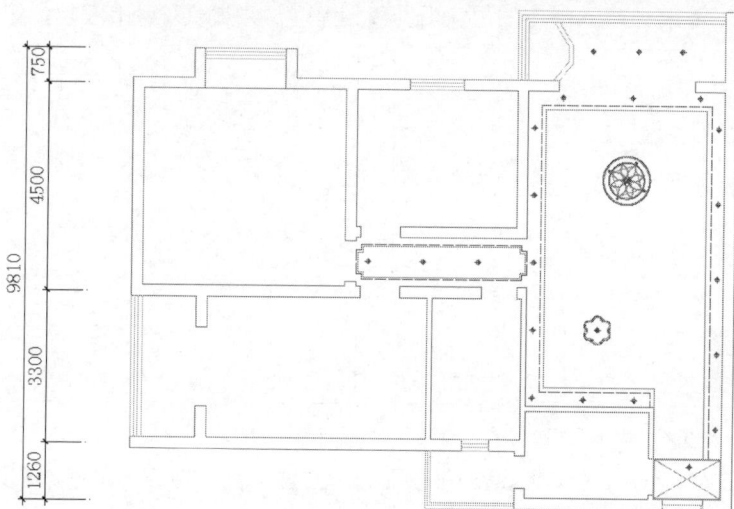

▶▶ **原始素材文件：** 光盘\素材文件\第14章\14-5-1.dwg
▶▶ **最终结果文件：** 光盘\结果文件\第14章\14-5-1.dwg
▶▶ **同步教学文件：** 光盘\多媒体教学文件\第14章\14-5-1.mp4

本例难易度	制作关键	技能与知识要点
★★★★☆	本实例主要是创建过道、餐厅和客厅的吊顶及灯具布置。首先创建此区域的吊顶，接着创建灯带及灯具布置，最后创建主灯。	• "多段线"命令 • "偏移"命令 • "复制"、"移动"命令

1 打开素材文件并复制对象。打开素材文件"14-5-1.dwg"，复制原始平面图和图框，删除其中的文字内容，更改图纸名称为"顶面布置图"，如左下图。

2 绘制吊柜。选择"家具线"图层，绘制长为"1520"、宽为"880"、厚为"20"的吊柜，如右下图。

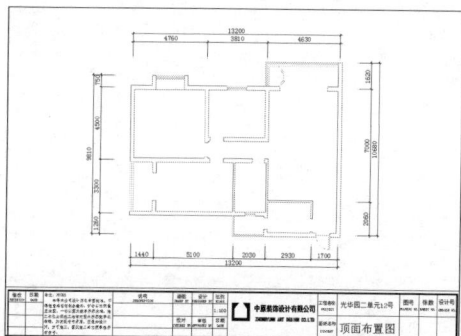

3 创建吊顶。选择"灰线"图层，在餐厅客厅的顶面创建宽为"400"的吊顶，如左下图。

4 创建灯带。选择"电器线"图层，沿吊顶创建灯带，更改灯带的线型，如右下图。

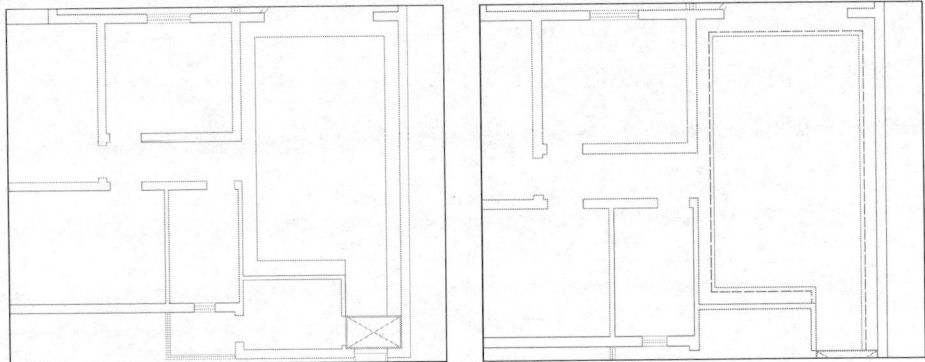

5 创建射灯。创建射灯，将其沿吊顶四周安装布置，如左下图。

6 完成过道的顶布置。绘制过道的吊顶形状，创建灯带，并在吊顶中间创建射灯，如右下图。

7 布置主灯。绘制餐厅和客厅的主灯，将其移动到适当位置，如左下图。

8 完成大厅顶面的布置。创建阳台的灯具，客厅餐厅的顶面即布置完成，如右下图。

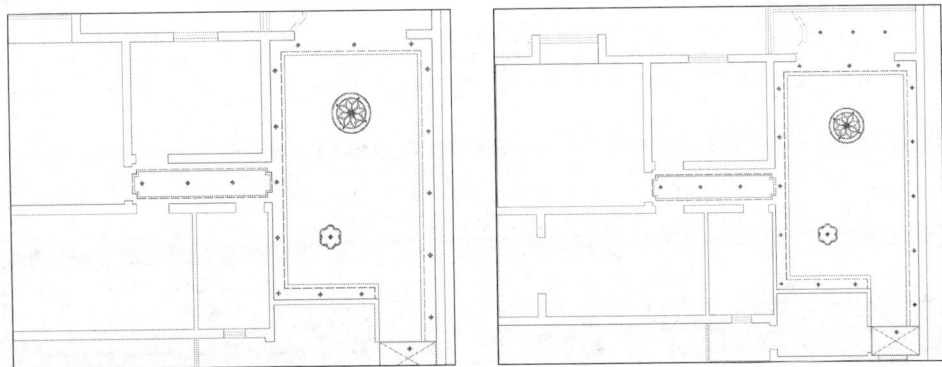

流程 02 绘制卧室书房顶面布置图

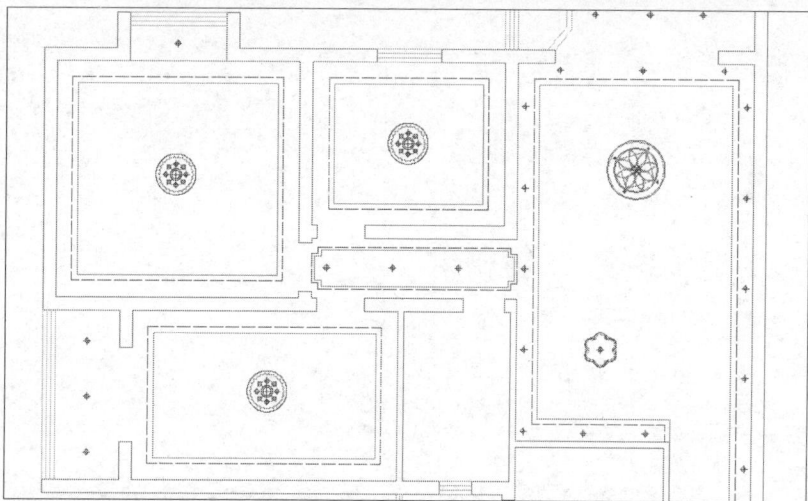

▶ **原始素材文件**：光盘\素材文件\第14章\14-5-2.dwg

▶ **最终结果文件**：光盘\结果文件\第14章\14-5-2.dwg

▶ **同步教学文件**：光盘\多媒体教学文件\第14章\14-5-2.mp4

本例难易度	制作关键	技能与知识要点
★★★★☆	本实例主要创建卧室书房的顶面布置图。首先创建卧室书房的吊顶，接着沿吊顶创建灯带，最后创建主灯。	• "矩形"命令 • "复制"命令 • "移动"命令

1 打开素材文件。打开素材文件"14-5-2.dwg"，选择"灰线"图层，创建卧室书房的吊顶，如左下图。

2 创建灯带。沿吊顶创建灯带，如右下图。

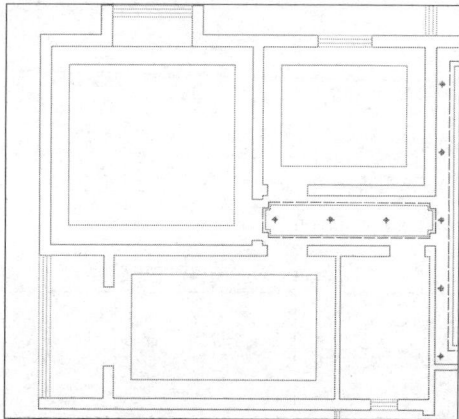

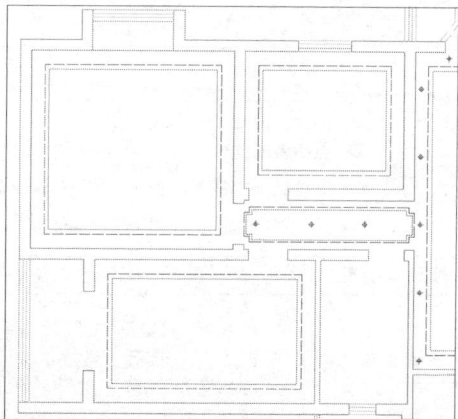

3 创建主灯。绘制主灯，并将其移动到适当位置，如左下图。

4 完成顶面布置。布置主卧窗台和次卧阳台灯具，完成卧室和书房的顶面布置，如右下图。

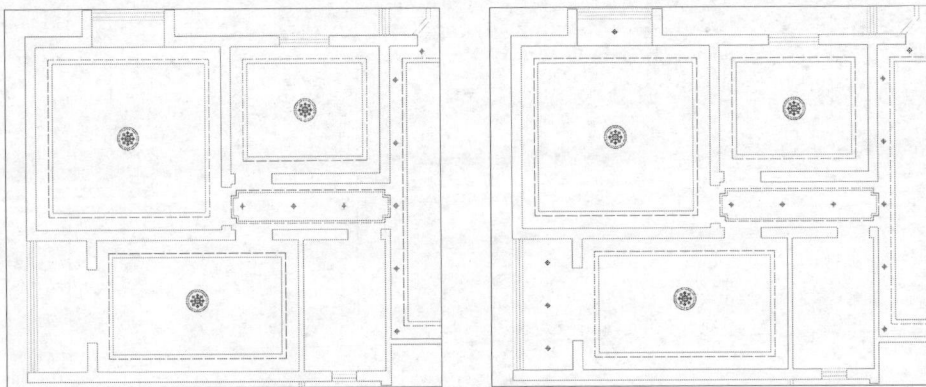

流程 03 绘制厨房卫生间顶面布置图

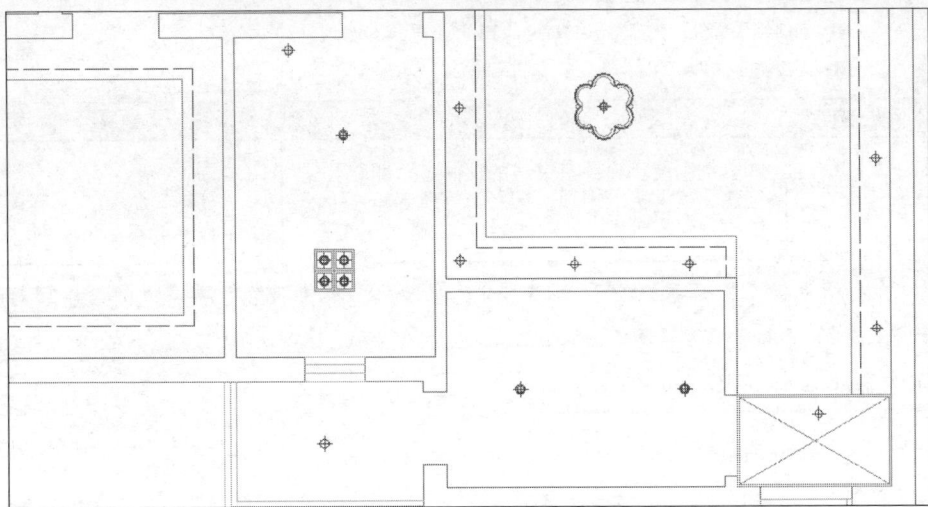

▶▶ **原始素材文件**：光盘\素材文件\第14章\14-5-3.dwg

▶▶ **最终结果文件**：光盘\结果文件\第14章\14-5-3.dwg

▶▶ **同步教学文件**：光盘\多媒体教学文件\第14章\14-5-3.mp4

本例难易度	制作关键	技能与知识要点
★★★★☆	本实例主要是创建卫生间和厨房的灯具布置。首先布置卫生间的灯具，再绘制厨房的灯具布置，完成户型图的顶面布置图。	• "复制"命令 • "移动"命令

1 打开素材文件。打开素材文件"14-5-3.dwg"，选择"电器线"图层，布置卫生间的灯具，如左下图。

2 布置厨房灯具。在厨房和厨房阳台布置相应的灯具，完成此户型中顶面布置图的绘制，如右下图。

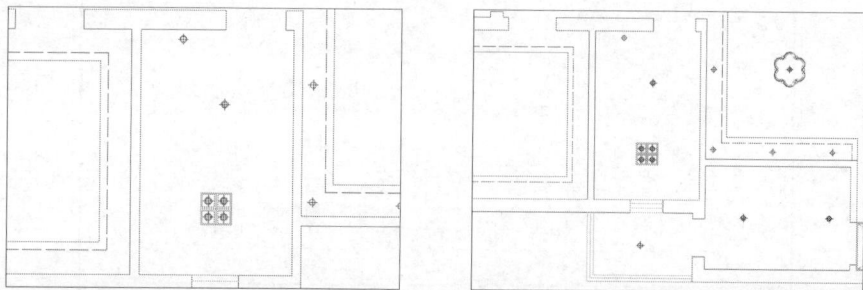

> 💡 **知识链接——厨卫吊顶**
>
> 在装修过程中，厨卫一般都采用集成吊顶，而最常用的材料为铝扣板吊顶，所以不需要再单独绘制吊顶效果。

14.6 实战应用——绘制立面图

本小节主要讲解立面图的绘制。在使用图形表现装修装饰效果时，只用平面图往往不够精确，所以需要将户型中最重要的几个墙面单独划出来创建立面图，便于客户更清晰明了地了解设计效果。

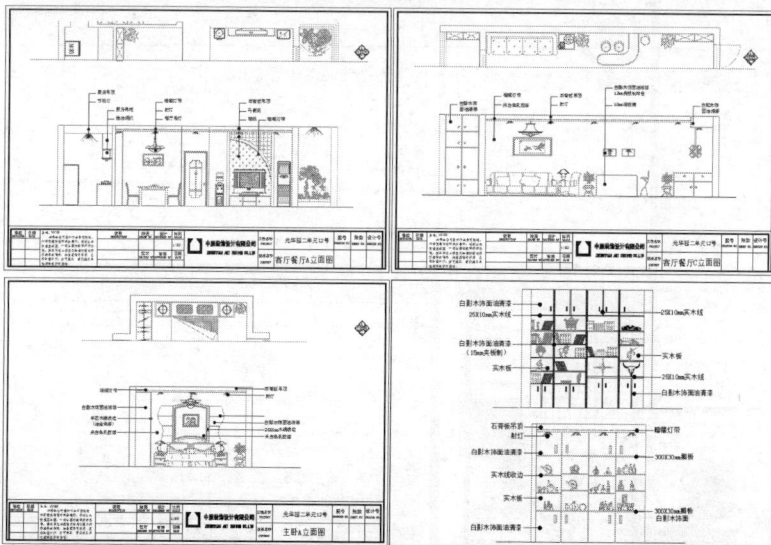

流程 01 　绘制客厅餐厅A立面墙

厨房吊顶
节能灯
厨房吊柜　暗藏灯带
抽油烟机　射灯
餐厅吊灯
石膏板吊顶
马赛克
墙纸　暗藏灯带

			中原装饰设计有限公司 ZHONGYUAN ART DESIGN CO.,LTD	光华园二单元12号		图号	张数	设计号
				客厅餐厅A立面图				

▶▶ **原始素材文件:** 光盘\素材文件\第14章\14-6-1.dwg

▶▶ **最终结果文件:** 光盘\结果文件\第14章\14-6-1.dwg

▶▶ **同步教学文件:** 光盘\多媒体教学文件\第14章\14-6-1.mp4

本例难易度	制作关键	技能与知识要点
★★★☆☆	本实例主要是创建餐厅和客厅的A立面图。首先从平面布置图中将需要创建立面图的部分复制出来，接着根据平面图中的墙体创建辅助线，并绘制地平线，确定房屋高度，最后根据平面图中的对象在相应的位置绘制其立面效果，完成餐厅客厅中A立面图的绘制。	• "直线"命令 • "复制"命令 • "修剪"命令 • "旋转"命令 • "移动"命令 • "填充"命令 • "引线标注"命令

1 复制对象及图框。打开素材文件 "14-6-1.dwg"，复制平面设计图和图框，将平面设计图旋转 "270" 度，如左下图。

2 绘制辅助线。选择 "灰线" 图层，在需要保留部分的上方绘制一条辅助线，将辅助线上方部分修剪并删除掉，如右下图。

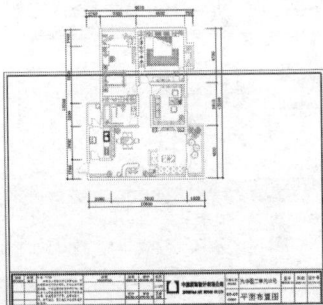

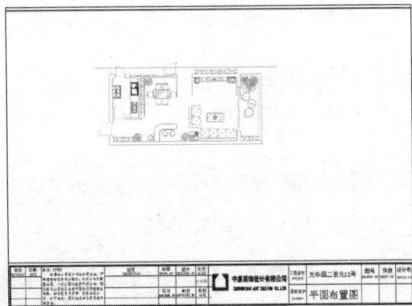

3 复制对象及图框。在保留部分下方绘制一条辅助线，将其下方部分修剪并删除掉；选择图框并缩放"0.5"，更改图纸名称为"客厅餐厅A立面图"，移动到图形适当位置，如左下图。

4 绘制墙线。选择"墙线"图层，沿墙体绘制垂直线段，如右下图。

5 绘制地平线。选择"地平线"图层，在垂直辅助线底端绘制一条水平线，将其下方多余的部分修剪掉，如左下图。

6 创建层高线。选择"墙线"图层，在离地平线3000的位置绘制一条水平线，将此线上方多余的线段删除，如右下图。

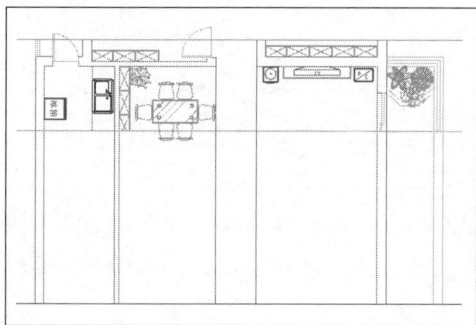

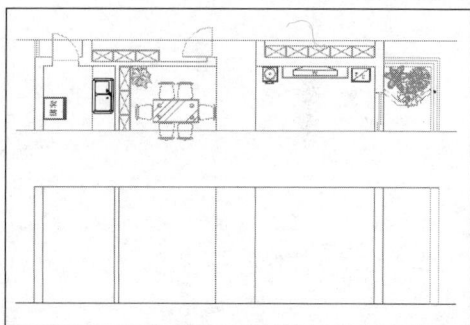

7 绘制吊顶线。在客厅餐厅上部绘制一条水平线，与层高线的距离为"200"，如左下图。

8 绘制电视造型墙。绘制内宽为"1600"、外宽为"1800"的电视造型墙，在适当位置绘制弧线，如右下图。

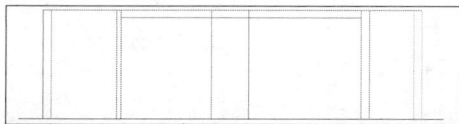

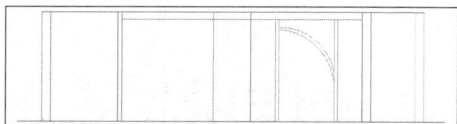

> **大师心得** 此处使用有厚度的弧线将电视造型墙分为两层，上层为坚硬的材质，比如马赛克；下层为柔软的材质，比如墙纸；两种质地相反的材质搭配可以使电视墙层次更分明、丰富。

9 激活填充命令。激活填充命令，选择图案"ANGLE"，设置比例为"20"，单击"添加：拾取点"按钮⊞，如左下图。

10 指定填充区域。单击弧线上方的电视背景墙，如右下图。

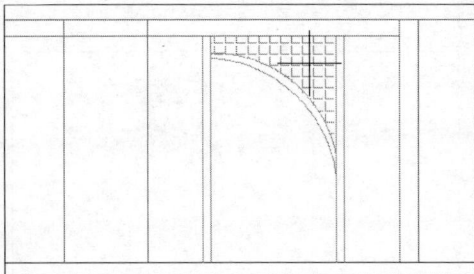

11 完成填充。按空格键确定所选，单击"确定"按钮确定填充，在下方弧线内绘制弧形灯带，在下方绘制电视柜，如左下图。

12 绘制电视。绘制电视，并将其移动到电视柜上方，如右下图。

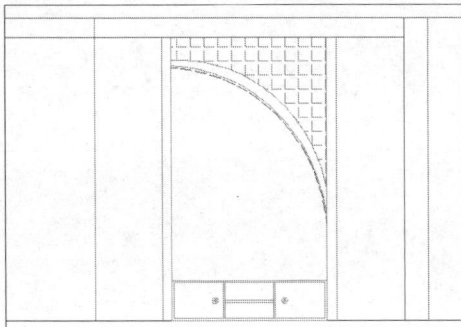

13 填充对象。激活填充命令，选择图案"CROSS"，设置比例为"20"，单击"添加：拾取点"按钮⊞，在弧线下方的空白处单击指定填充区域，按空格键确定所选；单击"确定"按钮确定填充，如左下图。

14 绘制空调。创建立面空调，将其移动到适当位置，如右下图。

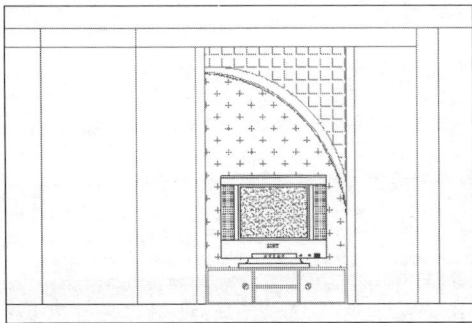

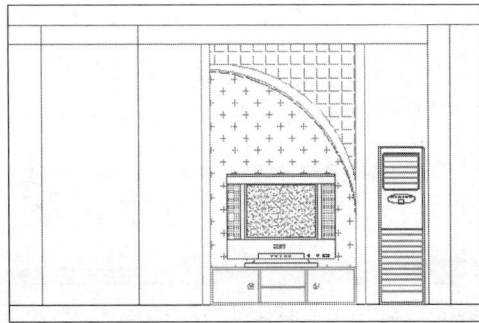

⓯ 绘制饮水机。绘制饮水机并将其移动到适当位置，如左下图。

⓰ 创建门。在客厅和餐厅中间的位置创建主卧室的门，如右下图。

⓱ 绘制餐桌椅。绘制立面的餐桌椅，将其移动到适当位置，如下图。

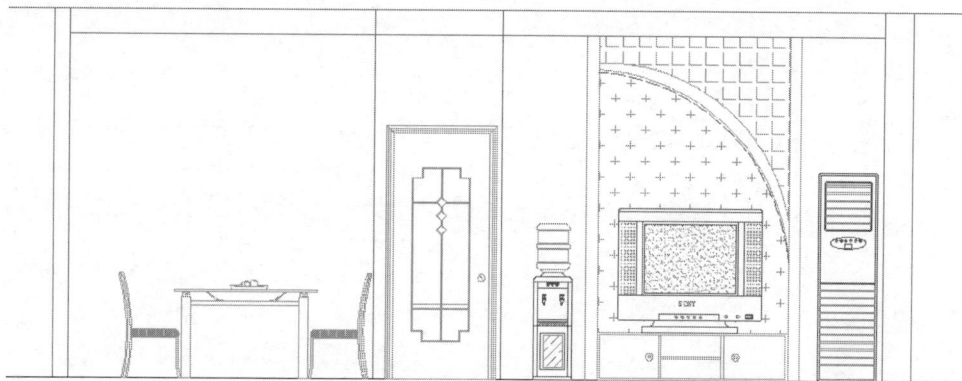

⓲ 创建酒柜。创建高为"2800"、宽为"300"、厚为"20"的酒柜，绘制挂画，将其移动到餐厅中间离地面"1500"的位置，如下图。

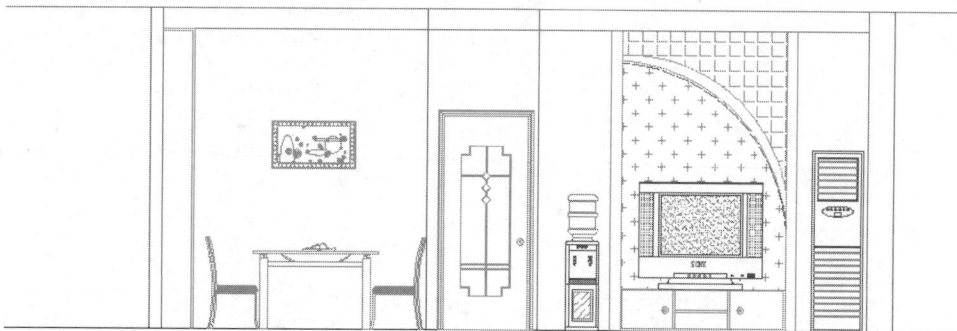

大师心得 　在绘制柜体时，一般将其做到顶面，避免留下空隙或死角，造成灰尘和污渍的堆积，给后面的保洁造成困难。

19 绘制厨房柜体。创建高为"800"、宽为"600"的橱柜,创建高为"600"、宽为"400"的吊顶,如下图。

20 创建厨房用具。绘制立面燃气灶、抽油烟机、冰箱等对象,分别将其移动到适当位置,如下图。

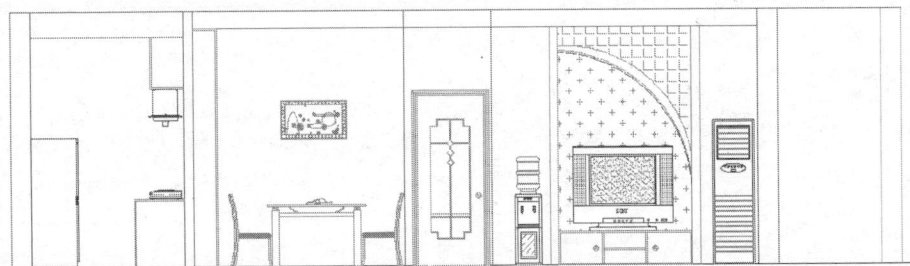

21 绘制造景台。绘制阳台的造景台,绘制植物花草移动到造景台中,如下图。

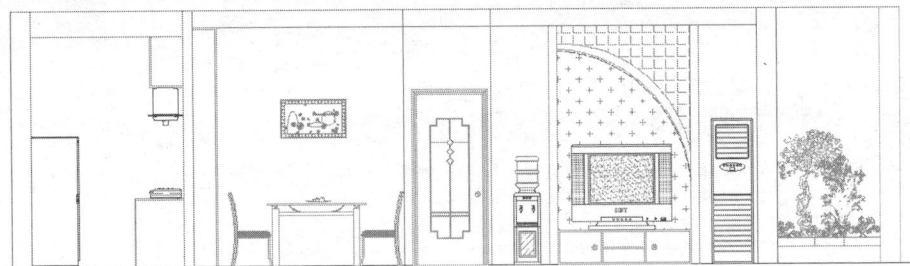

22 创建立面灯具布置图。在吊顶上方创建灯带,创建射灯和筒灯,将其复制移动到适当位置,创建餐厅的主灯,将其移动到餐桌上方,如下图。

㉓ 创建引线标注。创建相应对象的引线标注，完成客厅餐厅A立面图的绘制，如下图。

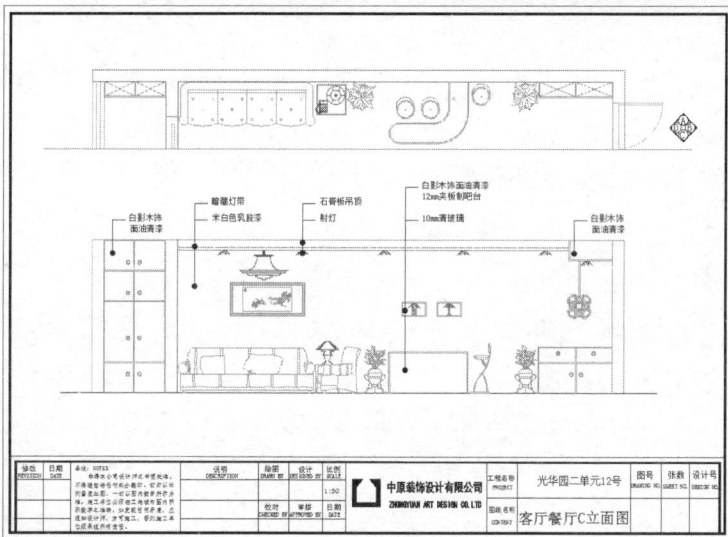

流程 02 绘制客厅餐厅C立面墙

▶▶ 原始素材文件：光盘\素材文件\第14章\14-6-2.dwg

▶▶ 最终结果文件：光盘\结果文件\第14章\14-6-2.dwg

▶▶ 同步教学文件：光盘\多媒体教学文件\第14章\14-6-2.mp4

本例难易度	制作关键	技能与知识要点
★★★☆☆	本实例主要是创建餐厅和客厅的C立面图。首先从平面布置图中将需要创建立面图的部分复制出来，接着根据平面图中的墙体创建辅助线，并绘制地平线，确定房屋高度，最后根据平面图中的对象在相应的位置绘制其立面效果，完成餐厅客厅中C立面图的绘制。	• "直线"命令 • "复制"命令 • "修剪"命令 • "移动"命令 • "引线标注"命令

1 打开素材文件。打开素材文件"14-6-2.dwg",复制平面设计图并保留需要的图形部分,根据墙线确定立面图墙线位置,绘制地平线,复制客厅餐厅A立面图的图框,更改图纸名称为"客厅餐厅C立面图",将图形移动到图框中,如左下图。

2 确定玄关柜体位置。创建长为"1500"、高为"900"的鞋柜,创建长为"880"、高为"400"的吊柜,如右下图。

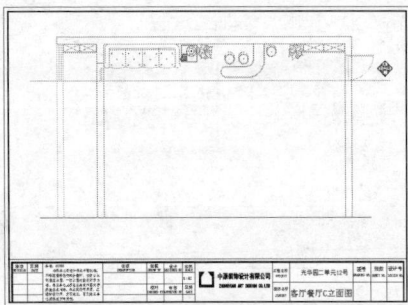

3 绘制鞋柜款式。绘制鞋柜款式,如下图。

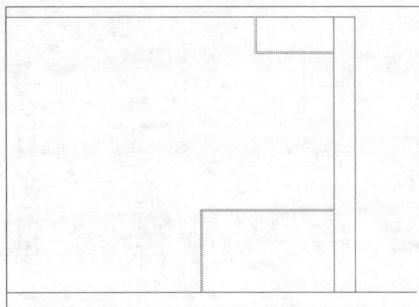

4 绘制吧台。在平面设计图中的相应位置创建长为"1600"、高为"800"的吧台,在吧台右侧绘制吧凳,如下图。

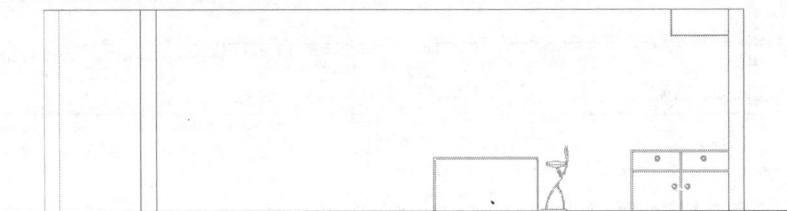

5 绘制沙发。在平面设计图中的相应位置绘制立面沙发,如下图。

6 创建储藏柜。创建阳台上的储藏柜，如下图。

7 创建墙面装饰。在沙发背面绘制挂画，在吧台背面绘制两个长为"500"、高为"300"的内凹装饰台并创建射灯，在鞋柜上方绘制中国结，如下图。

大师
心得　　　此处在吧台后方的墙壁中创建两个装饰台，一是因为此面墙太长，此方法可以做出相当于隔断的效果；二是在吧台喝酒的时候，此处两个射灯完全可以满足吧台区域的照明；三是方便放置酒杯等小巧的物件。

8 创建立面顶部灯具布置图。创建吊顶，在吊顶上方创建灯带，绘制射灯，将其复制移动到适当位置，创建客厅主灯，将其移动到沙发上方，如下图。

9 绘制绿色植物。创建绿化盆景，复制移动到适当位置，如下图。

⑩ 创建引线标注。创建相应对象的引线标注，完成客厅餐厅C立面图的绘制，如下图。

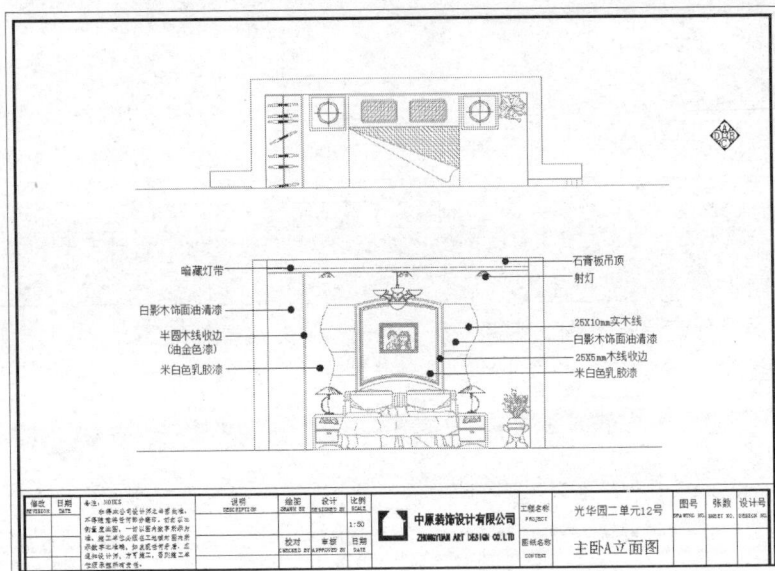

白影木饰面油清漆　暗藏灯带　米白色乳胶漆　石膏板吊顶　射灯　白影木饰面油清漆　12mm夹板制吧台　10mm清玻璃　白影木饰面油清漆

流程 **03**　绘制主卧A立面墙

暗藏灯带　白影木饰面油清漆　半圆木线收边（油金色漆）　米白色乳胶漆　石膏板吊顶　射灯　25X10mm实木线　白影木饰面油清漆　25X5mm木线收边　米白色乳胶漆

中原装饰设计有限公司　ZHONGYUAN ART DESIGN CO.LTD　光华园二单元12号　主卧A立面图

📀 ▶▶ **原始素材文件：** 光盘\素材文件\第14章\14-6-3.dwg

　　▶▶ **最终结果文件：** 光盘\结果文件\第14章\14-6-3.dwg

　　▶▶ **同步教学文件：** 光盘\多媒体教学文件\第14章\14-6-3.mp4

本例难易度	制作关键	技能与知识要点
★★★☆☆	本实例主要是创建主卧A立面图。首先确定需要创建立面图的部分，接着根据平面图中的墙线确定立面图中的墙体位置，然后绘制地平线和层高线，最后根据平面图中的对象在相应的位置绘制其立面效果，完成主卧A立面图的绘制。	• "直线"命令 • "复制"命令 • "修剪"命令 • "移动"命令 • "引线标注"命令

1 打开素材文件。打开素材文件"14-6-3.dwg",复制平面设计图并保留需要的图形部分,复制客厅餐厅A立面图的图框,更改图纸名称为"主卧A立面图",将图形移动到图框中,如左下图。

2 绘制立面墙体。沿平面图中的墙线绘制垂直辅助线,在图框下方绘制地平线,在离地平线"3000"的位置创建层高线,将多余的线条修剪掉,如右下图。

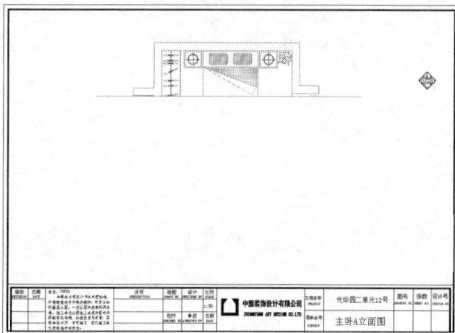

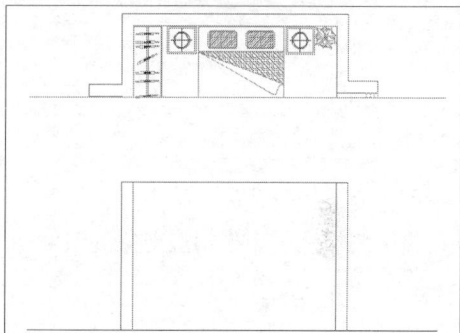

3 绘制衣柜。在距离层高线"200"的位置绘制吊顶,在左侧绘制宽为"600"的衣柜,如左下图。

4 创建双人床。创建双人床立面图,移动到适当位置,如右下图。

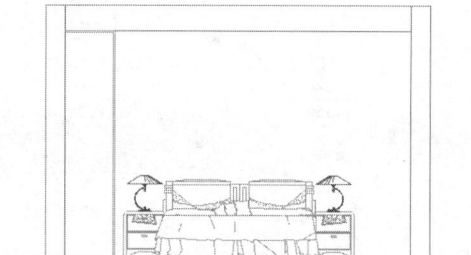

5 绘制造型墙外框。在床上方创建造型墙的外框,在右侧墙角创建一个盆景,如左下图。

6 创建造型墙的具体形状。绘制造型墙的具体形状,如右下图。

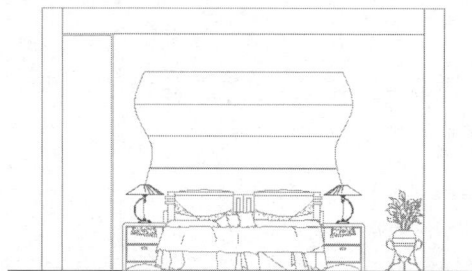

7 绘制画框。在造型墙的中部、床的上方绘制画框及照片，如左下图。

8 绘制立面图顶部的灯具布置。在吊顶上方绘制灯带，在相应位置绘制射灯，如右下图。

9 绘制主灯。绘制卧室中的主灯立面图，将其移动到床的上方，如左下图。

10 创建引线标注。创建相应对象的引线标注，完成主卧A立面图的绘制，如右下图。

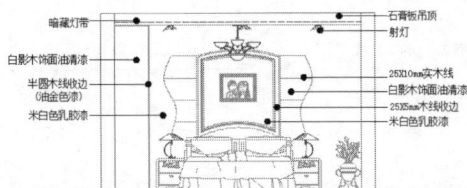

流程 04　绘制书柜、酒柜立面图

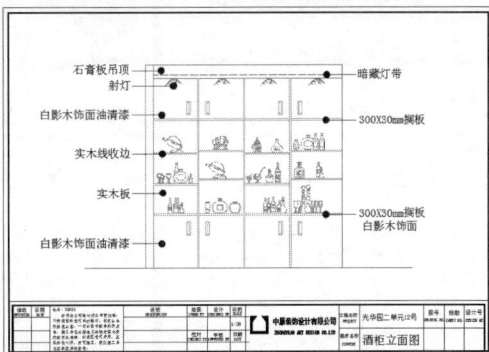

▶▶ **原始素材文件**：光盘\素材文件\第14章\14-6-4.dwg

▶▶ **最终结果文件**：光盘\结果文件\第14章\14-6-4.dwg

▶▶ **同步教学文件**：光盘\多媒体教学文件\第14章\14-6-4.mp4

本例难易度	制作关键	技能与知识要点
★★★☆☆	本实例主要是绘制书柜和酒柜的立面图。首先绘制书柜的尺寸和造型，在相应的位置摆放书和工艺品，接着绘制酒柜的尺寸和造型，在相应的位置摆放酒瓶、酒杯和相应物品，完成两个柜体立面图的绘制。	• "直线"命令 • "复制"命令 • "修剪"命令 • "移动"命令 • "引线标注"命令

1 打开素材文件。打开素材文件"14-6-4.dwg"，复制平面设计图中的书柜部分，复制平面设计图的图框并将其缩放"0.25"，更改图纸名称为"书柜立面图"，将图形移动到图框中，如左下图。

2 创建墙体。沿平面图中的墙线绘制垂直辅助线，在图框下方绘制地平线，在离地平线"3000"的位置创建层高线，将多余的线条修剪掉，如右下图。

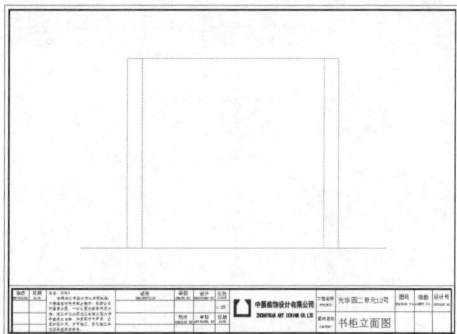

3 绘制书柜水平层板。绘制书柜的水平层板，最下方的部分做成书柜，高为"600"，最上方书柜高为"600"，如左下图。

4 创建垂直搁板。创建书柜的垂直搁板，将右侧书架的部分层板做适当调整，如右下图。

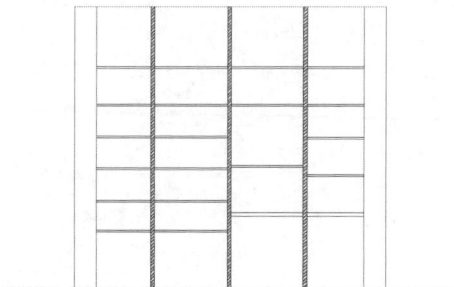

5 绘制书柜下方的柜门及拉手。绘制书柜下方的柜门及拉手，如左下图。

6 绘制书柜上方的柜门及拉手。绘制书柜上方的柜门及拉手，如右下图。

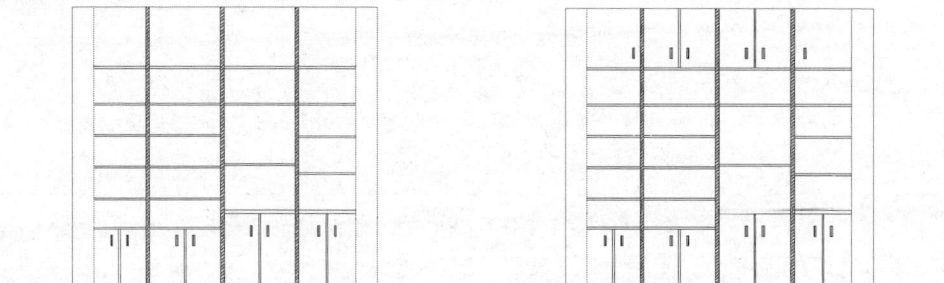

7 创建书。创建书，将其复制移动到相应的书架上，如左下图。

8 创建艺术品。创建艺术品，将其分别移动到适当位置进行摆放，如右下图。

9 创建引线标注。创建图形中相应部分的引线标注，完成书柜立面图的绘制，如左下图。

10 确定酒柜尺寸。复制"书柜立面图"图框，更改图纸名称为"酒柜立面图"，绘制酒柜尺寸，将其移动到图框中，如右下图。

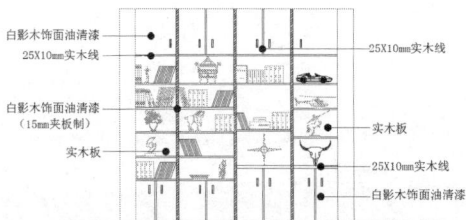

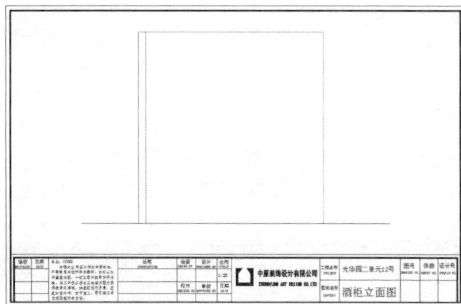

> **大师心得** 进行引线标注时一定要遵循就近原则，即引线符号和标注都尽量标注在最近一侧，不能将引线符号创建在下方，将引线拉过整个图形，在上方标注文字。在一个图形中最多可以同时在上、左、右三个方向创建引线标注。

⑪ 创建酒柜造型。创建顶部吊顶，并在吊顶中绘制灯带，绘制酒柜中的柜体及层板，如左下图。

⑫ 绘制柜门及拉手。创建酒柜上方和下方的柜门及拉手，如右下图。

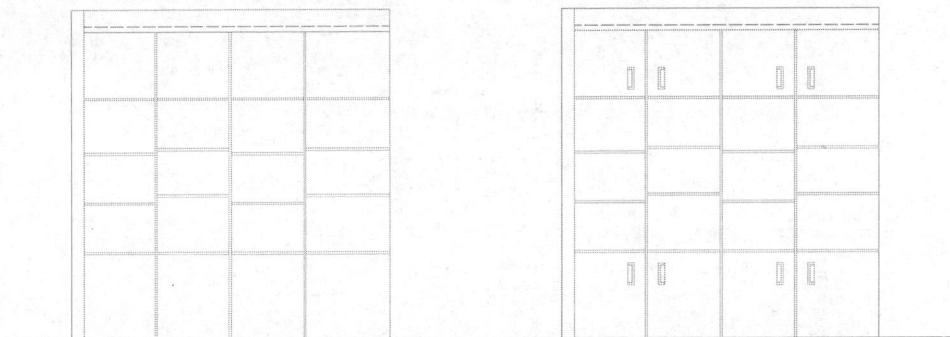

⑬ 创建酒瓶酒杯。创建酒瓶酒杯及相关物品，依次放置到相应位置，如左下图。

⑭ 创建顶部效果。创建射灯，移动复制到适当位置，如右下图。

⑮ 创建引线标注。创建相应对象的引线标注，完成酒柜立面图的绘制，如下图。

石膏板吊顶

射灯

白影木饰面油清漆

实木线收边

实木板

白影木饰面油清漆

暗藏灯带

300X30mm搁板

300X30mm搁板
白影木饰面

14.7 实战应用——绘制施工详图

本小节是在平面设计图的基础上，绘制施工详图。将各施工部分应用的工艺和材料均详细标注出来。

详　图
SCALE:1:10

详　图
SCALE:1:10

流程 01 石膏板吊顶

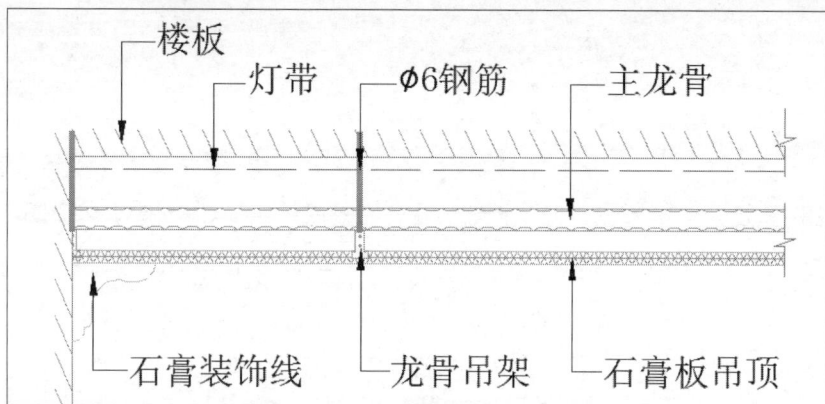

▶▶ **原始素材文件**：光盘\素材文件\第14章\14-7-1.dwg

▶▶ **最终结果文件**：光盘\结果文件\第14章\14-7-1.dwg

▶▶ **同步教学文件**：光盘\多媒体教学文件\第14章\14-7-1.mp4

本例难易度	制作关键	技能与知识要点
★★★☆☆	本实例主要是创建石膏板吊顶的详图。首先绘制墙体，接着绘制石膏板的结构，最后给相应部分创建标注。	• "多段线"、"直线"命令 • "填充"命令 • "引线标注"命令

1 绘制墙线。打开素材文件"14-7-1.dwg"，选择"墙线"图层，使用多段线绘制墙体，如左下图。

2 创建楼板。选择"灰线"图层，沿多段线外侧创建楼板材质，如右下图。

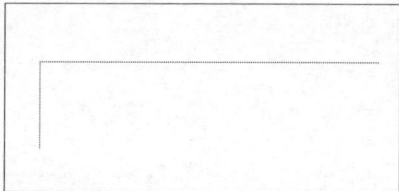

3 创建灯带。在墙体线下方创建灯带，绘制剖断线，将其移动到适当位置，如左下图。

4 绘制石膏板结构。使用直线绘制石膏板的结构，并绘制剖断线，如右下图。

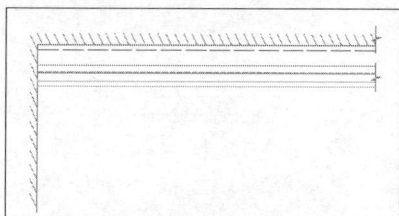

5 绘制构件。在石膏板中的相应位置绘制构件，并绘制石膏装饰线的形状，如左下图。

6 填充对象。在石膏面中填充相应图案，如右下图。

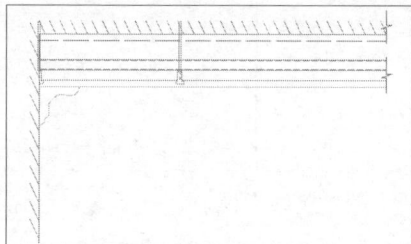

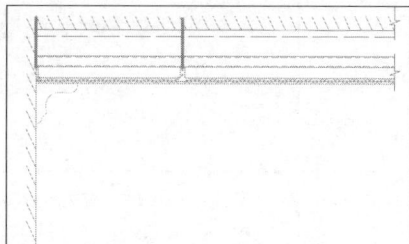

7 创建引线标注。创建相应对象的引线标注，完成石膏板吊顶详图的绘制，如下图。

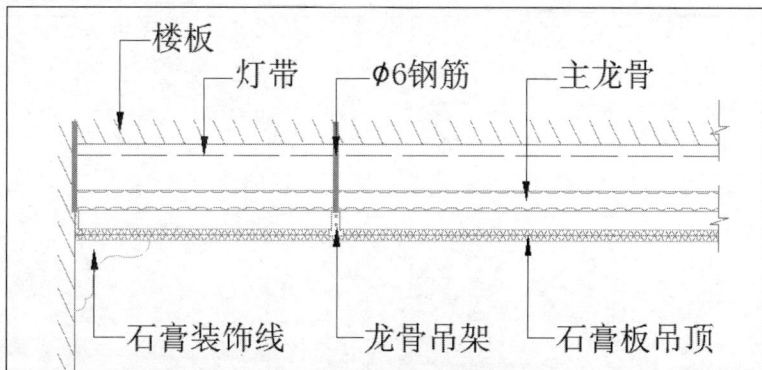

流程 02　绘制主卧造型墙详图

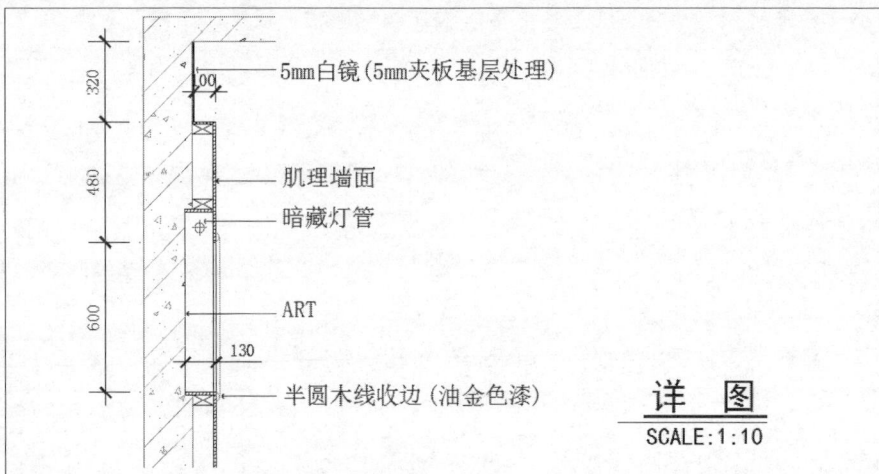

5mm白镜(5mm夹板基层处理)

肌理墙面

暗藏灯管

ART

半圆木线收边 (油金色漆)

详　图

SCALE:1:10

▶ **原始素材文件：** 光盘\素材文件\第14章\14-7-2.dwg

▶ **最终结果文件：** 光盘\结果文件\第14章\14-7-2.dwg

▶ **同步教学文件：** 光盘\多媒体教学文件\第14章\14-7-2.mp4

本例难易度	制作关键	技能与知识要点
★★★☆☆	本实例主要是创建主卧造型墙的详图。首先绘制墙体，接着绘制造型的剖面图，然后给相应部分创建引线标注，最后创建尺寸标注，并创建图形名称和比例。	• "直线" 命令 • "修剪" 命令 • "标注" 命令 • "填充" 命令 • "文字" 命令

1 绘制墙体。打开素材文件 "14-7-2.dwg"，选择 "墙线" 图层，使用多段线命令绘制墙体，并进行填充，如左下图。

2 绘制造型剖面图。绘制主卧造型墙的剖面图，如右下图。

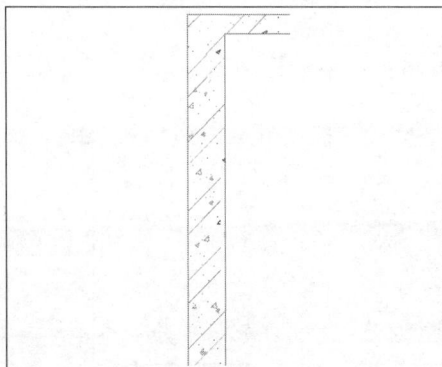

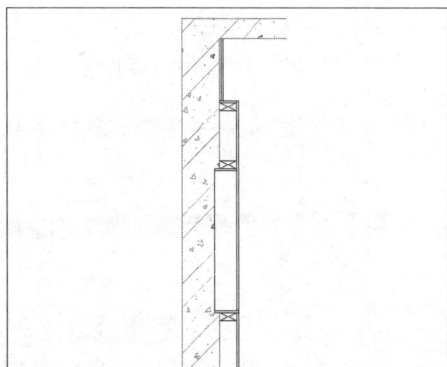

3 绘制灯。绘制射灯，并将其移动到适当位置，如左下图。

4 创建引线标注。创建相应对象的引线标注，如右下图。

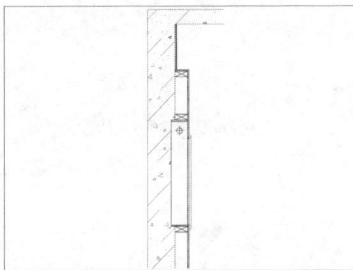

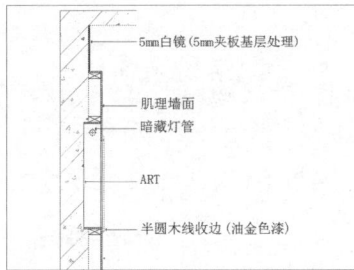

5 创建尺寸标注。在造型中的相应位置创建尺寸标注，如左下图。

6 创建图名。创建本图的图名"详图"，确定比例为"1：10"，完成主卧造型详图的绘制，如右下图。

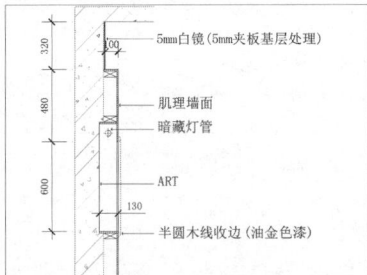

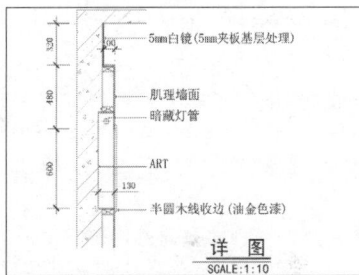

14.8 实战应用——绘制方案设计图册

本小节是在完成整套图形的基础上，创建方案图册的封面、封底以及施工图目录和说明等内容，方案图册绘制完成的效果如下图。

流程 01 配置方案图册的封面封底

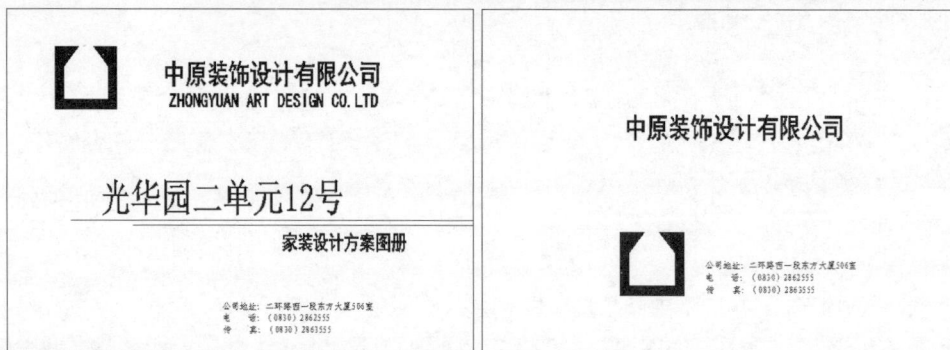

▶▶ **原始素材文件：** 光盘\素材文件\第14章\14-8-1.dwg

▶▶ **最终结果文件：** 光盘\结果文件\第14章\14-8-1.dwg

▶▶ **同步教学文件：** 光盘\多媒体教学文件\第14章\14-8-1.mp4

本例难易度	制作关键	技能与知识要点
★★★☆☆	本实例主要是创建方案图册的封面和封底。首先绘制图框大小，接着使用直线和文字创建封面的内容，然后创建封底的内容，最后将标志绘制完成并移动到适当位置，完成封面封底的绘制。	• "直线"命令 • "矩形"命令 • "复制"命令 • "移动"命令 • "文字"命令

1 创建矩形。打开素材文件"14-8-1.dwg"，选择"文字说明"图层，创建长为"42000"、宽为"29700"的矩形，作为封面的尺寸，如左下图。

2 创建文字。使用文字命令创建封面上公司的中英文名字，如右下图。

3 创建客户名称。使用文字命令创建客户的名称，如左下图。

4 创建封面中公司的联系方式。使用文字命令创建封面的公司联系方式，如右下图。

中原装饰设计有限公司
ZHONGYUAN ART DESIGN CO. LTD

光华园二单元12号
家装设计方案图册

中原装饰设计有限公司
ZHONGYUAN ART DESIGN CO. LTD

光华园二单元12号
家装设计方案图册

公司地址：二环路西一段东方大厦106室
电　　话：（0830）3862555
传　　真：（0830）3862555

5 创建封底。复制图框，移动到适当位置，创建公司的名称，移动到图框中部位置，如左下图。

6 完成封底的创建。创建公司的标志，在标志旁边创建公司的联系方式，如右下图。

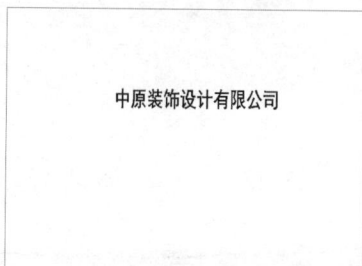

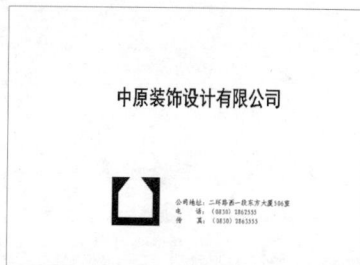

中原装饰设计有限公司

中原装饰设计有限公司

公司地址：二环路西一段东方大厦106室
电　　话：（0830）3862555
传　　真：（0830）3862555

流程 02　创建图册目录

皇御苑样板房 A 户型装饰施工图目录

序 号	图 纸 名 称	图号	序 号	图 纸 名 称	图号
1	原始平面图		6	客厅餐厅A立面图	
2	尺寸标注图		7	客厅餐厅C立面图	
3	平面布置图		8	主卧A立面图	
4	地面布置图		9	书柜立面图	
5	顶面布置图		10	酒柜立面图	

设　计	
编　制	
校　对	

备注：非得本公司设计师之书面批准，不得随意将任何部分翻印。切勿以比例量度此图，一切以图内数字所示为准。施工单位必须在工地核对图内所示数字之准确，如发现任何矛盾，应通知设计师，方可施工，否则施工单位须承担所有责任。

▶▶ **原始素材文件**：光盘\素材文件\第14章\14-8-2.dwg

▶▶ **最终结果文件**：光盘\结果文件\第14章\14-8-2.dwg

▶▶ **同步教学文件**：光盘\多媒体教学文件\第14章\14-8-2.mp4

本例难易度	制作关键	技能与知识要点
★★★☆☆	本实例主要是创建方案图册的目录。首先绘制目录表格，接着创建目录表格的项目，然后在相应位置补充内容，最后添加备注内容。	• "直线"命令 • "文字"命令

1 创建图纸尺寸。打开素材文件"14-8-2.dwg"，选择"文字说明"图层，创建长为"42000"、宽为"29700"的矩形，作为图纸尺寸，将矩形向内偏移出表格尺寸，并复制标志移动到图框中适当位置，如左下图。

2 创建表格。使用直线创建目录表格，如右下图。

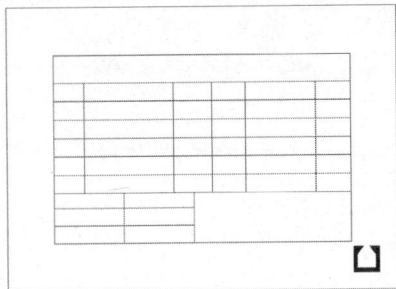

3 输入目录名称。使用文字命令创建目录名称及各项目名称，如左下图。

4 创建目录。使用文字命令依次给图形创建目录，如右下图。

5 创建目录的文字内容。使用文字命令将目录中的文字内容创建出来，如左下图。

6 创建备注。在图框右下栏中创建本套方案图册的备注内容，如右下图。

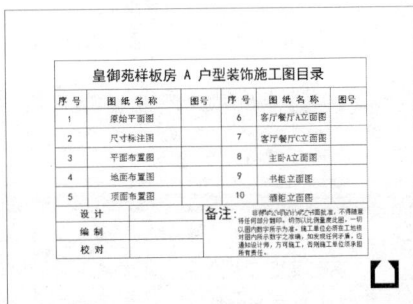

流程 03　创建图册图例及说明

图例

⊕	台灯
✦✦	浴霸
⊕	筒灯
✦	射灯
☺	餐厅灯
✱	卧室灯
✿	客厅造型灯

材料说明：

1. 电线用川电厂或四川厂(国标铜芯多股线)

2. 电线管用壁厚1.5mm管及配件(PVC)

3. 开关插座甲方提供达国家标准(安全式)

4. 电话线用凌宇牌或华新牌

5. 电视天线用凌宇牌

说明：

1. 本工程暗装布线工程，管线均采用沿棚、墙、地板内暗敷，塑胶管内配线方式，施工中应尽量避免管线多重交叉，强电线采用BVR型铜芯多股型料线，照明、一般插座采用BVR-2.5mm，空调、厨房插座采用BVR-4mm，火线一般为红色，回路线一般为黄色，零线为黑色或蓝色，地线为黄绿双色，电话线采用RVB-4X0.2mm,铜芯软线，有线电视线采用SYV-75-5-1型同轴电缆，线管采用PVC20或PVC25塑胶；管，强弱电分管敷设（强电为照明、插座、空调等，弱电为电话、电视天线、网络线等）；

2. 本工程使用的开关、插座为家庭安全式，插座旁保护门，普通插座为10A二三极，空调插座为16A带开关，所有开关、插座为暗装，开关高度为1300-1400MM，普通插座高度为300MM，电视柜、书桌、床头柜等处的插座可装在高台面100MM或根据情况自定，空调、排气扇插座为1800MM，卫生间、冰箱、洗衣机插座高度为1300-1500MM，厨房插座高度为1000-1400MM或根据厨柜型自定，抽烟机插座高度为2100MM，所有开关、插座、灯具位置以现场为准；

3. 本工程线管采用PVC塑胶管及管件，穿线管过程为：先布管，线管全部布完验收后，才能穿线。敷设线管过程中，只许使用杯梳直通，不许使用弯头及三通，弯管弧度为管径的6倍，每路线管不许有三个或以上的弯，超过的中间加装分线盒，金属软管用于线合与灯具之间，一般不超过300MM，一端接入线盒，一端接入灯座盒内并用杯梳连接，电线不得外露；

4. 有造形须装灯具的地方应以木工留位为准；

5. 图中尺寸均以毫米计。

▶ **原始素材文件**：光盘\素材文件\第14章\14-8-3.dwg
▶ **最终结果文件**：光盘\结果文件\第14章\14-8-3.dwg
▶ **同步教学文件**：光盘\多媒体教学文件\第14章\14-8-3.mp4

本例难易度	制作关键	技能与知识要点
★★★☆☆	本实例主要是创建方案图册的图例及说明。图例主要是各种灯的注释，说明主要是对材料的要求、施工现场的要求及其他注意事项的强调。	• "直线"、"矩形"命令 • "复制"、"移动"命令 • "文字"命令

1 创建图框及表格。打开素材文件"14-8-3.dwg"，选择"文字说明"图层，创建长为"42000"、宽为"29700"的矩形，作为图纸尺寸，创建图例表格，如左下图。

2 创建图例及名称。复制顶面布置图中的图例，将各图例的名字标注在后方对应的位置，如右下图。

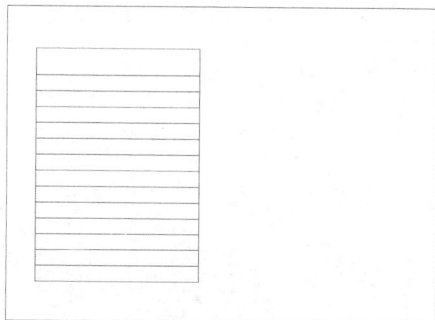

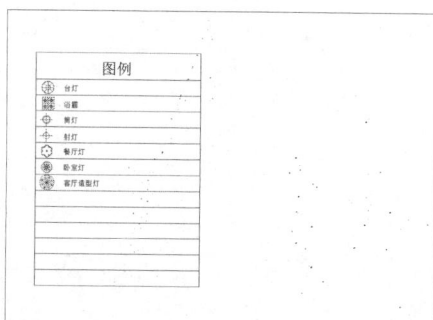

3 创建材料说明。在图例下方位置创建材料的说明，用文字标明图中材料的各个注意细节，如左下图。

4 创建说明。使用文字命令创建本方案图册的说明，如右下图。

本章小结

　　本章主要讲解了一套家装设计方案的内容，包括其具体的绘制过程和绘制时的相关注意事项，其中都是选择一套方案图中比较重要的部分进行讲述，并没有包括一套图纸中的所有细节内容，在绘制时根据客户的要求，还可以增加其他的内容。

Chapter

15

别墅室内设计案例

本章导读
BEN ZHANG DAO DU

>>>>>

本章主要讲解别墅室内设计案例的过程及内容。包括户型分析、平面设计图、地面布置图的制作。

知识要点
ZHI SHI YAO DIAN

>>>>>

- 户型分析确定设计方向和内容
- 平面设计图布置图设计规划室内功能区

案例展示
AN LI ZHAN SHI

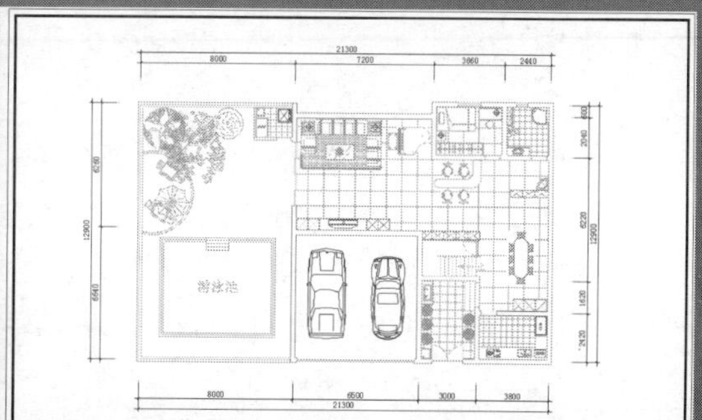

>>>>>

15.1 实战应用——户型分析

别墅有其独特的建筑特点，它的设计跟一般的居家住宅设计有着明显的区别。别墅设计不仅要进行室内设计，还要进行室外设计，这是和一般室内设计的最大区别。因为设计空间范围的增加，在别墅设计中需要特别注意整体效果的表现。

流程 01 别墅设计概述

别墅又称为庄园或者城堡，比较正规的注解为"别业"，即居宅之外享受生活的场所，第二居所的意思。不管别墅有多少种解释，都是一个独立庄园的代称，当各个独立庄园离得比较近，数量比较多时，就形成了庄园区，即是俗称的别墅区。

国土资源部对别墅的定义为：独门独户独院，两至三层楼形式，占地面积相当大，容积率相当低。别墅是包括地下层在内的最多三层的独栋住宅形式，带室内车库。像很多亚别墅，类别墅，如四层单栋洋房、双拼、联排、叠加小高层都是高档住宅，也叫排屋、洋房，不属于真正意义上的别墅。别墅是没有公摊面积的，别墅花园占地面积在房地证上有土地使用权面积。

1. 别墅的种类

就别墅的形式来讲，可以分为以下几个种类。

（1）独栋别墅：独门独院，上有独立空间，下有私家花园领地，是私密性很强的独立式住宅，表现为上、下、左、右、前、后都属于独立空间，一般房屋周围都有面积不等的绿地、院落。这一类型的别墅是历史最悠久的一种，也是别墅建筑的终极形式。

（2）联排别墅：在欧洲联排别墅是指在城区联排而建的市民城区住宅，这种住宅均是沿街的，由于沿街面的限制，都是在基地上表现为大进深小面宽，层数一般在3至5层。由于离城近，方便上班及工作，价格合理，环境优美，成为城市发展过程中不可逾越的阶段，即住宅郊区化的一种代表形态。

联排别墅每户独门独院，设有1~2个车位，还有地下室。由三个或三个以上的单元住宅组成，一排2至4层连接在一起，每几个单元共用外墙，有统一的平面设计和独立的门户。建筑面积一般是每户250平方米左右。

联排别墅特征明确，比较注重项目选址，绿化环境比较优美，交通比较方便，价位比独栋别墅低，为中产阶级中上层人士及新贵阶层度身定造，户型设计丰富而前卫，十分有特色。

（3）双拼别墅：是联排别墅与独栋别墅之间的产品，由两个单元的别墅拼联组成的单栋别墅。其特征是降低了社区密度，增加了住宅采光面，使其拥有了更宽阔的室外空间。是低层小楼加上私家花园，在保证拥有私家花园的基础上，加强户外空间的交流，使私家小环境整合社区大环境，也改变了兵营式排列的呆板面孔。

双拼别墅基本是三面采光，外侧的居室通常会有两个以上的采光面，一般来说，窗户较多，通风不会差，重要的是采光和观景。

（4）叠拼别墅：是在综合情景洋房公寓与联排别墅特点的基础上产生的，常见形式为由四个单元的别墅拼联组成的单栋别墅。由多层的复式住宅上下叠加在一起组合而成，下层有花园，上层有露台，一般为四层带阁楼建筑，这种开间与联排别墅相比，独立面造型可丰富一些，同时一定程度上克服了联排别墅窄进深的缺点。

其特征为购买人群是社会上的中产阶级，而非真正意义上的富人，稀缺性、私密性较单体别墅要差，定位也多是第一居所。叠拼户型相比联排别墅的优势在于布局更为合理，不存在联排进深长的普遍缺陷，而且，下层有半地下室，顶层有露台，极为有优势。

（5）空中别墅：原指位于城市中心地带，高层顶端的豪宅。一般理解是建在公寓或高层建筑顶端具有别墅形态的大型复式或跃式住宅。此种住宅要求产品符合别墅全景观的基本要求，地理位置好，视野开阔，通透等。

2. 别墅设计建造的五要素

就别墅的设计建造来看，可以分为以下五个要点。

（1）地形、地貌：好的别墅应有山有水，常建在半山环水之间。山水楼盘的概念、模式和学说表现出"高文化、高技术、高情感、高生态"（包括自然生态、社会生态、人的行为、心理状态等）。众所周知，水是生命之源，山是长寿之本，这是中华民族的优良传统，也是当今世界各国人们普遍追求的生态平衡，保护环境，节约资源、能源的时代要求。体现了人与自然和谐"共生、共存、共乐、共享、共雅"的五大特征，这是山水楼盘的特别之处。

（2）设计和质量：质量和设计是房屋建造的头等大事，首先谈设计，需要外型优美大气，适当的超前，线条流畅，色彩配搭和谐稳重。室内设计空间实用不浪费，功能明晰，私密性强，互不干扰，使业主有足够的隐私权。

在质量方面注重选材用料，坚硬耐久不过时的外墙为首选，屋内墙体垂直不裂，楼板楼顶不裂无缝为好。

别墅是豪宅，是成功人士享受生活、居住和度假共兼容的家园，不单是挡风遮雨的功能，别墅已成为享用者的"精神产品"。

　　（3）配套的兼容性：现今社会最大的感觉就是变化，房地产也是如此，开发商需要做很多工作，如环境绿化的"亲绿空间的营造，亲水空间的营造，亲子空间的营造，亲老空间的营造，亲合空间的营造"等等。

　　（4）园林绿化：园林绿化已成为大型房地产项目一道必不可少的环节。从园林绿化可以看出开发商是否用心做事，有的开发商为了容积率而不顾绿化面积，随便种一些花花草草，最终承受结果的还是业主。有心思的开发商力求标新立异，独具个性，自成一派，如"绿色热带风情长廊"，"西欧剪艺长廊"等，自然会受到消费者的大力追捧。

　　（5）物业管理：物业管理进入住宅是加速住宅城市化进程的组成部分，好的物业管理公司，是以专业、规范的服务为主要任务的。

3. 别墅的空间设计

　　由于别墅面积较大，所以更要注意功能的合理，常常需要在室内设计的过程中做必要的调整，以合理的功能安排和布局，满足业主对于生活功能的要求。

　　（1）别墅设计生活空间：选择别墅无非是选择一种生活。生活造就品位，品位来自事业，事业又源于生活。正是因为生活品质上升的需求，人类有一部分先富起来的阶层率先进入有品质的空间生活。他们有一个共性：讲究生活品质，讲究健康指标，讲究场合之情调。

　　因此在别墅空间设计意识上，他们总有一种比较高的境界，渴望空间按着他们的期望展现出一个真实空间。尽管身份各异，想法不同，但他们都有开拓空间的精神。他们用智慧创造财富，用智慧改造生活，又用生活去滋养思想，因此在设计和策划他们的生活时，设计师必须从传统的构思中解放出来，无论空间尺度的大与小，拓宽空间，再造空间，塑造空间宽松休闲是第一位的。

　　设计生活空间不仅要满足最起码的功能需求，更要满足因为提高生活品质所需要的空间，因为事业拓展所需求的生活空间，变成了为事业更上一层楼的生活工作进取观的表现形式。在设计这个生活空间时，要尽量考虑业主的工作习惯和生活习惯。（当然，也包括所有居住人，以及临时客房的基本需求）。

　　（2）别墅设计的心理空间：一套别墅不论空间大小，价位高低，能否体现主人的需求，能否体现主人精神，能否体现主人意识，这关系到别墅设计所涉及的心理空间。任何空间的大与小没有绝对价值，大空间也许可以体现价值的大小，但不一定能体现人和其思想观念价值。大与小是相对的，别墅空间设计实际上也存在着心理承载空间意识导向的问题。

　　所谓心理空间就是人在这个居住空间所产生的意识和思想，精神和文化。作为设计空间，既要满足基本空间的需求，又要满足主人的心理空间和精神层面的需求，同时也需要设计师融入业主的思想意识，找到双方最佳境界意识的共通点。心理空间是在实用功能空间中设计第二空间，如果说第一空间的划分需要设计师过硬的硬指标，那么对第二空间的划分却是需要设计师过硬的软指标。如果说硬指标是数据，那么软指标就是灵魂，把空间设计比喻一个人的身躯，心理空间设计就是这个身躯的灵魂。因此，再豪华的设计，再漂亮的设计都只不过是空间表面上的堆积物，要体现一个人的思想意识、精神文化、个性特色的空间就要看设计师设计以外的功底了。每一套别墅都是一部历史，一本书，一个故事。设计师不仅要读懂、领会，还要抓住其精髓，抓住最能感动人的东西。

（3）别墅设计的个性空间：每一套独立别墅从诞生那天起开发商就赋予了它很多故事和内涵，再加上主人背景的融入以及业主思想意识空间渗透房子原先的文化定义和业主的选择定位，更加突出了空间发展的个性化趋势。

个性空间的表达必须注意以下几点。
- 别墅空间独特的建筑原形态。
- 主人思想境界的表述。
- 主人文化层次的体现。
- 主人性格爱好的体现。
- 设计师自身的资历和整体把握。

尊重别墅原建筑形态，尊重设计师的眼光，尊重业主的个性化，体现人性化。尽管在设计语言上的个性色彩不尽相同，尽管在空间符号的个性手法表达上各显其力，尽管在体现业主精神面貌的个性角度上各有发现手法，尽管在设计个性语言上都有独特的理念，但条条道路通罗马，也就是说任何一个个性化空间，都应该遵从别墅设计的总源。当然，至于流行市面的各类设计风格和表现形式，都是被人们认可的独特设计表述语言。风格和个性既有共性的东西又是个性的使然，风格与风格之间，个性与个性之间，相似与相似之间肯定是不尽相同的，设计师能否发现并抓住或者提炼个性语言才是最重要的。

（4）别墅设计的自然空间：别墅由于自身独特的地理位置和环境导致其自然空间要优于任何住宅。因此研究别墅的自然环境和自然空间是目前别墅设计上的空白点。随着最佳别墅标准反复讨论和论证以及市场对别墅最后论证的出台，别墅的自然环境属性放在了衡量别墅价值的首位。同样在别墅设计理念的梳理上，其学术价值也日显高涨。别墅的自然环境，别墅的自然阳光、空气和空间一时间显得特别珍贵。

作为自然环境承载的别墅建筑，"天然去雕饰"的名言至理显然是令人回味的。天然的植被，天然的绿化，天然的阳光，天然的新鲜空气。作为一个设计师，要把此作为最吸引人的东西去表现，引进新鲜的空气和阳光，引进自然环境的策划设计是别墅设计的首选。任何装饰手段，包括室内配置，也包括硬装修所使用的主材，都必须让位或考虑天然的空间回归人类心理的自然要求。无论在使用环保材料上，还是在自然空间的二次设计上都必须尊重大自然概念，体现原自然生态，原自然空间对人类健康形成良性循环的历史认证。无论是多豪华奢侈的装饰在大自然已存在的空间理念比对之下，都显得苍白无力。

别墅设计新概念上多一些自然语言，多一些自然表述语言是人类的一大进步。

（5）别墅的舒适空间：住别墅，如果硬要往里堆砌豪华的建材，装修的像总统套房，这样花巨资不说，也不一定能让人的心理感到舒适。家和酒店是有区别的，家的概念，第一必须体现温馨，随便哪个房间，甚至哪个角落都可以让人倍感轻松，不存在任何的心理负荷，也不存在任何的心理障碍，既然别墅也是家，那么适合自己和家人居住是第一位的。

舒适空间的营造必须遵循以下几个原则。

- 功能空间要实用。
- 心理空间要实际。
- 休闲空间要宽松自然。
- 自然空间要陶冶精神，放松心情。
- 生活空间要以人为本。
- 私密空间满足人性最大程度的空间释放。

综上所述，别墅多建在环境优美的城郊和风景区，有着因景、因地制宜，布局灵活，体型轻巧，结构简洁的特点。别墅与普通住宅相比，是一种带有诗意的住宅，它代表着人类的某种理想。

流程 02　户型及尺寸

任何一个室内装饰设计案例，绘制的前提都是必须得到需要设计的户型图。本章所制作的别墅设计案例为三层的建筑，是别墅中比较常见的一种。下面分别是第一层、第二层和第三层的平面结构图，如下图。

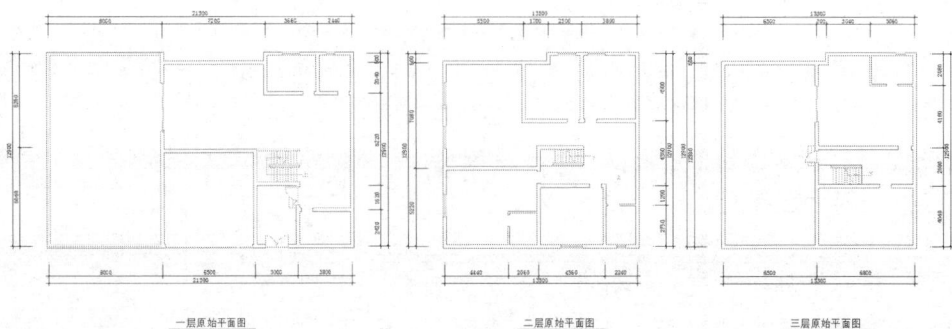

一层原始平面图　　　　二层原始平面图　　　　三层原始平面图

流程 **03** 户主意见及要求

在得到户型图及尺寸之后，在与客户的洽谈中，了解客户需要在此空间中达到的使用功能和要求。

客户的意见及需要

从此栋别墅的结构和户主的意见综合来分析，必须达到下列要求。

（1）户主希望有完善的主卧、书房、次卧、老人房、客房、工人房、餐厅、客厅、吧台、运动室、游泳池。

（2）户主比较喜欢打国际桌球，所以要有打桌球的区域。

（3）客户希望能开辟一块区域作为健身场所。

（4）客户希望能在主卧和次卧拥有单独的衣帽间。

（5）客户希望能多做几面展示柜便于收藏各种藏品。

15.2 实战应用——绘制户型图

本小节主要是根据所得到的户型图或者根据从现场所测量的尺寸绘制出别墅的第一层、第二层、第三层原始平面图。根据客户的要求绘制每一层的平面设计图并标注尺寸，配置图框等内容。

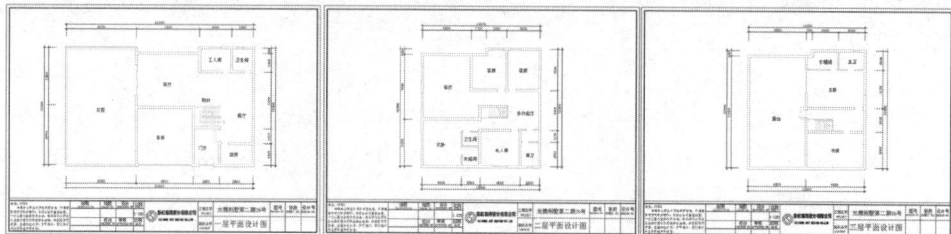

流程 **01** 绘制辅助线

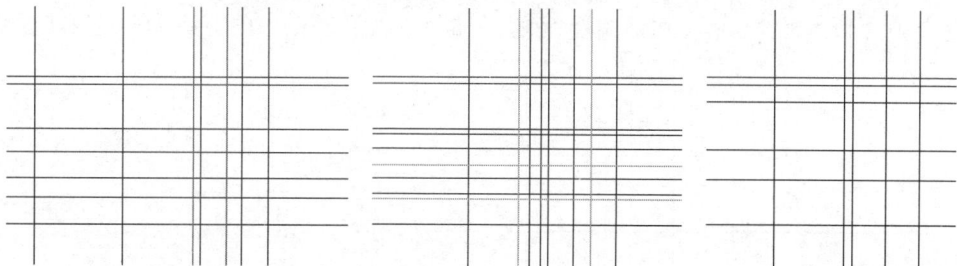

▶ **原始素材文件**：光盘\素材文件\第15章\15-2-1.dwt
▶ **最终结果文件**：光盘\结果文件\第15章\15-2-1.dwg
▶ **同步教学文件**：光盘\多媒体教学文件\第15章\15-2-1.mp4

本例难易度	制作关键	技能与知识要点
★★☆☆☆	本实例主要是将前期创建的模板另存为需要的文件名称，然后使用构造线绘制相应的垂直和水平辅助线，完成平面图辅助线的绘制。	• "另存为"命令 • "构造线"命令 • "偏移"命令

1 打开图形模板文件。打开前期绘制的模板文件，并将其另存为文件名"15-2-1.dwg"，如下图。

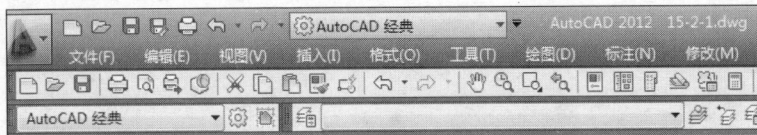

大师心得 此处因为绘制的是别墅，所以要绘制几层楼的平面图，接下来绘制一层平面图的辅助线。

2 绘制右侧水平辅助线。选择"轴线"图层，按【F8】键打开正交模式，绘制一条水平构造线，激活偏移命令，将其依次向下方偏移600、2040、6100、1740、2420，如左下图。

3 绘制上方垂直辅助线。绘制一条垂直构造线，将其依次向右偏移8000、7200、3660、2440，如右下图。

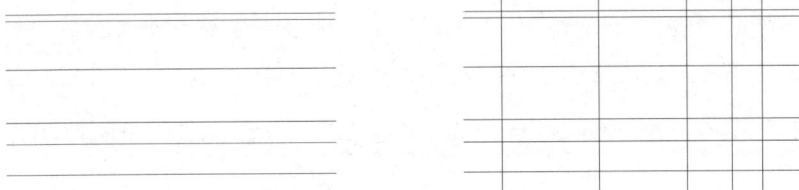

4 绘制下方垂直辅助线。将最右侧的垂直辅助线向左偏移3800，将其颜色更改为蓝色，再将蓝色辅助线向左依次偏移3800、3000，如左下图。

5 绘制左侧水平辅助线。激活偏移命令，将最上侧水平辅助线向下偏移6500，将其颜色更改为蓝色，完成辅助线的绘制，如右下图。

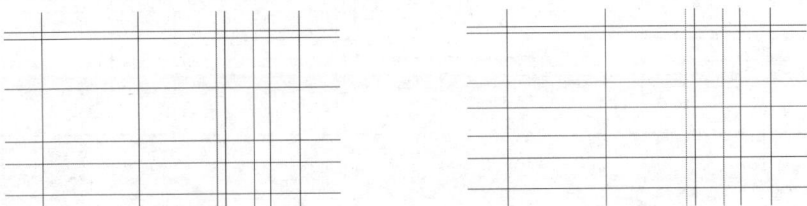

接下来绘制第二层原始平面图的辅助线。可以不在同一水平线上绘制所有楼层的平面图。因为第一层的水平辅助线的存在，所以稍向下移动绘制第二层水平辅助线。

6 绘制右侧水平辅助线。绘制一条水平构造线，激活偏移命令，将其依次向下方偏移600、3900、1760、2600、1290、2750，如左下图。

7 绘制上方垂直辅助线。绘制一条垂直构造线，将其依次向右偏移5500、1700、2300、3800，如右下图。

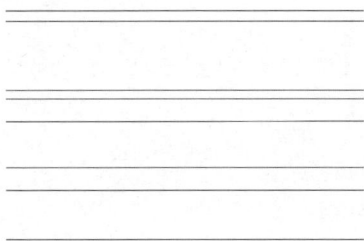

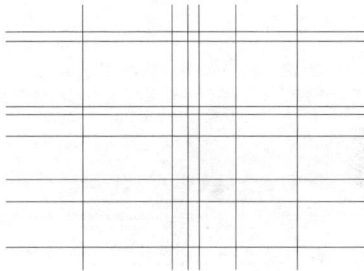

8 绘制下方垂直辅助线。将最右侧的垂直辅助线向左偏移2240，将其颜色更改为绿色，再将绿色辅助线向左依次偏移4560、2060、4440，如左下图。

9 绘制左侧水平辅助线。激活偏移命令，将最上侧水平辅助线向下偏移7680，将其颜色更改为绿色，将绿色辅助线向下偏移2960，完成辅助线的绘制，如右下图。

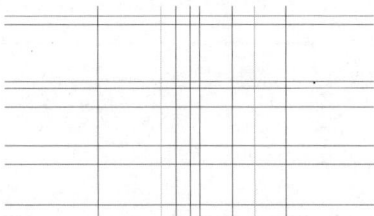

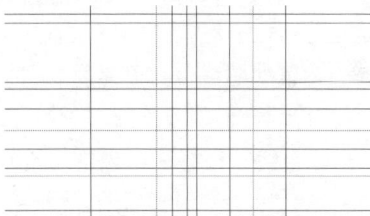

接下来绘制第三层原始平面图的辅助线。

10 绘制右侧水平辅助线。绘制一条水平构造线，激活偏移命令，将其依次向下方偏移600、1480、4180、2600、4040，如左下图。

11 绘制上方垂直辅助线。绘制一条垂直构造线，将其依次向右偏移6500、700、3040、3060，如右下图。

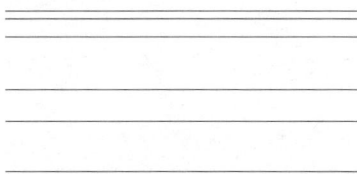

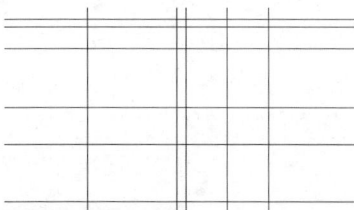

流程 02 绘制原始平面图

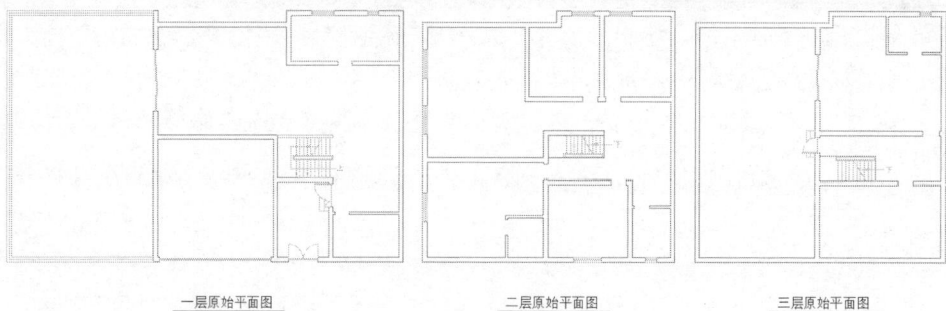

一层原始平面图   二层原始平面图   三层原始平面图

▶ **原始素材文件**：光盘\素材文件\第15章\15-2-2.dwg
▶ **最终结果文件**：光盘\结果文件\第15章\15-2-2.dwg
▶ **同步教学文件**：光盘\多媒体教学文件\第15章\15-2-2.mp4

本例难易度	制作关键	技能与知识要点
★★★★☆	本实例首先根据辅助线绘制三层楼的外墙线，接着绘制内墙线，偏移出墙体后将多余线段修剪掉，最后将户型中的门窗创建出来，完成原始平面图的绘制。	• "多段线"命令 • "矩形"命令 • "偏移"命令 • "修剪"、"阵列"命令

❶ 绘制墙体辅助中线。打开素材文件"15-2-2.dwg"，选择"墙线"图层；按【F8】键打开正交模式，使用多段线命令沿一层平面图绘制最外沿的墙中线，如左下图。

❷ 绘制内墙中线。根据辅助线依次绘制内墙的墙体中线，如右下图。

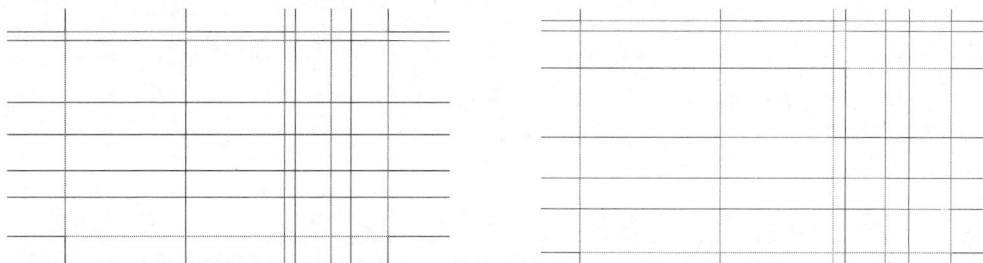

大师心得　　在绘制墙线时，尽可能使用多段线命令来绘制，避免出现过多的断线。

❸ 偏移墙线。激活偏移命令，将各墙线向中线两侧各偏移"120"，将厨房的墙中线向中线两侧各偏移"60"，如左下图。

❹ 关闭轴线图层。关闭轴线图层，删除墙体中线，如右下图。

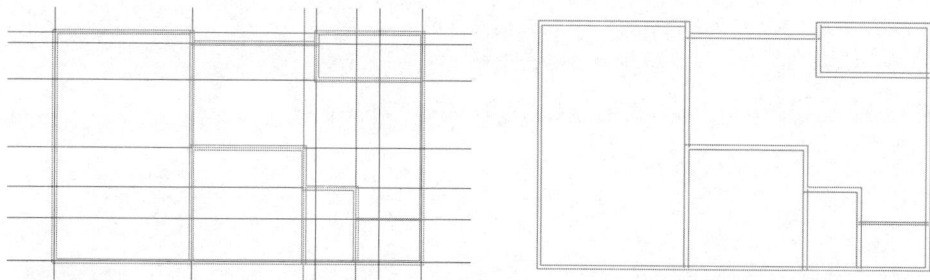

> **大师心得** 　在这几章的墙体绘制中，一直使用多段线绘制中线，然后使用偏移命令偏移墙线，这是为了方便后期的门洞、窗洞的绘制。此处也可使用多线命令绘制墙线，绘制完成后，可以执行"修改→对象→多线"命令打开"多线编辑工具"，从中选择需要的选项进行墙线编辑。

5 修剪墙体。将墙体中多余的线段使用修剪命令修剪掉，如左下图。

6 创建门洞和窗洞。使用直线命令创建出门洞和窗户的位置，使用修剪命令将其中多余的墙体修剪掉，选择"门窗线"图层，绘制门厅中的踏步，如右下图。

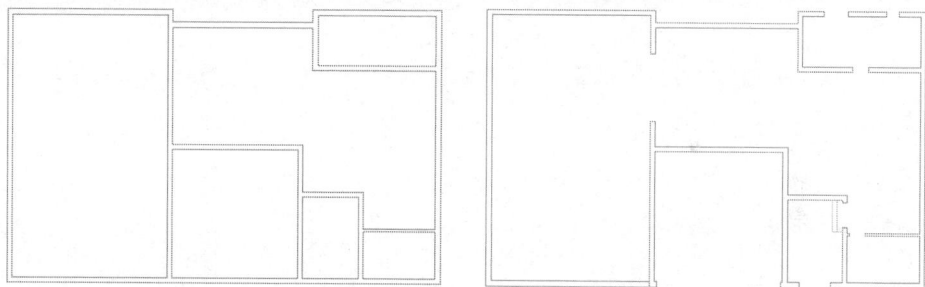

7 绘制门窗线和围墙线。使用直线命令绘制窗线和围墙线，创建门，进行适当调整后移动到相应位置，如左下图。

8 创建楼梯。创建楼梯，移动到相应位置，如右下图。

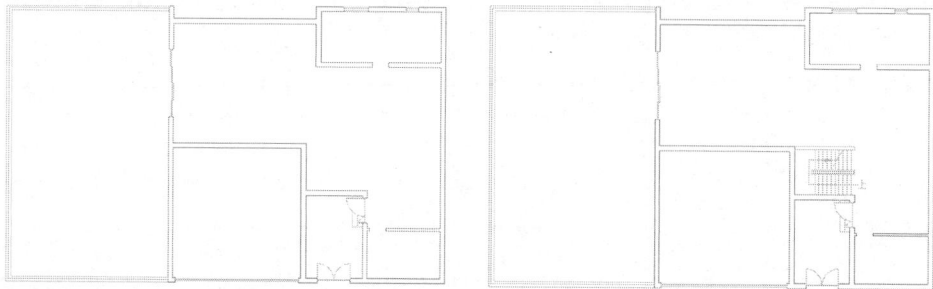

> **大师心得** 　至此一层原始平面图即绘制完成，接下来绘制二层原始平面图。此处的楼梯主要是为了方便观看，一般情况下，剖断线以上的图形是不可见的部分。

⑨ 绘制二层原始平面图的墙线。打开"轴线"图层，选择"墙线"图层，绘制墙线并偏移，如左下图。

⑩ 关闭轴线图层。关闭轴线图层，删除墙体中线，如右下图。

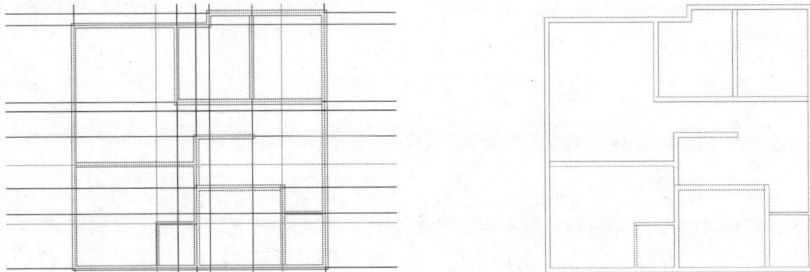

⑪ 创建二层平面图中的门窗。使用直线命令和修剪命令创建出门洞和窗洞，如左下图。

⑫ 创建窗线和楼梯。选择"门窗线"图层，使用直线命令绘制窗线，创建楼梯，移动到适当位置，如右下图。

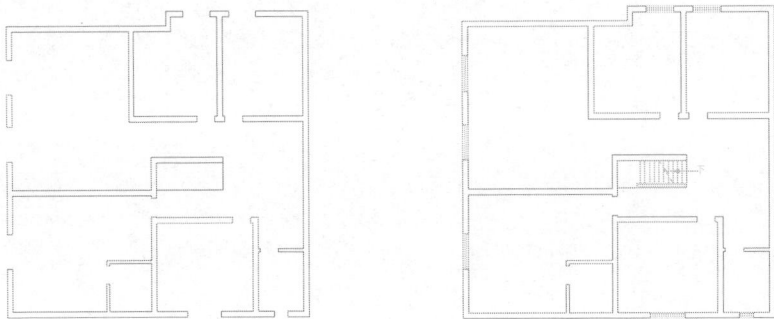

> **大师心得** 　正常情况下，从平面图中只能看到楼梯的一侧。接下来绘制第三层原始平面图。

⑬ 绘制三层原始平面图的墙线。打开"轴线"图层，选择"墙线"图层，根据辅助线绘制墙线并偏移，如左下图。

⑭ 关闭轴线图层。关闭"轴线"图层，删除墙体中线，如右下图。

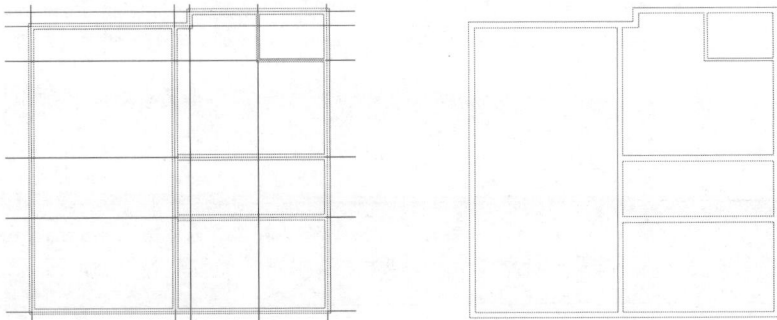

⓯ 创建三层平面图中的门窗。使用直线命令创建出门洞和窗户的位置,使用修剪命令将直线中多余的墙体修剪掉,如左下图。

⓰ 创建窗线和楼梯。选择"门窗线"图层,使用直线命令绘制窗线,创建楼梯,移动到适当位置,如右下图。

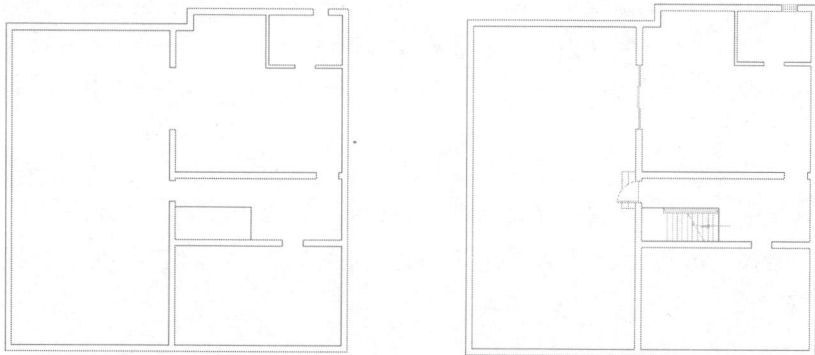

流程 03 标注尺寸

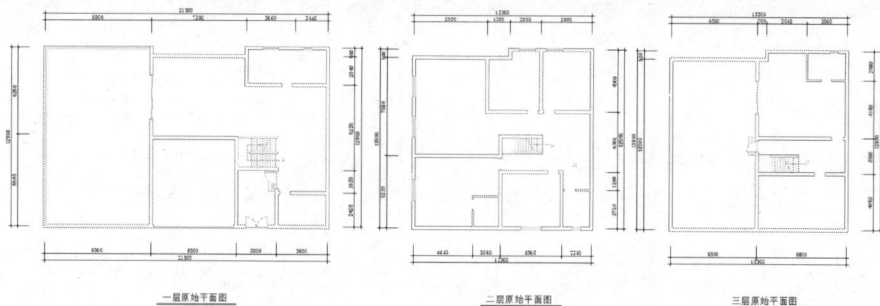

| 一层原始平面图 | 二层原始平面图 | 三层原始平面图 |

本例难易度	制作关键	技能与知识要点
★★★☆☆	本实例主要是根据辅助线在三层楼的原始平面图中创建尺寸标注。使用线性尺寸标注和连续尺寸标注依次创建第一层、第二层、第三层的尺寸标注。	• "线性标注"命令 • "连续标注"命令

❶ 标注一层平面图上侧尺寸。打开素材文件"15-2-3.dwg",打开轴线图层使用线性标注创建起始标注,使用连续标注命令将一层平面图上侧的所有尺寸标注出来,使用线性标注创建上侧总标注,如左下图。

2 创建左侧尺寸标注。使用同样的方法创建左侧的尺寸标注，如右下图。

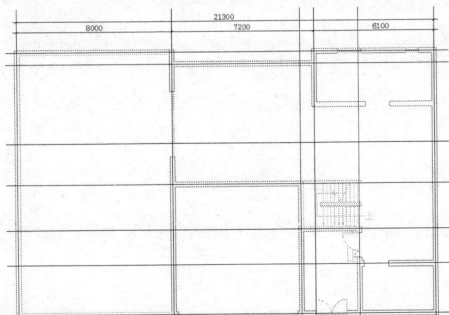

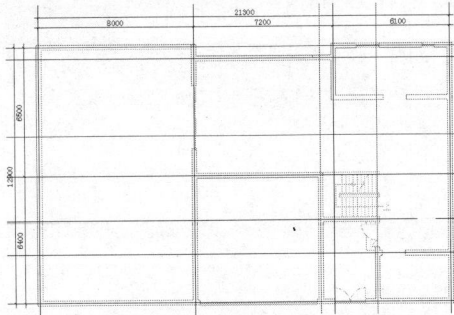

3 创建右侧尺寸标注。使用同样的方法创建右侧的尺寸标注，如左下图。

4 创建下侧尺寸标注。使用同样的方法创建下侧的尺寸标注，完成一层平面图的尺寸标注，如右下图。

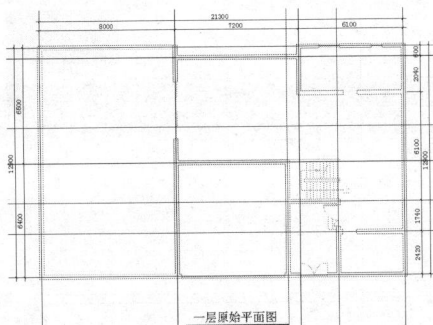

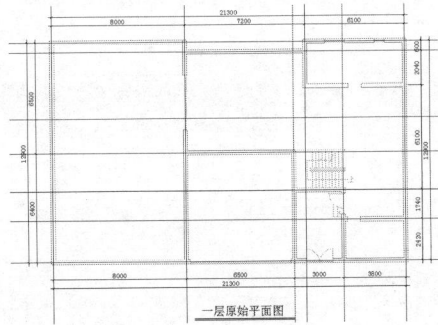

一层原始平面图

5 创建二层平面图尺寸标注。使用同样的方法创建二层平面图上侧的尺寸标注，如左下图。

6 创建左侧尺寸标注。使用线性标注和连续标注创建二层平面图左侧尺寸标注，如右下图。

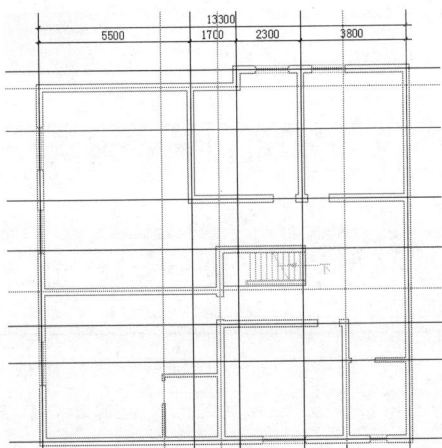

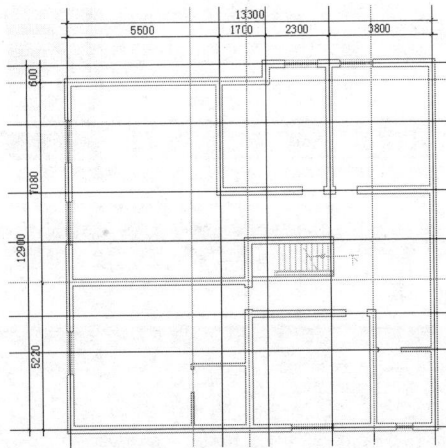

7 创建右侧尺寸标注。使用同样的方法创建二层右侧的尺寸标注，如左下图。

8 创建下侧尺寸标注。创建下侧尺寸标注，完成二层平面图尺寸标注的创建，如右下图。

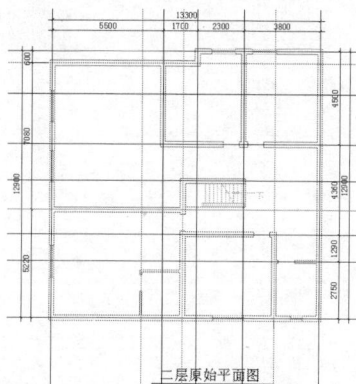

二层原始平面图

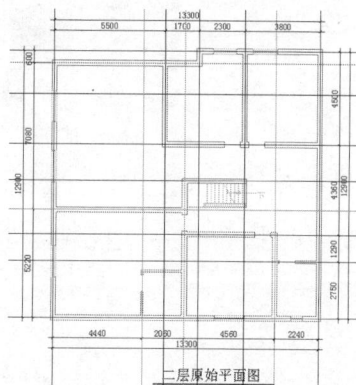

二层原始平面图

9 创建第三层平面图的尺寸标注。使用线性标注和连续标注命令创建第三层平面图上侧的尺寸标注，如左下图。

10 创建左侧尺寸标注。使用同样的方法创建第三层左侧的尺寸标注，如右下图。

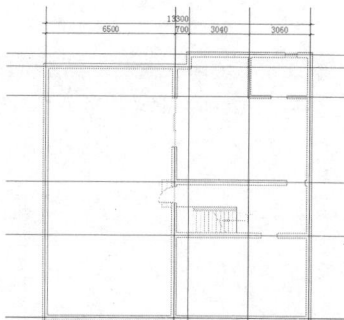

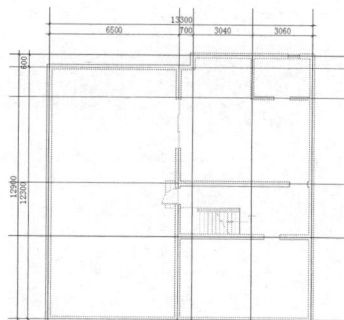

11 标注第三层右侧的尺寸。使用同样的方法将第三层平面图右侧的尺寸标注出来，如左下图。

12 创建下侧的尺寸标注。创建第三层下侧的尺寸标注，如右下图。

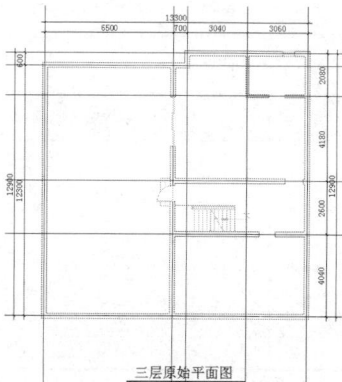

三层原始平面图

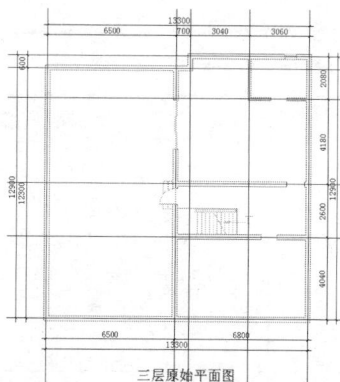

三层原始平面图

⑬ 完成原始平面图的尺寸标注。完成三层原始平面图的尺寸标注，如下图。

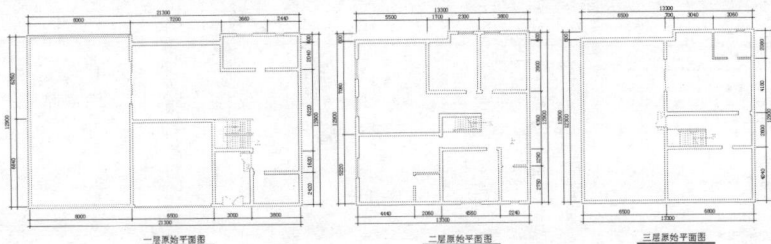

一层原始平面图　　　　二层原始平面图　　　　三层原始平面图

⑭ 修改标注尺寸。将尺寸标注做适当调整，完成效果如下图。

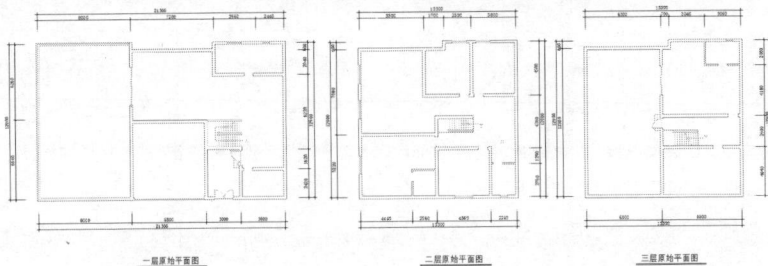

一层原始平面图　　　　二层原始平面图　　　　三层原始平面图

流程 04　绘制平面设计图

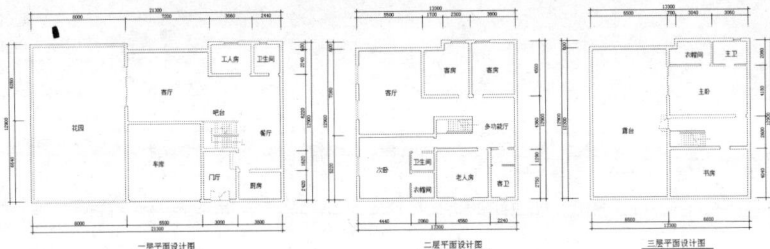

一层平面设计图　　　　二层平面设计图　　　　三层平面设计图

▶▶ **原始素材文件：** 光盘\素材文件\第15章\15-2-4.dwg

▶▶ **最终结果文件：** 光盘\结果文件\第15章\15-2-4.dwg

▶▶ **同步教学文件：** 光盘\多媒体教学文件\第15章\15-2-4.mp4

本例难易度	制作关键	技能与知识要点
★★★★★	本实例在原始平面图的基础上根据客户要求绘制平面设计图。首先绘制第一层平面设计图并添加文字标注，接着绘制第二层平面设计图并添加文字标注，最后绘制第三层平面设计图并添加文字标注。	• "多段线"、"直线"命令 • "延伸"命令 • "修剪"命令 • "偏移"命令 • "复制"命令 • "文字"命令

1 打开素材并复制对象。打开素材文件"15-2-4.dwg"，复制第一层原始平面图，移动到适当位置，如左下图。

2 设计第一层的平面图。将第一层平面图右上角的房间改为一个卫生间，一个工人房，如右下图。

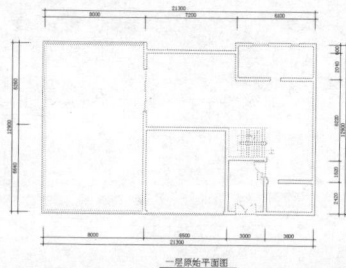
一层原始平面图

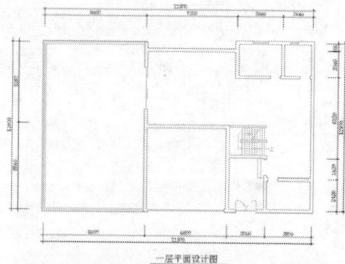
一层平面设计图

> **大师心得** 此处一楼右上角的房间功能不明确，而且正对厨房门，所以将正对厨房门的一侧改建为工人房，将靠墙的一侧做成卫生间。更改房间设计后要更改其尺寸标注。

3 创建第一层平面图的文字标注。激活文字命令，将每个功能区的文字标注出来，更改图名为"一层平面设计图"，如左下图。

4 复制第二层原始平面图。复制第二层原始平面图，移动到适当位置，如右下图。

一层平面设计图

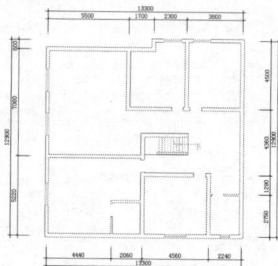

5 设计第二层的平面图。在第二层原始平面图右下角的卫生间外面加一堵墙，做成洗手区，如左下图。

6 创建第二层平面图的文字标注。激活文字命令，将每个功能区的文字标注出来，更改图名为"二层平面设计图"，如右下图。

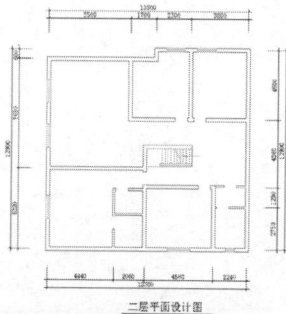
二层平面设计图

二层平面设计图

此处在右下角的厕所前加一堵墙，就可以增加其功能区，达到干湿分区的效果。提高了角落的利用率又避免了上下楼时直面厕所的问题。

在右下角次卧的进门处添加一个卫生间，可避免整层楼只有一个卫生间的不足，而且能达到主卫和客卫完全分开的目的。

7 设计第三层的平面图。复制第三层原始平面图并移动到适当位置，将主卧左上角做一个衣帽间，更改图名为"三层平面设计图"，如左下图。

8 创建第三层平面图的文字标注。激活文字命令，将每个功能区的文字标注出来，如右下图。

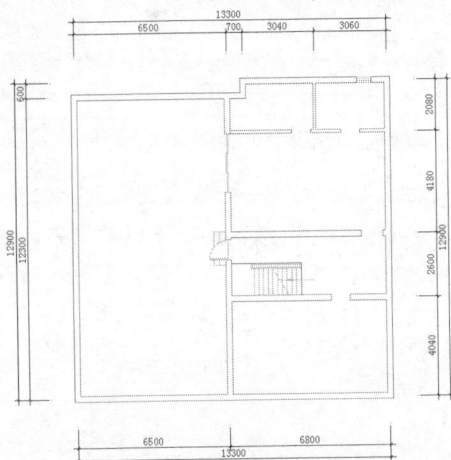

三层平面设计图

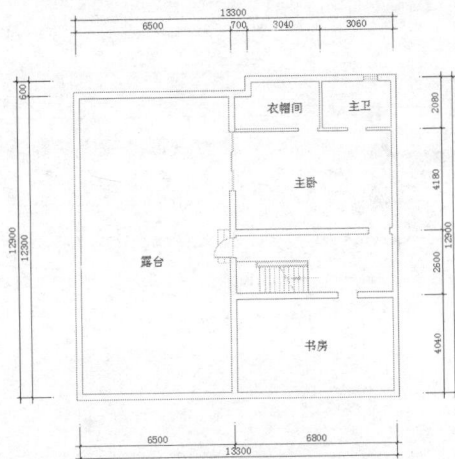

三层平面设计图

此处主卧左上角改为衣帽间，可使整个房间更方正大气。而且达到了主卧有单独衣帽间的要求。

流程 05 配置图框

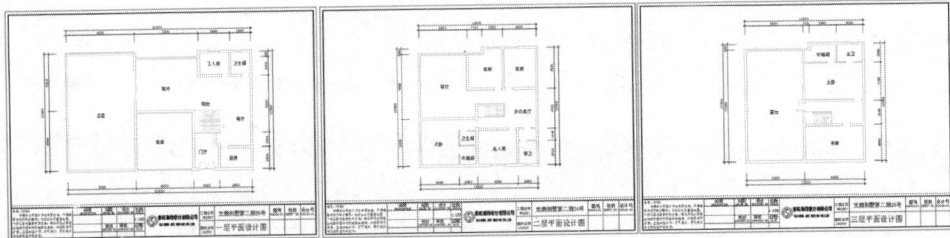

▶▶ **原始素材文件：** 光盘\素材文件\第15章\15-2-5.dwg

▶▶ **最终结果文件：** 光盘\结果文件\第15章\15-2-5.dwg

▶▶ **同步教学文件：** 光盘\多媒体教学文件\第15章\15-2-5.mp4

本例难易度	制作关键	技能与知识要点
★★☆☆☆	本实例主要是给平面设计图加上图框。首先创建适当比例的图框，然后将平面设计图依次移动到图框中，根据图形的情况在图框相应的文字栏内添加文字内容，完成平面设计图的绘制。	• "矩形"命令 • "多段线"命令 • "移动"命令 • "复制"命令 • "文字"命令

❶ 打开素材并配置图框。打开素材文件"15-2-5.dwg"，创建图框，如左下图。

❷ 完成图框的配置。给一层平面设计图配置图框，激活文字命令，创建比例为"1:120"，创建工程名称为"龙腾别墅第二期26号"，创建图名为"一层平面设计图"，如右下图。

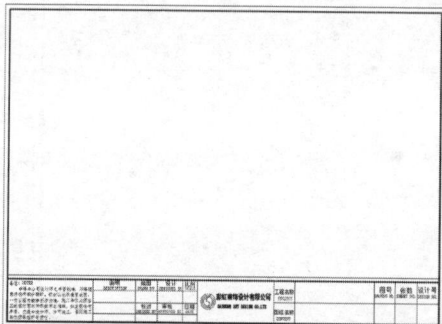

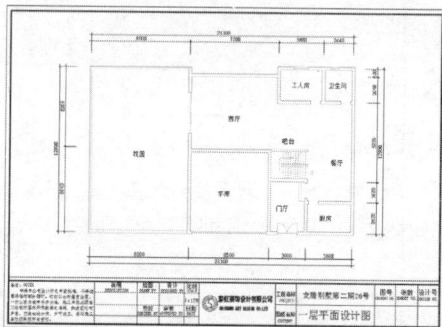

大师心得　在设置图框比例时，原始的图框比例一般都设为1:100。此类图框一般都用于原始平面图、平面设计图、顶/地面布置图等图形，当绘制立面图、剖面图、详图时，可根据需要复制原始比例的图框后进行缩小，直至适合当前图形的大小。

　　此处将比例设为1:120，是因为当前图形尺寸超过了图框尺寸，所以必须将图形放大1.2倍才能适合放置当前图形。

❸ 配置尺寸标注图的图框。给尺寸标注图配置图框，并更改图纸名称，如右下图。

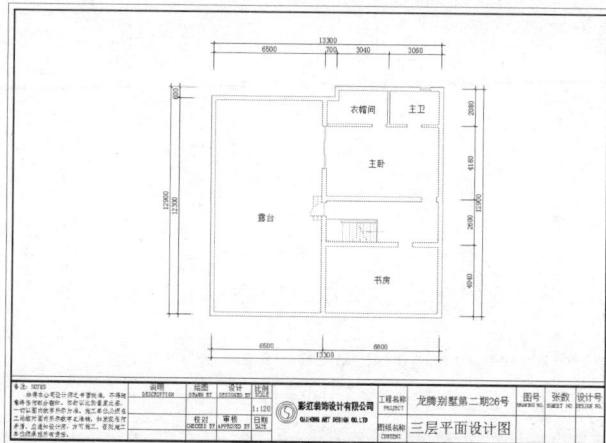

15.3 实战应用——绘制一层平面布置图

本小节主要是根据一层平面设计图绘制一层平面布置图，包括柜体的制作、家具的摆放、地面的铺设等内容，一层平面布置图完成后效果如下图。

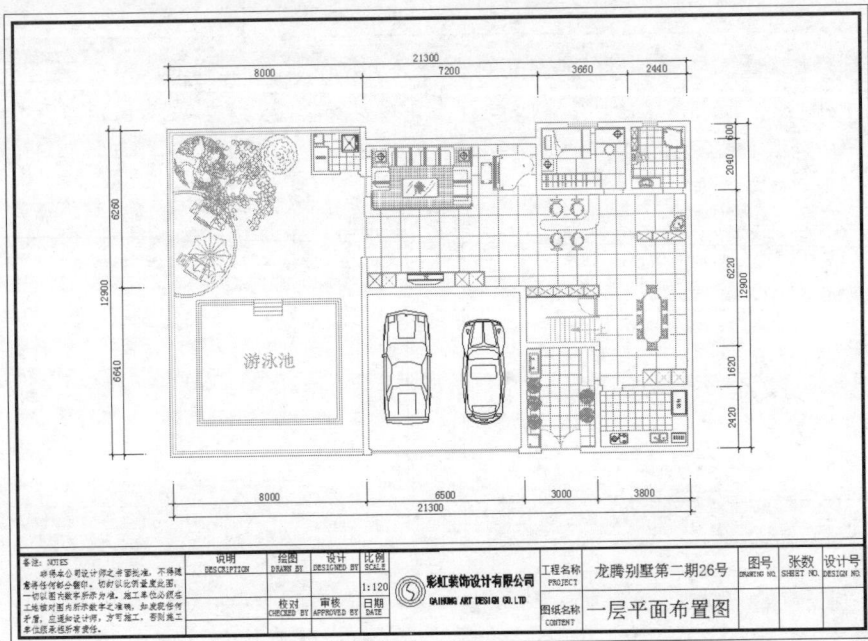

流程 01 绘制门厅

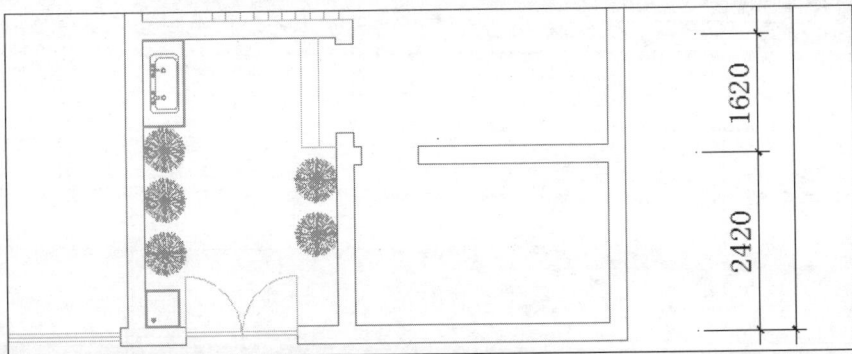

▶▶ 原始素材文件：光盘\素材文件\第15章\15-3-1.dwg

▶▶ 最终结果文件：光盘\结果文件\第15章\15-3-1.dwg

▶▶ 同步教学文件：光盘\多媒体教学文件\第15章\15-3-1.mp4

本例难易度	制作关键	技能与知识要点
★★★☆☆	本实例主要是绘制门厅布置图。首先绘制洗手台，然后绘制相应的植物摆放位置及拖把池，完成门厅的绘制。	• "多段线"、"直线"命令 • "矩形"、"圆"命令 • "复制"命令 • "移动"命令

1 打开素材文件。打开素材文件"15-3-1.dwg"，复制一层平面设计图及图框，删除其中的文字标注，如左下图。

2 绘制洗手台。选择"家具线"图层，使用多段线命令在门厅左上角绘制一个洗手台，如右下图。

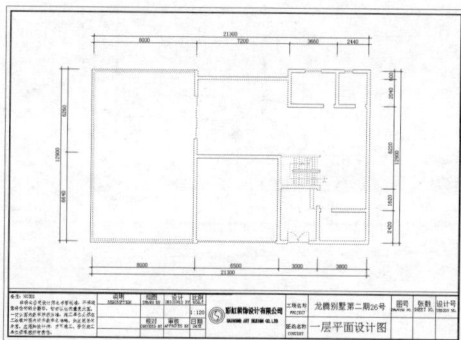

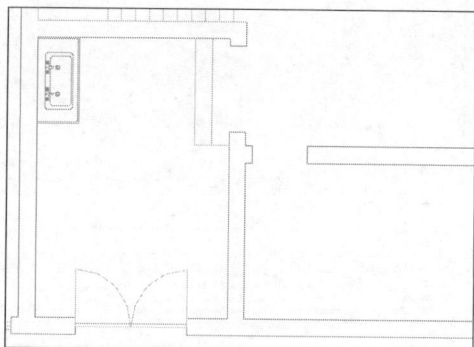

3 绘制植物。绘制植物，依次复制并移动，在门厅左下角绘制一个长和宽都为"500"的拖把池，如左下图。

4 完成门厅的布置。在门厅右侧绘制植物并复制排列，如右下图。

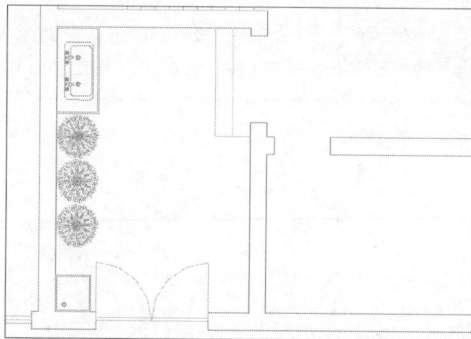

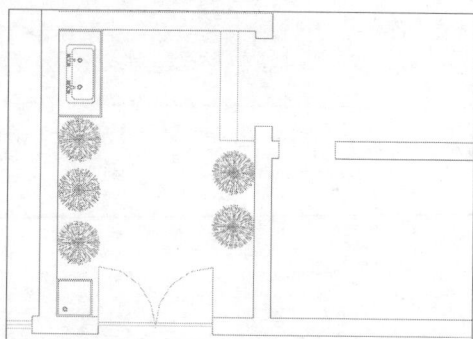

大师心得 此处在门厅绘制洗手台是方便回家或吃饭的时候洗手，在门后绘制拖把池是为了方便清洁打扫。

流程 02 绘制餐厅和厨房

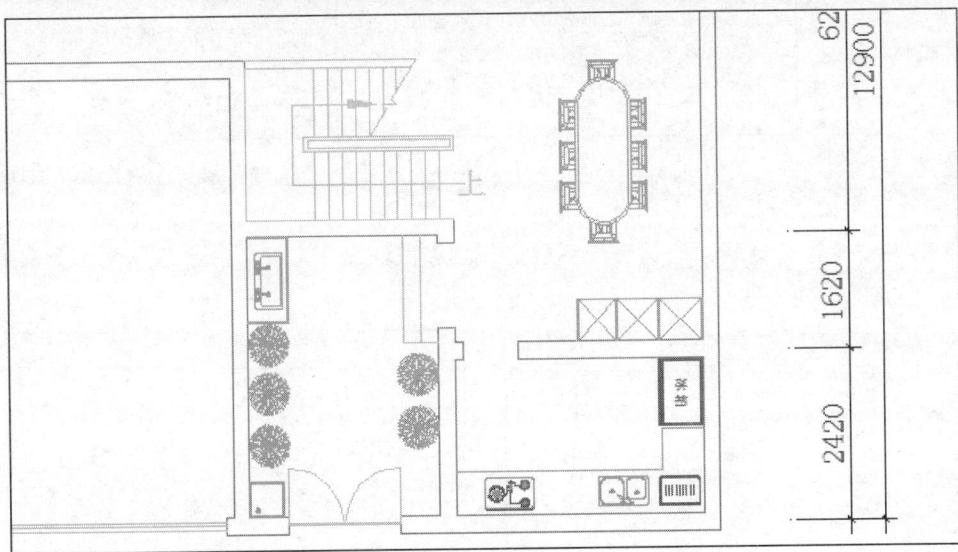

62
12900
1620
2420

菜箱

▶ **原始素材文件:** 光盘\素材文件\第15章\15-3-2.dwg
▶ **最终结果文件:** 光盘\结果文件\第15章\15-3-2.dwg
▶ **同步教学文件:** 光盘\多媒体教学文件\第15章\15-3-2.mp4

本例难易度	制作关键	技能与知识要点
★★★☆☆	本实例主要是设计布置餐厅和厨房。首先在餐厅绘制餐桌,接着绘制矮柜,然后绘制厨房的橱柜和冰箱,最后绘制厨房内的各物品,完成餐厅和厨房的布置。	• "多段线"、"直线"命令 • "复制"命令 • "移动"命令 • "圆角"命令

1 绘制餐桌。打开素材文件"15-3-2.dwg",绘制餐桌,将其移动到餐厅中的适当位置,如左下图。

2 创建矮柜。在餐厅右下角绘制长为"1800"、宽为"600"的矮柜,如右下图。

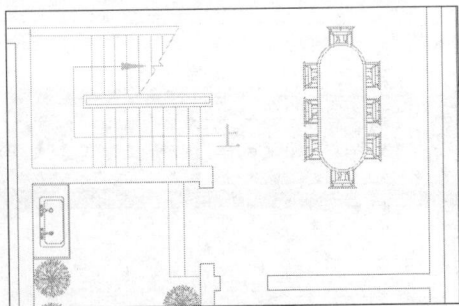

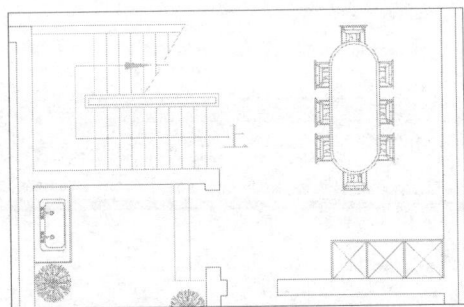

3 绘制橱柜。在厨房的下侧绘制深度为"600"的厨柜，如左下图。

4 绘制冰箱。绘制双门冰箱，将其移动到适当位置，如右下图。

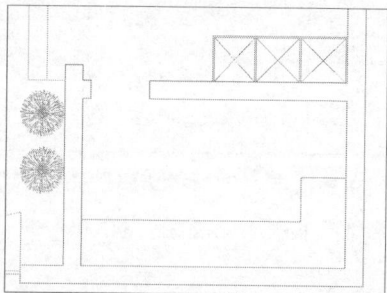

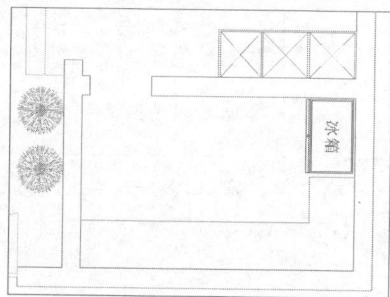

5 绘制燃气灶。绘制燃气灶，将其移动到厨房左下角的厨柜上，如左下图。

6 绘制洗菜盆。绘制洗菜盆，将其移动到橱柜另一侧，在厨房右下角的厨柜上摆放烤箱，如右下图。

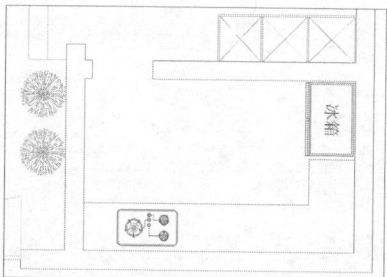

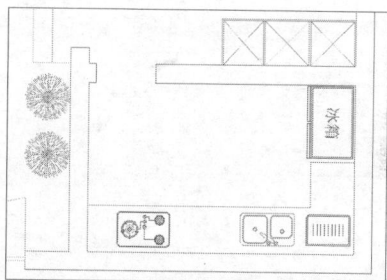

流程 **03** 绘制吧台

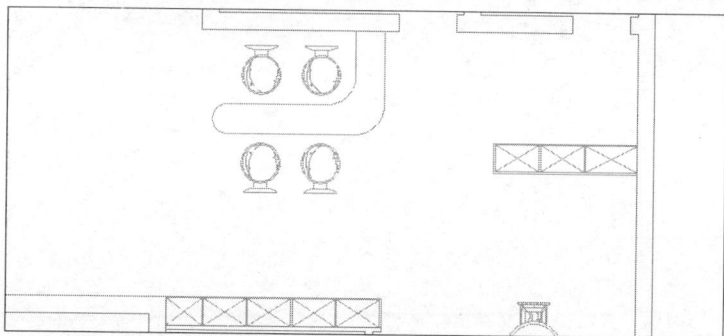

▶▶ 原始素材文件：光盘\素材文件\第15章\15-3-3.dwg

▶▶ 最终结果文件：光盘\结果文件\第15章\15-3-3.dwg

▶▶ 同步教学文件：光盘\多媒体教学文件\第15章\15-3-3.mp4

本例难易度	制作关键	技能与知识要点
★★★☆☆	本实例主要是绘制酒柜和吧台。首先绘制酒柜，接着绘制吧台吧凳，最后绘制卫生间门口的博古架，完成吧台区平面布置图的绘制。	• "多段线"、"直线"命令 • "圆角"命令 • "复制"命令 • "移动"命令

1 打开素材文件。打开素材文件"15-3-3.dwg"，在楼梯下方创建一堵墙，如左下图。

2 绘制酒柜。绘制一个面与墙面平齐，深度为"400"的酒柜，如右下图。

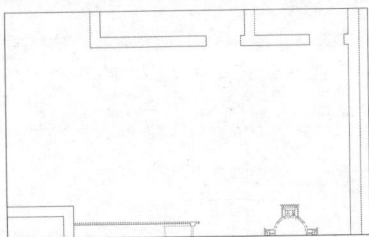 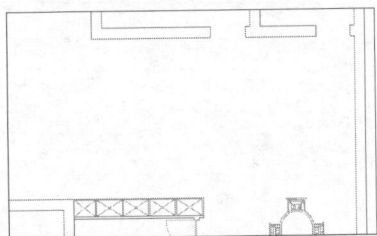

大师心得　此处创建墙的一侧，在旁边一侧创建一个门，即相当于一个小的杂物间。

3 绘制吧台。在客厅墙的转角处绘制一个吧台，如左下图。

4 绘制吧凳。在吧台的内外侧绘制吧凳，移动到适当位置，如右下图。

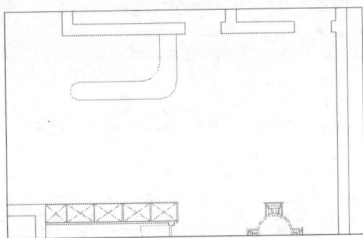 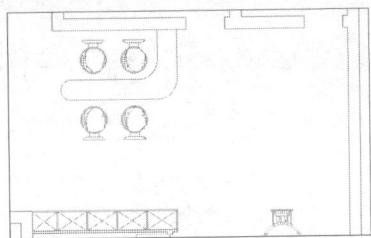

5 绘制隔断。在卫生间和餐厅之间绘制长为"2000"、宽为"400"、厚度为"20"的木柜隔断，如下图。

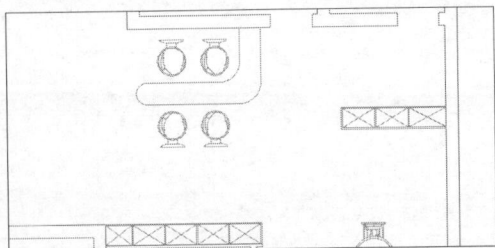

　在吧台、卫生间与餐厅之间创建一个博古架，既起到了装饰美化的作用，又将三个功能区完全区别了开来。

流程 **04** **绘制客厅**

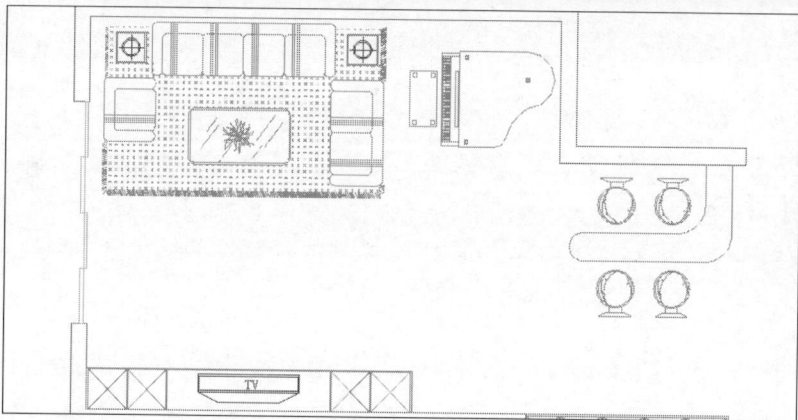

▶▶ **原始素材文件**：光盘\素材文件\第15章\15-3-4.dwg
▶▶ **最终结果文件**：光盘\结果文件\第15章\15-3-4.dwg
▶▶ **同步教学文件**：光盘\多媒体教学文件\第15章\15-3-4.mp4

本例难易度	制作关键	技能与知识要点
★★★☆☆	本实例主要是创建一层客厅的平面布置图。首先绘制沙发，接着绘制茶几和地毯，然后绘制电视柜，最后绘制钢琴，完成一层客厅平面布置图的绘制。	• "多段线"、"直线"命令 • "矩形"命令 • "复制"、"移动"命令 • "填充"命令

1 绘制衣柜。打开素材文件"15-3-4.dwg"，绘制"3+2+1"的沙发，移动到客厅左上角，如左下图。

2 绘制茶几。绘制长为"1500"、宽为"800"的茶几，移动到沙发的中心位置，绘制地毯，如右下图。

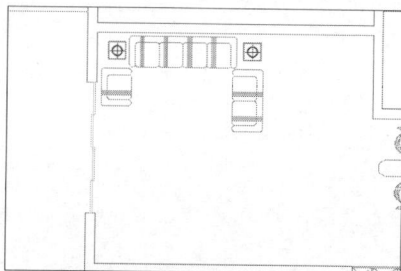

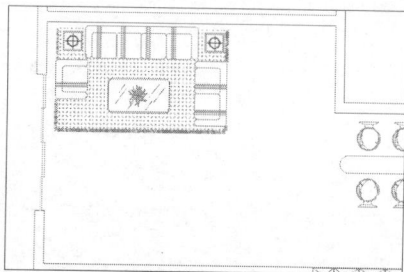

3 确定电视柜尺寸。绘制长为"4800"、宽为"600"的柜体尺寸，如左下图。

4 绘制电视和柜体。绘制电视并将其移动到适当位置，在其两侧绘制柜体，如右下图。

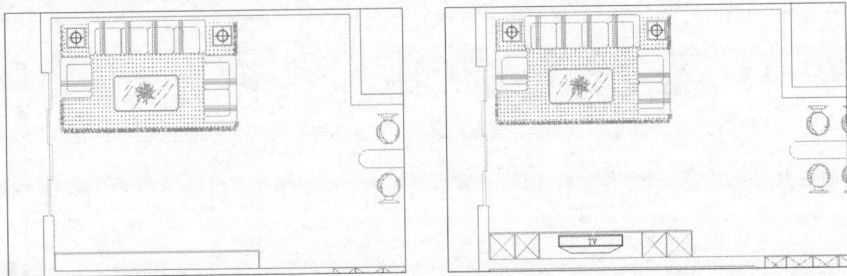

大师心得　　两侧的柜体既可以放藏品，又可以放碟片。

5 绘制钢琴。在沙发与吧台之间绘制钢琴，如下图。

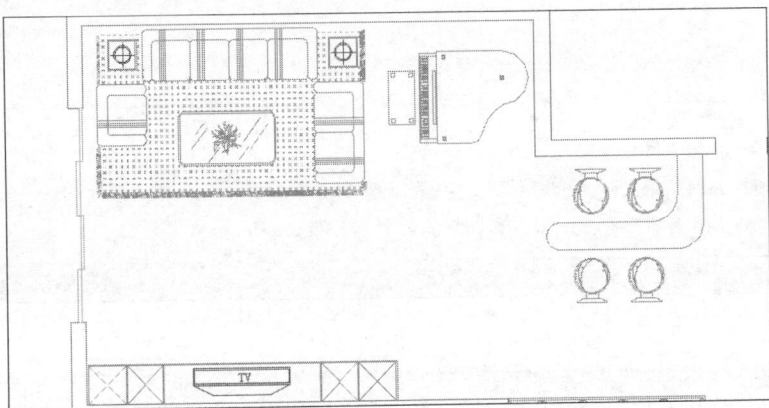

流程 05　绘制卫生间和工人房

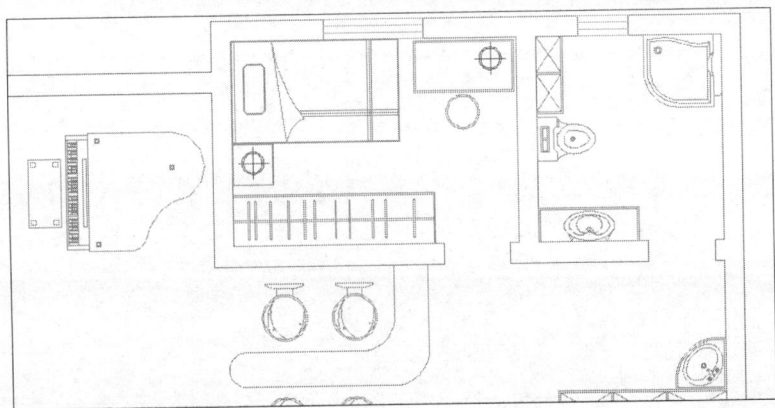

▶▶ 原始素材文件：光盘\素材文件\第15章\15-3-5.dwg
▶▶ 最终结果文件：光盘\结果文件\第15章\15-3-5.dwg
▶▶ 同步教学文件：光盘\多媒体教学文件\第15章\15-3-5.mp4

本例难易度	制作关键	技能与知识要点
★★★☆☆	本实例主要是绘制工人房和卫生间的平面布置图。首先绘制工人房的平面布置图，接着绘制卫生间外隔断区域的布置，最后绘制卫生的相应布置对象，完成工人房和卫生间的布置图。	• "多段线"、"直线"命令 • "复制"命令 • "移动"命令 • "偏移"命令

1 打开素材文件。打开素材文件"15-3-5.dwg"，绘制工人房的床及床头柜，如左下图。

2 绘制工人房衣柜。绘制深度为"600"的衣柜，如右下图。

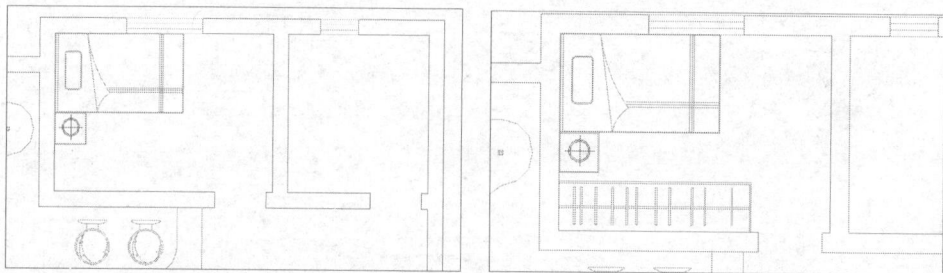

3 绘制书桌。在房间右上角绘制长为"1200"、宽为"600"的书桌及圆凳，完成工人房的平面布置图，如左下图。

4 绘制洗手盆。绘制洗手盆，移动到博古架一侧的墙角，如右下图。

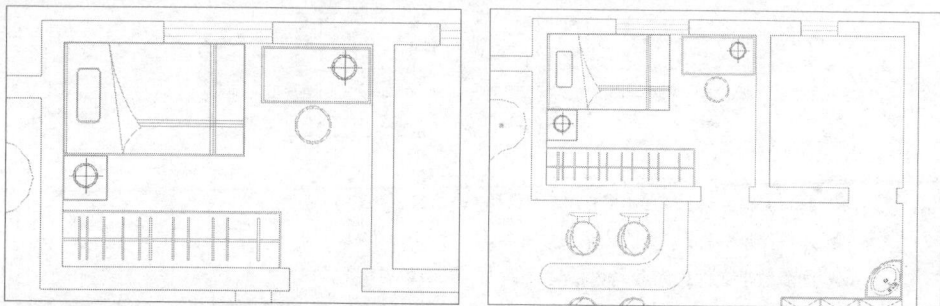

> **大师心得** 此处将洗手盆直接安装在博古架后面而不是直接安装在靠墙的一面，是因为客卫人流量比较大，安装在墙上会对通行造成影响，所以必须做好博古架一侧的防水处理。

5 布置淋浴房和座便器。在卫生间右上角创建淋浴房，在左侧中部创建座便器，如左下图。

6 绘制吊柜和洗手盆。在卫生间左上角绘制吊柜，在左下角绘制洗手盆，即完成卫生间的平面布置图，如右下图。

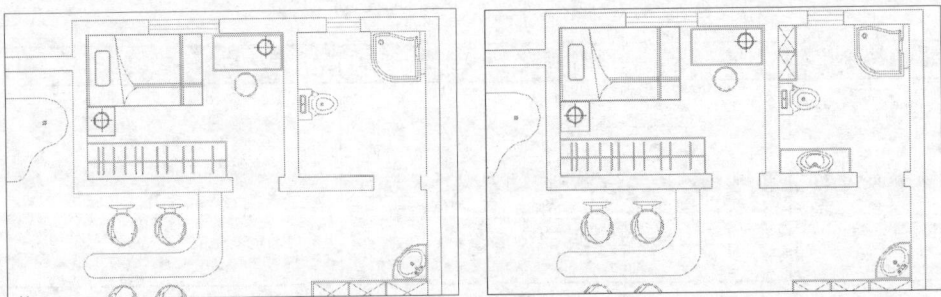

流程 06 绘制花园和车库

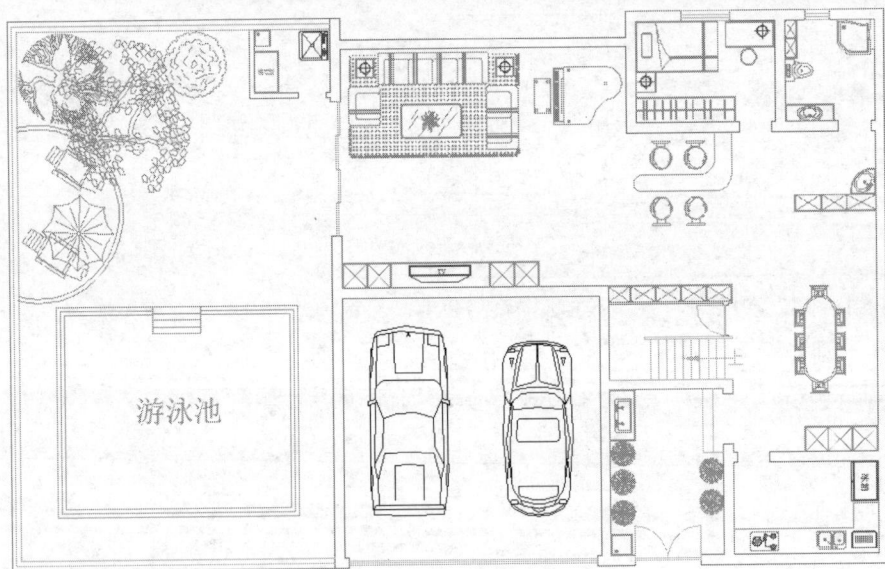

 ▶▶ 原始素材文件：光盘\素材文件\第15章\15-3-6.dwg

▶▶ 最终结果文件：光盘\结果文件\第15章\15-3-6.dwg

▶▶ 同步教学文件：光盘\多媒体教学文件\第15章\15-3-6.mp4

本例难易度	制作关键	技能与知识要点
★★★☆☆	本实例主要是制作车库和花园的设计图。首先创建游泳池，接着创建凉亭，然后创建树，再创建洗衣房，最后完成车库的绘制。	• "多段线"、"直线"命令 • "复制"命令 • "移动"命令 • "修剪"命令 • "缩放"命令

1 打开素材文件。打开素材文件"15-3-6.dwg"，在图形的左下侧绘制游泳池并创建文字标注，如左下图。

2 绘制凉亭。在游泳池的左上角创建一个半圆形的亭台，在亭台上绘制遮阳伞和躺椅，如右下图。

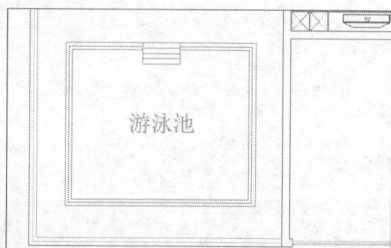

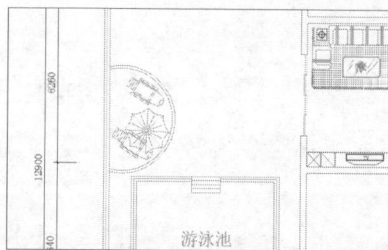

大师心得 此处创建一个亭台，既可以根据户主的喜好搭建顶棚，也可以取掉顶棚，并不影响其功能性。

3 绘制树。绘制几种树，将其缩放并组成块后移动排列到适当位置，如左下图。

4 创建洗衣房。在花园的右上角创建一个洗衣房，如右下图。

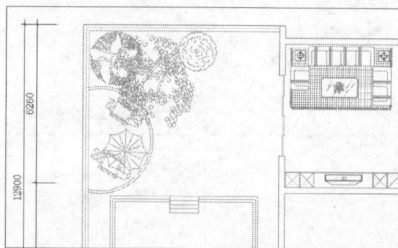

大师心得 在一栋别墅内，因为花园面积很大，所以可种一些适合当地气候，比较珍贵的大树。无论和什么样的高端科技相比，绿色植物都是最天然的空气调节剂。而且如果此处的树很大，就会成为亭台的天然顶棚。

5 绘制洗衣机。绘制洗衣机和洗衣板，在角落绘制一个拖把池，如左下图。

6 绘制车。在车库中绘制车，如右下图。

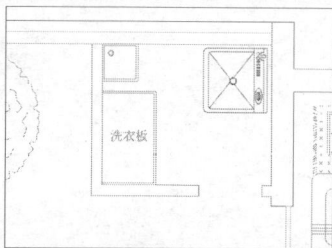

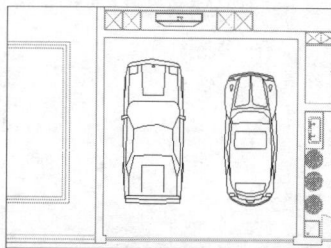

大师心得 此处又创建了一个拖把池，是方便对泳池和花园进行保洁打扫。当一个房屋面积比较大的时候，就必须在装修装饰的过程中多考虑以后的打扫清洁问题。

流程 07 绘制地面材质

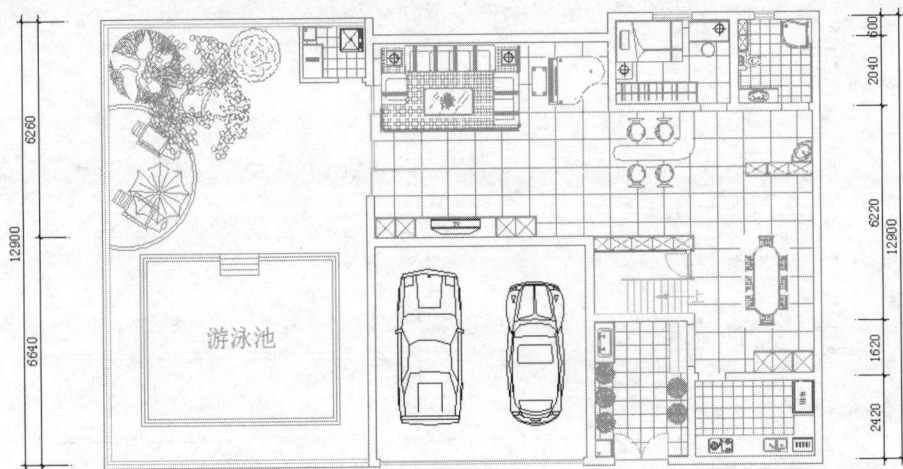

游泳池

▶▶ **原始素材文件：** 光盘\素材文件\第15章\15-3-7.dwg
▶▶ **最终结果文件：** 光盘\结果文件\第15章\15-3-7.dwg
▶▶ **同步教学文件：** 光盘\多媒体教学文件\第15章\15-3-7.mp4

本例难易度	制作关键	技能与知识要点
★★★☆☆	本实例主要是制作一层平面图的地面材质。首先在门厅创建辅助线，接着填充材质，然后在厨房和卫生间创建辅助线并填充材质，最后在餐厅、客厅、吧台、工人房中绘制辅助线并填充材质，完成一层地面布置图的绘制。	● "多段线"命令 ● "填充"命令 ● "删除"命令

1 打开素材文件。打开素材文件"15-3-7.dwg"，选择"灰线"图层，在门厅绘制辅助线，填充"400mm×400mm"的地砖，完成后删除辅助线，如左下图。

2 填充厨房卫生的地砖。在厨房和卫生间绘制辅助线，填充"300mm×300mm"的地砖，完成后删除辅助线，如右下图。

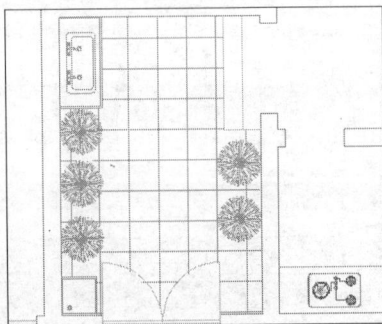

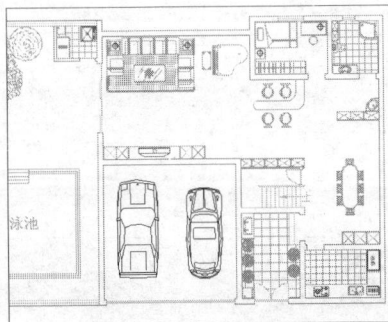

3 绘制其他区域材质。绘制餐厅、客厅、吧台、工人房的辅助线，填充"800mm×800mm"的地砖，完成后删除辅助线，如左下图。

4 完成效果。一层地面布置图完成后，更改图纸名称为"一层平面布置图"，效果如右下图。

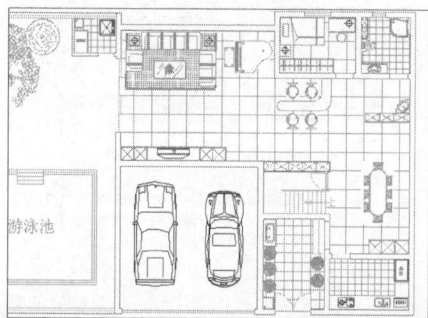

大师心得 因为一楼是主人和客人活动量最大的区域，而且与花园相通，所以在一楼填充地砖，方便平日的维护和清洁。

15.4 实战应用——绘制二层平面布置图

本小节主要绘制第二层平面图的地面布置图。此层楼是整栋别墅中人流量最多的区域，必须保证每个主通道的畅通，并保证每个房间的功能合理并且完善。最后将地面填充相应的材质。

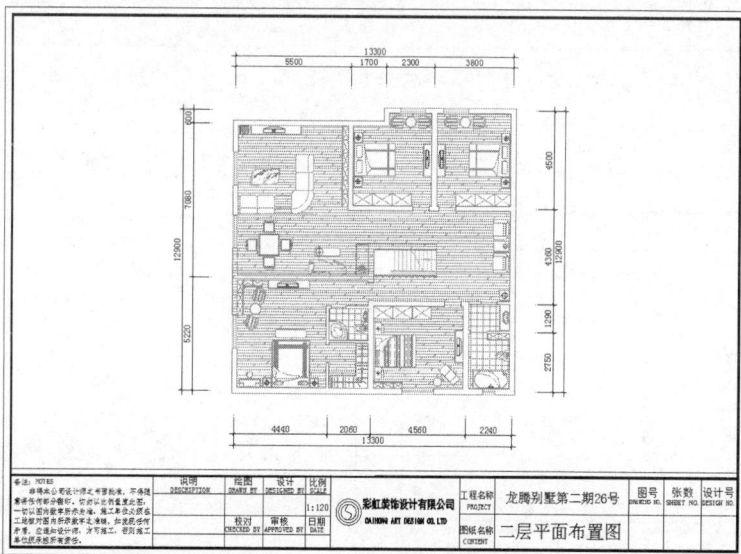

流程 01 绘制多功能厅和卫生间布置图

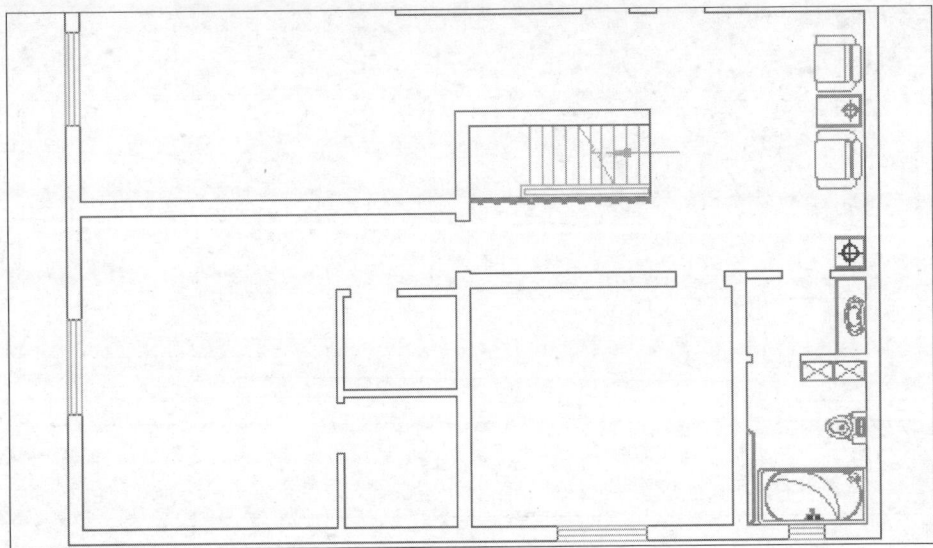

▶▶ **原始素材文件**：光盘\素材文件\第15章\15-4-1.dwg
▶▶ **最终结果文件**：光盘\结果文件\第15章\15-4-1.dwg
▶▶ **同步教学文件**：光盘\多媒体教学文件\第15章\15-4-1.mp4

本例难易度	制作关键	技能与知识要点
★★☆☆☆	本实例主要绘制二楼多功能厅和卫生间的设计布置图，首先绘制多功能厅的布置，接着创建卫生间的布置，完成这两个区域平面布置图的绘制。	• "多段线"命令 • "复制"命令 • "移动"命令

1 打开素材文件并复制对象。打开素材文件"15-4-1.dwg"，复制二楼平面设计图及图框，更改图纸名称为"二层平面布置图"，如左下图。

2 布置多功能厅。选择"家具线"图层，绘制单人沙发和茶几，移动至适当位置，在老人房的外墙角绘制一个矮柜并绘制一个台灯，如右下图。

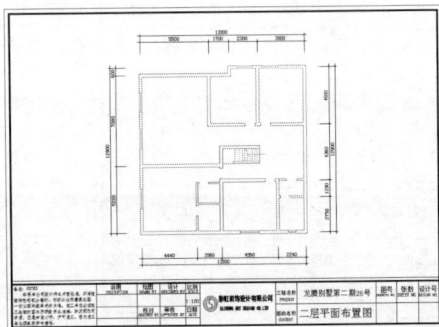

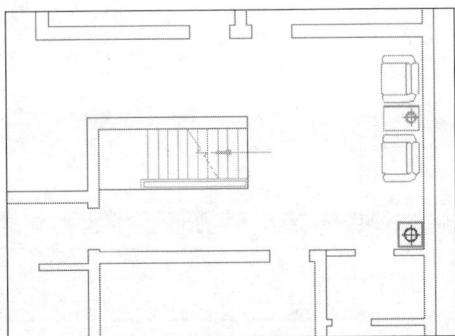

③ 创建栏杆。沿楼梯口绘制栏杆，如左下图。

④ 绘制洗手盆。在卫生间外间绘制一个洗手盆，如右下图。

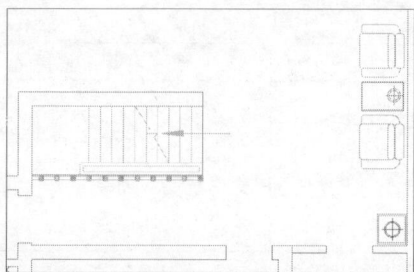 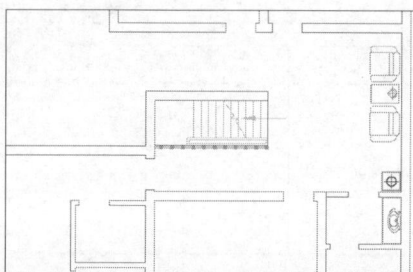

> **大师心得** 此处进入次卧的过道在楼梯口，所以必须在沿楼梯的一侧创建栏杆，既保证了安全，又增加了美观性。

⑤ 绘制浴缸和座便器。绘制浴缸和座便器，依次移动到适当位置，如左下图。

⑥ 绘制吊柜。在卫生间进门处绘制吊柜，在卫生间左下角绘制挂杆，如右下图。

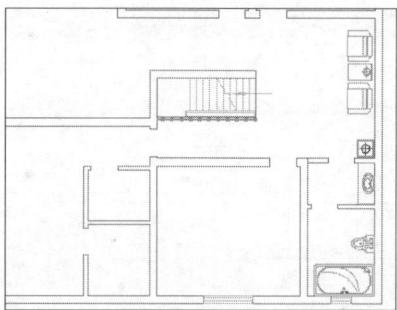 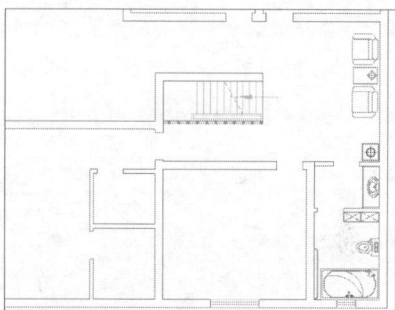

流程 02 　绘制老人房平面布置图

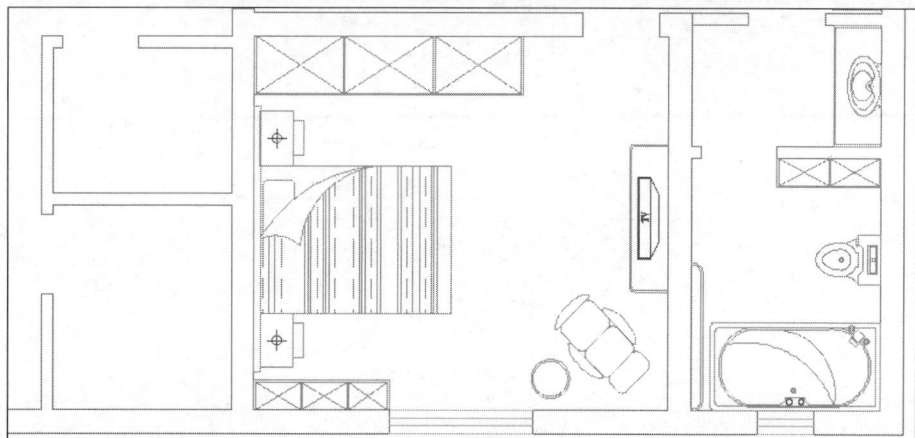

▶▶ **原始素材文件**：光盘\素材文件\第15章\15-4-2.dwg

▶▶ **最终结果文件**：光盘\结果文件\第15章\15-4-2.dwg

▶▶ **同步教学文件**：光盘\多媒体教学文件\第15章\15-4-2.mp4

本例难易度	制作关键	技能与知识要点
★★★☆☆	本实例主要绘制老人房的平面布置图。首先绘制衣柜和床，接着绘制电视柜和书柜，最后绘制躺椅，完成老人房平面布置图的绘制。	• "圆"命令 • "多段线"命令 • "复制"命令 • "移动"命令

1 打开素材文件。打开素材文件"15-4-2.dwg"，在老人房绘制衣柜和双人床，移动到适当位置，如左下图。

2 绘制电视柜。在床的对面绘制电视柜及电视，如右下图。

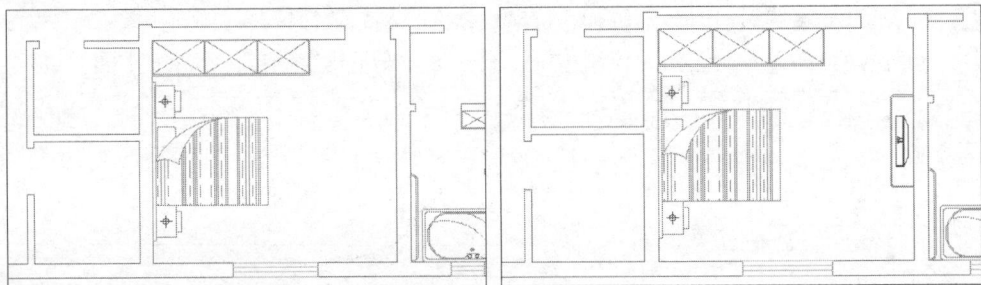

3 绘制书柜。在床头左下角绘制书柜，如左下图。

4 绘制躺椅。绘制躺椅，移动到适当位置，如右下图。

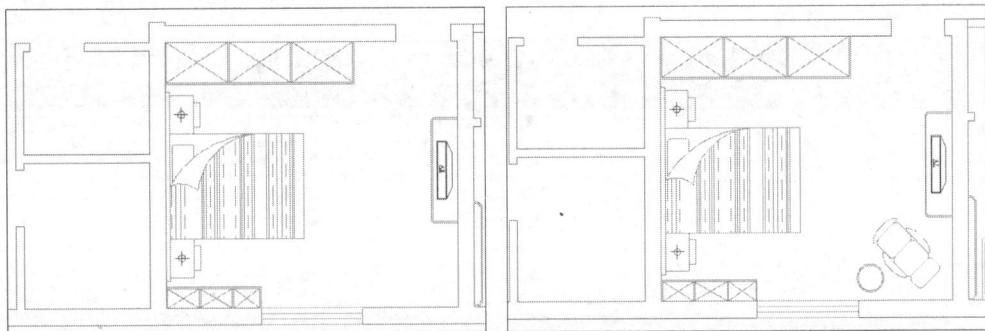

大师心得 　将老人房安置在离楼梯口最近的房间，是为了方便老人上下楼。在老人房布置书柜和躺椅，可以将老人喜欢的书籍和资料放置在最近的地方，方便取阅。

流程 03 绘制次卧平面布置图

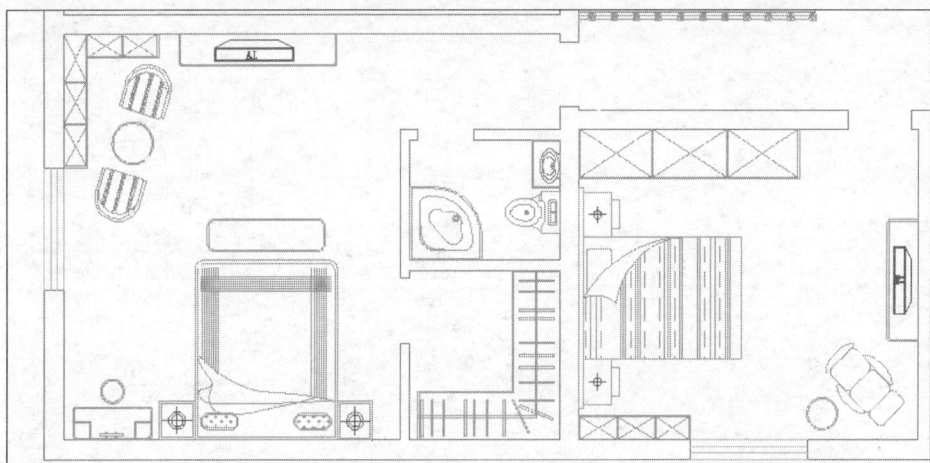

▶▶ 原始素材文件：光盘\素材文件\第15章\15-4-3.dwg
▶▶ 最终结果文件：光盘\结果文件\第15章\15-4-3.dwg
▶▶ 同步教学文件：光盘\多媒体教学文件\第15章\15-4-3.mp4

本例难易度	制作关键	技能与知识要点
★★★☆☆	本实例主要是绘制次卧的平面布置图。首先绘制卫生间的平面布置图，接着绘制衣帽间的平面布置图，最后绘制卧室中的床、电视柜、梳妆柜、书柜、休闲椅等对象，完成次卧平面布置图的绘制。	• "多段线"命令、"矩形"命令 • "圆"命令 • "移动"命令 • "复制"命令

1 打开素材文件。打开素材文件"15-4-3.dwg"，在卫生间绘制淋浴房、坐便器、洗手盆，并依次移动到适当位置，如左下图。

2 绘制衣帽间。在衣帽间绘制衣柜和衣架等对象，如右下图。

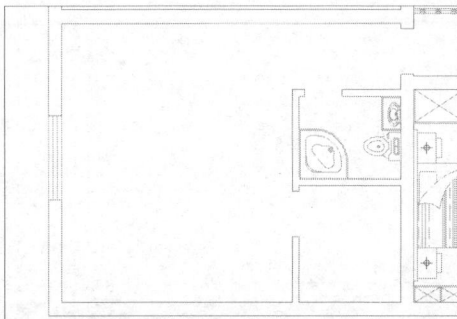

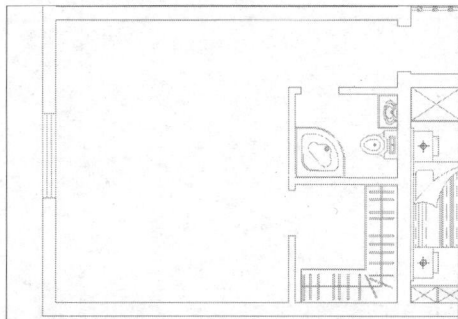

3 绘制床和梳妆柜。在卧室中绘制床和梳妆柜，移动到适当位置，如左下图。

④ 绘制电视柜和电视。在床尾绘制条凳，在床的对面绘制电视柜及电视，如右下图。

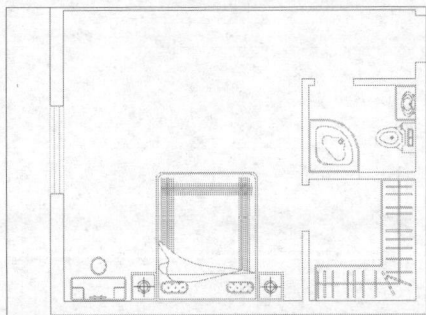

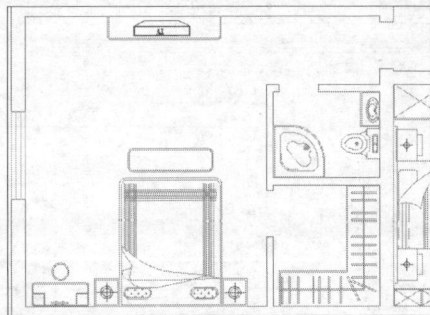

⑤ 绘制书柜。在电视柜旁边绘制书柜，如左下图。

⑥ 绘制休闲椅。绘制休闲椅和休闲桌，移动到适当位置，如右下图。

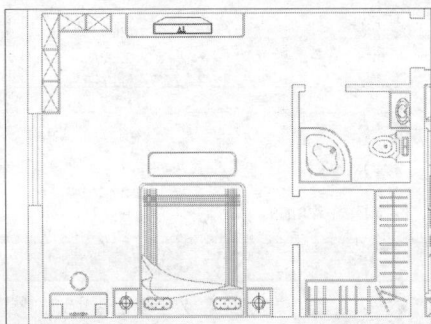

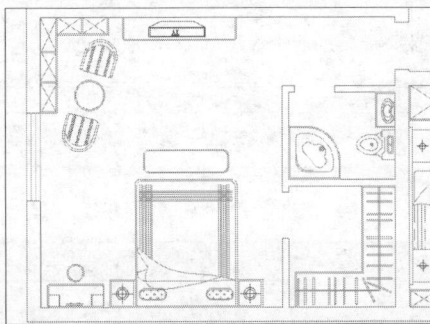

大师心得　　次卧的面积很大，完全可以做一个小型的起居室和卧室。所以在此房间中各项家具都很完善。

流程 04　绘制客厅平面布置图

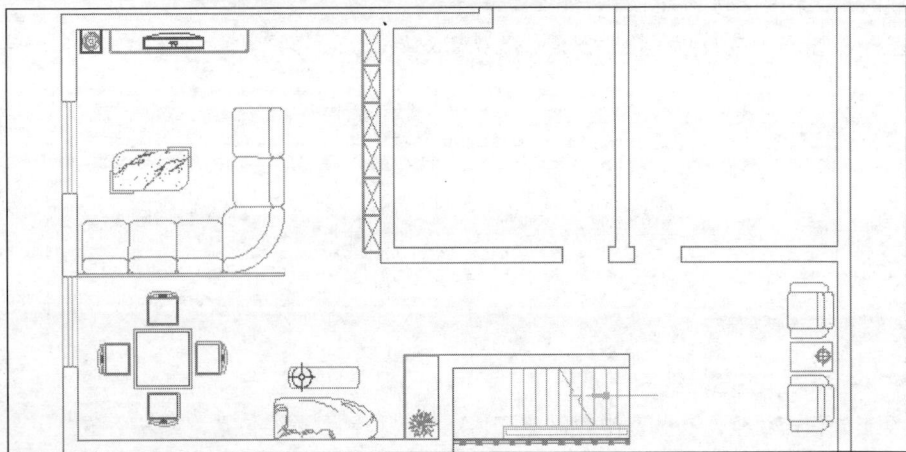

▶▶ **原始素材文件：** 光盘\素材文件\第15章\15-4-4.dwg

▶▶ **最终结果文件：** 光盘\结果文件\第15章\15-4-4.dwg

▶▶ **同步教学文件：** 光盘\多媒体教学文件\第15章\15-4-4.mp4

本例难易度	制作关键	技能与知识要点
★★★★☆	本实例主要是创建二楼客厅的平面布置图。首先创建隔断的沙发，接着创建电视柜和饮水机，然后创建收藏柜，再创建麻将桌和太妃椅，最后绘制矮柜，完成二楼客厅平面图的绘制。	• "多段线"命令 • "复制"命令 • "移动"命令

1 打开素材文件。打开素材文件 "15-4-4.dwg"，选择"家具线"图层，绘制隔断和沙发茶几，移动到适当位置，如左下图。

2 绘制电视柜和饮水机。绘制电视柜和电视，移动到沙发对面，绘制饮水机，移动到电视柜旁边，如右下图。

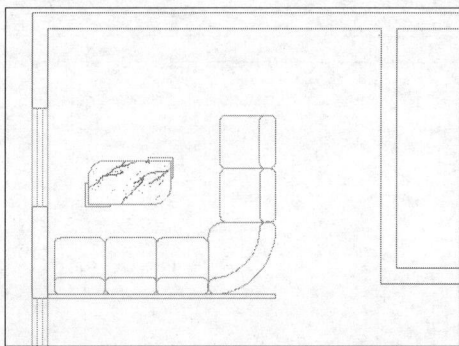

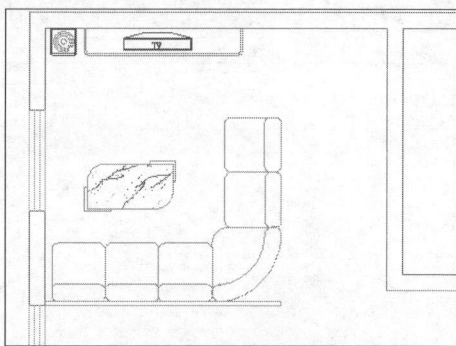

大师心得　　以隔断将二楼客厅分隔成外厅和内厅。内厅主要是聚会和观影的地方，而且可以观看右侧展示柜收藏的碟片等物品。

3 绘制藏品柜。在二楼客厅右侧墙面绘制藏品柜，如左下图。

4 绘制麻将桌。绘制四人麻将桌，移动到隔断的左侧，如右下图。

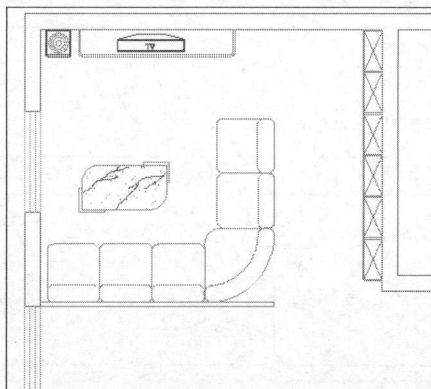

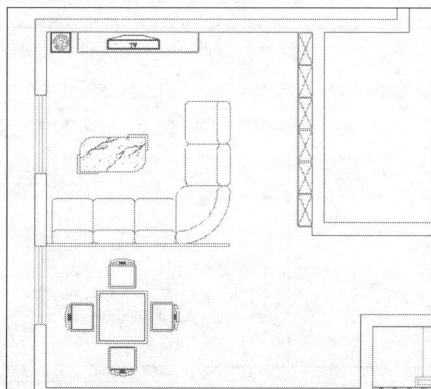

5 绘制太妃椅。绘制太妃椅和茶几，移动到适当位置，如左下图。

6 绘制矮柜。绘制矮柜和花，移动到适当位置，如右下图。

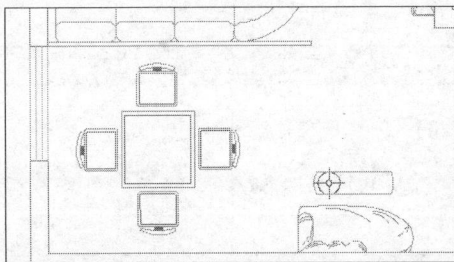

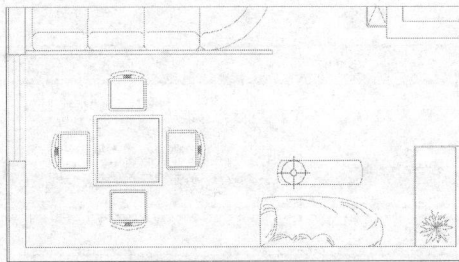

> **大师心得** 外厅可以看作休闲厅，作为棋牌游戏的地方。在墙角处绘制矮柜可以收纳二楼客厅中的相关物品。

流程 05 绘制客房平面布置图

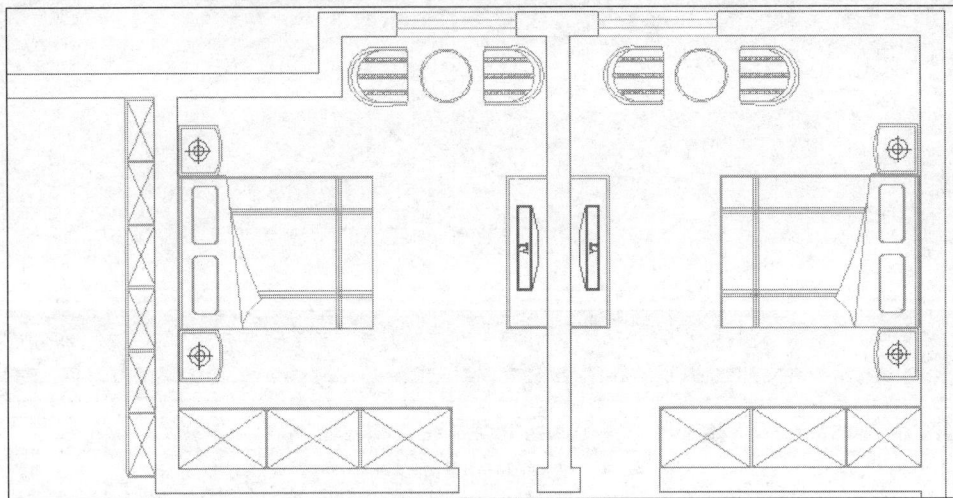

▶ **原始素材文件：** 光盘\素材文件\第15章\15-4-5.dwg

▶ **最终结果文件：** 光盘\结果文件\第15章\15-4-5.dwg

▶ **同步教学文件：** 光盘\多媒体教学文件\第15章\15-4-5.mp4

本例难易度	制作关键	技能与知识要点
★★★☆☆	本实例主要是创建客户的平面布置图。首先绘制其中一间客房的衣柜、床、电视、休闲椅等对象，复制移动到另一间客房，最后填充二楼房间的材质。	• "多段线"命令 • "复制"命令 • "移动"命令 • "填充"命令

1 打开素材文件。打开素材文件"15-4-5.dwg"，选择"家具线"图层，绘制床和衣柜，移动到适当位置，如左下图。

2 绘制电视柜和电视。在床对面绘制电视柜和电视，如右下图。

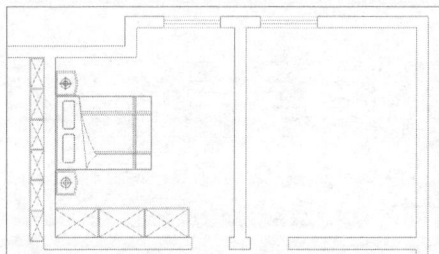

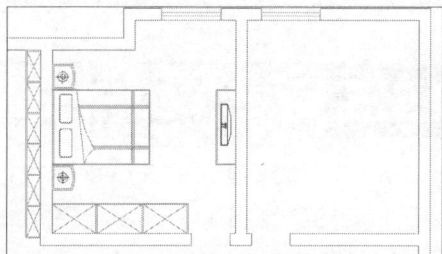

3 绘制休闲椅。绘制休闲椅，移动到适当位置，如左下图。

4 布置另一间客房。在另一间客房绘制衣柜、双人床、电视柜和电视、休闲椅，依次将其移动到适当位置，如右下图。

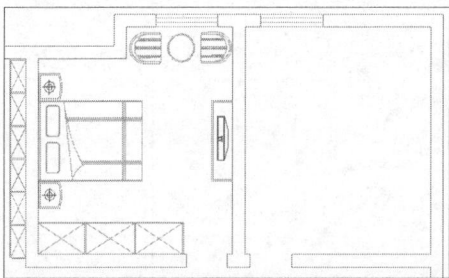

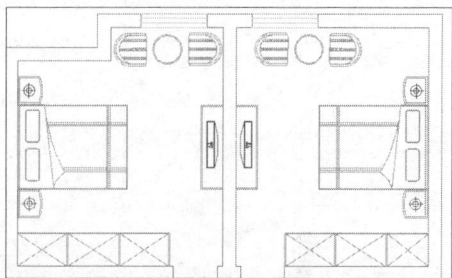

大师心得　此处也可以直接将其中一间客房的布置复制到另一间客房中。

5 完成二楼平面布置图的绘制。二楼平面布置图绘制完成，效果如左下图。

6 二楼地面布置图。在卫生间创建辅助线，填充"300mm×300mm"的地砖，完成填充后删除辅助线，在其他区域创建辅助线，填充地板材质，最后删除辅助线，如右下图。

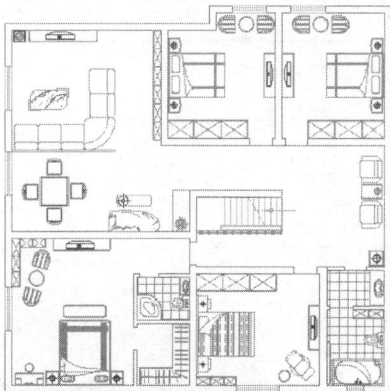

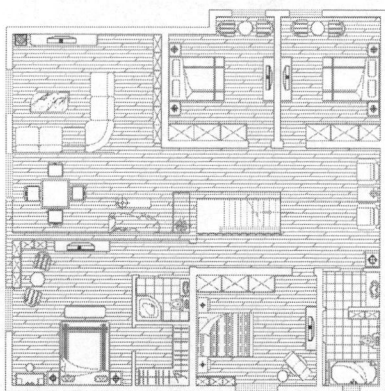

> **大师心得** 　　在AutoCAD中绘制室内装修装饰设计图纸时，因为一整套图纸的数量很多，许多重复内容占了很多的计算机资源，所以在绘制过程中，将一些内容综合在一起绘制，但不影响其最终结果。

15.5　实战应用——绘制三层平面布置图

　　本小节讲解绘制第三层平面布置图的方法。主要是将主卧书房和露台的平面布置图绘制出来。要注意根据每个房间的功能及实际情况进行绘制。

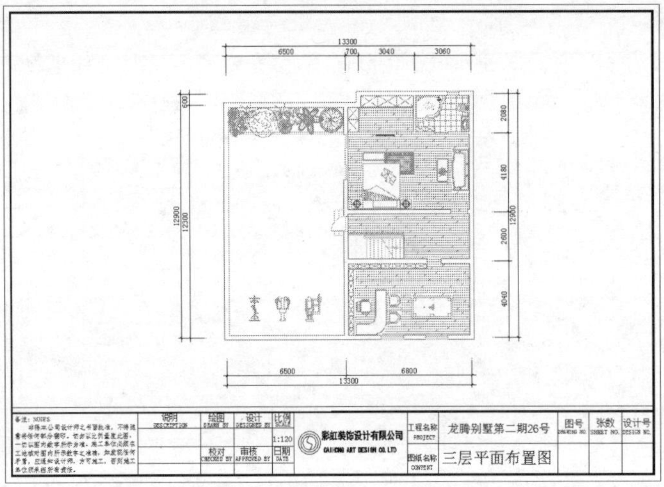

流程 01　绘制主卧平面布置图

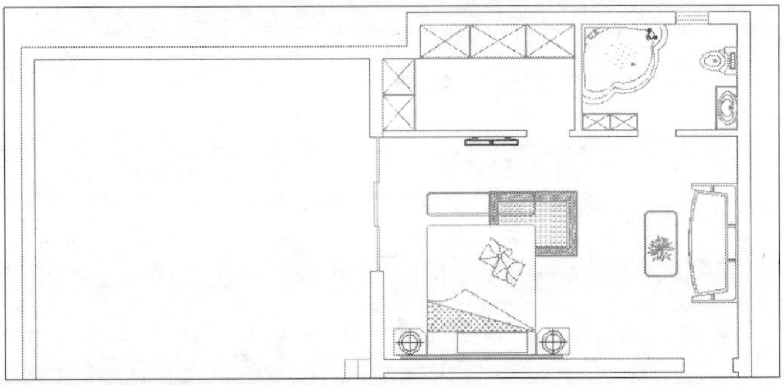

▶▶ **原始素材文件：** 光盘\素材文件\第15章\15-5-1.dwg

▶▶ **最终结果文件：** 光盘\结果文件\第15章\15-5-1.dwg

▶▶ **同步教学文件：** 光盘\多媒体教学文件\第15章\15-5-1.mp4

本例难易度	制作关键	技能与知识要点
★★★★☆	本实例主要是绘制三楼主卧的平面布置图。首先创建主卧中的卫生间，接着创建衣帽间，最后绘制卧室的布置对象，完成这几个区域平面布置图的绘制。	• "多段线"命令 • "偏移"命令 • "复制"命令 • "移动"命令 • "填充"命令

1 打开素材文件并复制对象。打开素材文件 "15-5-1.dwg"，复制三层平面设计图及图框，删除其中的文字标注更改图纸名称为 "三层平面布置图"，如左下图。

2 绘制冲浪浴缸。选择 "家具线" 图层，绘制冲浪浴缸，移动到卫生间的左上角，如右下图。

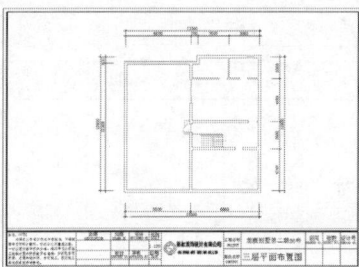

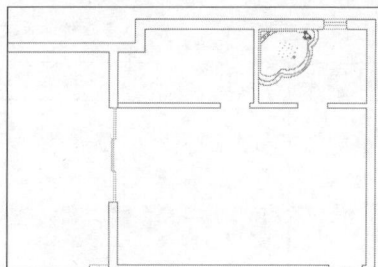

3 创建卫生间的对象。在卫生间创建座便器、洗手盆、壁柜，依次将其移动到适当位置，如左下图。

4 创建衣帽间。绘制衣帽间的衣柜，如右下图。

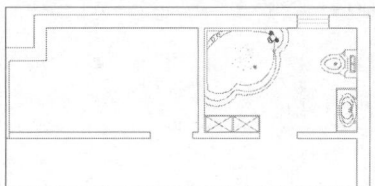

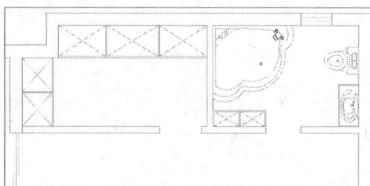

5 创建主卧的床。创建主卧的床、条凳、挂式电视机，分别将对象移动到适当位置，如左下图。

6 绘制主卧沙发。绘制三人沙发和茶几，移动到进门处，完成主卧室平面布置图的绘制，如右下图。

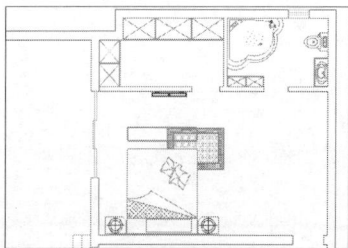

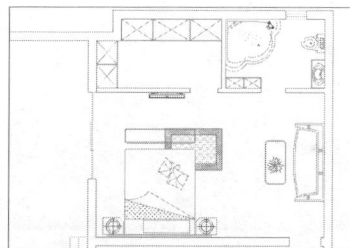

流程 02 绘制书房平面布置图

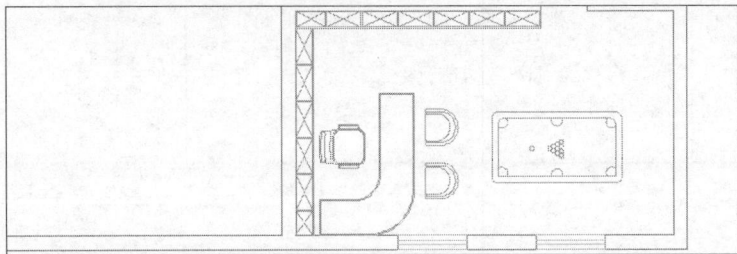

▶▶ **原始素材文件：** 光盘\素材文件\第15章\15-5-2.dwg
▶▶ **最终结果文件：** 光盘\结果文件\第15章\15-5-2.dwg
▶▶ **同步教学文件：** 光盘\多媒体教学文件\第15章\15-5-2.mp4

本例难易度	制作关键	技能与知识要点
★★★☆☆	本实例主要创建书房的平面布置图。首先创建楼梯口栏杆，拉着创建书房的窗户，然后创建书房的书柜和办公桌，最后创建国际标准的桌球台，完成书房平面布置图的绘制。	• "矩形" 命令 • "多段线" 命令 • "复制" 命令 • "移动" 命令 • "圆角" 命令

1 打开素材文件。打开素材文件 "15-5-2.dwg"，选择 "家具线" 图层，创建楼梯口的栏杆，如左下图。

2 创建窗户。在书房墙面创建两扇宽度为 "1200mm" 的窗户，如右下图。

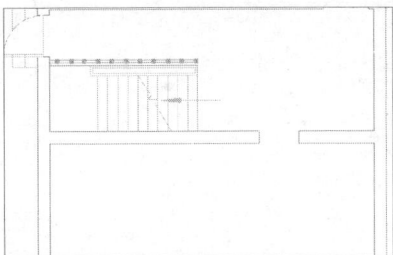

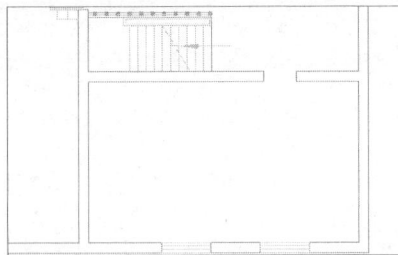

3 创建书柜。在书房的其中两侧创建书柜，如左下图。

4 创建办公桌。创建办公桌和椅子，将其移动到适当位置，如右下图。

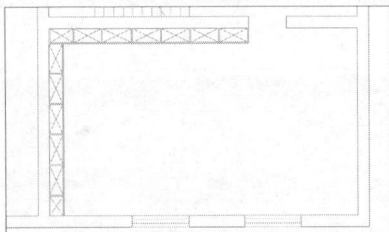

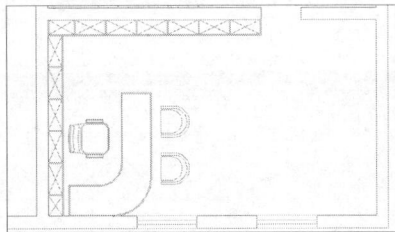

5 创建桌球台。绘制国际标准的台球桌，并将其移动到适当位置，如下图。

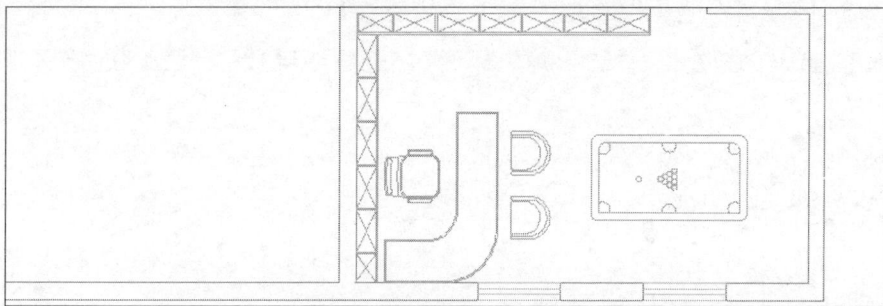

流程 03　绘制三楼露台平面布置图

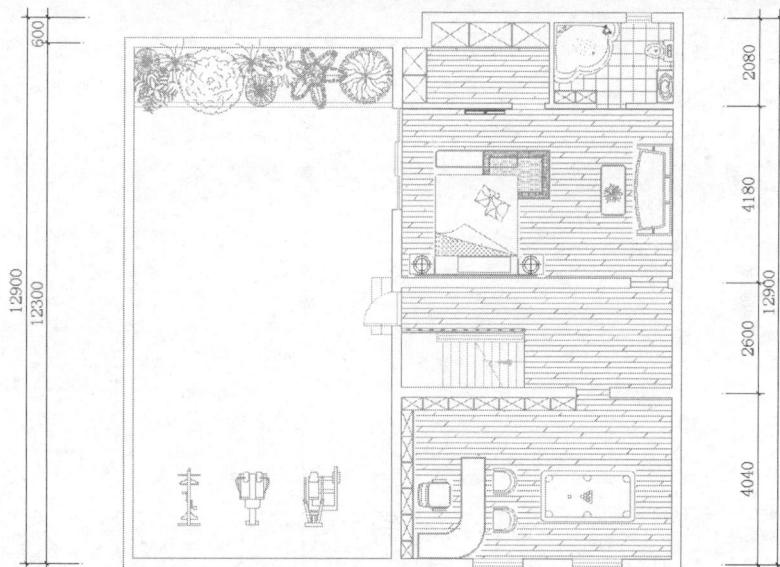

▶ **原始素材文件**：光盘\素材文件\第15章\15-5-3.dwg

▶ **最终结果文件**：光盘\结果文件\第15章\15-5-3.dwg

▶ **同步教学文件**：光盘\多媒体教学文件\第15章\15-5-3.mp4

本例难易度	制作关键	技能与知识要点
★★★★☆	本实例主要布置露台并绘制三楼的地面布置图。首先在露台创建运动区及运动器材，接着创建花台，创建植物并布置到适当区域，然后绘制三楼的地面布置图，完成第三层楼的平面布置图。	• "多段线"、"直线"命令 • "复制"命令 • "移动"命令 • "填充"命令

1 打开素材文件。打开素材文件"15-5-3.dwg"，选择"家具线"图层，创建运动器材，移动到适当位置，如左下图。

2 创建花台布置植物。在主卧一侧的露台创建花台，在花台中创建植物并布置到适当位置，如右下图。

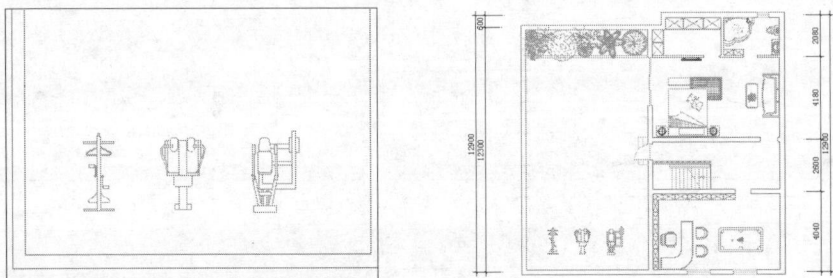

3 填充地板。在主卧、过道、书房填充木地板，如左下图。

4 布置卫生间。在卫生间填充"300mm×300mm"地砖，完成第三层平面布置图的绘制，如右下图。

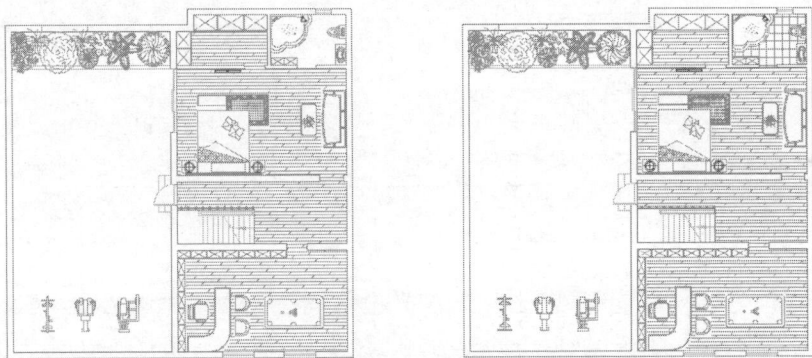

知识链接——厨卫吊顶

在三楼露台可以单独创建一个阳光房，将阳光房布置成运动室，既可以运动健身，又可以观赏风景。

本章小结

本章主要讲解了一套别墅设计方案的内容，包括别墅的绘制方法和内容。其中将平面布置图和地面布置图合并为一张图纸，是平面设计中常用的方法。别墅因为其楼层相对而言比较多，其图纸数量也比较多，在一套方案图册里要尽量使图纸能简洁明了地表现其设计特点。

附录 AutoCAD 2012快捷键及命令速查表

附录 01 AutoCAD 2012快捷键查询

命　　令	快捷键	命　　令	快捷键
新建文档	Ctrl+N	加载*lsp程系	AP
打开图形文件	Ctrl+O	打开视图对话框	AV
保存	Ctrl+S	打开对相自动捕捉对话框	SE
另存为	Shift+Ctrl+S	打开字体设置对话框	ST
打印	Ctrl+P	拼音的校核	SP
退出	Ctrl+Q	缩放比例	SC
撤销	Ctrl+Z	栅格捕捉模式设置	SN
重复	Ctrl+Y	文本的设置	DT
剪切	Ctrl+X	测量两点间的距离	DI
复制	Ctrl+C	插入外部对相	OI
带基点复制	Shift+Ctrl+C	绘制矩形	REC
粘贴	Ctrl+V	绘圆弧	A
粘贴为块	Shift+Ctrl+V	定义块	B
清除	Delete	画圆	C
全选	Ctrl+A	多线	ML
文本窗口	F2	多段线	PL
超链接	Ctrl+K	点	PO
特性	Ctrl+1	定数等分点	DIV
工具选项板	Ctrl+3	定距等分点	ME
快速计算器	Ctrl+8	构造线	XL
图纸集管理器	Ctrl+4	正多边形	POL
标记集管理器	Ctrl+7	样条曲线	SPL
设计中心	Ctrl+2	椭圆	EL
数据库连接	Ctrl+6	尺寸资源管理器	D
信息选项板	Ctrl+5	删除	E
帮助	F1	倒圆角	F
控制状态行坐标显示方式	F6	对相组合	G
栅格显示模式控制	F7	图案填充	H
正交模式控制	F8	插入	I
栅格捕捉模式控制	F9	拉伸	S
极轴追踪模式控制	F10	文本输入	T
对象捕捉追踪式控制	F11	定义块并保存到硬盘中	W
控制对象自动捕捉	Ctrl+F	直线	L
重复执行上一步命令	Ctrl+J	移动	M
打开选项对话框	Ctrl+M	分解	X
半径标注	DRA	设置当前坐标	V
直径标注	DDI	恢复上一次操作	U
对齐标注	DAL	偏移	O
角度标注	DAN	移动	P

563

（续表）

命　令	快捷键	命　令	快捷键
快速标注	QDIM	缩放	Z
基线标注	DBA	图层	LA
连续标注	DCO	旋转	RO
圆心标记	DCE	修剪	TR
坐标标注	DOR	延伸	EX
编辑标注	DED	拉伸	S
测量区域和周长	AA	拉长	LEN
对齐	AL	打断	BR
阵列	AR	边界	BO

附录 02　室内设计尺寸速查表

1. 家具设计的基本尺寸（单位：mm）

（1）衣橱深度：600～650

（2）推拉门宽度：700

（3）衣橱门宽度：400～650

（4）推拉门宽度：750～1500；高度：1900～2400

（5）矮柜深度：350～450；柜门宽度：300～600

（6）电视柜深度：450～600；高度：600～700

（7）单人床宽度：900，1050，1200；长度：1800，1860，2000，2100

（8）双人床宽度：1350，1500，1800；长度1800，1860，2000，2100

（9）圆床直径：1860，2120.50，2420.40

（10）室内门宽度：800～950；高度：1900，2000，2100，2200，2400

（11）厕所、厨房门宽度：800，900；高度：1900，2000，2100

（12）沙发单人式长度：800～950；深度：850～900

（13）坐垫高：350～420；背高：700～900

（14）双人式长度：1260～1500；深度：800～900

（15）三人式长度：1750～1960；深度：800～900

（16）四人式长度：2320～2520；深度800～900

（17）小型长方形茶几长度：600～750，宽度450～600，高度380～500（380最佳）

（18）中型长方形长度：1200～1350；宽度380～500或者600～750

（19）正方形长度：750～900；高度430～500

（20）大型长方形长度：1500～1800，宽度600～800，高度330～420（330最佳）

（21）圆形直径：750，900，1050，1200；高度：330～420

（22）方形宽度：900，1050，1200，1350，1500；高度330～420

（23）固定式书桌深度：450~700（600最佳）；高度750

（24）活动式书桌深度：650~800；高度750~780

（25）书桌下缘离地至少：580；长度最少：900（1500~1800最佳）

（26）餐桌高度：750~780

　　　西式高度：680~720

　　　方桌宽度：1200，900，750

（27）长方桌宽度：800, 900, 1050, 1200；长度1500, 1650, 1800, 2100, 2400

（28）圆桌直径：900, 1200, 1350, 1500, 1800

（29）书架深度：250~400（每一格）；长度：600~1200

（30）办公桌长：1200~1600；宽：500~650；高：700~800

（31）办公椅高：400~450；长×宽：450×450

（32）沙发宽：600~800；高：350~400；靠背面：1000

（33）茶几前置型：900×400×400（高）

　　　中心型：900×900×400，700×700×400

　　　左右型：600×400×400

（34）书柜高：1800；宽：1200~1500；深：450~500

（35）书架高：1800；宽：1000~1300；深：350~450

2. 墙面尺寸（单位：mm）

（1）踢脚板高：80~200

（2）墙裙高：800~1500

（3）挂镜线高：1600~1800（画中心距地面高度）

3. 餐厅（单位：mm）

（1）餐桌高：750~790

（2）餐椅高：450~500

（3）圆桌直径：

　　　二人：500、800；四人：900；五人：1100；六人：1100~1250

　　　八人：1300；十人：l500；十二人：1800

（4）方餐桌尺寸：

　　　二人：700×850；四人：1350×850；八人：2250×850

（5）餐桌转盘直径：700~800

（6）餐桌间距：（其中座椅占500）应大于500

（7）主通道宽：1200~1300

（8）内部工作道宽：600~900

（9）酒吧台高：900~1050；宽：500

（10）酒吧凳高：600~750

4. 卫生间（单位：mm）

（1）卫生间面积：3~5平方米

（2）浴缸长度一般有三种：1220，1520，1680；宽：720；高：450

（3）坐便长：750；宽：350

（4）冲洗器长：690；宽：350

（5）盥洗盆长：550；宽：410

（6）淋浴器高：2100

（7）化妆台长：1350；宽：450

5. 会议室（单位：mm）

（1）中心会议室客容量：会议桌边长600

（2）环式高级会议室客容量：环形内线长700~1000

（3）环式会议室服务通道宽：600~800

6. 交通空间（单位：mm）

（1）楼梯间休息平台净空：等于或大于2100

（2）楼梯跑道净空：等于或大于2300

（3）客房走廊高：等于或大于2400

（4）两侧设座的综合式走廊宽度等于或大于2500

（5）楼梯扶手高：850~1100

（6）门的常用宽：850~1000

（7）窗的常用宽：400~1800（不包括组合式窗子）

（8）窗台高：800~1200

7. 灯具（单位：mm）

（1）大吊灯最小高度：2400

（2）壁灯高：1500~1800

（3）反光灯槽最小直径：等于或大于灯管直径两倍

（4）壁式床头灯高：1200~1400

（5）照明开关高：1000